感谢澳门基金会为本书问世提供的大力支持

国际经济伦理
聚焦亚洲

[瑞士] 罗世范（Stephan Rothlin） 著

杨恒达 等译

International Business Ethics
Focus on Asia

中国社会科学出版社

图字:01 - 2020 - 6498 号

图书在版编目(CIP)数据

国际经济伦理：聚焦亚洲／（瑞士）罗世范著；杨恒达等译.—北京：
中国社会科学出版社，2022.6
ISBN 978 - 7 - 5203 - 6908 - 4

Ⅰ.①国…　Ⅱ.①罗…②杨…　Ⅲ.①经济伦理学—研究—亚洲
Ⅳ.①B82 - 053

中国版本图书馆 CIP 数据核字（2020）第 144254 号

出 版 人　赵剑英
责任编辑　陈雅慧
责任校对　王　斐
责任印制　戴　宽

出　　版　中国社会科学出版社
社　　址　北京鼓楼西大街甲 158 号
邮　　编　100720
网　　址　http://www.csspw.cn
发 行 部　010 - 84083685
门 市 部　010 - 84029450
经　　销　新华书店及其他书店

印　　刷　北京君升印刷有限公司
装　　订　廊坊市广阳区广增装订厂
版　　次　2022 年 6 月第 1 版
印　　次　2022 年 6 月第 1 次印刷

开　　本　710×1000　1/16
印　　张　33.5
插　　页　2
字　　数　493 千字
定　　价　188.00 元

目　　录

第一章　成为终极赢家

1.1　前言

《国际经济伦理：聚焦亚洲》开篇即试图转变我们——学生、老师和其他读者——在其中思考商业问题的那种修辞语境。我们认为，有太多的人视商业为另一种形式的战争。由于缺乏对战争造成的破坏的现实经验，我们会犯基本的"范畴错误"，会用战争这个比喻来为大多数道德上成问题的商业活动辩护或对其置若罔闻。本书的基本论点是要把战争态度，即让掠夺性的行为显得正常合理的态度，转变为一种认识，即认识到商业竞争更像是我们在体育运动中经历的情况：球员了解规则，正常情况下都承诺遵守规则。本书第一章通过近距离观察商业博弈来确立在商业中成为"终极赢家"的重要道德意义。经济伦理领域更像是足球赛场而非战场。关于"在爱情和战争中"是否存在"公平"的问题是有争论的，在商业中一切都公平，肯定也不符合事实。

在足球之类的专业运动中的行贿和其他形式的腐败对国际经济伦理是一种重大挑战。为什么非法操纵比赛会受到普遍谴责，但仍时有发生？体育运动除了为赢钱而获胜外，就没有别的什么了吗？什么是竞技人员品格？国际经济伦理难道就不可以与足球和其他专业运动中提倡的运动员伦理规范相提并论吗？本章将讨论近期国际足联的丑闻风波。这些丑闻会就任何希望改善中国及东亚国际经济伦理之人所面临的挑战告诉我们些什么呢？

1.2　案例分析：足球比赛可以操纵吗？
——竞技人员品格和腐败文化

1.2.1　摘要

足球是将不同背景、语言、国家的人联系在一起的游戏。像大众喜爱的许多其他运动一样，它鼓励年轻人志向远大，激发男女都追求出类拔萃。不幸的是，最近几年足球染上了腐败。非法操纵比赛和非法赌博使球迷对体育运动丧失信心，这可能会有更深远的社会和经济影响。

最近在 2011 年，国际足联主席塞普·布拉特（Sepp Blatter）致力于处理足球的腐败问题并杜绝非法操纵比赛和非法赌博。为此，布拉特赢得了世界银行前反腐败专家马克·皮特（Mark Pieth）的帮助。他们一同向足球的腐败文化发起挑战并力图加强比赛的透明度和诚信度。问题是他们的努力是否足以达成他们的目标？或者这些努力是否只是一种掩饰运动文化积重难返无法改革的手段呢？

1.2.2　关键词

国际足联、行贿、腐败、诚信、非法操纵比赛、揭弊

1.2.3　以比赛之名

足球，享有"美丽的运动"之美誉，被描述为仅次于音乐的第二国际语言（Best，2012）。足球之所以成为普遍的休闲活动，是因为它不仅吸引了运动爱好者，还吸引了更多可以从中获取商业利益的人。成百万的球迷每周末聚集在一起观看他们最喜爱的球队的比赛，同时沐浴在比赛带来的时尚氛围中。足球运动员本身也经常由于竞技方面的成功和他们对强身的追求而被视为榜样。球迷对比赛沉迷至深，经常把对一个俱乐部的喜爱当成真正的"信仰"，这也证明了足球和宗教信念的可比性（Tomkins，2004）。一些观察家认为，足球与宗教某些方面一样，都提供英雄榜样并且使人们可以在日常生活的负担下释放压力，同时，足球也被人们视为一项伟大的事业。足球迷的热情可以通过良性竞争消除或至少减轻焦虑，如 2012 年的欧洲杯一定程度上缓和了当时的欧元区

危机（Diez，2012）。足球是许多人从年轻的时候就对之充满激情的运动，足球比赛灌输了一种合作精神以及与不同人群公平竞争的意识。然而，尽管足球在全球范围内都受到欢迎，却有越来越多腐败的插曲出现在新闻媒体的报道中，危及足球比赛及相关人员的可信度。

1.2.4　赌"既定之事"

运动丑闻不分国籍，但往往与非法赌博相关。博彩业调动的金钱数额巨大——2011 年底估计博彩业年收入值为 2000 亿欧元——其中相当大的部分来自足球赛赌博（Boniface，et al.，2012）。一些欧洲国家，如法国和意大利，批准了针对欺骗性赌博的新规定，但这些努力并没有全面禁止非法活动（Boniface，et al.，2012）。这些措施也许反而会产生相反效果。大量赌金未被驱离非法市场，而转移到了对赌博监管力度小的国家和地区，比如东南亚（Forrest，2012）。

津巴布韦足联及其涉入新加坡赌博圈的"亚洲门"丑闻最近被揭露出来，这是一个关于足球腐败问题发展新趋势的例子（Smith，2012）。从 2007 年到 2010 年，津巴布韦国家队连续失利 11 场导致其世界排名直线下滑。结果证明，每次失利，津巴布韦国家队的队员和几名足联官员都从阴谋操纵比赛结果的亚洲赌博辛迪加那里获利，最高达 5000 美元（Sharuko，2012）。

"操纵比赛"一词一再出现，都与足球丑闻有关。它是指个人、俱乐部或协会企图通过舞弊而改变最终比赛结果，犯罪组织操纵足球比赛来保证结果符合他们的赌博部署（Boniface，et. al.，2012）。这通常发生在能够接触到运动员和裁判的基层。受贿的运动员和裁判可以直接影响比赛结果。值得注意的是，最有可能背叛自己对公平比赛竞争的专业承诺的运动员，是名气较小的球队队员，他们经常会陷入使他们容易被利用的财务困境。来自同事、教练、顾问和亲人的压力对球员也有影响。在 2012 年的意大利足球丑闻中，退役球员在判断现任球员中谁有可能参与非法活动的过程中发挥了很大作用（Callow，2012）。

裁判承受的情绪压力与球员面对的压力相似。裁判受监管机构审查，还要应付球队被处罚时球员、老板和支持者的过激反应（Distaso，et al.，2012）。曾涉嫌裁判丑闻的有 2005 年巴西的"黑帮哨"（Blakeley，2012）、2004 年葡萄牙的"金哨"（*WSC Daily*，2010），以及 2011 年的中国丑闻，涉及 40 名裁判、俱乐部经理和公开选拔赛的足球官员。被曝光的人员中有一位著名裁判陆俊，他曾被赞誉为中国足联的"金哨"，但人们在他受贿信息被曝光后称之为"黑哨"（*BBC*，2012）。新加坡官方机构的调查证实了以下怀疑：中国足联在相当长的时间里严重涉嫌非法活动。丑闻就此曝光。例如，中国足联主席南勇曾公开宣称交 10 万人民币即可得到国家队的空缺（*The Economist*，2011）。

1.2.5　揭弊的尝试

2009 年，国际职业足球运动员联合会（FIFPro）声称 23.6% 的受调查球员知道更多在东欧国家报道的腐败事例。这个数字格外令人忧虑，因为球员趋向于遵守沉默规则——因其意大利名称"*Omertà*（拒绝作证）"而闻名——这给人灌输了由于畏惧产生不良后果而很不愿意谴责不端行为的思想（FIFPro，2009）。尽管如此，古比奥（Gubbio）俱乐部球员西蒙尼·法利纳（Simone Farina）还是吸引了全世界的注意：他举报了在 B 级联赛中有人向他行贿一笔巨款来换取他的帮助，以内定比赛结果。法利纳的诚实获得了国内外的赞誉，也使 17 人入狱。法利纳的行为激发了国际足联 2012 年 9 月的反腐败行动。国际足联在国际刑警组织帮助下策划的行动方案为球员提供了一个赦免期，并设立了各种语言的揭弊热线（Dunbar，2012）。尽管这样的行动很有必要，但它在不久后就被终止了，从那时候起，国际足联的独立治理委员将赌博欺诈问题置于其执行委员会的监管之下（Weir，2012）。

1.2.6　防止腐败的步骤

足球丑闻风波激起了对足球反腐的呼唤。英国首相戴维·卡梅隆言简意赅地声明，国际足联的声誉已经到了"空前之低"的程度（Kuper，2012）。全国性组织和超国家组织，以及媒体和舆论的压力，全都要求国际足联采取切实有效的措施来反对足球比赛中的腐败。这样的反腐要求反映出公众对足球运动越来越负面的形象会造成的不良社会影响，尤其是对仍将运动员推崇为行为榜样的年轻一代，感到很是忧虑。足球受欢迎程度的下降，随之而来的广告利润下降，可能引发更令人担忧的财务问题。

提高透明度的一个主要障碍来自对国际足联领导层可信度的普遍质疑。最近对国际赛事资金被侵吞和对国际足联主席选举不透明的机制的指控引起了公众对国际足联道德诚信度的质疑。在对质疑的回应中，国际足联主席赛普·布拉特声称他"自去年（2011）初"便致力于"改善国际足联的管理。不仅仅（通过）言辞，而且（通过）行动"。为了重建国际足联受损的声誉，布拉特委任了前世界银行顾问马克·皮特①在组织内成立反腐败工作组（Al Jazeera，2012）。

皮特在被任命后立刻成了国际足联的嘲讽者和支持者关注的焦点。国际透明组织的西尔维亚·申克很快就向他发起挑战。申克在对联合体育通讯社的讲话中质疑了皮特提交初步调查结果时国际足联给他的报酬："我们认为国际足联雇佣的人不能作为独立治理委员会的成员（来监管改革）"（BBC，2011）。她进一步指责皮特过于关注未来改革而故意忽略足联过去涉嫌的丑闻。皮特在对批评的回应中强调，他收到的付款直接归入巴塞尔治理研究所。同时他强调了采取具体措施来改善国际足联及其成员单位透明度的紧迫性（Kuper，2012）。在与《金融时报》的一次访谈中，皮特宣称："我目前很乐观。这是个开放的过程，如果它成功了，我会受到鼓励；如果它失败了，我就成了一个傻瓜。我想等到4月中旬的时候就能见分晓了。"（*Financial Times*，2012）。

为了履行承诺，皮特发起了一项深远的改革，打算挑战腐败，并重新审查各个层面的透明度。改革从对国际足联被指控的腐败进行内部调查开始。这些调查旨在为新的组织观提供坚实基础并回应对国际足联领导层合法性的持续质疑。在报告中，新上任的皮特问责了国际足联过去处理不端行为的方式和方法。他说国际足联的行动"不充分、没有说服力也不令人满意"，尤其是在解释布拉特重新获选，解释未来几年世界杯赛事主办资格的投标过程方面（Bond，2012）。

同时，在基层开始主动采取一些行动，通过实施一些预防措施来减

---

①　有近20年的时间，皮特在巴塞尔大学执教犯罪法和犯罪学，并曾任瑞士联邦司法办公室（司法与警政部）犯罪组组长。皮特还曾是反洗钱金融行动特别工作组成员，并曾担任经合组织中的一系列职务。2008年他被任命为世界银行诚信咨询委员会成员，该委员会服务于行长和审计组。（Pieth.com，2012）

少足球比赛中的腐败行为。国际足联与国际刑警组织合作设立"体育诚信课件"，努力把培训和在球员中促进公平竞赛的教育结合起来。在过去的10年中，这个课件通过远程学习项目和国家培训课程提高了那些实际参赛人员的反腐败意识（Boniface，et al.，2012）。您认为皮特的建议足以净化国际足联的足球运动吗？若想使他的改革建议有说服力和有效率，需要克服哪些主要困难呢？

为了回应皮特对"做真正勇敢之事，（让）世世代代球员、球迷和利益相关者感谢你"之说的质疑，布拉特保证"（国际足联）将坚守路线图，并在2013年做好准备"。尽管布拉特的路线图比喻似乎欢迎皮特的改革计划，但是他后来的言论仍然为怀疑留下了空间。"即使皮特教授会说我们不应该只摘樱桃"，布拉特说："我们也不能把整棵树砍倒。把树砍倒，然后摘下所有的樱桃是不可能的。"（Warshaw，2012）他的言论明显地暗示国际足联会有可能选择性地实施皮特的改革建议。这有削弱整体改革效力的风险，皮特自己建言道："我并不是说必须做所有事情，但是这些事情全是相关联的。"（Warshaw，2012）您如何看待布拉特摘樱桃的比喻呢？您认为他对国际足联的改革是认真的，还是只是想逃避更多的公众监督呢？如果修剪樱桃树不过意味着推行皮特的"预防措施"——包括在球员和心仪球员中培养"竞技人员品格"的伦理规范——您认为这足以解救国际足联吗？如果真的树心已烂，那么拿掉整棵樱桃树又有何妨呢？

1.2.7　但是事情不止于此

结果是，国际足联这棵樱桃树仍然矗立着，尽管它还是会自己不堪重负而轰然倒下。马克·皮特并没有很多机会来摘樱桃，布拉特及其盟友刚开始质疑国际足联执行委员会的活动，尤其是质疑成员薪水缺乏透明度，他们就受到了阻碍。皮特曾认为，想要恢复国际足联的信誉和维护改革的严肃性，全面曝光十分关键，他警告道："这一步会传达一个重要信息，就是（国际足联董事们）没有什么好隐藏的……这些也许不是最基本的改革问题，但它们传达了象征性的信息。"（Radnedge，2013）在皮特和其他改革者于2013年末悄然离开后，一个由迈克尔·加西亚（Michael Garcia）——继皮特之后担任国际足联伦理委员会主席——领导的新团队继续对执行委员会成员进行调查，这些成员曾被指控接受巨额贿赂出卖他们在 2010 年 11 月选择世界杯举办场地的选票。2011 年 5 月，布拉特在执行委员会上击败了特立尼达和多巴哥的代表杰克·瓦纳（Jack Warner），连任国际足联主席，在此次会后又发生了对行贿和操纵选票的进一步指控（Hughes，2013；Conn，2013）。在2015 年写作本书时，来自国际足联的最新消息显示，执行委员会某些成员想要加西亚让位，但是并未如愿。在调查继续的同时，一些观察家试图通过承认国际足联的改革取得了一定的成效——这从对腐败的指控现在已十分公开可以看出——从而减少对布拉特即使不是腐败的，也是"笨拙的"领导风格的批评。但是，另外有些人认为，只有换掉整个国际足联的领导层，他们因组织内部改革失败而受挫的希望才有可能恢复。

1.2.8　总结

不管对国际足联的调查结果如何，足球界的行贿问题显然已经成为国际关注的话题。太过频繁的腐败丑闻冲击了比赛的"公平竞争"精神。国际足联的低透明度和其成员有争议的商业行为激起了公众对其反腐措施的真诚性、有效性的怀疑。皮特发起的改革致力于恢复国际足联在公众中的信誉。改革被视为恢复足球比赛作为"美丽的运动"的全球地位的必要条件。您同意因为腐败指控导致足球的受欢迎程度下降这一观点吗？您认为足球界的腐败是一个比其他运动的腐败更严重的问题吗？对国际经济伦理感兴趣的人是否可以从足球界的反腐斗争中受到启发？您认为克服腐败需要在足球比赛或其他管理商业竞争的机构中采取什么措施呢？

1.3　案例讨论

我们也许都有这样的惨痛经历：有些事物在生活中是不能混合的。比如油和水，这只是个简单的例子，但如果是涉及宗教和政治或者饮酒和驾驶呢？您能想到其他互不相容的事物吗？国际足联腐败的案例呈现给我们另一组互不相容的事物，即钱和体育运动。这甚至会使我们质疑职业体育运动的概念，即球员有偿打球的概念。职业体育运动，如国际足联的足球运动，是修辞上的自相矛盾吗？我们从这个案例中可能得出的一个结论是，每个人——球员、裁判、老板和团队经理、体育场经营者和其他各方商家——都在其中有金钱利益，这样的职业体育运动应该受到抵制，或者完全禁止。任何时候有金钱的参与，赛事便有可能被腐败影响。所以让我们对职业体育运动"直接说'不'"吧。

有些对职业体育运动没有特殊兴趣的人会认为，远离这些运动并非难事。可是业余运动怎么办呢？一名运动员不领薪水或补贴是不是就不会有腐败了呢？如果是这样，我们如何解释即便是业余赛事——比如全美大学体育协会"疯狂三月"的大学生篮球赛——也吸引了对运动赌博感兴趣的非法或算不上非法的赌徒呢？非法操纵比赛，在业余比赛中也不是没有听说过。金钱仍然涉及其中，尽管只有极小数额的钱到了球员手中。

既然在解决体育运动中的腐败问题上无法轻易找到答案，也许我们需要退一步，问问我们自己为什么这个问题很重要。为什么人们——他们在其他情况下也许可以对政治或其他活动中的腐败睁一只眼闭一只眼——对体育运动中的腐败却义愤填膺呢？在体育运动问题上，是什么使人们认为当其他活动似乎都被腐败污染时，运动员应该体现高标准的——甚至是英雄式的——道德水平，充当表现竞技人员品格的榜样呢？在一个显然金钱做主、任何事物都有价格的世界，运动为什么就应该有所不同呢？如果金钱确实可以购买你想要的任何东西，那么为什么就不能在球赛中购买胜利或者至少购买到人们期望的分数差距呢？为什么国际足联认为有必要做出清理足球腐败的姿态呢？即使无数球迷的声音不可忽视，为什么不干脆无视媒体的担忧，继续进行球赛，就当任何不顺心的事都没有发生过一样呢？国际足联的领导层如果没有在足球改革上作秀，他们会失去球迷及其带来的利润。但这只是用另一个问题来回答这个问题。如果腐败问题不是得到了令人信服的、有效的处理，又有什么理由要惧怕球迷会愤然转身走开呢？为什么球迷要摒弃他们怀疑被赌博辛迪加操纵的运动呢？非法操纵比赛是否使比赛变得没有意义呢？

如我们在案例研究中所见，腐败程度各异，取决于其同球队临场发挥的关系有多密切，也取决于涉及的金额有多少。严重的有百万美金的贿赂和佣金，据称其是希望在自己城市举办世界杯比赛的地方官员所支付的；轻微的有赌博辛迪加给球员、教练和裁判的贿赂，被用来换取相应的比赛结果。比如津巴布韦球员和官员在"亚洲门"丑闻中每输一场比赛收到5000美元，这与争取举办国际足联赛事的贿赂金额比起来也许很小，但与球员们的月薪相比（Zimbabwe Independent，2013），这笔贿赂便显得"难以拒绝"。

当然，贫困和贪婪没有必然的相关性。如果有的话，就难以解释为什么富有的人——比如国际足联执行领导——会为了增加个人账户金额而背叛公众对他们的信任。贪婪在经济困难的状况下并不是不可避免，绝大多数穷人的生活已证实了这一点，他们保持正派和诚实的品质不能以缺少撒谎、欺骗和偷窃的机会来解释。驱使球员作弊的贪婪——企图通过非法操纵比赛获得几千美金——在于他们对自己和足球运动的深度犬儒主义。一个人是怎样对自己多年受训并希望获得成绩的职业变得不满了呢？也许应该从机构领导层面和机构行为层面寻找答案。如果国际足联高级管理层受到指控，说他们掩盖了在选择世界杯比赛场地过程中的腐败，那么球员又可以从他们的事例中得出什么结论呢？

也许有人认为，运动中两种形式的腐败应该分开来看。对国际足联执行委员会的指控涉及组织内部的商业交易，在该组织的总部所在的国家里，直到最近商业贿赂还不是一项刑事罪（Loetscher，2013）。国际足联执行委员会的不正当行为不过是与平常一样的商业行为，人们不应该对那里发生的事情感到惊讶或者烦恼。足球改革应该聚焦如何保持赛场上的诚信。球迷对非法操纵比赛有理由愤怒，国际足联也应该尽力消除这种操纵。马克·皮特及其继任者只需要有效阻止想要舞弊的球员，并不用再深入下去。

这似乎是国际足联执行委员会在设法削弱皮特的改革力度并完全终止其继任者迈克尔·加西亚的努力时的考虑。一旦被曝光，他们的密谋失败，所有旁观者包括球迷，都能明显地看出国际足联只是想要逃避对其腐败和不道德行为的进一步制裁。这样，足球两种形式腐败的内在关联便似乎合理了。国际足联会议室里的腐败也许并没有引起赛场上的腐败，但是它明显给任何企图改革比赛的有效尝试制造了巨大困难。当球员有理由怀疑布拉特的老朋友们无意接受调查和改革时，他们为什么要与国际足联伦理委员会合作而错失赚取外快的机会呢？皮特向国际足联施压，敦促其全面改革的做法是正确的，尽管他发起的努力是否会成功还不明确。

当对一个像国际足联这样的组织进行改革时，古老的格言仍然适用：“言出必行！”国际足联的执行领导层必然明白，如果拒绝对组织内部高层进行改革，是无法改变足球场上发生的事情的。这两者的腐败是相互关联的，为重塑职业足球运动或任何其他运动的诚信而作出的任何严肃的努力都是如此。那么从哪里开始呢？维持和加强运动员伦理规范的关键不是禁止职业体育运动，不论是在运动还是在商业活动中认为金钱是万恶之源都是不正确的。那样的假定意味着有金钱交易的任何事情都被玷污了，这大概不符合实际情况。况且此亦非《圣经》所言：贪财是万恶之根（1 Timothy 6：10）。有必要了解这句格言是在这样的语境中被引用的：这是要一个新的教徒警惕甚至在教会工作中也会有腐败的风险。心术不正会使教徒丧失理性，要引导他们以“虔敬为得利的门路”（1 Timothy 6：5）。换句话说，贪财或贪婪毫无疑问是心术不正的标志。贪财和珍视钱财或者重视金钱能帮助我们在市场上办成事情的有用性不是一回事。这句《圣经》格言所指的贪财，是说爱金钱胜过爱其他的一切。一旦我们被欲望支配、心灵扭曲，金钱就不再是欲望的仆人而会成为其主人。我们会不顾一切地赚钱。金钱不再是工具而会在本质上成为我们唯一的目的。

孔子用他的方式警示：不要无节制地贪财。他说：“富与贵，是人之所欲也，不以其道得之，不处也。”（《论语》4：5）追求财富有正当的方式，也有错误的方法。孔子明确地表示不赞成使用错误的方法获取财富。在《论语》中，他还说：“不义而富且贵，于我如浮云。”（《论语》7：16）浮云犹如幻影般虚无缥缈，没有人会希望得到它而牺牲其他一切。正如不可能拥有浮云一样，不正当地取得的财富和荣誉会转瞬即逝，让一心追逐名利的人比他们开始追逐之前更穷困、孤立。那么，哪些获取财富和荣誉的方式是不正当的呢？如在人类其他活动的领域内一样，答案取决于对哪些方式是正当的、哪些方式是不符合规则的认识。加入球队比赛接受补贴和薪水是符合规则且正当的；接受贿赂而违反个人对球队的忠诚来输掉比赛或拉低分数是不正当的，也明显不符合比赛的规则。

在这一点上，《圣经》和儒家经典中都同意：忠实遵守管理人类具体互动的规则（Li，礼）不仅是维护义（Yi，义），也是培养仁之精神（Rén，仁）的关键。耶稣也教诲大众："你们若爱我，就必遵守我的命令"（John 14：15）。这里所说的命令是指上帝在西奈山上对摩西昭示的"十诫"（Exodus 20：1 - 17；Deuteronomy 30：15 - 16），它在《圣经》传统文化体系的相关文献中被肯定（Proverbs 19：16；Ecclesiastes 12：13），特别在基督教教义中被再次肯定（Matthew 19：16 - 22）。在本书的随后一些章节中，我们会探讨这些规则或诫条是如何引导国际经济伦理的。在这里我们简单指出，遵守"礼"的规则——将其记在心里并指导行为——会让我们走上"义"的道路。我们从这些规则出发——如儒家传统、《圣经》传统以及我们的良心所教诲的那样，只要我们愿意倾听——可以明白：某些赚钱的方式但并非所有方式是不道德的，还会产生相反效果，无论你打球赛还是不打球赛。

这时候，我们明白，皮特与其同人强调需要通过旨在恢复遵守足球比赛规则的教育来改造国际足联的企业文化，这是正确的。教育若要成为改革国际足联的有效手段，就必须走出传播足球技术方面信息的范围，即传播如何组织球队和比赛，如何计分，何为裁判职能，如何构成违规以及对不端行为有哪些处罚，即国际足联比赛法中涵盖的各个方面（FIFA，2013a）。然而，这些看似技术方面的规则限制了球员和球迷不惜一切代价赢得比赛的强烈愿望的实现。国际足联比赛法"第十二章——违规和不正当行为"尤其有教育意义，因为它详细说明了对"被裁判视为不小心、鲁莽或用力过度"的赛场行为的各种惩罚措施。当然这里面每一个词——"不小心""鲁莽"和"用力过度"——都具有道德评判的意味，因为它们试图将活跃的足球比赛区别于街头斗殴和团伙打斗。国际足联对违规和处罚的规定、对选用合适的裁判来实施规定的条例，始终是一种提醒：赢球和输球只能在一个双方达成共识的范围内被决定，即每一个相关人员都遵守比赛规则。场上比赛无论多么紧张，关键是赢得比赛，而不是通过公平手段或犯规来消灭对手。

国际足联比赛法第十二章中有一部分尤其重要，它解释了黄牌"警告"和红牌"下场"的处罚。如果一个球员在同一场比赛中受到了两次黄牌警告，他就会被逐出比赛。正如颜色代码所暗示的那样，两种违规行为的区别主要在于其严重程度。两次黄牌"警告"中的第一次是针对"非运动行为"。比赛法第十二章的官方解释表明，非运动行为包括任何形式的舞弊行为，欺骗和意在破坏规则（禁止任何"不尊重比赛"的行为）的暴力行为都算（FIFA，2013b）。尽管这些规则读起来很单调乏味，但其意图很清楚。无论任何比赛都要拼命争得结果，比赛的诚信必须得到维护。但是，国际足联比赛法没有具体禁止非法操纵比赛和其他腐败行为，大概因为它假设不论结果如何，任何参赛者都是诚信的，并是忠实于运动的。比赛法，简单地说，是为了指导那些衷心想成为终极赢家的参赛者。好好比赛，或观察一场精彩的球赛，可以使一个人学会重视规则，没有这些规则，体育运动培养不出仁义。

1.4　伦理思考

如果国际足联在遵守商业事务管理的规则方面如同它在传播比赛规则方面一样有效，那么就没有什么必要改革了。但如果商业活动本身是一场比赛，商业中的终极赢家会从体育赛事中学到什么呢？尽管运动在所有文化中都很普遍，但是不仅在各地的偏好中，而且在运动的社会意义和文化意义上，都有显著的多样性。比如在古希腊，西方哲学源头的传统思想高度推崇奥林匹克运动所激发的运动员的竞技品格。奥林匹克运动会首次于公元前 776 年举行，持续了一千多年，直到公元 394 年才被狄奥多西皇帝禁止。这是他把基督教作为罗马帝国国教来推行的措施之一。他对奥林匹克竞技之宗教意义的评估没有错：竞技在当初是亚历山大大帝（公元前 356—前 321）拥护的世界性价值观的主要表达方式，与对希腊众神统治者宙斯的崇拜有着千丝万缕的联系。竞技运动的神圣起源也许有助于维持其在古希腊城邦国家之间促进和平的角色。竞技运动标志着城邦之间似乎无休止战争的休止，就是在这些战争中，体育比赛被组织起来，用以表达各城邦对奥林匹克众神的拥护。不论这些竞争有多激烈，它们替代了战争，而不是用其他手段继续战争。

若不对竞技人员品格①进行伦理规范，这样的和平竞争是不可能持续的。竞技是神圣的仪式。如所有的仪式一样，违反仪式规则是被禁止的。除了在奥林匹克运动会期间休战，另一个可以显示和平意图的事实是：在拳击赛中——它一直进行到竞争者之一要么投降，要么死亡为止——死亡的拳击手被自动宣告为胜者。如果比赛只是简单地展示赢得胜利所需的技能，那么拳赛这样的竞争就没有意义了。19世纪末举办了现代奥林匹克运动会，其发起人皮埃尔·顾拜旦阐述了始终处于奥林匹克"信条"中心地位的竞技人员的理想品格：

> 在奥林匹克比赛中最重要的事情不是赢得比赛，而是参与，正如在生活中最重要的事情不是胜利而是斗争。关键之事不是进行了征服而是努力作出了战斗。（The Olympic Museum，2007）

尊重奥林匹克竞技人员品格最有力的表现是按规则进行比赛，在准备工作和比赛中都恪守规则，让规则来决定谁胜谁败。

当然，奥林匹克竞技人员品格在西方无论多么耳熟能详，在中国和东亚文化中，却似乎像是外国输入品。儒家经典极少言及比赛，在论语中最多只提到了两次比赛：一是六博，一种骰子比赛；另一是弈，现在在中国称之为围棋，日语是"碁（go）"。引用孔子的话说，两者皆为君子所不屑：

> 子曰："饱食终日，无所用心，难矣哉！不有博弈者乎？为之，犹贤乎矣。"（《论语》17：22）

博弈要比饕餮之徒的无所事事好，这称不上是一种恭维。在孟子的书中，弈被讨论了两次。第一次列出了"不孝"的五种表现——即忽视

---

① "维基百科"关于"竞技人员品格"的定义为"一种运动或活动应该合理地考量公平、道德、尊重及与竞争对手的友情的愿景或精神。一个愤怒的失败者是一个不能接受挫败的人。但在好的运动中应该有'好的胜利者'也有'好的失败者'。竞技人员品格是强调公平、自制、勇敢和坚持等美德的道德规范基础，也常用来指导人际关系中公平待人与被公平对待，在与他人交往时保持自制并对权威和对手都保持尊敬。"（Wikipedia，2014）

一个人对父母的责任与义务——其中一项是"博弈好饮酒，不顾父母之养"①（《孟子》8：30）。与之形成对照的是，第二次孟子承认，弈不是一种赌博形式，而是一种游戏，有助于培养道德感。

> 今夫弈之为数，小数也，不专心致志，则不得也。弈秋，通国之善弈者也。使弈秋诲二人弈，其一专心致志，唯弈秋之为听；一人虽听之，一心以为鸿鹄将至，思缓弓缴而射之，虽与之俱学，弗若之矣。为是其智弗若欤？曰："非然也。"（《孟子》11：9）。

孟子对弈秋的成绩与对围棋作为一项潜在的自我教育艺术的赞赏，使后来的儒家传统将围棋尊为君子的"四艺"之一。其他三项为书、画、琴。

懂得围棋的人会对它的道德和精神意义大加赞赏。比如多纳德·波特声称宋太宗将围棋与儒家"仁、义、礼、智、信"五德中的三项相关联。他回忆，他的老师解释了围棋游戏如何自然地刺激了这些美德的培养：

> 围棋是一项绅士培养脑子的练习。不用脑子思考我们的每一步棋，我们便违反了孟子所规定的四项伦理原则之一。再者，考虑自己如何走每一步棋表达了谦虚，意思是对手的策略很值得考虑。

东亚的"围棋俱乐部"用中文展示的三种美德——礼、智、仁——中，正是对礼的恪守"解释了指导竞赛参与者的精神——庄重与考虑"（Potter, n. d.）。

对儒家经典中讨论的这种游戏进行审视，就会将我们带到关于奥林匹克竞技人员品格的思考中出现的同一个问题上来。这样的比赛证明运

---

① 理雅阁（James Legge）的这一翻译似乎错误地假设"博"和"弈"都和赌博有关，并表明一种放纵的生活方式，"好饮酒"是这种生活方式中的典型。孟子这一列举的重要意义在于，五类道德弱点——关于博弈问题的下一项是"好货财，私妻子"——都被理解为缺少对父母的尊敬和关怀，而这显然是中国传统道德的核心美德。刘殿爵（D. C. Lau）的翻译使之更为明显，将五项都描述为"忽视父母"的表现。（Lau, D. C., 1979：135）

动精神或"指导竞赛参与者的精神——庄重与考虑"具体依靠对比赛规则（或者你也可以说礼仪）的严格遵守。是这些规则使比赛成为真正的比赛，而不是简单地使用其他手段的战争行为。如果，比方说，国际足联对赛场规则的恪守也延伸到董事会会议室中，那我们就必须超越可以从奥林匹克仪式和围棋俱乐部学到的东西，而走向一种思考，即思考商业活动是否被合法地视为一种比赛，如果是的话，又是哪种比赛？因此我们的下一步将讨论比赛理论和伦理的关系。

要在商业活动中成为终极赢家，我们要决定如何把商业理解为一种比赛。在这一点上博弈理论很有用，首先，因为它提供了一种游戏分类学，给具有商业特点的活动定位。其次，博弈理论旨在澄清合理性的意义，尤其是在"博弈"中，这时人的互动是"战略性的"，即"经济代理人之间的互动使他们能取得有利的结果，而该结果也许出乎代理人中任何一个的意料"（SEP，2010）。博弈理论试图既提供战略互动逻辑的标准模式，又提供通过对这些互动中可以观察到的东西做出经验分析或描述性分析来检验这些模式的标准。尽管博弈理论在50多年前作为哲学探索的焦点出现，但它在创造各种战略游戏数学模式如人们熟知的"囚徒困境"方面取得的成功，却与筹划实际互动或预测参与者或"玩家"可能在博弈中的所作所为方面取得的成功不相匹配（Gruene-Yanoff，2014）。因此，博弈理论与国际经济伦理的相关性尽管有限，却提供了诠释常规商业行为中互动种类的工具。

其中最重要的工具是一个哲学概念："博弈"。隐喻指引我们思索我们的活动方式，包括道德境界和可能性。当人们思考商业是什么样子时，有几种隐喻经常出现，包括"战争"和"博弈"。如果商业类似战争——正如许多人所想，且看《孙子兵法》作为对商业战略的引导而大受欢迎即可明白——那么除了尽可能有效地取得胜利外，便没有其他规则了。另外，如果商业活动像比赛那样，那么它同样要求仔细思考战略问题，但是却有规则不仅详细说明了这是什么种类的比赛，而且规定了是什么决定比赛的输赢。我们对国际足联案例的讨论应该让大家相信，商业更像是比赛而非战争。如所有比赛一样，它有规则。为了参赛，你必须学习规则及比赛中允许什么或禁止什么。我们认同商业是比赛，但并不是说获胜不重要。它当然重要，但胜利只能通过了解规则和始终遵守规则来界定。

博弈理论中所研讨的博弈分类学，允许我们探索商业是何种博弈的问题。根据动作是同时进行还是先后进行，博弈被分为"静态"和"动态"的；根据选手是否获取了全部或部分相同的信息，分为"完全信息"博弈和"不完全信息"博弈；根据博弈是一次性的还是和相同或不同选手不止一次地进行，分为"单一"模式和"重复"模式；根据选手的兴趣总是有冲突，还是有时选手能够互相合作，分为"零和"与"非零和"比赛。博弈还可以根据"子博弈"或者实际操作的规则是如何确定的，即这些规则是固定不变的，还是可以协商的，来进行分类。最后，有一个协商形成的合作协议是否可实施的问题：如果可以实施，那么博弈便是"合作性的"，否则便是"非合作性的"（Burke，1996；Dixit，Reiley & Skeath，2009）。

根据这种基本的分类学，我们可以看一看普通商业交易如何才可以被理解为战略博弈。因为除了封闭式合同竞标，其他大部分商业交易都是连续性的，所以商业是一种"动态博弈"。因为市场交易的本质意味着买方和卖方几乎总是缺乏完全的信息，所以商业便是"不完全信息"博弈。因为商业的目的是——用彼得·德鲁克令人难忘的话来说——"创造一位客户"，所以商家的意图是尽可能频繁地重复博弈。他们的博弈是"重复性的"，因此是一种商家声誉同其战略选择很有关联的博弈。由于市场的合理性取决于创造和保持买家和卖家都能靠互动获利的条件，所以商业博弈一般是"非零和"博弈。如同两个雇员竞争同一个升职机会一样，商业活动中会出现只有一位赢家而其他人都是输家的情形。尽管他们的个别竞争也许是"零和"的，但是要推广个别竞争的合理决策，从商业角度来看，却是"非零和"的。所有公司员工及其他利益相关者都会从管理层根据合理因素做出的正确决策中获益。商业活动显然是通过协商取得一致的，通常还要签订合同来说明协商的规则以此规范双方的互动。规范商业行为的协议或规则通常是可实施的。正常情况下，是市场本身实施这些规则，在市场规范不充分的情况下，规则由政府或与促进良性商业行为休戚相关的非政府组织成立的不同监管机构来实施。

这种对博弈理论分类学的初步回顾暗示了日常商业决策通常是多么复杂。这也是预测各种商业博弈结果之所以如此困难的一个原因。我们所知道的是，商业交易对所有参与者，对买家或客户，以及卖家及其所代表的公司来说，都是战略性的。正如博弈理论的调查经常提醒我们的那样，"战略性"并不是恶性竞争或者无节制自私自利的委婉说法。"战略性"意味着参与者根据对自己的偏好与兴趣而合理地采取行动。如同在其他人类互动中一样，在商业中这样的偏好也许会包含，而且通常也确实包含了参与者善事善做的愿望，即希望培养诚实、公平交易以及使其在市场上取得持续成功和拥有美德的名声。博弈理论使商学院学员和从业人员能较少专注于商业是否是一场博弈的问题——只要对"博弈"有正确理解，那它确实是博弈——而更专注于商业是哪种博弈以及如何进行好博弈的问题。

对现代经济伦理史熟悉的人会想起阿尔伯特·卡尔的文章《商业欺诈是否道德?》的影响（Carr, 1968），它成为《哈佛商业评论》的经典之一。卡尔为商业谈判中的欺诈和其他战略欺骗辩护的伦理论点是以这样的想法为前提的：商业是一场游戏，与之最相似的游戏是打扑克。美式扑克游戏就是赌博，其范围包括玩家猜测对手手中的牌力，然后下赌注，下注多少是依据他们所认为的对手手中的牌力有多大，以及他们的对手作为扑克玩家的能力如何而作出的战略计算。卡尔说欺诈——在自己手中牌力或玩牌意图方面欺骗对手的玩家战略——在扑克游戏中是"道德的"，他说对了。这种"欺诈"行为既不破坏游戏规则，对手也不会认为这违反竞技人员品格或者是舞弊。当然，连卡尔自己也承认欺诈和厚颜无耻地说谎是有区别的，但是在扑克游戏或者商业博弈范围内，这样的说谎不是因为道德原因才是错的，而是因为在策略上它会激起其他玩家或利益相关者的"危险敌意"。然而，卡尔对扑克游戏的描述仍然使人想起孙子对战争的假设：

> 扑克游戏的伦理与文明人类关系的伦理理想是不一样的。这种游戏要求不信任另一方。它无视朋友交情。狡猾地隐瞒自己的牌力和意图进行骗，而不是仁慈和坦诚，在扑克游戏中至关紧要。没有人因此而认为扑克游戏有问题。在商业博弈中也不应该有人因为其对与错的标准与我们社会中的主流道德传统不同而认为它不好。

（Carr, 1968: 3）

卡尔关于扑克游戏中欺诈问题的说法也许是对的，但是他把商业博弈简单地看作对其假设、规则和可接受策略的精心筹划是否正确呢？也许卡尔自己想当然地认为在游戏中需要放弃"文明人类关系的伦理理想"而说"在商业博弈中也不应该有人认为它不好"时，他也是在欺诈。一旦我们将扑克游戏置于博弈理论所提供的分类学中，扑克游戏和商业博弈之间的主要差别就显现出来了。扑克游戏是零和游戏，每一局只有一位赢家；它是"不完全信息"游戏，因为玩家不能互相看牌；扑克游戏的规则严格且可以实施，总是一局一局地重复。相反，商业博弈在不仅允许合作，而且有时也鼓励合作作为成功关键的情况下，是"非零和"游戏。尽管有些商业规则是可磋商的，但一旦在合同中得到认可，这些规则便不仅在法律上有约束力，而且也是可实施的。开发客户意味着进行博弈理论所谓的"重复"游戏，游戏中玩家打造和维护自己的名声——可以培养客户对品牌的忠诚度——通常会有利于游戏结果，而不具备"完全信息"的游戏则是对所有玩家，包括卖家和买家的持续挑战。对商业交易的描述越现实，卡尔将商业等同于扑克一类"零和"游戏的做法就越不合理。

1.5　总结

对商业是何种游戏这一问题的最佳回答也许是那句隐晦的"商业就是商业"。商业活动不是战争，但是它像战争一样，确实要求战略思考和行动，如果你想要成功或胜利的话。商业活动不是扑克游戏，但是它像扑克游戏一样，受决定何为胜、何为负的规则支配。而且它也像扑克游戏一样，在不同的玩家间重复玩法，其中没有人对牌局进行的状况或其他玩家的能力有完全信息。尽管商业活动要求玩家加强他们的战略技能，但亦有——道德和法律上的——限制。在商业活动中各方不可能拥有完全信息这一事实并不意味着玩家不会想尽办法获得信息。错误地应用了《孙子兵法》，一些玩家从惨痛的经历中认识到，通过内部信息进行股票或其他金融票据的交易，或者通过行业间谍来确保战略优势，是违反规则的，破坏规则会受到严厉惩罚。这样的玩家显然不知道他们在玩何种游戏，就好像基于摔跤或拳击的规则来踢足球一样，是行不通的。

如果商业不像其他任何游戏，那么要成为终极赢家就需要学习商业的规则，并承诺按照规则进行公平交易。当然，在金钱摆在桌面上的现实世界里，不仅在商业中，而且也在许多其他游戏中，我们必须面对腐败频频发生的事实，学会抗拒腐败，是，而且应该是学会规则成为终极赢家的一部分。如本章之前叙述的那样，重新审视最近困扰国际足联的丑闻，可以提醒我们在改善国际经济伦理环境面对挑战时有必要保持警惕。国际足联的问题应促使我们思考。如果你无视国际足联运营规则而导致腐败，你就不可能在足球场上实施防止舞弊的规则。竞技人员品格是一种美德，代表的是一种理想状态，它让人们相信，通过参与运动，努力拼搏，可以取得成就。但当发扬竞技人员品格的运动员被抓到作弊时，这种理想便丧失了可信度。为了恢复竞技人员品格对成为终极赢家的重要意义，我们需要了解更多体现这种美德的情况，以及这些美德与实现美好生活之间的关系。那么，我们下一章将会介绍一位公认的道德模范。他曾是高中队的体育明星，这是不是一种巧合呢？

参考书目

Aljazeera. (2012, March 29). FIFA prepare for anti-corruption report. Retrieved on June 20, 2012 from http://www.aljazeera.com/sport/football/2012/03/2012329183134582846.html.

Bandel, C. (2012, January 19). "FIFA Inspires Swiss Corruption Law Changes After Bribery Scandal." *Bloomberg News-Businessweek*. Retrieved on March 28, 2014 from http://www.businessweek.com/news/2012 – 01 – 19/fifa-inspires-swiss-corruption-law-changes-after-bribery-scandal.html.

Basel Institute on Governance. (2012, March). *First Report of IGC to FIFA's Executive Committee.*

Bauer, F. (2013, May 29). *The FIFA-Reform-Farce.* Deutsche-Welle (DW). Retrieved on April 2, 2014 from http://www.dw.de/the-fifa-reform-farce/a – 16845472.

BBC. (2011a, June 25). Dozens named in Greece football 'scandal'. Retrieved on April 4, 2012 from http://www.bbc.co.uk/news/world-europe – 13914118.

BBC. (2011b, December 2). Transparency International cuts ties with Fifa. Retrieved on June 29, 2012 from http://www.bbc.co.uk/news/world-europe – 15996806.

BBC. (2012, February 16). China morning round-up： Football scandal sentences. Retrieved on March 23, 2012 from http：//www. bbc. co. uk/news/world-asia-china − 17071073.

Best, C. (2012, February 24). 'Beautiful Game' can transcend society's ills. *CNN Opinion*. Retrieved on June 24, 2012 from http：//articles. cnn. com/2012 − 02 − 24/o-pinion/opinion_ opinion-clyde-best-racism-football_ 1 _ global-appeal-discipline-beautiful-game? _ s = PM： OPINION.

Blakeley, R. (2012, March 20). Teixeira resignation implications for CBF. The Rio Times. http：//riotimesonline. com/brazil-news/rio-sports/2014worldcup/teixeira-resigna-tion-implications-for-cbf/.

Bond, D. (2012, March 30). Fifa embraces new ethics drive, but questions re-main. *BBC Sport*. Retrieved on April 5, 2012 from http：//www. bbc. co. uk/blogs/david-bond/2012/03/will_ fifa_ welcome_ change. html? postId = 112133675.

Boniface, P. , &, al. (2012, February). *Sports Betting and Corruption*. White Pa-per by IRIS Network, University of Salford, Cabinet Praxes-Advocats, University of Bei-jing. Translation supported by Sportaccord.

Callow, J. (2011, June 2). Italian football rocked by fresh match-fixing scandal. *The Guardian*. Retrieved on April 7, 2012 from http：//www. guardian. co. uk/football/2011/jun/02/italy-football-corruption-match-fixing.

Carr, A. Z. (1968). "Is Business Bluffing Ethical?" *Harvard Business Review*. Re-trieved on 7 March 2014 from http：//hbr. org/1968/01/is-business-bluffing-ethical.

CNN Wire Staff. (2012, May 29). FIFA asks war prosecutor to investigate corrup-tion. *CNN. com*. Retrieved on May 31, 2012 http：//edition. cnn. com/2012/05/29/sport/football/fifa-moreno-ocampo/index. html.

Conn, D. (2013, October 3). "World Cup 2022： only a rerun of votes by Fifa will achieve credibility. " *The Guardian*. Retrieved on March 28, 2014 from http：//www. theguardian. com/football/blog/2013/oct/03/world-cup − 2022 − fifa-qatar.

Diez, P. (2012, June 15). The economic and financial crisis is keeping the Euro 2012 joy at bay. *The Beginner*. Retrieved on June 22, 2012 from http：//www. thebegin-ner. eu/europe/842 − curbing-footballs-enthusiasm.

Distaso, W. & al. (2012, February). *Corruption and Referee Bias in Football： the Case of Calciopoli*. University of Navarra.

Dixit, A. K. , Reiley, D. H. , Jr. , and Skeath, S. (2009). *Games of Strategy*,

3rd *Edition.* New York: W. W. Norton.

D'Souza, C. (2011, April 12). World football: Ranking the top 50 most influential teams on the planet. *The Bleacher Report.* Retrieved on June 26, 2012 from http://bleacherreport. com/articles/658324 – world-football-ranking-the-top – 50 – most-influential-teams-on-the-planet.

Dunbar, G. (2012, January 10). FIFA pledges to protect match-fixing witnesses. *The Washington Times.* Retrieved on April 15, 2012 from http://www. washington-times. com/news/2012/jan/10/fifa-pledges-to-protect-match-fixing-witnesses/? page = all.

ESPN Soccer. (2012, March 16). Choi Sung-kuk banned for fixing. Retrieved on A-pril 12, 2012 from http://espn. go. com/sports/soccer/story/＿/id/7695167/fifa-bans-south-korean-star-choi-sung-kuk-match-fixing.

FATF – GAFI. (2009, July). Money Laundering through the Football Sector. White paper.

FIFA. (2013a). "Tech Support: The Laws of the Game. " Retrieved April 2, 2014 from http://www. fifa. com/aboutfifa/footballdevelopment/technicalsupport/refereeing/laws-of-the-game/index. html.

FIFA. (2013b). "Tech Support: Teaching Material: Interpretation of the Laws of the Game: Law 12 – Fouls and Misconduct. " Retrieved April 2, 2014 from http://www. fi-fa. com/mm/document/worldfootball/clubfootball/01/37/04/28/law12 – en. pdf.

Fylan, K. (2011, May 30). FIFA scandal deepens, Blatter denies crisis talk. *Reu-ters.* Retrieved on April 17, 2012 from http://www. reuters. com/article/2011/05/30/us-soccer-fifa-idUSTRE74S16320110530.

Forrest, B. (2012, May 18). All the world is staged. *ESPN Magazine.* Retrieved on July 13, 2012 from http://espn. go. com/sports/soccer/story/＿/id/7927946/soccer-wil-son-raj-perumal-world-most-prolific-criminal-match-fixer-espn-magazine.

Grohmann, K. (2012, February 9). Soccer-match-fixing on the rise, 24 countries affected-expert. *Reuters.* Retrieved on April 4, 2012 from http://uk. reuters. com/article/2011/02/09/soccer-europe-manipulation-idUKLDE7181MQ20110209.

Gruene-Yanoff, T. (2014). "Game Theory. " Internet Encyclopedia of Philosophy. Retrieved on April 8, 2014 from http://www. iep. utm. edu/game-th/.

Gustini, R. (2011, May 31). A Guide to international soccer's latest corruption scandal. *The Atlantic Wire.* Retrieved on April 6, 2012 from http://www. theatlanticwire. com/entertainment/2011/05/guide-fifas-latest-corruption-scandal/38311/.

Homewood, B. (2011, May 29). Timeline: FIFA corruption scandal in the last year. *Reuters.* Retrieved on April 16, 2012 from http: //www. reuters. com/article/2011/ 05/29/us-soccer-fifa-timeline-idUSTRE74S2CE20110529.

Hughes, R. (2013, May 7). "One by One, Those Atop FIFA Are Falling. " The New York Times. Retrieved on March 28, 2014 from http: //www. nytimes. com/2013/ 05/08/sports/soccer/08iht-soccer08. html.

Husting & al. (2012, March). match-fixing in Sport. A Mapping of Criminal Law Provisions in EU 27. KEA European Affairs. European Commission, Directorate-General for Education and Culture.

Kuper, S. (2012, March 23). Can this man fix FIFA? *Financial Times.* Retrieved onJune 29, 2012 from http: //www. ft. com/cms/s/2/3762ca44 − 72ed − 11e1 − 9be9 − 00144feab49a. html#axzz1zHWR62j2.

Loetscsher, B. (2013, September 9). "Switzerland to remedy deficiencies incombatting corruption. " International Law Office. Retrieved on 28 March 2014 from http: // www. internationallawoffice. com/Newsletters/Detail. aspx? g = 79ff4e23 − 9851 −- 4c9d − b507 − 0f38868c0418&redir = 1.

McKinstry, L. (2011, December 22). Corruption, greed, and moral squalor: The scandals of football that SHOULD be tackled. *The Daily Mail.* Retrieved on April 1, 2012 from http: //www. dailymail. co. uk/debate/article − 2077786/Corruption-greed-moral-squalor-The-scandals-football-SHOULD-tackled. html.

Millward, D. (2011, May 7). Match fixing: Ante Sapina co-operating with authorities as the enormity of the operation hits home. *The Telegraph.* Retrieved on April 16, 2012 from http: //www. telegraph. co. uk/sport/football/8500106/Match-fixing-Ante-Sapina-co-operating-with-authorities-as-the-enormity-of-the-operation-hits-home. html.

Murali, V. (2011, October 28). World football: 40 Biggest scandals in football history. The Bleacher Report. Retrieved on April 5, 2012 from http: //bleacherreport. com/ articles/909932 − world-football − 40 − biggest-scandals-in-football-history.

Pakistan Today. (2012, January 21). New corruption scandal erupts in Malaysia. Retrieved on April 10, 2012 from http: //www. pakistantoday. com. pk/2012/01/21/ news/sports/new-corruption-scandal-erupts-in-malaysia/.

Pieth, M. (2012). "About Mark Pieth. " Retrieved on June 22, 2012 from http: //www. Pieth. ch/about_ mark_ pieth/.

Pinckard, W. (n. d.). "Go and the 'Three Games'". Retrieved on April 5, 2014 from http：//www. kiseido. com/three. htm.

Potter, D. (n. d.). "The Three Virtues of 'Go'". Retrieved on April 5, 2014 from http：//www. kiseido. com/proper. htm.

Reuters. (2012, May 28). War crimes prosecutor nominated as FIFA investigator. Retrieved on May 31, 2012 http：//www. foxnews. com/sports/2012/05/28/war-crimes-prosecutor-nominated-as-fifa-investigator/.

Roan, D. (2012, February 7). Report shows match-fixing rife in Southern and Eastern Europe. *BBC sport.* Retrieved on April 5, 2012 from http：//www. bbc. co. uk/sport/0/football/16923742.

Schenck, S. (2011, August). *Building Integrity and Transparency at FIFA.* Transparency International.

Scott, M. (2011, November 30). Fifa needs new anti-corruption controls, warns head of governance. *The Guardian.* Retrieved on April 5, 2012 from http：//www. guardian. co. uk/football/2011/nov/30/fifa-anti-corruption-head-governance.

Scott, M. (2012, February 16). Ricardo Teixeira set to quit all football posts after allegations of new corruption scandal. *The Telegraph.* Retrieved on April 3, 2012 from http：//www. telegraph. co. uk/sport/football/international/9087552/Ricardo-Teixeira-set-to-quit-all-football-posts-after-allegations-of-new-corruption-scandal. html.

Sharuko, R. (2012, February 3). The Warriors and the ZIFA curse. *The Herald Online.* Retrieved on April 15, 2012 from http：//www. herald. co. zw/index. php? option = com_ content&view = article&id = 33115.

Smith, D. (2012, February 1). Zimbabwe suspends 80 footballers as part of 'Asiagate' match-fixing probe. *The Guardian.* Retrieved on April 16, 2012 from http：//www. guardian. co. uk/world/2012/feb/01/zimbabwe-footballers-suspended-asiagate-match-fixing.

Sport 24. (2011, December 21). 2011：Year of FIFA scandals. Retrieved on April 13, 2012 from http：//www. sport24. co. za/Soccer/2011 − Year-of-FIFA-scandals − 20111221.

Stanford Encyclopedia of Philosophy (SEP). (2010, May 5, 2010). "Game Theory." Retrieved on April 8, 2014 from http：//plato. stanford. edu/entries/game-theory/.

The Economist. (2011, December 17). Little red card. Retrieved on March 27, 2012 from http：//www. economist. com/node/21541716.

The Guardian. (2012, March 29). Anti-corruption expert set to publish Fifa reform proposals. Retrieved on April 6, 2012 from http: //www. guardian. co. uk/football/2012/ mar/29/anti-corruption-expert-fifa-reforms？ INTCMP = ILCNETTXT3487.

The Times of India. (2012, February 8). Zimbabwe suspend football coach over match-fixing. Retrieved on April 3, 2012 from http: //timesofindia. indiatimes. com/ sports/football/top-stories/zimbabwe-suspend-football-coach-over-match/fixing/articleshow/ 11806683. cms.

The Zimbabwe Independent. (2013, October 19). "The Premier League of poverty." Retrieved on March 28, 2014 from http: //www. theindependent. co. zw/2013/10/18/ premier-league-poverty/.

Tomkins, S. (2004, June 22). Matches made in heaven. *BBC.* Retrieved on August 7, 2012 from http: //news. bbc. co. uk/1/hi/3828767. stm.

Weir, K. (2012, March 28). FIFA blows whistle on match-fixing hotline. *Reuters.* Retrieved on April 14, 2012 from http: //af. reuters. com/article/sportsNews/idAF-JOE82R0B420120328.

Wharshaw, A. (2012, May 25). Have guts, do the right thing and back reforms, Pieth urges FIFA Congress. *Inside the Game.* Retrieved on June 30, 2012 from http: // www. insidethegames. biz/sports/summer/football/17068 – have-guts-do-the-right-thing-and-back-reforms-pieth-urges-fifa-congress-.

Wikipedia. (2014). "Sportsmanship" Retrieved on April 10, 2014 from http: //en. wikipedia. org/wiki/Sportsmanship.

WSC Daily. (2010, January 26). Tapping into Portugal's corruption scandal. Retrieved on July 3, 2012 from http: //www. wsc. co. uk/wsc-daily/979 – January – 2010/ 4486 – tapping-into-portugals-corruption-scandal.

Yin, P. (2012, January 9). Poised to strike. *The Beijing Review.* Retrieved on March 27, 2012 from http: //www. bjreview. com/nation/txt/2012 – 01/09/content _ 419500. htm.

第二章　自然而然地将伦理德性放在第一位

要成为一个好的玩家，你就要培养敏锐的辨别能力和良好的行为习惯。

（罗世范，《成为终极赢家的18条规则》，2004）

2.1　序言

第一章向我们描述了玩家们一旦成为终极赢家后有望实现的目标。在这里，"玩家"一词暗示着生意并不像战争，而更像是一场游戏。正如经济学家们主张的那样，战争是一场零和博弈，一方的收益必然意味着另一方的损失。然而不同于战争，生意却是非零和博弈，如果游戏玩得漂亮，即使一方玩家略占下风，所有参与者也会从这场游戏中有所收益。这场接下来我们马上就要学着参与的游戏，有自己的竞赛规则，这些规则明确了输赢及奖惩。

想要成为终极赢家，玩家们不但需要掌握必备的技能，还需要严格遵守游戏本身要求的诚信规则，也就是第一章中所描述的"竞技人员品格"。那么，商业伦理在哪些方面与竞技人员品格具有相似之处呢？那些在各类体育项目中表现优异的杰出运动员们均具有一点共性，那便是在所参与的运动中对诚信进行承诺。企业的道德领导力也要求商家们承诺。然而，这一承诺从何而来？本章试图以自1994—1999年在香港申诉专员公署担任第二专员的苏国荣先生的一生为开始，对该问题进行具体讨论。他的一生不但显示出在商业活动以及其他各类活动中保持美德是首要的，同时还展现了亚洲价值观和美德有天然的社会联系。

2.2　案例研究：一位现居香港的君子

2.2.1　摘要

苏国荣先生在他的整个职业生涯中，作为一名老师、社区组织者、企业家和官员，积极为推动中国香港、内地以至全亚洲的价值观教育、经济伦理和可持续发展做出努力。他曾在信用合作社运动中担任多个领导职务，包括香港信用合作社联盟第一常务董事、亚洲信用社联盟协会（ACCU）创始主席，以及信贷联盟世界理事会（WOCCU）董事和财务主管。1994年，在担任信合保险集团亚洲和非洲国际副总裁二十载后，苏国荣放弃了该职位。除了引领信用合作社在亚洲发展所获得的非凡成就外，他曾接受任命（1978—1985），到香港立法会（Legco）任职，后来担任过一届香港申诉专员公署第二专员（1994—1999）。自退休以后，他一直活跃于各类促进信用合作社和价值观教育的社区发展项目中。本案例研究基于我们2012年5月对苏国荣先生的采访。他的故事允许读者——遵循孔子和亚里士多德的睿智建议——探讨美德如何可以在当代人的生活中像在古人生活中一样好地被认识到，并以此作为教学的榜样。

2.2.2　关键词

伦理德性、价值观教育、儒家伦理、天主教社会学说、社区组织、申诉专员公署、态度变化

2.2.3　现今美德是否可教？

人类文明的历史往往充满了纪念古人非凡美德的的故事，这些古人通常指雅典哲学家苏格拉底（公元前469—前399）、斯多葛派罗马皇帝马可·奥勒留（公元121—前180）、被称为佛陀的乔达摩·悉达多（公元前5世纪），或孔子（公元前551—前479）之类的人。然而，虽然古人极力推崇，但是总是存在一个问题，当代人是否可以在现实生活中养成他们那种美德呢？当代人必然经受着当今生活的各种诱惑和价值观多元化的冲击。古代圣贤或道德楷模越是崇高，其道德学说同现实的

相关性就越小。如果美德伦理学应该得到我们的认同，那么我们必须能够证明如今在应对社会各方面的挑战时，道德高尚地生活有现实意义。抱着这一目的，我们邀请苏国荣先生接受我们的采访，为的是与他一起探讨他自己一生中追求美德所走过的路。我们希望苏国荣先生能够阐释美德对他作为一名终极赢家，致力于在商务、教育、政府管理，尤其是非政府组织如信用合作社这些领域帮助普通人和他们的家人时产生的具体影响。

2.2.4　"货，恶其弃于地也，不必藏于己"

苏国荣先生在自己深爱的母校九龙华仁书院接受我们采访被问到座右铭时，引用了孔子的"货，恶其弃于地也，不必藏于己"。尽管这句话确实反映了孔子的教海，但却不是出自《论语》，而是出自《礼记·礼运》。正是该文中所描述的天下为公、天下大同的理想世界，同当前的现实社会真实写照所形成的鲜明对比，证实了"礼"或者"德"的重要意义。

虽然《礼记·礼运》中所描述的"不必藏于己"是生活在理想大同世界的自然结果，但是苏国荣最初却是在香港产生了这一想法，几乎没有中国人会把当时还处于英国殖民统治下的香港看作理想的大同世界的。

> 我出生在抗日战争时期，有十个兄弟姐妹，那期间我们遭受了太多折磨。生活在一个大家庭中，你必须学会分享，正如我父亲教育我的，这么多孩子，你必须学会共享。盛食物的碗不仅属于我，同时也属于我的兄弟姐妹。我很自然地产生了一种分享的意识。

虽然当时的社会远远不是人人友爱互助、家家安居乐业，没有差异、没有战争的理想大同世界，在传统的中国家庭中长大，对苏国荣来说，"不必藏于己"却是生存的关键。为了摆脱贫困，苏国荣的父母从广州移民到了香港，并且开了一家小杂货店维持生计，尽管他父亲曾经希望成为一名裁缝。正如九龙其他许多小生意人一样，他们一家人就生活在杂货铺正后面的房间里。最终，他的一位叔叔从内地赶来帮忙。苏国荣记得，尽管杂货店的生意还算红火，但家里的每个人都不得不努力工作。"我们是中产阶级吗？其实不是，但我们有足够的大米吃，我们所有的人都去上学。我们很满足。"苏国荣回忆说。

20 世纪 50 年代中期，苏国荣准备上高中的时候，他考入了九龙一个著名的天主教教会学校——九龙华仁书院。在那里，作为足球队队长，他带领球队在香港的比赛中赢得了三连冠，获得了无限荣誉。与此同时，他也参与了一些戏剧表演活动，并且还担任童子军团长。就像其他那些乐于参加各项课外活动的小伙子们一样，苏国荣坦言自己并没有花费太多精力学习。尽管他的学习成绩平平，但教会学校的经历却给他带来了一个重大的转变："虽然我的祖母和姨妈都是虔诚的天主教徒，我的父母却都是无神论者。我是在上九龙华仁书院以后才成为一个天主教徒的，并且在 13 岁时接受了洗礼。"

苏国荣从家庭教育中所学到的共享食物的理念，似乎更加增强了日后处于青少年时期的他对天主教的信仰与在实践中分享、助人的承诺。这些因素共同影响了他在职业道路上的选择。虽然他曾经希望学习文学，但为了毕业后能尽快找到工作并为其他兄弟姐妹的教育提供支持，苏国荣后来报名进入了教师培训学院，即现在的香港教育学院。完成培训后，他在位于荃湾的政府成人教育中心教授了两年针对产业工人的英语课程。在此期间，苏国荣对当时新成立的亚洲社会经济生活发展委员会（SELA）产生了浓厚的兴趣。该组织致力于推动信用合作社、工会和成人教育的发展。1963 年，神父约翰·柯林斯邀请苏国荣参加了在曼谷举办的为期一个月的培训。在此次培训中，苏国荣系统地接受了关于信用合作社的相关理论及实践知识。正如苏国荣所回忆的，"柯林斯神父决定在香港推广信用合作社，并且邀请我帮忙，于是我帮助他在香港建立了信用合作社。因此，我辞去了政府的工作，以全职的身份加入了该组织"。

2.2.5　组建香港的信用合作社

当被问及为什么愿意放弃稳定的政府教师工作，而选择开启这段全新又不同寻常的冒险之旅，苏国荣坦言，他对于政府学校中部分显然缺乏奉献精神的同事们感到非常不满。抱着为普通百姓摆脱贫困以及解决其他一些社会问题的强烈愿望，苏国荣满怀热情地投入到了信用合作社运动以及稍后的成人教育事业中。他和柯林斯神父的努力很快得到了回报。1964 年，他们在香港成立了圣弗朗西斯信用合作社。两年后，已经成立的 9 个信用合作社共同构成了香港的信用合作社体系。他们努力的成果很快遍及世界，苏国荣于 1971 年成为亚洲信用社联盟协会（ACCU）创始主席，并且担任信贷联盟世界理事会（WOCCU）董事。与此同时，他还担任信合保险集团亚洲和非洲国际副总裁长达二十载，该组织主要为国际信用合作社体系提供金融服务及保险产品。

　　最初在香港开始组建信用合作社时，苏国荣和柯林斯神父作出了一个会影响整个事业发展方向的战略决策。虽然参与这项事业的初衷受到了天主教教义的启发，但他们所成立的信用合作社却不是以服务天主教教堂及其信徒为宗旨的。由于香港只有大概 5% 的人信奉罗马天主教，将信用合作社的会员局限在天主教教区和机构并不利于其发展。相反，由苏国荣和柯林斯神父共同创建的信用合作社旨在为更广泛的职业群体提供服务，例如教师和工人等。正如苏国荣在采访中所坚称的："我们要坚守住一个原则，那就是我们不应该被看做一个教会团体。"因此，他们所成立的最大的机构是由 3500 名香港警察组成的信用合作社。

2.2.6　指导原则

　　虽然信用合作社的组织战略和服务宗旨的确是非宗教化的，但该组织植根于天主教教义的社会美德和价值观是显而易见的。当被问及在信用合作社运动中所奉行的指导原则时，苏国荣提出了两个主要观点。第一个主要观点出自拉美经济体系第二秘书长沃尔特·霍根修士，1963年苏国荣参加在曼谷举行的培训研讨会时显然借鉴了他的话：

　　　　我相信，经济，即人类在一定的社会组织与秩序之下所进行的农业、制造业、运输业、金融业以及其他一切活动，就像兄弟们之间的一场共谋。这场共谋将地球上美好的事物带给人类并进行了平均分配以保障每个家庭至少有体面的生活。工作，即任何一种形式的劳动，是上帝赋予人类以维持家庭生活的手段。

第二个主要观点是苏国荣自己的理解，他也想知道这样的观点在亚洲意味着什么，在亚洲能产生什么影响。

> 审视自己，我们必须承认，我们一般的基督徒以及亚洲的基督徒在更深刻地表现出人之爱中并不突出，这种爱要进一步超越医院、孤儿院的建立，而走向一个社会的建立，这个社会将是人类生活的合适场所——一个充满了正义、爱、自由、和平的社会。

在倾听这些话的时候，我们想到，这些理念赋予苏国荣取自《礼记·礼运》的座右铭以活力。当被记者要求对天主教社会学说与中国传统哲学思想进行比较的时候，苏国荣表现出了一如既往的谦逊。他表示自己直到最近才开始培养这一新的"爱好"，即从哲学的角度对这些理念进行反思。这位新手对自己近期的反思进行了如下概括："我一直相信，西方思想中生命的目的在于死后能够在天堂争取一席之地，而对于中国人来说，生命的目的却是能够成为具有高尚品德的人。对我而言，我希望能够两者兼得。"从苏国荣的案例来看，所谓的两者兼得意味着用一种简单的生活方式将《礼记·礼运》中所表达的孔子的古代智慧同天主教社会学说的现代抱负和谐地融合在一起。

2.2.7 主要实践

苏国荣关于组织和管理信用合作社的具体思考说明了这种融合的性质。他列举了四个实践案例，以证明信用合作社不但有别于其他小额信贷项目，更有别于其他社区团体活动。他说："信用合作社旨在促进自助、互助、民主管理和民主制度，从而有效抵制在高利贷中常见的经济剥削。"针对"自助"以及其他目标，苏国荣解释道：

> 我们不同于小额融资的地方在于储蓄是最重要的部分，我们教人们为了给他们自己的好目标筹措资金而储蓄。信用合作社的资产都是由合作者，即其成员民主管理的，是用于推进互助和自助的。成员所有，成员管理、自助、互助。这些方式并不是所有小额融资项目都采用的。

通过贯彻"自助"理念而形成的规则进一步发展成为"互助"得以实现的方法。在谈到信用合作社如何发放贷款的时候，苏国荣举出了一个关于"互助"的重要实例："每一笔贷款都要根据实际情况进行具体评估。依据贷款人的品行，我们甚至可以对没有社外资产的社员发放贷款。"当然，这种根据个人品行评估而不是根据个人当下净资产评估而决定贷款发放的机制，其前提是核定贷款的人要对贷款申请人有一定的了解。当信用合作社成员民主选举贷款官员和其他管理人员时，贷款申请过程变得更像是同行评议。正如苏国荣提醒我们的那样，信用合作社通常情况下仅提供小额贷款。尽管这种评审过程无法提供理财规划服务，但是由于信用合作社立足于社内成员，所以成员之间可以确保彼此对贷款当责，核实贷款是用于申请人所陈述的目的，而且贷款接受者有能力偿还贷款，就足够了。他还指出，贷款的类型基本分为两种，"一种用于临时目的，例如支付急诊手术的费用或者为配偶支付住院费用等；另外一种用于生产性目的，即提供商务资本"。这种贷款是为了互助。当很多家庭加入了信用合作社，增加了存款并申请贷款时，"我们就给他们提供金融咨询，比如，告诉他们如何制订家庭预算，或者鼓励他们戒烟以节省开支，采取一切措施来有计划地使用金钱"。

鉴于在商务、信用合作社以及政府服务等方面的广泛经验，苏国荣在必须警惕腐败的方面、在任何有金钱交易的地方，始终是一个现实主义者。虽然信用合作社提供了替代在贫穷人群中盛行的"高利贷"业务——以过高利率做短期小额贷款——的一种选择，但是他知道，还必须防止其他的弊病。其中之一便是"洗钱"，即利用合法的金融机构隐藏通过犯罪活动获得的资金。当被问及如何防范这一问题时，苏国荣指出，尽管无法核实每笔存款的资金来源，但"我们确实对成员在信用合作社的存款总额有限制。每个成员的存款不可以超过信用合作社的总资产的10%，所以我们没有大股东。遇上这样的储户颇为罕见"。当然，限制存款也显示了信用合作社对于集体所有权和民主监管的承诺。没有一个股东能够利用他的资产，改变信用合作社的管理结构或者逃避其对信用合作社的所当之责。

2.2.8　"献身公共职责，杜绝懒政……"

亚洲信用社联盟协会在 1971 年时仅在 8 个亚洲国家建立了信用合作社，截至 2012 年已经发展到 20 个国家，共计建立 21900 个信用合作社，拥有 33 万名义工，以及 2 万名左右的带薪专业员工，并为 3750 万成员提供服务，这其中有 630 万人仍然在贫困中挣扎。即便不能够将消除亚洲的贫困归功于亚洲信用社联盟协会，它无疑也帮助数百万家庭找到了自己摆脱贫困的方式，或者至少找到了比以前更有效的方法应对贫困。苏国荣指出，由于导致贫困的原因多样且复杂，应对贫困的策略必须考虑当地的需求、机会以及制约因素。公职人员的腐败在香港曾是一个重要问题，苏国荣决定下一阶段的职业生涯在政府服务方面展开。在回顾他在公共服务方面的工作时，苏国荣主要讲述了他担任香港申诉专员公署第二专员的五年经历（1994—1999）。苏国荣在职期间恰逢香港结束英国殖民统治，成立特别行政区。《南华早报》称，对于申诉专员公署来说，这是一个特别具有挑战性的时期，因为人民对特区政府的信任大大取决于它如何回应他们的询问和投诉：

> 在由行政长官领导的行政体制下，申诉专员公署为公众提供了一个不满情绪发泄的渠道。如果申诉专员公署被看做独立于官方的渠道，它可以成为约束官僚机构权力的有效手段。（《南华早报》1998 年 1 月 12 日）

在此期间，苏国荣敏锐地意识到他在维持公众对政府信心方面所担当的重要角色，并竭尽所能地扩大申诉专员公署的调查权力以及公民的申诉权。他在职期间不仅公开了对于投诉的申请及处理过程，甚至于1996 年在申诉专员公署为公务人员组织了一次关于投诉管理的研讨会。苏国荣向我们回忆了当时他多么希望提高政府对于人民所担忧的事情的关注：

> 申诉专员的职责是实施《申诉专员法》。如果你有一个好制度，你可以找到合适的人来做此事。我被任命时，是第二个担任此职位

的人，那是在香港回归之前的三年和回归后的两年。在我之前，是一名非常有名望的法官担任此职务。当我被任命时，人们问起："他是一个律师吗？他是一位法官吗？"而我的拥护者则回答道："这两个身份他都没有，但是他有实际判断能力。"

当被要求解释他们所指的实际判断能力是什么时，苏国荣强调了申诉专员在履行职责时所需具备的品质：

> 当我从信用合作社退休成为申诉专员时，我就把这当成一项使命。我的工作是听取公民投诉，并分类整理出哪些是正当的、可受理的。

当然，分类整理是需要实际判断能力的，这种能力由构成良好公共服务的美德塑造而成。"法律固然重要。但是你需要道德勇气来成为一名道德领袖。当你必须说不的时候，你需要勇气来说不，那种拍案而起，说话算话的勇气。"那么，一名优秀的申诉专员所需的道德勇气，很简单，就是坚持秉公执法。"这个职务要求做出合理判断，这就需要具备审慎态度和其他美德。法官或律师可以不考虑价值观或伦理观，但我有时候是需要考虑的。"因此，对苏国荣来说，价值观或者伦理观是一个实际判断能力的问题，是某种始终活在普通人心中的东西，尽管并非总是完美地体现在常识中，也未能总是完美地体现在应该为普通民众服务的政府的政策和程序中。

然而，曾经做过老师的苏国荣确实试图将这些期望传达给政府官员。作为申诉专员，他需要审查他们的工作，甚至在他组织关于投诉管理的研讨会之前，他还分发某些清单，旨在激励大家努力，更加积极地回应市民关心的问题。

> 我在开始工作时，做了一份清单，一份公平清单，也是一份详细说明何为善治的清单。我把这些清单分发给所有政府机构，这些机构里大概有280000名公务员。这些清单可使每个人都知道我做决定和进行调查的依据是什么。

他的清单也许不过是体现他的实际判断能力而已，但却提醒着公务员应当遵守行为规范，以避免给他们自己和政府制造麻烦。

苏国荣敏锐意识到人们期望"现在政府官员在伦理问题上格外清廉"，他作为申诉专员，准备好要以身作则。在就职后，他竭尽全力去预见问题，并将其扼杀在摇篮里。

> 我辞去信用社和我当时正在做的保险公司的工作，为的就是避免发生利益冲突。我当时还是教育董事会和各种委员会主席，我辞去了所有这些职务。但是我却获准保留两份工作：一是在1991年开创的香港国际教育学院的工作，另一个是我在香港被释囚犯援助会的职位。虽然我没有从其中任何一个职位领取薪水——所以我没有必要辞职——但是我确实只想保持我的公正。可是后来当我成为申诉专员时，如果有任何涉及这些机构的案子，我就得声明我同这些机构的关系，确保我的公正清楚无误。

由于判断的公正无私是其履行职责必不可少的条件，所以他必须使他的利益完全透明。如果连他都不敢接受类似审查，他又怎么能期望公务员达到公众日益严格的期望呢？

2.2.9　"当完美秩序占据了优势，世界如家一般被所有人分享……"

1999年苏国荣从申诉专员公署退休后，被授予著名的银紫荆星勋章，此勋章专门"授予长期从事公共事务及志愿工作的重要人物"。这个勋章并不标志着他努力推崇《礼记·礼运》和天主教社会教义价值观的结束，而仅仅标志着活动场所的改变而已。近年来，苏国荣又回到他以前从事的活动中，去促进道德教育。他给我们讲了一个故事。

> 1985年，澳门的一名耶稣会士——路易斯·鲁伊斯神父，受请于中国政府为麻风病人工作。政府对麻风病人的政策是不错的，但是鲁伊斯神父却发现还欠缺一样东西，那就是"爱"。为此他雇用来自印度、意大利、阿根廷的天主教修女来照顾麻风病人，并为他们洗澡，后来他又帮助患有艾滋病的儿童。但在5年前，92岁的鲁

伊斯去世了，卡萨·里奇要我把他生前所做的事情制度化。因此，我们成立了一个基金会，我努力将其使命变为帮助所有边缘化和贫困的人们通过自助而成为自己命运的主人，并为整个国家的整体利益做出贡献。因此我再次开始说服澳门的耶稣会士：我们要做的不仅仅是建医院和孤儿院。我们的使命必须是建立一个适合人类家庭生活的社会。所以，我和他们的工作就是为了促进人类发展。两年之后，我们一直在进行价值观教育。我们教的并非真正的天主教教义，我们教的是资源管理。

在 1963 年曼谷召开的培训研讨会上，神父霍根呼吁"兄弟姐妹们一起共谋，把世界上美好的东西展示出来，让它们对人类更加有益，并对其进行公平合理的分配。"共谋，按照苏国荣的理解，是一个好词，它强调的是人们分享美好生活的共同夙愿，及如何共同努力去实现它。在他整个的职业生涯中，苏国荣做了一切能扩大共谋者朋友圈的努力，为公共利益而努力。其行动是有意义的。可以根据他经常反复重申的人类尊严所包含的信仰来理解："每个人都是独一无二的，可以发挥独特才能和做出独特贡献；因此，我们要把每个人最好的一面展示出来，就像成人教育和信用合作社的活动一样。"这些价值观是否也在孔子的大同和其他传统中有所体现和表达呢？如天主教社会教义，是否在当今商业和公共事务的世界中已经过时了呢？只要我们继续找到像苏国荣这样有决心的人，这个世界最终就会成为所有人共享的家园。君子还会在当今香港做些什么呢？

2.3 案例分析讨论

从苏国荣身上学到的最重要的一课就是美德的实践不能仅限于对个人素质的培养，尽管这些也许很重要。具有美德的人，或者——用儒家术语来说——君子，参与公共生活，接受政府公职、商业或职业中的公共责任，为的是促进整个社会的公益。美德的实践往往被简化成修身，好像美德生活的关键是要使自己摆脱往往伴随公共事务而来的诱惑、腐败和不公一样。毫不奇怪，有这么多人都认为，对于那些想要在政府公职、商业或职业中发挥积极作用的人来说，美德的实践即使不是成功的障碍，也与成功无关。一个一再提出的哲学问题，即美德是否在实际上可教？应该重新定位：真正的问题是，美德是否可以教好。拥有美德和承担公共责任之间有什么深层联系吗？

苏国荣回答这个问题，不是用演讲方式，而是给我们举了一个例子。是的，我们可以学会如何联系自己的生活，因为我们有像仍能给我们指引道路的苏国荣一样的当教师的经验。那么当你听完苏国荣的故事后，你想起了什么问题吗？如果你成长在一个为生存而奋斗的大家庭里，培养分享意识有意义吗？关于分享，你的父母教了你什么？他们会同意苏国荣父母的教法吗？你赞同苏国荣吗？如果你是一个哥哥或姐姐，你觉得他的这个做法怎么样，就是牺牲自己学习文学的愿望而去打工挣钱负担他弟弟或妹妹的学费？或者后来，当苏国荣加入了信用合作社运动时，你会不会觉得组织这样的合作社有可能是一种帮助他人摆脱贫困的有效方式，同时还能培养美德——例如节俭和诚实——以致富呢？你会认为苏国荣的选择只与社会工作者和社区组织者有关吗？

要是苏国荣能教你做生意的话，他能教你些什么呢？毕竟，他在信用合作社运动中获得过行政技能和极佳的声誉，他受邀加入过一家大型保险公司的管理团队。接着，他又担任香港申诉专员。你认为，他作为一名公职人员，在履行职责方式上最突出的一点是什么呢？他谈到需要实际判断力和道德勇气，更确切地说，就是他在办公室履行职责时所坚持的公正原则。这些对你意味着什么呢？你会因为他对这些问题如此重视而感到惊讶吗？最后，你是否看到了苏国荣一生中履行职责方式的潜在连续性？通过学习苏国荣的故事，你会如何表述你对美德的了解？虽然中西方的古代圣贤都把培养美德描述为遵循"道"，但是你会很想知道，是否"道"是只有古代圣贤才知道的东西。更深入地观察人们的生活，可以很清晰地看到，在我们中间还有许多人仍然遵循着"道"。苏国荣不是孤单的，一旦我们学会识别出一个案例，我们很快就能发现许多其他案例。

2.4　伦理反思

　　无论在中国，还是在塑造了西方文明的古希腊文化传统中，对真正美德本质的探究和哲学本身一样古老。出于种种原因，在社会经济发展、现代化以及当下全球化过程中经历迅速变化的社会里，对美德的培养被忽视，而且还往往被鄙视为过时。但是我们相信，这种忽视是可扭转的，而且如果经济伦理要想和真正改革和社会进步的其他标志在中国得到蓬勃发展，那么就必须扭转这种忽视。为了了解美德在经济伦理中的天然优先地位，我们就得把经济伦理的标准界定放到一边，哪怕只有一小会儿。

　　经济伦理被认为是一个应用伦理的领域，即哲学上有效的道德规范中的一个特定领域，它试图扩大在商业决策中似乎是常规性的估算，这些商业决策都是通过从道德判断范畴产生的伦理指令而作出的。通常有两种估算，即好与坏，另一种是对与错。对普通人如何使用好与坏的语言表达方式所进行的逻辑分析表明，这些表达表明了我们对行为后果的判断，而对与错对于我们的职责和义务来说有着类似功能。我们将在后面章节更为详细地探讨这些问题。这里的重点是拓宽管理人员的考虑范围，让他们自己去权衡。在我们看来，只有那些有良好品德的人，才能对对与错、好与坏以及其他相匹配的道德范畴进行很明确的优先区分。换句话说，经济伦理必须首先关注道德品质，以及培养良好的道德习惯，使个人诚信成为他们所有商业行为的标志。

　　我们每人都通过试验和错误或多或少地发现经济伦理中美德所具有的优先性。我们对于经济伦理有着50多年的教学和实践经验，我们只看到了，应用伦理学提供的标准界定对于训练学生和经商人士成为"终极玩家"是多么教育无方。那些对经济伦理的了解只是将其看作商业决策演算中又增加了一个层面的人，一旦真正要做决策的时候，很快就会发现这个层面很容易被忽视或绕过，尤其是当底线要求采用更快、更卑劣的方法来短期内解决迫切问题的时候。商业实践中尊重美德的优先性会使得忽视或搁置对伦理的考虑变得更为困难。尊重美德的优先性可有意使学生和经商人士远离操纵抽象伦理概念所构成之规则的诱惑，走向在实践中面对每个人的基本人性。如果说这种转变看起来像回到古代圣贤儒家和基督教的学说中，那么无可否认的是，事实确实如此。因为他们见解的优越性对于那些在履行管理责任期间真正努力维护其诚信的人来说，应该是很明显的。

对美德优先性的理解不只体现在古代的圣贤学说中。在劳拉·纳什的重要著作《搁置善意：管理者解决伦理问题指南》（1993）中，她有效地区分了两种类型的道德问题——A 类和 B 类。A 类问题指的是被认为是"道德困境"的情况，在这种情况下，该做的正确事情是什么，一个人往往会毫无头绪或是存有疑惑。而 B 类问题指的是这样的情况，一个人知道该做的正确事情是什么，但是却不愿意或不能让自己去做。这两种类型中，B 类问题能引导我们重新发现美德的优先性。虽然学生和商人在面对 A 类问题时，可能会通过应用伦理学所提供的分析和管理决策模型而得到帮助，但只要任何潜在 B 类问题仍未解决，那么即便是已经弄清楚，也不会产生什么实质性作用。我们将在后面章节中回到对纳什区分方法的讨论，因为这不仅能使我们去突出美德的优先性，而且在定义各种经济伦理方法范围的时候，它也暗示着，这些方法如何可以被有效地整合。

对于 B 类问题的反思让我们看到强弱的对比，因而说明了美德的自然优先性。"virtue"（美德），源于拉丁语，意为力量，或表示阳刚的个性素质（virtus）（"vir"是一个拉丁词，为像"virility"和"virile"的英语词提供词根）。毫不奇怪，古罗马人的阳刚主要是从战场上展现的勇武角度来考虑的。随着罗马传统经过希腊哲学的过滤，后来"virtue"（美德）成为希腊语"优秀"（arête）的同义词，智慧、勇气等素质的展现，使一个人成为理想的城邦领袖。两种传统都倾向于将美德视为一套技能，是培养个人自我控制能力的结果。性格的弱点意味着缺乏自制力，这从希腊语"akrasia"（意志薄弱）这个词便可明显看出，它很恰当地概括了 B 类问题的根本所在。

虽然对性格弱点做出的解释可能有所不同，但中西方的道德哲学传统都一致同意，弱点至少在某种程度上是可被克服的。在两种传统中，美德的培养是一个开放式的过程，最终要么成为儒家和希腊思想中的完人，要么成为基督教中那样经由神的恩典而变得"完全，与你的天父完全一样"（Matthew 5：48）。在每种传统中，都有乐观态度，不仅有一种走向真正人性的"道"，而且还能沿着包括培养道德德性的"道"前进。虽然以这些传统为前提的世界观在几个重要问题上有很大分歧，如上帝的真实性、天堂的意义、宇宙起源、后世性质等，但都达到了一个显著的共识，即美德的自然优先性。

2.4.1　儒学的德性

在孔子（公元前551—公元前479）的学说中，每个人都有机会成仁。"仁"通常被翻译为"benevolence"，或更确切地说就是知人和爱人。人类生活的目标——善良或幸福——若不能在与他人的关系中实现仁，那么这样的目标将无法达到。儒家的理想共同体或大同观念有助于解释成为完人的可能性和必要性。对理想共同体中普通生活的描述是，在那里，"共享意识"不仅是自发的、普遍的，而且还是"天下为公"。在这样的大同里，"选贤与能，讲信修睦。"这样每个人都可以在生活中发挥他们的作用及完成分配给他们的工作。孔子承认当他想到大同时，他就感到悲伤，因为他从未亲眼目睹。实际上我们所生活的这个世界，他在《礼记·礼运》中后来解释说，在成为小康和成为疵国之间摇摆。

"小康"是一个充满秩序以及能确保每人都"富裕"的状态。相比之下，"疵国"则是一个以大规模腐败和混乱为特征的国家。培养儒家美德的结果，主要体现在礼的规则中，而规则由《礼记·礼记》编纂和解释，即中国人更有可能享受小康生活，而不是去承受毫无可能有和谐的疵国。因此，儒家学说关于美德的社会属性是清晰明了的：善行，无论多么令人敬佩，不能仅仅停留在自我修养这个狭隘的层面上，而应成为一种更高端的手段，即建立一个人们可以欣欣向荣，通过积极参与实现公共利益的国家。当世界实现大同——但愿能实现——之时，美德的实践本身就有回报，但与此同时，在克服疵国掠夺性混乱的斗争中，美德实践是确保"小康"足以让普通民众有机会与他们的邻居和谐相处的不可或缺之手段。

当《礼记·礼运》阐述了选择善良生活的结果时，儒家传统便以各种方式来描述培养美德的方法。首先就是要"正名"。名指的是我们每个人在生活中所处的五种基本关系：父子、兄弟、夫妇、朋友、君臣。任何这些关系的正名都可被理解为是尊敬父母，即孝的延伸。儒家通常认为人性天生被一种基本的仁慈感所指引，人们通过遵守礼的规则而想要在任何关系中实现义，以便在人性上做出更大的进步。因此，成功的正名是自我修养的过程，意味着可以使一个人固有的道德本性变得越来越清晰和实在。因为人性本质是好的，所以培养美德也是可行的。由于善良是脆弱和易受腐蚀的，因此很有必要去培养美德。

孔子的传承者孟子（公元前372—公元前289），教导说人性天生具有四种美德。在《孟子》里有一著名段落，首先就是从观察怜悯之心的普遍性开始的："人皆有不忍人之心。"（2A6：1）他接着说道："不忍人之心"是古代君王管理典范政府的基础：为阐明人类自然会产生不忍人之心的现实，孟子讲述了"今人乍见孺子将入于井"时所发生的事情。他们"皆有怵惕恻隐之心"。他们会毫不犹豫地去救这个小孩，而不会去计较他们这样做后有可能会得到的回报。（2A6：3）通过观察，孟子推断普通人身上都具有四端：

> 恻隐之心，仁之端也；羞恶之心，义之端也；辞让之心，体之端也；是非之心，智之端也……凡有四端于我者，知皆扩而充之矣，若火之始然，泉之始达。苟能充之，足以保四海；苟不充之，不足以事父母。（2A6：4－5）

因此，自我修养的某种形式将"道"定义为获取这四种基本的美德：仁、义、礼、智。

教授和学习美德之道必须首先确定自己和他人的"端"，然后再将其培养至成熟。如何做到这一点呢？孟子以"端"的隐喻，引导我们去思考自我修养的做法。如果"端"或幼苗要生长，则必须给它除草、浇水和沐浴阳光，所有这些都必须要适量。除草表明要自控，按照孟子的话说就是减少欲望。（7B：35）不羁的欲望，也就是看似不可控制的冲动，会威胁和破坏心灵的自然平静，绝不能允许让其主宰自我。某些瑜伽或参禅形式在这里看来是很恰当的。浇水意味着需要营养，在这种情况下，也许可以制订一个定期阅读文章的计划来提高心智。沐浴阳光表明承担公共责任。即使在自我修养过程中，如果你愿意，有一个导师、指导教师、精神导师或者师父总是不错的选择。

很显然，教导和学习美德远不只是通过传统的学习方式掌握概念而已。一个人最终要学会美德，就必须要与那些在自我修养上有很高造诣的导师来进行相互交流。在万白安（Bryan Van Norden）关于"德性伦理与儒家"（Virtue Ethics and Confucianism）（2003）的研究中，他把这样的导师称作"鉴赏家"，也就是说，那些在某些特定技艺上具有卓越表现的人。其中一个例子就是"品酒师"，他们可以帮助新手去培养他们自己在品酒、选酒时的好品味意识或质量意识。以下是万白安做的关于美德导师和品酒师之间的一个类比：

> 在所有这些领域，鉴赏家的独特之处在于他们能清楚看到我们其他人"看不到"的东西（即使有的话）。要看清这些东西，是没有简单规矩可遵循的。［正如孟子指出："梓匠轮舆能与人规矩，不能使人巧。"（7B：5）］并且也没有明确的实验可以表明他们所看到的东西是存在的。（2003：115）

然而，这并不意味着在培养美德方面没有标准，就像对品酒或者任何其他的质量判断一样，还有其他一样好的建议可以采纳。当然，万白安所解释的，正是君子或者道德领袖在教导美德方面所发挥的模范作用。虽然这样的人可能不像圣人那样崇高，但是他们通过自身修养而成为道德领袖所取得的成功，将激励他人去接受"道"，"道"指向哪里，他们就追随到哪里。

2.4.2　西方的德性

与西方美德伦理传统相比较而得出的结果是相当惊人的，尤其是当我们进一步追溯过去的时候。亚里士多德（公元前384—公元前322），在其《尼各马可伦理学》中，通过观察每个人类行为中所包含的善意，开始了对美德伦理的研究："每一项艺术和每一个探究，以及类似的每一个行动和追求，都被认为是为了寻求某种善"（1094a）。可以在具体的例子中很容易看出这种泛化的意义：就好比是在演奏乐器时，能使人成为一名优秀的长笛演奏者，靠的是他或她自己很好演奏长笛的能力。然后此具体的例子很好地阐释了这种泛化：能使人成为好人，靠的就是过上真正的人性生活。亚里士多德继续认为，这样一个真正的人性生活，其显著特点就是幸福。因此，人所面临的挑战就是要在幸福和美德之间建立关系。

虽然善显然是幸福的关键，但是亚里士多德通过观察发现，关于什么使人幸福的观点也是各不相同的。他很快就摒弃了任何认为幸福只是使自己安逸的想法。因为快乐本身就与身体和心灵状态一样，不能错误地被降至只是为了身体上的快乐，而应当被包含在那些自然愉快的活动中，如可以在合乎德性的行为中找到乐趣。当我们看到有人在行动中展示出勇气、公正、智慧或者自控能力时，我们会很高兴。或者当我们表现出正直人品或具有这方面的迹象而受他人表扬时，我们也会高兴。爱马人士在照料马的同时，也会很自然地找到幸福感。人性按照其理性能力得到充分释放，将美德完美化。亚里士多德将这些分为两种基本类型：理智德性和道德德性。理智德性，最高品质为智慧，源于一个人的智力发展。道德德性，是通过使用理性来实现一个人对身体欲望的自我控制。尽管身体上的欲望是正常的，但是必须受到约束，这样才既不伤害自己也不伤害他人。然而，亚里士多德的天才让我们超越了心灵和身体的自我修养范围，并解释了我们不仅是理性存在，同时还是社会存在，我们最终的幸福存在于社会，或是通过在城邦（polis）中履行指定给我们的任务来获得。

与儒家经典相比，亚里士多德关于美德的哲学化探讨方式是高度抽象和客观的。然而，他显然同意孔子和孟子的很多实质性观点。第一，这两种传统都肯定了人性的善良，正如事实所表明的一样，善良是我们所有愿望和行动的预期目标。第二，都肯定了培养美德所具有的固有社会目的。亚里士多德的《尼各马可伦理学》与《政治学》紧密相关。由于通过美德培养才能实现对自身的合理管理，这是在合理有序的公民社会中执行领导力的前提。如果公民社会要帮助其所有成员找到幸福，那么管理后者的政制就反映——或者如果城邦要帮助所有公民找到幸福的话，至少应当反映——适合于人性的政制。正如我们在对《礼记·礼运》的简要分析中所看到的，儒家经典呈现了类似的模式。自我修养的过程被描述为正名，首先是从家庭开始，然后再是通过类比，扩大和延伸至社会关系（被统治者和统治者），最后到国家。尊重所有人行为中的对错原则不仅是个人的美德，而且还有助于促进整个人类社会的幸福，这也是社会和谐的关键，在其中，个人幸福可在一个有保障的基础上得到实现。

正如我们所指出的，中国经典更加重视师父和寻求启迪的徒弟之间的关系。反过来，徒弟也会成为师父，就像小孩最终要成为父母一样。但两者都不是自然而然发生的，因为自我修养涉及通过模仿和与个人相关联的学习，而且，还需要学习书本所传达的知识。亚里士多德同样认为，善良之人来之不易。他们是通过事例、故事和示范而被教导的。人们并非注定就会履行道德领袖的职责，而是通过处于一张特定的关系网中来履行的。《尼各马可伦理学》第九卷明确关注友谊在道德发展中所起的作用，通过它，人们才能逐渐形成那种程度的意识，从而使履行道德领袖的职责成为可能。虽然中国和希腊文化传统因此都强调成为一个善良人的社会本性，但是道德发展在其中发生的主要关系却似乎不同。按照中国传统，徒弟和师父就像是孩子与父母的关系一样，徒弟以孝道态度来向师父学习。而在古希腊人之间，美德是通过朋友之间的对等关系而得到培养的，如《柏拉图对话录》的"吕西斯篇"与"会饮篇"（Cooper, ed., 1997）中苏格拉底所解释的那样。社会语境在苏格拉底的传统中倾向于平等主义，在中国传统下则是分等级的。

虽然这两个传统都尊重四个基本美德，但是这两个系统之间的差异表明了强调的侧重点不同。儒家道德哲学所教导的四个基本美德——仁、义、礼、智，确定了实质性的道德理想和实现它们的方法。每一个传统都把社会考虑的重要性和通过自我修养取得的社会和谐放在最显著的地方。在希腊文化传统中，审慎、公正、刚毅和节制被称为"四种基本德性"，之所以这样命名，是因为它们起着联系所有其他道德理想的枢纽作用。虽然这些基本德性重点强调得到幸福不可或缺的个人倾向，但是其实每一个都具有社会属性。这两个系统之间重叠的程度是惊人的，尤其是在智和审慎以及义和公正的方面。然而，礼与刚毅以及仁与节制之间的差异却表明了希腊伦理学更注重识别出能够使人行善的形式思维习性，而儒家伦理则更注重于识别培养适当思维习性的"道"。

　　亚里士多德的正义观对理解这两个传统分歧的重点是尤为重要的。正义不仅表明要行为正直（礼），而且要表明衡量正义行为是规范的。《尼各马可伦理学》第五卷指出，从某种意义上说，正义是最伟大的美德，因为其实践包含了所有这些美德，不仅包括自己的善行，还包括所有其他人的善行（Book V：1）。通过检验我们对正义的相反经验，即不公平，就可以更好地理解何为正义。不公平，包含那些被认为是不公正或非法的行为。然而，公平性和合法性不仅仅是指个人满足的标志，而且也是衡量人类关系中合理实现平等的标准。平等本身不是一个简单的术语，而是可以被分为两种类型：（a）算术上的；（b）按比例的，其只能大致对应（a）私下交易的结果。就像是在相互交换货物的邻居之间一样，按照（b）型，则应由适当的权威来安排对货物的分配。在比例平等形式下，立法可能会因为一个人在社会中所发挥的作用，而要求他比其他人得到更多；但是在诸如个人买卖之间发生的交易中，公平性则要求所有的交易都一视同仁。比如，给这个客户的价格应该与给所有客户的价格都一样。因此，作为一种美德，正义关注的是一个人履行他或她社会责任的方式，无论是在政治上（被理解为公民责任的舞台）还是在市场中。培养正义的美德需要借鉴其他美德中所培养的能力，因为如果没有这些能力，一个人将缺乏必要的审慎，而不能区分那种正义需要被伸张的语境，同时也会缺乏必要的刚毅和节制，不能坚持不懈按照适应于合法性或公平性的平等标准行事。

　　亚里士多德复杂的正义概念所固有的强大之处在于，它为人们在公共生活（即城邦生活）中与邻居或者其他公民公平、合法地打交道指定了适当的标准。其具有的客观性，且可以用数学规范将其衡量出来，显然与公共生活关系的相对客观性是符合的。一个人对邻人和对自己的家庭成员，即，妻子、孩子和其他家属的爱是不同的。但是，邻人至少应该得到公平、合法的待遇。并不是由于家庭尊重责任，然后再类似应用到家庭以外和他人的关系中而推断出正义的美德。亚里士多德用数学术语给正义定义，因为平等是通过在太多和太少之间而设想的"中庸之道"来实现的。在某些情况下，会按照每个人的公共责任，而要求对物品按比例进行分配；在其他情况下，又不按照每个人的社会地位或者家族亲和力的程度，而要求大家都受到相同的平等待遇。

儒家美德所固有的强大之处在于其无论是在自己家庭还是在国家，都体现出其对和谐社会所需要的互惠的深刻见解。对儒家美德的推断源于个人孝道的本初体验，从而确保互惠是驱动所有社会关系的道德律令，同时还期望美德首先将个人态度和行为进行调整，以达到社会和谐的要求。虽然一些观察家无论是在理论还是在实践中，他们对儒家的理想持怀疑态度，但是儒家对社会和谐的传统重视值得我们尊重，正是因为其发挥的作用，才保护了中国几千年的文明。然而，儒家的孝道可能会与公平和合法的要求相冲突。如在《论语》中，孔子曾提倡"父为子隐，子为父隐，直在其中矣"（《论语》13：18）。对自己家庭成员的忠诚显然可能会凌驾于公民维护法治责任之上。可以肯定的是，即使在古代中国，对孝的此种诠释在孔子之后也是很快就遭到了挑战。

2.4.3　受冷落的墨子遗产

墨子（公元前470—公元前391）所教导的，可以理解为不是完全拒绝儒家，而是作为一个不可缺少的补充说明，向我们展示了如何将儒家和亚里士多德对于美德的观点进行整合。与其他观点一样，墨子的哲学思想也是教导尊重人类何等重要。所有这三个人都试图跨越对自我修养的歪曲观点，以便可以更开放地接受他人需要，最后实现对整个社会的关心。墨子的工作非常有意义，因为他试图超越仅限于自己家庭的心胸狭窄的爱。当中国人提倡"兼爱"时，墨子既受到批判又受到拥护。但是，"兼爱"这一术语的意思是极为模糊的，而不能使他的教义与基督教伦理保持一致。菲利普·J. 艾文荷建议把"兼爱"翻译成"impartial care"（公正的关怀）。这个翻译反映了艾文荷的发现，即在墨子看来，"中心道德问题是在于过分偏袒，又不缺乏同情心"（Ivanhoe, P. J., and Van Norden, B. W., 2005：60）。阻止人们实现社会和谐的正确之道的是在于他们未能公正地考虑所有事情。

公正意味着培养理性思维去判断各种做法的后果。如果提议的行动会产生积极影响，能够获取到所有人都希望的基本的善，即大家可以分享充足资源以及和谐社会，那么就应该付诸行动，而不必去考虑社会变化有可能会给传统习俗和惯例带来的压力。如墨子用公正的演算来批判孔子教义中对中国传统丧葬仪式的支持（Book VI：25，Book IX）。这种丧葬仪式是孝道实践的基础。墨子尤其对直系亲属久丧厚葬习俗的偏好表示关注。他的争论不是说对孝道的摒弃，而是一种提醒，要人们必须按照人性或仁爱的标准来判断。应当根据社会习俗是否"能够使穷人富裕、增加人口、（和）给危险情况带来稳定及给混乱带来秩序"而对其进行改革。如若不能，"那么这些事情显然对于孝子来说，就不是善良、正确或者适当的任务了"。（2005：81）

　　墨子对儒家的批判表明，理性应当成为立志于成仁的君子的标志。墨子所追求的善似乎与儒家美德产生了很好的共鸣，但是他追求的方式却涉及对实现这些手段进行的评判性分析。因此仁被确定为兼爱，而并非是为了实现社会和谐而附有偏袒或者家族性偏爱的儒家之道。《墨子》显示了他是如何贯彻运用批判性推理的，不仅针对中国传统的社会习俗，还针对孔子弟子们解释它们的方式。因此，墨子学说不应被视为是在拒绝孔子及其弟子所坚持的社会美德，而应当是被作为一种改革方案，去质疑任何违背这些美德而导致产生相反效果的社会习俗。美德的自然优先性一直会保持，君子理想也一样，但是要行使美德，需要理性分析以及个人的自我修养。道德的"端"必须沐浴阳光，同时也需要对其除草、浇水和种在好的土壤里。

　　如果墨子学说揭示中国美德伦理学与亚里士多德勾勒出对正义的理性分析是相交的，那么它也可以说明受到《尼各马可伦理学》启发的伦理学为什么以及如何需要借鉴孔子。理性分析可能是实现墨子和亚里士多德都提倡的这种公正所不可缺少的工具，但是除非公正像一朵莲花一样从慈悲之心中生长出来，否则它可能制造更多的社会冲突。亚里士多德和墨子都把其希望寄托在哲学家国王身上，就像马其顿的菲利普一样，他任命亚里士多德做他儿子（后来的亚历山大大帝）的导师，以及像古代中国的圣贤君王一样，如周武王和周文王。但是他们对君王权力的诉求，会带有风险，他们会把所倡导的改革强加在老百姓身上，他们很可能缺少理解合理论证所必需的美德。虽然精英主义的风险在儒家伦理中也显而易见，但孔子及其弟子们显然相信，人性给予了每个人变仁慈的能力。因此，教导儒家美德伦理的教学策略远超出学者可理解的理性论证范围，而是对心学的诉求，并通过礼仪的培养和可以加强教育的社会实践来实行教育。儒家教育学的观点是培养道德情操，或者是在西方哲学中被称为"良心"的东西，如果没有它，任何的道德论据，无论在逻辑上如何有效，都可能因为个人便利而被忽略或扭曲。

2.5 结论：商业中的美德人生

我们需将孔子、孟子、墨子和亚里士多德所概述的美德标准从个人及社会层面应用于商业领域。这些先贤都认为人性本善。就商业道德而言，这个理念无论在调查欺诈、玩忽职守、商业贿赂，还是在改进管理、以最大程度降低腐败发生的可能性等方面都有深远的意义。美德伦理不认为在繁荣的商业文化发展中，不良的行为因不可避免就可以被容忍。当商业社会中的信任被破坏时，就像近来在国际上发生的众多商业丑闻一样，需要从每个传统文化传承下来的处世哲学中汲取智慧，通过多种方式改善管理、加强商业伦理教育，以重铸信任。

我们不能仅满足于理论层面。在古希腊，哲学家苏格拉底是睿智和谦卑的典范。他以自己的处世原则来对待他的学生和每一个相处的人。我们应像苏格拉底一样，培养、形成自己的一套美德体系，基于自己的道德信念，以良好的心愿来工作、来采取有勇气的行动。商业道德须激发整个社会的参与，以共同形成一个遵守伦理的文化氛围。没有人应该被孤立。当贿赂、求财心切成风的时候，个人信念很容易被淹没。伦理必须向人们表明，贿赂行为会造成涉案人员之间关系的恶化，会致使友谊变成不道德的共犯关系。

伦理文化的形成并不是单纯地依靠一系列禁令，还应通过珍惜实践的智慧，即回归到伦理形成的最终目标——满足人类追求幸福的原动力。遵守伦理的文化氛围是商业道德的灵魂。如本章之前所述，商业中的道德问题可归类为 A 类或 B 类问题：A 类问题主要是指不清楚什么是正确的、该做的事情，而 B 类问题主要是虽然清楚了什么是正确的、该做的事情，但责任方却没有能力或个人特质来实际做到这些事情。在本章中，我们希望通过苏国荣的范例来说明美德伦理是个人培养自身能力以获得道德领导力的基石。只要我们有意愿来重新发现仍未被磨灭的传统智慧精髓，商业中的 B 类问题就一定可以被成功解决。

参考书目

Association of Asian Confederation of Credit Unions. （n. d.）. *Forty-two years of dedicated service to Asian Credit Unions.* Accessed online on November 16, 2013 at http：// www. aaccu. coop/index. php.

Confucius Publishing Co. （n. d.）. *The record of rites, book IX：The commonwealth state.* Accessed online November 13, 2013 at http：//www. confucius. org/lunyu/edcommon. htm.

Cooper J. （1997）. *Plato：Complete works.* In John M. Cooper （Ed.）. Indianapolis：Hackett Publishing Company.

Credit Union League of Hong Kong. （2013）. *Brief history of credit union movement in Hong Kong.* Accessed online November 15, 2013 at http：//home. culhk. org/index. php? option = com_ cobalt&view = record&cat_ id = 23&id = 31&Itemid = 111&lang = en.

CUNA Mutual Group. （2015）. *Home.* Accessed online on February 17, 2015 at http：//www. cuna-mutual. com/portal/server. pt? open = 512&objID = 351&mode = 2.

Isamu, A. （n. d.）. *Social involvement of Jesuits in the East Asian region.* Jesuit social justice and ecology secretariat. Accessed online November 15, 2013 at http：//www. sjweb. info/sjs/pjold/pj_ show. cfm? PubTextID = 2435.

Ivanhoe, P. J., & Van Norden, B. W. （2005）. *Readings in classical Chinese philosophy* （2nd ed.）. Indianapolis：Hackett Publishing Company.

Lau, D. C. （Ed.）. （1970）. *Mencius.* London：Penguin Classics.

Legge, J. （1885）. *Lǐ Yun* （Book IX of the *Lǐ jì*：禮記）. Accessed online 10 Nov 2013 at http：//ctext. org/liji/li-yun.

Legge, J. （1991）. *The Chinese classics：Vol. II：The works of Mencius.* Taipei：SMC Publishing.

Nash, L. N. （1993）. *Good intentions aside：A manager's guide to resolving ethical problems.* Boston：Harvard Business School Press.

Ross, W. D., （1925）. *Nicomachean ethics Aristotle* （Reprinted by Veritatis Splendor Publications, 2012）.

South China Morning Post. （1998, December 24）. Wrong choice. Accessed online on 2 Sept 2013 at http：//www. scmp. com/article/267084/wrong-choice.

Van Norden, B. （2003）. *Virtue ethics and confucianism.* Retrieved on June 15, 2014 from http：//faculty. vassar. edu/brvannor/Mypapers/virtueethics. pdf.

World Council of Credit Unions. （n. d.）. *Home.* Accessed online 6 Nov 2013 at http：//www. woccu. org/stephan. rothlin@ gmail. com.

第三章　经济伦理学与科学

如果你分析了事实资料，就会发现诚实和可靠对你有益会让你受益。

（罗世范，《成为终极赢家的 18 条规则》，2004）

3.1　序

在企业中实行道德领导要求的不仅仅是一种个人诚信的榜样意识。培养亚当·斯密所说的"道德情操"是不可或缺的，但是成为一名"终极赢家"却不止于此。在今日企业环境下，经理人员必须充分了解确保其所开发产品技术规范的各门学科，为的是要履行这些规范。正如三鹿三聚氰胺污染案所清晰说明的那样，不遵守这些规范——在中国也会——不仅对企业的客户，而且对企业本身及其玩忽职守的经理人员，都会产生严重的伤害。正如当今国际企业环境中的管理需要高度的理性分析，企业伦理亦需要同样的理性分析。本章从应该由三鹿之灾汲取的具体教训出发，着手探讨国际经济伦理学本身已科学地开发的方法。

3.2　案例分析：三鹿婴儿毒奶粉事件

3.2.1　摘要

2006 年，三鹿集团在质量标准和市场份额方面主导中国牛奶市场。集团因其言行一致、与丑闻无缘而受到赞誉和奖励。然而，当三鹿成功后反而放宽了一些质量规定时，公司的管理就受到了考验，伦理决策被遗忘。在 2008 年，三鹿承认出售受三聚氰胺污染的牛奶，这导致 4 名婴儿死亡和成千上万婴儿中毒案例。三聚氰胺事件以及背后三鹿集团高层的相关行为涉及腐败以及其与合资伙伴关系的道德问题。这个案例突出反映了公共关系伦理、腐败、社会责任等问题，这引起了全世界对中国产品安全问题的关注。

3.2.2　关键词

三鹿、三聚氰胺、田文华、产品安全

3.2.3　三鹿

三鹿集团在完成一系列对石家庄乳制品企业的收购之后，于1996年在河北省正式注册。得益于在三鹿企业领导层中迅速崛起的田文华的不懈努力，公司在奶粉行业中居领先地位长达十余年之久。正是因集团的声誉，田文华最终被任命为中国乳制品业协会副会长，并被选入中国人民政治协商会议全国委员会。令人印象深刻的是受田文华的影响，三鹿高层员工打出了"没有田文华，就没有三鹿"的口号以称颂其贡献。（Chinaview，2009）

与新西兰乳制品企业恒天然公司签订合资协议，是三鹿历史上的关键时刻。恒天然公司认购了三鹿集团43%的股权，企业于2006年在香港开始交易，向投资者承诺，在未来三年内会实现增长。河北省唐山市一个新工厂提高了奶粉生产能力，将公司的市场份额增至18%。于是三鹿成为该地区最大的雇主之一，在职人员将近10000人。与此同时，三鹿对潍坊（山东省）和新乡（河南省）工厂的设备投资允许企业通过扩大液态奶和酸奶生产以实现多样化（Sun and Chen，2009）。

在这些年当中，三鹿集团因严密的管理程序和严格的测试而自豪，从而赢得了从不松懈质量管理的名声。田文华将对最高标准的追求作为其管理风格核心，正如她为三鹿所创造的座右铭所表明的那样："制造优质乳制品为人民服务！"（Ng，2009）这种态度使公司的"新一代婴幼儿配方奶粉研究及其配套技术的创新与集成项目"获得国家科技进步奖二等奖。由于三鹿奶粉符合《产品免于质量监督检查管理办法》的规定，可以免于政府部门实施的质量监督检查。

3.2.4 2008 年奶品丑闻

然而，2008 年 9 月 11 日，三鹿集团公开承认其婴幼儿配方奶粉受到三聚氰胺污染。摄入三聚氰胺可能会导致膀胱结石和肾结石。世界卫生组织（WHO）关于三聚氰胺在食品部门的使用规定表明，三聚氰胺禁止人为添加到食品中（Langman，2009）。一个由全中国检验机构进行的全行业调查进一步揭示出添加三聚氰胺以明显提高乳制品的蛋白质含量已达到何等司空见惯的地步。到提起诉讼时为止，在石家庄地区已有 4 例婴儿死亡、56000 例婴儿中毒事件发生，三鹿大多数业务都集中于此地。

在检验揭示出三鹿婴幼儿配方奶粉含有的三聚氰胺是被分析的其他品牌产品中找到的三聚氰胺量的 4 倍以上以后，三鹿集团的总经理田文华才向公众致歉。她一直借口宣称，她依据的是从恒天然一个代表那里获得的欧盟关于三聚氰胺的健康影响的"临时声明"，直到四个月以后，她才承认三鹿给其消费者带来的风险。她不承认问题，还试图掩盖新闻，直至恒天然发现了合作伙伴的危险行为，警告了新西兰政府。（Lee，2008；Spears，2008）事实上，田文华所说的欧盟临时声明设置了 20mg/kg 的三聚氰胺公差界线，而三鹿牛奶的含量则为 2563mg/kg（Yuan Yuan，2011），这表明田文华故意用恒天然来掩盖问题。

在公关大难之中，恒天然不得不采取迅猛措施，来解释它对三鹿发生的事情一无所知，尽管事实上它在合资企业的董事会里有三个代表。最终，新西兰合伙人完全撤出其在三鹿的投资。恒天然的决定促成了三鹿的破产，这个乳品集团在其股票价格戏剧性的下跌中，在亏欠污染产品受害者的损害赔偿金债务中挣扎（Corporate Counsel，2012）。

3.2.5 遮掩的说法

据调查，三鹿管理层早在 2007 年底就收到了第一份产品安全投诉。然而直至第二年 6 月，公司也没有有效处理问题。此外，调查报告认为，石家庄市政府官员应对未及时向省和国家相关部门报告负有责任。田文华为其行为辩护，将其说成是一种尝试，是要减少这一丑闻对地方经济带来不利后果之社会紧急事件的风险。

3.2.6 有争议的审判

至 2008 年 12 月底，17 名被指控故意生产、销售、获取、添加三聚氰胺到原料奶中去的人员受到审判。田文华在法庭面前承认自己的过失。她证实 2007 年时收到投诉，以及她最初不愿意向相关政府机关提及危险。田文华成立工作小组来处理问题，但这并不足以免除她受到严厉指控的罪名。2009 年 1 月 22 日，石家庄中级人民法院下达最后判决。两名充当生产销售三聚氰胺中间商的三鹿管理人员张玉军、耿金平，被判处死刑，田文华被判处无期徒刑（Zhu and Cui，2009）。其他三名管理人员被认为犯有不同程度的罪行，入狱 5—18 年。其中之一的王玉良在自杀未遂之后坐上了轮椅（Chang，2009）。

受害者的亲属被挡在法院之外，以控制他们的愤怒和绝望。在举着"还我孩子""司法为民"牌子的父母中间，郑淑珍（音译）的哭泣表达了每个人的悲伤（Chang，2009）。这位来自河南省的郑奶奶要求复仇："我的孙女死了。她［田文华］也该死。她应该被枪毙。她给公众和孩子带来如此的危害。"（Daily Mail，2009）然而，分别代表受害者家庭和田文华利益的李方平和梁子侃两位律师一致认为，此案不可仅仅在个人责任基础上加以判决。他们声称，被定罪者是有缺陷制度的替罪羊，而田文华的终生监禁是量刑过重。在《人物周刊》的采访中，梁认为三鹿对此事件只负有部分责任，因为这是整个行业层面上的问题所导致的事件。他指出缺乏制度化监管机制，也指出监管大量小供应商的难度。

事实上，三鹿并非唯一涉及污染的品牌，尽管它在此事件中曝光最多。在梁子侃看来，田文华的量刑不是出自客观评价，而是深深受到舆论的影响。据梁所说，从法律立场出发，她应被判入狱少于 10 年，就如在涉及食品安全的正常案子中的情况那样（Renwu Zhoukan，2009）。然而，三鹿前合资伙伴并不认可此观点。恒天然的首席执行官 Andrew Ferrier 在法院的决定下达后，很快发出新闻稿："恒天然对此悲剧给如此多中国家庭造成的伤害和痛苦深表遗憾"，这些家庭需要中国政府作出最严肃的反应。他明确表示，"恒天然支持新西兰政府对死刑的立场"（Fonterra，2009）。

正当三鹿在中国成为全民公愤的焦点之时，田文华故乡南岗村的居民无法相信这个消息。他们无法相信，现在这个被指控拿儿童健康做交易以牟取利润的老太太，就是他们过去认识的同一个田文华。每一个人都还记得几年前她父亲去世时，她最后一次来到镇上。邻居张雪珍（音译）回忆起她的谦虚，尽管当时她已达到其人生中的高位（Cui，2008）。田文华经过多年的努力、学习和无可挑剔的行为赢得了人们的尊敬，并最终让南岗村人感到骄傲。没有人能解释她怎么能因为三鹿的缘故而扔掉这一切。

3.2.7 未赔偿的索赔

三鹿股票价值下降是丑闻的直接结果。此外，恒天然集团决定撤回投资进一步加剧了公司面临的财务困难，公司有义务偿还共计人民币7亿元的债务（Shanghai Daily，2008）。2008年12月24日，三鹿集团收到石家庄中级人民法院受理破产清算申请民事裁定书，其资产被查封，用于清算。

中国的破产法规定，清偿公司债务首先得到赔偿的是债权人，因此受害方几乎得不到什么。然而，2008年全行业检查中揭示出来有受污染产品的21个品牌建立了一笔基金，来赔偿事件的受害者。中国乳制品协会成为此基金的协调人，基金形式上由中国人寿保险经营。受影响孩子的父母面对两种选择：要么在"致婴儿患者父母的一封信件"上，要么在"拒绝赔偿登记表"上签字。前者用来表示他们接受2000元人民币的赔偿，而后者则用来表明他们对向他们提议的小数额赔偿方案的抗议（Xie，2011）。他们多数选择前者，因为他们无力进一步对抗或者不理解所涉及的法律程序的复杂性。到2011年底，通过该基金支付了1200多万人民币（China Daily，2012）。最终，271869个家庭选择和解，而30000个人则维护他们要求公正赔偿的权利由此开始了新的审理，这些审理至今没有一个获得成功（Xie，2011）。

广东省第一名受害者的父亲张某在广州市中级人民法院起诉了三鹿和中国乳制品协会。他要求获得900000元，以支付其家庭的医疗费用，以及赔偿其精神损失。法院并未受理，这迫使张某用从朋友那借来的钱支付摘除他儿子肾结石的第一次手术所需要的40000元费用。婴儿的临床状况要求他全天候陪伴，这迫使他的家庭只能依靠他妻子的 1000 元月薪（CRI，2008）。

3.3 案例研究讨论

毒奶粉丑闻降低了消费者对乳品行业的信心。中国人对更严格的质量监测的要求越来越高，许多人决定转换到进口品牌。舆论关于三鹿老板田文华被判无期徒刑有不同看法。一方面，她可以指望来自其家乡的支持，但另一方面，受害者亲属则要求判处她死刑。三鹿破产拍卖资产的收益主要用于支付供应商，而非用于幸存者所需的治疗。在行业层面建立了受害者的赔偿基金，但是被污染婴幼儿配方奶粉的许多受害家庭却认为这远远不够，坚持要求在法庭达成公平解决方案。他们在法庭的明显失败让所有相关人士有不正义之感。

本案涉及的伦理问题很多，我们想给你留下足够的空间来独立思考和讨论。然而在案例研究中有某些关键点你应该加以考虑。像田文华家乡的人们一样，你可能想知道为什么她愿意牺牲她辛苦挣得的道德企业领袖的名声，来掩盖三鹿的问题。如果站在她的角度，你会做什么？在你知道这样一种延误会使更多婴儿冒遭受毒奶粉伤害的风险时，你会不会也这么做？假定她应该知道推迟向有关政府机构报告的结果，这是否合理呢？她是否应该知道，在孩子们正在患病的重复迹象与公司涉及产品质量的供应链问题之间有关联？她知道些什么，她又是什么时候知道的呢？

确定田文华作为三鹿集团总经理的道德责任，与确定她在法庭上有罪，二者是不一样的（Xinhua，2009）。案例告诉我们，在代表田文华和代表三鹿婴儿奶粉产品受害孩子父母的律师之间，有明显的意见趋同。他们声称，那些同此事件有关罪行的被判刑者是"有缺陷制度的替罪羊，而判处田文华终生监禁是量刑过重"。他们一致认为此问题是由行业层面的问题导致的，包括缺乏制度化监管机制，以及监管三鹿庞大的小供应商网络的固有困难。虽然这样的论点也许在为受害者争取更多赔偿或质疑对田文华所谓严厉处罚时会是有用的，但是它们与理解她的道德责任是否有关系呢？毕竟，在三鹿获得奖励，免除政府在乳品行业实施的正常监督之后，三鹿和其供应商的问题已经产生了。一旦三鹿获得豁免，监管其供应商的问题会有什么不同吗？如果你管理一个受到此种检查的公司，一旦政府机构不再造访你的工厂，你会认为你就不需要监管你的供应商了吗？还是你会认为，恰恰因为政府相信你会规范自身的活动，你甚至负有更大的责任来保护消费者的健康和安全呢？

另一个道德问题是所说的遮掩。如果对三鹿管理层的指证合乎事实，那么公司显然与公关机构有密谋，以阻止信息传递给公众，让他们了解受污染配方奶粉的问题。付钱给公关机构来封批评者的口，并转移可能在互联网和其他新闻媒体上出现的批评。对此种阴谋，你怎么看待？对从事掩盖丑闻或潜在丑闻的行为，你认为是道德还是不道德的？你会出于对雇主的忠诚这样做吗？你会为了自身或他人的颜面这么做吗？你对于避免曝光尴尬事实而做的事情，是否有任何限度？是否应该有？你会在意因遮盖引起的延误而导致婴儿有生命危险吗？你认为因害怕丑闻而遮掩是正当理由吗？你认为公众是否有权知道是什么导致对他们的伤害吗？或者，如俗语所言，你不知道的事情便不会伤害你，这难道是真的吗？

除了关于他们知道什么，他们何时知道，以及对他们所知道的，他们做了什么或没做什么等这些问题之外，还有其他的问题，但是我们现在提出这些问题，是要展开本章关于经济伦理和科学的讨论。因为三鹿的案例暗含着若干关注，关注的是在这一事件中于科学事实的道德责任是否存在，这究竟是什么样的道德责任。我们所知的一些事情建立在常识基础之上，因而也许不需要科学论据的支持。例如，故意危害一个手无寸铁的婴儿完全违背了孟子关于每个人都有怜悯之心的教诲。常识告诉我们要给予婴儿特殊保护，而不能存心伤害他们。那么我们必须假设，田文华及其他被认为在三鹿案中有罪的人都是洪水猛兽，因为完全缺乏那种怜悯之心而完全道德败坏吗？抑或此案所要求的不止是常识，才可以搞清楚面对这些经理的状况？如果你吃不准面对此种或类似挑战时你会做什么，那么这并不会意味着你完全丧失道德感或者完全缺乏常识，但这会意味着你需要更多考虑一下你是如何得知事实，又是从何处得知的。

如同其他许多涉及现代工业化流程产品的案例一样，在本案中管理者具体的道德责任，取决于是否理解他或她应该正在管理的生产中起作用的科学技术。经济伦理的第一原则可以是"莫伤害"，但是不知道事实，不了解导致经理人员会要对付的复杂流程，它就不可能被负责任地应用。大多数人不会认出三聚氰胺，除非它的名称被写在一个警示标签上。单单靠常识或偶而的观察都不会告诉他们三聚氰胺是否有害，或它如何造成伤害，或者它是否可以完全从工业化食品生产中取消掉。要知道这些事情，一个经理人员必须依靠科学和专门制定各种产品标准的组织机构——通常是政府机构。

当然，问题是，监管机构确立的标准在其所规范的生产商眼里，在分包商以及大多数公众眼里，究竟被理解为可信到何种程度。如果供应链范围内的管理人员不懂证明法规为合理的科学，或者如果他们感到法规是任意强加的，在监管机构不监管他们时，就可以无视这些法规，那么尤其在无视法规有利可图时，他们就会被诱导无视标准。负责任的管理人员不仅要有证明法规为合理的足够科学知识，而且要有充分能力来对他们所管理的人履行法规。在三鹿案中，田文华被指控行为不负责任，因为她知道（a）食用三鹿婴幼儿配方奶粉的儿童都病倒了，（b）三鹿及其供应商通过添加三聚氰胺以"改善"婴幼儿奶粉质量而增加利润，（c）奶粉中掺入三聚氰胺的量，都远远超过无论国内还是在国外相关监管机构设定的标准。不承认污染奶粉导致的问题，也不立即采取措施停止该奶粉的生产，她却决定掩盖，要不然就对此问题制造混乱，好像只要躲躲闪闪，问题就会以某种方式消失一样。

当然，有保证的科学调查结果是无法回避的。如果科学是正确的，那么工业流程的结果也就始终是正确的，无论其得到承认与否。任何遮掩的企图都将失败，因为越长久地否认问题的存在，问题就会变得更糟糕。田文华的糊涂——尤其是不恰当地试图用欧盟的临时指南来为自己未能采取行动阻止使用三聚氰胺作为添加剂——表明，她总体上了解相关科学，但是她没有对她所知或应该有所知的事情果断采取行动。

3.4　伦理反思

3.4.1　科学在经济伦理中的角色

三鹿的案例允许我们对科学在经济伦理中，尤其在全球化经济中的角色做出一些归纳。在全球化经济中，由企业组织管理的流程是工业性的，也就是说，建立在对科技的系统应用的基础之上。因为科学是以现实为基础的，企业必须也以现实为基础，如果企业想要长久取得成功的话；企业不可能建立在一厢情愿的主观意识基础上，也不可能建立在故意欺骗的实践基础上。正如一些经济学家所说，市场最好被当作一个非常大的、无处不在的信息处理器。因为市场创造真正的财富，买卖双方必须在合理计算相互利益的基础上进行交换。科学以不同的方式提供进行合理计算所需的信息和见解。如果计算不是基于通过以科学为基础的信息交换而知的现实，那么市场交易不会产生计算所预期的积极结果。以现实为基础的市场交易性质意味着，所有交易参与者都有既得利益，以确保买卖双方所用信息是真实准确的，因而是可靠的。如果可用的信息不充分，那么理性的代理商，恰恰因为他们是理性的，所以他们是不会进行交易的，直至他们确信所拥有的信息是可靠的。

除非相关的每一个人都确保信息即使不透明也是可靠精确的，市场不可能存在，或至少不可能繁荣。因此买卖双方总是依靠科学来保证他们行为所依据信息的合理性。当然，正如生活中的所有其他方面一样，有试图通过欺骗而捷足先登的人。他们会为了误导人们而撒谎。他们会为了牟利而欺诈，不是和他人一起获利，而是让他人付出代价。但是，正如谎言会摧毁我们同他人关系所立足的信任，欺诈破坏了人们原先在那样运行的企业中所拥有的信任。然而，企业中以普通谎言或欺诈活动形式出现的欺骗必然是例外，而非必然。欺骗只有在可以安全地假定几乎其他每个人都按规则行事时才是合理的。若每人都欺骗，那么欺骗便得不到什么好处。每件事，每种关系，或每种交易，都在欺骗中变得毫无意义。

这种观点实际上只是一个逻辑问题，它应帮助澄清为什么企业中每一个人在确证买卖双方可用信息是真实准确的问题上有着一种既得利益。它也应该告诉我们为何企业中每一个人都在科学的诚信无误中拥有既得利益，这就是确保对建立在科学分析可靠结论基础之上的市场法规有效性的尊重。一家工业公司必须遵从有效的产品质量标准——或产品安全使用指南和一系列保护消费者免受伤害的其他关键问题的指南——无论政府监管者是否进行例行检查。公司免于政府检查，并不意味着公司可以放松对这些标准的遵守。如果想要取得或维护产品质量的好声誉，那么这些标准必须被公司的管理人员接受、监管、贯彻。保证服从相关标准的唯一途径是，发展一种在各级管理层和公司同其各种利益相关者的关系中鼓励当责和透明度的企业文化。这样的文化只能通过培养对科学在经济伦理中角色的正确理解而得到发展。

从三鹿案中学到的深刻教训之一是：全球市场惩罚其行为和政策没有认识到遵从科学性法规重要性的企业。三鹿玩忽职守，放弃了用于婴幼儿乳制品的奶粉质量标准，对消费者造成严重伤害，这种伤害不可能被成功掩盖。但是，尽管有这样的事实，即三鹿奶粉也被出口为其合资伙伴恒天然和其他国际公司所使用，瞒天过海会成功的想法并没有达到疯狂的程度。恒天然即使打算也不可能为保护三鹿而撒谎，尤其是在三鹿的失败使恒天然自己的声誉也面临风险。恒天然退出合资关系，牺牲了对三鹿已做出的投资，三鹿破产了。三鹿失败的影响在内地，甚至在香港，现在仍能感受到。据报道，在香港，现在严重缺乏婴幼儿配方奶粉，因为在香港出售的奶粉被购买以后在内地被转售，以迎合内地家庭的需求，因为他们不再信任乳品行业能保护他们免受伤害。也许需要多年才能重建因三鹿严重忽视基于科学的产品质量标准而失去的信任。中国消费者理应得到更好的待遇。

3.4.2 作为"科学"的经济伦理学

在第二章中，我们介绍了纳什（Laura Nash）对经济伦理学的 A 类问题和 B 类问题的有益区分。回忆一下，A 类问题指的是被适当地视作"道德困境"的情形，此时人们不知道——或怀疑——要做的正确之事是什么，而 B 类问题是指这样的情形，这时一个人知道什么是要做的正确之事，但是不愿意或无法让自己去做。如果如我们在前一章中所见，B 类问题与 A 类问题不同，它导致我们重新发现美德伦理学优先培养企业道德领导力，有助于我们认识经济伦理学中科学的意义。如果真的搞不清楚要做的正确之事是什么，那么这种不清楚就有两种互相关联的来源：不理解对各种管理指令的科学基础和管理角色固有的价值观冲突。科学地阐释经济伦理学是要为解决这些冲突提供必要的概念资源。分析道德哲学是用于这种阐释的主要工具。

毫不奇怪的是，当焦点从修身转移到人们寻求在公共生活完成的各种角色时，伦理学就变得更加复杂。分析道德哲学中阐释的有几点对于理解价值观冲突或管理角色中的伦理困境是有用的。一旦我们做出努力——如现代道德哲学家所做的那样——将伦理学或道德研究提升至科学或理论层面，这些点就变得明晰起来。伦理理论分为三个基本部分：描述伦理学、规范伦理学和元伦理学。当我们想到伦理学的时候，一般而言，我们往往只想到规范伦理学，即当特定的道德判断做出来断定一个行为正确与否，是好是坏，合适不合适的时候会发生什么。规范伦理学因而为判断保证这样的断定为合理的道德论据和合理辩解是否有效提供理论依据。但是，对做出这样的判断所涉及事物的分析——这样的判断自从儿童时代我们就实践了——表明我们的反应通常也预设了对其他重要问题的答案。弄清楚这些问题以及我们回答这些问题的方式便是引导哲学家区分描述伦理学、规范伦理学和元伦理学的东西。

3.4.2.1　什么是描述伦理学？

描述伦理学试图确定关于人们实际上在道德问题上相信什么，他们是否以及如何在行为中与这些信念保持一致。描述伦理学针对具体的文化和社会，以及这些文化和社会如何看待基本的道德思考。描述伦理学所阐释的信息让我们理解具体案例中道德决策的语境。由于描述伦理学必须公平考虑一个案例分析的所有事实，所以当我们的判断通过对照经由描述伦理学知道的相关事实而受到检验时，这种判断就更可能是可靠的。这也是为何描述伦理学依靠社会学、人类学、心理学、经济学、法学及政治学，去审查案例。纯粹停留在规范伦理学上是不够的。我们利用其他领域的研究来评论我们自己关于规范伦理学原理应该如何应用于所有案例的未经检验的假设。

在国际企业交易中，描述伦理学研究中对文化差异的分析不应该被忽视。例如，在国际经济伦理学中，商业贿赂被认为在道德上是错误的，因为这是对正常情况下适用于市场使用的公正原则的根本性违背。商业贿赂是一种欺骗形式，它完全破坏了买卖双方之间的竞争，经济学家告诉我们，这种竞争使市场交易有效、公平，使所有相关方受益。因为此种原因，贿赂也是非法的，至少在大多数现代经济中会受到严厉惩罚。然而，没有描述伦理学的帮助，确定一个具体交易是涉及贿赂，还是正常人情往来，或是出于某种其他的习俗动机，往往是很困难的。结果证明，用来区别是贿赂还是礼品的标准，因文化不同而异。

尽管大多数外国企业都在礼品所涉及费用或实际金额来确认贿赂，但是传统中国文化更关注送礼的时机，以及送礼、受礼者的诚意，虽然贿赂在香港是非法的。例如，负责实施法律的机构——廉政公署（ICAC）——具体规定，有业务往来的公司之间交换装钱的红包，作为习俗庆祝中国新年时，并不是贿赂。一个简单的行为，即送或收装钱的信封，在两种不同的环境下看完全相同，但是其在道德和法律意义中可能十分不同，这取决于其在特定文化范围内如何被理解，或在特定的社会语境下如何履行。尽管对中国人来说这似乎是显而易见的，但是若不是描述伦理学的研究，外国人会很难理解正在进行的事情，很难明白他们看到的事情是否合乎伦理。

从描述伦理学中学到的一般经验之一是：不同文化背景的人们容易相互误解。只有少数外国人了解到一些汉语的复杂性，这是互惠的商务交易的主要障碍。外国人必须仔细琢磨他们的中国伙伴的英语，它可能离开了潜在的中文意义就难以得到很好的理解。同样，打算同外国人做生意的中国人需要开发不仅对其语言，而且对其文化和其道德上、精神上珍视之物的更佳理解。双方增长对共同人性的欣赏很重要。这要求抛弃由继承而来的恐惧和偏见，要求通过描述相关文化的道德和习俗，比较其各自的道德制度、道德实践、道德原则以增进相互理解。尽管描述伦理学从来不是完美的，但是它可以发挥重要作用，使我们能在演进的全球市场中成功地进行竞争。

描述伦理学的实践目标是使我们能尽可能客观地看待我们是在何种形势下行使道德责任的。然而，描述伦理学在被误解时，其自身也会变成清明道德的障碍。人类文化社会的多样性会诱使我们得出结论说伦理相对论是正确的。伦理相对论者否定客观的可能性，认为既然各种偏见不可避免地产生于各人的主观视角，那么就没有人能决定其是真是假，是对是错。尽管相对论者正确地提醒我们注意成见和文化偏见的问题，但是他们错误地放弃达到客观性或道德共识的努力。当面对文化多样性的事实时，相对论者选择了容易的出路，跳跃到这样的结论：要么一种意见与另一种意见都好，要么说不出在合理基础上如何解决冲突观点中的冲突。如果伦理相对论是正确的，那么解决道德冲突的唯一方式就是使用野蛮力量。强权即真理。

3.4.2.2　规范伦理学有什么好处？

规范伦理学通过提供一种在冲突的道德视角中解决差异的合理的——因而内在的和平的——方式而显示其价值。立足于一种描述方法发掘的事实，规范伦理学致力于做出一种平衡的判断。规范伦理学通过向我们显示做出决定性是非判断的适当方法而反驳了伦理相对论。规范详细说明我们应采取何种行动。规范建立在普遍认同的法则基础之上，如不要杀人、偷窃、撒谎。规范的方法在事实与可以挽救形势的对应行动之间建立了一种逻辑环节。

规范之间的关系往往是复杂的。请回忆一下三鹿对婴幼儿配方奶粉危机的失误管理所违反的经济伦理学第一原则，即"莫伤害"。如果我们分析田文华面临的情况，我们也许会发现一种道德困境："我不想伤害任何人，但为了处理此种情况，我要么伤害公司及其投资者，将问题迅速揭露给监管当局，对我们的供应商采取迅速行动；我要么伤害我们的客户，即那些购买我们婴幼儿配方奶品的家庭及其无辜的孩子。由于我不想伤害任何人，也许我应该干脆什么都不做，而希望得到最佳后果？"但这是多么不负责任！由于田文华没有果断迅速采取行动，她伤害了很多婴幼儿，并最终伤害了公司，加速了它的破产。规范伦理学能否帮助她做出好的决策，既能够拯救生命又能挽救公司呢？如果田文华研究过规范伦理学，那么她就会知道"莫伤害"理念背后的伦理逻辑了。当防止伤人——尤其伤害无辜儿童——和防止伤害财产即公司财务利益之间有冲突的时候，必须明确优先考虑防止伤人。

下一章将有助于我们更清楚地理解为何要这样做，这一点在中国先贤哲人，尤其是孟子的教导中已经很明显。孟子相信，被认定我们大家都有的恻隐之心明显要求优先考虑关心他人，尤其在他人不能关心自己的时候。我们也许出于对孟子在古人中权威的尊重而接受他关于道德起源的阐述，但是规范伦理学能帮助我们找到充分理由，不仅支持孟子的教诲，而且将其应用到我们自身的实践。详述孟子的基本论点有许多不同的方法。我们可以要求从人权角度来考虑，以及考虑人权可以如何派生于儒家对人性和人的尊严的理解。但是无论我们如何阐释这些问题，我们仍然明白，人的生命权总是优先于其他会与之冲突的权利，如私人财产或财富的权利。在规范伦理学的引导下，田文华应认识到，将她的公司、公司的合资伙伴及其投资者的损失降到最小化的唯一方式是，立即发出警告，让大家不要购买或食用三鹿的婴幼儿配方奶品，直到所有受污染的产品退出为止，以防止对消费者的进一步伤害。规范伦理学也许会涉及很多抽象概念，但这些是有着非常实际后果的抽象概念。

3.4.2.3   元伦理学的作用？

元伦理学是伦理学中三个学科中最宽泛、最复杂的。它通过分析对人们使用道德术语——如赞美道德品性、谴责道德败坏或制定规则鼓励某些形式的行为、禁止其他形式的行为时所用的术语，探讨目的在于解决伦理困境的规范是否适合于经济、法律、政治的现实。使元伦理学产生的一个深层问题是，理解为何在特定情境中，人们会不按伦理规范行事。如我们所见，这个问题的实践方面将我们引回到纳什对 B 类型问题的分析，以及美德伦理学能为克服这些问题带来何种资源。但是，除了实践方面的问题外，也有一种理论挑战需要面对同样会遇到的理论挑战：如此容易被误导而做不正确之事，那么人的本性究竟是什么呢？而如果我们的本性以某种方式遭到歪曲，那么寻求补救是否合理呢？如果我们倾向于掩盖人的本性中固有的原始之善，让自己像小人一样，以实际上违背我们自己最佳利益的方式变成道德上的侏儒，那么我们可以认为，善是一种幻觉，在我们自己身上培养一种真正的人性的尝试是毫无意义的吗？

回答由元伦理学所提出的问题，如"元"字所包含的意思，会带领我们远远超出道德的范畴，而进入更广泛的存在关怀，这种存在关怀会激活不仅中国的而且全世界的宗教与精神传统。虽然激活这些传统的幻象在细节上各不相同，但是仅就中国的宗教而言，就包括道教、佛教、天主教、新教、伊斯兰教，它们各自的传统全都对元伦理学提出的理论问题做出了深刻回答。这些问题，在合适的时机，我们每个人都必须自己面对。与此同时，我们注意到伦理学经常失败的一个原因是人们将规范视为企业盈利的阻碍而加以抛弃。但是一个人总可以问为什么会是这样。同样，其他人则将伦理学的失败归因于对自己发财致富越来越疯狂的着魔。可是，如此容易让人走火入魔的发财致富——归根结底同对幸福的追求有关联——究竟是怎么回事呢？我们能否学会做到发财致富而不对其上瘾呢？尽管这样的问题不容易回答，但是本书就是要论证确有让我们有理由满怀希望的答案。圣贤认为，有一种道——或也许多种良方——可以克服现实与我们对善和幸福的渴望之间的差异，可以缩小实际如此和应该如此之间的差距。元伦理学使我们意识到这种差异，并为控制我们自己生活中的那种差距提供正确的方向。

3.5　结论：在伦理学与道德之间

关于科学在经济伦理学中角色的重大反思有助于我们理解道德与伦理之间的区别，正如我们已经看到的，两者的区别取决于语境。有时候，两者是一样的。然而，严格说，两者必须被区分开来。道德指的是一种文化中的一系列实践、习俗和活动，以及构成其基础的价值观。伦理学则是关于道德的研究。它是一种理解道德的系统尝试。所以我们谈论经济伦理学、计算机伦理学、营销伦理学，而不谈论计算机道德或营销道德，因为道德是唯一的，而伦理学的形式，如我们所见，有许许多多。

在三鹿案例中，我们注意到很多事情，其中包括田文华家乡普通村民的道德同情心。他们倾向于捍卫她，因为她曾是村民的骄傲与希望。他们的同情之表达甚至到了这样的地步：其道德可以使他们理解发生在田文华身上的一切，以及之所以发生这一切的原因。然而，具有科学性的伦理学使我们能够形成关于正在发生之事的更大更好图像。那些判她入狱的人并非嫉妒她的成功。她故意不履行她作为首席执行官的责任，她没有对她应该了解其实际后果的技术信息做出反应，危害了成千上万无辜婴儿的健康，甚至造成一些婴儿的死亡。伦理学的目的是要澄清道德或常识只会在其中导致混乱的情况。

　　要确定某事是一项错误行为，还是负责任的经理人员为整顿局面而采取的行动，这并非总是一件易事。商务活动通常发生在大型组织中，涉及许多玩家。考虑到工作场所的压力，必须在有限时间内解决的困境不断出现。伦理学不得不考虑一种情况的许多复杂因素，在做出任何判断之前，尝试理解具体集团内部的动态。然而，没有负责任地按照经理人员和企业领导者可以获取的技术信息行事，如三鹿案例那样，已导致很多颇受尊敬的企业的垮台，并造成巨大的市场信任衰竭。阻止类似悲剧需要采取什么方式尚不清楚。单靠法规和法律不会带来彻底的改变。我们相信，在利润最大化的浪潮中，诚实和正派绝不可以被搁置一旁。国际经济伦理学就是应用各种文化的视角来增加大众对市场的信任。

参考书目

Chan, A. (2009, January 22). China milk scandal: 2 get death penalty for their role. *The Huffington Post*. Retrieved on June 5, 2012 from http://www.huffingtonpost.com/2009/01/22/china-milk-scandal-2-get-_n_159908.html.

Corporate Counsel. (2012, May 1). China market report: Food for thought. Retrieved on May 31, 2012 from http://www.law.com/jsp/cc/PubArticleCC.jsp?id=120254912 9707&thepage=3.

CRI. (2008, November 25). Sanlu urged to 'do the right thing'. Retrieved on June 1, 2012 from http://www.china.org.cn/environment/news/2008-11/25/content_16821904.htm.

Cui, X. (2008, December 12). Sanlu boss stands trial for role in milk scandal. *China Daily*. Retrieved on June 4, 2012 from http://www.chinadaily.com.cn/regional/2008-12/31/content_7356693.htm.

Davison, I. (2009, January 23). Two sentenced to death over tainted milk scandal. *New Zealand Herald*. Retrieved on May 3, 2012 from http://www.nzherald.co.nz/world/news/article.cfm?c_id=2&objectid=10553177.

Field, M., &, Janes, A. (2008, September 2004). Fonterra takes 69 pc Sanlu writedown. *Business Day*. Retrieved on May 2, 2012 from http://www.businessday.co.nz/industries/4704082.

Fonterra Corporate Website. (2009, January 24). Sanlu judgement. Retrieved on July 12, 2012 from http://staging.fonterra.com/wps/wcm/connect/fonterracom/fonterra.

com/our + business/news/media + releases/san + lu + judgement.

France 24. （2008，September 17）. Tainted milk scandal-web users investigate. Retrieved on June 1，2012 from http：//observers. france24. com/content/20080917 – tainted-milk-scandal-webusers-investigate-china.

Guo，A. （2008，September 16）. First arrests made in tainted milk scandal. *South China Morning Post*，p. A4.

Hutzler，C. （2008，November 16）. Deaths uncounted in China's tainted milk scandal. *Associated press* （*Google*）. Retrieved on April 30，2012 from http：//www. google. com/hostednews/ap/article/ALeqM5iuYXfHqrztFttcU6 – 9uUttBq-MCAD94FHLGG0.

Jiang，Y. （2008，October 10）. Chinese police arrests suspect producing largest amount of "protein powder" in milk scandal. *Xinhua*.

Langman，C. （2009，March 12）. Melamine，Powdered Milk，and Nephrolithiasis in Chinese Infants. *New England Journal of Medicine*.

Lee，K. （2008，September 16）. NZ alerted China to tainted milk，PM says. *South China Morning Post*，p. A1.

Lee，S. （2008，September 18）. China revokes 'inspection free' right as milk scandal spreads. *Bloomberg*. Retrieved on May 5，2012 from http：//www. bloomberg. com/apps/news? pid = 20601080&sid = a1 rfKvOp3xwc&refer = asia.

Lifei，Y. （2008，October 10）. Family files suit against Sanlu. *Shanghai Daily*. Retrieved on June 1，2012 from http：//www. syntao. com/PageDetail_ E. asp? Page_ ID = 10064.

Mc Donald，M. （2009，January 22）. Death sentences in China milk case. *International Herald Tribune*. Retrieved on May 5，2012 from http：//www. iht. com/articles/2009/01/22/news/23MILK. php.

Mc Donald，S. （2008，September 22）. Nearly 53，000 Chinese children sick from milk. *Associated Press* （*Google*）. Retrieved on April 30，2012 from http：//ap. google. com/article/ALeqM5iCL58EMBN1tqq6xujZlsaITAFpCQD93BHE880.

Mc Donald，S. （2008，September 24）. Fonterra posts ＄139 milion impairment charge on Sanlu stake. *New Zealand National Business Review*. Retrieved on May 2，2012 from http：//www. nbr. co. nz/article/fonterra-posts – 139 – million-impairment-charge-sanlu-stake – 3562.

New Zealand National Business Review. （2008，November 19）. Sanlu asset sales plan taking shape. Retrieved on May 3，2012 from http：//www. nbr. co. nz/article/sanlu-assetsales-plan-taking-shape – 37990.

Ng, G. (2009, January 5). Ex-Sanlu boss clawed her way to the top. Asiaone. *The Straits Times*. Retrieved on June 4, 2012 from http: //news. asiaone. com/News/Latest% 2BNews/Asia/Story/A1Story20090105 – 112478. html.

Renwu Zhoukan. (2009, March 3). Dairy scandal scapegoat Tian Wenhua's lawyer speaks out. Translated and edited by *Echinacities*. Retrieved on June 5, 2012 from http: //www. echinacities. com/china-media/dairy-scandal-scapegoat-tian-wenhua-s-lawyer-speaks-out_ 1. html.

Shanghai Daily. (2008, October 17). Dairy firms meet on possible Sanlu takeover. Retrieved on June 6, 2012 from http: //www. china. org. cn/business/2008 – 10/17/content_ 16626191. htm.

Sun, F. , &, Chen, S. (2009). *Sanlu Group and the Tainted Milk Crisis.* The University of Western Ontario. Richard Ivey School of Business.

The Economist. (2010, June 3). Redress by relocation. Retrieved on May 6, 2012 from http: //www. economist. com/node/16274255.

The National. (2008, September 18). More arrests in China milk scandal. Retrieved on April 30, 2012 from http: //www. thenational. ae/article/20080918/FOREIGN/8183 45561/ – 1/ART.

The New York Times. (2008, October 1). China milk scandal firm asked for a cover up. Retrieved on May 4, 2012 from http: //www. nytimes. com/reuters/world/international-al-us-china-milk. html.

Timeline of China's tainted milk powder scandal. *Associated press* (*Google*) . Retrieved on April 30, 2012 from http: //ap. google. com/article/ALeqM5joi2sgFfZeHnug8iBioRZp D9j1BgD93C0AN00.

Wang, Q. (2008, September 26). Sanyuan may take over tainted milk brand Sanlu. *China Daily*. Retrieved on May 5, 2012 from http: //en. ce. cn/Business/Enterprise/ 200809/27/t20080927_ 16935772. shtml.

Wang, Q. , &, Shan, J. (2012, May 17). Millions paid to milk scandal victims. *China Daily*. Retrieved on May 31, 2012 from http: //www. chinadaily. com. cn/china/ 2012 – 05/17/content_ 15314388. htm.

Xie, L. (2011, August 12). The forgotten Sanlu babies. *The Economic Observer*. Retrieved on May 6, 2012 from http: //www. eeo. com. cn/ens/2011/0812/208628. shtml.

Xinhua. (2009, January 16). Parents of dead child accept compensation after China tainted milk scandal. Retrieved on May 30, 2012 from http：//news. xinhuanet. com/english/2009 – 01/16/content_ 10668505. htm.

Xinhua. (2009, January 22). Tian Wenhua, industry leader to disgraced prisoner. Retrieved on June 3, 2012 from http：//news. xinhuanet. com/english/2009 – 01/22/content_ 10704519. htm.

Yuan Yuan. (2011, March 31). Food, food, safe food. Beijing Review. Retrieved on June 5, 2012 from http：//www. bjreview. com. cn/quotes/txt/2011 – 03/27/content_ 370786_ 2. htm.

Zhu, Z. , &, Cui, X. (2009, January 22). Sanlu ex-boss gets life for milk scandal. China Daily. Retrieved on June 4, 2012 from http：//www. chinadaily. com. cn/business/2009 – 01/22/content_ 7422528. htm.

第四章　经济中的道德决策

如果你从各个角度分析案例，就会发现公平的好处。

（罗世范，《成为终极赢家的 18 条规则》，2004）

4.1　前言

　　管理者对公司各利益相关者的职责是复杂的，这就需要有一种能够充分尊重这种复杂性的道德决策方法。中国四川百事可乐饮料有限公司（简称四川百事）的失败案例，应该使读者对这种跨文化经营的复杂性有所了解。当跨文化合作的机会出现问题时，正如当百事国际管理层发现他们的合作伙伴为了自己的商业目的而破坏了他们的合资企业时，管理者应该如何应对？为了尽可能地从这种不幸中获取教训，我们提出了一种管理决策模式，这种模式来自彼得·德鲁克（Peter Drucker）早期的工作实践，经过一些修改，让国际经济伦理的关切能够很好地融入到决策过程中去。如此，国际经济伦理就能够带我们走近管理责任的中心，而不是远离它。

4.2　案例分析：四川百事——"良缘难成"？

4.2.1　摘要

　　当百事（中国）投资有限公司（简称百事中国）与其四川合作伙伴的合资企业彻底失败时，很多观察者将它们的关系比作一桩不幸的婚姻，在经历了婚姻的各个阶段后终于走向不可避免的失败。这段关系最初被描述为"实利婚姻"或"包办婚姻"，它将两个最不可能结合的伙伴强拉在一起——各自带着明显不相对称的追求目标。一个是美国资本主义和全球化的主要标志——饮料业巨头百事可乐，另一个是四川广播电影电视局——省政府下属的一个部门，曾力图保护当地的饮料产业。

尽管这种合作伙伴关系是不可能的，但是更令人注目的是合资企业早期取得的商业成功：也就是刚"完婚"之后不久，这一定看上去像是一段理想的姻缘，可谓"天作之和"。然而，仅仅八年后，合资企业就变成了所谓阻碍双方企业的负担。到 2001 年，百事中国感觉自己已然陷在一段与四川合作伙伴的痛苦婚姻中（Liu，2006），而对方却反过来指责百事中国的"游戏态度"，似乎百事有意仅仅将这个合资企业当作其在华 30 家合资企业名单上多加的一个名字。就在争论日益激烈时，双方都诉诸当地政府，与其说是去协商，不如说是为了压制另一方。后来百事中国决定宁愿离婚也不愿被困在一段无效的婚姻中，因为后者将损失更多，最终，百事向斯德哥尔摩国际仲裁法庭申请仲裁。

正如我们看到的那样，四川百事最终的失败并不是糟糕的经济业绩的直接结果，而是双方对于合作伙伴的失望情绪不断积累的结果，这种失望来自于对方不切实际的期望，也来自于对方感知到己方不满后所采取的即便不是轻视也是冷漠的态度。在下文中，我们将关注应该学会些什么才能避免这样不愉快的结果。如果双方能多一点远见，恪守共同的经济伦理标准，是否就能挽救这桩"婚姻"？在 20 世纪 90 年代甚至现在，中国许多合资企业都面临着意想不到的挫折和挑战。那些现在依旧成功的合资企业与那些外方早已撤资的合资企业间的区别，不一定在于是否有更好的早期商业计划，而是当矛盾爆发时，是否有更好的解决矛盾的办法，而矛盾在合作过程中几乎是不可避免的。

4.2.2　关键词

合资企业、碳酸饮料、特许经营、合同、妥协

4.2.3　百事为何又如何进军中国

1993 年，百事与四川广电签署了一份合作协议，合作成立合资企业"四川百事"。根据 1994 年签订的商标和浓缩液合同，新企业将融入百事全球供应网络。按照最初约定，百事出资 27%，享有 17% 利润

分红。（Hsu，2007）到 1995 年年中，百事中国的最初投资（包括给四川百事的无息贷款）估值总计约 2000 万美元。合同约定百事供应浓缩液，同时给予合资企业在生产和罐装百事饮料时的专利使用权和商标使用权。作为回报，四川省政府同意在 1995 年年中之前投资 200 万人民币，同时授权新成立的四川广电公司任命四川百事的总经理、董事会主席和三位董事。（Liu，2006）这项交易的性质和条款，在百事中国的历史上可谓是空前的，甚至与大多数当时在中国设立的合资企业相比也是不寻常的。一方面，中方合作伙伴是政府机关，没有饮料行业的相关专长。另一方面，尽管百事中国贡献了大部分的净资产（资金、专利、商标、机器），却只得到了小部分的所有权和分红权。

为了理解这场"包办婚姻"中的条款，认识到百事所面临的挑战和四川政府以及"媒婆"的利益是很重要的。媒婆是中国传统中说合婚姻的妇女，这里的"媒婆"，就是后来成为四川百事大老板的胡奉宪。在中国拓展市场对于百事有着重要的战略意义，因为这会影响其与可口可乐的全球竞争。但是即使在中国，可口可乐利用先发优势，已经在中国南部沿海经济发达省份的碳酸饮料市场中占据主导地位。百事只能被迫奋起追赶。其战略的关键，是抢占可口可乐还没有占领的市场，赢得先机。因此，当好运意外降临，四川的一名官员胡先生接近百事时，百事感到这是一次绝佳的机会。如果百事想要挑战可口可乐在中国区市场的支配地位，就不能错失这次机会。于是，百事怀揣对成功的迫切渴望来到了谈判桌前，并打算为此付出高昂成本。

事实证明，四川碳酸饮料市场与调控市场的政府对百事来说都成了棘手的难题：政府无疑想要发展经济，追求革新，同时又想要保护当地小型饮料厂商和像天府可乐这样的大型企业。于是，四川政府要求，只有在保留其对市场有效控制权的情况下才允许百事进入。在这个关头，胡提供的服务是不可或缺的。他能够帮助双方达成交易，使得百事的市场战略有机会奏效，同时也能提升当地企业的发展。确实，百事为了表示诚意，承诺帮助四川政府发展各种不相关的产业，如丝绸生产、印染工业，以及农产品、加工贸易等一些与碳酸饮料生产和销售无关的企业。百事中国甚至同意合资企业开发一款自己的民族品牌饮料，只是规定所开发产品的股票交易量和销售量不能超过百事主要品牌的 15%。

尽管这些协议在当时被普遍看成裨益于双方，但是它们却成为困扰合资企业合作伙伴关系进一步发展的重要因素。为了理解到底发生了什么，以及是否本可以建设性地处理双方间的矛盾，我们有必要辨别矛盾发生时的两条线索。首先是四川百事拒绝接受百事中国的全球商业模式，这其中涉及文化、经济、结构问题。其次是胡的具体行为和态度，他的回应可以被看作要么是极其严重地违反了经济伦理的一般标准，要么是一种应用的尝试，试图在一个越来越被全球化跨国公司所支配的环境中遵循中国传统文化价值观。

4.2.4　合资企业早期成功中的"胡因素"及矛盾初显

这个故事中最具争议性的人物就是胡奉宪，在这段"包办婚姻"中，他最初的身份是"媒婆"，可是他却很快将这一角色抛弃掉而想要成为"新郎"。1987 年，胡还是四川广电的一名电台节目经理，借由百事可能进军四川市场这一事件，他首次走近了百事。（Hsu，2007：13）据胡估计，四川百事的成功自己有很大的功劳，后来他也常常把这个公司称为自己的孩子。合资企业落成仅仅三年，销售年增长率就达110%，利润和应纳税的收入增长率也达到 88.2%。（Liu，2006：288）这样的增长率反映了合资企业的市场地位——它很快就获得了四川47% 的市场份额，绝大部分当地人民也认可百事是最好的饮料品牌。（Du，2002）百事在四川锐意进取并超越了可口可乐，这是罕见的成就。于是有评论宣称："四川百事创造了历史。"（Liu，2006：288）尽管这次成功无疑很大程度上要"归功于胡及其团队的商业智慧与企业人脉"，（Fernandez & Liu，2011：70）但是承认产品独特的口感与其在四川市场的营销手段的共同作用也很重要。四川人民爱吃火锅，而百事可乐的口感比可口可乐更适合火锅，百事也因此赢得了良好的口碑。通过在酒店和餐厅中推广，四川百事取得了巨大的成功。A. C. 尼尔森的一项调查显示，百事确实在中国的年轻消费群体中很受欢迎，他们把百事称为"新生代的选择"，激发了他们"无限渴望的精神"。

既然合资企业初期便如此成功，为什么合作双方的关系又如此迅速地恶化了呢？早在 1995 年，合资企业仅仅经营一年多时，就出了问题。当时，胡奉宪突然将四川广电对合资企业的抵押投资从 200 万人民币削减到仅 11000 元。此举被发现后，不仅在四川省政府内激起了公愤，还引起了百事极大的困惑和警惕。尽管胡从一开始就参与到了合资企业中，在百事看来，他们的合作伙伴是四川省政府，而不是个人企业家。这起事件使百事意识到有必要对胡的进一步不法行为保持警惕，因为他们观察到，胡试图扩大其对四川百事的控制。在接下来的一年中，四川省政府要求胡恢复四川广电的 200 万元的投资，百事担忧的心才得以平静，因为政府的举动似乎让他们相信，一旦将来有必要，政府会帮他们约束胡。

很快，百事更有理由担忧了。在再次拨款 250 万美元获得合资企业另外 5% 的红利权后，百事要求对四川百事的账目进行更严格的审查。根据中国法律以及合资企业合同规定，四川百事应定期向所有投资人报告其财务状况。然而，四川百事在胡的带领下，毫无顾忌地无视这项法律义务，认为公司显著的经济效益和及时的账面利润分红，已经足以令百事满意。但是关于四川百事的实际财务状况，百事却一直被蒙在鼓里。由于缺乏对中国会计实务的了解，百事试图强制行使其要求合资企业财务状况完全透明的权利。与胡的预期相反，对百事来说，定期查账、精确核算与经济效益是同等重要的。

4.2.5 "厂门"事件

最终，关于财务透明和会计实务的紧张局势演化成了百事和胡之间第一次冲突。合资企业合同中约定，百事同意报销合资企业的多项开销，尤其是用于当地市场营销方面的花销。但是，百事的标准报销流程要求合资企业上交消费收据。在审核这些收据的过程中，百事方面发现数据存在较大出入：四川百事上报的建设开支常常找不到对应的发票，并且其中似乎有一种可疑的重复计算模式，也就是说，将同样一项花销放在两项不同的花费报账中重复计算。为了查证四川百事的整体财务状况，并查找其所上报花销的证明文件，1996 年百事董事会派了一个审计小组到达四川百事总部，审查其银行账户并核查实际花销。令审计小组惊讶的是，他们的这次到访竟成了双方关系的转折点：审计小组被禁止进入工厂的大门，也无法接触四川百事的任何账目。

胡和他的地方经理们拒绝遵从董事会的指示，这明显是想表示，百事对合资企业没有什么实质控制权。这种行为无疑加深了百事的怀疑：分拨给四川百事的资金被胡和其管理队伍的其他成员挪作私用了（比如用在豪车和欧美旅游上）。百事曾对这种不法行为有所警觉，但当进一步了解胡的所作所为后，对他的最后一点信任也消失了。百事发现，1996 年胡和他的团队伪造了两次董事会议，并捏造了相应的会议记录，在记录中他们宣称，董事会已授权四川百事扩大其销售和分销区域，而该区域分明已经划分给另一家合资企业。面对如此公然挑衅基本商业道德的行为，更不用说此举同时违反成立合资企业时曾签署的合约条款，百事请求四川省政府做一个彻底的调查。

4.2.6　百事回应：如何处理胡

接下来的两年里，百事惊恐地看着胡设法篡夺这个越发成功的合资企业的全部行政权力。那么，百事应该如何应对呢？鉴于胡对规范化的管理机制表现出即使不是全然的蔑视，也是惊人的无知，他似乎越发不适合总经理的职位了。在百事看来，合资企业比任何个人都重要，比公司与任何个人发展的关系都重要。百事遵循合资企业建立在两个法人（公司）之间关系上的传统观点，对被任命的合资企业管理人员的评价，应该只是以其业绩为基础，因而也很容易将其免职。合资企业本可以非常成功，而胡该对如今出现的这些不法行为负主要责任，考虑到为了公司利益任何个人都是可替代的，百事做出决定，必须要求四川省政府解除胡在四川百事的管理职务。

一位当时在四川百事任职的知情者对于胡的处境做出了这样的评论："从文化和伦理角度看，百事中国和胡都没打算好好合作。胡私下里曾说，他和他的团队在管理包括财务核算方面是有一些过失，但他们创造了利润并及时向百事中国发放了红利……他一开始就不明白，他在百事饮料的产量及质量方面的杰出表现并不能抵消他犯下严重错误这一事实，这个错误就是伪造单据以及违反财务规则。"（Hsu，2007：30）

总之，考虑到四川百事在胡个人领导下取得的戏剧性成果，胡的错误相对较小，本应该被忽略。胡显然感觉他应该会得到，所以有恃无恐。

4.2.7　矛盾的核心是百事的商业模式

这次冲突决定了这段"实利婚姻"的命运，但却不能将其简单地归纳为性格不合。百事通用的商业模式下的问责机制固然重要，但它在实际商业运行过程中的应用也是同样重要的。尽管这种模式帮助百事获得了全球性的成功，但很多人包括一些中国合作伙伴都感觉，百事这种所谓的"原则"给了百事不公平的、近乎垄断性的优势，他们担心，百事会广泛利用这种优势去控制所有合资企业的经营并为自己留出最大利润。早在 1996 年，百事所面临的许多挑战都与这种商业模式直接相关，当然也是这种模式为百事提供了评价和回应其四川合作伙伴的终极标准。

本质上，百事是一家为生产并推广其品牌而依赖于高度地方化合作关系的特许经营企业。尽管与当地的合作对百事的成功是不可或缺的，但维持原则并保留对其全球运营及所有特许经营的控制仍是极大的困难和挑战。只要有一个合作伙伴未能达到其高品质标准（即使产品只有微小的"不同"），对百事的影响都不仅限于事件发生的国家，在全球范围内都可能造成灾难性影响。同样地，任何营销策略都需要符合百事品牌的核心识别。因此，当百事与全世界成百上千个机构分享其核心资产——这种独特口感的饮料的生产罐装能力及其商标的使用权——时，就需要确保它的合作伙伴不会突然脱离控制并开始自己生产"百事"。

百事的商业模式是这样设计的，越是那些独立或半独立的合作伙伴有弱点的地方，百事对其的控制就越强。例如，百事通过在当地工厂生产浓缩液来保护其秘密配方，这些工厂是百事全资拥有并独立控制的。当地特许经营商要罐装百事产品就必须从百事购买浓缩液，并依照标准程序将其混合，以保证品质及口感。为确保产品的一致性并维持其高品质，百事为装瓶公司提供了详细指导和技术说明，并且从糖、水、浓缩液混合的最佳比例，到混合及装瓶操作中用到的机器，再到瓶罐的设计及指定供应商，都做了要求。可以理解，以上每一个方面，百事都必须保证所有特许经营商严格遵从。需要注意的是，由于百事广泛地设立了许多装瓶厂，它必须防止这些合作伙伴间互相竞争。于是百事在每个国家都划分了特定的销售区域，并严格执行其与各合作伙伴签署的协议，以避免出现互相侵占销售区域的情况出现。

提到百事的商业模式，我们有必要明白，为何关于 1996 年的事件的处理，仅仅对胡免职是不够的。确实，当百事第一次全面了解到胡的不端行为时，不仅向当地政府提出了控诉，也曾威胁停止向四川百事供应浓缩液。同年，胡命令四川百事扩大销售，并超出了百事为其指定的销售区域，这是违反合资企业合同的行为，而百事其他合作伙伴却无法忽视所签订的合同。尽管他们都不敢像胡一样公开挑衅，但中国 14 家装瓶商中，有 4 家所谓的"反叛装瓶商"（包括四川百事）。虽然对于其他 3 家"反叛者"（上海、南京、武汉），百事均握有 50% 甚至以上的股权，却没对任何一家掌握实际有效的经营控制（Liu，2006：288）。甚至在余下的 10 家装瓶商中，也开始出现了暗中努力侵占其他装瓶商销售区域的情况。除了寻找更好的办法来约束胡的挑战外（在停供浓缩液证明无效后），百事为了维护其商业模式，还必须提出一套标准举措来应对装瓶商的各种不端行径。

于是，百事于 1996 年成立了一个所谓的"装瓶商协作会"（PCBA），14 家装瓶商全部自愿加入。在百事的指挥下，他们同意互不侵犯他人的销售区域。如有违反，将报告给"装瓶商协作会"，由协会裁定对受到侵害的装瓶商的补偿额，并由违约的装瓶商支付以示惩罚。百事在其中的参与是至关重要的，因为装瓶商之间的支付差额是由浓缩液价格的涨跌决定的。在接下来的几年里，四川百事不断违背曾对百事及其他装瓶商许下的承诺，并相应地根据浓缩液的价格涨幅支付赔偿。

胡把 PCBA 看作是对他和其他装瓶商经营的无理干涉。很快他便团结 PCBA 中的其他"反叛装瓶商"反对百事的商业模式。这让百事感到意外，因为成立 PCBA 的本意是将其作为装瓶商"自我约束"的手段。百事以为这会将其从单独约束每个装瓶商的恼人工作中解脱出来。然而，胡利用各装瓶商对 PCBA 的担忧公开谴责百事的"不公平垄断优势"。四川百事于 1999 年 4 月 30 日退出 PCBA，而其与百事在罐装及分销商品方面的合作仍在继续，胡通过此举向其他装瓶商表明，百事对其所谓的垄断地位的利用也会受到挑战。此后，2001 年，胡和四川百事安排了一次秘密会议，14 个装瓶商全部到会，共同协商对抗百事的商业模式，胡认为这种模式给了百事极不公平的优势，尤其是百事有权单方面提高浓缩液价格。

　　胡集合各装瓶商共同协商获得成功的表现是，2002 年他们集体向政府投诉，称 PCBA 是非法的强制性组织，并成功地使其被取缔。尽管百事在一个月内就重新成立了类似的合法组织，但也开始意识到潜在威胁的严重性。装瓶商对百事商业原则和实践的不满集中在两个方面：百事干涉其经营的权利；相应地也能单方面决定其自身以及装瓶商的利润。一个事件加深了他们对百事这两方面的不满：2000 年，百事规定所有装瓶厂必须全部使用百事指定供应商提供的瓶子。四川百事表示，不能使用其他供应商使其成本增加了 770 万元（Liu，2006：48）。可以理解，百事此举加深了装瓶商们的这一感觉，即他们在自己的市场领域内，几乎没有独立做出企业决策的自由。

4.2.8　拯救四川百事的希望破灭

　　2000 年 8 月，合资企业四川方面的所有权又发生了变化。当时，四川国家资产管理局指定四川韵律实业发展公司（简称四川韵律）为合资企业的持股公司。此举非但没有消解胡对四川百事的控制，反而给了胡更多独立决策的自由（Liu，2006：293）。当百事意识到胡不会被免去职务，还更牢固地据守在四川韵律，更有可能逐步扩大矛盾时，百事寄予四川省政府约束胡的一切希望都破灭了。不出预料，2001 年，百事提出扩大其所有权比例到 50% 的提议，以获得对合资企业的直接控制时，胡断然拒绝。

　　胡的个人期许主要以最初合约中百事许下的一个重要承诺为中心，即除现有的百事品牌外，帮助四川百事开发并营销一款新饮料。胡的雄心是可以理解的：只有以获得开发自己的民族品牌所需要的专业技术为目的时，胡对百事原则的顺从才说得通。一旦合资企业双方的蜜月期过去，百事不肯接受这项计划的原因就很明显了，即使它对胡来说仍然非常重要。帮助四川百事开发它自己的品牌需要极大的信任，而百事已经明白不能信任胡。鉴于胡多次违背成立合资企业之际签署的合同，百事又如何能确信，胡不会不经授权就使用百事的专利设计和商标呢？很明显，胡想要使用百事初始投资提供资金购买的生产设备和基础设施。所以百事怎么能够确信胡的新品牌不会与百事直接竞争呢？

当期许未能兑现，胡公开承认了百事推迟这个项目的原因，"与可乐［即百事可乐］相比，新饮料可以充分利用当地资源来降低成本，会比可乐更赚钱。但是，百事中国不会乐于见到这种情况，因为那样我们就不需要从广州百事购买浓缩液了"（Liu，2006：294）。然而，在胡看来，新饮料项目将解放四川韵律，使之不再受制于所谓的百事垄断。至于另一方面的不满，双方一直没能寻找到互相都能接受的解决方案。1997 年开始，百事每年都会照例否决胡的提议并声称，由于这样或那样的原因，时机尚不合适。可以理解，胡一定会感觉和百事结成的这段"婚姻"不仅是痛苦的，也是无成效的。在他看来，百事一直在利用其商业模式的原则来促进其狭隘利益。2001 年 8 月 3 日，胡从与百事高管的一次董事会议回来。会上他第四次被告知继续等待百事的批准。于是他告诉记者，四川百事将继续推行自己的民族品牌，并指出百事高管提出的反对意见仅代表合资企业少数利益相关者的意见。

在这个阶段，百事中国正准备单方面采取措施进入仲裁程序，这也等同于申请离婚。而在此之前，百事没有提出"离婚"是因为它意识到了自己在四川所面临的两难困境。有分析人士这样描述。"与伙伴分手必然会打破百事在四川相对于可口可乐的优势，但继续这样的关系也会带来悲剧后果。不仅如此，这样的内讧也会影响百事在中国的整体形象。另外一个考虑是各装瓶商的反应。与装瓶商的新一轮协商可能会削减百事的潜在利润。百事中国只有两个选择：终止与四川韵律的合作然后寻找其他合作伙伴；或者自己独立办厂。但是，这两个选择看起来都没什么前景。寻找一个可信赖的的合作伙伴是颇具挑战性的，伙伴太软弱可能危及百事在四川的长期优势，伙伴太强势又会制造其他麻烦。而如果百事选择自己办厂，无疑需要从头开始构筑销售网络，这将需要巨大的投入。"

另外，四川韵律明显还没有意识到自己的行为对合资企业合作伙伴造成的影响。他们似乎认为，与百事不断升级的争吵不过是某种形式的虚张声势，最终双方还是会坐到谈判桌前进行协商。在四川韵律看来，合作能带来更多经济利益，不可能因为原则问题而放弃合作。确实，在让百事知道胡不会遵守百事商业原则后，四川韵律副总经理宣布，"我们［四川韵律］希望合作能够保持并发展。我们希望他们［百事］能

回到谈判桌前，帮助合资企业生存下去"。（Taipei Times，2002：2）

假设双方能够得过且过，胡接下来的行动也只会进一步激怒百事中国。在最后一次表明百事已经完全丧失对合资企业经营的控制的事件后，四川百事选择不执行最初的合约。最初的合约要求，管理人员应于2001年1月31日辞去职务，由合作双方共同重新任命新的管理团队。百事坚持认为应执行这项协定，而当协定未执行时，便声称现任管理层从2月1日起为非法。但四川百事和四川韵律干脆无视百事的抗议。

百事对其合作伙伴丧失信任久已，2003年，百事提出仲裁申请想要终结合资企业。2004年12月，双方于斯德哥尔摩仲裁庭会面，十年"婚姻"中的"丑事"得以公之于众，但双方都不承认自己的过错，也不认为对方的申诉合法。考虑到双方的关系已到了无法修复的地步，仲裁委员会在2005年通过了百事的请求，双方相当于完成"离婚"。但这却不是四川百事这个故事的终结：中国法庭在执行斯德哥尔摩仲裁决议时拖了很长一段时间，因为胡试图用他的影响力去攫取更多优惠条件。最后，双方都遭受了经济损失。可口可乐在成都的市场份额也超越了百事，似乎即将赢得这场中国境内的"可乐之战"。

4.2.9   结论

回顾起来，四川百事的失败是由于百事的商业模式与胡奉宪关于拥有和经营企业的理念完全相反。尤其令胡愤怒的是，百事通过停供浓缩液或收回商标来强制执行其意愿这一事实，而浓缩液和商标对于任何特许经营商来说都是生命线。胡认为对其报复的唯一机会就是威胁，他提出百事对其产品和商标的垄断违背了公平竞争的原则。按照胡的说法，在这场比赛中，百事"既是运动员又是裁判"（Liu，2006：297），而自己却在比赛中苦苦挣扎。他争辩道，在一般的产供关系中，供应商是没有得知客户财务状况和利润空间的特权的。但百事却要求了解四川百事的所有财务账目。胡推测百事想利用这个信息来尽可能多地从合资企业合作伙伴手中榨取利润。除了表面上他对合资企业利润分配的零和态度，胡还指控百事尽一切可能破坏其管理权威，行事有失公正，也违背了他们的协议。

胡所有不满的核心就是他认为百事在有意剥夺其格外成功的企业家

精神所带来的回报。一旦受挫于百事的商业模式，他便觉得为达目的，违反之前的协议而单方面行动也是正当的。另外，百事已经对胡和四川省政府许下了很多本该兑现的承诺，而如果兑现这些承诺又必然危及百事的商业模式。即使经营一个全球性特许经营企业的必要条件不允许为修改其商业模式留下空间，百事是否本可以更好地解释其商业模式，如实公开其许多正面及负面的实际信息呢？

没能在对合资企业的管理中建立并维持透明度和互相信任，最终导致企业的"离婚"以及随之而来的负面经济后果。为了从失败中吸取教训，我们调查了他们达成合作的具体条款，以及双方关于对方所做出的承诺的解释。只有在双方能够理解彼此的文化差异，以及由此导致的关于如何经营企业的观点及方向的差异的情况下，才能避免彼此对于这段"难成的良缘"的遗憾。双方显然都不愿也无法思考这样的问题，反而开始偷偷地索取对合资企业的决策和利润的更大控制权。合作双方为维护自己认为应得的利益而提出的要求开始变得愈发尖锐，甚至在做出严重指控时达到顶点，最后只能通过痛苦的"离婚"来解决。就像所有类似的婚姻破裂案例一样，我们不禁疑惑：如果重来会不会不一样？我们能从四川百事的失败案例中学到什么呢？

4.3　案例讨论

把四川百事描述成"包办婚姻"或"实利婚姻"或许有助于解释使合作双方产生不同期待的文化差异。但由于这种描述不能与浪漫的婚姻观念——基于彼此相爱而结成一种有真正永恒意义的专一的一夫一妻关系——产生共鸣，把四川百事仅仅视作一桩生意或许更合适。就像一位观察者精炼总结的那样，"由百事中国和四川广电这两个本质上似乎非常不同的组织拥有的合资企业，在成都是作为一种利益交换而成立的"（Hsu，2007：12）。无论从哪种意义来说，这都不能算婚姻。但是，这种比喻让我们能够探寻他们在向对方做出回应时的情感强度。他们关系中呈现出的文化冲突也展现出了他们在各个问题上的不同态度。包括履行道德及合同义务；预测合作伙伴的需求并在诚信的基础上做出回应；以及当自己的期许被忽略或被单方拒绝时，双方应如何处理棘手的问题。我们应该思考，这些问题是否也涉及国际经济伦理，共同恪守伦理原则是否能帮助合作双方重拾互相理解和互相包容的能力。不管你怎么看待合资企业，是看成一桩婚事还是只是一桩生意，但若遵守国际经济伦理的基本原则，是否就能挽救他们的关系呢？

　　我们认为很清楚的一点是，合作双方都希望大获成功。双方都希望合资企业成为中国碳酸饮料市场中的终极赢家。在四川，胡和他的支持者们想开发一款新的民族品牌饮料占领中国市场，百事则希望利用在四川获得成功的这次机会阻止可口可乐占领全球市场。在签署成立四川百事的合同时，合作双方不仅应该认识到对方的目标，也应该在如何实现各自的目标方面达成一致。但就像我们看到的那样，在他们急切需要彼此时，双方似乎都无法看清对方的真实愿望。通过成立合资企业，百事认为自己开启了与当地装瓶厂之间的标准特许经营协议关系，并有意使合资企业成为百事在四川地区的分销商。而胡则明显认为，自己同时利用了百事和四川省政府来把自己打造成为中国最伟大的企业家之一。在这场"包办婚姻"关系中，百事不仅没有得到"新郎"该有的被尊重，甚至不被当做平等的商业伙伴。胡顶多将百事当作小股东来对待，或者仅仅将其当作为他的饮料公司提供原材料的供应商。在胡看来，百事是在插手他的企业，试图剥夺他的应得利润份额（最大利润），并限制其面临机遇时扩大经营的自由。

　　但是，胡的推测不仅与百事对当地特许经营商的商业计划完全相反，而且也与他和百事签订的合同不符。胡认为违反合约是正当的，因为在他看来百事已经违背了对他的公司许下的关键承诺。一位同情百事并且失望情绪越来越大——在应对四川百事单方面发布自己的民族品牌时这种失望情绪达到了极点——的经理人将胡的行为形容为严重的不贞，他代表百事控诉道："一个丈夫怎么能容忍自己的妻子去找情人？"（Liu，2006：295）这种道德修辞不可避免地揭示了双方怀有的怨愤。合作双方之间的紧张关系不仅已经极端化，而且已经个人化了。双方都指控对方违背了成立合资企业所基于的承诺。他们的这一道德剧中唯一真正的问题是谁先有奸情？谁更明目张胆地违背他们互相许下的承诺？

　　国际经济伦理及经典儒家文化对认定这段"痛苦婚姻"中谁更加背信弃义都不太感兴趣。道德修辞或许偶尔能安慰那些认为自己是受到伤害一方的人，但"互相指责"既不能挽救合资企业，也不能为我们这样的旁观者提供对未来有用的经验。按照本书之前章节中所概括的，我们认为双方互相指控的情况是 B 类问题，也就是说，他们都确信对方故意参与那些明目张胆的不道德行为。当然，为了核实他们的指控，我们必须要问，在什么标准下，他们的行为是不道德的呢？

以国际经济伦理的标准判断，百事拒绝及时兑现其帮助四川百事开发一款自己民族品牌饮料的承诺，确实有问题。因为即使在西方道德哲学中，也通常认为"迟来的正义非正义"。如果百事最高管理者例行公事地拒绝落实胡的请求，那么胡得出百事根本没有打算信守承诺的结论，也是可以理解的，以国际经济伦理的标准，这主要是 B 类问题。胡对履行合资企业初始合同条款的百般拒绝，对百事提出的财务事务不论大小一概透明的要求的挑衅回应，以及在 PCBA 内组织全国范围反抗百事的尝试，以西方道德哲学的标准判断，也都明显是 B 类问题的表现，甚至比百事的问题更加严重。若以百事的角度来看待胡的行为，百事只能得出结论，胡是无法理解与合资伙伴合作关系中的任何道德义务的。

在本章开端，我们引用了罗世范的《成为终极赢家的 18 条规则》，即"如果你从各个角度分析案例，就会发现公平的好处"。考虑到四川百事的遭遇，或许现在我们能够领会多角度调查的必要了。如果说西方道德哲学在四川百事案例中提供了判定伦理问题的一个角度，那么是否还有其他角度？中国道德哲学会不会赞成胡与百事做生意的方式呢？到现在，我们应该能够承认，这个问题的答案是复杂的。一些观察者们认为经典儒家和道家学说主张"家庭之外，除了维持社会和谐，没有伦理责任"。（Humphrey，2008：25；Haley，Haley & Tan，2004）如果这是对的，那么任何想要在中国建立合资企业的外企都必须做好准备应对这种文化环境，在这个环境中，依赖互相认可的伦理责任不仅不现实，还会产生反效果。缺乏这样的保证，即法治将不偏不倚地由政府来贯彻，而且最多只享有通过参加在中国宴会上常有的饮酒礼仪而得来的脆弱关系形式，外国企业最好还是被劝说放弃和未来的中国合作伙伴建立互惠互利的合资企业的希望吧。

我们不同意这种"一朝被蛇咬，十年怕井绳"的观点。上一章对中国美德伦理的讨论应该已经表明，孔子、孟子、墨子的学说用一种对道德义务的普遍尊重来鉴定完美道德。但是现代中国历史中这些传统受到冲击，若要恢复其道德权威并将其意义延伸出去，来对付中国现阶段经济社会改革中所出现的挑战，需要做出重大的努力。（Cheng，Y. & Liu，B，2010）尽管可以为胡奉宪这样的企业家不尊重中国美德伦理的行为找到借口，但假定他的行为是中国文化的真实展现而不是其脆弱部分的症状，却是错误的。无论我们从哪个角度来看待四川百事的命运，可以肯定的是，似乎双方都犯了严重的 B 类道德错误。那么，我们的任务就不是维护任何一方，而是处理他们彼此漠视中明显的 A 类问题。当双方都有错时，我们怎样才能拨乱反正呢？

4.4 伦理反思

4.4.1 从角色典范到道德决策典范

不论胡奉宪作为"媒婆"甚至作为一个企业家有什么功绩，他都不可能因道德出色而被尊为中国企业家的角色典范。我们对胡的个人生活一无所知——他的家人是否认为他是个孝顺的儿子、忠诚的丈夫、慈爱的父亲，或可信赖的朋友。即使他在所有这些方面都是典范，也很慷慨疏财，但是一个真正的儒家弟子不得不承认，涉及与合作伙伴的商业往来时，胡不过是个小人。儒家传统中，典范的道德引领者，一个君子，必然信守承诺并努力实现对所有相关者皆仁的结果。儒家的四项基本美德——仁、义、礼、智——都是内在地普遍适用的。只有小人才会认定仁只适用于家庭成员和其他与自己有私交的人。我们知道墨子的主张是更为直白的。正如我们在第二章中所了解到的，他的"兼爱"的主张禁止一切对他人不好的行为。不论有无人际关系，都应以同样的爱对待所有人。

然而，长期的生存斗争塑造了中国的时代道德，正是胡拒绝接受外国合作伙伴不平等地强加于他的限制，使得一些人认为胡的行为是可以接受的。在胡看来，既然合作伙伴已经违背了对自己的承诺，那么以同样的方式回敬也未尝不可。当他们的关系已经恶化成为公司战争时，胡认为完全有理由把百事当作敌人，并用一切方式将其打败。但是胡对他与百事之间关系的理解是否准确呢？同样，如果你是百事管理团队中的一员，你会如何解释胡的行为，又将如何应对呢？你能允许你的公司卷入与拒不顺从的合资企业合作伙伴间的战争吗？在哪个关键点上，你会像百事一样为了从"失败的婚姻"中解脱出来而向斯德哥尔摩提交仲裁要求呢？怎么做才能避免"离婚"，有没有什么其他政策能推迟这不可避免的"离婚"呢？如果换做是你，你会和他们不一样吗？

回答这样的问题，把我们的关注点从有意的、完全的道德缺失的 B 类问题，转向不确定该做什么的 A 类问题。如果我们按照罗世范的规则，从多角度分析案例，我们对于该做什么的不确定程度有可能会有所增加，至少暂时会增加。我们要学习谨慎行事，因为道德热情可能会使我们的视野更为单一，于是不大能得出符合所有人利益的公平竞争的方案。但是公平竞争需要我们深化对于在良好管理实践中加入道德考量方式的理解。在将我们的关注点从角色典范转移到企业道德决策典范的同时，我们将介绍一种经多年经济伦理实践证明有效的管理决策的综合框架。之后我们将进一步介绍三种互相关联的方法，帮助我们深化理解伦理分析如何可以改善我们多角度理解道德问题的能力。

彼得·德鲁克 1954 年出版的经典《管理实践》中定义了管理决策的"五个不同阶段"："明确问题；分析问题；制定备选方案；选定最佳方案；将决策转化为有效的行动"。（Drucker，1986：353）虽然这五个阶段可能看上去仅仅是系统化常识，但德鲁克对每个阶段的详细解读才是解锁有效管理的钥匙。第一步，界定问题，即找出"关键因素"，也就是"在当前形势下亟待改变的因素"，而不仅仅去应对各种"症状"（Ibid：354）。第二步，分析问题，这需要我们多次尝试去发现真正的问题，不仅必须找出关键因素，也必须找出解决问题的条件和目标（Ibid：356）。于是分析问题意味着从根源处找出解决方案。关键不一定是收集所有可能的因素，而是要思考"我需要什么信息来做这个决定？"（Ibid：358）就像德鲁克观察到的那样，真实世界中，"大多数决定都建立在不完整的信息上，这要么是由于得不到信息，要么由于获得信息太过耗时耗力"。（Ibid：359）关键是要"知道缺少什么信息，才能够判断决策风险的大小"，以及一旦决策生效，我们需要有多大的灵活性。于是德鲁克建议采用试错法（Ibid：361），其来源于佳能的"科学方法"，这可能需要重复试验前两个阶段，直到得出有效的分析结果，找出解决问题的方向。

第三步，制定备选方案，其强调了管理决策中想象力的重要性。有意地探索各种备选方案避免管理者们"落入错误的'非此即彼'陷阱"（Ibid：359）。一个必须考虑在内的选择就是"不采取任何行动"（Ibid：361）。由于所有的备选方案都会存在这样或那样的介入，第四步的重点是选择最佳方案。最佳解决方案一定是那个与企业的目标、可获取资源、时间条件和其他因素相一致的方案。第五步是使决定生效。虽然这涉及有效沟通，但德鲁克提醒我们不要去"推销"方案，好像我们的任务只是说服相关人士来"购买"一样。相反，我们必须引导他们"自己得出结论"（Ibid：364）。他的论证经得起推敲：

> "做"决策的管理者……界定问题。他制定目标并详细说明规则。他把决定分类并整合信息。他制定备选答案，做出判断并选出最佳方案。但要使结论成为决策，需要实施行动。而做决策的管理者并不能代劳。他只能与别人交流告诉他们该做什么并鼓励他们去做。只有当他们采取了正确的行动，才算真正完成了决策。

管理决策的核心挑战就是促使他人采取正确的行动。但是，在德鲁克决策过程的五个阶段中是如何体现伦理思考的呢？

虽然对德鲁克每一个阶段的理解都涉及经济伦理，我们还是要先明确有关道德考虑的一些具体要点，以确保不曲解德鲁克的模式或以防抓不到其中关于企业管理的重点。"界定问题"的一个侧面是要弄清楚，这个问题是否一眼就可以看出是一个伦理问题。不是所有的管理问题都违反经济伦理的基本规范，或存在不同道德信仰、重点、价值观的冲突。但如果一个通情达理之人在这种情况下察觉到了 A 类或 B 类问题，那么承认问题本身就是确认关键因素的重要一步，而要想得出有效的解决方案就必须改变这个因素。如果表明这是一个伦理问题，那么"分析问题"应该包含制作有关解决这个问题的伦理根源的清单，包括企业结构和个人义务。这个清单，作为管理决策过程的一部分，能够凸显相关商法、政府法规、企业道德守则、带有道德暗示的公司政策指南和社会舆论的重要性，以及管理者的个人道德信念和在这种情境下必须做出行动的人的道德常识的重要性。"分析问题"不仅列出这些伦理根源，也将评估这其中有哪些因素可以创造出正确决策最有效的手段。

作为一种想象力操练，"制定备选方案"包含头脑风暴提出的所有可能解决方案，包括选择什么都不做。道德和不道德的、合法与不合法的、严肃的以及滑稽的方案都应该在此范围内被呈现出来。重新审视这些结果能使我们在理解问题和选择最佳方案时获得一种道德明晰感。因此我们建议在德鲁克模式中增加一步，即"消除不道德"，通过这一步能够确保道德明晰。"sleaze"是芝加哥街头俚语，指代一切卑劣低下、不诚实、不道德的事情。在我们的语境中，"sleaze"指的是一个范畴，用来鉴别一切低于标准的备选方案，这个标准是在为解决问题而列出的伦理根源的清单中所凸显的。如果在这个阶段排除了所有不道德的方案，那么管理者就能放心地从余下的备选中选出最具商务意义的方案。一旦决策过程中融入了这样的伦理时刻，管理者就能确信其对最佳方案的商业判断也将是一个坚持并提升公司伦理诚信的决定。他也将不必处于一个向同事或下属"兜售"经济伦理的尴尬境地，因为最佳方案已经与相关的经济伦理标准相一致了。

当然，会出现一些不寻常的情况，没有好方案，而且始终如一地按"分析问题"中所确定的伦理规范行事也似乎会因为这样那样的原因而成为不可能。我们认为即使在商务中，这样的情况也是例外，而不是惯例。然而，道德哲学家还是指出了一些在这种特殊情况下负责任的行事方式。有很多格言，比如"两害相权取其轻"，或者"宁可更安全"。为了理解这些建议及其如何进一步促进经济伦理在管理决策中的整合，我们必须更加深入发掘道德分析哲学的实际暗示。第三章中，我们学习到伦理理论分为三部分，即描述伦理学、规范伦理学、元伦理学。正如规范伦理学中的分类，为了阐明在特定的情况下该怎么做，道德分析哲学阐述了三种分析方法：义务论方法、功利方法及应用正义的方法。尽管中国传统和西方传统都高度评价这三种方法下的深刻见解，但是它们的正式详细阐述主要发生在现代后启蒙欧洲哲学的语境中。

4.4.2　义务论方法

这种方法反映了德国哲学家伊曼努尔·康德（1704—1804）的结

论，他在《实践理性批判》（1788）中阐释了为何人的行为必然基本上具有普遍性，以及应该尊重人作为目的而不是仅仅作为手段。尊重人，以康德的理解，与墨子"兼爱"的概念相呼应，但同时又把其认定为一种对全人类的普遍道德义务。尊重那些源自这一绝对命令的规范，有助于明确并增强我们对个人的尊重。墨子把这种命令与天意联系起来，"顺天意者，义政也；逆天意者，力政也"（Ivanhoe，2001：93）。他还把天意比作几何仪器，与一种衡量手段形成对照，"我有天志，譬若轮人之有规，匠人之有矩……我得天下之明法以度之"（Ibid.：93-94）。道德义务意识可以在能够无私地爱他人的合格良心中被认识到，它提供了义务伦理的基础。我们建议按义务论方法将这种标准应用到企业管理者所面临的挑战中。

义务论方法的实践步骤：

（1）清楚地阐述待评估行为，确保将所有相关观点都纳入考虑。

（2）判定该行为是否能和某些公认的看法相关联，如不杀人、不说谎、不偷盗。

（3）通过以下两个标准探讨该行为是否道德：

a. 该行为是否将尊重人作为目的而不是仅仅作为手段。如果是，则一眼便看出该行为是道德的；如果不是，就是不道德的。

b. 该行为是否能得到所有理性人的赞同，并推荐其他人效仿。如果是，则初看之下该行为是道德的；如果不是，就是不道德的。

（4）如果认定该行为道德，就看它是否与其他责任义务相冲突，以及那些冲突的责任义务是否都能得以履行。如果都能得以履行，且将一切事情都考虑在内的话，则该行为便是道德的。如果冲突不能得以解决，则着手于应用正义的方法。

4.4.3　功利方法

第二种方法源自功利主义，这是约翰·斯图尔特·密尔（1806—1873）和其他英国哲学家提出的一种道德哲学。功利主义是一种伦理理论，认为能实现"最大多数人的最大幸福"的行为就是正当的行为。应将这一理论与成本效益分析区分开来，成本效益分析是一种传统的管理决策方法，源自对"效用"的一种狭隘的经济学解释。二者的不同主要在于做出分析的视角。成本效益分析通常根据某一行为对公司底线或股东利益的影响来估计该行为所带来的结果的好坏。结果的好坏只对做出估计的人来说有价值。相比之下，功利主义是一种真正对行为结果好坏做出权衡的伦理理论，其考虑了该行为在可预见的未来对所有相关人士的影响。所以，所有利益相关者都在考虑范围之内。功利分析，简言之，趋同于所有中国传统道德哲学所歌颂的和谐社会理想。功利分析以其对理性考虑的强调，十分相似于墨子推断解释"兼爱"具体要求的典型方式。我们建议可以通过遵循一定的步骤，将功利方法应用到企业管理者所面临的挑战中。

使用功利方法的步骤：

（1）清楚阐述待评估的行为，从一切相关视角思考。

（2）确认"利益相关者"，也就是那些直接或间接受到该行为影响的人。

（3）向相关人士详细说明该行为的一切好坏后果，当情况复杂时，想象不同的情境以权衡各种可能的结果。

（4）做出道德判断：若该行为带来的好处多过坏处，则该行为是道德的。若该行为带来的坏处多过好处，则该行为是不道德的。

（5）想象其他选择，对其他每一种备选行为都使用相同的步骤分析。

（6）对比以上各方案的结果。那个总体来说带来最多益处，或最少坏处（拉丁语中称"*minus malum*"）的行为就是最合适的选择。

4.4.4　应用正义的方法

有些经济伦理喜欢功利方法甚过义务论方法，另一些则正相反。我们认为两种方法对于真正实现公正或社会和谐都是必要的，而不是必须在两者之中强行做出选择。正义，在西方道德哲学的教义中，意味着平等对待每一个平等的人。作为公平的正义，在亚里士多德的解释中，涉及一贯的"给每个人以其应得"的坚定意愿。道德哲学家相信的每个人之所应得，当然，是随文化不同而不同，随时代不同而不同。比如，美国哲学家约翰·罗尔斯明确提出了分配正义理论，很有影响力，它基于两个原则。

第一原则：每个人对与其他人所拥有的最广泛的基本自由体系相容的类似自由体系都应有一种平等的权利。

第二原则：社会不平等、经济不平等应该得到这样安排：使它们（1）既被合理地导向对每一个人都有利的局面，（2）又成为对所有人开放的地位和职务的一部分。（Rawls，1971：60）

罗尔斯对正义的理解明确定义了每个人在普遍人权和所有人的平等自由方面应有的权利，也想象了一种情境，在其中举证的重担会落在任何要为社会经济不平等辩护或推动平等长久存在的人身上。

但是，这种获得正义的方式与孔子墨子的主张都有根本的不同。中国道德哲学预设了一个按等级组织起来的相互关联的世界。孔子关于"正名"的主张中明确承认了这些关系的道德义务性，就像父子、夫妻、长幼等关系中的情况一样。但是，这些义务都是不对等地，即使有也是很罕见地在公认平等基础上完成的。考虑到古代地中海帝国的社会环境，亚里士多德本来会理解中国人对罗尔斯理论的保留，同时他也会为罗尔斯致力于让正义恢复它在道德哲学中的正当地位所做出的努力而喝彩。

暂且将我们对罗尔斯或支持或反对的观点放在一边，我们必须强调，正义原则对国际经济伦理的任何严肃解释都是至关重要的。其实用性在处理互相冲突的道德主张这种常见问题时是最受到欣赏的。如果道德分析哲学是正确的，我们就不能仅凭个人口味或喜好来选择使用义务论方法或功利方法。当人们表达其对于重要事物的道德关切时，他们使用对错及好坏之类的用语。对这种用语使用方式的跨文化研究表明，在做出好的道德决策时我们必须理解和观察到义务论考虑和功利考虑之间的关系是有一种逻辑的。那么，司法的方法首先适用于义务论分析结果与功利分析结果相冲突的情况下。以下步骤就是为了处理这样的冲突，这种冲突不仅在个体间发生，也在团体、公司、机构之间或内部发生。

应用正义的步骤：

（1）清楚阐述待解决的道德问题，以及在使用功利观点和义务论观点时得出的结论。确认各自观点中自然产生的优先考虑之事。

（2）如果基本义务从义务论分析的角度看非常明显，那么这些义务就应该优先于任何功利考虑。不论在这种情况下可能实现什么别的好处，都要确保这些基本义务的履行。我们将这一规则称作"义务论先行"。

（3）如果基本义务中存在冲突，设法优先考虑这些冲突。若基本义务轻重不等，那就履行那些更重要或更紧迫的义务。若基本义务相等，没有真正优先考虑之事出现，那就履行那些在"实现最大多数人的最大幸福"基础上所确认的义务。这条规则我们将称之为"最后一招的功利主义"。

（4）尽管正义从来没有完美地实现过，但是我们仍然要努力接近它。亚里士多德的公平概念和墨子的"兼爱"主张在承认应用正义中理性分析作用时趋于统一。最后，我们必须确定，在我们决定解决特定道德问题所使用的方式时，我们的人性是否以及如何能得到最好的实现。

4.5 结论：四川百事案例中的道德决策

若以四川百事合资企业合作双方任一方的角度来看，其中的道德问题似乎都是 B 类问题，而关于它的伦理论点也是一目了然的。双方对另外一方的不满都涉及对基本道德的严重违反，不管这是西方还是中国道德哲学中要求的基本道德。如果我们采用罗尔斯应用正义的方法，那么胡奉宪为摆脱百事标准商业模式强加的限制而提出双方平等的要求，初看之下似乎是有道理的。而百事基于同样的平等假设不断提出财务透明的要求似乎也是合理的。同样，应用义务论伦理学，会突出双方都违背承诺，却没有就如何寻找正义之路给出足够说明。在这种情况下，义务论方法中的权利和义务似乎有冲突，而正义之路尚无处寻觅，功利方法或许是恢复合资伙伴间和谐关系，并为所有利益相关者考虑的最有希望的方法。

在西方道德哲学中，功利主义伦理是典型的妥协之路。尽管从逻辑上说，履行义务论方法的义务应该绝对优先，但在双方都没能做到的情况下，寻求最大多数人的最大幸福或许能为双方指出一条前进的道路，能使他们将不满暂且搁置，既不丢失颜面也不丧失气节。做出怎样的妥协才能有效挽救四川百事呢？如果找到妥协基础成了双方的首要优先考虑之事，情况又会如何不同呢？当然，若要严谨而成熟地回答这个问题，我们就需要重新审视其中所有的思考角度，采用得益于德鲁克研究成果的六步决策模式。然而在这里，我们仅提出一些建议。

那么，如果能够解决的话，什么问题才是能避免四川百事分裂的真正问题呢？就像我们看到的那样，确实存在很多问题，所以如何辨认出导致其他问题出现的真正问题才是挑战。问题之一是，虽然百事已经在中国经营了一段时间，但其管理明显缺乏对中国历史文化的深入理解，更准确地说，它选择忽视那些本可以从中国员工和咨询师那里学到的东西。百事最初与胡及其支持者谈判时，预设目标明显是得到他们在合同上的签字，好将双方与合资企业的发展连在一起。这种可预见的对于神圣契约的西式假设与中国商业实践不符。一纸合约并不能确保中国合伙人依照合约办事；不论你怎么表现，只有建立关系，小心地培养信任与忠诚，才能建立一种双方都愿意为保障对方利益而行事的关系。另一个问题是，百事显然没能使他的中国合伙人了解百事特许经营的本质。我们并不知道百事付出了多少努力来与胡沟通，但从胡的反应来看，他要么不知道自己管理的这家合资企业的性质；要么就是为表明其行为正当并挽回中国利益相关者的颜面，而故意无视曾答应的事情。不管是哪一种情况，如果百事能帮助所有合资企业的利益相关者理解自己的经营本质，或许也能就反对胡管理四川百事这一问题赢得更多支持。

如果想要挽救四川百事，合资企业合伙人就必须学会妥协，以足够灵活的方式来适应中国的文化价值观念，而不是严格遵循那些所谓"原则"，即使它曾帮助百事在其他地区获得过成功。考虑到与中国合资伙伴培养良好人际关系的重要性，百事当初做出与胡奉宪合作的决定时，就该更谨慎些。百事并未关注胡与四川省政府之间联系的战略重要意义并利用它为自己谋利，因此，或许还要花更多时间才能了解他。若百事尝试了解，会发现他性格的什么特质呢？他值得信任吗？他对中国传统的道德领导力概念表现出尊重了吗？他更是小人而不是君子吗？如果在中国经商依赖于培养人际关系，那么找到这些问题的答案就尤为重要，尤其是当我们处于四川这样的环境中经营企业时，在这种环境中西方的法律法规假设无法也无力奏效。

但问题是，既然合资企业已经建立，而合作双方又已经互不信任，那应该怎么办呢？如何才能重建足够的信任，以使双方能通力合作将四川百事推向成功呢？即使在经历这么多的互相失望之后，双方的关系仍有可能缓和，至少在屈之看来这是现实的，他是四川韵律的副总经理，直至 2002 年 8 月，他仍表达了对双方摒弃前嫌"回到谈判桌前"的期望。（Taipei Times，2002）如果他们真的谈判了，会谈出什么结果呢？百事本可以对胡的新民族品牌提供全心全意的支持，这似乎是胡最想要的。或者他们会帮胡建立一个独立于四川百事的全新公司，来生产其民族品牌产品。作为对他们技术上、经济上协助的交换，百事也可能得到对四川百事管理的全权控制，至少能支配某个计划，将四川百事重新整合到其"中国装瓶商协作会"（PCBA）的规则与程序中。

　　如此一系列关于重新确认并贯彻合资企业合作双方最高优先的具体建议，或许能指出一条共同前行的道路。但事实上，百事已经向斯德哥尔摩提交仲裁申请，而"离婚程序"也在进行中。当与四川韵律完成"离婚"后，百事当即表达了寻找"一个新的'决心遵守法律秩序，互相信任，决策透明'的合资企业合作伙伴"的愿望。（Taipei Times，2002）如同在美国常有的情况那样，虽然一次婚姻失败了，却没有理由放弃再次结婚的念头。个人关系是如此，商业中也是如此，离婚为寻找下一个合作伙伴打下基础，寻找一个更了解的配偶并愿意基于对其共同的文化价值观的欣赏而共建更好生活的伙伴。第一次婚姻或许是痛苦的，而离婚程序或许也是麻烦的，但努力负责任地行事总是更好的，不论是在私人生活中还是在商业中。行为正直常常意味着承认自己的错误、从中吸取教训、继续探索前进的道路。我们最终认识到，学会磊落行事会引导我们在成功与失败中前行，在个人生活中如此，在商业中也是如此。

参考书目

Ambler, T., Witzel, M., et al. (2008). *Doing business in China*. London \ New York：Routledge.

Anderlini, J. (2013). *Xi vows to protect foreign businesses*. London：Financial Times.

Bremmer, I. (2013). Soft (Drink) power. *Foreign Policy-The Power Issue*. Retrieved

April 30, 2013, from http：//www. foreignpolicy. com/articles/2013/04/29/soft_ drink _ power? wp_ login_ redirect = 0.

Chen Derong. (1999). Three dimensional rationales in Chinese negotiation. In D. M. Kolb (Ed.), *Negotiation eclectics：Essays in memory of Jeffrey Z. Rubin*. Cambridge, MA：PON Books.

Cheng, Y. , & Liu, B. (2010). *China explores cultural therapy to cure social ills*. Retrieved July 16, 2013, from http：//news. xinhuanet. com/english2010/china/2011 - 10/25/c_ 131212258. htm.

Drucker, P. (1986). Making decisions. In *The practice of management*. New York：HarperCollins, Perennial Library.

Du, F. (2002). Will Pepsi faction end in Stockholm. *Law Service Times*.

Fei Xiaotong. (1992). *From the soil：The foundations of Chinese society* (XiangtuZhongguo). Berkeley：University of California Press.

Fernandez, J. A. , & Liu, S. (2011). *China CEO：A case guide for business leaders in China*. Hoboken：Wiley.

Flannery, R. (2003). Pepsi's Chinese Torture. *Forbes Magazine*. Retrieved April 25, 2013, from www. forbes. com/forbes/2003/1222/086sidebar. html.

Haley, G. T. , Haley, U. C. , et al. (2004). *The Chinese Tao of business：The logic of successful busi-ness strategy*. Hoboken：Wiley.

Hsu, J. (2007). Ethical Implication of the Business Strategy of Pepsi Co in its dispute with the local partner：Master thesis. In S. Rothlin (Ed.), *Master thesis for the 2006/7 Master of Business Administration program at the Sino-French School of International Management (IFCM)* (p. 66). Beijing：Sino-French School of International Management (IFCM).

Humphrey, R. (2008). Cultural literacy and sound due diligence：Two imperatives for business success in China. *Journal of the North American Management Society*, 3 (1), 200824.

IBS Case Development Centre. (2009). Business environment in China. In MS Raju& X Dominique (Eds.), *Marketing management：International perspectives*. New Delhi：Tata McGraw-Holl.

Ivanhoe, P. J. , & Van Norden, B. (2001). *Readings in classical Chinese philosophy*. New York：Seven Bridges Press.

Julia Ching. (1993). *Chinese religions*. New York：Orbis Books.

Liu, S. (2006). Pepsi's 'painful marriage' in Sichuan. *Asian Case Research Journal*, 10 (02), 281 – 302.

Rawls, J. (1971). *A theory of justice*. Cambridge, MA: Harvard University Press.

Taipei Times. (2002, August 26). PepsiCo dumps its Chinese partner. *Taipei Times*, 12. Retrieved July 17, 2013 from http://www.taipeitimes.com/News/worldbiz/archives/2002/08/26/0000165685.

The Economist. (2004, March 18). *A disorderly heaven*. Retrieved on June 16, 2015 from http://www.economist.com/node/2495184.

Yallapragada, R. R., Sardessai, R. M., et al. (2012). Doing business in China: Investor beware. *Southwestern Economic Proceedings*, 32 (3), 27 – 30.

Yu, C. S. & Xiaosheng (2002). The worst end might be the best start. *Xinhua News*. Beijing: Xinhua News Agency.

第五章　自由公平的企业竞争

如果你的公共关系策略表现了你力求质量和卓越的努力，它就能确保你的声誉。

（罗世范，《成为终极赢家的18条规则》，2004）

5.1　前言

国际经济伦理学许多最基本的教程都依据现代经济学的一致观点：自由公平市场竞争是实现社会和个人商业活动利益的手段。在第一章中我们学到的基本课程，即所有的"终极赢家"必须承诺——不论输赢——都要尊重和加强比赛的诚信度，在本章被转化为维持市场正当竞争的企业责任观。很多世纪前，亚里士多德和他的中世纪门徒托马斯·阿奎那（Thomas Aquinas，1225—1274）阐述了一套以"交换正义"为名的现实主义市场交易道德理论。在本章我们会用他们的学说作为参考，来解释如果社会要取得期待从通常商业活动得到的利益，商业竞争应该如何开展。

本章案例分析的是两家内蒙古乳业公司——为争取中国乳业主导地位的激烈竞争者——的故事。蒙牛随后用来对伊利发起攻击的公关战在已经为先前毁了三鹿集团的三聚氰胺丑闻所震撼的中国消费者中间制造了恐慌。由于案例研究引导我们探讨了这些公司及其经理人员身上发生的事情，我们看到了中国政府和人民明白无误地期待市场竞争和掠夺性行为之间的差异可以从法律和道德两方面来看待。那么，本案例研究允许我们通过充实来自第一章的经验，即将商务同用其他手段进行的战争相混淆是一个严重错误，来结束本书第一部分。

5.2　案例研究：蒙牛诉伊利案，
如何对待不公平竞争？

5.2.1　摘要

2008 年三聚氰胺毒奶粉丑闻的爆发使中国乳业声誉遭受了巨大打击。中国消费者对"商品安全"变得空前敏感。蒙牛和伊利，中国乳业的两大品牌，受到三聚氰胺丑闻和经济下行的不利影响后，开始全力维护自己在市场的主导地位。

此案涉及了众多问题，包括公开当责和不公平竞争。尤其它甚至强调了在市场竞争变得非常激烈时涉及不道德商业行为的后果。

5.2.2　关键词

蒙牛、伊利、博思智奇公关顾问有限公司、中国乳制品行业、婴幼儿配方奶粉生产、品牌管理、不公平竞争

5.2.3　中国乳业市场的激烈竞争

中国乳业市场的最新历史始于国企体制改革。一旦这些企业经历了随后的兼并和收购，市场参与者从许多地方生产商变为仅有的几个大玩家。2008 年，当三鹿和其他生产商被指控在人使用的乳制品，尤其是婴幼儿配方奶品中使用三聚氰胺作为添加剂时，乳制品市场受到了关注。我们在第三章的三鹿案例研究中看到，它对国内国际乳制品行业的影响是灾难性的。重新获得消费者信心成为乳制品生产商和行业协会的主要目标。2009 年全球经济危机带来需求疲弱使原材料价格下降，这种负面趋势随后在全球复苏中开始好转（Beijing Orient Agribusiness Consultant Ltd. ，2011）。

蒙牛和伊利的戏剧性斗争在此背景下开展。蒙牛的故事离不开它的偶像式创立者牛根生的故事。他为了要全身心投入到慈善事业中，最近已从公司管理层退休（China CSR，2011）。牛根生是一个白手起家的人，他当初加入伊利这家内蒙古大型乳制品生产企业，从洗瓶工做起，最后成为伊利董事会成员。然而他的勤奋和快速上升并没有获得他的高

层同事的充分欣赏，他们把他的晋升压后了一年，在此期间，他上了北京大学的一个 MBA 项目（Zhang，2006）。

他在北京学到的专业知识和建立的人脉成了 1999 年牛根生与 50 名下属从伊利辞职后立即成立蒙牛乳业的跳板。尽管没有工厂和成熟的品牌，蒙牛仍然成了中国成长最快的新企业。牛根生从成功组建承包商网络开始，这使他一年赚了 4300 万人民币并为其开始建设公司自己的生产工厂打下了基础。蒙牛发展的关键时刻是 2002 年，它接受了外国投资并随后于 2004 年在香港上市。牛根生的创新领导在其给予对公司发展贡献最大者以奖励时尤为显著。他对"蒙牛人"承诺用自己家族的股份为他们成立基金并在两年后履行了承诺。

伊利的历史较长，始于 1992 年。在从内蒙古一家国有企业重组以后，它先是呼和浩特红旗奶制品工厂，然后是穆斯林奶制品工厂，最后成为伊利。伊利 1996 年上市，并确立了与三元、光明（北京、上海重组的国有乳制品企业）等品牌平起平坐的地位。伊利在郑俊怀领导下取得的成功一直顺利持续到 2004 年郑俊怀因贿赂而被捕。郑俊怀与其他六名同伙一起被发现挪用公款收购一家公司股权，这在许多人眼里似乎就是对蒙牛威胁的一种回应，蒙牛为了进一步扩张筹措资金而同摩根·斯坦利合作（Peverelli，2006）。

由于蒙牛是由伊利前雇员建立的，用"你死我活的竞争"来形容两个公司间的关系并不夸张（Xinmin Weekly，2010）。确保生牛奶供应，在同一地区建立工厂，在广告、促销、价格战争方面的高额投资，全都有着新内蒙古乳业的特征。于是，在 2004 年蒙牛遭受诋毁时，伊利立刻受到了怀疑，尽管还没有伊利参与其中的明确证据（Jiang，2004）。最终，两家友善地划分了市场，因而避免了约七年之久的直接对抗。如果蒙牛的目标只是占领液态奶市场，而伊利是想继续保持它在奶粉供应方面的主导地位，两家都可以获利。然而在 2006 年当双方发现彼此都在试图进入新领域——需求正在增长的婴幼儿配方产品时，竞争再次爆发（Lan，2011）。

5.2.4　蒙牛对伊利：一场唇枪舌剑?

被三聚氰胺伤害的消费者，在 2010 年 7 月再次陷入恐慌。有谣言称伊利和一家知名度稍小的圣元乳业使用有毒添加剂导致婴幼儿性早熟。市场的反应迅速凶猛，消费者对产品进行抵制，谣言所指控的公司的股价下跌（China Daily，2010）。卫生部害怕有新的三聚氰胺丑闻，立即介入，但在全国范围内多次进行的检测中却没有发现有毒成分（China Daily，2010）。焦点转移到这些谣言是如何散播的问题上，怀疑的目光落到了蒙牛头上。

追根溯源，调查发掘出博思智奇公关顾问有限公司设计的损人利己的市场战略，蒙牛儿童部经理安勇知道此事。公安机关调查表明，这次事件是安勇个人行为，并非蒙牛企业行为。

这次事件以蒙牛与博思智奇的管理人遭到逮捕、审判、定罪而告结束；六名管理人，包括蒙牛的安勇和博思智奇的肖雪梅及其他四名员工受到了刑拘和罚款（Gu & Wang，2011）。蒙牛对社会进行了公开道歉，对公司管理不力导致安勇对相关方面及消费者造成不良影响表达了歉意。消费者信心得到部分恢复，但是公众对中国奶制品安全的担忧仍然很高。

介于精明营销和利用信息进行不公平竞争之间的可疑行为在中国乳业并不新鲜。

此案中虚假信息被故意传播——比如将信息贴到网络上——来误导不知情的消费者，以此来破坏消费者对蒙牛主要竞争对手的信心。没有任何客观数据可以证实这些信息，虚假信息的影响由于早先三聚氰胺恐慌之后消费者对乳业产品安全的高度敏感而增大了。散播了这种虚假信息之后，必然有公司因此名誉受损。这种损害是利用互联网开启的某些信息不对称而蓄意造成的，只能由公共管理机构即卫生部的干预来加以整顿。由于消费者的不确定性增加，公司名誉受损，以及中国乳业遭受了另一场挫折，这对整个社会是没有任何好处的。

5.2.5 精明的营销策略还是损人利己行为？

该案是关于蓄意散播虚假信息误导公众来打击竞争对手名誉的道德问题。从经济伦理角度来说，蒙牛和博思智奇的员工企图用这样的手段来赢得竞争是错误的吗？那些参与针对伊利阴谋的人受到了法律上最大程度的惩罚。尽管你也许要考虑法庭是否太严或太温和，但是我们应该将讨论专注于此事件引起的经济伦理问题上。当公司之间竞争十分激烈时，有没有一个道德界限来界定什么可以做、什么不可以做呢？是否应该有这样的界限呢？国际经济伦理能够表明商务为什么和应该如何在将来做出相似行为时三思而行吗？

5.3　案例讨论

这个案例中有着多重道德问题。你能在阅读中识别出多少道德问题呢？让我们对照下面的考虑，来核查一下你列举的问题吧！

- 在故事开头，我们了解到伊利总裁有贿赂等不法行为。这告诉我们什么呢？除了我们是否应该认为商业贿赂既不道德又非法的问题以外，还有给出的贿赂理由，即伊利需要融资以增加竞争力来对抗蒙牛。残酷的商业竞争也许可以帮助解释伊利的动机，但是能为其辩护吗？我们会在随后对商业竞争的具体特性分析中试着回答这个问题。

- 另外一个问题是，蒙牛和伊利是在这样的一个市场中竞争：这个市场仍处于从三聚氰胺丑闻中恢复过来的过程中。它们会试着减缓它们的竞争来加强公众对乳业的整体信心吗？它们会为了社会和谐或者出于对公众利益的尊重或者为了国家安全的利益而这样做吗？这些考虑中任何一个都会阻止它们散布关于自己竞争对手产品的谣言吗？

- 采取消极手段对抗自己的竞争者似乎也是一种精明的营销策略，但这也是一个道德问题，这就是我们说的第三个问题。我们必须扪心自问：市场竞争有道德规则吗？应该有吧？这个问题中暗含一个元伦理问题，即不同文化中的竞争是否应该区别对待。商业竞争是一种战争行为，那么《孙子兵法》应该是我们的市场竞争指南吗？有一句古语："在情场和战场，可以不择手段。"在你看来，真是这样吗？如果是，而且你打算将其严格用到商业中，那讨论"公平"竞争就没有意义了。

- 造谣者被抓住时，为自己辩护的拙劣尝试涉及第四个道德问题：用未被证实的怀疑，即认为伊利也在散布关于蒙牛的谣言，来为蒙牛利用公关公司散布关于伊利的谣言辩解。另有一句古语："不能因为别人做得不对，自己就有理由犯错。"伊利的不道德行为（假设是真的）能用来作为有效借口为蒙牛的不道德行为辩解吗？那句古语是否适用于跨文化的情况，还是中国人在这个问题上与其他文化的人想法不一样呢？在国际经济伦理中是否有应对冲突的道德的指导呢？

- 然后，第五个问题是我们应该对牛根生拒绝承担责任做何种考虑？他关于安勇说的话属实吗？还是他在撒谎来挽回自己和公司的颜面？与第二章中西方哲学家和中国圣贤经典描述的理想的道德领导力相比，应该如何评判牛根生？

- 最后出现了第六个问题，公关公司的伦理，集中关注什么样的（如果有的话）道德标准和法律指导，来规范他们的行为？我们应该探索在中国从商的公关公司已经采取的一些伦理法则吗？有没有适用于博思智奇这类公司的伦理标准，在竞争变得激烈时这些标准是否应该遵守呢？

如果你在本案例中的六个道德问题中找出三个以上，那么恭喜你！你已经在成为终极赢家的路上了！

尽管这六个道德问题中每一个都值得广泛讨论，但是也许此处探讨的最有用的一个，是商业竞争伦理。经济伦理会如何在该案例中界定公平与不公平竞争，区分精明营销策略和损人利己行为？这问题也会给大多数其他问题以启迪。它把我们带到真正商业活动的中心，即市场竞争意味着什么。那么，商业是什么呢？其目的是什么？彼得·德鲁克说过："商业的目的是创造客户。"（1954）这个定义也许令你惊讶。也许你在想，"商业的目的？简单——就是尽可能多并尽可能快地赚钱"。好吧。商业中每个人都想尽可能多地赚钱。但是德鲁克博士的重点是让人思考如何赚钱。如果不持续地创造客户，没有商业能赚钱。

比如你开一个餐馆或者就是一家小面馆，如果没有顾客你很快就会破产。但是如何创造客户呢？简单地说就是你争取客户。是的。商家在既有的市场中相互竞争。你的餐馆不是和邻家的美容店竞争顾客，而是与其他餐厅，快餐店和附近的街头小吃竞争。店主的目的是吸引顾客，即那些寻找良好环境就餐，那些在市场上寻找已经准备好的食物的人们。所以他不在乎美容店的顾客，除非美容店的顾客也饿了。但是如德鲁克所说，顾客是指回头客。为了创造回头客，店主必须说服人们不断地回来，因为试过他的菜单之后人们被食品质量和服务吸引，这足以让他们想再次造访这家餐馆。回头客是店主与之建立了关系的人。回头客与店主重复交易，因为这比重新开始找一家和这家同样水平的店来得容易。他不太可能会仅仅因为街上另一家店这周有促销就不来了。

即使是对未规范市场上人们行为的简单观察也能证明创造回头客的重要性。我们都见过我们的父母是怎样购物的。我们知道他们会与信任的人做生意，有时是亲戚或者是和他们有关系的人。一旦关系建立，他们会持续交易，除非他们之间的信任遭到了背叛。如果一家餐厅有腐烂或有毒食物，这会使顾客生病或感到恶心，即使老板和顾客有很好的关系，顾客也很难再想给餐厅一次机会了。如果有机会他们就会转向别处，不是吗？

所以如何使顾客蜂拥至我的企业呢？我创造顾客，是以顾客认为公平的价格来为他们的需求服务。如果他们愿意支付的价钱高于我的产品制作成本，那我便获利。如果我能成功地持续做下去，随着越来越多的人成为我的顾客，我的利润也会增加。这并不需要魔法。但它的确需要认真思考顾客是谁，他们需要什么，我如何很好地满足这些需求并使他们一再回头。当有足够的买家和卖家互动时便形成了自由交换商品的市场，所有参与者都可以根据合理的自身利益来自由选择。当然买家和卖家并不简单地是化学实验里可以反应的元素。他们是为各自生意竞争的人，寻求建立可持续的关系使得他们能通过增加销售利润或提高消费者对产品和服务的满意度而更便利地实现自身利益。

按照德鲁克所说的商业目的来理解，便容易看出博思智奇的"731计划"在为蒙牛创造顾客上是为什么和怎样失败的了。如罗世范法则所建议，它试图通过在已经被三聚氰胺丑闻重创的市场中散布危险的谣言削弱竞争对手，而不是注重提升自己公司质量和追求卓越的声誉。如果他们懂得营销，就应该知道"731计划"是一个只会吓跑顾客的恐怖行为。即使它成功地破坏了伊利的声誉，也不会增加蒙牛的声誉。结果证明婴幼儿配方奶品市场上的中国顾客对孩子的安全产生了担忧并随时都在寻找伊利或蒙牛的替代品。如果有人获利了，那便是婴幼儿配方奶品的外国供应商，中国顾客认为他们比中国生产厂商更值得信任。

一个了解什么是顾客的人本可以预见到这一切。如果有一个真正的市场，那么那些在市场上做买卖的人就可以自由买卖，也就是说，他们就有选择，他们不可能受到这样一些人的操纵：这些人只会用恐惧来维持商户的忠诚和兴趣。如果中国的市场营销人员和公关策略家还不知道这一点，那么无疑，随着消费者市场继续增长，他们会因惨痛的教训来学会它。那么，在市场上争夺顾客的竞争遵循的逻辑不同于战争的逻辑。战争中两军之间的竞争是严格讲"输赢"的。战场上也许会有貌似有理的战术——战场上，平民百姓会被获胜的一方俘获或者利用——这些战术在企业争夺客户的忠诚时，不仅无意义，而且还会产生相反结果。在我们探讨了圣贤和哲学家对买卖伦理所说之话以后，我们将回到关于市场竞争道德的讨论上。

5.4　伦理反思

理论上，市场是协助实现"双赢"交易或者金钱、物品和服务公平交换的机制。商家只有公平对待想要与其建立交易关系的个体或机构，才能创造顾客。但是在商业中公平待人是什么意思呢？中国和欧洲民间的道德和精神传统已经给了明确答案。中国的答案可以从孟子、墨子等古代圣贤所提倡的控制市场行为的那种社会实践中推断出来。欧洲的答案在亚里士多德、阿奎那等哲学家和神学家的理论中很明显，他们试图界定市场交换中正义的性质。圣托马斯·阿奎那（1225—1274）将其命名为"交换正义"（ST II – II, q. 61），正是他的观察引起我们的伦理反思。

5.4.1　什么是交换正义？

亚里士多德首先使用了"交换正义"的概念——或者说在成功的私人交易中产生的正义——在《尼各马可伦理学》一文中，他提出了对正义美德的解释。如同在许多其他哲学探索中一样，他始于从已知中派生出对未知的初步定义，而人们通常知道的是不公正的经历，他从人们给出的关于非正义的各种例子中推断出"正义是合法和公平，非正义是非法和不公平"（Book V, No. 1）。然而，当一个人检验人们视为合法和公平的行为时，亚里士多德辩称在正义美德范围内必须理解不同类别的正义，其中有两种主要的正义，即在公共财产分配中承认的正义（后来以"分配正义"而闻名），和"在人与人的（私人）交易中起矫正作

用"的正义（后来以"交换正义"而闻名）。由于人类活动可以分为
"自愿的"和"非自愿的"的两类，亚里士多德用这种区别来强调两种
交换之间的差异：一种是典型地发生在市场中，在买卖双方都同意的情
况下换取财产的自愿交易，另一种是通过各种形式的偷窃和暴力来获取
财产的非自愿交易（Book V，No. 2）。

为了将通常在合法市场交易中获取的正义同涉及偷盗的非正义相区
别，亚里士多德集中关注这些交易的目的，在他看来其目的在双方之间
实现"一种平等"，被看成是在付钱太多和付钱太少之间的一种算术上
的平均数（Book V，No. 4）。为了解释它在市场中如何实际运作，他观
察了金钱价格在促进交易中的作用：金钱使所有可以交换的东西变得
"可用同一标准来衡量"，只要每一样物品都有其价格。如果没有价格，
我们的交易就会局限在物物交换，而我们的大量精力就要用于试图在当
时当地决定交换物品的价值。尽管价格可以通过市场参与者的集体协
议来决定，但是价格几乎不是随意决定的。正因为金钱价格代表这样的集
体协议，所以要对其有正义、非正义的考虑。按照亚里士多德的说法，
价格建立在"需求"的基础上：

> 如前所述，所有商品因此都必须被某一事物所衡量。现在，这
> 个衡量单位是事实上的需求，它把所有事物联系在一起（因为如果
> 人们根本不需要彼此的物品，或者不是平等地需求这些物品，那就
> 要么没有交换，要么没有同样的交换了）；但是金钱传统上已经成
> 为一种需求代表物；这也是为什么金钱在希腊语里称为 nomis-
> ma——因为它不是天然存在的，而是依法（nomos）① 存在的，我
> 们有能力改变它，使它变得无用。然后，在价格相等时，就会有相
> 互性……（Book V，No. 5）

在亚里士多德看来，市场交易的正义就取决于交易的自愿禀性。但
是由于没有人会同意他或她已知道的不公平市场交易，双方同意的价格

---

① 在希腊语中，nomisma（金钱）和 nomos（法）属同一词根，前者是由后者派生
的。——译者注

必须使双方"平等"，至少使双方大概能觉得他们花的钱有价值。

亚里士多德的交换正义理论作为矫正或保证这种交易"平等"的过程也许会使人困惑，因为"得"和"失"显然在任何市场中都很常见。初看起来，似乎不可能用亚里士多德的平等观念及其通过同几何比例与算术比例间差别的类比而对"分配"和"交换"两种正义做出的理论解释，来调和"得"和"失"的现实或"利润"在市场交易中的明显作用。然而，他的基本观点应该很清楚：在任何成功的市场交易中，当双方都认为对彼此做的交易感到同等满意，没有任何一方认为自己被另一方所骗或者所伤害。这样的交易就被承认为"合法"和"公平"的，或者——按今天的话来说是——"双赢"，因为双方都认为自己由于同意交易而比没有交易发生的情况下双方任何一方日子过得更好。市场的存在是为了促进这样的"双赢"交易；金钱是发明出来作为促进市场固有功能和市场在时间与空间中扩充或制度化的工具。

1500 多年以后，亚里士多德的学生托马斯·阿奎那将亚里士多德的"交换正义"理论系统化并概括了它对经济伦理的意义。这是他关于基督教神学的综合性著作《神学大全》（1265—1274）的一部分，其中，希腊的美德伦理传统被纳入中世界基督教世界观。在《神学大全》的"论基本美德"（IIa-IIae, QQ 47 - 170）中，阿奎那重申了亚里士多德关于正义美德，关于区分交换正义和分配正义的相宜性，关于在市场交易双方之间建立公平或"平等"的"算术方法"意义等的学说（阿奎那，IIa-IIae, Q. 61, Art. 2），以及自由或"自愿"协议在决定市场正义时不可或缺的作用。他进一步明确了市场交易和馈赠的区别，因为尽管两者都可以是双方之间的自愿交换，但是市场交易"在包含债务观念的情况下"成了一个正义问题。例如，在买卖中，交易涉及双方承诺支付事先同意的价钱——要么付钱，要么以物易物，要么以服务作为交换——这种承诺造成了一种义务或债务，直到款项完全付清（Ibid., Q. 61, Art. 4）。

但是，阿奎那不仅澄清了亚里士多德的学说，还把它应用到买卖伦理中，即今天的经济伦理中。由于正义像所有美德一样，在不在场的情况下才被普遍认识到，所以通过考虑"买卖中的舞弊"形式，市场交易中的交换正义便变得一目了然（IIa-IIae, Q. 77）。当经买卖双方同意而达到的"平等"由于价格或者出售商品的严重瑕疵而不再存在时，买卖或销行为便是不公正的了。在对市场舞弊的解释中，阿奎那论及四个问题。

第一个问题"以高于商品价值的价格出售商品是否合法"解释了平等的基本道德规范，即"双赢"的构成要素。阿奎那的回答是原则上以高于商品价值的价格出售商品永远不会是合法的，因为这样"不平等的"结果只能通过欺诈来实现。由于"买卖关系的建立似乎是为了实现双方的共同利益……共同利益不应该相对于其中一方而言是另一方的负担"。如果交易建立在交易物品真实价值的基础上，那么对交易双方来说，就应该是同样"公平的"。例如，如果我基于卖家提供的虚假信息而同意以一定价格购买某住房项目中的一套公寓，那么我就是被引诱花了超过这个公寓价值的价钱，而如果这种欺骗是故意的，那么我便是受到了欺诈。了解阿奎那在这里的真正主张很重要，他不是要禁止人们通过销售牟利，而是在公平交易与不公平或欺诈交易之间画出了清楚的界线。

第二个问题，"出售的商品有缺陷是否就使交易变得不合法"将关注点从实施欺诈的打算转移到关于出售商品缺陷的问题上（IIa-IIae, Q. 77，Art. 2）。根据亚里士多德的分类，他讨论了商品材（比如酒中兑水）、量（比如谎报重量尺寸）、质（比如出售冒充健康牲畜的病畜）方面的缺陷。在以上各类例子中，一个出售有缺陷产品，意在欺骗买家的卖家犯了欺诈罪，必须为买家以高于商品价值的价格购买商品时受到的损失而赔偿买家。如果卖家在不知道缺陷的情况下出售有缺陷的产品，卖家就没有犯欺诈罪，但是明知商品有缺陷仍出售，卖家就必须赔偿买家。

阿奎那的第三个问题，"卖家是否必须说明出售商品的缺陷"继续探讨商家对顾客的道德义务。他回答说，卖家必须公开任何隐蔽的缺陷，因为"引起任何人的危险或损失都总是不合法的"（IIa-IIae, Q. 77，Art. 3）。然后他描述了顾客在不知情的情况下购买有缺陷商品造成损失或危险的例子。但是阿奎那也承认隐蔽缺陷和明显缺陷的不同。例如，出售一匹只有一只眼睛的马并不违法，因为缺陷对于买卖双方来说都很明显，这可能会反映在打折扣的销售价格中。显然，阿奎那不会为难食品超市中常见的经营方式，即对某些易腐烂的商品——例如包装的肉、水果或蔬菜——在临近过期的时候进行打折处理，当然过期以后就不能被合法出售了。不需要进一步对顾客说些什么，因为价格已经得到调整，以补偿那些将购买这类商品的顾客。

这时候读者会想知道，若是阿奎那的规则在市场上得到普遍遵循，那么商人怎样赚钱。阿奎那在对第四个也是最后一个问题"在交易中以高于商品曾经的购买价格而出售商品是否合法"的回应中便提供了答案。注意以下情况很重要：从事贸易或做生意的人要求更高价格原则上是合法、公平的，因为出售物品的价值会在进入市场时发生改变。由于交易通常涉及在一个市场获得商品，为的是在另一个市场将其出售，所以"随着时间地点的变化，或者由于他（商人）在将东西从一处转往另一处的时候，或者还有，在让东西由另一家商户搬运的时候，造成了危险，东西的价值就（会已经）发生了改变。在这种意义上，买和卖都不是非正义的"（IIa-IIae，Q. 77，Art. 4）。由于用于销售的商品的价值因承担了风险并克服了将商品投入市场时所遇的障碍而被商人有所提升，所以标价高于原先购入时的价格只是对商人付出努力的补偿。

阿奎那利用这个问题所提供的机会来为贸易和做生意的合法性辩护，这与他的许多希腊哲学家前辈及基督教神学家的观点相反，他们谴责商人本质上的贪婪与不诚实，这很奇怪地和许多孔子的弟子所表达的见解相似。但是，阿奎那和孔子两人都承认，通常将其归于商人的弊病是"非主流的"，无论就他们的本性还是职业而言这都不是关键性的。他们认为商人中的一些通病只是"意外情况"，对商业自身和商人这一职业来说不是关键。孔子在《论语》中说："富与贵，是人之所欲也，不以其道得之，不处也。"（Book IV，Number 5）阿奎那同意，通过交易挣得的财富可以是合乎伦理的："没有任何东西能阻止一个人为了某种必要的甚至道德高尚的目的而获利……（例如）为了维护家业或者帮助穷人；或者还有，一个人可以为了某种公共利益而从事贸易，例如，为避免他的国家缺乏生活必需品，而且他寻求获利，不是作为一种目的，而是作为他劳动的报酬。"（IIa-IIae，Q. 77，Art. 4）

5.4.2 交换正义和公平的商业竞争

那么，交换正义便是市场交易特有的伦理原则。它试图澄清"双赢"交易的性质，根据定义，这样的交易是自愿的，它不同于"输赢"转换，例如偷盗，这样的转换是不自愿的，因为这要么涉及欺骗，例如在你不知情的情况下某物被偷走；要么涉及暴力，例如在抢劫中你被迫交出物品，不然便遭受身体伤害。

在市场中最常见的违反交换正义原则的是冒牌货，因为它假装自愿交易，实际上是蓄意欺骗。冒牌货交易有时看起来是自愿的，但实际上买家的合作是基于卖家刻意隐瞒或扭曲了商品公认价值的真正信息。随时获取精确信息是市场正常运转的关键，因为如果买卖双方缺乏必要的信息而无法在所有互相竞争的出价中做出合理选择，那么自由公平竞争的经济利益就无法实现。如果买卖双方被剥夺了为在竞争者中做出合理选择而要求的东西，那么市场便不能有效运行。

价格是各种形式人为操纵的结果，而不是对出售商品真正价值的自由信息交换的结果，这样的市场只是名义上的市场，因为引入的扭曲是用来阻止自由公平竞争而不是促进这样的竞争。一篇关于香港最近颁布的《竞争条例》（2012）的评论以及围绕其贯彻带来的不断争议表明自由和公平竞争不能被假设为市场中每天发生的无数次交易的自然结果。自由的市场——即不受监管意义上的"自由"——并不会自动保证自由公平竞争。因为市场总是会吸引一些贪婪的参与者——孔子所说的"小人"或者阿奎那认为的"舞弊者"——他们试图通过消灭竞争对手来获利，某种形式的矫正或交换正义总是在实践中很有必要。因为市场中的买卖双方很少能有力量来阻止这样的反竞争行为——买家和卖家，顾客和商家全都追寻各自利益而不可避免地存在信息不对称——这为政府为维持和加强市场竞争而进行干预提供了很好的例子。

例如香港的《竞争条例》明确了监督和惩罚三种形式的反竞争行为，即："业务实体之间的协议……具有禁止妨碍、限制或扭曲香港竞争的目的或效果"；"单一业务实体"的运营滥用其相当程度的市场权势，为的是要阻止竞争；"包含电信（公司）的直接和间接的合并……有或可能有大幅减弱香港的竞争"（Connolly，2013）。除了确认此法所涵盖的违规，《竞争条例》还建立了竞争事务委员会和竞争事务审裁处，它们有权调查指控，并在法律规定的诉讼程序中可以在证明违规的情况下实施罚款及其他处罚。中国香港的《竞争条例》总体上相似于欧盟、英国、加拿大、新加坡实施的法律，继续了与古希腊流传下来的交换正义原则相一致的市场管理传统。

交换正义原则在公关公司用于管理自己的伦理规范中也很明显。例如，香港公关顾问公司协会的伦理守则（专业宪章）（CPRFHK，2002）详细规定了成员公司必须遵守的职责，特别注重其利益相关者的义务。它明确了公关公司不将自己视为，也不要别人将自己视为"受雇的枪手"，能说或做任何为自身客户谋利而损害别人的事情。如在商务活动的其他方面，公关公司对其客户所做或者将要做的服务也有道德界限。在伦理守则中，每家成员公司"任何时候都具有公平、诚实对待新老客户、下属会员和专业人士、公关专业、其他专业、供应商、中间商、政府、政治团体和公关服务人员、媒体、雇员，以及除此之外的任何公关人事的责任"。公平、诚实对待尤其意味着，公司任何时候都有明确的职责，"要尊重事实，不有意或轻率地散播骗人的、误导人的信息，并适当注意避免在不经意中这样去做"。在随后关于社会媒体标准的文件中，香港公关顾问公司协会陈述了支持其规范的正面价值：诚信、透明、个人和组织的责任、可靠、合法、循规蹈矩、尊重（CPRFHK，2011）。它说明当其成员公司处理作为公关交流重要工具的社会媒体的发展提供的机会和挑战时，以上这些价值如何必须继续信守。

如果你问为什么香港公关顾问公司协会的伦理守则和其他相关规范都如此特别强调基本的诚实和可靠，答案当然是，公关公司提供重要的公共服务，不仅仅是提供给面临激烈竞争的客户的。一家合法的公关公司也是公益——或社会利益——的监护人，这种利益是在市场的发展过程中取得的。现代经济学理论提供了一个本质上功利主义的论点，要让市场力量——或者买卖双方间发生的全部交易——来回答大的经济问题：应该生产什么，生产多少，以及为谁生产。经济学家描述的"分配效率"是当所有市场参与者都自由公平竞争，市场价格能够反映所提供商品和服务的真实价值（或市场价值）时实现的。实现了"分配效率"，市场活动的社会效益便会最大化。市场承诺的总体上取得"双赢"结果取决于分配效率优化。所有市场参与者——顾客和商家以及促进其互动的合法公关顾问公司之类的企业——所有人，在保留和提高优化分配效率的市场尝试中都有一种利害关系。总之，这便是自由公平竞争的社会利益。如果交换正义的遵循成为常规，那么市场竞争不仅可以使任何具体交易中的买卖双方实现"双赢"，也可以使广大公众实现"多赢"。

5.5   总结

我们用对罗世范规则之一的承认开始了本章，这条规则似乎尤其同我们关于本案的特色分析相关："如果你的公共关系策略表现了你力求质量和卓越的努力，它就能确保你的声誉。"这条法则涵盖了可以从博思智奇在错误思想指导下的行动中学到的主要教训。为了在竞争中占据优势，博思智奇设计了一项策略——"731 计划"——通过在社交媒体植入关于伊利产品的谣言来损害竞争对手的名誉，却没有形成一套能够保护蒙牛名誉的公关策略。很难想象涉案人怎么会、为什么会认为这样损人利己的举动能够保护蒙牛名誉，或者保证蒙牛在市场上获得更大份额。相反，一旦被发现后，"731 计划"——由于它在被三聚氰胺伤害的消费者中引起恐慌——将两个公司都置于风险之中，由政府调查走向刑事审判和定罪。如果罗世范法则受到关注——或者如果博思智奇遵循了类似香港公关顾问公司协会颁布的那种伦理守则——涉案人就会明白，伦理上负责任的公关公司致力于促进其客户与公众或与客户正参与竞争的市场之间的沟通。如同罗世范所说，公关公司的宣传必须聚焦于将客户的回报与付出关联起来。

在本章，我们介绍了交换正义的原则，以解释若要保持所有参与者和利益相关者的"双赢"，市场竞争该如何开展。当然，在所有的市场交易中都信守交换正义原则不会保证每单生意的利润，但是，如同体育中的情况那样，这与参与竞争相对照，即使你输了，结局也会是"双赢"。在自由公平竞争中有公益可以实现，除非我们普遍承诺遵循管理市场竞争的规则，否则自由资本主义市场应许的社会利益——我们所有人都越来越繁荣——便不会实现。

参考书目

Beijing Orient Agribusiness Consultant Ltd. （2011）. *China dairy market review & outlook proposal* 2010 – 2011. Beijing：BOABC.

China CSR. （2011, June 20）. *Mengniu's founder leaves corporate role for philanthropy in China.* Retrieved on November 17, 2011 from http：//www. chinacsr. com/en/2011/ 06/20/8301 – mengnius-founder-leaves-corporate-role-for-philanthropy-in-china/.

China Daily. （2010a, October 21）. *Dairy giant Mengniu in smear scandal.* Retrieved on November 19, 2011 from http：//www. chinadaily. com. cn/china/2010 – 10/ 21/content_ 11437735. htm.

China Daily. （2010b, October 21）. *Ministry clears milk of causing early puberty.* Retrieved on November 20, 2011 from http：//www. chinadaily. com. cn/imqq/bizchina/ 2010 – 08/16/content_ 11156838. htm.

Connolly, J. （2013, March 6）. *An overview of the Hong Kong Competition Ordinance.* Briefing from Freshfields, Bruckhaus, and Deringer. Retrieved on July 23, 2013 from http：//www. fresh-fields. com/en/knowledge/An_ overview_ of_ the_ Hong_ Kong_ Competition_ Ordinance/.

CPRFHK. （2002, September）. *The code of ethics （Professional Charter） for the Council of Public Relations Firms Hong Kong.* Retrieved on July 23, 2013 from http：// www. cprfhk. org/files/Ethics. pdf.

CRPRFHK. （2011, February）. *Council of public relations firms of Hong Kong：Social media standards.* Retrieved on July 24, 2013 from http：//www. cprfhk. org/files/ cPRFhk% 20 – % 20 social% 20media% 20guidelines. pdf.

Epstein, G. （2010a, September 17）. *Golden cow.* Forbes. Retrieved on November 20, 2011 from http：//www. forbes. com/global/2010/0927/fab – 50 – 10 – china-mengniu-dairy-milk-golden-cow_ 3. html.

Epstein, G. （2010b, October 21）. *Creating a scandal for a fee：the dark arts of Chinese PR.* Forbes. Retrieved on November 20, 2011 from http：//www. forbes. com/ sites/gadyepstein/2010/10/21/creating-a-scandal-for-a-fee-the-dark-arts-of-chinese-pr/.

Gu Yongqiang, & Wang Shanshan （2011, March 16）. *Mengniu vicious word-of-mouth marketing case first instance verdict.* Caixin. Retrieved on April 25, 2013 from http：//companies. caixin. com/2011 – 03 – 16/100237284. html.

Jiang, J. J. （2004, April 27）. Yili, Mengniu fighting for No 1. *China Business Weekly.* Retrieved on November 19, 2011 from http：//www. chinadaily. com. cn/english/

doc/2004 – 04/27/content_ 326794. htm.

Lan, X. Z. (2010, November 1). A sour milk rivalry. *Beijing Review*. Retrieved on November 19, 2011 from http：//www. bjreview. com. cn/business/txt/2010 – 11/01/content_ 308595. htm.

Lerbinger, O. , & Sullivan, A. J. (1964). *Information, influence and communication: A reader in public relations*. New York：Basic Books.

Li, J. (2010, October). Yili reported to the police, and Mengniu was involved in "Defamation scandal". *Beijing News*. Retrieved on November 21, 2011 from http：// news. xinhuanet. com/2010 – 10/21/c_ 13567352_ 3. htm.

Meihua. info. (2010, October 21). *Dairy industry emergency: Online public relation fight between Mengniu and Yili*. Retrieved on November 28, 2011 from http：//www. meihua. info/today/post/post_ 12d90f88 – 8788 – 4a57 – 82b4 – 94f21f778f26. aspx.

China Mengniu Dairy Company Limited. (2011). *Ten years of Mengniu*. Retrieved on November 28, 2011 from http：//www. mengniu. com. cn/mn10/.

Peverelli, P. (2006). *Mengniu the follower: A case of intertwined identity. Chinese corporate identity*: 127 – 156. London：Routledge.

Shanghai Daily. (2010, October 23). *Mengniu says sorry, and accuses*. Retrieved on November 20, 2011 from http：//www. china. org. cn/business/2010 – 10/23/content_ 21185174. htm.

Sina Finance. (2010, October). *Statement about the An Yong scandal and defamation from Mengniu Group*. Retrieved on November 30, 2011, from http：//finance. sina. com. cn/chanjing/cyxw/20101022/07528824194. shtml.

The Times Weekly. (2010, October). *YangZaifei, the key person of Mengniu Scandal was interviewed and denied to discredit Synutra*. Retrieved on November 11, 2011 from http：//news. sohu. com/20101021/n276121625. shtml.

Xinmin Weekly. (2010, October). *Commercial war between Yili and Mengniu*. Retrieved on November 28, 2011 from http：//news. sina. com. cn/c/sd/2010 – 10 – 27/ 161721363589. shtml.

Yili Group. (2011). *Corporate profile*. Retrieved on November 28, 2011, from http：//www. yili. com/about_ yili/background. shtml.

Yue, Y. (2010, October). Mengniu exposed the old act: Yili spent 5. 92 million RMB to "Beat the cow (Mengniu)?" *New Express*. Retrieved on November 21st, 2011 from http：//news. sohu. com/20101022/n276206877. shtml.

Zhang, Z. G. (2006). *Inside story of Mengniu*. Beijing: Peking University Press.

Zhejiang Online. (2010, October 27). Commercial competition, where is the baseline? Retrieved on November 30, 2011 from http: //society. zjol. com. cn/05society/system/ 2010/10/27/017038779.

Zhejiang Online. (2010, October 27). Commercial competition, where is the baseline? Retrieved on November 30, 2011 from http: //society. zjol. com. cn/05society/system/2010/10/27/017038779. shtml.

第六章 客户：消费者权利与责任

要取得别人的信任，就让你的行为透明化。

（罗世范，《成为终极赢家的18条规则》，2004）

6.1 前言

正如我们在前一章中所学到的，按照彼得·德鲁克（Peter Drucker）的说法，"商业的目的是创造客户"。我们遵循德鲁克的见解，因为它揭示了商业竞争的本质。我们观察到，交换正义原则中就体现出了公平自由竞争的道德标准，这一观点由亚里士多德提出，阿奎那进一步系统化。本章中，我们首次探索国际经济伦理是如何解决特定利益相关者的担忧的，我们将阐释对企业与客户之间关系起到影响作用的伦理期待。造就客户意味着建立一段关系，它绝不是"一夜情"。当企业出售的产品或服务一定程度上满足了消费者的需求，并且他们愿意继续这段关系，在有需要时会再次购买你的商品，这才算是成为了你的客户。

这一章中，我们将解释，通常情况下，企业与客户在发展双方关系时彼此的道德义务。与启发我们研究国际经济伦理的美德伦理假设相一致，我们将关注如何构建"双赢"关系，而不是依赖于其中一方的法定责任与义务。我们对美泰（Mattel）的案例分析将着重审视一种情况，即公司的供应链中所涉及的外包商允许用于儿童却对儿童有害之玩具的生产和销售。对本案例的讨论将尝试回答，管理者该采取什么措施来尽可能降低将来再发生类似危害的风险，特别是在全球化时代中，供应链管理会涉及跨文化问题，给透明度和当责制带来挑战。

6.2 案例分析：美泰——"小处预防
　　　　胜于大处补救"

6.2.1 摘要

美泰是世界上最大、最著名的玩具制造商之一。它拥有忠实的客户群，经过 60 年的经营，赢得了客户的信任。尽管品牌有着极佳信誉，但是 2007 年一次重大的供应链丑闻却使公司的声誉陷入巨大危机。在中国制造的玩具被发现使用含铅油漆，且有儿童易吞咽的磁铁零件，这使得美泰在全球发起了三次产品召回，致使公司不得不采取大量措施来解决危机，重塑公司形象，特别是在供应链管理时增加透明度和责任性。

6.2.2 关键词

美泰、产品安全、消费者权利、品牌受损、供应链管理、全球化、透明度、责任

6.2.3 美泰自身的全球化

美泰在玩具行业无可争议的地位主要依赖于它旗下费雪（Fisher Price）品牌的金发芭比娃娃和学龄前儿童玩具的流行。1986—1999 年几次重大收购，公司得到了快速发展。几家竞争企业，如泰科玩具有限公司（火柴盒汽车）、快乐公司（美国女孩娃娃）、蓝鸟玩具公司（波利口袋），以及学习公司都成为美泰不断增长的国际业务中不可或缺的一部分。这些收购使得美泰得以巩固其作为世界最大玩具公司的领先地位。2010 年，公司盈利达 6.849 亿美元，销售额高达 58.56 亿美元（Mattel，2010）。美泰总部位于加利福尼亚州的埃尔塞贡多，公司向全球 150 多个国家出售玩具，海外销售额占其销售总额的 46%。然而，它的产品实际产地则遍及 43 个国家，包括中国、马来西亚、印度尼西亚、墨西哥。由于成本优势和基础设施的改善，美泰在中国已经建立了 5 家分公司，如今，中国的产量已占到美泰公司总产量的 80% 以上（Mattel，2010）。

6.2.4　美泰的供应链

成功的供应链管理对美泰发展起到了至关重要的作用。在一个以成本竞争和季节性销售为特征的行业里，自1959年公司的一家日本子公司生产出第一个芭比娃娃开始，将生产外包给外国公司就成了最好的做法（Mattel，2010）。在标准的产品生命周期中，美泰的运营大部分都在海外工厂进行，这反过来要依赖一级承包商和分包商，因而形成了一个复杂的组织网络。尽管这种网络可能在经济上是具有竞争性的，但即使在供应链本身，它也可能会有碍透明度和当责制的实现（Biggemann，2008）。

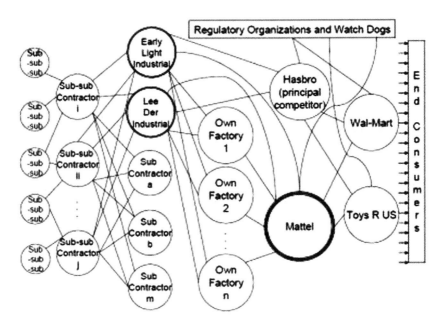

美泰的供应链网络

资料来源：Sergio Biggemann，《美泰事件：处理复杂的扩展网络》。

为了管理这种扩展网络的风险，尤其是在那些遥远的国家，美泰公司建立了一组内部标准，如全球制造业标准原则（GMP）和已授权的美泰独立监测委员会（MIMCO）来进行审计（MIMCO，2000）。尽管采取了这些举措，美泰独立检测委员会的审计还是发现，公司引以为傲的质量控制与其对工厂工作环境的明显漠视似乎并不平衡。但是即使存在这种不平衡，导致公司受到有史以来最大丑闻打击的却不是劳动力问题，而是产品质量与安全问题。

6.2.5　2007年产品安全丑闻

美泰持久的成功经验，再加上它与童年记忆的密切联系，很容易让全球客户对其产品质量与安全保持充分的信任。没有人会质疑它。所以当公司在全球范围内接连三次产品召回中的第一次于2007年8月向将信将疑的公众宣告时，公众强烈的反应造成公司股价下跌高达45%（Biggemann，2008）。第一次召回事件涉及中国制造的150万件玩具制品，包括爱探险的朵拉（Dora the Explorer）和芝麻街（Sesame Street）娃娃（Yidaba，2007a）。几周后，又有1820万件玩具（Story & Barboza，2007）被召回，包括710万件狗狗日托和海贼王玩具，以及成千上万的蝙蝠侠系列玩具。紧随其后的是第三次召回，涉及芭比娃娃和费雪玩具产品线的11种类型总计约2000万件玩具（Marshall & Kelley，2007）。第一次和第三次召回是因为玩具使用了含铅油漆，与美泰的产品要求不符，而第二次召回则是由于玩具中含有儿童易吞咽的小磁铁。由于磁铁问题而被召回的玩具居多，约占总召回数目的85%以上，而这是由美泰自身的设计缺陷造成的（Story & Barboza，2007）。

含铅油漆问题的根源是利达实业有限公司——负责部分费雪玩具生产的分包商。利达从未经授权的第三方供应商Mingdai处购买了油漆，且并未检验其是否符合美国安全标准，而美国标准比中国国内市场的安全标准要严格许多。美泰发现含铅油漆的问题后，利达被禁止继续出口玩具。这场灾难致使利达老板张树鸿选择在自己的工厂上吊自杀。一位知情者称："张老板感觉受到可疑油漆供应商的'伤害'，而他却一直把他当成好朋友，张老板为此而感到心烦意乱。他卖假油漆给张老板实在是太黑心了……我们老板被他最好的朋友毁了。"（Taipei Times，2007）尽管张的自杀证实了美泰分包商负有责任，但是张的自杀不像是承认罪责而更像是在宣示自己的无辜。尽管张有着道德模范商人的美誉，尽管利达有着正常的测试程序，但仍然无法解释为何这批油漆没有接受检测（Barboza，2007）。

正当公众对有毒含铅油漆的关注达到高峰之时，美泰宣布更大规模地召回有潜在危害的含磁铁零件的玩具。就在美泰发布信息之后，美国新闻媒体将这三次产品召回合并报道，造成了一种美泰中国供应链应为所有问题商品负全责的印象。结果，大批网友提出抵制中国制造的玩具（Yahoo! Answers，2007），但抵制计划并未实施。一位美国母亲尝试解释其中的原因："首先，美国市场上大约90%的玩具都是中国制造的。我早就意识到，仓储式玩具商店对我来说将变得不那么重要，因此我选择那些夫妻经营式小型零售商店……但总体来说，小商店并不比大型零售商更好。我直到现在还一直去小商店是因为我认为，根据这三次召回事件来看，美国的零售商和生产商会开始更多地将供应商转回国内或其他国家。没门。全国只有15%的零售商有更改供应商的计划……"（Tahmincloglu，2007）。

2007年10月，美泰宣布开发一种目的在于加强监督并提高操作透明度的三点检测系统，以及一个企业责任项目，负责监控产品质量、劳动标准和可持续性。从组织的角度来看，供应链简化了，一级供应商被禁止再寻找分包的第三方，公司还推出了召回专用的网站，此举立即被公认为是一个优秀的楷模（Manufacturing. net，2007）。

中国在2008年悄然关闭了那些不符合产品安全和质量标准的工厂。据新华社报道，"美泰召回事件之后，中国发起了为期四个月的有关产品安全的专门运动，运动由时任副总理吴仪领导。总计3540家玩具制造商遭到了调查，其中700多家被吊销了出口许可证"。（Wang, X.，2008）到2008年底，广东省注册玩具出口的企业数量减少了近三分之一。（China View，2009）

但与此同时，美泰做出了哪些努力来消除客户的担忧？它应该做些什么来让成千上万的母亲确信，她们的孩子玩的玩具是安全的呢？发出玩具召回公告的同时，美泰发起了一场旨在消除家长担心的公关运动。在公众对此事件的关注达到顶点之时，美泰在《纽约时报》《华尔街日报》以及其他报纸上刊登了整页广告，一上来就说："因为您的孩子也是我们的孩子……"，说话对象为"亲爱的家长朋友"，署名为美泰公司首席执行官鲍勃·艾克尔特（Bob Eckert），他自称为"四个孩子的父亲"。在信中，艾克尔特个人许下承诺，"我们正竭尽全力解除您的担忧，继续为您和您的孩子制造安全、有趣的玩具"（Story & Barboza，2007）。信中还邀请读者访问公司网站，了解美泰为解决安全问题所采取措施的细节。

访问美泰公司的网站证实了，尽管自2007年以来，公司已经自主发起了15次产品召回，但没有一次是为了回应含铅油漆事件。（Mattel Corporate Website，2013）2007年之前及之后的产品召回都遵循了一贯的程序，在该程序中公司和美国政府的消费品安全委员会（CPSC）发表联合声明，列出受到影响的玩具及其序列号、造成该次召回的危险性质、报道过的儿童使用该玩具会蒙受的伤害、这批玩具的原产地。声明还规定了对于召回事件所涉及的消费者的补偿措施。一般情况下，建议消费者将问题玩具退还给美泰，并免费换取一个新的玩具。（CPSC，2007）召回声明还包含美国消费品安全委员会的一份声明，声明称，合作项目的整体成功离不开政府和行业的共同努力。由于"每年因消费品事故造成的伤亡及财产损失超过7000亿美元"，委员会要负责监督"15000多种消费品的安全，……如玩具、婴儿车、电动工具、打火机和家用化学品"。因此，在过去的三十年间，"与消费品相关的伤亡率降低了30%"（CPSC，2007）。

虽然美国消费品安全委员会的自愿召回计划似乎运作得相当不错，但它却不能保证类似美泰召回事件不会再发生。正如负责监控美泰公司中国工厂工作环境的著名商业伦理学家普拉卡什·塞西（PrakashSethi）所观察的，"如果如此强调产品质量和检测的美泰都普遍出现了这样的问题，那么你认为玩具行业的其他企业、服装行业，甚至更为低端的电子行业中会发生什么呢？每个人都会被发现有一些不为人知的秘密"。但他也强调，像美泰这样的跨国公司为他观察到的状况承担了某些责任："可以说，美国以及欧洲的跨国公司给予生产企业一定的压力，要提供廉价的商品。企业的利润十分微薄，也难怪他们会在压力下偷工减料。"（Story & Barboza，2007）美泰公司首席执行官鲍勃·艾克尔特就是这样总结这一情况的。尽管他无法保证不会有下一次召回，但是他承认"没有一个企业是完美的"。美泰现今所承诺的对新监控系统的运用

"是进化，而不是革命"。在他看来，一个重要的教训来之不易："如果你10年前问我，我可能会说，我们的角色是收回资本，是赚钱……但如今我变得热衷于这样的事实：赚钱和行善是互补的，而非相冲突的。这是一种责任。"（Konrad，2007）

你怎么看待艾克尔特的认识？你认为他想要通过增加透明度和责任感来重建客户信任的决心是真诚的吗？它与美泰将问题产品的责任全然推卸给其分包商后对玩具召回事件的处理方式是否一致？他们要求道歉是否是因为太急于挽回颜面？普拉卡什·塞西所说的制造商中不为人知的秘密指代什么？你会建议美泰的客户怎么做？他们是否应该继续信任美泰，因为他们和美泰之间从未出现过问题？他们应该发起一次消费者抵制运动吗？如果你的孩子想要一个美泰玩具作为圣诞节礼物，你会怎么做？

6.3　案例讨论

令人吃惊的是，召回事件及因跨文化误解而产生的尴尬并没有导致美泰的销售和盈利崩溃。圣诞季过去之后，美泰低调而坚定地清除了那些不能或不愿遵守双方共同安全标准的分包商。但是，美泰玩具召回事件至少造成了3000万美元的损失，这在一段时间内确实为一些较小的美国玩具制造商制造了机会，使它们开始从像美泰这样已将产业链全球化的企业手中分得一些市场份额。

当然，若产品安全召回事件能够处理得当，它们也能够为那些已经购买商品、处于潜在危险之中的客户提供一些补救措施。它们力求尽量减小风险并为那些处于危险中的人提供赔偿，同时也防止他人不经意间承受同样的风险。但"胜于大处补救"的"小处预防"在哪里呢？仅仅做出召回就足以维系客户的忠诚吗？正如罗世范的规则中所提到的，如果维护一个公司与其利益相关者之间，尤其是与其客户之间的信任，最好的办法是提高透明度，那么美泰该为它的客户做些什么呢？为了回答这个问题，我们必须深入理解"创造客户"的真正含义。

首先，请注意我们用的是"客户"这个词，而不是"消费者"。这是不一样的。"消费者"这个词往往是抽象的，包含一种被动的、非个性的对象化含义。消费者购买商品和服务是为了供自己享用，而不是用于进一步生产。消费者对生产商及其中间商发出的市场信号作出反应，这里生产商是积极作用的一方，而消费者则被视为被动的对象。生产商需要研究消费者行为，以获得消费者的忠诚与信任。责任与控制力通常被视为生产商应有的特征，他们肩负法律和道德义务，而消费者则享有权利和资格。

相比之下，"客户"则是积极地与为其服务的企业步入一段关系。这一选择倾向于将关注焦点从对经济交易的客观理解转向对企业与客户之间的人际互动与相互关系层面的关心。客户拥有选择权。当他们看到某一公司能够信守承诺，以自己可负担的价格积极回应自己的要求和需求时，他们就会选择与之开启一段关系。客户与消费者之间的区别或许是微妙的，但如果你能理解，这就相当于营销与销售之间的关系。（Levitt，1960）当一个公司的首要任务是销售，它的关注点就停留在自己出售商品的需要上，尽一切努力为自己的产品找到买家。而当一个公司真正理解了营销，它的关注点就始终在客户的需求上，这就将影响公司的产品设计与开发，以及供应链的其他方面。

如美泰一样制造并销售玩具的公司必须要意识到，自己的客户——尤其是那些想要取悦自己所喜爱的孩子的家长和亲戚——不仅希望这些玩具能够娱乐孩子，同时也要求这些玩具是安全的。美泰首席执行官鲍勃·艾克尔显然十分明白这一点。但为了满足客户预期，同时为企业创造利润，美泰必须在设计玩具时更加严格。基于客户需求与要求对营销的正确理解将会促使公司去咨询儿童心理学家并进行行为控制实验，以了解孩子在儿童发展的不同阶段会喜欢什么样的玩具，他们喜欢什么样的功能，不喜欢什么功能，以及如果在孩子玩耍过程中玩具坏了怎么办——玩具坏总是不可避免的。预测安全问题过程中需要留意的程度随玩具设计所针对的儿童发展阶段的不同而不同。简而言之，需要留意的程度取决于对客户的正确理解，除非公司有意培养与客户的关系，否则这样的理解是不太可能达成的。

例如，任何曾观察过孩子玩耍的人都知道，处于某一特定发展阶段的儿童会用自己的嘴探索一切事物。既然如此，设计玩具时必须尽可能降低儿童吞咽有毒有害物质的风险——比如小磁铁，或其他容易从玩具上脱落的小部件，油漆或其他容易溶解、剥落或被咀嚼的表面涂料。虽然玩具设计者和制造商可能会为自己开脱，坚持认为他们的产品并非为口服使用，但我们是无法仅通过粘贴警告标签来阻止孩子追求用嘴探索的乐趣，也不能假定父母及监护人会确保孩子正确使用玩具。

显然，无论美泰还是绝大多数分包商都无意为获利而将孩子置于危险之中。美泰召回含有危险小磁铁的玩具是设计缺陷的结果，而不是由于供应商的失误。在大多数情况下，对某一玩具油漆含铅量的检测结果是否合格取决于其所参照的标准。除少数情况下，用于美泰玩具的油漆——根据中国质量监督检验检疫总局（GAQSIQ）的标准——都符合欧洲和中国的惯用标准，却不符合更为严格的美国玩具的标准。（China View，2007）但是，所谓的混淆适用检测标准并不能免除美泰及其分包商监控生产流程以确保其满足客户对安全玩具之需求的责任。

在召回事件发生之前，美泰的主要关注点似乎在盈利上。从美泰首席执行官鲍勃·艾克尔特承认"十年前，我曾说过我们的主要任务……是收回资本投入并赚取金钱……"的话语中，我们还能得出什么结论呢？如果不是为了利润最大化，我们还能怎么解释美泰供应链全球化的做法呢？公司显然没有意识到的是，他们希望通过生产外包来降低劳动力成本，但不论是在国外经营自己的工厂还是严格监控分包商的行为，这其中增加的成本必然会抵消所降低的成本。对美泰或其他任何生产外包的跨国公司来说，把遵照自己标准的监管完全交到分包商或政府监管人员的手中不仅是自己的疏忽，也是过于天真的想法。在美泰这个案例中尤其如此，在巨大的成本压力之下，美泰分包商的利润空间非常小。考虑到这些因素，美泰以经济效率之名坚持要求其分包商不断降低成本，其结果是出现广东省玩具协会执行副总裁李卓明所说的情况："一些生产商不得不使用廉价的原材料，造成了产品质量问题。"（Yidaba，2007b）如果美泰能够更加用心地理解客户，可能就会意识到，即使要降低成本也需要有所不为。当然，客户希望以实惠的价格获得优质的商品，而不是因价格降低而存在设计缺陷或偷工减料的产品，因为这会使孩子受伤的风险显著增加。

6.4　伦理思考

发展出交换正义原则的古希腊有着相似的传统，它传递下来两个不同的道德准则，对于指导我们讨论企业与客户之间的相互权利与义务的关系仍然有着重要作用。它们是"*Caveat Emptor*"（让买家自慎）和"*Primum Non Nocere*"（首先是不要造成伤害）。虽然两者都符合交换正义原则，但它们各自有着我们应该注意的不同历史。"不伤害"原则源自于希波克拉底（Hippocrates of Kos）誓言，他是公元前4世纪早期负有盛名的医生。直到今天，西方医生在结束自己的医师资格培训之时仍要宣读希波克拉底誓言。誓言要求医生要为病人做好事，不做伤害病人的事。这一誓言还延伸到了企业、企业家、企业经理人中，这反映出一种最新的趋势，用类似期待于其他行业的高道德标准的方式来思考经济伦理。"让买家自慎"的由来同样久远，虽然已经难以确定其年代。在现代，涉及商品以及后来的房地产时，它已经成为一个法律原则。它确定了买方和卖方的义务，要求披露一切可能影响买卖商品价值的信息。与古希腊对交换正义的解释相一致，尽管卖方必须给出在售商品有任何隐秘缺陷的信息，但是双方都不必给出可能改变商品转售价值的信息。因此，"让买家自慎"是一个审慎的建议，提醒买家在协商待支付商品价格时要尽职调查。在"*Caveat Venditor*"（让卖家慎重）的概念中也能找到其补充，它指出卖家也可能在市场交易中被骗。

综上所述，"让买家自慎"和"不伤害"两个原则暗示着买家和卖家之间的关系通常是不对等的。尽管卖家有时可能会成为受害者，但在今天企业争夺客户的市场环境中，典型的情况是，客户取决于企业能否预测客户的需求，并提供满足这些需求的商品，而且企业要给予客户足够的信息，不仅使客户能够正确使用商品，同时还能获得他们的信任。由于企业通常无法预测所有因客户冒险或粗心行为而造成伤害的可能，"让买家自慎"的原则就提醒客户，最终他们自己也必须对他们购买和使用的商品及服务进行尽职调查。因此我们可以看到，在企业与它希望争取的客户的关系之中存在着互惠原则，但这种互惠是不对等的，企业不可避免地要为自己产品的设计、生产及销售方式承担责任。

6.4.1 当责的透明度

企业与客户之间互惠关系不对等的特征可以解释罗世范的规则"要取得别人的信任，就让你的行为透明化"与之的相关性。这种关系的存在需要建立信任，因为在一个竞争性的市场中，消费者会选择成为那些他们认为值得信赖的企业的客户。但一个企业该如何证明自己是值得信赖的呢？罗世范指出，当企业能够做到业务透明时，它就是值得信赖的。然而，对于亚洲企业来说，将信任与透明度联系起来可能还比较陌生。传统上，保密性——即安全性取决于在交易过程中尽可能保持神秘，尤其是在与相互认可的关系网络之外的人进行交易时——被视为获得成功不可或缺的因素，在企业经营中如是，在战争或其他任何具有竞争风险的行业中亦如是。虽然在一个人的关系网络内建立信任可能不一定与透明度相关，但它要通过观察关系网中既定的礼仪及程序来达成。这样的体系可能在过去是有效的，但随着全球化及其他一些进程的推进，这套系统将被淘汰。因为全球化不可避免地会涉及与外国人的密切合作，也就是说，你需要与那些有着微弱关系的陌生人合作，或许你们之间的交集只是在一次宴会上推杯换盏过。

那么，毫无疑问，通过增加透明度来赢得信任会涉及文化上的转变，不仅信任的含义发生了变化，赢得信任的方式也可能会发生变化。例如，在过去，信任意味着你不会去监控你所信任的人的行为，而现在，如果想要建立信任——不仅是陌生人之间的信任——监控是必不可少的。这也是另一个与透明度密切相关的词，即当责的重要作用。当责的意思是，在我们的关系中，不论任何时候问及，我都可以如实解释我正在做什么，以及为什么这样做。当责并不需要盲目服从，但它确实意味着，其中一方愿意就以某种方式做某件事情的原因接受检查。我可以展示我的职责，因为我的行动是完全透明的。这涉及一个关键的转变，从纯粹的建立于关系和等级秩序之上的交易转变得更为专业化，确保各方充分了解他们所需要完成的交易，不论是理性地或是主动地完成的交易。随着中国和其他东亚公司与外国公司的合作逐渐增多，他们必须知道，口头协定不再足以使对方满足你的期待。

发生这种转变的原因之一是，公司的主要人物或你的交易对象很可能会发生变化，并没有很多时间可以从礼仪中体现出这种变化。前一天的交易对象可能第二天就会发生变化。由于这种突然的变化，规定"交换条件"的数据的准确性——即与支付费用和产品性能相关的各项承诺——就显得尤为重要。建立在互相信任和友谊之上的交易依然是重要的。但是，老朋友网络中的关系往往会沦为同谋、腐败关系，甚至有时还会参与犯罪行为。签订书面声明和合同，准确记录已经达成一致的各项细节，符合公司所有利益相关者的利益。许多冲突都源于合作双方匆忙假定双方已经充分了解约定的内容，而不是在合同中逐项写出双方互相达成一致的条款。

　　以下是成功企业已经采用的一些方法，有助于企业通过提高透明度和增强当责制度，完成信任建立的转变。

　　● 企业必须妥善保存正式会议的记录。每次会议开始时，每个人都必须拿到之前会议的信息和待讨论问题的清单。

　　● 必须避免会议变得如同法庭仪式：由于某种不成文的规定，上级已经作出最终决定，所以没有人敢于发表意见。

　　● 企业必须就年度报告进行沟通，如果可能的话，最好季度报告也如此。及时而有序地向所有股东和利益相关者传达所有相关信息。

　　● 企业必须全力专注于其核心业务，并清晰地向公司利益相关者传达公司在行业中的关键价值。

　　● 企业必须开发一套标准化统计报告程序，以记录公司随时间推移，从一个市场到另一个市场中的业绩表现。

　　● 不仅要主动报告好消息，还要披露那些最为紧迫的问题，以及公司遭遇的挫折。

　　● 企业必须要公布自己的计划，以吸引新的客户。

　　● 企业必须培养有道德的领导者，通过尽职行事来激发消费者的信心和信任。尽管这种通过提升透明度和增强当责制度来赢得信任的转变对那些在中国及东亚经营的公司来说是一种挑战，但从经济和伦理的角度来看，这也是至关重要的一步。这样做的目的是建立，或者是在危机之后重建公众的信任，信任是公司与利益相关者之间的重要联系。这些通过提升透明度和增强当责制度来建立或重建信任的举措对于造就和维系客户来说尤其有价值。在全球化的时代，几乎每个人都能通过包括智能手机在内的各种设备访问互联网，欺骗客户或者其他利益相关者变得越来越困难。即使是政府——由"维基解密"的成功和近期美国国家安全局（NSA）监视计划的未授权披露事件来看——也越来越难以在神秘面纱之后对其进行操控。对于企业来说就更难了，不论它是什么规模和复杂程度的企业，尤其是那些在国际市场上竞争的企业。随着市场的发展，客户不仅拥有越来越多的选择，他们的消息也更加灵通。在全世界范围内，尤其是在亚洲，消费者的受教育程度已经达到一定水平，使得他们能够在市场中做出理性的选择。在这种情况下，企业别无选择，只能向所有的利益相关者，尤其是客户扩大其所谓的透明度和当责制度。

6.4.2　香港的"消费者权益和责任导向"

各种政府机构和非政府组织都投入大量精力，致力于制定面向客户增加透明度和增强当责制度的指导方针。其中最为成功的组织之一是香港消费者委员会，这是一个独立的民间组织，成立于1974年，当时香港出现快速通货膨胀，公众对哄抬物价的现象格外关注。1977年，《消费者委员会条例》明确了组织的使命和目标，自此，委员会一直力求成为"为在公平公正的市场中安全和可持续地消费而奋斗的……值得信赖的声音"。委员会也"致力于增进消费者福利，赋予消费者自我保护的力量"。据此，"委员会积极支持消费者利益；促进有关利好消费者政策的建设性讨论和颁布；力求使消费者有能力维护自身权益"。在履行这些承诺的过程中，委员会也提出了十项主要义务，包括协调消费者和企业之间的纠纷，对消费品进行测试以确定其品质和安全性；参与市场调查，以促进企业的最佳实践；向消费者传播信息，通过教育项目赋予他们力量；与各个国家、地区以及国际组织交流合作，提升消费者权益；与政府合作，加强对消费者的法律保护。（Consumer Council of Hong Kong，2013）消费者委员会网站上给出了一个透明度和当责制度的执行模型，它让我们得以了解委员会成立以来努力履行这些职责的详细信息。

作为赋予消费者力量的一部分，委员会发布了"消费者权益和责任导向"（简称"导向"）。该导向提出了"八项全世界普遍接受的……消费者基本权益……"。

- 满足基本需求的权利——能够获得最基本的商品与服务：充足的食物、衣服、住房、医疗、教育、公用事业、洁净的水和卫生设施。
- 保障安全的权利——避免危害人体健康和生命的产品、生产流程和服务。个人信息和隐私应该得到充分的尊重和保护。
- 知情权——得知做出明智选择所需要知道的事实，免于不诚实的或具有误导性的广告和标签的影响。消费者需要得知的信息包括产品规格、原产地、安全警示、产品价格、付款方式、保质期、售后服务、保修期、成分、营养参考值等。
- 自由选择权——可以从一系列有价格竞争力和满意质量保证的产品和服务中做出选择。
- 意见得到尊重的权利——在政府、贸易人士、专业及行业协会制定政策的过程中有消费者利益代表的参与，这些政策的制定和执行将会对商品和服务的提供造成影响。
- 获得赔偿的权利——合理的索赔要求能够得到公正的处理，包括因商家歪曲事实、提供伪劣商品或因对服务不满而要求的赔偿。
- 获得消费者受教育的权利——获得所需的知识和技能，明智而自信地选择商品和服务，同时了解消费者的基本权益与责任，以及如何依照权益责任办事。
- 享有一个健康和可持续的环境的权利——在一个没有威胁的，现在及将来的世世代代能够可持续发展的环境中工作和生活。（Consumer Council of Hong Kong，2006）

委员会意识到，权益不仅是简单意义上的资格，还包括消费者义不容辞的四项责任。

- 尽可能让自己获得充足的信息；
- 在市场中做决定时保持应有的谨慎；
- 充分考虑草率决定可能带来的不利后果；
- 尊重你的决定中的合理义务。（Consumer Council of Hong Kong，2006）

"导向"的指导方针最后是好几页有关消费者在购买商品前后如何实践这些责任的具体建议。

　　在发布"消费者权益和责任导向"的同时，香港消费者委员会还发布了"好企业公民指南"（Consumer Council of Hong Kong，2005a），敦促企业采用十二项原则来激励好的商业实践。这十二项原则包括："广告和营销、参考价格、合同、商品和服务质量、商品和服务安全、可持续发展、电子商务、隐私、机会均等、反腐败、公平竞争、投诉处理"，非常全面。（Consumer Council of Hong Kong，2005a）他们提出了一个道德预期的框架，在这个框架中，委员会规定了保护消费者的方式，保护消费者既是企业也是消费者自己的责任。"好企业公民指南"发布之时，委员会宣布，该指南得到了 22 个不同的商会、同业公会和专业机构的支持，它们代表了香港为消费者种种需求服务的各行各业。（Consumer Council of Hong Kong，2005b）

　　在委员会推进"好企业公民指南"时，香港经济发展及劳工局局长叶澍堃（Stephen Ip Shu-kwan）强调了企业公民的"双赢"禀性。坚持指南中提倡的高标准，"不仅企业的努力将最终获得成功，而且整个社会都将受益于它对保持经济活力所产生的积极影响"。他还注意到，企业和消费者的愿望"并不是不相容的，而是相互联系的"。（Consumer Council of Hong Kong，2005b）消费者委员会所采取的整体做法是，努力达到法律权利和道德责任的和谐与平衡，这对于企业和他们的客户来说都是义不容辞的。与交换正义的原则相一致，消费者委员会的声明也承认，为保持自由和公平的市场竞争环境，防止欺骗行为而做出的努力必须建立在相互信任的基础之上，这样才能激发真正的合作。需要提醒企业及客户，双方的利益在彼此公平对待的情况下才能得到最好的实现。

　　1984 年，国务院首次批准授权中国消费者协会（CCA）"对商品和服务进行监督；保护消费者的权益；为消费者的消费行为提供科学合理的指导；并促进社会主义市场经济的健康发展"。（China CSR Map，2013）在履行这些职责之时，中国消费者协会还制定了《中华人民共和国消费者权益保护法》，1993 年 10 月 31 日，第八届全国人民代表大会常务委员会第四次会议通过了该法律。（China Consumers' Association，2003）这部法律不仅为中国消费者协会的行动提供了法律支持，还列出了九项受到保护的消费者权益。[1]

除了消费者权益，中国法律还规定了经营者的义务，包括：遵守相关法律（第十六条）；听取消费者的意见（第十七条）；保证其提供的商品或者服务"符合保障人身、财产安全的要求"，对可能存在危害的商品和服务，"应当向消费者作出真实的说明和明确的警示"（第十八条）；给出商品的真实信息，尤其是真实的价格，不得作"虚假或者引人误解的宣传"（第十九条）；应当标明"其真实名称和标记"（第二十条）；出具销售发票或服务单据，特别是在消费者索要发票等购货凭证或者服务单据时（第二十一条）；保证销售商品"应当具有的质量、性能、用途和有效期限"，确保所售商品的实际质量与广告内容一致（第二十二条）；提供及时和有效的退货和修理问题商品的程序（第二十三条）；不得使用合约细节来避免向消费者履行法律义务的责任（第二十四条）；最后，尊重消费者的人格尊严，具体地说，经营者"不得对消费者进行侮辱、诽谤，不得搜查消费者的身体及其携带的物品，不得侵犯消费者的人身自由"（第二十五条）。

法律的其余部分阐释了国家以及像中国消费者协会这样的机构在保护消费者的权益方面起到的作用；解决消费者和经营者之间争端的正式程序；对违规行为的制裁和处罚。这部保护消费者权益的法律深入而全面，符合国际经济伦理所坚持的标准。当然，真正的挑战是法律的贯彻实施。该法颁布十周年之际，中国社会科学院的刘俊海教授就法律效力给出了一份调查报告（Liu, J., 2004）。他回顾了法律的基本原理和基本规定，并提出了一系列加强措施。刘特别指出，中国消费者协会在产品对比测试方面的作用不断增强，尤其是对那些具有"高科技含量"的产品，协会还在测试之后向公众公布了测试结果。

6.5　总结

在中国，像香港消费者委员会和中国消费者协会这样的非政府组织

---

[1] 《中华人民共和国消费者权益保护法》承认了消费者的九项权利。其中一项与尊重消费者的民族习惯有关："在购买使用商品和接受服务时，客户享有要求尊重其人格尊严和民族风俗习惯的权利。"这种权利是基于中国是一个多民族国家的国情。

的发展，应该能够让全世界注意到，在中国经济社会改革的新时期，消费者权利和责任得到了不断推进。尽管对消费者保护的指导方针和相关法律的遵守还有很大的提升空间，它们的存在本身应该能够增强消费者以及负有道德责任的企业主及管理者的决心。然而，漫不经心的旁观者，如美泰的欧洲客户和美国客户，很少甚至毫不关注中国为纠正自己的问题和推行适当的消费者保护标准而做出的努力，这些努力不仅针对出口市场，也包括国内市场。含铅油漆问题出现后美泰公司及其分包商能够迅速有效地解决问题这一事实，间接证明了在尊重消费者权益方面已经取得的进展。在这一点上，关于通过提高透明度和当责制度来培养信任以造就客户的基本道德，似乎有一个日益增强的国际共识，这得到了中国政府和中国消费者协会的正式承认。尽管玩具召回事件的代价高达 3000 万美元，美泰公司及其分包商也并未遭受不可逆转的损失，因为他们已经开始走提高透明度和增强当责制度的道路，所以当他们向客户保证将尽一切可能纠正问题而不是掩盖错误时，他们是值得信赖的。

但是，一路上的某些坎坷也说明，我们需要做的还有很多。回想起来，不论有意还是无意，美泰的玩具召回声明营造了一种主要错误在于分包商的假象，这显然是美泰的处理不当。事实证明这是错误的，美泰不得不承认，召回玩具中的绝大多数——即嵌有小块磁铁的玩具——是因最初的设计缺陷而存在危险，不是由于分包商的产品存在瑕疵。含铅油漆问题——当然是很严重的问题，分包商对此要负主要责任——仅占实际召回玩具的 15% 不到。即使按照美泰自己的说法，他们也很难扮演一个无辜的受害者，因为他们显然没有如期待的那样对从国外运抵的产品做严格的测试，并且分包商是在巨大的压力下才使用不合格的含铅油漆，因为美泰毫不考虑国外劳动力市场和原材料市场发生的变化而一味要求降低成本。

戴博洛夫斯基代表美泰作出道歉后，一段更加密切的合作关系得以开启，在这样的关系中，中国玩具制造商开始开发一种"新型商业模式"。广东省玩具制造商艳阳春贸易有限公司总经理黄春满说道："如今，质量和设计已经超越了如不断增加的原材料和劳动力成本之类的其他所有问题，成为我们生产的首要任务。"（China View，2008）不断提升产品质量，改进产品设计的承诺可能并非总是对客户透明，但当危机发生之时，当问题出现之际，这样的承诺能够显示出企业的责任，它使得信任的维持变得更加容易。失去信任，企业终将垮台。

参考书目

AQSIQ China. （2007, September 12）. *The toys recalled for the third time was qualified about lead release, News network of Guangxi.* Retrieved on November 28, 2011 from http：//news. qq. com/a/20070912/003169. htm.

Barboza, D. （2007, August 23）. Scandal and suicide in China：A dark sof toys. *New York Times.* Retrieved on July 24, 2013 from http：//www. nytimes. com/2007/08/23/business/worldbusiness/23suicide. html? pagewanted = all&_ r = 0.

Biggemann, S. （2008）. The Mattel affairs：Dealing in the complexity of extended networks. In A. Waluszewski & A. Hadjikhani（Eds. ）, *Proceedings of the IMP* 2008 *conference：Studies on business interaction-Consequences for business in theory and business in practice.* Uppsala：Sweden. Retrieved on November 28, 2011 from http：//www. impgroup. org/uploads/papers/6874. pdf.

China Consumers' Association. （2003）. *Law of the people's Republic of China on protecting con-sumers' rights and interests.* Retrieved on August 4, 2013 from http：//www. cca. org. cn/english/EnNewsShow. jsp? id = 38.

China CSR Map. （2013）. *Organizations：China consumers' association.* Retrieved on August 4, 2013 from http：//www. chinacsrmap. org/Org_ Show_ EN. asp? ID = 63.

China View. （2007, September 12）. *China：Toys recalled by Mattel safe.* Retrieved on July 26, 2013 from http：//news. xinhuanet. com/english/2007 – 09/12/content_ 6714314. htm.

China View. （2008, February 5）. *It's time to toy with a new business model.* Retrieved on August 6, 2013 from http：//news. xinhuanet. com/english/2008 – 02/05/content_ 7573114. htm.

China View. （2009, January 17）. *Nearly* 1, 000 *toy exporters shut down in S China in* 2008. Retrieved on August 6, 2013 from http：//news. xinhuanet. com/english/2009 – 01/17/con-tent_ 10673996. htm.

Consumer Council of Hong Kong. （2005a, March 15）. *Good corporate citizen's guide.* Retrieved on August 4, 2013 from http：//www. consumer. org. hk/website/ws_ en/competition_ issues/model_ code/2005031501. html.

Consumer Council of Hong Kong. （2005b, March 15）. *Businesses pledge support for*

Good Corporate Citizenship. Retrieved on August 4, 2013 from http：//www. consumer. org. hk/web-site/ws_ en/news/press_ releases/2005031502. html.

Consumer Council of Hong Kong. (2006). *Guide to consumer rights and responsibili-ties*. Retrieved on August 4, 2013 from http：//www. consumer. org. hk/website/ws_ en/ competition_ issues/Consumer_ Rights_ Responsibilities/2006100401. pdf.

Consumer Council of Hong Kong. (2013). *Mission*. Retrieved on August 4, 2013 from http：//www. consumer. org. hk/website/ws_ en/profile/mission/mission. html.

Consumer Products Safety Commission (CPSC). (2007, August 14). *Mattel recalls BatmanTM and One PieceTM magnetic action figure sets due to magnets coming loose*. Re-trieved on July 25, 2013 from http：//service. mattel. com/us/recall/J1944CPSC. pdf.

Fetterman, M. (2007, December 23). Traditional toys sales skirt China recalls. *USA Today*. Retrieved on July 23, 2013 from http：//usatoday30. usatoday. com/money/indus-tries/retail/2007 – 12 – 23 – toys_ N. htm.

Kavilanz, P. (2007, August 14). Blame U. S. companies for bad Chinese goods：Industry experts say U. S. companies need to monitor overseas factories more closely to pre-vent product safety lapses. *CNNMoney*. Retrieved on August 6, 2013 from http：//mon-ey. cnn.　com/2007/08/14/news/companies/china _ recalls/index. htm? postversion = 2007081413.

Konrad, R. (2007, October 25). Mattel chief outlines 3 – point system for toy safety. *Manufacturing. net*. Retrieved on November 28, 2011 from http：//www. manufac-turing. net/news/2007/10/mattel-chief-outlines – 3 – point-system-for-toy-safety.

Levitt, T. (1960, July-August). Marketing Myopia. *Harvard Business Review*, 45 – 56. Retrieved on August 7, 2013 from http：//academy. clevelandclinic. org/Portals/40/ LHC% 202012 – 13/Marketing% 20Myopia. pdf.

Liu, J. (2004). *Commemorating the 10th anniversary of the promulgation of the law on protection of consumers' rights and interests：Advancing the undertaking of the protection of consumers' rights actively*. Retrieved on August 6, 2013 from http：//www. cca. org. cn/ english/EnNewsShow. jsp? id = 24&cid = 982.

Marshall, K. , & Kelley, R. (2007, September 5). Mattel announces third toy re-call. *CNNMoney*. Retrieved on November 28, 2011 from http：//money. cnn. com/2007/ 09/05/news/companies/mattel_ recall/index. htm.

Mattel Corporate Website. (2010a). 2010 *annual report*. Retrieved on November 28, 2011 from http：//corporate. mattel. com/annualreport2010/pdfs/2010% 20Mattel% 20

Annual%20 Report（Bookmarked）. pdf.

Mattel Corporate Website.（2010b）. *Barbie's doll makes her debut.* Retrieved on November 28，2011 from http：//corporate. mattel. com/about-us/history/default. aspx.

Mattel Corporate Website.（2013）. *Recall and safety alerts.* Retrieved on August 4，2013 from http：//service. mattel. com/us/recall. aspx.

MIMCO.（2000，November 14）. *Mattel independent monitoring council for global manufacturing principles.* Retrieved on November 28，2011 from http：//corporate. mattel. com/pdfs/MIMCO_ MONTOI_ FOLLOW-UP_ AUDIT. pdf.

MIMCO.（n. d.）. *Audits find plants in overall compliance with company's global manufacturing principles.* Retrieved on November 28，2011 from http：//www. prnewswire. com/news-releases/independent-monitoring-council-completes-audits-of-mattel-manufacturing-facilities-in-indonesia-malaysia-and-thailand – 76850522. html.

Story，L.（2007，September 22）. Mattel official delivers an apology in China. *The New York Times.* Retrieved on July 26，2013 from http：//www. nytimes. com/2007/09/22/business/worldbusiness/22toys. html.

Story，L.，& Barboza，D.（2007，August 15）. Mattel recalls 19 million toys sent from China. *The New York Times.* Retrieved on November 28，2011 from http：//www. nytimes. com/2007/08/15/business/worldbusiness/15imports. html？pagewanted = all.

Tahmincloglu，E.（2007，November 21）. One mom's fruitless quest to boycott China Reporter struggles in attempt to protect family from unsafe products. *NBCNews.* Retrieved on August 7，2013 from http：//www. nbcnews. com/id/21825517/ns/business-holiday_ retail/t/one-moms-fruitless-quest-boycott-china/#. UgGoDhaFnKA.

Taipei Times.（2007，August 14）. *Lee Der chief dies in apparent suicide after toy recall.* Retrieved on July 24，2013 from http：//www. taipeitimes. com/News/worldbiz/archives/2007/08/14/2003374217.

The New York Times.（2007，September 21）. *Mattel apologizes to China for recall.* Retrieved on November 28，2011 from http：//www. nytimes. com/2007/09/21/business/worldbusiness/21iht-mattel. 3. 7597386. html.

Thottam，J.（2007，September 21）. Why Mattel apologized to China. *Time.* Retrieved on July 23，2013 from http：//www. time. com/time/business/article/0，8599，1664428，00. html.

Wang，X.（2008，June 10）. EU new directive tougher，more cases of "substandard" Chinese toys. *China View.* Retrieved on August 6，2013 from http：//

news. xinhuanet. com/english/2008 – 06/10/content_ 8341803. htm.

Yahoo! Answers. （2007， November 8）. *Boycott China toys?!* . Retrieved on August 7， 2013 from http：//answers. yahoo. com/question/index? qid = 20071108081752AAFF mlT.

Yidaba. （2007a， September 5）. *Shadow recall of toys.* Retrieved on November 28， 2011 from http：//toys. yidaba. com/wanjuzhaohui/.

Yidaba. （2007b， September 9）. *Toys made in China were recalled*， *manufacturer struggled for small margins.* Retrieved on November 28， 2011 from http：//toys. yidaba. com/hygc/294766. shtml.

第七章 客户：营销伦理

创立你的品牌，进行公平竞争。

（罗世范，《成为终极赢家的 18 条规则》，2004）

7.1 前言

如果理解适当，"创造客户"也可以被延伸开来涵盖整个营销伦理课题。但如果不理解今天全球市场客户的多样性及其关系的复杂性，对客户的关注则是不全面的。这次我们介绍营销伦理所选择的案例是2008 年世界范围金融危机中的"爆心投影点（ground zero）"，即贝尔斯登破产案。贝尔斯登是最早一家倡导将一种有风险的抵押贷款"次贷"债券化的投资公司。本案例关注当贝尔斯登将自身利益置于投资人客户即客户利益之上时破坏的信托责任。我们重述这个故事的目的不是要发起另一轮"指摘游戏"，而是为了鼓励大家思考应该用什么样的伦理原则来指导营销与客户的关系。在简单的、直截了当的交易中的基本道德担当也应该用来指导更复杂的交易，甚至或尤其是在这样的时候：买卖双方都是主要的投资银行，以及仰仗这些银行建议与服务的投资人。我们也许不能回答是否好的经济伦理就能阻止金融市场崩溃，但是我们可以对投资银行和中间商在向其客户推销金融产品和服务时应负的责任进行说明。在前面的章节中我们已经学习到客户最终要为保护自己的经济利益承担主要责任——"*Caveat Emptor*"（让买家自慎）。但即便是这样清楚的建议也不是卖家为实现自身利润最大化而参与各种虚假销售的借口，也不能为卖家免责。尽管买主必须保护自身利益，卖家同样要遵守良好经济伦理的基本原则："*Primum Non*

Nocere"（首先是不要造成伤害）。准确地说，本章将讨论如何在全球市场中平衡这些原则。

7.2　案例分析：贝尔斯登方式的金融营销

7.2.1　摘要

作为当时华尔街的主要大投资银行之一，贝尔斯登的倒闭被认为是金融危机的前奏，在很久之后都被视为一个企业道德文化失败的重要事件。华尔街形成了一种掠夺性贷款，对贷款给客户的后果不管不问，它伤害了成千上万的客户——包括家庭、退休人员和大小投资者。结果是华尔街巨头们赚了几十亿，而次贷的借贷人和机构投资者（如退休基金）则成了最终受害人。贝尔斯登的倒闭引起我们兴趣的地方是信托责任的伦理问题，或者说投资业在管理其客户的财产时应该负什么责任。排除在市场创造包含担保债务凭证（CDOs），尤其是抵押贷款证券（MBSs）的投资产品所应用的技术创新及其复杂性，我们应该关注的问题是，即使是在那种抽象的层面，市场在公平仁爱地做生意的情况下，是否始终是某些基本的相互信任的义务担当，即透明度和当责，仍然必须受到尊重的市场。为了对这个问题进行有用的讨论，我们的案例将不只回顾贝尔斯登在创造抵押贷款证券市场中的参与，还会关注它在这个市场的两位对冲基金经理：拉夫·乔菲（Ralph Cioffi）和马修·坦尼（Matthew Tannin）的具体行为。当他们帮助创立的抵押贷款证券市场崩溃时，他们是如何反应的？如果是您会有不同做法吗？

7.2.2　关键词

固定收入资产管理、担保债务凭证、抵押、抵押贷款证券、对冲基金、风险评估、信托责任、营销、客户、投资人、利益相关方

7.2.3　贝尔斯登：金融危机中的受害者还是掠夺者？

回顾往昔总带有一些讽刺性。2007年3月的某一天办公时间，贝尔斯登对冲基金经理拉夫·乔菲和马修·坦尼正在用纸杯盛着的"非常昂贵"的伏特加庆贺。在金融飓风即将席卷一切之前，他们仍然在憧憬

他们的对冲基金的大好前景（Comstock，2010）。乔菲和坦尼管理着他们自己的、贝尔斯登的，也是贝尔斯登客户的——抵押贷款证券交易。当 2007 年市场对这种证券的需求萎缩，证券价格开始下跌时，他们担心起其对冲基金的稳定性来。也许那些纸杯里的伏特加暗示了什么，他们决定假装一切正常并继续进行对冲基金活动，还鼓励客户更多地向其对冲基金投资。尽管他们已经感觉到危险逼近了，但是显然他们并不知道自己的"走着瞧"的决定会导致他们损失十几亿客户资产并使贝尔斯登倒闭，被迫卖给摩根大通集团。

在乔菲和坦尼在办公室庆贺的几个月后，在成功经营了 85 年并刚刚连续三年入选《财富》杂志"最佳证券公司"前三名（Business-Wire，2005；CNN Money，2006；CNN Money，2007）[①] 之后，贝尔斯登的倒闭迅速到来。为了理解投资次贷的对冲基金问题如何加剧了全球金融危机，以及人们对贝尔斯登如何系统诈骗投资人的尖锐指责，我们必须退后一步先来回顾一下次贷市场特征以及贝尔斯登在次贷市场发展中的角色。

7.2.4　贝尔斯登和房产证券化

市场中担保债务凭证，尤其是抵押贷款证券的戏剧性发展历史在将来的很长一段时间内都会是一个有争议的话题。但是我们需要注意到这一发展是由美国经济、金融市场和政治的宏观发展趋势所致。

尽管后来有大量的担保债务凭证和抵押贷款证券滥用的情况披露，但如果没有美国政府对放松银行监管的欠缺考量和随后各种利益相关方在这方面对银行服务的大量需求，这样的市场也不会形成。1999 年美

---

① 《财富》杂志的"美国最受赞赏的公司"排名很容易因为一些理由受到质疑。贝尔斯登那些年来的高排名只是在"证券公司"的范畴内，那些年也从来没有证券公司拿过第一名——2005 年的贝尔斯登、2006 年和 2007 年的倒霉的雷曼兄弟——综合排名只能进前 20 名。宣传贝尔斯登排名的报道从来不提被认为是"美国最受赞赏的公司"普遍具备的一个关键标准，即它们在企业社会责任（CSR）中的领导力。如果贝尔斯登将企业社会责任视为塑造企业形象的重要因素，它是不是就不会做出这种最后导致倒闭的事情？这应该由谁负责？但是，事实始终是贝尔斯登得到的荣誉显然同任何企业社会责任活动无关，仅仅立足于其金融营销的大胆革新和投资者利润最大化的异乎寻常的成功。贝尔斯登会在最受赞美者之列，但是有人爱它吗？如果有人爱，那么是谁爱？因为什么理由爱？

国议会通过决议废除了为应对类似 1929 年金融危机而颁布的格拉斯－斯蒂格尔法案，该法案建立了将商业银行和投资银行分开的防火墙。撤销对商业银行和投资银行关系管制的规定解除了原本对银行在自身不承担风险或只承担很小风险的同时通过投机交易获得前所未有的利润而利用其客户——投资人和储户——的基金去冒险的限制（Sanati，2009）。后来在"9·11"事件后，失去了管制的银行系统在防止经济萎缩方面起了关键作用。受联邦政府的防经济萎缩政策的刺激，银行和其他金融服务机构开始向曾被认为有信用风险或者只能承担小规模抵押贷款的客户群推销住房抵押贷款。这样的抵押贷款，在其他某些情形中也许会被质疑为"掠夺性贷款"，在这里被称为"次贷"，一个在随后几年中令世界感到痛苦、被人们挂在嘴边的词。

因此，虽然后来有一些争议，当时的许多观察家都认为次贷市场的发展在经济上可行，在政治上符合需求。① 联邦政府的扩张性政策使得市场以及贝尔斯登的客户淹没在流动性过剩的海洋中。投资者拥有多到他们自己都不知该如何使用的资金。2001 年"互联网泡沫"破灭之后，投资人不太情愿将资金投入股票市场，这可以理解。同时他们又继续要求高回报，于是投资者很容易接受投资高回报、高风险债券的创新建议，尤其是在他们被说服，认为风险是可控的情况下。

为了回应投资者需求，主要投资银行家开始开发一条抵押贷款证券/担保债务凭证的产品链，这些债务可以像单纯的商品一样被打包买卖。打包过程的一端是潜在的房屋所有人，第一次包括了许多以前会被认为"风险太高"而不准抵押的申请人。满足这些急剧扩张的潜在客

---

① 次贷政治是以美国文化，主要是以"美国梦"同拥有住房相关联为前提的。"9·11"之后对宏观经济刺激的需求和走向撤销金融市场管制规定［包括对格拉斯－斯蒂格尔法案 (1933) 的废除］的（受到美国两个主要政党中关键领导人因素的支持）长期趋势相一致。正是对格拉斯－斯蒂格尔法案的废除，使商业银行利益和投资银行利益的合并成为可能。在投资银行家可以在监控之外募集可用于买卖证券化的担保债务凭证和抵押贷款证券之类的结构性金融工具的地方，产生了一种影子银行现象。在这个系统内部，像乔菲和坦尼那样的经理人员接受了巨大的回扣，同时在理论上保持不担风险——当然，除非他们把自己的钱投入到他们也在向别人销售的金融产品。如果格拉斯－斯蒂格尔法案仍在实施，抵押贷款证券赖以产生——和无耻经理人员与掮客的捞钱机会一起——的"证券化"过程就会即使不是被阻止，至少也会受到严厉禁止。

户群的需求和欲望代表了贷款投资人前所未有的机遇。传统上，储蓄和贷款机构——所谓的抵押贷款储蓄机构——占行业主导地位，它们在整个贷款过程中使用自有资金。但是既然抵押贷款审批业务从提供抵押贷款及支付抵押贷款利息的业务中分离出来，这些机构将自己局限于处理抵押贷款申请并与潜在房屋所有人互动和提出建议。然而，抵押贷款的投资来自更加大得多的金融机构——比如像贝尔斯登这样的投资银行。虽然以前抵押贷款风险是由对当地情况比较了解的当地储蓄机构采用谨慎的金钱管理方式处理的，但是现在贷款决定则由投资银行做出，它们因为抵押贷款发起人吸纳那些和它们想要承担的那种风险相一致的客户而奖励他们。因为它们的风险欲望由于金融市场状况和总体政治气候而戏剧性地增大，所以毫不奇怪，抵押贷款开始大规模地向更广范围扩张。

7.2.5　抵押贷款成为像五花猪肉一样的交易商品

除了抵押贷款发起人以外，为这些抵押贷款筹措资金的投资银行并不想在自己的资产负债表上长期保持这些债务。更应该说，这些抵押贷款是原材料，是制作担保债务凭证之类的结构性债务产品的关键成分，投资银行不断将其像五花猪肉一样进行交易。这些新的融资方案应该用于满足客户对高回报但又有悖常理地具有有限风险的证券的需求。随着对标准固定收益工具——比如政府债券——的投资越来越多，这些部门的利润也越来越缺乏吸引力。信用卡和汽车贷款应收款，以及次贷提供了更具吸引力的回报率，但是普通（机构）投资者并不容易获得这样的回报。对个人贷款并不实际也具有极高风险。传统上服务于个人借贷的金融机构很愿意把这些贷款打包出售。但是这些融资方案——通常包括上千笔借贷——数额巨大并远远超出平衡表且只有大型投资者能承接。担保债务凭证开拓者，包括贝尔斯登，拿出了一种似乎能够解决这些问题的金融产品：他们宣称通过创新方式结合和安排债务，可以很大程度上将风险最小化。于是，虽然支持这些证券的某些担保债务因为其固有风险而可以产生很有吸引力的回报率，但是将它们和其他较小风险的债务混合在一起被认为可以使它们变得安全。[①]

当时对这些证券的潜在需求很高。但是对这么多不同种类的债券进行结构化——甚至往往是混合不同类别的担保债务证券——意味着它们的价值会难以评估。这会限制它们对投资人的吸引力，会损害投资银行对它们的销售能力。但是投资评定机构发挥了重要作用，全世界的金融市场都依靠这样的机构——如标准普尔——来对一种具体的投资的安全性进行独立的专业评估。在整个证券化过程中，使担保债务凭证结构化的投资银行家与这些机构紧密合作，以确保他们的产品能够获得高级别信用，往往是现有的最高信用级别。由证券发行人（即投资银行家）直接付费的评级机构面临巨大利益矛盾，它们只有在评估证券级别为"AAA"的情况下，才能获取它们的报酬。这些证券的价值只能在由投资银行家提供的未经证实的一揽子抵押贷款经营信息基础上进行评估。证券化可大量盈利：尽管银行会以低得多的价格购买次贷——这些债务便宜是因为它们被认为有风险——但是一旦这些次级债务部分与一些更安全的高级债务部分打包，那么由于它们获得的全面评级，它们便能够以高得多的价格出售（Lambert，2012）。

这样的担保债务证券一旦确立并立有名目，它们便被售给数量持续增涨的客户。但是就从那里开始，担保债务证券便自行发展了。打包担保债务证券的金融机构，尤其贝尔斯登本身，积极参与其交易，甚至提供机会，让购买预防任何可能失败的保险——于是产生了"信用违约互换"[②]

---

① 将这些结构性投资产品中的担保债务凭证混合起来的过程被称为"信用增级"（Investopedia. com，2014c）。一种"现金流的瀑布结构"于是就被创造出来指导从一揽子抵押贷款到建立在允许评级机构和投资银行家合作来造就安全幻觉（投资级债券）的十分成熟的数学模式基础之上的投资级债券的最初现金流权利。要了解更多关于数学模式及其在促进信用增级过程中的作用，请见斯图亚特的研究（Stewart，2012）。

② 信用违约互换（CDS），简单说，是一种预防证券违约的保险。购买担保债务证券的人要付给证券发行者一笔"保险金"，直到证券成熟。如果证券违约，发行者就要赔偿担保债务证券的购买者（Investopedia. com，2014）。像美亚保险（AIG）这样的债券保险商出售允许贝尔斯登这样的投资银行在担保债务证券炮制出来时预订"仙尘"利润。投资银行家使用现金流量贴现技术，显示出虚假净现值利润，投资银行管理人员将他们的奖金建立在这种利润的基础之上。像美亚保险这样的债券保险商并没有被要求提供担保品，最终在2007—2008年次贷市场崩溃、担保债务证券戏剧性贬值的时候破产了。支撑担保债务证券交易的信用违约互换因而造成大量金额在投资银行家及其保险商中间的输赢，只有美国政府的紧急援助才能够阻止世界范围的金融系统的全面崩溃。

（CDSs）的营销。随着抵押贷款债券/担保债务证券的狂热升温，投资银行——贝尔斯登一马当先——开始更直接介入抵押贷款的发起阶段。受持续抵押贷款债券需求的驱使——因担保债务证券的盈利性，人们更热衷于这种证券——贝尔斯登于2006年10月购买了一家抵押贷款发起人商行——安可信贷公司，在当时很多投资银行都会走这一步。这些公司不仅自身可获取利润，而且提供了可以直接获取原材料的银行，要维持它们抵押贷款债券经营的规模和可盈利性，就需要这些原材料。反过来说，像安可这样的公司——以前也许会更多地考虑客户的信用度——现在被鼓励根据他们的新老板对可盈利的担保债务证券的需求而"生产"抵押贷款。抵押贷款商从投行获得的发行次贷的高佣金使得他们甚至开始要求潜在房屋所有者在申请贷款的过程中不用详细说明收入。投行和其客户对高回报率的抵押贷款债券的贪婪欲望使得贷款人的信用度在贷款评估中已经变得不那么重要了。

　　根据对抵押贷款债券/担保债务证券产品链发展的简要叙述，我们也许可以开始考虑贝尔斯登破产中的道德问题了。现在每个人都知道担保债务证券并不像它的推销者描述的那样安全。用来使投资者放心的数学模型假设抵押贷款违约永远不会影响美国各州和各社会阶层的整个房地产市场（Stewart，2012），2007年空前的债务人违约和整个房地产市场发展的放慢速度证明了该数学模型存在危险性错误。这其中的伦理问题当然是投资银行知道什么，它们什么时候知道的？它们的计算失误是诚实无心的还是故意欺骗，是一个空前规模的骗局呢？在形成判断之前我们应该谨慎从事：诈骗是否是解释贝尔斯登对待其客户和市场行为的唯一方法呢？或者一个银行"大到倒不了程度"的规模，是否就让我们看到贝尔斯登的销售团队如何能在出售抵押贷款债券时坚定相信打包出售债券的同事是知道它们是有风险的呢？我们如何判断他们能做什么也许取决于其中涉及的个人是否由衷地相信他们的风险评估规则系统和承诺，承诺像炼金术一样能将廉价金属变成金子！

　　当美国过热的房地产市场发展减速变得很明显时，银行、评级机构与其他金融机构似乎就明显意识到临近的危险，却仍然选择生意照旧。① 全球金融危机后的一些调查显示，尽管一些关键参与者已经意识到临近的危机，但仍然选择对其客户知情不报。一个尤其令人深恶痛绝的例子是评级机构，它的主要工作是一旦获知其之前评级的证券前景恶化时应尽快向更广范围的投资公众提供修正评估。例如被公开了的标准普尔的邮件暴露了其交易员认为次贷支撑的担保债务证券和"垃圾（junk）"② 差不多，但因害怕失去向自己的服务付钱的投资银行生意，仍然给它"AAA"评级。③ 这些带我们绕了一圈又回到乔菲和坦尼与他们为贝尔斯登管理的对冲基金上。这些需要解决的是谁的问题呢？没有防备的投资者是否正被引诱到某种旁氏骗局（Ponzi scheme）④ 中去呢？这种骗局除了保护银行资本，只能通过背叛他人利益才会搭救一些投资者。

7.2.6　贝尔斯登的企业文化：危机的根源？

虽然有些人会认为贝尔斯登过于暴露在涉及抵押贷款债券市场的风险中，随后的公司破产无非是输了一场赌局，但是对公司文化的更仔细

---

① 诚如美国小说家厄普顿·辛克莱令人难忘地说过："如果一个人的工资取决于他不明事理，要他明事理是很难的！"请记得，贝尔斯登的管理人员像其他投资银行家一样，通过认股权而得到他们最大的一份报酬。因此，他们完全有动机操纵公司的会计来显示会驱使股票价格上涨的短期利润。这给予他们所谓的"独立"审计员以巨大压力，使他们在各种有问题的骗局——其金融地位的不稳定被掩饰起来——中默认那种最大化的（以及夸大的）短期利润效应。在这种情况下，继续"生意照旧"几乎不是一种无害的选择。

② "垃圾"，或者更准确地说，"垃圾证券（junk bond）"，是对最低评级证券的描述。它们被认为非常有风险，但是如果它们不违约的话，往往会有非常有吸引力的回报（Investopedia. com，2014e）。

③ 标准普尔因发生在这件事情上的问题而受到美国司法部的起诉（Eaglesham et al.，2013）。这被称为"发行者付款"模式，按照这个模式，评级机构得不到偿付，除非投资的评级级别得以实现。要想对金融危机中的信用评级机构角色有更充分的解释，请见《外交委员会的〈背景情况简报：信用评级争议〉》（Allessi et al.，2013）。

④ Investopedia 将"旁氏骗局（Ponzi scheme）"定义为"一种投资骗局，许诺投资者可以有高回报率，低风险。旁氏骗局通过获取新的投资者来为老的投资者产生回报。这种骗局实际上为以前的投资者产生许诺的回报，只要有更多新的投资者。这些骗局通常在新投资停止的时候自行崩溃"（Investopedia. com，2014f）。贝尔斯登对冲基金也许并不是打算用来作为一种旁氏骗局，因为投资是打算用来举债经营抵押贷款和相关金融产品的真实价值的担保债务证券。另一方面，回想起来，至少许诺给予投资者的产出似乎完全依赖对冲基金管理人员继续获取新投资者的能力。当抵押债务债券市场疲软的时候，对冲基金崩溃了，完全就像一场失败的旁氏骗局。

观察也许可以解释问题之所在及其原因。贝尔斯登的失败是一个重要案例，说明整个公司会逐渐沉溺于风险不断加大的投资计划及其所允诺的利润。这种沉溺遍布所有贝尔斯登的银行业务运营，从构建金融工具到交易、财富管理——拒绝所有审慎、自制的观念，或者最重要的是，公司对其客户和其他利益相关人的信托责任。

一旦遭到灾难性的打击，贝尔斯登文化的病态性思路便明显起来。如果你可以及时回到贝尔斯登的交易场地，无论如何你会看见一个傲慢的大招牌："让我们只管赚钱吧。"（Wayne，1983）如果你出席贝尔斯登管理层会议，就会收集到相似的思路。不管你乘时间机器来到这个公司过去 85 年历史中的哪个时刻，你都会碰见一种始于顶层的文化，在这种文化中，一个人在战略决策上的注意和影响力取决于他过去为公司赚钱的记录。在贝尔斯登倒闭后，管理人员都承认这一点："如果你不为公司赚钱，你尽可以爱怎么想就怎么想，他们可能听也可能不听你的……这种随意性的战略是了解 2008 年发生了什么的关键。"（Cohan，2009：196）

这种文化在华尔街并不是没有被注意到，它使贝尔斯登在其拥戴者和批评者中树立了模棱两可的形象。30 年前莱斯利·韦恩（Leslie Wayne）已经确认了隐含在这家公司一心赚钱的不懈关注中的基本伦理挑战。"贝尔斯登的身份：它是充当为客户提供有偿服务的代理者还是仅仅是一个为其合作伙伴而设立的交易的机构，还是两者兼具。"（Wayne，1983）很有可能公司的拥戴者会坚持认为它两者兼具——但这完全无视其中涉及的潜在利益冲突，即便他们两方面做得比其他任何人都好。然而这种文化也有其吸引力：贝尔斯登愿意投资大多保守公司都持审慎态度的领域。比如在对破产或遇到麻烦的公司的投资中，或者在艰难地兼并中代表持不同意见的股东时，贝尔斯登都很自信很有创新性，甚至为华尔街其他公司都瞧不上眼的金融安全度较低的客户服务。

尽管有这样的积极成果，贝尔斯登企业形象的争议性却似乎很清楚。1983 年哈佛商学院的塞姆尔·海斯（Samuel L. Hayes）也指出："贝尔斯登被看作一家有着聪明机智创新企业家的公司，它更充满自我激励或热衷于追求公司的个人所得而非建立一个长期的企业实体"（Hayes et al.，1983：75）。美国培基证券公司总裁乔治·鲍尔（George

L. Ball）更进一步指出"多数公司有时会因为观念的原因而放弃利润。但是贝尔斯登则认为，合法交易就是赚钱的交易，即使你不想把钱带回家和母亲共进晚餐。"（Cohan，2009：201）既然企业形象的能见度很高，肯定有人会问，这样的文化是如何反映在贝尔斯登在营销担保债务证券和抵押贷款证券，以及最终营销风险很快就变得太过于明显的对冲基金时的领导角色中的。乔菲和坦尼的基金是那种没有人想要带回家与自己母亲共进晚餐的投资计划吗？

7.2.7　贝尔斯登资产管理公司对冲基金：一个警示故事

　　乔菲和坦尼管理的对冲基金被标签为"贝尔斯登高级结构信贷基金"①。如它的标签名所示，它将客户的钱投资于被宣传为"高级"结构的信用工具。投资人每个月都会收到的总结报告背面印着该基金的"投资哲学"是"通过'现货持有'交易和资本市场套利产生全部年收益"。报告对如何赚取这些收益做了相当具体的说明："基金一般投资于高质量浮动评级的结构化金融证券。比较典型的是基金总资产的90％投资于 AAA 或 AA 级结构化金融资产"（Cohan，2009：305）。现在和潜在的客户被告知这意味着基金会在低成本的短期信用市场（证券回购市场）借款，利用杠杆来产生收益以投资具有更高回报的长期担保债务证券（Ibid：283）。尽管后来证明许多投资人并不理解公司用他们的钱投资的担保债务证券的性质，但该基金很成功，因而也很受欢迎。该基金连续四十个月产生了9.46％的平均年净利润，并在2004年达到了16.88％（除花销和费用后）——这对于一项投资人假设主要是以安全、低风险投资级别投资的基金来说，是非凡的业绩。

　　但不仅仅是只有投资人欢庆该基金的成功。贝尔斯登和它的资产管理组也对此欢呼。在2004—2005年，这种高级基金贡献了贝尔斯登资产管理公司75％的总利润，也说明这种基金是贝尔斯登资产管理成功的主要原因。贝尔斯登资产管理公司的好消息提高了乔菲和坦尼的名气，他们受聘去加强一直运行不良的资产管理分支工作。当贝尔斯登雇佣他们的时候，管理顶层也许还没有明白他们的对冲基金涉嫌的风险，

---

　　①　它后来分成两家，增加的那家基金叫做"贝尔斯登高级结构信贷增强杠杆基金"。

或者说他们还没有了解能承诺如此高回报的新金融产品组合（Burroughs，2008）。而且，贝尔斯登高层管理似乎并没有对他们通过成立主要是对贝尔斯登作为主要生产者、营销者的金融产品进行交易和投资的基金是否卷入利益冲突这一问题多做考虑。公司"让我们只管赚钱"的欲望显然模糊了它对那些期待公司能够根据对他们的个人风险承受度的审慎评估来提供有力金融建议的客户和顾客应具有的任何信托责任。

但是如果该公司在贝尔斯登资产管理公司买卖的资产支持证券（ABSs）中的自身利害关系都不是全部透明，它的客户又怎样准确地判断该公司如此积极推销的产品价值呢？也许有人会为贝尔斯登辩护说，做事后诸葛亮很容易。在21世纪初，贝尔斯登创造资产支持证券和在担保债务证券市场中的作用是其被羡慕和崇拜的原因。在这一点上用其专长和强势的市场地位来增加自身业务并为贝尔斯登资产管理公司客户提供特殊优势便看起来很自然。高回报的前景与乔菲以往引人注目的赚钱业绩似乎驱散了贝尔斯登资产管理高级管理层可能有的疑问。在成为贝尔斯登资产管理对冲基金经理之前，乔菲被公司的一位高级经理描述成是"一家最高固定收益公司的顶级销售员"。贝尔斯登资产管理首席运营官鲍尔·弗里德曼（Paul Friedman）说乔菲"绝对是我见过的最佳销售员……他十分平易近人、聪明、具有创造性并能成事"（Cohan，2009：281）。

但批评者仍然指出乔菲曾在担任机构销售经理时的失败。这一角色提出了超越于他以往经验之上的挑战，但是与他即将出任的对冲基金经理角色相似。他在两个角色中缺乏的是足以处理管理问题的持续集中的注意力和与同事好好沟通的技巧。弗里德曼曾嘲讽道："他有成人注意力缺乏症（ADD）。"（Cohan，2009：281）贝尔斯登的许多人因此对乔菲被提到贝尔斯登资产管理公司管理对冲基金感到惊讶。弗里德曼说："内部有相当数量的质疑声，没有人能想通怎么这个人——很聪明但从来都没有管理过钱——现在要去管钱了。他对风险管理一无所知，一生中也从来没有开过不是他人钱的罚单。我十分确定我不会把自己的钱交给他。但是他开始管钱，而且相当成功。"（Cohan，2009：281）

乔菲在贝尔斯登资产管理公司的成功——以及伴随它的失败风险——有赖于他特有的前同事关系和他们所做的结构化金融产品打包。

贝尔斯登抵押贷款证券和担保债务证券产品链的主要设计师现在会成为市场中主要的"卖方面孔"。根据联邦证券交易委员的说法，"他参与了贝尔斯登的结构化信用产品创造并且作为机构化金融证券如担保债务证券和资产支持证券的次级交易员和主要背书人，是（其成功）背后的主要力量"（Cohan，2009：280）。但是就任对冲基金经理一职，乔菲应该在态度上对这些证券进行定位。他不再是一个主要关注抵押贷款证券和担保债务证券促销的销售员，他现在负责一项有更广泛的多投资目标的基金，这些证券应该只是这些目标的一部分。他现在不是为贝尔斯登销售产品，而是应该根据针对客户具体需求的投资策略为客户买进。公平地说，有证据表明他承认了那个现实或至少是空口一说。在他的基金生涯中他几次发表声明，向投资人保证在遇到那些他过去专长的产品时他要实施保守策略。

但是他的保证只是为了掩盖房地产市场的摇摇欲坠，安抚那些小心翼翼的投资者吗？当抵押贷款证券和担保债务证券开始暴跌，信托责任的假象也开始破碎。由于投资人普遍对其投资的是何种证券不甚了解，所以他们现在开始索要关于他们所购资产的更详细信息。[①] 逐渐地，投资者人和贝尔斯登的高级经理都震惊地发现即便是在导致危机的几个月里，乔菲还是承诺的是一套（正事），做的是另一套（十分客观地说，要命的事情）。[②]

2007年6月，贝尔斯登资产管理员工不知道如何回答客户关于投资内容的具体问题。典型的问题是，"我以为我投资了一个高级基金，但是现在听起来似乎是大量的资产投资了次贷？"（Cohan，2009：349）

---

① 原先贝尔斯登对冲基金投资者只得到了关于财产/安全级别的通知，该通知十分含糊不清。只有关于担保债务证券范畴的空洞信息，人们必须依靠评级机构的评估，这种评估在良心上很不靠谱。随后的法律诉讼多数仍然未决，证明了投资者试图得到关于他们所购买财产的足够信息有多困难（参见 Eaglesham et al.，2013）。

② 关于乔菲故意胡作非为的说法，通过比较他在2007年3月发送给贝尔斯登资产管理公司投资者的月报和它实际上代表他们所进行的交易，就可以看得很清楚。月报概括了他所采取的步骤，说是要保护他们免受抵押贷款债券市场越来越大动荡的影响。如威廉·D. 科恩所解释的，"问题是月报中没有什么是真实的。乔菲并没有如他在月报中向他的投资者所建议的那样避开住房抵押贷款证券。实际上，他恰恰做了相反的事情，而且正是在错误的时刻开始过多地吃进这些有害的证券。由于他不再和贝尔斯登交易，公司不知道他在做什么"（Cohan，2009：312）。

准备好的回应最终揭示了真相——正因为此——也震撼全球：

> 自 2007 年 5 月 31 日起超过90%（增强杠杆基金）的资产投资
> 于 AA 或 AAA 证券……媒体称这一投资组合为次贷基金。基于我们
> 的管理分析，在我们投资级别中次级抵押贷款中的次级抵押比例约
> 为 60%。（Cohan，2009：359）

这一数据比之前披露的抵押贷款债券/担保债务证券包平均含有的
次贷比率高出 10 倍。

这一披露注定加快投资人撤回自己资金的速度，也注定加速诉讼案
件数的可预见的增长。当贝尔斯登员工开始在贝尔斯登资产管理危机中
挣扎的时候，有一个场景也许最好地代表了各方所体验的震惊。在次贷
危机早期的几个月，公司的明星经纪人道格拉斯·沙仑（Douglas Sharon）、诉讼部负责人丹尼尔·陶布（Daniel Taub）、公司法律总顾问麦
克·斯兰德（Michael Solender）聚集一堂来讨论在乔菲处理管理基金之
后显露的道德和法律问题。且不说通过承诺只投资"像银行一样安全"
的工具而激怒了公司一些最重要的客户，乔菲每月发送的具体评论是尤
其可以定他的罪名的。如沙仑所说，"这个家伙一直在书面中预言世界
末日，告诉你他始终在避开 2006 年的收获量……结果证明（他）直接
跳进了火山里"（Cohan，2009：355）。乔菲成为贝尔斯登产品的主要客
户之一，并依靠贝尔斯登来交易这些产品，以及支持贝尔斯登资产管理
公司在证券回购市场的活动，而非保护其投资人利益。

贝尔斯登资产管理公司违反信托责任的做法，在乔菲对贝尔斯登守
法规定一再的技术性违规细节中很明显。在贝尔斯登资产管理公司与其
母公司进行任何重大交易之前，它被要求获得对冲基金独立的——和贝
尔斯登没有关联的——董事们的批准。乔菲不仅在 70% 的交易中违反
了这一规定，[①] 他还故意无视贝尔斯登守法规范部门无数让其规范经营

---

① 支持这一事实的说法和证据在马萨诸塞州2007年11月14日发行的"贝尔斯登财产管
理问题上的行政投诉，Docket E2007－0264"中有详细说明。又见马萨诸塞州务卿档案，2014
年2月2日，http：//www.sec.state.ma.us/set/archived/sctbear/bear_complaint.pdf。

以符合公司政策的要求。一旦贝尔斯登顶层管理人员充分了解情况之后，这类违规便迫使公司对乔菲和其基金实施暂停交易的措施——这是个艰难的决定，因为这意味着基金会失去主要交易伙伴和回购市场贷出方，因此实质上损害了它的交易地位。

7.2.8 永询金融服务公司首次公开募股——拆东墙补西墙？

随着次贷市场的恶化，乔菲想要处理掉一些抵押贷款证券/担保债务证券的尝试，面临的问题也越来越多。贝尔斯登资产管理要如何处理掉它持有的证券而不致市场崩溃？不能将这些不良资产出售给同样的机构投资者小圈子，他想出了一个大胆计划，要将它们卖给一群喜好风险的、之前并不能接触这些产品的新客户：散户。乔菲打算卖出基金中价值7亿美元的担保债务证券，将它们转给另一家公司，并以首次公开募股方式出售其股票（Cohan，2009：307）。这绝对是乔菲避灾策略的关键一步，但最终计划并没有取得预想的结果。由贝尔斯登包销，首次公开募股被称为"永询"。尽管它向不警觉的散户出售没有在"双方均不受对方控制"的情况下估价的证券，但是如果成功的话，它将去掉贝尔斯登资产管理账簿上一些最不能立即兑换的（也是最危险的）担保债务证券（Goldstein，2007）。

这一计划的大胆妄为并没有能蒙混过关。《商业周刊》评论道，"绝不要低估华尔街投资公司想要找到新的方式，向散户转嫁风险资产"（Goldstein，2007）。的确，其中引起的道德问题不容忽视。正如直到首次公开募股被取消的那天竟然对此一无所知的贝尔斯登资产管理首席运营官弗里德曼所说，"将最不透明、最复杂的证券打包成一种复杂的结构，再通过首次公开募股将其出售给这个世界上的寡妇和孤儿，这种主意是我最闻所未闻的大奇闻"（Cohan，2009：340）。看起来好像永询金融服务公司"只不过是对越来越有危害的抵押贷款证券的废渣填埋坑"（Goldstein，2007）。尽管乔菲也许是采取这一步来保护他的对冲基金的客户利益，但是道德问题依然存在：难道乔菲不是在拆东墙补西墙吗？他不是与那些信任他，而他自己则想要招揽来购买他的首次公开募股的新投资者有着同样的信托责任吗？就像他对那些同样信任他，然而更强有力、更富有经验的对冲基金客户所拥有的信托责任一样。

　　当然，管理对冲基金也许要求参与其中的人在沟通中十分谨慎。毕竟一位不满的客户也许会引起一场恐慌而使剩余投资者撤出，让每个人越来越糟糕。但是那就能为故意说假话辩护吗？尽管说假话的动机是想把每个相关人员的损失最小化。如果你处在乔菲和坦尼的立场，为了让紧张的投资人平定下来，你会做出格的事吗？你会比乔菲以假象唬人做得更好吗？下面是他被偶然听到的话："我要十分清楚次贷风险植根于我们所拥有结构内部的方式。我们不相信房地产泡沫导致世界末日的情节。"（Cohan，2009：306）你会像乔菲在 2007 年 4 月明知次贷市场在迅速恶化却仍然做出乐观声明那样去推销你的对冲基金，从而至少使你承诺过的 14% 和 11% 的回报（Cohan，2009：333）对客户产生强烈误导吗？这些对冲基金经理知道什么事情与何时知道该事情，对理解他们的行为很重要："3 月 23 日乔菲……开始了移除了他个人投资增强杠杆基金的 600 万美元中的 200 万美元。"（Cohan，2009：325）这一举动意味着什么？乔菲仍然主要对保护他的对冲基金客户感兴趣，还是他决定只挽救他自己？

　　后来乔菲的辩护人指出他只是将他的 200 万美元投资转移到另一个贝尔斯登资产管理对冲基金中，因为他被期待将他自己的钱投资于他共同管理的基金，这也许是一个有说服力的解释。尽管如此，他对资金的转移仍然成为 2008 年乔菲和坦尼收到的四项刑事起诉书中的一项（United States District Court，2008）。各种向贝尔斯登资产管理投资人保证并说服他们不要从基金撤回资金的诡计使他们受到了证券欺诈的起诉。大法官被说服，相信乔菲和坦尼反复蓄意扭曲贝尔斯登资产管理对冲基金的真实状态，这是犯罪行为，因为投资者依赖他们的评估来指导投资。乔菲向另一个贝尔斯登对冲基金转账 200 万美元，使他受到内部交易起诉，因为他在其他投资人都无法赎回资金的情况下从增强杠杆基金中撤回了自己的部分。

7.2.9　总结：贝尔斯登之死

　　结果，乔菲和坦尼被判定"未犯"他们被指控的金融罪行（Hurtado et al.，2009），美国证券交易委员会对他们的指控最终被悄悄抛到了一边（Lattman，2012）。可是，贝尔斯登就没有这么幸运了。刺激了乔菲和坦尼的有争议行为的抵押贷款证券市场的动荡变得越发糟糕，在焦虑中要求赎回股票的投资者相信了各种谣言，说是不仅贝尔斯登资产管理公司，而且贝尔斯登自身也面临严重的流动性问题。简单地说，投资者及其顾问越来越担心公司没有钱——也没有任何来钱的现实可能性——而必须将自己持有的股票兑换成现金。2008 年 3 月，贝尔斯登被迫宣布破产并以低于其真实价值的价格出售给摩根大通银行来终止危机。从任何方面讲，乔菲和坦尼不应该对贝尔斯登倒闭或随之引起的全球金融危机承担责任。华尔街观察家怀疑，一心要从贝尔斯登股价戏剧性下跌中获利的卖空者精心策划了一场显著有效的造谣运动和非专业的金融报告，最终引起全面的金融恐慌（Burrough，2008）。尽管乔菲和坦尼被免予刑事指控，但他们仍然把一堆麻烦的道德问题放在我们面前。企业应该对其客户做些什么？如果企业像贝尔斯登一样，是给客户的投资决策做顾问，那么什么是合适的标准，来衡量他们对客户及其利益的照看呢？在 2008 年华尔街金融风暴后，信托责任还有意义吗？您是否满意地认为，如果乔菲和坦尼没有被追究刑事责任，那就没有进一步的必要来思考其行为是否道德呢？

7.3　案例讨论

传统上，在西方和在中国以及东亚其他地方一样，法律和道德是有区别的，尽管它们以各种形式关联在一起。虽然乔菲和坦尼的案子在法庭审理时被免于刑事责任，而且尽管也还没有人因为同贝尔斯登的倒闭有关而被判罪，但是法庭的裁定几乎解决不了关于他们道德责任的所有问题。在第五章我们探讨了应被称为经济伦理第一原则的交换正义概念。遵循亚里士多德《尼各马可伦理学》中的教诲，我们注意到所有合法商业交易的关键都在于他们的自愿性。买卖双方在对他们将要付费的商品或服务的共同估值基础上做交易——或者可以说，达成相互协议。但是他们的自愿性更取决于没有人强迫或威胁使用暴力来达成交易。若使用暴力，那交易便成为抢夺和勒索。当买卖双方都享有足够的信息来理智决定交易是否符合他们的最佳利益时，一桩合法商业交易才被视为是自愿的。当一方通过提供全面的关于商品和服务的任何相关信息时，达成交易的决定是自由公平的，双方都遵守交换正义原则。

但是在第六章我们探讨了企业和其客户关系不对称的全球商业世界中的正常情形。如果由于某种原因不能实现对买卖商品或服务价值的自由公平协议，那么双方就很少能有彼此对称的交易，很少可以平等地获取买卖商品或服务的相关信息，很少有平等的机会把生意拿到别处去做。在第六章我们注意到，在不对称的商业公司和其客户关系中——比如美泰玩具公司和那些给孩子们购买玩具的父母或照看人——交换正义要求企业达到较高的关怀标准来考虑其客户的需求并保护他们的利益，尤其是当他们自己缺乏相关知识或力量时。

在当今全球经济中特有的企业和其客户的不对称关系中，经济伦理的第一原则变得更加清晰："首先是不要造成伤害。"按照贝尔斯登案例，营销伦理提出的问题是，投资银行家在与其客户交易时，是否应该承担和其他商家一样必须遵守的关怀标准。

当然也有貌似合理的原因简单地假设传统的经济伦理原则不适用——也不应该适用——像贝尔斯登一样的投资银行家。可以认为，投资银行家主要打交道的客户是机构投资者——华尔街兄弟会成员——这些人应该可以获取评估贝尔斯登出售的担保债务证券和其他金融工具价值所需的足够信息。如果他们没有做出应有努力来保护其客户与自身利益，他们只能责怪自己。当然，在围绕整个次级抵押贷款产生的金融泡沫的历史上，是有一些分析家曾试图向任何愿意聆听的人警告有关巨大风险的情况。[1] 但是，这些凶事预言家们通常直到市场已经在灾难边摇摇欲坠时才被注意到。尽管如此，那种认为在次贷市场崩溃中遭受重大损失的人是咎由自取的想法很难与事实相符。正如我们所见，贝尔斯登资产管理的对冲基金经理乔菲和坦尼在他们试图劝说投资人不要从担保债务证券中撤资时不只是在简单地诓骗。对他们的起诉指控他们欺诈，即蓄意欺骗投资人——他们的客户，来保全贝尔斯登资产管理公司并保护他们自己在对冲基金的投资。在起诉他们的大法官眼里，乔菲和坦尼显然为了保护一些人，包括他们自己，而想要伤害另外一些投资人。

———————————

[1] 参见迈克尔·刘易斯关于如何在次贷市场的崩溃中赚钱和亏钱的描述（Lewis, 2010）。

当阿尔伯特·卡尔（Albert Z. Carr）写他那篇引起轰动的《企业诓瞒是否道德?》文章时（Carr，1968），我们可以看到，他在第一章中认为，企业的伦理标准从法律上讲是与我们个人间关系中预设的标准不同的。如果人们在贝尔斯登案例中按照卡尔的论点，也许可能得出这样的结论：乔菲和坦尼不过是在玩一种商业游戏，他们并不具有向其客户告知他们推荐的投资所涉风险的义务，就像一位扑克牌玩家没有义务向对手展示自己手中的牌一样。因此，在次贷市场产生、扩张和灾难性崩溃中受害的各利益相关方——即房主、合法储蓄贷款协会和投资人，不仅在次贷市场，而且在其他受次贷影响的任何事情中——便不可能从道义上要求贝尔斯登及其对冲基金的经理们。

为了阐明他的论点，卡尔回忆了他的前老板哈里·杜鲁门（Harry F. Truman）总统在其他语境下的评论："如果你受不了高温，就离厨房远一点。"（Carr，1968：3）如果你不能承受在扑克牌中输掉一局，就别坐下来玩牌。如果你不能够承担巨大风险，就别投资抵押贷款证券。无疑，当乔菲和坦尼向他们的投资人保证——即使是在灾难边缘——贝尔斯登资产管理公司的对冲基金"像银行一样安全"时，他们是在诓瞒。被卡尔论点说服的人也许会为他们的诓瞒辩解，说什么投资人应该知道他们是在诓瞒，却还是下了赌注。但是他们下错了赌注，赔大了，就像在高赌注的扑克游戏中经常发生的情况一样。

即使我们退一步说，诓瞒也许并不总是不道德的，那么问题仍然在于乔菲和坦尼是否在诓瞒和说谎之间，在对其客户的巧舌如簧的保证和阴谋欺诈之间，逾越了界限。甚至制定和行使企业游戏规则的政府机构也无疑认为他们越界了，只是因为某种原因没有定他们刑事罪，于是使伦理问题没有得到解答。就因为他们被免罪，我们就应该假设他们所做的一切都是道德的吗？请考虑一下，影响贝尔斯登各部门和贝尔斯登资产管理公司之间交易的贝尔斯登守法规定遭到系统性破坏。我们了解到乔菲的贝尔斯登资产管理交易的70%都违反这些规定。难道这只是一个技术问题，明显同理解这个案例的道德内涵不相干吗？也许，这完全取决于那些交易规则的目的是什么。它们是为了在贝尔斯登资产管理公司和母公司之间建造一个人工屏障——可以说是一道长城——以保护对冲基金客户免于相关公司方面所遭受的利益冲突。一名独立董事应该未经签字而认可每一笔交易，以实施一些监管，使欺诈行为的风险降到最小。似乎乔菲和坦尼将守法规则仅仅看成是另一种诓骗，一种纯粹的繁文缛节，不过用来安慰紧张的投资者而已。

再考虑一下永询金融服务公司的首次公开募股，贝尔斯登资产管理公司首席运行官鲍尔·弗里德曼甚至称之为"只不过是对越来越有危害的抵押贷款证券的废渣填埋坑"，如果永询首次公开募股没有被取消，它就会把这些不良资产重新打包成证券出售给散户，那些被弗里德曼称为"这个世界上的寡妇和孤儿"的人们。卡尔一定很想知道，当乔菲和坦尼试图将贝尔斯登资产管理的抵押贷款证券包袱卸给这些新手时，他们是否还在玩扑克游戏。如果贝尔斯登资产管理的客户主要是机构投资人，那么乔菲、坦尼和他们玩的游戏也许与扑克有相似之处；但是永询首次公开募股针对的那些散户很可能缺乏发现诓骗并快速回应的经验和技巧。永询首次公开募股和推迟或避免贝尔斯登资产管理对冲基金崩溃的相关策略是以他人为代价，来保护一些投资人利益的。乔菲和坦尼使用任何他们能够想到的诓骗方法和策略来赢得时间，以便至少他们的部分客户可以从中解脱，可是另一些不小心的人则被引导承担更多风险，购买更多不良资产。但是卡尔承认在扑克游戏中舞弊是可能的，这种舞弊也许会受到严惩。甚至卡尔也会不得不承认，当乔菲和坦尼试图与没有经验、没有获胜机会的玩家开局游戏时，是在诓骗和说谎之间越界了，难道不是吗？

当贝尔斯登对冲基金崩溃的时候，即使是有经验的玩家也在哀号：他们在一场用诡计来对付自己的游戏中受骗了。他们要求相关监管机构起诉乔菲和坦尼诈骗，因为他们被说服购买抵押贷款证券是由于乔菲和坦尼没有如实描述其风险。他们指控乔菲和坦尼欺诈有错吗？他们对承受如此重大损失而感到的愤怒仅仅是玩家们的一种酸葡萄心理吗？玩家们是否本应该更了解情况，他们赔大了是否是因为他们没有发现诓骗，没有熟练地对此作出反应呢？贝尔斯登案例中呈现的事实暗示，简单地认为贝尔斯登资产管理公司投资人的忧虑仅仅是酸葡萄心理，这是很不恰当的，从道德上讲也是令人费解的。责怪乔菲和坦尼极其不负责任所造成的受害者，是要削弱资本主义伦理正统性的，削弱可以用来使公益和自由与有调节的市场相一致的功利主义案例。

7.4　伦理思考

在贝尔斯登案例的几个问题上，我们考虑了乔菲和坦尼的信托责任，尤其是，也考虑了他们在贝尔斯登资产管理公司和贝尔斯登的上级和指导者的信托责任。如果商业游戏只是另一种形式的高赌注扑克游戏，那么信托责任的观念便也只是另一种诓骗，一种策略虚构，用来掩饰游戏的真实性质以及它是如何进行的。但如果没有人诓骗会怎么样呢？如果信托责任本身就是国际商业游戏规则的一部分会怎么样呢？那么它将如何为我们揭开营销伦理的基本假设呢？

用法律术语讲，"受托人"是"一位被合法委托和赋权来为另一人持有信托财产的人"（Investopedia，2014d）。传统上受托人保护尚不具有或已经丧失保护自己能力的孩子和老人的利益，信托责任概念被延伸到包括任何不是为自身利益而是为他人利益帮助他人管理资产者的责任。虽然许多人假设，任何提供投资建议或金融服务的人都对其客户负有信托责任，但是据报道称，在美国"大约85%的金融顾问都不（承担信托责任)"，其中极大部分是"股票经纪人、保险代理或者简单的销售代理"（Paragon Wealth，2014）。负有信托责任的投资顾问与那些不承担信托责任者的主要区别是他们的底薪。受托人对其做出的服务收费并被期望只关注其客户的最佳利益。另一方面，非信托金融顾问通过他们的销售来赚取佣金。基于人性，非信托金融顾问获得报酬的方式意味着他们要出售对自己——而不一定是对其客户——最有利的金融产品。

7.4.1　信托责任

任何宣称承担信托责任的投资经纪人或顾问必须符合一定的行为标准。首先，受托人是要有许可证的，一般是"注册投资顾问"或"投资顾问代表"。在美国他们应该在联邦证券交易委员会或州证券部注册，从而被认可为有资质行使信托责任。其次，他们应该具有较高的职业道德标准，要求他们不仅要披露自己的金融利益，还要代表其客户管理"审慎的投资过程"。据投资百科的杰里（Jerry）和梅丽莎·扎伊斯（Melissa Sais）所说，这样的过程主要包括四个步骤："（1）组织，（2）形式化，（3）实施，（4）监管。"（Sais, J., and Sais, M., 2013）"组织"是指了解相关法律法规——如雇员退休和收入保障法——从而构建针对每位客户的咨询。"形式化"包括为每位客户制定符合他/她的具体需求的投资策略，这些具体需求主要从他/她的"投资期限"、"风险承受度和所期待的回报"中形成指数。这些指数将帮助投资顾问识别"合适的资产级别"，来形成多元投资组合。这种对客户咨询的结果应该细化进入书面的"投资政策声明"中。"实施"是指对可能的投资或与客户的政策声明一致的投资管理建议做"尽职调查"。"监管"——也许是"过程中最耗时也最容易被忽视的部分"——要求随时间追踪投资表现，以决定是否正在达成投资声明中说明的目标。

最后，杰里和梅丽莎·扎伊斯坚持认为信托责任包括管理客户投资所收取的费用应该"公平合理"。他们给予受托人的信息清楚反映出我们自己关于在商业中成为终极赢家的观点。他们的建议是：

> 受托人应该领会他们的责任，明白对他们的评判不会按照他们的投资组合的回报，而是按照创造投资组合回报时的审慎。如果受托人把过程摆正了，那么他们就应该能够为他们的组织机构取得可观的回报。归根结底，不是你是否输赢，而是你如何玩游戏。

也许艾尔伯特·卡尔关于商业是游戏的描述是正确的，但他对于商业中所玩游戏种类的误解完全伤害了无疑在支撑信托责任伦理的运动员的品格理想。

2008年金融危机的后果之一是颁布法律来加强实质上所有股票经纪人和投资顾问的信托责任。多德－弗兰克法案的第913款授权联邦证券交易委员会修改规则以便任何对散户提供个性化投资服务的股票经纪人都能符合与现存的合法的投资顾问同样的关怀责任。联邦证券交易委员会的投资顾问委员会做出回应，调查了现行法规标准的有效性，同时也探讨了实施多德－弗兰克法案提议的各种框架。但其结果，到目前为止，还只是无限期地推迟颁布联邦证券交易委员会对使用信托责任的新规则（Quinones, 2014），同时关于股票经纪人和投资顾问的具体关怀标准也令人困惑。美国金融业监管局（FINRA），一个规范其会员经济公司和交易市场商业实践的非政府组织，似乎已建设性地参与支持多德－弗兰克法案对信托责任的提议。

在多德－弗兰克法案之前，股票经纪人受到"合宜规则"最小程度的监管。这种规则要求他们对其投资推荐要有"合理基础"，但是没有要求他们监管客户投资组合的表现或者对他们管理的投资向客户提供持续的建议。相反，注册投资顾问已经被期待承担信托责任，这种信托责任要求他们为了客户的最高利益行事，恰当管理，充分揭露利益冲突（Quinones，2014）。金融业监管局的新合宜规则（规范通知 12 - 25）倾向于去除之前股票经纪人和投资顾问的差别而对所有成员实施"为了客户的最高利益行事的要求"。为了阐明对来自任何人的金融建议合宜性的期望，金融业监管局总裁理查德·凯彻姆（Richard G. Ketchum）敦促成员采用新的标准而不必继续等待联邦证券交易委员会的行动。

最后，在向散户提供任何复杂产品之前，您的金融顾问应该能用一张纸写明为何这项投资符合您客户的最高利益。这不用等到你得知联邦证券交易委员可能会实施的任何信托责任规范细节那一刻。能够阐明为什么一项投资符合您客户的最高利益，是证券行业是否值得投资人信任必不可少的基本条件。现在正是这样做的时机。（Ketchum，2012）

不出所料，当时不具备更高信托责任标准的金融顾问中有 85% 对实施多德－弗兰克法案进行了严厉抵抗，并且到目前为止，他们的游说努力看起来是成功的。比如美国国家保险和金融顾问协会（NAIFA）宣称："结果很有可能是，对退休储蓄金的专业投资指导变得更贵或小额／个人计划参与者不能再享受这种服务。"既然他们可能要么不愿意要么不能承担注册投资顾问向其客户收取的费用，立法有可能会伤害散户而非保护他们。在国家保险和金融顾问协会看来，统一信托责任也许产生大多数散户无法承担的代价。在对投资顾问最近的调查问卷中，超过三分之二的参与者驳回了国家保险和金融顾问协会这样的观点。曾发起两个团体来支持多德－弗兰克变法的凯思琳·麦克布莱德（Kathleen McBride）在福布斯报告中解释了他们的矛盾立场：

经纪公司和保险公司害怕，如果他们必须将投资人利益置于自身利益之上，他们就不能像现在那样一如既往地出售那些能让他们赚取高额佣金和费用的证券了——这些证券或替代产品符合公司而非投资人的利益。如果他们必须将投资人利益置于自身利益之前，就很有可能有些证券将不被允许向投资人出售。

尽管经纪公司和保险公司在短期内似乎盈利下降了，但在长期中较高的标准也许会产生更多利润。承诺积极承担信托责任的经纪公司和其他金融服务公司——麦克布莱德认为——将得益于增加的"可信度和投资人信心，当然，留住客户比开发新客户要便宜得多。"彼得·德鲁克自己也说得再清楚不过了：如果生意的目的，包括提供金融服务的生意，是创造客户，那么持续地和透明地行使自己的信托责任是一个人实现这一目标的最佳方式。

7.4.2 2005 年中国公司法中的信托责任

即使是在 2008 年金融危机的数年后，在华尔街对信托责任的规模与范围的辩论也还没有减退。但世界其他地区却在做真诚的努力将信托责任原则融入到规范企业集团的法律和政策中。一个显著的例子是自 2005 年颁布公司法后的中国经验（CSRC，2008）。《中华人民共和国公司法》第 148 条明确承认信托责任——即"对公司负有忠实和勤勉的义务"，必须用来指导"董事、监事和高级管理人员"的行为。公司法并没有定义这些义务，但是它规定了八项禁止的行为，全都关乎公司滥用公司财产、未经授权的保密信息披露以及一条包含深广的禁令，禁止"其他违反忠实义务的行为"。主要代表在中国开业的各法律事务所的中外观察家对公司法涵盖这一义务做出积极回应，但他们也注意到实施这一条款或者使用法律诉讼迫使公司遵守义务的困难（Zhang，2009；Cheng，2014；Siu and Zou，2013）。在中国公司法相关条款中也很清楚地规定了"忠实和勤勉的义务"，但主要是指公司整体，而不是除股东之外的各利益相关者。因此公司投资人也许对其"董事、监事和高级管理人员"违反信托责任有一些追索权，但公司的客户与其他利益相关人则显然没有类似保护。这并不意味着中国提供经纪服务或者投资顾问的公司就可以随意不受惩罚地欺骗他们的客户，只是这种犯罪行为也许不会直接基于公司法而受到起诉。

在这种情况下，罗世范的营销伦理法则"创立你的品牌，进行公平竞争"的智慧应该是很明显的。公平竞争是有可能的，但所有参与者都必须对遵守游戏规则做出坚定忠诚的承诺。这在商业游戏中与任何其他游戏中都一样。欺诈的定义是不惜代价地蓄意破坏规则来取得胜利。当欺诈发生时，竞争者便不再是玩游戏，而是从事一场没有规则、最终胜负都无意义的搏斗。品牌名称的消失，像贝尔斯登，或雷曼兄弟，或许多其他没能在 2008 年金融危机存活下来的银行、保险公司和房地产公司，标志着当投资人、房屋所有者和其他利益相关人意识到这些公司不再进行商业游戏时的信任大崩溃。相反，他们一心利用游戏作为掠夺行为的掩护——彼此掠夺，也掠夺其客户和其他利益相关人——来进行一场空前规模的诈骗。当营销成为用来掩饰残酷杀戮现实的诓瞒时，商业便不再是一种游戏。

7.5　总结：克服投资银行业的"营销短视症"

投资或金融服务行业没有特殊的伦理来将华尔街恣意摆布他人金钱的轻率行为辩解为"公平竞争"。也许卡尔在认为经济伦理——如同扑克伦理一样——不同于，而且应该不同于"文明人类关系的伦理理想"（Carr，1968：3）时，他自己也是在诓瞒。显然，他关于人类关系——文明或不文明——的观点十分缺乏想象或经验。做生意和人们为了乐趣或盈利而参与的其他游戏一样，是一项人类活动。不论其动机是什么或者所参与行动的复杂性如何，这些活动全都涉及人类的理解和选择。它们都用不同方式展示了人类责任——或者你可以说，道德责任——的基本特征，尽管可能只是尝试否认或者逃避责任。如果没有合理的理由来区分经济伦理与人类责任其他领域里的伦理，那么我们就格外应该抛弃这样的想法，认为营销金融服务或管理投资的伦理应该不同于儿童玩具或婴幼儿配方奶粉或其他满足真实人类需求的商品和服务的营销伦理。

在阿尔伯特·卡尔发表《企业诓瞒是否道德?》的前几年，西奥多·莱维特（Theodore Levitt）为哈佛商业评论写过同样具有前瞻性的名为《营销短视症》的文章（Levitt，1960）。他在文中区分了"营销"

的真实定义和更常见的完全是有问题的"出售"概念。莱维特并没有参考德鲁克的早期作品《管理的实践》（1954），他极有说服力地倡导系统性地反思以企业的目标客户需求为中心的营销。他反对狭隘聚焦于出售，将其视为"狭隘产品观"（Levitt，1960：52），并通过美国企业史（例如美国铁路系统的崛起和衰落）证明这样的短视如何、为何不可避免地导致曾经被认为太大——太安全、太成功——而不会倒闭的企业的衰败。而营销则相反，它专注于客户：

> 一个行业始于客户及其需求，而非始于专利、原材料或销售技巧。有了客户需求，行业开始往回发展，首先考虑用实物交货来使客户满意。然后再进一步往后创造可使客户部分满意的东西。这些东西是如何制成的，对客户来说无关紧要，因此具体的制造方式、加工处理，或者你拥有什么都不被视为是行业的主要方面。最后，行业进一步往回去发现制造其产品必需的原材料（Ibid：55）。

用和德鲁克鼓吹"目标管理"法的论点相似的方法，莱维特主张，对客户需求和企业满足其需求能力的关注实际上比对任何生产和销售技术的狭窄关注更符合"科学方法"——"发觉并界定公司的问题，然后研发出解决问题的可测试的假设"。

任何实现客户满意的真正科学方法都不可避免地必须考虑一个企业的信托责任，不仅针对企业股东，也从各个角度针对企业所有的利益相关方，尤其是其客户。如果体现在自由公平的市场竞争中的交换正义的基本原则仍然必须在商业中受到尊重，如果营销本身预设了创造和维持一定程度的信任，在信任中尤其对"不要造成伤害"的保证受到每个相关人士的尊重，那么企业和其利益相关方之间关系的不对称无论有多么复杂和神秘，都应该被理解和尊重。当次贷抵押市场在 2008 年崩溃，产生了几乎吞噬全球金融市场的"黑洞"时，莱维特警告中对于狭隘地把关注集中于出售而非真正的营销所造成的破坏性后果的预言性应该对所有有关方来说都很明显。营销，无论产品是婴幼儿配方奶粉还是担保债务证券，都是一个关键领域，在其中高伦理标准和稳健的企业实践大半都是互相一致的。

参考书目

Abelson, M. (2010, August 18). Ralph Cioffi, after the fall. *The New York Observer*. Retrieved on November 5, 2013, from http：//observer. com/2010/08/ralph-cioffi-after-the-fall/#axzz2szvplA1X.

Allessi, C. , Wolverson, R. , & Sergie, M. A. (2013, October 22). *Backgrounder: The credit rating controversy*. The Council on Foreign Relations. Retrieved on 8 February 2014 from http：//www. cfr. org/financial-crises/credit-rating-controversy/p22328.

Burrough, B. , (2008, April). Bringing down bear stearns. *Vanity Fair*. Retrieved on October 10, 2013, from http：//www. vanityfair. com/politics/features/2008/08/bear_stearns200808.

Business Wire. (2005). *FORTUNE magazine names bear stearns 'Most Admired' securities firm*. Retrieved on January 22, 2014, from http：//www. businesswire. com/news/home/20050225005422/en/FORTUNE-Magazine-Names-Bear-Stearns-Admired-Securities #. Ut_ 1jRCIWM8.

Carr, A. Z. (1968). Is business bluffing ethical? *Harvard Business Review*. Retrieved on March 7, 2014 from http：//hbr. org/1968/01/is-business-bluffing-ethical.

Cheng, J. C. (2014, January). *Challenges surrounding directors' duty of care in Chinese Corporate Law*. Indiana University Research Center for Chinese Politics and Business, RCCPB Working Paper #34. Retrieved March 11, 2014 from http：//www. indiana. edu/ ~ rccpb/pdf/Jui-Chien_ Cheng_ oct_ 2013_ 34. pdf.

CNN Money. (2006). *America's most admired companies* 2006. Retrieved on January 22, 2014 from http：//money. cnn. com/magazines/fortune/mostadmired/snapshots/1341. html; http：//money. cnn. com/magazines/fortune/mostadmired/2006/industries/industry_49. html.

CNN Money. (2007). *America's most admired companies* 2007. Retrieved on January 22, 2014 from http：//money. cnn. com/magazines/fortune/mostadmired/2007/snapshots/2835. html; http：//money. cnn. com/magazines/fortune/mostadmired/2007/industries/industry_ 52. html.

Cohan, W. D. (2009). *House of cards-A tale of hubris and wretched excess on wall street* (1st ed.). New York：Doubleday.

Comstock, C. (2010, November). Bear Stearns' Cioffi and Tannin toasted to bankruptcy with vodka in paper cups. *Business Insider* 16. Retrieved August 23, 2013, from http：//www. businessinsider. com/ralph-cioffi-and-matt-tannin-toasted-to-the-future-withvodka-in-paper-cups – 2010 – 11.

CSRC. （2005）. *Companies law of the People's Republic of China.* China securities regulatory com-mission. Retrieved on June 17, 2015 from http：//www. csrc. gov. cn/pub/ csrc_ en/laws/rfdm/statelaws/200904/t20090428_ 102712. html.

Durden, T. （2011）. JP Morgan sold MBS covered by 'Sack of shit' loans. . . then shorted all those with exposure：A Goldman-AIG Redux. *Zerohedge Magazine.* Retrieved October 10, 2013 from http：//www. zerohedge. com/article/jp-morgan-sold-investors- mbs-covered-sack-shit-loans-goldman-aig-redux.

Eaglesham, J. , Neumann, J. , & Perez, E. （2013. February 6）. U. S. , S&P Set- tle in for bitter combat. *The Wall Street Journal Online.* Retrieved February 6, 2014 from ht- tp：//online. wsj. com/news/articles/SB10001424127887324445904578285802822704578.

Frankel, A. （2013, February 5）. Can we now admit it's time to end issuer-pays credit rating model? *Reuters.* Retrieved on February 9, 2014 from http：// blogs. reuters. com/alison-frankel/2013/02/05/can-we-now-admit-its-time-to-end-issuer- pays-credit-rating-model/.

Gasparino, C. （2009, September 16）. Prosecutors fumble wall street probes. *The Daily Beast.* Retrieved on February 9, 2014 from http：//www. thedailybeast. com/arti- cles/2009/09/17/no-more-wall-street-arrests. html.

Goldman, D. （2009）. *Former bear stearns execs not guilty.* Retrieved September 09, 2013, from http：//money. cnn. com/2009/11/10/news/companies/bear _ stearns _ case/.

Goldstein, M. （2007, May 11）. Bear Stearns Subprime IPO. *Bloomberg Business Week.* Retrieved on February 10, 2014 from http：//www. businessweek. com/stories/ 2007 – 05 – 11/bear-stearns-subprime-ipobusinessweek-business-news-stock-market-and-fi- nancial-advice.

Gopal, P. , Shenn, J. , & Hurtado, P. （2011）. *Ambac says JPMorgan refused mortgage repurchases it also sought.* Retrieved on November 1, 2013 from http：//www. bloomberg. com/news/2011 – 01 – 25/jpmorgan-refused-mortgage-repurchases-it-also-sought- ambac-assurance-says. html.

Hayes, S. L. , Spence, A. M. , & Marks, D. V. P. （1983）. *Competition in the investment banking industry.* Cambridge, MA：Harvard University Press.

Hurtado, P. , Van Voris, B. , & Sandler, L. （2009, November 11）. Bear managers' acquittal may hamper U. S. Fraud prosecutions. *Bloomberg News.* Retrieved on

February 11, 2014 from http：//www. bloomberg. com/apps/news? pid = newsarchive& sid = alBcul0c3hPk.

Investopedia. com. (2014a). *Arms length transaction.* Retrieved on February 10, 2014 from http：//www. investopedia. com/terms/a/armslength. asp.

Investopedia. com. (2014b). *Credit default swaps-CDS.* Retrieved on January 22, 2014 from http：//www. investopedia. com/terms/c/creditdefaultswap. asp.

Investopedia. com. (2014c). *Credit enhancement.* Retrieved on 06. 02. 2014 from http：//www. investopedia. com/terms/c/creditenhancement. asp.

Investopedia. com. (2014d). *Fiduciary.* Retrieved on March 18, 2014 from http：//www. investope-dia. com/terms/f/fiduciary. asp.

Investopedia. com. (2014e). *Junk bonds.* Retrieved on January 22, 2014 from http：//www. investo-pedia. com/terms/j/junkbond. asp.

Investopedia. com. (2014f). *Ponzi scheme.* Retrieved on February 6, 2014 from http：//www. investo-pedia. com/terms/p/ponzischeme. asp.

Ketchum, R. G. (2012, May 21). *Remarks by Richard Ketchum at the FINRA annual conference.* Retrieved 12 March 2014 from http：//www. finra. org/Newsroom/Speeches/Ketchum/P126481.

Lambert, G. D. (2012, December 09). *Profit from Mortgage debt with MBS.* Retrieved February 6, 2014 from http：//www. investopedia. com/articles/06/mortgage-backedsecurities. asp.

Lattman, P. (2012, February 9). *S. E. C. reaches settlement in Bear Stearns fraud case.* Retrieved October 20, 2013, from http：//dealbook. nytimes. com/2012/02/09/s-e-c-reaches-settlement-in-bear-stearns-fraud-case.

Levitt, T. (1960, July-August). Marketing Myopia. *Harvard Business Review*, 45 – 56.

Lewis, M. (1989). *Liar's Poker: Rising through the Wreckage on Wall Street.* New York: W. W. Norton.

Lewis, M. (2010). *The big short: Inside the doomsday machine.* New York: W. W. Norton.

Paragon Wealth. (2014). *What is fiduciary responsibility?* Retrieved on March 11, 2014 from http：//www. paragonwealth. com/about_ paragon/fiduciary_ advisor. php.

Quiñones, J. (2014, March 4). *Uniform fiduciary standard for broker-dealers: An update the secu-rities edge.* Retrieved on June 17, 2015 from http：//www. thesecuritiesedge. com/2014/03/uniform-fiduciary-standard-for-broker-dealers-an-update/.

Sais, J. , & Sais M. (2013). *Meeting your fiduciary responsibilities.* Investopedia. Retrieved on June 17, 2015 from http：//www. investopedia. com/articles/08/fiduciary-re-sponsiblity. asp.

Sanati, C. (2009, November 12). 10 years later, looking at repeal of Glass-Steagall. *New York Times Dealbook.* From：http：//dealbook. nytimes. com/2009/11/12/ 10 – years-later-looking-at-repeal-of-glass-steagall/.

Siu, W. W. , & Zou, J. (2013, October 31). *Advisory*：*China business series*：*Directors and supervi-sors.* Pillsbury Winthrop Shaw Pittman LLP. Retrieved online March 10, 2014 from http：//www. pillsburylaw. com/publications/china-business-series-directors-and-supervisors.

Stewart, I. (2012, February 12). The mathematical equation that caused the banks to crash：The Black-Scholes equation was the mathematical justification for the trading that plunged the world's banks into catastrophe. *The Observer (The Guardian)* . Retrieved on 6 February 2014 from http：//www. theguardian. com/science/2012/feb/12/black-scholes-e-quation-credit-crunch.

United States District Court, Eastern District of New York, Criminal Division. (2008, June 18). *The United States of America against Ralph Cioffi and Matthew Tannin, Defendants.* Retrieved on February 11, 2014 from http：//online. wsj. com/public/resources/ documents/bearindictment. pdf.

Wasik, J. (August 23, 2013). *Why Wall Street, insurers don't want Fiduciary duty.* Forbes. Retrieved on March 15, 2014 from http：//www. forbes. com/sites/johnwasik/ 2013/08/23/why-wall-street-insurers-dont-want-fiduciary-duty.

Wayne, L. (1983, June 12). A daring dealmaker piles up profits. *New York Times.* Retrieved on February 6, 2014 from http：//www. nytimes. com/1983/06/12/business/a-daring-dealmaker-piles-up-profits. html.

Williams Walsh, M. , & Nixon, R. (2013, February 5). S&P emails on mortgage crisis show alarm and gallows humor. *New York Times Dealbook.* Retrieved on February 6, 2014 from http：//dealbook. nytimes. com/2013/02/05/case-details-internal-tension-at-s-p-amid-subprime-problems/？ _ php = true&_ type = blogs&_ r = 0.

Zhang, W. (2009). *Fiduciary duties*：*Preconditions for enforcement.* Retrieved on March 11, 2014 from http：//www. oecd. org/daf/ca/corporategovernanceprinciples/42205 277. pdf.

第八章　雇员：尊严与劳动者权利

要提高生产率，请提供安全健康的工作环境。

(罗世范，《成为终极赢家的18条规则》，2004)

8.1　前言

企业给予员工何种待遇似乎随文化不同而有着显著的不同。国际经济伦理是否有可能在不制造又一场关于全球化弊病漫无边际的讨论的同时，解决劳动者的公平和人道主义待遇问题？我们相信真正的跨文化地对待劳动者的方法是可行的，首先这基于对根植于"亚洲价值观"中的道德和思想传统的高度赞赏，其次也是基于对当地亚洲企业和外国跨国企业能够共同合作解决亚洲劳动者具体问题的认识。因此，本章将一方面总结当涉及工业经济环境下的就业条件时，亚洲人对于人格尊严的讨论；另一方面将审视苹果公司及其亚洲转包商企业富士康面对其在中国经营血汗工厂的指控时的应对方式。我们的观点是，既不赞扬也不责备苹果及富士康，但要通过对员工的基本尊严和人权表达适当的关心来确定企业亏欠了员工什么。我们希望这个案例分析能够有助于转变讨论的方向，由意识形态上抽象地表达对全球化及跨国企业的支持或反对，转而谈论劳动者和管理者在工业经济中所实际面临的挑战。

8.2　案例分析：谁会在意富士康及其员工的健康安全？

8.2.1　摘要

2006 年 6 月，英国一家小报《星期日邮报》贴出了一则报道，指控富士康在经营一家"血汗工厂"，生产苹果音乐播放器 iPod。该报道立刻引发了争议，这对苹果公司来说关系尤其重大，因为这样一则指控会严重损害它的声誉，尤其是其在美国和欧洲的声誉。最初一波愤怒的反对声浪过后，富士康和苹果都同意开放所谓的"血汗工厂"并接受调查，同时它们强烈要求应按照苹果《供应商行为准则》中已经确定的标准来评估工厂运作情况。2006 年夏末，当调查报告公布时，并没有证据显示富士康曾使用童工或压榨员工，虽然报告承认富士康员工每周平均工作时长超过了中国法律规定的 60 小时，但却否认这些员工是被迫加班的。几年过去，争议似乎已经平息，但随着 2010 年接连发生的富士康年轻员工自杀事件——共计 14 起——的新闻，争议又开始爆发。还有其他什么令人信服的证据能够证实富士康确实在经营"血汗工厂"呢？如果员工不是在抗议富士康残酷的工作环境，又为何要自杀呢？

对这起事件的一个道德主义回应就是推卸责任，苹果被要求中断与一切未能在工厂劳动者待遇方面做出重大改善的承包商的合作，不论是中国的还是其他国家的承包商。这样的回应或许能够安抚那些认为所有中国制造的商品都是在"血汗工厂"中生产的人，这最多也只反映了一部分的事实。下文中，我们将试着以一个全新而公正的角度研究苹果/富士康事件，提出公司都亏欠员工什么的重要问题，首先就是尊重员工的人格尊严和人权。我们的目的是，使讨论脱离推卸责任的把戏，转而向更好地理解为什么监控并尽可能地改善工作环境是符合所有利益相关者利益的。

8.2.2　关键词

富士康、原始设备制造商、信息通信技术、外包、"血汗工厂"、

苹果供应商行为准则、加班条例、非政府组织

8.2.3　富士康简介

作为中国台湾鸿海集团的一员，富士康是一家为从事"6C"产业的世界顶尖企业制造电子产品的高科技企业，"6C"产业包括电脑器件、通信设备、消费性电子产品、数字内容、汽车零部件、电路等。鸿海集团始创于1974年，成立之初还是一家小企业，名为鸿海塑胶企业有限公司，专门生产黑白电视机的开关旋钮。企业开始盈利3年后，鸿海已经为随后几年的快速发展打下了坚实的基础（Xu，2007）。

富士康品牌的创立可追溯到1985年，当时企业刚成立了美国办事处。大陆的经济体制改革使得这家台湾企业能够于1988年在深圳开办其第一家岛外工厂。1996年，对龙华科技园的大力投资确立了富士康在大陆原始设备制造（OEM）市场的领导地位，这是富士康发展中的里程碑（Xu，2007）。自那时起，企业迅速发展，出口额由2001年的24亿美元增长到2010年的823亿美元，员工人数也在这段时间内增加到了90万人（Wei，2010）。

同时，富士康利用其在大陆的成功发展开始向世界扩张。它在中国大陆和中国台湾、日本、东南亚、美国、欧洲设立了成百上千的分支机构和代表办事处，以实现其全球"3T"战略——产品快速上市，快速扩产，快速周转——也就是说，按照客户要求在规定的时间内生产合格的商品，以满足市场的需求（Wei，2010）。

在这样的战略下，如苹果、摩托罗拉、诺基亚、IBM、索尼、惠普，以及思科系统这样的著名企业都将富士康作为转包商的选择，因为它具有优越的成本优势和管理效率。富士康的成功使得美国《商业周刊》杂志将其创始人郭台铭先生称为"转包商之王"（Zhang，2006a）。然而，2006年6月11日，情况发生了转变，英国一家小报《星期日邮报》曝光了富士康光鲜的外表下暗藏的"残酷现实"。

8.2.4　"血汗工厂"丑闻

《星期日邮报》的报道声称，富士康工厂中生产苹果最著名商品的女工每月大概只能挣到50美元，而平均每个工作日要工作15小时

（Klowden，2006）。随着该指控从英国传播到世界其他国家，国际非营利组织也开始谴责富士康，它们呼吁对苹果及其供应商网络进行抵制。"他们的工厂是一间血汗工厂"的指控激怒了富士康高级管理层，他们召开新闻发布会，详细地驳斥每一条指控（Chen and Liu，2006）。富士康业务高级副总裁李金明说，苹果公司派出了一个调查小组报告深圳厂区工作环境的总体状况，并核查一切虐待员工的指控。他坚称，如果媒体对富士康还存有疑虑，应该自行查阅苹果的《供应商行为准则》（Apple Inc.，2006）并等待苹果公司的调查结果。

《第一财经日报》发表了一篇后续报道，宣称富士康对揭发工厂工作环境的员工进行报复，富士康将相关记者告上了深圳市中级人民法院。如果该报道的作者王佑和翁宝被判处诽谤罪，他们将受到严厉的处罚（Liu and Yang，2006）。夏天将要结束时，苹果公布了现场调查结果。虽然它使富士康免除了有关雇佣童工和强迫员工劳动的指控，但苹果公司也承认，相当多的员工承认每周工作超过 60 小时，这也就超出了公司在《供应商行为准则》中设定的标准。那时，富士康已经将要求记者王佑和翁宝支付的损害赔偿由 3000 万人民币减少到了象征性的 1 元人民币。面对支持苹果公司调查结果的证据，王佑和翁宝的雇主《第一财经日报》协助达成了一项谈判协议，协议中包含了富士康改善工厂管理并提高透明度的承诺（Information Times，2006）。苹果公司的调查报告还显示，富士康承诺做出与《供应商行为准则》规定的标准相一致的其他改进（McNulty，2006）。尽管这可能是对所有人来说最为理想的结果，但是一系列新的丑闻又进一步破坏了富士康已然受损的声誉。

8.2.5　富士康自杀事件（2010—2011）

"血汗工厂"事件后，一些跨国公司中断了与富士康的合作以避免自己的名誉受损，2010 年开端，一波富士康年轻员工的自杀事件——共 14 起死亡事件——再次激起了全世界范围内对于工厂工作环境的争议。一方面，一些报道认定接连发生的自杀事件证实了富士康的工作条件是多么不人道；另一方面，一些人指出，富士康员工的自杀率远低于国际卫生组织给出的中国国内的平均水平（Mattimore，2010）。即使富士康不应该对自杀事件直接负责，那么公司又该怎样回应呢？

在第四起自杀事件中，一名员工从办公室窗户直接跳下之后，富士康终于开始着手处理其不足之处。公司承认对新员工的管理不善，并表达了改进公司内部政策和投入更多努力加强企业文化建设的意愿。自杀事件最初只是作为孤立事件未得到认真考虑，但是最终却作为系统性问题引起关注，要求一个全面的解决方案。富士康除了宣布众所期待的加薪之外，还概要介绍了旨在对员工的心理状况和身体健康表示更多关心的政策。公司还公布了将部分生产工厂迁至大陆的计划，以便员工能够更为频繁地返回家乡。

富士康员工的自杀事件引起了政府的关注。官方调查结果表明，自杀事件是对中国近 20 年来快速的工业化、城镇化、现代化进程相关的个人、企业和社会各种复杂因素的综合回应。为了避免这种悲剧，深圳市政府各部门都开始向最可能发生危险的年轻员工提供帮助。公安局接管了富士康厂区保安人员的培训工作；妇联和共青团文体部门在工厂内发起了各类社交活动；劳动和社会保障部门彻底审查了雇佣合同、工资和加班条例，并叫停了一些非法行为（Wang and Zhan，2010）。

由于学术界和自 2006 年起一直监控工厂工作环境的国际非政府组织的帮助，这一问题引起了全世界的关注。雇主与雇员之间关系不融洽的责任主要在于，公司必须在紧张的截止日期前交货并满足外国客户的严格要求。富士康的辩护人称，这样的限制使得企业几乎不可能去监控工作条件，也加重了对员工基本需求的忽视。由于担心负面的宣传，整个信息通信技术（ICT）行业开始采取措施去防止，或者至少降低类似问题发生的可能性。富士康的主要合作方及利益相关者，如苹果、惠普、戴尔，公开承诺将会特别密切监控供应商的工厂，帮助富士康努力改善工作条件。2011 年 2 月，苹果公司发布了年度"供应商责任进展报告"，报告中对富士康工作环境的改善给予了高度赞誉（Apple Inc.，2011）。

然而，2011 年 6 月，深圳富士康观澜厂区一名年仅 23 岁的工人陈龙由于过度劳累而猝死，富士康所面临的严峻挑战仍在继续（Jina，2011）。

8.2.6　总结

尽管富士康在中国原始设备制造（OEM）市场处于领先地位，但当员工所宣称的恶劣工作条件被揭露后，富士康备受争议，而这都是为了服务 ICT 行业快速全球化的要求。即使有来自国内及国际层面不断增加的压力要求改善局面，2010 年还是接二连三地出现了年轻员工的自杀事件。富士康被严格意义上的紧迫感所推动，对这些事件做出了坚决回应，并引起了市政单位、非政府组织及公司的国外利益相关者的关注。

要使提出"谁会在意富士康及其员工的健康安全"这个问题不再仅是顾全颜面的行为，我们必须问问自己，服务于全球市场的 OEM 管理者的责任是什么，尽管他们在这方面是很欠缺的。自杀事件特别激起了全社会范围的道德热情。这不仅仅是另一种工伤事故。了解这样的事件后，我们都迫切地想要找到该受责备的人，想要去做些什么，去做任何有可能阻止这样无谓牺牲的事情。我们都为发生的事情感到难过，这其中当然存在道德问题。但这个道德问题到底是什么？我们能够做些什么才能在道德上搞清楚，一家像富士康这样的公司应该如何以适当的方式关心员工？

8.3　案例讨论

在对富士康的指控中有一个错误的道德认知，即富士康和苹果共谋串通一气经营"血汗工厂"。它预先假定了一个道德判断，即被称为"血汗工厂"的车间中的工作条件低于一切人类活动中所预期的关心和尊重人格尊严的最低标准。它指控富士康的所有者、投资者和管理者蓄意虐待自己的员工。如果该指控被证明属实，那么它就提出了一个严重的道德问题。所以当地方媒体和国际媒体都如此指控时，富士康管理者做出防守的反应也就不足为奇了。

因此，第一个问题就是，富士康是否在经营"血汗工厂"？是否有足够的证据证明这个控告是合理的？答案似乎是不确定的，因为尽管面临着诸多问题，富士康仍是无数中国流动务工人员的首选雇主。相比之下，大家都会同意，孟加拉国达卡市的拉纳广场服装厂才真正是"血汗工厂"，广场大楼于 2013 年倒塌，致使 1135 名工人死亡（Burke，2013）。不仅大楼本身具有灾难性的危险，楼内还挤满了工人、原料以及生产服装所用的机器。大楼也不具备良好的通风条件，而且还存在其他许多不合规范的地方。灾难发生当天，当工人们试图提醒他们的老板，墙上和天花板上新出现许多危险的裂缝时，却被命令回到大楼继续工作。由于企业主及员工的疏忽，他们将面临谋杀的控告。并不是所有亚洲工厂的工作条件都像拉纳广场一样差。但富士康的工作条件又有什么不同呢？

富士康经营"血汗工厂"的证据可参照其员工的平均工资和工作时长。《星期日邮报》提到，2006 年富士康工人所获得的月平均工资为 50 美元，而每日平均工作超过 15 小时。尽管这样的工时和薪水在英国、欧洲和美国看起来是不合理的，但与此相关的问题是，这在中国是否也是不道德、不合法的。这样的平均工作时间明显说明富士康员工在加班工作，案例研究也提醒我们，每周工作时长的法律限制是 60 小时。由于大多数富士康员工都是流动人口，他们都力求在尽可能短的时间内赚尽可能多的钱，如此，苹果公司报告中说"他们不是被迫加班工作"似乎也是可信的。

那么富士康的薪资水平又如何呢？它是否在道德上有失公允？从道德方面考虑，怎样算是合理的薪资？如果富士康的薪资水平比当地多数企业更高，是否就是公平合理的？相反，如果富士康的薪资水平只是英国或美国工厂给相同工作量支付工资的几分之一，是否就是不公平的？如果富士康的工人自愿接受这样的薪资，并且没有被强迫加班，是否就是公平合理的？如果工人自身要求加班工作，超出法律限定，那么富士康给予员工他们所想要的，是否在道义上就是无可厚非的？虽然我们很难精确判定中国流动工人的合理薪资是多少，但他们自己的选择无疑否定了一切认为富士康在经营"血汗工厂"的假设。

由于富士康是苹果公司主要的转包商之一，苹果很快便被卷入了有关深圳工厂工作环境的争议之中。因此第二个问题是，让苹果公司对其转包商的政策和行为负责，是否公平？为什么苹果需要承担责任？如果苹果公司确实负有一定的责任，那么它在应对富士康问题中应起到什么作用？2006年，披露富士康的新闻刚刚出现时，苹果公司派出了调查人员到深圳工厂，随后发布了一份以《供应商行为准则》为根据的报告。报告驳斥了针对富士康的最为严重的指控，但确实承认了超过法律限制的加班工作是常规情况。苹果公司是否做出了足够行动尊重富士康工人的自由和人格尊严？他们是否应该做得更多？如果是，他们应该做什么，才比他们已经做到的或尚未做到的更具关怀？

第三个问题应该集中于2010—2011年发生在富士康厂区的自杀事件。它们是否能证明公司对人的基本价值和良好经济伦理的最低标准漠不关心？如果自杀事件主要被当作个人意义上的悲剧，那么试图将其与商业伦理的基本标准相联系似乎没有什么意义。如果将自杀事件作为富士康确实在利用工人的初步证据，可能就与我们的讨论十分相关。富士康是否确实需要对员工中接连出现的自杀事件负责？公司是如何回应的？回应的理由是否足够充分，或者富士康是否本应该做得更多？同样地，苹果公司的回应又如何呢？为了表示其对国际经济伦理的承诺，你是否建议苹果公司就此停手，终止与富士康的合作，重新找一个政策和实践与自己的《供应商行为准则》更为一致的转包商？如果不是，并且你认为苹果公司应该维持与富士康的合作关系，那么你认为苹果对改善富士康工厂的工作环境负有什么责任？

第四章中，我们介绍了商业中"A类"伦理问题和"B类"伦理问题的根本区别，以及一个将伦理考虑整合到战略管理决策中的模型。我们主张，如果管理问题是"A类"问题——也就是说，如果我们从中发现一个复杂的情况，涉及道德原则和优先事项的冲突，而不是像在"B类"问题中明显地未能做出正确的事——那么，决策模型或许有助于解决问题，并建立起负责任行为的优先顺序。对苹果/富士康案例研究的一种公正的解读将会支持"他们面临着'A类'问题"这一结论。如果我们确信富士康在经营"血汗工厂"，那么当然应将问题看作"B类"问题的一个实例。但对案例相关的事实调查得越多，对珠江三角洲劳动力市场和中国流动务工人员面临的挑战理解得越深刻，"血汗工厂"这一指控就越不可信。即使富士康没有在经营"血汗工厂"，这个案例中仍有重大问题有待解决。让我们看看我们的决策模型将如何帮助我们理解这些问题。

正如我们在第四章中所学到的，这个模型有六个步骤。彼得·德鲁克定义了其中的五个步骤："明确问题、分析问题、制定备选方案、选定最佳方案、将决策转化为有效的行动。"（Drucker，1986：353）为了明确道德考量在他的分析中的作用，我们对第二步"分析问题"进行了扩展，使之包含这种情况下所暗含的道德资源；我们还将第五步"选定最佳方案"进行了拆分，使之既包括拒绝一切未能符合第二步中显而易见的伦理标准的解决方案，也包括基于合理正当的商业考虑，从剩余的方案中做出积极的选择。我们相信，通过明确道德考量在管理决策中起到的作用，我们相比于完全不考虑道德层面来讲，可以增加实际做出的决策更加符合伦理道德也更加商业化的可能性。那么，将这一决策模型应用到苹果/富士康的情形中会怎么样呢？

第一步，问题是什么？以下是对于问题的一种描述：在关于富士康工厂工作环境的争议持续不断的背景下，富士康年轻工人自杀事件接连发生。苹果和富士康应该如何应对？或者说，确定问题或许要围绕着如何应对威胁到损害声誉的负面宣传，这些宣传可能会破坏各方利益相关者对苹果和富士康品牌的信心。应该采取什么样的公关策略来化解这些负面宣传？这个案例中所涉及的各方利益相关者都是谁？苹果和富士康应如何考虑对它们每一方所担负的伦理责任？如果出现冲突，应以哪种责任优先？苹果和富士康会如何回应？

第二步，有哪些资源可用来制定解决方案？严格按照财务成果来看，苹果和富士康是亚太地区经济史上最成功企业中的两家。它们拥有充足的物质资源，能够解决所面临的一切问题。而且，它们都承诺遵守苹果的《供应商行为准则》。两个企业的创始人都在书中被赞为商业领袖的道德典范。中国劳动法在劳动者的健康安全问题方面十分明确，甚至具体到了工资和加班的细节。此外，国内外的商业媒体都表现出强调案例中涉及的道德问题的强烈意愿。所有这些都可以进一步展开，以支持那个能够优化伦理责任及理性商业实践的解决方案。

第三步，有哪些可能的解决方案？我们在这里头脑风暴一切可能解决问题的方法，不论它是否符合道德，合法或不合法。这里给出了一些可能的选择，这些选择还都是假设：（1）完全不作为。否认自己对自杀事件负有任何责任，但向每个受害人家庭致以慰问并送出一小笔补偿金。（2）通过向所有将来可能参与苹果和富士康诉讼调查的法官和政府监管人员赠送厚礼，使公司免遭进一步的麻烦。（3）针对负有盛名的商业期刊编辑和其他舆论引导者，在中国发起一场积极的公关运动，确保苹果和富士康一旦有需求，能够发表对它们有利的文章。（4）如果富士康有人际关系部门，将高级管理人员解雇以儆效尤，责备他们没有足够的咨询项目及其他措施来帮助那些深受困扰的员工。（5）为所有生产业务部门的管理者开设一个基于中国文化价值观和当今现实的增强自我意识的讲习班，以提升工厂中员工的士气。（6）宣布富士康工厂所有工人大幅加薪的决定。（7）通过苹果人力资源部，在所有富士康业务中贯彻《供应商行为准则》。（8）安排一系列由苹果赞助的培训班，特别帮助富士康管理者确定并解决陷入困境的员工的困扰，以防止富士康厂区发生自杀事件及其他破坏性行动。（9）系统而彻底地重组富士康的工作单元，让工人们能拥有就他们日常工作流程及如何进行改进问题而被征求意见的积极体验，以彰显富士康尊重他们人格尊严的承诺。

第四步，消灭"龌龊行为"，也就是说，消灭一切低于第二步中所认可标准的东西。第二个解决方案似乎与中国法律和基本道德相违背。第一、第三、第四个方案从不负责任的意义上来说，大概是不道德的，这取决于如何理解案例中的事实。

第五步，从余下的选择中，选出最具有商业意义的解决方案：由于第五至第九个方案已经过判断认定是合乎道德的，因而要取得好的商业成果就应该检验每个方案的实用性。第七、第八、第九个方案结合起来可能是最好的，但必须为该方案或其他任何已经过伦理或"消灭龌龊行为"检验的方案给出合理的商业理由。

第六步，执行。这个决策过程的预期结果是带领我们完成一个思维实验，通过制订一个（现实条件允许的情况下尽可能详细的）行动计划，将最佳道德实践与商业决策整合起来，以在富士康企业文化中做出适当的改变。它必须包括从现在起，在苹果的适当协助下，富士康承认对话的需要，并尊重个人所有的一切专业标准的准则和声明。德鲁克自己对执行过程的意见表明，一旦我们意识到，这是我们的决策模型将引导我们达成的，我们就会通过使涉及其中的每个人获得我们做出改变过程的自主权，而力求争取他们的支持。

现在我们已经进行了思维实验，并就这个案例得出了结论：对伦理和商业实效最好的整合是苹果和富士康能够实践第三步中考虑的几项提议（第七、第八、第九项），更新案例研究以最终确定解决深圳厂区员工自杀问题的方案或许是有用的。自杀事件过去两年之后，为遵守苹果《供应商行为准则》所做出的共同努力似乎在所有问题上都取得了实质性的进展，但不包括加班过多的问题（Apple Inc.，2010）。2012 年，苹果公司加入了公平劳动协会（FLA），这是一个由大学、公民协会和企业联合起来的非营利团体，它已经对亚洲及拉丁美洲 1300 多家工厂进行过审查（Greenhouse，2012）。FLA 负责审查富士康厂区的工作环境，2012 年，第一份报告发布之后，苹果和富士康开始合作，到 2013 年 12 月，已经"99% 达成了监督小组制定的条件"（James and Culpan，2013）。仍然有所欠缺的一个领域是不符合加班工作时间的限制条件，报告显示其工厂中有三家存在这种情况。富士康对此做出解释，当时正值公司努力完成生产指标的时刻，未能达到限制标准是劳动力短缺和员工离职的结果。但是，即使在这一点上，富士康也取得了显著进展，将周平均工作时间减少到了 52—53 小时，虽然这仍超出中国劳动法规定的每月平均加班时间不超过 36 小时的限度（Ibid）。

FLA 的报告建议采取进一步措施，包括"密切监测每周工作时间，修改政策及规程，并更好地对生产计划作出规划"。这些建议推动富士康在员工自杀事件发生后做出改进：显著提高工资待遇，聘请咨询师加紧为员工规划社交活动，正如我们在案例研究中提到的，在深圳地区与不同的民间团体和政府机关展开密切合作。至于那些积极寻求额外加班工作的员工的动机，FLA 观察发现："尽管现在的起薪比法定最低工资高出了 20%，工人们仍然感到这样的工资并不足以满足基本需求，也没有可自由支配的收入。"（James and Culpan，2013）显然，富士康试图根据这些事件不是因少得可怜的工资和难以忍受的工作条件而进行的有组织抗议的假设，对接连发生的自杀事件做出回应。鉴于公司员工中的自杀率要远低于世界卫生组织公布的中国国内的平均自杀率（Mattimore，2010），富士康承认工厂内的问题比经营"血汗工厂"的指控中所提到的更为细微和普遍。改善工厂内的工作环境需要改变公司文化，这样工人们——多数是来自中国西部省份贫困农村地区的农民工——就会明白，他们被当作伙伴，得到了重视，其基本人格尊严也得到了尊重。

8.4 伦理思考

当一个人需要从事那种满是污垢与汗水的工作，呼吸污染的空气，忍受庞大的机器发出的震耳欲聋的噪声，以及为尽力满足那个几乎把你当作机器中不重要的齿轮的老板连续不断的要求而带来的极度疲惫时，要保持基本的人格尊严若不是完全不可能，也是十分困难的。直到最近，这仍是全球各地大部分产业工人日复一日必须面对的境况。在孟加拉国拉纳广场服装工厂或煤矿中工作一定就是这样的，尤其是在政府开展提高煤矿工人健康安全的运动之前。[①] 在这样的情况下，尊重人格尊严的挑战是直接而明显的。它从关心工人们的基本生理需要开始，以区别于动物或机器人的方式来对待他们。确实，刻画对"血汗工厂"内工作条件的愤怒的方式之一是注意到，动物或机器人——两者似乎相较于支付人员工资是更好的投资选择——都能享受到比那些需要照看它们的工人更好的待遇。如果一位员工与一只动物或一个用于生产的机器之间没有差别，那么这里就不存在人格尊严。

从案例研究可以很明显知道，至少富士康已经做到了对工人生理需

---

① 2004 年，当罗世范发表本书的前身《成为终极赢家的 18 条规则》时，这一章主要集中关注中国煤矿的工作环境，中国对于能源不断增长的需求使煤矿的数量戏剧性增加，而矿难事故发生的次数也急剧增加。罗世范引用了当时中国政府机关文件中所公布的遇难情况报告，并恳请对煤矿工人及其他危险工种工人的生命和人格尊严表达适当的尊重。正如他当时提出的问题，"为何木冲沟煤矿中逝去的生命似乎比纽约世贸中心致命袭击中消亡的生命更没有价值？"自那时起，煤矿安全方面取得了一定的进展，就像富士康工厂中的工作条件获得了改善一样。但是，还需要做出很多努力。正如英国职业安全健康研究所高级政策研究顾问吉尔·乔伊斯（Jill Joyce）在近期一篇文章《中国骇人的矿难死亡率——应对"管理混乱"》中提到的："利润确实在任何地方都非常重要，我们也总是争辩说健康和安全能为你省钱。如若发生一起事故，花销将是巨大的。如果公司把这些都加起来，会发现安全是值得进行投资的。"（Ibrahim，2012）这也正是罗世范在本章提出的一项修炼："要提高生产率，请提供安全健康的工作环境。"尊重工人的人格尊严和权利不仅是种美德，也是提高生产率、优化商业实践、增加利润的关键。

求表示最基本的关心。但工人其他方面的需求又如何呢，那些通常被认为是社交文化、情感道德和精神方面的需求是否得到了满足？在如此庞大的企业中，几十万员工抓紧工作时间进行着高科技产品生产的工作，他们如今远离家乡，在应对前所未有的孤独的挑战，以及担忧留在家乡的朋友亲戚时，他们对于得到承认、尊重和支持的需求又如何呢？如果我们想要理解雇主对雇员表示适当关心的责任，我们就必须更深入地审视人格尊严这个概念，以及它赋予我们每个人的义务。

8.4.1　关于人格尊严：天主教的观点

如经济伦理中的许多关键概念一样，"人格尊严"的概念最初可能看起来像是另一个舶来品。它很容易被斥之为：最好的情况下，是对外国传教士所怀有的天真理想主义的一个反映；而最坏的情况下，就是通过提出与亚洲价值观念不相符的不切实际的期待来减缓中国经济发展的精妙阴谋。毫无疑问，西方的人格尊严概念起源于宗教。犹太/基督教圣经和希腊化哲学传统都强调最终精神性的人性观。例如，《创世纪》的第一章描述了天地之创造，在其中，人类——无论男女——提升为"照着上帝的形象，按着上帝的样式造出来"（Genesis 1：26）。位于耶路撒冷的古以色列寺庙中用于祈祷的书《诗篇》在对造物主的赞美诗中对此有诗意的呈现：

> 人算什么，你竟顾念他？世人算什么，你竟眷顾他？你叫他比天使微小一点，并赐他荣耀尊贵为冠冕。你派他管理你手所造的，使万物……都服在他的脚下……（Psalm 8：4－6）

圣经将《十诫》（Exodus 20：1－17）尊为上帝对与"他"及人彼此和谐生活的教诲的总结，它清楚说明了上帝赐予的尊严所带来的义务。它们被认为是宇宙隐含的，作用于全人类的，因为我们只有一个父，只有一个主。

考虑到以色列人在埃及遭受压迫的经历，圣经在《出埃及记》（Exodus 22：22－24）中也非常明确谈到了强者保护弱者——通常以"你们中的寄居的、寡妇和孤儿"为代表——的义务。例如，先知玛拉基关于审判的日子发出了这样的警告：

> 万军之耶和华说，我必临近你们，施行审判。我必速速作见证，警戒行邪术的、犯奸淫的、起假誓的、亏负人之工价的、欺压寡妇孤儿的、屈枉寄居的……（Malachi 3：5）

进一步在《新约》中，耶稣以寓言描绘"天国"，在其中，由王来评判国民，"他要把他们分别出来，好像牧羊的分别绵羊山羊一般"。那些为饥饿的人提供食物，为口渴的人提供清水，向寄居的人表示欢迎，给需要的人以衣服，给生病的人以照顾，给处于牢狱中的人以安慰的人将被邀请享受天国的祝福。王会重视以上每一个行为，就好像这些善举是施予他自己之身："我实在告诉你们，这些事你们既做在我这弟兄中一个最小的身上，就是做在我身上了。"（Matthew 25：40）尊重弱者的尊严——"我这弟兄中一个最弱小的一个"——与对王的尊严表示尊重并无分别。在人类彼此之间相处的任何时刻，不论对方地位高低，这个责任都是义不容辞的。

在圣经达到其最终形式之后的两千年左右时间里，这样的词汇对西方人格尊严的概念及所有人应得的尊重产生了巨大影响。自 19 世纪以来，哲学家们已经确认，此观点是"人格主义"的传统，并已在天主教社会教义中得到了详细的阐释。一个多世纪以来，统治罗马天主教会的教皇写了一系列信函，概括了人格尊严在一个日益由工业化、现代化和全球化的力量所塑造的世界中的意义。在他们看来，尊重人格尊严自然会通向对人权健全而全面的理解（John XXIII，1961 and 1963），同时还需要政治意志来将其贯彻到所有的人类机构中去。（Pius XI，1931；Paul VI，1967；John Paul II，1991；Benedict XVI，2005）尊重人格尊严在企业与员工关系中的特殊意义，是已经有详细说明的（Leo XIII，1891；John Paul II，1981；Benedict XVI，2005）。

比如，教宗约翰·保罗二世在关于人类劳动的系统哲学著作《论人的工作》中，再次肯定了劳动者就业的权利；获得"公平合理工资"的权利，也就是，一份足够维持一个家庭的工资；享有充分的卫生保健的权利；"休息的权利"，不仅每周日定期休息，还包括年假；享有获得养老金的权利和"获得年老或工伤事故保险"的权利（1981，sections 18 – 19）。教皇通谕还认同工会运动、工人罢工的权利和其他形式保卫自身权利的集体行动，同时也警告了工会政治化和以违背整个社会共同利益的方式使用罢工这个武器的危险（1981，section 20）。然而，这每一项权利都被理解为，促使人们履行他们工作的基本"义务"，以尽此生完成造物主给出的目标（1981，section 16）。

8.4.2　关于人格尊严：儒家的观点

尽管西方的人格尊严概念和由此产生的天赋人权理念确实是源于欧洲宗教和哲学传统，但是其他地区的传统文化也发展了类似的关注点，比如，儒家思想。"尽管人格尊严明显是一个西方概念"，张谦说，"它与中国有着密切的关联"（Zhang，2000）。张用西方道德哲学发展出的分类方法来理解相关的儒家观念"尊严"和"人格"，它们合起来包含了人格尊严规范概念的描述性和规范性两个层面。尽管这两个词可能都被翻译为"尊严"，但"人格"是描述性的，指代人的生命的"可能性"，也就是说，一切人类与生俱来的道德高尚的潜能；"尊严"则是规范性的，是每个人必须努力实现的在生命中找到自我的可能性。正如我们在第二章中学到的，"君子"代表了两个维度相集中的理想。正如张指出的，"儒家的君子是一个珍视自己天生美德的人，小心维护并发展他认为自己拥有的高尚的品德，"如此，他就培养了自己的尊严。但这样的培养不是，也不能被降格为狭隘的只专注于自身正义的行为。"君子的正义感假定他能从所有要求得到他的尊重的人身上获得相同基本价值的自觉认同。尊重他人是他自我尊重的自然延伸……"

理解了人类生活互相依赖的事实自然会认同"基本互惠原则"，和儒家（Analects，15：24）及包括耶稣教义（Matthew，7：12）在内的其他大多数思想传统所共有的"黄金法则"。在张看来，由于"人格尊严要求普遍尊重，"君子"承认个人的薄弱和局限"，于是将"致力于制定适当的法律和社会制度来促成这样的目标，也就是说，防止有人做出降低他人（以及他/她自己）尊严的行为。这些法律和制度确立了本质上为私有的权利，因为它们保护每个公民的尊严不受其他人的侵犯"。"尽管在历史上，儒家并非总能意识到权力制度性平衡的必要"，张认为，建立"一个限制国家和社会组织权力的制度，赋予每个人以反对公众侵犯的基本权利"是暗含于儒家的尊严概念之中的。

由于怀疑主义者可能会反对，认为张对"君子"理想中体现的高尚道德的解释与普通人的基本需求和欲望并无关联，对他们来说儒家所提倡的修身是遥不可及的，张指出，孟子非常理解，即使乞丐也会努力保持尊严，"一箪食，一豆羹……蹴尔而与之，乞人不屑也"。（Mencius，Book 6A：10）张使我们理解了这一点在当今经济中的关联：

> 如果一个人的雇主仅将他作为一个产出利润的机器对待，或者政府人员像驯服一个野兽般粗暴无礼地将他任意摆布，只要他还没有完全失去自尊心，就一定会觉得受到了冒犯。在这种情况下，人会感到屈辱，因为他认为自己理应比一只动物或一部机器得到更好的待遇。尽管他可能打算忽视甚至有意识地拒绝自己内在的价值，降低了自己的身份，也招致了他人的轻视，但他对他人虐待的憎恶似乎表明，他依然认为自己拥有某种价值。因此，至少我们可以认为，尊严意识不仅限于那些有修养的人；相反，它普遍存在于每个人身上，尽管这种感情的程度可能会因人而异（Zhang，2000）。

我们和周围共同生活工作的其他人的人格尊严的培养，不仅需要个人对互惠之"黄金法则"的坚守，也需要关注权利和义务的制度化，它将使人格尊严普遍得到尊重。

8.4.3　人格尊严和联合国《世界人权宣言》

联合国大会于 1948 年 12 月 10 日通过的《世界人权宣言》（UDHR）就是这样一个具有全球意义的尝试（United Nations，2014）。UDHR 的序言以"人类家庭所有成员的固有尊严及其平等的和不移的权利"是"世界自由、正义与和平的基础"这样一个声明为开始。"尊严"一词在序言中被强调了两次，在正文中被强调了三次。每一次都提到了人权和第一条中的假设，即"人人生而自由，在尊严和权利上一律平等。他们赋有理性和良心，并应以兄弟关系的精神相对待"。另外两条明确表达"尊严"的条款是第 22 条，关于经济、社会和文化方面的权利；以及第23条，其中概括了劳动者的权利：

> （1）人人有权工作、自由选择职业、享受公正和合适的工作条件并享受免于失业的保障。
>
> （2）人人有同工同酬的权利，不受任何歧视。
>
> （3）每一个工作的人，有权享受公正和合适的报酬，保证使他本人和家属有一个符合人的尊严的生活条件，必要时并辅以其他方式的社会保障。
>
> （4）人人有为维护其利益而组织和参加工会的权利。（UDHR，Article 23）

并不奇怪，UDHR 中所明文宣扬的也正是天主教社会教义所提倡的。

为了理解中国对 UDHR 的态度，我们必须从了解事实开始，第二次世界大战之后，张彭春博士（P. C. Chang）代表中国担任 UDHR 起草委员会的副主席。据主席埃莉诺·罗斯福回忆，张坚持 UDHR "不能只反映西方的理念"，而应该遵循"折中"的办法，强调所有成员间的实质共识，尽管他们之间可能存在哲学上的差异。罗斯福夫人说，张特别"建议秘书处不妨花上几天时间研究儒家思想的基本要义"（United Nations，2014）。张在阐明 UDHR 对人格尊严的基本假设方面做出的贡献得到了广泛的认可（Sun，2013）。例如，张提议将"良心"一词列入宣言的第一条，"以彰显儒家文化的价值"（Luo，2011）。

在第四届北京人权论坛开幕致辞中，罗豪才进一步阐述了张的观点，概述了世界观念在 UDHR 趋于达成实际共识的兼容并包的方法：

> 历史地看，人权观点的推广和人权话语的普及从来都不是哪一种特定人权文化的独角戏，相反其所体现的一直都是多元文化的交汇和融合。中国传统文化中一直都注重人与人、人与社会关系的协调，提倡人对自身的克制和约束，崇尚"己所不欲，勿施于人"，强调集体意识和社会责任感。这为我们当前在人权保障中强调权利与义务的统一，特别是强调集体人权作了历史阐发，指出了其文化

根源。（Luo，2011）

罗的要点是阐明中国参与世界关于尊严和人权的持续对话的文化基础。自 1971 年中华人民共和国在联合国的合法席位得到承认，中国参与的结果已经越来越清楚。自 1981 年开始，中国已经批准了五个重要的国际人权公约，并签署了另外一个公约（Mo，2007）。[①] 根据这一历史背景，我们的问题就不是劳动者的人权是否在中国得到了承认，而是它们是如何在劳动法中得到体现的。

8.4.4 《中华人民共和国劳动合同法》

回顾《中华人民共和国劳动法》的数次修订，尤其是 2007 年和 2013 年的两次修订，劳动者的权利得到了充分保障，也为工会留出越来越多的余地去协调雇主和政府的关系，使法规得到更为有效的遵从。重要的是，劳动合同是实现这些权利的主要方式，因为我们假定，雇佣关系是自愿而理性的，也就是说，它基于双方共同的利益。修订《中华人民共和国劳动合同法》（简称《劳动合同法》）是为了尽可能让更多的劳动者使用劳动合同，这样，过去员工受到种种不公平的情况就能够逐步减少。2007 年修订的《劳动合同法》中的 98 项条款并未包含人格尊严或人权这样的内容；但是，它确实具体规定了应在合同中予以明确的雇员和雇主的"合法权益"（第一条）。例如，第十七条清楚说明了一切具有法律效力的合同所必须包含的"强制性条款"，其中包括，"劳动合同期限；工作内容和工作地点；工作时间和休息休假；劳动报酬；社会保险；劳动保护、劳动条件和职业危害防护"，以及其他一切中国相关法律要求的规定（National People's Congress，2007）。

《劳动合同法》还规定了劳动合同无效的条件（第二十六条——强调了违反雇佣自愿性的典型情况："以欺诈、胁迫的手段或者乘人之危"），及劳动者解除劳动合同的权利（第三十八条——规定了劳动者

---

① 中国社会科学院研究员莫纪宏报告称，关于人权，现共有七个重要的国际公约，首先有中国于 1998 年签署的《经济、社会和文化权利国际公约》（ICESCR），及中国于 2001 年批准的《公民权利和政治权利国际公约》（ICCPR）。莫的报告特别有助于了解这些公约在全国人民代表大会及其他政府机关中推进立法进行的过程。更多细节，请见 Mo，2007。

可以提出合法申诉，其中包括"未按照劳动合同约定提供劳动保护或者劳动条件"；"未及时足额支付劳动报酬"；"未依法为劳动者缴纳社会保险费"）。当然，当中也列出了用人单位的权利（第三十九条），但这部法律的主要目的显然是保护劳动者不受虐待：

> 用人单位以暴力、威胁或者非法限制人身自由的手段强迫劳动者劳动的，或者用人单位违章指挥、强令冒险作业危及劳动者人身安全的，劳动者可以立即解除劳动合同，不需事先告知用人单位。（第三十八条）

《劳动合同法》还鼓励成立工会，假定工会将与政府及企业合作，"建立健全协调劳动关系三方机制"（第五条），"帮助、指导劳动者与用人单位依法订立和履行劳动合同"并"与用人单位建立集体协商机制，维护劳动者的合法权益"（第六条）。

修订后的《劳动合同法》系统承认了工会在雇佣关系中的作用，因而在企业界和在华经营的跨国公司中备受争议。雇主们徒劳无功地试图说服全国人民代表大会简化立法是基于这样的想法：如果重大新举措进一步扩大对劳动者权利的保护，外国企业将离开中国，如此将"减少中国劳动者的就业机会"并"对中国作为外国投资目标的竞争力和吸引力造成消极影响"（Brecher et al.，2006）。但正如李小瑛在一份评估修订版《劳动合同法》影响力的研究报告中所记录的，"新《劳动合同法》增大了劳动者签订合同的比例，增加了社会保险的覆盖率，减少了侵犯劳动者权利和拖欠工资的现象，并与企业成立工会的可能性呈正相关关系，但对工资没有产生明显影响"。2013年增加的修正案更进一步保护深受劳务派遣安排之害的流动务工人员，这种劳务派遣安排若非有意避开2008年对《劳动合同法》的改进，也确实产生了这种影响。通过经由当地就业机构对外包给出更严格的限制，修正案赋予被派遣劳动者以"同工同酬"的权利，并要求当地劳务派遣机构在规定的许可制度范围内进行经营（Grams Pan and Goldner，2013）。同样，这里趋向于通过带领全中国的劳动者步入《劳动合同法》的新体系中来维护他们的权利。

考虑到中国这样的发展前景，没有人会放弃对劳动者尊严和权利的关注，好像它们只是意图扩大西方价值和西方实践影响的国际机构强加于中国雇主和雇员身上的一个舶来品。中国对联合国人权公约的批准已经成为法律改革的起点，这确实改变着劳动者的生活。儒家思想和西方价值观在人格尊严方面的会集是一个事实，其带来的真正结果是，中国不仅越来越致力于法治建设，对国际经济伦理也更为遵守。遵守中国各项法律，并与法律贯彻过程中涉及的不同机构的通力合作是走向符合国际经济伦理标准的最为可靠的道路。

8.5 总结

如何说服在华经商人士，贯彻执行能够反映对劳动者权利关注的政策不仅是符合道德的，也是有利可图的？罗世范提出的规则"要提高生产率，请提供安全健康的工作环境"，其本意是指明这种政策所带来的实际结果。提高生产率是增加利润唯一可靠的办法；而未能提供安全健康的工作环境最终只会增加成本，降低利润，因为这样会降低生产率，工人们会因身边同事的死亡而气馁，受伤后得不到适当的照顾而遭受病痛的困扰。在这种情况下，工作变成了地狱般的经历，最终，痛苦的工人将会进行报复，其采用的方式对施加伤害的人来说代价更为高昂。实现劳动者权利的计划既不是意识形态的，也不是政治性的，而只是明确自身利益后做出的选择而已。如果你的商业计划能够仅仅通过给予员工奴隶或机器人般的待遇而获得成功，那你最好想出一个更好的商业计划。那些一方面熟悉奴隶制，另一方面又熟悉高科技自动化的人应该知道，充分遵照法律赋予劳动者的合法权利实际上比其他任何做法都成本更低。

当我们从伦理思考回到富士康工厂内员工和管理者所面临的问题时，我们必须足够谦卑地承认，仅仅在道德层面明白事理是不够的。公正的旁观者很有可能会得出结论：工厂中，人格尊严及劳动者权利并未遭到系统而持续的侵犯。尤其是考虑到 2010 年工厂里发生的悲剧性自杀事件，似乎处理富士康中流动工人的文化、心理、精神需求这一挑战远比仅仅保证劳动合同上所有条款都合乎规程更加难以把握。不管看起来多么受欢迎且前景广阔，修订中国《劳动合同法》并不能保证这样的悲剧就不再发生。但这样的修正确实做出了一些重要贡献。这是创建一个良好经济环境的又一要素，其中，劳动者的尊严和权利能够得到理所当然的尊重。若没有这样的文化氛围，尊重他人人格尊严的义务就降低为一件只关乎个人良心的事，而这常常意味着，真正的尊重往往是在道德模范领袖的引导下发生的，我们也知道，世界上这样的事情实为罕见。《劳动合同法》为我们的道德热情奠定了基础。即使我们已经有了做正确事情的倾向，《劳动合同法》更强化了我们的良好动机。现在我们知道我们不做或没有做好而会付出的代价了。

参考书目

Apple Inc. （2006）. Report of iPod manufacturing. Retrieved on November 18，2011 from http：//www. apple. com/hotnews/ipodreport/.

Apple Inc. （2010）. Apple supplier conduct code. Retrieved on November 18，2011 from http：//images. apple. com/supplierresponsibility/pdf/Supplier_ Code_ of_ Conduct_ V3_ 3. pdf.

Apple Inc. （2011）. Apple supplier responsibility 2011 progress report. Retrieved on November 18，2011 from http：//images. apple. com/supplierresponsibility/pdf/Apple_ SR_ 2011_ Progress_ Report. pdf.

Brandon，M. （2006，June 21）. Discrepancies in Apple supplier code of conduct. *Sustainable Log*. Retrieved February 25，2012 from http：//sustainablelog. blogspot. com/2006/06/discrepancies-in-apple-supplier-code. html.

Brecher，J.，Smith B.，& Costello，T. （2006，November-December）. Multinationals to China：No new labor rights. *Multinational Monitor*，27（6）. Retrieved on May 1，2014 from http：//www. multinationalmonitor. org/mm2006/112006/brecher. html.

Burke，J. （2013，June 6）. Bangladesh factory collapse leaves trail of shattered lives. *The Guardian*. Retrieved on December 30，2014 from http：//www. theguardian. com/world/2013/jun/06/bangladesh-factory-building-collapse-community.

Chen，S.，& Liu，H. （2006，June 17）. Foxconn front responded to the report of sweatshop. *Shenzhen Economic Daily*. Retrieved November 21，2011 from http：//news. sznews. com/con-tent/2006 - 06/17/content_ 156939. htm.

China Economy. （2010，April 11）. Foxconn firstly apologized for consecutive jumping-off-building. Retrieved on November 18, 2011 from http：//www. ce. cn/xwzx/gnsz/gdxw/201004/11/t20100411_ 21258552. shtml.

Drucker, P. (1986). Making decisions. In *The practice of management*. New York：HarperCollins/Perennial Library.

Duhigg, C. , & Barboza, D. (2012, January 25). In China, human costs are built into an iPad. *New York Times*. Retrieved on April 17, 2014 from http：//www. nytimes. com/2012/01/26/business/ieconomy-apples-ipad-and-the-human-costs-for-workers-in-china. html.

Fengping. (2010). *The debate between the death of employees in Foxconn and the sweatshop*. Retrieved on November 21, 2011 from http：//finance. ifeng. com/opinion/fengping/28. shtml.

Foxconn Technology Group. (n. d.). *Group profile*. Retrieved on November 18, 2011 from http：//www. foxconn. com. cn/GroupProfile. html.

Grams, R. , Pan, L. , & Goldner, A. (2013, February 6). Amendments to China labor contract law will force employers to reevaluate their use of labor outsourcing. *Benesch Attorneys at Law：Resources：Client Bulletins*. Retrieved on April 30, 2014 from http：//www. beneschlaw. com/Amendments-to-China-Labor-Contract-Law-will-Force-Employers-to-Re-evaluate-their-Use-of-Labor-Outsourcing – 02 – 06 – 2013/.

Greenhouse, Stephen. (2012, February 13). Critics question record of monitor selected by apple. *New York Times*. Retrieved on April 22, 2014 from http：//www. nytimes. com/2012/02/14/tech-nology/critics-question-record-of-fair-labor-association-apples-monitor. html.

Ibrahim, O. (2012, October 31). *China's appalling mining death rate-dealing with 'disorderly' management*. Mining-technology. com. Retieved on April 22, 2014 from http：//www. mining-technology. com/features/featurechina-mine-death-rate-coal-safety/.

Information Times. (2006, August 31). *The compensation declined to 1 RMB, the freezing of two journalists' asset removed*. Retrieved November 21, 2011 from http：//informationtimes. dayoo. com/html/2006 – 08/31/content_ 14885487. htm.

James, S. & Culpan, T. (2013, December 13). Apple supplier Foxconn fails hours law amid improvement. *Bloomberg*. Retrieved on April 22, 2014 from http：//www. bloomberg. com/news/2013 – 12 – 12/apple-supplier-foxconn-fails-china-labor-law-amid – 99 – compliance. html.

Jina, G. (2011, June 30). Worker suddenly died when showering, the factory refused to supply the working record. *Orient Morning Post.* Retrieved on November 18, 2011 from http：//www. dfdaily. com/html/33/2011/6/30/624564. shtml.

Klowden, T. (2006, June 12). iPod city: Apple criticized for factory condi-tions. *Mail on Sunday.* Retrieved on November 21, 2011 from http：//arstechnica. com/old/content/2006/06/7039. ars. The story on which Klowden based her report was original-ly published as "The stark reality of iPod's Chinese factories" in the *Mail on Sunday*, last updated August 18, 2006. Retrieved on February 23, 2012 from http：//www. daily-mail. co. uk/news/article – 401234/The-stark-reality-iPods-Chinese-factories. html.

Liu, Z., & Yang, J. (2006, August 31) The beginning and end of the case: Jour-nalists were claimed for sky-high compensation. *Beijing News Online.* Retrieved on November 21, 2011 from http：//news. thebeijingnews. com/0547/2006/0831/011@205698. htm.

Luo, H. (2011, September 22). Different cultures show same respect for human dig-nity. *China Daily USA.* Retrieved on May 1, 2014 from http：//usa. chinadaily. com. cn/o-pinion/2011 – 09/22/content_ 13764204. htm.

Mattimore, Patrick. (2010, May 21). Media badly misplaying Foxconn suicides. *Peoples Daily Online.* Retrieved on February 23, 2012 from http：//english. people. com. cn/90001/90780/91345/6994665. html.

McNulty, S. (2006, August 17). *Apple issues report on iPod manufacturing.* [Web log comment]. Retrieved on November 18, 2011 from http：//www. tuaw. com/2006/08/17/apple-issues-report-on-ipod-manufacturing/.

Mo, J. (2007, December 10). International human rights conventions in Chi-na. *China Human Rights Magazine* (*China Society for Human Rights Studies*), 7 (2), 2008. Retrieved on April 20, 2014 from http：//www. chinahumanrights. org/CSHRS/Magazine/Text/t20080604_ 349282. htm.

National Peoples Congress. (2007). Labor contract law of the Peoples Republic of China. Lehman, Lee & Xu Resource Center. Retrieved on April 30, 2014 from http：//www. lehmanlaw. com/resource-centre/laws-and-regulations/labor/labor-contract-law-of-the-peoples-republic-of-china. html.

Sun, P. (2013). *The contribution of P. C. Chang as typical Chinese wisdom to the declaration.* HR Stories (China Society for Human Rights Studies). Retrieved on May 1, 2014 from http：//www. chinahumanrights. org/Messages/Hrpics/09/t20131217_ 112832 1. htm.

United Nations. (2014). *The Universal declaration of human rights.* Retrieved on April 25, 2014 from http：//www. un. org/en/documents/udhr/.

Wang, C. , & Zhan, Y. (2010, May 25). 11 consecutive suicides in Foxconn, government got involved to investigate. *Xinhua News Online.* Retrieved on November 18, 2011 from http：//news. xinhuanet. com/2010 – 05/25/c_ 12140632. htm.

Wei, X. (2010). *Inside story of Foxconn.* Chongqing：Chongqing Press.

Xu, M. (2007). *Guo Taiming and Foxconn.* Beijing：China Citic Press.

Zhang, Q. (2000, September). The idea of human dignity in classical Chinese philosophy：A recon-struction of Confucianism II. *Journal of Chinese Philosophy* 27 (3), 299 – 330. Retrieved on April 13, 2014 from http：//article. chinalawinfo. com/Article_ Detail. asp? ArticleID = 32900.

Zhang, D. (2006a, March 30). Guo Taiming：Legend of foundry king. *Sinafinance.* Retrieved on November 21, 2011 from http：//finance. sina. com. cn/leadership/ crz/2006 0330/15532461685. shtml.

Zhang, H. (2006b, September 15). Foxconn case：The First Finance was still loser. *Boraid Online.* Retrieved on November 21, 2011 from http：//www. boraid. com/DARTICLE3/list. asp? id = 61600.

第九章 员工：歧视和性骚扰

如果你反对歧视，就能提高产出和利润率。

（罗世范，《成为终极赢家的 18 条规则》，2004）

9.1 前言

国际货币基金组织时任总裁及法国总统可能候选人多米尼克·斯特劳斯－卡恩的丑闻提供了工作场合性骚扰和歧视案例的研究基础。如前章所述，人的尊严促进了对工人权利和义务的调查，此处的主要问题在于性骚扰和歧视事件——从承认它们存在于工作场合、对此的道德态度以及公司管理层是否对雇员负有责任开始——是否也应被视为违反了这些标准。既然不同文化中的态度有所不同，那国际经济伦理应该考虑工作场合的性骚扰和歧视吗？我们认为它们不仅应该被考虑还应该在亚洲的商业、非政府组织和政府机构中受到更多关注。在亚洲背景下叙述该问题，结果证明全世界都在增加对工作场所应该是安全场合的期望——员工在任何责任水平下都不应该遭受性骚扰和歧视，这确是一个积极的全球化后果标志。

9.2 案例分析
——冉冉之星陨落大地：道德领导与性骚扰

9.2.1 摘要

2011 年 5 月，多米尼克·斯特劳斯－卡恩被纽约市警察逮捕，他被指控在为国际货币基金组织工作出差期间，对酒店一位服务员进行了多项犯罪性行为，包括强奸未遂。这使斯特劳斯 - 卡恩受到了调查。不仅他在国际货币基金组织做的各项决定受到调查，而且他的领导能力及私人生活也被公开受公众剖析。但是此案例展示的道德问题超出斯特劳斯 - 卡恩所承认的"道德缺陷"。斯特劳斯 - 卡恩案例提供了机会来概括关于性骚扰的更具体的组织政策和程序，以及对必须将这些政策和程序贯彻到员工身上的企业主管道德领导力的需求。

9.2.2　关键词/词组

国际货币基金组织、斯特劳斯 - 卡恩、性骚扰、道德领导力

9.2.3　伊卡洛斯在国际货币基金组织翱翔

多米尼克·斯特劳斯 - 卡恩是法籍律师、经济学家和政治家，以他具说服力的个性和创新思维闻名。他在巴黎大学取得经济学博士学位，并拥有法律、工商管理、政治学和统计学学位（IMF，2011）。1981 年斯特劳斯 - 卡恩被任命为社会党的经济规划司副司长，正式开始了其政治生涯。直到 1986 年被选入国会，他一直担任此职。斯特劳斯 - 卡恩曾主管法国的财政部（1988—1991），担任工业和国际贸易部部长（1991—1993），并于 1997 年被任命为经济、金融和工业部部长（IMF，2011）。斯特劳斯 - 卡恩在此职位上主管了欧元的引入并在诸多国际金融机构，包括国际货币基金组织，代表法国。斯特劳斯 - 卡恩令人注目的简历助他在法国政治家中快速上升。在 2001—2007 年，他曾三次被选入国民议会。

2007 年 11 月，斯特劳斯 - 卡恩成为国际货币基金组织第十任总裁（IMF，2011）。在他的一次任职陈辞中，斯特劳斯 - 卡恩提到"我决意毫不耽搁地寻求国际货币基金组织所需的改革来实现金融稳定，服务于国际社会并增加就业"（BBC，2007）。在金融危机后，斯特劳斯 - 卡恩被认为是社会党赢取 2012 年总统选举的最佳选择。尽管一直没有被公布作为社会党提名人，民意调查显示斯特劳斯 - 卡恩支持率高于另一位社会党候选人弗朗索瓦·奥兰多（Francois Hollande）与当时在位的尼古拉·萨科齐（Pilkington，2012）。

9.2.4　伊卡洛斯从天空坠落

2011 年 5 月 13 日晚，作为世界上最有权势的人之一，多米尼克·斯特劳斯－卡恩在纽约市入住了 3000 美元一晚的索菲特酒店，但到第二天下午，他已被作为一名普通的犯罪嫌疑人而受到拘留与监禁，面临着强奸未遂、性侵犯和犯罪性行为及非法关押他人的指控（Pilkington，2011）。2011 年 5 月 14 日，索菲特的一名女佣，纳菲萨杜·迪亚洛（NafissatouDiallo）走进斯特劳斯－卡恩的套间进行打扫。迪亚洛指控当她进入房间时，斯特劳斯－卡恩性侵犯了她并企图实施强奸。纳菲萨杜·迪亚洛，一名西非几内亚的难民移民，在遭遇斯特劳斯－卡恩之前在索菲特酒店工作了三年（*Newsweek*，2011）。当媒体公布她的名字时，迪亚洛被描绘成为一位勤劳的单身母亲和虔诚的穆斯林。但是随着更多的事实被曝光，迪亚洛的可信度遭到了质疑。随后人们了解到迪亚洛在几内亚编造了所谓逮捕和群奸的虚假指控以寻求在美国避难（Melnick，2011）。

5 月 16 日斯特劳斯－卡恩现身法庭，迪亚洛对性侵犯做了详细陈述。斯特劳斯－卡恩辩称没有犯罪。但是 5 月 24 日 DNA 检测结果显示迪亚洛衣服上的精液与斯特劳斯－卡恩提供的 DNA 样本相吻合（Pilkington，2011）。尽管 DNA 检测提供了确凿的证据证明在曼哈顿索菲特的确发生了性行为，基于迪亚洛的复杂背景、矛盾证词，以及陪审团可能潜在地缺乏对她的信任，尤其是当面对像斯特劳斯－卡恩这样的国际人物时（*Newsweek*，2011），检控方决定不冒险进入开庭审判阶段，而将斯特劳斯－卡恩的指控犯罪案撤诉。

直到 2011 年 9 月斯特劳斯－卡恩才承认他和迪亚洛的交往是一种"道德缺陷"，这使他失去了竞选法国总统的机会（*New York Times*，2012）。但随着被指控在纽约强奸引起的轰动的消退，斯特劳斯－卡恩又成为诸多其他性丑闻的指控对象。

9.2.5　道德领导力及其在国际货币基金组织的应用

领导人定义他们所领导机构的特征、目的与首要任务（CSR Global，2008）。好的领导人经常帮助发展好的公司，道德领袖应该培养其所领导公司的道德优势。有道德的公司针对利益相关方所关心的问题，比如消费者安全、环境保护及积极就业条件。德国哲学家格尔霍得·贝克尔（Gerhold Becker）将道德领导力定义为一种特性，"超越个人的自私……对道德的遵守不仅具有帮助作用还具有先天价值"（Becker，2009）。作为社会创造物，我们只有在考虑自身利益连同他人利益时才能充分认清我们的潜力。因此，提供合理的工资、安全的设备并尊重员工是判断商业中道德领导力效用的关键组成部分。贝克尔还建议，组织机构必须有的"分权制衡"体系以防领导者积累太多权力而不当责（Becker，2009）。

二战结束后，作为布雷顿森林体系一部分，国际货币基金组织被创立起来管理国际金融和货币事务（US Department of State）。国际货币基金组织的"根本使命是帮助确保国际体系的稳定性"（IMF，2012）。目前国际货币基金组织服务于188个成员国的需求和利益，构成"一个组织……促进全球货币合作、保护金融稳定、协助国际贸易、促进高就业和可持续经济增长并减少贫困"（IMF，2012）。

这些高尚的目标由各类管理单位来实施。国际货币基金组织的管理包含两个分开的监督委员会和一个总裁职位。理事会由每个成员国的两位代表组成，负责"批准增加额度、特别提款权分配、允许新成员加入、成员国的强制退出及对协议条款和规章制度的修订"，但实际上它的大部分责任委托给了国际货币基金组织的执行董事会（Independent Evaluation Office of the IMF，2012）。执行董事会的24位董事集体负责基金的日常管理，总裁通过政策和经验领导组织。

因其管理结构的国际特征，国际货币基金组织的法律地位有点复杂；尽管其总部设在华盛顿，但并不适用于所有美国法律。另外，董事们由各自国家任命，所以他们必须平衡自己对其国家政府和对国际货币基金组织的忠诚（Bowley，2011）。一位执行董事会已退休的董事对《华盛顿邮报》说："关于忠诚的不公开性是一个普遍关心的话题。（董事）想要（对自己国家）有利的报道，但同时他们又应该监管总裁和机构运作。因此这里难免存在紧张气氛。在层级关系上他们依赖总裁。"（Schneider，2011）基于国际货币基金组织所宣称的使命，该如何平衡执行董事会和总裁对自己国家与对国际货币基金组织全体成员的责任呢？如果已知他们需要平衡他们的忠诚度，那么国际货币基金组织的领导力还可信和有效吗？

当斯特劳斯－卡恩在2007年成为国际货币基金组织总裁时，基金组织正处于因实施了无效的经济政策被批评后在重新定位的困境中。斯特劳斯－卡恩帮助重建了国际货币基金组织的影响力和威望。在2007年对发展中国家的未偿贷款总额为100亿美元，但在斯特劳斯－卡恩的带领下，2011年未偿贷款总额达到了840亿美元。在这5年间，国际货币基金组织的总资产从2500亿美元增长到10000亿美元，翻了三倍（Weisbrot，2011）。此外，斯特劳斯－卡恩扮演了领导角色来尝试改善欧洲下滑的经济，这使他在全球成为冉冉上升之星。事实上由于在重建希腊经济上的全面努力，斯特劳斯－卡恩在2010年被评为世界上最有影响力的100人之一（Elliot，2010）。斯特劳斯－卡恩在国际货币基金组织的地位加速了全球金融市场改革的几项倡议。比如，在2009年金融危机中期，国际货币基金组织向其成员提供了价值2830亿美元的融资，无政策附加条件。

但在斯特劳斯－卡恩试图引领国际货币基金组织进入国际经济发展新阶段的同时，2009年对国际货币基金组织41项协议的评审中发现了其中31项政策是"顺周期"的（Weisbrot，2011）。顺周期协议是对经济活动周期没有任何影响的财政和货币政策。当经济活动放缓，顺周期政策并不能克服困难，无法推动各国从衰退中走出来。在斯特劳斯－卡恩的改革中，各国仍然必须遵守国际货币基金组织的条件，如去监管和私有化。批评者举了拉脱维亚的例子，国际货币基金组织被指"太过严厉"地迫使其政府增加在国际货币基金组织项目的费用，从预算的21%增加到25%（Anderson，2009）。质疑国际货币基金组织不愿制定"逆周期"政策的经济学家公开指责斯特劳斯－卡恩"在使用中世纪'给病人放血'的经济救治方法"（Weisbrot，2011）。斯特劳斯－卡恩被赋予了制定国际货币基金组织政策的权力，那他必须向国际社会承担何种责任呢？当他的顾问和批评者对刺激经济增长最有效的政策持有不同意见时，他该如何决定采取哪种方式呢？

9.2.6　国际货币基金组织制度失灵？

斯特劳斯－卡恩在纽约不光彩的被捕增加了国际货币基金组织曝光度，不仅有关它在国际货币和金融事务管理方面的活动，还有关于其全部的政策，都被媒体深挖了出来。尽管斯特劳斯－卡恩因索菲特事件而辞职，《纽约时报》仍然发表了一篇文章名为《在国际货币基金组织男人疯狂寻找性伴侣，女人在戒备》，批评其对性骚扰和歧视的政策（Appelbaum，2011）。

随着对国际货币基金组织机构政策的新一轮质询，2008 年一名国际货币基金组织前经济学家，皮萝什卡·纳吉（Peroska Nagy）对斯特劳斯－卡恩所做的性骚扰指控重新浮出水面。尽管该事件后来被定为是双方自愿的，但纳吉仍然声称她因为斯特劳斯－卡恩的显著地位而感到了压力。纳吉这样描述当时的情景："我对国际货币基金组织总裁的挑逗没有准备。我不知道该怎么做……我感到做也不是，不做也不是。"（Beattie，2011）当纳吉的丈夫发现了这场外遇，她终止了和斯特劳斯－卡恩的关系。国际货币基金组织不久后对离职人员提供了很有吸引力的离职金，纳吉利用这个机会离开了该组织。

国际货币基金组织当时的内部政策表明，"上下级彼此之间的私人亲密关系不构成骚扰"（*World Watch*，2011）。国际货币基金组织在这方面似乎允许了一种在美国的一般机构不能容忍的关系（*World Watch*，2011）。相反，国际货币基金组织的姐妹机构——世界银行，将任何上下级关系都定义为"实质的利益冲突"，应立即揭露（Schneider，2011）。国际货币基金组织发言人马苏德·阿迈德（Masood Ahmed）指出，如果有性骚扰指控，"尤其是涉及高级管理层，（他们）就需要被调查"（Shipman，2008）。所以国际货币基金组织雇用了一家律师所——摩根路易斯律师事务所，来调查纳吉的控诉及她与斯特劳斯－卡恩的关系。

调查的首要目的是查实纳吉是否因为她与斯特劳斯－卡恩的关系而获得了任何晋升（Thomas，2011）。国际货币基金组织执行董事会认为斯特劳斯－卡恩并没因为和纳吉的关系滥用权力，尽管他的行为被认为是不得体的。这样的结果给人留下的印象是，国际货币基金组织高级管理层可以豁免对其行为的可信审查，即使是在有投诉被报道出来时也这样。在给调查者的一封信中纳吉写到，斯特劳斯－卡恩是"一个有问题的人，这种问题会使他没有资格领导一个有女性在他指挥下工作的机构"（Thomas，2011）。

国际货币基金组织雇员承认在一个工作机构中，同事之间一起旅行数周以上并在没有监管的环境下，私人关系必然会形成（Appelbaum，2011）。苏珊·谢德勒（Susan Schadler）在国际货币基金组织工作了32年，2007年离任前一直升到欧洲司副主任。谢德勒详细叙述了她对当时情形的理解："在国际货币基金组织，这种固有的文化（性挑逗）没有真正被看作是应该担忧的事情……我认为这给女性造成了困扰。"（Appelbaum，2011）

9.2.7　新方向：恢复领导的权利

当克里斯蒂娜·拉加德（Christine Lagarde），一位法国女性，取代斯特劳斯－卡恩成为国际货币基金组织总裁时，她同意作为其合同的一部分，与国际货币基金组织伦理总监弗吉尼亚·坎特（Virginia Canter）开展一对一会议（Schneider，2011）。拉加德的合同还引进了新的用语来描述总裁："您甚至应该在您的行为中努力避免出现任何的不得体"（Schneider，2011），并承诺"奉行同正直、公正与慎重价值观一致的最高伦理行为标准"（IMF，2011）。拉加德的合同条款中的用语与2007年斯特劳斯－卡恩的合同相反，他的合同中声明作为总裁他应该"避免任何利益冲突或其他冲突的出现"（Wearden，2011）。

对国际货币基金组织及其他跨国组织的一个担忧是如何管理处理好在涉及性骚扰问题的政策制定中所反映出的文化差异与不言而喻的意义。法国法律将性骚扰定义为一种对上下级之间权力的不正当利用（Saguy，2001），意思是说，只有在性关系牵涉滥用权力的情况时才构成骚扰，比如上级给予或不给予当事下级以升职。这便是当时摩根路易斯律师事务所调查斯特劳斯－卡恩与纳吉事件所采纳的标准。在美国性骚扰有更广泛的含义。平等就业机会委员会将性骚扰定义为任何"不受欢迎的性挑逗、性交请求和其他有性意味的言辞或身体行为"（Saguy，2001），不论是否明显地滥用了任何等级的权力。除了"有偿"使用外，平等就业机会委员会指导原则下的性骚扰还包括双方自愿行为但对没有直接参与这种关系的第三方造成"不利工作环境"的。法国法律和美国法律之间的不同是机构之所以必须对性骚扰构成内容达成一定共识的诸多例子之一。

在斯特劳斯－卡恩案后，国际货币基金组织努力通过发展更加严格的工作场所道德行为指导原则来恢复声誉。很巧合的是，在斯特劳斯－卡恩辞职之前，国际货币基金组织正在进行一项对员工道德指导原则的评估。2000年国际货币基金组织成立了伦理委员会，但该组织在斯特劳斯－卡恩与纳吉事件披露后经历了全面重组。事实上，在2008年4月之前，伦理委员会从未开会讨论过任何一个不道德行为的案件，其成员"也没有受过如何对不当行为的指控开展有效调查的培训"（Chelsky，2008）。这些问题在一项国际货币基金组织执行董事会要求处理其管理系统漏洞的报告中被提了出来。

在这项报告发布后，坎特——国际货币基金组织的新伦理总监——通过建立新的内部伦理教育项目和处理性骚扰案件的正式书面协议来解决这些问题。2008年设立了诚信热线来鼓励员工举报。伦理办公室还发布了详细记录员工投诉的年度报告以增加组织对其利益相关方的透明度和当责（IMF，2012）。

到2011年10月，坎特设立了对员工的必修伦理培训项目，包括胁迫、性骚扰、恐吓等话题（Schneider，2011）。国际货币基金组织的新行为守则以《金融时报》称为"较之前更严厉的手段"来对待性骚扰和性歧视（Harding，2011）。新行为守则与伦理培训是机构范围内用来支持整个组织道德领导力的手段。随着新行为守则的实施，员工和管理层都必须披露任何上下级之间的关系，任何遭受性骚扰的人也必须举报。

国际货币基金组织所有员工都被要求签署一项承诺遵守国际货币基金组织的伦理指导原则和行为守则的合同。然而尽管行为守则有所进展，国际货币基金组织执行董事会的男女们却可以免受现行对员工不当行为规定的制约。一位住在纽约的企业伦理专家，卡特丽娜·坎贝尔（Katrina Campbell）解释道："对（国际货币基金组织）员工存在许多控制，但对领导层却没有。"（Freedman，2011）事实上，新产生的伦理顾问没有对董事会成员调查的权力。国际货币基金组织的独立评估办公室描述了这种情形："基金组织的政策和架构都没有鼓励任何人向任何权威检举任何执行董事或总裁的不当行为。"（Walden，2011）相反，执行董事会是对自身成员和总裁的行为负责。它的内部规范系统与董事会的伦理委员会合作，但是它们的具体行为是保密的（Bowley，2011）。您相信坎特的项目会在机构中成功吗？如果它们不适用同样的规范，如何能使执行董事会的成员与员工有同样的当责呢？

随着公众对斯特劳斯－卡恩事件的愤怒开始消退，批评者在拉加德成为欧洲连续对国际货币基金组织任命的第 11 任总裁（其中 5 位来自法国）之后，重新开始公开表示对其领导力的担忧。在国际货币基金组织成员国中，尤其是在具有最大发展中经济体的金砖国家（巴西、俄罗斯、印度、中国和南非）中，亲欧洲主义开始成为日具争议的话题。金砖国家在 2011 年发表了一份声明，要求总裁的委任要有透明度。他们称委任欧洲人担任该职位的传统"已过时"，并争辩说这削弱了组织的合理性，对这一职位应该择优任命（Handley，2011）。国际货币基金组织本是成立来方便发达国家支持发展中国家经济的，但当执行领导人的职位专门保留给欧洲人时，它似乎正做着相反的工作（O'Grady，2011）。国际货币基金组织依赖欧洲国家（最近是依靠法国）来指导发展中经济体是合理的吗？在选举新任领导时应该考虑什么层面的道德领导力和透明度呢？在评估国际货币基金组织总裁一职的各位候选人优势时，若考虑国籍因素的话，又该如何权衡呢？

9.2.8　小结

真正的领导力建在道德原则基础之上。因此斯特劳斯－卡恩对迪亚洛的所谓侵犯不仅是他的"道德缺陷"，也反映了他的领导力。斯特劳斯－卡恩没有控制他的性瘾，不仅使他错失成为法国总统的机会，也清晰地显现了国际货币基金组织松懈的性骚扰政策和允许其领导层免于受组织其他所有员工必须遵守的当责标准束缚的组织文化。在现行的国际货币基金组织管理架构中，除非执行董事会成员造成了利益冲突，否则他们不会因对员工的性挑逗而被追究责任。

当一家公司的管理架构有道德基础时，领导人就要为其决定当责

（Becker, 2009）。若下级不能针对上级骚扰引起的担忧发出声音，那么一个组织内在的道德文化便被削弱了。一个机构必须采纳对组织内各级都具强制性的道德标准。

一直到索菲特丑闻，斯特劳斯－卡恩经历的由男性主导的专业圈子都将他与女性的传闻视为可笑的弱点（*British Press*, 2011）。事实上，执行董事会原谅了斯特劳斯－卡恩，仅仅要求他对与纳吉的婚外情做出道歉。如果有机会，你会重组国际货币基金组织的伦理委员会吗？你会如何回应金砖国家对未来总裁的透明选举的请求呢？你会对性骚扰和处理员工控诉的政策增加怎样的机构监管？这些应该对不同国家而有所差异吗？

9.3　案例讨论

多米尼克·斯特劳斯－卡恩的丑闻与企业处理性骚扰、性歧视问题所面临的挑战之间并没有直接的关系。如国际经济伦理所述，性骚扰和性歧视是员工之间的关系问题。它们需要区别于更广泛的社会忧虑，一方面忧虑的是性暴力的偶然性，或者从另一方面讲，忧虑的是有可能出现在工作中的性别歧视态度的持续性。斯特劳斯－卡恩被指控在索菲特酒店对纳菲萨杜·迪亚洛进行性侵犯，不论多么可耻与令人愤慨，都不属于性骚扰范畴，因为他不是她的雇主；她也不是他的员工。而斯特劳斯－卡恩与皮萝什卡·纳吉在国际货币基金组织工作时的外遇很显然是性骚扰，尽管双方都声称他们是"自愿的"。

从国际经济伦理角度来讲，国际货币基金组织执行董事会对斯特劳斯－卡恩在与纳吉的婚外恋中并没有滥用权力的判决是值得质疑的。执行董事会的决定符合当时国际货币基金组织的内部政策："上下级彼此之间的亲密关系并不构成骚扰。"事实上执行董事会如何达成这样的结论令人费解，比如根据世界银行的指导原则，任何上下级关系都被定义为"实质的利益冲突"，并应立即公开揭露。不能简单地因为没有对涉嫌的下级是否受到提拔或其他专业方面的提升就认为涉嫌此类关系的上级员工不涉及利益冲突。甚至在斯特劳斯－卡恩与纳吉关系的案例中，似乎也很令人感到奇怪的是，执行董事会只给斯特劳斯－卡恩以象征性的惩罚，尽管事实上纳吉不久之后便作为完成服务的雇员群体中的一员，带着丰厚的离职金悄然离开了国际货币基金组织。该案例即使只有利益冲突的苗头，也应该引起国际货币基金组织执行董事会的重视。

在一个工作场所中对女性公平待遇的道德忧虑快速演进的世界，斯特劳斯－卡恩的行为与他坚持的态度——"我不认为我与女性有任何问题"（CNN，2013）① ——使他不可能再继续担任国际货币基金组织总裁的职务。随着在索菲特酒店事件之后诸多指控浮出水面，人们也许会有疑问，为什么国际货币基金组织执行董事会在他被提名的时候没有调查这些事情，如果他们的确已经知道，为什么他们仍然选择委任斯特劳斯－卡恩。简单地说，他的问题不仅仅是个人缺陷，也是一种机构缺陷。在国际货币基金组织管理层明显默许的文化中，斯特劳斯－卡恩可以对自己说，他的性瘾不仅是正常的，而且不过是一桩私事，也许是他自己的一个爱好，对他人来讲不具任何特殊意义。

斯特劳斯－卡恩的突然离去将国际货币基金组织置于混乱之中。他的继任，克里斯蒂娜·拉加德签署了一份更加清晰地描述了国际货币基金组织对道德领导力期望的雇佣合约。对"即使是不得体举止的出现"的警告与在斯特劳斯－卡恩合同中包含的"利益冲突"警告形成鲜明对照。"不得体"这一用语具有意义是基于这样的事实：执行董事会在对斯特劳斯－卡恩与纳吉的婚外恋一案排除了权力滥用可能性的同时，仍然发现他有"不当"行为，这迫使他做出了"道歉"。如果他的继任者被发现有同样过失，现在想来将会不仅仅只是要求他们做出道歉的问题了。

很清楚，国际货币基金组织在斯特劳斯－卡恩丑闻之后采取了措施来处理性骚扰问题，但这些是否就是足以改变一个已被刻画为"性规范

---

① 斯特劳斯－卡恩继续说："我无法理解人们对最高层政治家的期望。这和大街上（一位）先生、女士（所能做的）不同。"当然，即使是他所描述的与迪亚洛女士的所为，若是"在大街上"被逮着，他也是会被捕的。显然在他看来他的性行为是相当正常的，而只有当一个人成为最高级的政治家——或者企业领导——的时候这才成为一个问题。不论斯特劳斯－卡恩在金融和经济方面具有何种专长，他的态度都流露出各机构非常天真的观点与其内部对道德领导力的要求。

和性习惯与华盛顿其他机构显著不同"的组织的措施呢？（Appelbaum and Stolberg，2011）两年后，国际货币基金组织宣布，在新委任的伦理顾问领导下，它发布了"行为标准的加强版"来"强化机构的伦理架构"（IMF，2013）。加强版包括"一项对工作场所的亲密个人关系的新政策"，它要求员工向"伦理顾问、他/她的上级或人力资源部门"举报"亲密"关系以评估和解决任何"潜在的利益冲突与工作场所公平隐患"。那些没有进行举报的人也会被判渎职并受纪律处分。另外修正过的标准将举报渎职或对参与国际货币基金组织仲裁解决系统员工的任何报复企图也定义为渎职。同样值得注意的是，新的措施更加强调对涉嫌骚扰包括性骚扰问题的预防和及早解决，对这些不当行为的惩罚可能包括解聘。

这些新政策有效程度如何呢？甚至在 2013 年它们被正式采纳前，伦理办公室便为了对国际货币基金组织的进程保持透明而开始发表年度报告。2012 年最新发布的报告提供了向国际货币基金组织监察员与近期设立的诚信热线所举报问题的详细数据（IMF，2012）。伦理顾问弗吉尼亚·坎特认为统计显示对道德建议要求的增加，表明内部道德培训必修项目的成功。随着员工提高对国际货币基金组织对更高伦理标准的重新承诺的认知，可能会有更多对道德建议的要求。2012 年报告显示的一个有趣的趋势是公然的性骚扰案例数字的下降与其他形式的骚扰——如胁迫案例——数字的上升。伦理办公室需要消除所有形式的骚扰以表明国际货币基金组织对其"核心价值"，即"正直、尊重、公正与诚实"的承诺。①

这样看起来在以克里斯蒂娜·拉加德为总裁、弗吉尼亚·坎特执掌伦理办公室的新领导层的领导下，国际货币基金组织的确开始了类似于

---

① 国际货币基金组织核心价值的声明包含令人充满希望的对"我们想一起取得什么成绩"的解释："（1）在知性上追求多元化观点的开放氛围来形成最佳解决方法。（2）支持我们所有人通过专业发展机会和成绩认可做出完善努力的最佳管理实践。（3）健康的工作—生活平衡。（4）如果我们受到不正当待遇，合理运用公平透明的规则和途径来帮助我们正当地寻找到依靠。（5）一个不具有任何歧视的工作场所。"这五项目标最重要的也许是第三项，培养健康的工作—生活平衡。旧的国际货币基金组织文化显然对性骚扰与其他形式的骚扰视而不见，认为这种事情在机构高度紧张的工作环境中难免发生，滋长了"一种经常活跃着浪漫故事——有时会越界的氛围"。（Appelbaum & Stolberg，2011）

其他许多重大机构——包括国际公司、政府部门和非政府组织——都曾必经的文化转型进程。战胜斯特劳斯－卡恩涉嫌的丑闻也许提供了开始这一进程的动机，但强调对其的潜在需求比强调卓越执行领导者们的个人缺陷意义更为深远。女性史无前例地进入工作场所——尤其是作为同事和合作人，表明了她们同与其共事的男性拥有相同或更佳的成功资质。这使得那种传统的"父权"或"性别歧视"态度和行为在她们服务的机构中过时了，或越来越运行不正常。随着在工作场所克服性别歧视的努力有所进展，越来越清楚的是，涉及性别、宗教、少数种族人群的相关形式的胁迫和歧视也必须受到挑战。那些站出来挑战传统男性等级制——他们即使不参与也对恶习很宽容——的女性，不仅代表她们自己，而且也是所有那些发现自己的尊严在工作场所遭到践踏的群体的成员。我们需要更深层次地探究驱使反抗性骚扰和性歧视努力的伦理假设，尤其是为了要了解它的全球意义。没有人可以排斥这种努力，那种歧视文化正处于其不可逆的消亡的最终阶段。

9.4　伦理思考

那么，什么是性骚扰，为什么它在道德和法律上是一个问题呢？美国政府的平等就业机会委员会对性骚扰进行了综合的描述。它实际上成了联合国人权宣言得到承认的所有司法管辖区域的标准：

> 不受欢迎的性挑逗、性交请求和其他有性意味的言辞或身体行为构成性骚扰，这时候（1）对这种行为的屈从被或明或暗地作为个人就业的条款或条件，（2）个人对这种行为的屈从或拒绝被用来作为影响个人雇佣的决定基础，或（3）这种行为具有不合理地影响个人工作表现或造成威胁性的、敌对的或令人不快的工作环境的目的或效果。（Boatright，2003）

平等就业机会委员会最近的一项声明试图通过更具体和实际的言辞来表达同样的意思：

性骚扰：

- 因为一个人（一位求职者或员工）的性别而对其进行骚扰是非法的。骚扰可以包含"性骚扰"或不受欢迎的性挑逗、性交请求和其他有性意味的言辞或身体行为。

- 然而骚扰不一定必须具有性意味，也可以包含对一个人性别的无礼话语。比如，通过对一般女性的无礼言论来骚扰一位女士也是非法的。

- 受害人和骚扰者可以是男性或者女性，也可以是同性。

- 尽管法律没有禁止简单的戏弄、不友好的评价或不是十分严重的个别事件，但当它频繁和严重到造成对人不利的或无礼的工作环境时或当它导致不利的雇佣决定时（如受害者被解雇或被降职）便构成非法骚扰。

- 骚扰者可以是受害人的上级、其他区域的上级、同事或非雇主的员工，如一位客户。(EEOC，2014a)

显然性骚扰在美国是非法的，平等就业机会委员会对一个人如果成为这种犯罪的受害人应该如何提出正式控诉也提供了详细指导。

因为平等就业机会委员会是创建起来贯彻执行 1964 年《民权法案》第七章的禁止雇佣中所有形式歧视的，所以性骚扰与一般骚扰同样被归为此类。"第七章禁止基于种族、肤色、宗教、性别和国籍的雇佣歧视。"因此，除了禁止性别歧视——通常是指在雇佣关系的任何方面，"包括聘任、解雇、付薪、指派工作、晋升、下岗、培训、附加福利及任何其他雇佣条件与条款"，"因为某人（一位求职者或员工）的性别而让其受到不利对待"——之外，指导原则还认为当性骚扰"频繁和严重到造成令人不利或令人不快的工作环境时或当它导致不利的雇佣决定时（如受害者被解雇或被降职）便是非法的"(EEOC，2014b)。

9.4.1　对人权和尊严的侵犯

如我们在第八章所见，禁止性骚扰和性歧视的法律与条例的道德基础与支持人权立法的道德基础相同。联合国大会通过并颁布的《世界人权宣言》明确地强调它所详细解释的"权利和自由"认可在性别方面与其他方面没有区别（Article 2）。另外，"对工作、自由择业与公平和有利工作条件以及同工同酬的权利"（Article 23）平等地适用于"每个人"。显然《世界人权宣言》没有预见今天这样一个男性和女性事实上在各行各业并肩工作的世界，因此也没有明确地禁止性歧视和性骚扰，但它强调每个人对"符合人类尊严的生活条件"的愿景，明确表明它的条例不能迁就任何支持性歧视和容忍性骚扰的雇佣体系。明确的结论是，性骚扰干脆就是对人类尊严的另一种侵犯，因此它至少在原则上被包含在尊重人类尊严、谴责任何对人类尊严的违背的普遍道德共识之中。

既然对人类尊严的侵犯通常涉及某种权力滥用和特权的形式，通过类比，我们可以识别性骚扰的不道德是另一种在工作场所的权力滥用，通常是——但不总是——上级对下级的恶行。简单地讲，性骚扰是一种胁迫形式并不应该以任何方式与情爱或浪漫的热情混淆。描述性骚扰最重要的词是："不受欢迎的。"当性侵犯行为被确认为不受欢迎时，它必须被视为一种胁迫——或权力滥用——而不应该仅仅作为一种对爱情的过度渴望而不予理会。显然平等就业机会委员会对"有偿"关系的描述——"这种行为的屈从被或明或暗地作为个人就业的条款或条件"——事先假设了将性骚扰作为一种欺侮形式来理解。在这些情形中发生了最严重的对人类尊严的侵犯，因为它们牵涉了基于更有利于对待承诺的受胁迫或报复威胁的性关系。但双方自愿的关系呢——这些也涉及性骚扰吗？

假设共识是真的、相互的，那么就有两种典型情况需要讨论：上下级关系和同级关系。有些机构，尤其是大学，已经宣称任何上下级——比如教授与学生或上下级员工——之间的性关系都可能被作为性骚扰案件对待[1]，有真正相互共识的可能性在关于"办公室恋情"的争议中是很明显的。面对那些不良收场的风流韵事带来性骚扰法律诉讼的风险，

---

[1]　随便举一个例子，比如位于明尼苏达州圣保罗市的圣保罗大学指导所有学生的原则政策（St. Paul College, 2014），明确说明任何"涉事双方存在权力差异"的关系都会被假设存在学校禁止的性骚扰，"当责的重担"会落在权力较大的一方，使得"利用双方自愿作为辩护变得极为困难"。在这种情形下，性骚扰的指控可能会导致终止雇佣，行使教师和监管者责任的一方会得到有力劝告，让其在校园中尽量克制，勿与任何人有任何浪漫关系或性关系。

某些美国企业试图完全禁止办公室恋情，如果没有完全禁止也至少要求这种关系的存在需对其上司和人力资源部门全部披露。两种措施甚至在企业中也把证明的重担搁在涉事的上级身上，并被认为是必要的，以便防止若这种关系恶化，会使公司牵扯到任何法律责任中。国际货币基金组织的"行为守则加强版"是一个很有用的例子。当一桩私事不被严格地视为办公室恋情时，不要求员工向"伦理顾问、他/她的上级或人力资源部门"汇报"亲密"关系以评估和解决任何"潜在的利益冲突与工作场所公平隐患"。那些没有进行举报的人也会被判有渎职过失并受纪律处分。如此便维持了专业的可靠性与透明度而不必禁止任何种类的办公室恋情。

如我们在前章所见，顾及人类尊严涉及一系列复杂的权利与责任，有时甚至彼此冲突。捍卫个人的尊严首先是一种个人责任。如果你不捍卫，别人不可能捍卫。一个机构为顾及员工尊严所能做的，有明显界线。顾及人类尊严通常被理解为要求我们尊重每个人的隐私。如果一个机构的政策在尊重个人隐私上过于敷衍，它们很有可能无法得到员工的尊重。一个追求最小化其法律诉讼及其他由性骚扰事件造成的难堪风险的机构，也许会被驱使将员工权利置于一旁。但如果它这么做，它就很难援引对人类尊严的关怀来解释其政策。比如，对办公室恋情的完全禁止有可能给人力资源部门造成的问题比它能解决的还要多。一项只注重个人隐私而排斥其他隐忧的政策，明显地——比如以前国际货币基金组织在斯特劳斯－卡恩还是总裁时的政策—— 有可能会纵容一种性侵犯者活跃的企业文化的形成。鉴于现实世界组织行为中人际关系的复杂性，人类尊严原则——即使像国际货币基金组织一样被理解为核心价值——也许是清晰的，但最佳的实施方式仍然是一个有待解决的问题。

9.4.2　香港的性歧视和性骚扰

当我们将性骚扰和性歧视的讨论从美国和欧洲延伸到亚洲，我们看到了进一步改革的实质进步和诸多障碍。一个机构——不论是企业、非政府组织或政府部门——在全球化进程中参与得越多，至少在原则上，就越有可能认同性骚扰和性歧视的国际标准。思考一下中国香港，它仍然是中国的门户及亚洲全球化进程最先进的地区之一。香港《性别歧视条例》第 480 章（SDO），不仅宣布了"某些非法种类的性别歧视，即基于婚姻状况或怀孕和性骚扰的歧视"，而且规定"成立其职能为致力于消除此等歧视及骚扰以及普遍促进男女间平等机会的委员会"（HK-SAR Government，1996）。平等机会委员会的工作是教育公众与支持政府部门、企业及非政府组织所做的守法努力。委员会例行常规调查并发布有关香港挑战性骚扰和性歧视进程的报告。

中国香港特别行政区的《性别歧视条例》采纳的性骚扰定义与美国平等就业机会委员会极为相似。

> 本条例目的在于说明，一个人（无论对其如何描述）构成性骚扰一个女性的条件如下：如果——
>
> （a）这个人——（ⅰ）对她做出不受欢迎的性挑逗，或提出不受欢迎的性交要求；或者（ⅱ）对她做出其他不受欢迎的性行为，当时的环境让一个通情达理的人在任何情况下都会预期使她感到受了冒犯、侮辱或威吓；或者
>
> （b）这个人自行或联同其他人作出涉及性的行径，而该行径对她造成有敌意或具威吓性的环境。（Section 2，5）

之后的修订（Section 2，8）明确说明这项描述同样适用于那些可能是骚扰受害人的男性和女性。中国香港特别行政区的《性别歧视条例》与美国平等就业机会委员会指导原则的一个有趣差异是香港对性骚扰的定义比较宽泛，包括发生在工作场所之外的冒犯，但是同样都强调"造成敌对或威胁环境"的"不受欢迎行为"。但是工作场所的性骚扰作为《性别歧视条例》针对"非法歧视"广泛处理方法的一部分得到了专门的讨论。很清楚，《性别歧视条例》的目的是尤其通过禁止任何非法性歧视，并将性骚扰理解为一种即使不是有意也是达到了歧视效果的行为的表现，从而贯彻就业机会平等。

香港平等机会委员会自己报道，它在实现《性别歧视条例》的守法目标上仅取得了小小的成功。在其最新报告《性骚扰——企业领域的问卷调查》中，数据显示平等机会委员会处理的涉嫌性骚扰的投诉案件比例在上升，但企业对系统表述相关政策的兴趣最多也只是中等水平

（EOC，2012）。6000 家受邀参与调研的企业中，只有 3% 做出了回应，其中 57%（113 份回应）称它们已经有关于性骚扰的政策。那些还没有的（85 份回应），最常见的原因是它们认为这件事"并不紧急"，因为它们迄今并没有需要举报任何这样的事故。只有 17% 做出回应的公司表示愿意在接下来的 12 个月中考虑制定这种政策。没有政策自有没有政策的风险，因为在香港与在其他地方一样，如果员工在没有具体指导原则和在实施中没有充分的员工培训的环境下犯罪，雇主会负间接责任。尽管在香港许多公司都明显漠不关心，平等机会委员会意欲与不同企业和专业组织合作，开展一系列宣传活动来提高"反性骚扰"意识并促进公众守法。①

9.5 总结

本章特别参考了普遍的性骚扰、性歧视问题，意在提升对在中国和其他东亚地区已经取得的保护男女性尊严和人权方面进展的认知。国际货币基金组织总裁多米尼克·斯特劳斯 – 卡恩垮台一类的丑闻，正是对这种问题有多普遍，以及改变组织文化以使性别歧视和其他形式的侵犯行为变成不过是多么具有挑战性的一种提醒。尽管我们已经注意到不仅在西方，而且在亚洲保护基本尊严和人权，尤其在性别和性问题上的方法多样性，但是我们还试图说明，基本的道德共识，即：故意违规和侵害性性行为在全球化文明中受到谴责，将不再会受到忽视或容忍。可以说，促进国际贸易和商业的企业和组织在对抗性骚扰和性歧视的斗争中尚处于"零起点"。这场斗争，如我们所见，提供了一个彰显道德领导

---

① 在 2014 年，平等机会委员会发布了另一份报告，特别关注了空乘中的性骚扰和就业歧视。回应率稍高（4%），问卷显示 27% 的参与者在过去的 12 月中遭到过性骚扰，"顾客是最常见的骚扰者"。尽管所有服务香港的国际航线都有对性骚扰的政策声明，但只有 61% 的空乘知晓有这样政策的存在，11% 的人知道"负责处理此事的员工的名字和联系方式"。另外，"68% 的问卷调查参与人没有参加过任何反对性骚扰的培训课程"。在过去的一年中受到过骚扰的人，50% 选择什么都不做，或者只对同事或亲戚提起过。根据平等机会委员会的看法，这些发现暗示，守法必须不仅仅是一项政策的制定，若想要政策可靠有力，还必须提供有效的培训。"要与恐惧及无助的感觉做斗争，应该在企业中促进一种有力的企业文化，在性骚扰和性歧视方面保护员工"。（EOC，2014）

力的重要机会，尤其是在亚洲地区。

在本章开头，我们提出了罗世范在企业中成为"终极赢家"的18项法则之一"如果你反对歧视，就能提高产出和利润率"。我们已在本章试图强调抵制歧视所涉及的道德理由和法律考量。但事实仍然如罗世范指出的，抵制歧视——包括对曾容忍性骚扰的企业文化的转变——也将影响一个公司的底线。性骚扰降低了工人的精神面貌，也只可能相应地导致生产力下降。如果你继续容忍性骚扰，你就有可能疏远最好的工人，削弱他们对公司的忠诚和继续保持忠诚的意愿。你可以好好想象一下，当您最好的工人受够了您的漠不关心而决定离开时，取代他们会有什么样的成本。生产力和利润率因此就会成为问题。如果您想要一个严格意义上的商业理由来做正确的事，那么这显然就是。

参考书目

AFP.（2011，May 20）. IMF rejects report of widespread sexual harassment. Retrieved on June 1，2012 from http：//www. google. com/hostednews/afp/article/ALeqM5j JpK8JMoTWl7zmigSFzYh3AHfx7A？ docId ＝ CNG. 5449d35b30cae0a9c8d1371153c125 02. 81.

Andersen，C.（2009，May 28）. Latvia caught in vicious economic downturn. *IMF*. Retrieved on August 20，2012 from http：//www. imf. org/external/pubs/ft/survey/so/ 2009/car052809a. htm.

Appelbaum，B.，&，Stolberg，S.（2011，May 19）. At I. M. F.，men on prowl and women on guard. *The New York Times*. Retrieved on June 1，2012 from http：//www. nytimes. com/2011/05/20/business/20fund. html.

BBC.（2007，September 28）. Frenchman is named new IMF chief. Retrieved on June 18，2012 from http：//news. bbc. co. uk/2/hi/business/7018756. stm.

BBC.（2012，March 27）. Profile：Dominique Strauss-Kahn. Retrieved on May 27，2012 from http：//www. bbc. co. uk/news/world-europe – 13405268.

Beattie，A.（2011，May 19）. IMF chief's 2008 affair back in the spotlight. *The Financial Times*. Retrieved on June 6，2012 from http：//www. ft. com/cms/s/0/65ea7500 – 81b3 – 11e0 – 8a54 – 00144feabdc0. html#axzz1x0Cy7DBO.

Becker，G.（2009）. *Moral Leadership in Business*. Journal of International Business Ethics，Vol 2（1），pp 7 – 21.

Benafrica. Ethical Leadership in the Context of Globalization A Model for Ethical Leadership Based on the Ethical Challenges Posed by Globalization. Retrieved on August 21, 2012 from http：//www. benafrica. org/downloads/Lalor,％20Clare. pdf.

Blodget, H. (2011, May 16). France furious about Dominique Strauss-Kahn perpwalk. *Business Insider*. Retrieved on June 14, 2012 from http：//www. businessinsider. com/france-furious-about-dominique-strauss-kahn-perp-walk – 2011 – 5.

Boatright, J. (2003). *Ethics and the Conduct of Business. Fourth Edition*. New Jersey：Prentice Hall.

Bowley, G. (2011, May 29). At IMF, a strict ethics code doesn't apply to top officials. *The New York Times*. Retrieved on June 20, 2012 from http：//www. nytimes. com/2011/05/30/business/global/30fund. html.

British Press. (2011, May 17). IMF woes reflect 'macho' French politics. Retrieved on June 1, 2012 from http：//www. asiaone. com/News/AsiaOne＋News/World/Story/A1Story20110517 – 279204. html.

Chelsky, J. (2008, April). The Role and Evolution of Executive Board Standing Committees in IMF Corporate Governance. *Independent Evaluation Office of the International Monetary Fund*. Retrieved on July 31, 2012 from http：//www. ieo-imf. org/ieo/files/completedevaluations/052108CG_ background7. pdf.

CNN. (2013). *Exclusive*：'*I don't think I have any kind of problem with women,*' *Strauss-Kahn says*. Retrieved on June 18, 2015 from http：//www. cnn. com/2013/07/10/world/europe/france-dsk/index. html.

EEOC. (2014a). *Types of discrimination：Sexual harassment*. Retrieved on June 18, 2015 from http：//www. eeoc. gov/laws/types/sexual_ harassment. cfm.

EEOC. (2014b). *Title VII of the Civil Rights Act of 1964*. Retrieved on June 18, 2015 from http：//www. eeoc. gov/laws/statutes/titlevii. cfm.

DOC. (2012). *Sexual harassment—Questionnaire survey for business sector*. Retrieved on June 18, 2015 from http：//www. eoc. org. hk/EOC/OtherProjects/survey/SHsurveyEF2. pdf.

DOC. (2014). *Sexual harassment and discrimination in employment questionnaire survey for flight attendants*. Retrieved on June 18, 2015 from http：//www. eoc. org. hk/EOC/Upload/ResearchReport/SHFlightAttendants_ e. pdf.

Elliott, M. (2010, April 29). The 2010 Time 100. *Time*. Retrieved on June 20, 2012 from http：//www. time. com/time/specials/packages/article/0, 28804, 1984685_

1984864_ 1985437，00. html.

Erlanger，S. & Bennhold，K. （20122，May 16）. As case unfolds，France specu-lates and steams. *The New York Times*. Retrieved on June 14，2012 from http：//www. ny-times. com/2011/05/17/world/europe/17france. html？ pagewanted = 1&_ r = 1.

Fraser，C. （2011，November 28）. 'Conspiracy' claims bolster DSK mystery. *BBC News*. Retrieved on June 6，2012 from http：//www. bbc. co. uk/news/world-europe – 15917722.

Freeman，M. （2011，May 31）. IMF ethics controls "didn't apply" for top dogs on board of directors. *Business ETC*. Retrieved on July 31，2012 from http：//businessetc. thejournal. ie/imf-ethics-controls-didnt-apply-to-top-dogs-on-board-of-directors – 146438 – May2011/.

Green，N. （2009，January 9）. Latvia bailed out by IMF and European Union. *World Socialist Website*. Retrieved on August 20，2012 from http：//www. wsws. org/articles/2009/jan2009/latv-j07. shtml.

Handley，P. （2011，May 25）. Brics speaks strongly against European IMF lead-er. *Mail & Guardian*. Retrieved on August 1，2012 from http：//mg. co. za/article/2011 – 05 – 25 – brics-speak-strongly-against-european-imf-leader.

Harding，R. （2011，May 21）. Scrutiny reveals fund with tighter ethics code. *The Fi-nancial Times*. Retrieved on July 31，2012 from http：//www. ft. com/intl/cms/s/0/285583bc – 8337 – 11e0 – a46f – 00144feabdc0. html#axzz22AVhn9ot.

House，R. & Hanges，P.，Ruiz-Quintanilla，A.，Dorfman，P.，&，Javidan，M. （1999）. *Cultural Influences on Leadership and Organizations*. Project Hope. Retrieved on June 27，2012 from t-bird. edu/wwwfiles/sites/globe/pdf/process. pdf.

Hume，N. （2011，May 19）. L'affaire DSK：French right to private lives on trial. *Spiked*. Retrieved on June 6，2012 from http：//www. spiked-online. com/index. php/site/article/10529/.

Independent Evaluation Office of the IMF. （2012）. IMF Governance：Outline of Cur-rent Structures and Practice. Retrieved on August 1，2012 from http：//www. ieo-imf. org/ieo/files/completedevaluations/05212008CG_ main6. pdf.

International Monetary Fund. （2011）. Dominique Strauss-Kahn. Retrieved on May 30，2012 from http：//www. imf. org/external/np/omd/bios/dsk. htm.

International Monetary Fund. （2012a，April 19）. Factsheet：Poverty Reduction Strategy Papers. Retrieved on August 20，2012 from http：//www. imf. org/external/np/

exr/facts/prsp. htm.

International Monetary Fund. (2012b). About the IMF. Retrieved on August 1, 2012 from http：//www. imf. org/external/about. htm.

International Monetary Fund. (2012c). Accountability. Retrieved on July 31, 2012 from http：//www. imf. org/external/about/govaccount. htm.

International Monetary Fund. (2012d). The Ethics Office 2012 Annual Report：Embracing Ethical Values. Retrieved on May 12, 2014 from http：//www. imf. org/external/hrd/eo/ar/2012/eoar2012. pdf.

International Monetary Fund. (2013, August 5). "IMF Updates Standards for Staff Conduct. " Retrieved on May 12, 2014 from https：//www. imf. org/external/hrd/conduct. htm.

Mainiero, L. A. (2012, January 1) "Sexual hubris and international norms regarding workplace romance：what can Europe learn from the US and vice versa?" European Journal of Management. Retrieved on May 13, 2014 from http：//www. freepatentsonline. com/article/European-Journal-Management/293812519. html.

Melnick, M. (2011, July 26). "No longer the perfect victim? NafissatouDiallo defends herself. " *Time*. Retrieved on June 7 from http：//healthland. time. com/2011/07/26/no-longer-the-perfect-victim-nafissatou-diallo-defends-herself/.

Newsweek. (2011, July 25). The maid's tale. Retrieved on June 6, 2012 from http：//www. thedailybeast. com/newsweek/2011/07/24/dsk-maid-tells-of-her-alleged-rape-by-strauss-kahn-exclusive. html.

Minority Rights Group International. (2010, July 22). Poverty Reduction Strategy Papers：Failing minorities and indigenous peoples. Retrieved on August 20, 2012 from http：//www. minorityrights. org/? lid = 10140.

Pilkington, E. (2011, May 24). "Dominique Strauss-Kahn DNA 'found on maid's clothing' . " *The Guardian*. Retrieved on June 7 from http：//www. guardian. co. uk/world/2011/may/24/dominique-strauss-kahn-dna-claim.

Pilkington, E. & Chrisafis, A. (2012, April 27). DSK：New York sex scandal orchestrated by political opponents. *The Guardian*. Retrieved on May 27, 2012 from http：//www. guardian. co. uk/world/2012/apr /27/dsk-sex-scandal-political-opponents.

Quinn, R. (2011, May 17). Strauss-Kahn lover felt coerced into having affair. *News ER*. Retrieved on June 28, 2012 from http：//www. newser. com/story/118728/mistress-piroska-nagy-accused-imf-chief-dominique-strauss-kahn-of-abusing-power. html.

Saguy, A. (2001). *Sexual Harassment in France and the United States: Activists and Public Figures Defend their Definitions.* Princeton University. Retrieved on June 28, 2012 from http://educ.jmu.edu/~brysonbp/symbound/papers2001/Saguy.html.

Samson, R. L. (2013, June 26). "Supreme Court Clarifies Employer Liability for Supervisor Harassment Under Title VII." Iowa Employer Law Blog. DickinsonLaw. Retrieved on May 15, 2014 from http://www.dickinsonlaw.com/2013/06/supreme-court-clarifies-employer-liability-for-supervisor-harassment-under-title-vii/.

Samuel, H. (2011, May 16). "Dominique Strauss-Kahn arrest: French privacy laws among strictest in Europe". *The Telegraph.* Retrieved on June 6, 2012 from http://www.telegraph.co.uk/finance/dominique-strauss-kahn/8517641/Dominique Strauss-Kahn-arrest-French-privacy-laws-among-strictest-in-Europe.html.

Schneider, H. (2011, May 21). IMF works to fortify new ethics rules amid tumult. *The Washington Post.* Retrieved on August 1, 2012 from https://www.lexisnexis.com.avoserv.library.fordham.edu/lnacui2api/results/docview/docview.do? docLinkInd = true& risb = 21 _ T15240289999&format = GNBFI&sort = BOOLEAN&startDocNo = 1&results UrlKey = 29 _ T15240294603&cisb = 22 _ T15240294602&treeMax = true&treeWidth = 0&csi = 8075&docNo = 3.

Shipman, T. (2008, October 8). Head of IMF investigated over 'improper behavior' with a subordinate. *Telegraph.* Retrieved on June 20, 2012 from http://www.telegraph.co.uk/news/worldnews/northamerica/usa/3224674/Head-of-IMF-investigated-over-improper-behaviour-with-subordinate.html.

Srivastava, D. K., Gu, M. (2009). Law and policy issues on sexual harassment in China: Comparative perspectives. *Oregon Review of International Law*, 11 (43): 43 – 69.

St. Paul College, 2014. "Sexual Discrimination/Harassment & Violence." Retrieved on May 13, 2014 from http://www.saintpaul.edu/currentstudents/Pages/SexDiscHarass-Viol.aspx.

Stephens, B. (2011, July 5). "The DSK lesson." *The Wall Street Journal.* Retrieved on May 30, 2012 from http://online.wsj.com/article/SB1000142405270230449 0004576422462548199624.html.

The New York Times. (2012, May 15). Dominique Strauss-Kahn. Retrieved on June 7, 2012 from http://topics.nytimes.com/top/reference/timestopics/people/s/dominique_strauss kahn/index.html.

The Whirled Bank Group. (2003). Structural Adjustment Program. Retrieved on August 21, 2012 from http：//www. whirledbank. org/development/sap. html.

Thomas, L. (2011, May 16). Woman in 2008 affair said to have accused IMF director of coercing her. *The New York Times.* Retrieved on June 20, 2012 from http：//www. nytimes. com/2011/05/17/world/europe/17fund. html? _ r = 1.

Travers, C. (2012, April 2). Perceptions of leadership prove cultural. *The Jambar.* Retrieved on July 31, 2012 from http：//www. thejambar. com/features/perceptions-of-leadership-prove-cultural – 1. 2723693#. UBdD7hx-r_ w.

US Department of State：Office of the Historian. Milestones：1937 – 1945, The Bretton Woods Conference, 1944. Retrieved on August 1, 2012 from http：//history. state. gov/milestones/1937 – 1945/BrettonWoods.

Walden, S. (2011, May 18). Why IMF whistleblowers were silent. *Government Accountability Office.* Retrived on June 25, 2012 from http：//www. whistleblower. org/blog/31/1123.

Wang, R. R. (2003). *Images of women in Chinese thought and culture：Writings from the pre-qin period through the song dynasty.* Indianapolis：Hackett Publishing.

Wearden, G. (2011, July 5). IMF insists on ethics clause for Lagarde. *The Guardian.* Retrieved on July 31, 2012 from http：//www. guardian. co. uk/business/2011/jul/05/christine-lagarde-ethics-clause.

Weisbrot, M. (2011, May 19). Strauss-Kahn's legacy at the IMF：Less than meets the eye? *Center for Economic and Policy Research.* Retrieved on August 20, 2012 from http：//www. cepr. net/index. php/op-eds – & – columns/op-eds – & – columns/strauss-kahns-legacy-at-the-imf-less-than-meets-the-eye

World Watch. (2011, May 20). Office romance, sexual harassment rife at IMF. Retrieved on June 20, 2012 from http：//www. cbsnews. com/8301 – 503543 _ 162 – 20064648 – 503543. html.

第十章 员工：揭发弊端

你出于忠诚表达异议，可以将你所在的机构带向正确的方向。

（罗世范，《成为终极赢家的 18 条规则》，2004）

10.1 前言

没有管理团队应为自然灾难而备受指责，如 2011 年日本福岛所遭受的地震和海啸也是如此。但他们必须为此事件所引发危机的反应负责。随着案例分析的进展，我们目睹了东京电力公司（TEPCO）对福岛灾难反应的演变。早先关于东京电力公司核设施的部分员工和管理者的英雄主义的报道，让位于"遮掩说"和涉及揭发公司弊端的新叙事，为的是让一般公众警觉实际发生的事情。本章立足于福岛事件，重新回到进行中的关于揭发弊端的争论，区分必须揭发弊端的情况和其他可以被允许的情况，与揭发弊端会是很不负责任的情况截然不同。我们认为，问题的处理必须要出自对员工忠诚于其雇主的态度的欣赏，这种忠诚除非在真正有必要的情况下是绝不可违背的。尽管在东京电力公司发生的揭发弊端可以从道德角度来辩解，但是明显会有不适当的情况。

10.2 案例分析：东京电力公司和福岛灾难

10.2.1 摘要

在福岛核能源设施危机之后，日本首相菅直人罕见地不讲情面，向日本电力公司的执行官喊道："到底发生了什么？"（Goodspeed，2011）首相似乎在为全民说话，这个国家的国民在 2011 年 3 月 11 日东北部地震和海啸冲击之后，由于缺少可靠信息而变得越来越不知所措。由于普遍意识到东京电力公司掩盖涉及危机源头和强度的事实，日本国会在2011年10月30日指令福岛核事故独立调查委员会报告灾难起因，无党派的专门小组断定核危机"究其深层原因是人为的"（NAIIC，9），它本来是可以被一种更透明的公司文化和政府文化所阻止的。

此案例分析突出了在对灾难及随后围绕东京电力公司的丑闻做出反应中所涉及的道德因素，不仅责备，而且反思案例为企业领导者及其利益相关者提供的教训。东京电力公司及其二级承包商本应该更认真对待关于核事故危险的各种警告吗？东北部地震之后发生的灾难是为田中光彦（Mitsuhiko Tanaka）一类揭发弊端者所做的警告做出了辩解，还是表明了这些警告不得要领呢？像面对一个灾难事件的管理人员那样——特别是在核能源领域——东京电力公司的关键角色在设法权衡其利益相关者利益和全国乃至国际对公共安全的要求时，也许面临空前程度的压力。他们处理好了这场危机吗？这个案例的亚洲背景为质疑"保存颜面"的道德限度的思考——从知道真相，尊重所有利益相关者尤其那些受其行为直接影响之人的普遍权利角度去考虑——提供了额外的考虑因素。

10.2.2　关键词

东京电力公司、福岛灾难、核能源、核事故独立调查委员会、官员空降

10.2.3　未预见的灾难，灾难性的反应

福岛灾难发生一个月之后，卡耐基国际和平基金会核政策项目助理詹姆斯·阿克顿（James Acton）宣布，它也许不是"有史以来最严重的核事故，但它是最复杂和最戏剧性的……这是一场在电视上实时进行的危机。切尔诺贝利不是这样。这场危机却在不断进行中"（International Business Times，2011）。两年半后，当日本政府介入处理"一场东京电力公司自己控制不住的'紧急事件'"，即2013年8月公开承认的高放射地下水流入海洋的事件时，危机仍未解决（Saito and Slodkowski，2013）。东京电力公司没有充分透露放射性水所造成的危害程度，

不过是以地震海啸之后一连串的设备故障、堆芯熔毁、放射物泄漏开始的一系列危机中最新的一种。

　　福岛第一核电站最初承受的损害和东京电力公司应急系统的失灵，导致无法充分冷却 1、2、3 号反应堆。由于没有有效的冷却系统可以运行，"氢气积累"而导致堆芯完全熔毁和安全壳内的进一步爆炸，只是一个时间问题（IAEA，2011）。一旦破坏规模显而易见，日本政府便下令所有非应急人员从瘫痪工厂 20 千米半径范围内的地区撤离（Reuters，2011a）。随着辐射性物质从工厂内部释放到大气中，情况从地方危机升级为潜在的全球环境灾难。在发现放射物质泄漏后，政府将核警报级别提高到最高等级的七级，"与 1986 年切尔诺贝利事故的警告相同"。（McCurry，2011）

　　不幸的是，来自东京电力公司和政府的有效综合回应没有随要随有。尽管计算关于所释放辐射性物质总量的可靠估算涉及的技术难度加重了混乱，但是所有相关人员应该都很清楚，遭受过量辐射面临的健康安全风险长期来看远超过直接的伤亡风险（Muller，2012）。随着危机慢慢缓解，政府和东京电力公司因为在灾难规模的问题上与公众沟通不畅，而在外国报刊上受到严厉批评。德国主要新闻杂志《明镜》（Der-Spiegel），把政府的偏狭、缺乏透明度、拒绝接受外援称为"极其不幸"（Hackenbroch et al.，2011）。东京电力公司对要求发布核电站所释放辐射水平信息的国际呼吁的回应比那还要糟糕，因为最终发现，"工作人员也许被要求撒谎，并给出错误数据，试图掩盖真实的辐射水平"（Kyodo News，2012）。

　　国际媒体对灾难的报道最初不仅集中在东京电力公司和日本政府的明显过失行为上，也集中在冒生命危险控制辐射性物质泄漏的个别技术人员上。"福岛五十人"被国际媒体誉为英雄，有一些报道甚至会得出这样的结论：他们愿意为公共福利做出非同寻常的个人牺牲，证明了"日本人民的集体主义精神"（Axelrod，2011）。作为爆炸的直接结果，有几名工人死亡，而其他人则遭受到程度不同的辐射，这些辐射大大超过了人体可承受的范围，对个人身体健康造成了极大损伤。至于灾难的长期影响，预测的癌症新增死亡人数在 100（NPR，2012）和 1000（von Hippel，2011）之间，一个正式被日本政府任命的调查小组估计，清理福岛灾害和补偿受害者将花费 20 兆日元（2570 亿美元）（Reuters，2011b）。除了以生命付出的代价和为东京电力公司的错误支付的金钱，灾害对公司和日本政府的声誉造成不可估量的损害。关于灾难本可以避免的猜测在数月后被福岛核事故独立调查委员会的官方发现所证实。

10.2.4 对核电产业揭发弊端

许多观察者预测了在福岛第一核电站发生的事情。早在灾难之前，至少有一名曾监管 4 号反应堆安全壳建设的工程师田中光彦发出了警告。1974 年，当正在进行最后一次消除焊接压力时，"反应堆压力容器"壁变了形（Clenfield，2011b）。田中没有依据法律将容器报废，而是想出了一个巧妙方法减轻变形，使容器的安装没有增加成本。当时，田中认为自己是"英雄"，把他的雇主巴布科克 – 日立（Babcock-Hitachi）从一场可能的破产中拯救出来。但几年之后的 1986 年，在开始科学作家生涯之后，田中明白了他的"日立英雄"行为中所包含的严重风险。在致力于一部关于苏联切尔诺贝利核灾难的纪录片时，"我突然抽泣起来，我开始考虑我做过的事情……我在想，'我可能是日本切尔诺贝利事故之父'"（Clenfield，2011b）。两年后，他试图警告日本政府，他向整治核电产业的经济产业省（METI）承认他在掩盖核电站中所扮演的角色。日立干脆否认他的说法，经济产业省也认为无理由进行进一步调查。田中为了能提醒公众，于 1990 年写了标题为"为何核能很危险"的书，此书在 2000 年绝版。然而，田中的努力并非都是徒劳的。福岛地震两天之后，他的出版商打电话告诉他，他的书会再版（Clenfield，2011b）。

尽管田中的披露只是冰山一角，但是他似乎是在日本核电产业卑劣记录中揭发弊端的第一人。2011 年他被任命为核事故独立调查委员会（NAIIC）的成员，这不是一个巧合，他们的报告实实在在证实了他和其他业内人士提出作为东京电力公司渎职证据的那些情况。由核科学、法律、医学、公共管理等领域的专家组成的核事故独立调查委员会基于"900 个小时与 1167 人的听证和访谈"，编纂了委员会的报告（NAIIC，2012：11）。调查包括来自美国、法国、俄罗斯的外国专家，所有的听证都通过互联网广播向公众公开。在日本核电产业极端危机的时刻，其习惯于通过间接、谨慎的沟通来保存颜面的传统文化被委员会直言不讳的结论打得粉碎：

> 东京电力公司的福岛核电站事故是由政府、管理者、东京电力公司和这些当事人缺乏治理之间合谋的结果。他们实际上背弃了国民安全远离核事故的权利。因此，我们得出结论，这起事故显然是"人为的"。我们相信根本原因是支持决策、行动的错误理由的组织管理系统，而不是同任何具体个人能否胜任有关的问题。（NAI-IC，2012：16）

简言之，核事故独立调查委员会的调查遭遇了同样对公共安全无道德心可言的漠视、官僚主义，以及拒绝承认错误，拒绝承担田中20多年前在试图警告当局有关福岛问题时所体验的纠正错误的责任。

10.2.5　人为的灾难？

虽然核事故独立调查委员会的报道将责任归于连接东京电力公司与政府的利益关联，但是东京电力公司自身的失误也被彰显出来。首先，委员会断定东京电力公司未能自发制定最基本的安全要求，"如评估损坏的概率，为阻止此种灾难的附带损害做好准备，为公众制订应对严重辐射释放的疏散计划"（NAIIC，2012：16）。东京电力公司官员表示，公司已经采取了法律规定的所有必要的安全措施。尽管东京电力公司的操作技术符合现行法律法规，核事故独立调查委员会仍断定东京电力公司和核工业安全机构（NISA）"都知道结构加固的需要，［但是］核工业安全机构没有要求实施法律法规，却说应由操作者自动采取行动"（NAIIC，2012：16）。考虑到核工业安全机构给出的建议认为改变应是自愿的，东京电力公司放弃了每一个重要机会去采取更为先进的预防措施和更为严格的安全标准。从它的角度来讲，"新规定会干扰工厂运作，并在潜在的诉讼中削弱其地位。这就是东京电力公司放肆反对新安全规定，并通过电力公司联合会延长与管理者的谈判的充足动机"（NAIIC 2012：17）。因为东京电力公司的底线可能受到新规定成本的不利影响，所以它有充足的理由反对任何改变。

东京电力公司的官僚主义文化因为公司没有采纳"9·11"袭击以后开发的美国科技而受到指责，此技术可以阻止对容纳核燃料棒的房间的创伤性震动所引起的任何辐射性物质的泄漏。此外，核事故独立调查委员会发现东京电力公司的应急反应准备工作完全不足："详细应对严重事故措施的手册未经更新，记录通风程序的图表和文件不完整或丢失。甚至紧急演习和训练都没有充分优先权。这些都是东京电力公司制度问题的症状"（NAIIC，2012：30）。正如东京电力公司在事故之前没有采纳先进技术一样，公司后来"拒绝了来自法国、美国、德国提供抗拒核辐射专业化机器人的建议"（NAIIC 2012：31），而这本来是可以在应急反应中帮助救援人员的。更令人不安的是，核事故独立调查委员会裁定，"东京电力公司董事长和总裁在事故发生时均未在场或联系不上，这对于核电厂的经营者来说是不可思议的。董事长和总裁对应急反应的架构也有不同理解，这是一个很可能造成东京电力公司对事故反应延迟的事实"（NAIIC，2012：33）。不是向政府和公众及时传达信息，东京电力公司仅仅"暗示它认为政府和公众想听到的，因此未能如实传达实情"（NAIIC，2012：33）。含有放射物的冷却水不断从厂房排放到海洋，被媒体揭露，以及东京电力公司"缺乏足够的紧迫感"（Fackler 2013a），所以看来核事故独立调查委员会报告还需要实现要正面面对危机的变化。

10.2.6　与日本"天国后代"嬉戏

了解具有东京电力公司企业治理特征的伎俩，可以对灾难为何以及如何成为"人为的"提供重要线索。大量的腐败问题（Takeda 2011），加上串通一气的政客，助长了对核电社会风险的刻意低估。据国际新闻报道，东京电力公司与核工业安全机构（NISA）的关系类似于追求名利的"旋转门"（Onishi and Belson，2011），其中多数高级官员从核工业安全机构退休去东京电力公司工作。在核电支持者的政治游说占主导地位的背景下，核工业安全机构是经济产业省的操作杆，也是日本核能源的主要推动者。盐川哲也（Shiokawa Tetsuya）是日本共产党党员，他观察到自20世纪60年代以来，东京电力公司就一直给日本经济产业省的退休人员保留副总裁的位置（Takeda，2011）。

让官僚在任期结束时在他们通常监管的公司获得工作，这在日本是惯例。这种做法叫"官员空降"（amakudari），一个从神道教意思"天的后代"改变过来的用词（Onishi and Belson，2011）。官员空降是弥补政府监管人员低工资的方式，也是弥补在公共服务期间所面临的苛刻工作条件的方式，又是"加强公司部门关系的方式"（Ogawa，2011）。由于官员空降，东京电力公司以前的高级管理人员都是监管政府政策法规执行的人员。作为"旋转门"政策的结果，公司忽视了对大众会造成风险的问题。

改革官员空降体制的尝试有无数次，但多数是不成功的（Ogawa，2011）。试图对系统进行立法改革的政治家遇到管理障碍，一名核安全的拥护者大岛九州雄（Kusuo Oshima）将对这种管理障碍的抵制描述为"政治自杀"（Onishi and Belson，2011）。当福岛灾难的消息最先被爆出时，首相菅直人发表严厉声明反对官员空降。他承认这种行为是不可接受的，并承诺采取具体措施去纠正它。但是，考虑到自从民主党去年的议会胜利以来他没有处理的 4240 例官员空降案例，有人怀疑他是否会进行必要的改革（Ogawa，2011）。

10.2.7　保存颜面还是重建信任？

对委员会报告的反应是混杂的。事实很难被证明有正当理由。但可预见的是，牵涉系统失灵的每个人都试图最小化其个人应负责任。由于委员会的严厉批评，东京电力公司主席清水正孝（Masataka Shimizu）退休，高级经理胜俣恒久（Tsunehisa Katsumata）接替他成为首席执行官（NBC，2011）。已经在危机高潮中消失了几个星期的清水正孝一个月后再次出现，只向公众提供了一个很差劲的道歉。西泽俊夫（Toshio Nishizawa）被提升为东京电力公司总裁，一个有人认为在日本最不受欢迎的企业领导的角色。虽然西泽俊夫发表显然意在赢得时间来为东京电力公司的问题找到一个解决方案的讲话——例如，"在我们处于公司历史上从未经历过的空前危机中时接受职务，我感受到巨大责任……但是我决定接受它，因为我相信正面挑战这个困难局面是我的使命"（Layne and Uranaka，2011）——但是由于东京电力公司继续搞不清楚其责任，所以进步甚微。

一年后的 2012 年 7 月，因承受大量赔偿要求和清理费用的重负，东京电力公司被国有化（Japan Today，2012），目标是要使公司充分利用政府注入的 120 亿美元的资金。下河边和彦（Kazuhiko Shimokobe），这位重建专家和核损害责任促进基金国家救助设施的领导者，在 4 月取代胜俣恒久成为首席执行官（Forum on Energy，2012）。由于执政的民主党与企业界的糟糕关系，寻找人选填补这个不舒适的职位并非易事（Obe，2012）。一些潜在候选人甚至质疑日本政府实际支持改革的意愿（Obe，2012），以及遏制官员空降和类似的公私营部门安排所产生的腐败。在下河边给出全面重组计划的未来任务时，他决心从公司内部提拔一个新的总裁以利用更熟悉公司内部管理问题之人的经验。赔偿基金的董事长广濑直己（Naomi Hirose）同意接任此角色，他于 2012 年 5 月正式被任命为东京电力公司总裁（Forum on Energy，2012）。

新的管理团队成立，下河边和广濑开始加倍努力，一方面恢复东京电力公司的经济，另一方面改革公司的管理和安全文化（WNN，2012）。两个组织在国内外专家的协助下成立：核改革检查委员会负责监察改革的实施；调查/核实项目组被要求追踪调查福岛的报告。它们的互动被期望在任何需要的地方，尤其在"治理、风险管理、信息披露"的领域，确保纠正措施得以实施。广濑还领导一个内部核改革特别工作组，这个工作组将由东京电力公司的核改革监察委员会监管，并对改革的直接实施负责。当这些任命宣布的时候，东京电力公司说这是"决心要放弃我们先前持有的"对现有安全文化和措施的"过度自信"；决心开始实施管理改革。它声明："我们决心阻止灾难性事故的再次发生。为达此目的，现在的安全政策将彻底改革，同时听取国内外专家的意见。"（WNN，2012）

东京电力公司的新领导希望做出改变，他们承诺使人更了解灾难。于是，在 2012 年 8 月，公司公开发行在海啸袭击发电厂之后 5 天里录下的 150 小时视频的录像（BBC，2012）。拿出录像来是为了至少部分转移该事件中公司的责任，并突出引发危机的自然灾害的强大。录像中编辑的内容重点是高管的反应，也包括前首相菅直人冲进东京电力公司总部，显然是敦促官员不要离开发电站——一种因为他出现时的场景没有声音而无法得到确认的解释（Tabuchi，2012b）。在紧急状态之后的采访中，福岛核电站经理小森明生（Akio Komori）对首相访问期间发生的事情，给出了一个不同版本。他声称东京电力公司从未将撤退视为所有在电站工人的选择。但是，他承认，一旦辐射水平变得高度危险，东京电力公司考虑过撤出不直接参与稳定电站安全的工人的可能性（Frontline，2012）。

小森的说法因为几个理由而遭到批评，包括他将堆芯熔毁完全归因于海啸，而不是归因于——如田中光彦和核事故独立调查委员会的报告所显示——个人和公司的失责。对在福岛究竟发生何事达成一个清醒认识当然是走向承认过去错误并在未来防止它的第一步。如果核电站控制核反应堆温度的系统最初就由于海啸之前的地震而瘫痪，那么这就表明东京电力公司和日本经济产业省对灾难负有更大的责任。因而东京电力公司和日本经济产业省方面持续缺乏透明度就不能简单作为一个无能为力或者传统日本文化挥之不去的影响的问题而得到辩解。它也许是一种精心设计的尝试，为了将他们遭受起诉的潜在可能性降到最低而欺骗他们所有的利益相关者。在这一点上，目前还没有关于福岛核电站一系列事件的公认说法。

10.2.8　结论

经过一年多的清理运作，东京电力公司想让世界相信福岛第一核电站的情况已经稳定，但是最近关于污染水泄漏到海洋中的报告以及日本政府承担清理责任的决定又再次动摇了这种信念。正如京都同志社大学（Doshisha University）的科技政策教授山口荣一（Eiichi Yamaguchi）所宣称，"政府承认：东京电力公司对清理工作的管理不善、误导公众……政府别无选择，只能结束东京电力公司两年中对核电站实际状况的模糊处理"（Fackler，2013b）。显然，东京电力公司的重点一直是稳定其财政而不是探索批评者希望最终将取代核能发电的那种新能源技术。广濑宣布，现在没有支持沿那条线路发展的基金，这与恢复公司的财务状况的期望相一致（*Japan Today*，2012）。不过，广濑进一步认为，考虑到从福岛灾难中吸取教训，日本的能源来源必须多元化。这是避免石油或天然气供应短缺下的有害影响以及避免增加核电力依赖风险的唯一途径。事实上，自然资源的价格波动可能会严重威胁日本国民经济（Seth，2012c）。然而，此种论调引发了争议。尽管广濑的声明有利于增加透明度，但他不愿承认过去的错误，对减少核能源生产极度怀疑，降低了他在公众视野下所受的信任。面对恢复公众信任的艰巨挑战，东京电力公司的经理们正在为他们以前的自满付出代价。

樋口敏弘（Toshihiro Higuchi）在《原子科学家公报》中表达了他对灾难"根本原因"的困惑，他认为这反映了"日本文化根深蒂固的传统：我们的服从；我们不愿质疑权威；我们献身于'坚持'程序；我们的群体主义；我们的偏隘"（Higuchi 2012）。他的观点与许多不满官员空降一类文化的评论家的观点一样。然而，樋口认识到这样的矛盾：现在受到严厉批评的日本文化特征，曾经却被赞扬为对日本从前核安全优秀记录的支撑（Higuchi，2012）。他认为，这些文化特征不过是日本自律、和谐、职业精神的不好的一面。

由于福岛事故，东京电力公司和日本的核能源产业的未来并不明朗。协调安全问题和财务问题对管理人员似乎是一个不可能的任务。他们所面临的挑战，你会如何应对？你相信政策制定者以后能够整治核工业，并使其安全、经济地发展吗？或者决策者应该放弃核能，致力于大幅减少日本对核能的依赖？如果长远解决这一困境的方案包括改革，如果不消除官员空降体制及相关的文化习俗，下一步要采取什么措施呢？我们当中哪怕可行使一天管理责任的人都应该停下来考虑一下，当我们面对如此巨大规模的危机时，我们要做什么。我们会如清水正孝在几周中所做的那样，尝试隐藏自己，希望躲过这场风暴吗？我们会比下河边和樋口做得更好，利用危机所提供的机会向透明度和当责做出重大进步吗？如果赋予我们捍卫东京电力公司的行动和政策的任务，我们会更加透明吗？

最后，我们从田中光彦的观点中得到何种启示呢？如果日本只有官员空降体制及相关的文化习俗，那么你怎么解释田中长期就核能源危险问题警告他的同胞呢？他是一个揭发弊端者吗？在日本，揭发弊端是可行的吗？在切尔诺贝利核事故之后，他为了警告公众而违背他对前雇主日立的忠诚，这是正确的吗？对我们的雇主、家庭、国家整体的忠诚是否有范围？如果这些忠诚有冲突，以及当这些忠诚有冲突的时候，会发生什么事情？如果他将相关问题告知日立管理层，而管理层则向他保证没有问题，他应该放下这件事情并忘记它吗？你认为，他在东京电力公司因福岛第一核电站的灾难而处于危机中的时候再重提这一切是正确的吗？揭发弊端者在揭示核事故独立调查委员会报告的调查结果时被赋予这样一个显要位置，这正确吗？如果你处在田中的位置，你会做些什么？

10.3   案例研究讨论

日本对袭击福岛第一核电站的灾难做出回应的故事在当责、透明度以及在各种地方由既充当个人又充当各企业代表的各种人们所行使的责任伦理规范方面提出了许多伦理问题。在伦理系列的一端，我们必须考虑到英雄的意义，如核电站员工和灾难袭来时没有离开岗位而是冒着生命危险来重新取得对核电站控制的各种最初回应者。我们需要考虑在形成我们的伦理期待时英雄美德所起的作用。难道我们不应要求每个人都有道德英雄主义吗？为什么要突出这些人的回应，为什么要赞赏和感谢他们呢？使他们的行为具有英雄主义色彩的东西是，他们显示了高于、超越使命召唤之上的道德领导力。他们自愿冒生命危险来将如果他们没有回应其他人就不得不面对的风险降到最低。如果没有核电站员工和最初回应者试图重新控制受损的核反应堆，那么灾难的规模就可能更为严重。我们现在知道这些英雄中有几个被剥夺了生命，其他人遭受了对生命有威胁的辐射量。所有道德传统和宗教传统都把自觉牺牲而让他人活下来——或至少脱离危险的人尊为英雄。

当然，在伦理系列的另一端，我们发现在灾难面前也存在没有履行职责的人，他们逃跑或有其他懦夫行为。此种人定然会受到谴责，因为他们本可以坚守其岗位且他们自身安全风险相对较小。若他们能履行正常职责，灾难影响本可以从不同方面减轻。东京电力公司董事长清水正孝蹊跷消失，象征着懦夫的出路，他在躲藏后再次现身时很快被迫辞职。若清水正孝面临核电站员工和最初回应者遇到的同样个人风险，那么他作为首席执行官未能履行职责，也许会因人避害的本能而得到原谅。但他面临的风险主要是他的声誉受损，因为任何道德领导者的光鲜外表——且不说坚实的管理实践——现在都连同地震和海啸的其他碎屑一起被冲刷到海里了。

在这个正在展开的人为灾难的故事中，清水正孝不应该被突出为唯一的恶棍。东京电力公司的其他高管和经理们，连同他们在日本经济产业省和核工业安全机构的同行们又怎样呢？日本的自民党和民主党这两个执政党中的日本核电产业的建筑师们又怎样呢？在从英雄到懦夫的道德领导系列中，我们应该把若不是数以千计也是数以百计的官僚们放在什么位置上呢？他们在官员空降体制内的个人安全显然使他们看不到日本特有的核能危险。在福岛地震和海啸一类灾难事件之后，他们是否应该对自己明显漠不关心需求却越来越大的安全措施与培训计划负有责任呢？

10.4　伦理反思

无论参与设计、建设、监管、管理日本核电产业的高管和经理们是否应负集体责任——或不负责任，应当明确的是他们所管理的系统创建了一个局面，在这个局面中，揭发弊端成为可能和必要。我们的案例研究确定田中光彦是一名揭发弊端者，因为他试图警告日立的高管们，掩盖福岛第一核电站的安全壳中的一个已知缺陷，是危险的。田中受自己对切尔诺贝利灾难的理解的驱使，经历了一次内心的改变。现在作为一名科学作家，他回到他在日立的前雇主那里，警告他们有堆芯熔毁的危险，一旦安全壳破裂，这种危险就有可能发生。当日立无视田中的警告时，他就将风险公布给公众，写出一本书，解释日本核电项目总体风险背景下的福岛第一核电站的问题。田中的行动及其随后在核事故独立调查委员会调查中的角色，促使我们考虑揭发弊端的伦理，以确定它是否合适以及在什么条件下合适。

10.4.1　揭发弊端的伦理

为了解决田中是应该被赞誉为道德英雄还是应该因为他不忠于雇主而受到谴责的问题，我们需要首先考虑何为揭发弊端。虽然有一系列可以叫做揭发弊端的行为，但是揭发弊端尤其发生在组织内部，某人，通常是一个员工，观察到或参与某种形式的不当行为——无论是作为一种非故意的错误还是作为某种政策或实践的可预测的结果——并试图让它得到纠正（Boatright，2003，p. 106）。揭发弊端有几个阶段演变的过程。揭发弊端者向他或她的上司报告所观察到的不当行为，期望他们对所报告的问题采取行动加以纠正。如果他们对报告置之不理，或者没有对它做出建设性回应，或者如果情况似乎严重到足以证明其确凿无误，那么揭发弊端者就会将报告拿到组织之外，通知主管部门，如政府监管机构、专业协会，或者通知新闻媒体，可能还有公众。将报告拿到组织之外的关键是要对组织产生足够的压力，使其改变政策或采取行动纠正问题。毋庸置疑，大多数组织都阻拦揭发弊端，因为他们认为任何未经授权就将其问题报告给外部机构的行为，都是严重违背了忠诚和信任，所以应该受到严厉惩罚，包括从终止聘用到失去职业地位或名誉，在最极端情况下，还包括某种形式的个人报复。

拉尔夫·纳德是在其开创性著作《任何速度都不安全》（*Unsafe at Any Speed*）（1965）一书中揭露美国汽车所包含安全风险的活动家，被誉为把揭发弊端同道德领导相关联的第一人。在纳德之前，"揭发弊端者"这一术语是"用于抹黑打破了缄默法则而向当局告密的人"（Zimmer，2013）。但是1971年在他组织的一次职业责任的会议上，纳德进行了"术语挽回工作"，呼吁"公司与政府内关心公益的'揭发弊端者'走出来报告诈骗和其他不端行为"（Ibid.）。如果组织内的责任伦理规范要求透明度和当责，那么没有愿意揭露自己所知之事以阻止对组织的，包括广大公众在内的，各种利益相关者造成进一步伤害的揭发弊端者帮助，无论透明度和当责都无法实现。

虽然卡伦·斯科伍德（Karen Silkwood）不大可能是受纳德著作的启发，但是她是在美国核电产业揭发弊端的第一批人之一。她是在俄克拉何马州克瑞森特附近科尔－麦吉（Kerr-McGee）的锡马龙（Cimarron）燃料制造地的员工，涉及为核反应堆燃料棒制造钚颗粒。就业不久，她就加入了当地的石油、化学和原子工人工会，她被指控在其中调查、记录健康安全违规行为，包括因工厂所谓不完善的安全装备和程序而使她个人遭受的污染。1974年，斯科伍德在负责管理核电产业的美国政府机构原子能委员会（AEC）面前作证反对科尔－麦吉。同年晚些时候，在意欲向公众揭发弊端而联系一名《纽约时报》记者以后，斯科伍德神秘地死于一场车祸。尽管从未在法庭上被证实，但是她的支持者们在当时和现在都认为斯科伍德是因为对科尔－麦吉揭发弊端而被谋杀。

斯科伍德的故事始终是绘制揭发弊端的道德逻辑的启发性基础。她不是一位反核活动家，而是一位妻子和母亲，在生产核燃料棒的工厂工作。她发现一个问题，即她和同事完成指定任务时所处的环境并不安全。她提出问题并寻求援助。当然，不安全的工作条件对不得不忍受这些条件的所有人来说都是显而易见的，但是把这些问题给她的上级主管指出来显然是徒劳无功的。因此她加入了在工厂里合法运作的工会，为的是看看是否可以做些什么来改善现在的情形。她的责任是对违反安全的行为进行调查和记录。她与工会一道让她的主管们面对工厂里面的安全问题。他们对她的担忧不予理睬，并控告她捏造不实证据，辩称她遭受钸污染的详细证据其实是一场蓄意的破坏行为。她想要说服她的上级处理工厂不安全工作条件的努力引起了全国新闻媒体的注意。当时她正在去递交文件和接受采访的路上，为的是警告大众核能所涉及的普遍危害，但是却遭遇车祸丧生。

斯科伍德的故事给我们提供了一个很好的机会，来检验员工是否对他或她雇主忠诚的某种基本道德假设，反之亦然。在鼓励人们做"关心公益的'揭发弊端者'"的努力中，拉尔夫·纳德并不是在摈弃员工忠诚本身的道德合法性，而是在暗示它应该有明确的范围。这样的范围常出现在"老板要求某些不道德的事情"的情况中（Chewning，1995）。正如我们前面所见，员工是人，有他们自己的道德权利和责任。他们对雇主的忠诚，道德上来说是很重要，但不是绝对的。如果他们的雇主要求他们做某些不道德的事情，或者他们在工作中注意到某些不道德的事情正发生，他们既有责任也有权利进行抵制，至少达到他们自身不用参与的程度。斯科伍德的雇主们希望她可以对工厂的安全问题视而不见，就像田中的前雇主日立希望他可以墨守陈规，不泄露他所知的福岛核电站密封结构有缺陷的事情一样。

然而，和田中不一样的是，斯科伍德试图揭发弊端时，她还在科尔－麦吉公司上班。她有更多的理由来考虑，是否要将她所知之事公之于众。虽然对雇主来说，要求员工保密和不向外界透漏工作中所发生的重要信息是合理的，但是当老板要求员工做某些不道德事情的时候，没有任何雇主有权指望其员工保持沉默。科尔－麦吉公司拒绝升级其工厂程序，甚至它早应该知道，如果不这样做，有可能会增加其部分员工患病甚至是死亡的风险。日立拒绝田中关于不更换东京电力公司核电站有缺陷的外壳结构就有潜在后果的警告。不承认这些问题，不采取适当措施来纠正其所造成的风险，严重到足以压倒对员工的关照，并为他们公开自己所知道的问题情况做出辩解。但是请注意田中和斯科伍德对雇主揭发弊端时所处的情况。他们是在做出了真诚努力来记录有关问题并要求雇主对其整改之后才公之于众的。他们只是在雇主拒绝行动的情况下才尝试警告公众的。

　　毫无疑问，揭发弊端对所有相关方都是危险和有代价的。雇主们会对其积极阻止，因为一旦外部监管机构和新闻媒体介入，他们将无法操控局面。一旦广大公众知悉并要求采取行动，雇主们将再也不能按照他们自己的条件或者计划来整改问题。当然，一个忠诚的员工，不想强迫他或她的雇主来这样做，除非是迫不得已，而且问题必须严重到引起公众的担忧、所有其他解决办法都已经无济于事的程度。

　　真正的忠诚从不要求员工忽略他们所知的真相。正直的揭发弊端者不仅关心公益，而且他们的行为还表明他或她对雇主们更加忠诚，因为关键是给管理层压力，使其在问题严重损害或摧毁公司以前得到整改。因此开明的雇主应当采取促进公司最佳利益的政策。不是通过以各种形式的报复来威胁揭发弊端者，从而试图镇压他们，而是试着开通合适的沟通渠道，比如，一个内部监察员办公室，或者是一种可靠有效的监控系统，甚至还可以是一个"建议箱"，从而让认为自己确定问题，尤其是伦理上严重问题的员工们会有安全的方式使管理层注意到这些问题，而不用使他们的工作和自身安全遭受危害。那些鼓励管理人员与员工之间进行真诚沟通的雇主，会减少去公司外揭发弊端的必要或道德辩解。

　　因为去公司外揭发弊端是一种可能被所有相关方看作有敌对性的活动，所以我们不妨问一下此种举动在何种情况下是道德上允许的，以及如果有的话，何时在道德层面上是必须的。这两者可以在有关危险，尤其对广大公众的有关危险的严重程度基础上来区分。道德上可允许意味着，问题尽管还没有直接威胁生命，但是已经严重到足以得到公众的注意；而道德上必须则意味着，不揭发弊端，就有可能使无辜生命遭受风险。似乎斯科伍德和田中的揭发弊端行为都是道德上必须的，因为无视他们认定的核安全问题，就有可能造成草菅无辜人命的结果。这两个案例中，揭发弊端者都由于他们雇主拒绝回应而被迫走向敌对。在设法敬告广大公众的时候，斯科伍德和田中在某种意义上是被迫向其雇主开战。但是，有影响揭发弊端者参与道德上等同于战争之举的道德准则或伦理原则吗？

10.4.2 揭发弊端和正义战争传统

在古罗马法的基础上，欧洲中世纪的基督教形成了一种伦理视角，回答了关于在战争得到许可之时，战争是被迫之时的战争道德，以及战争中的什么行为可以被视为合法的基本问题。这种视角被称为正义战争传统，直至今日，它在基督教关于这些问题的讨论中仍占有显著地位（USCC，1983）。正义战争理论试图规定如果一个国家的战争决策要在道义上被视为正当所必须满足的伦理条件：这被称为 "ius ad bellum"（诉诸战争权）标准。它还规定了两个决定战争伦理合法性策略的条件，叫做 "ius in bello"（战时法）标准。这里是七个诉诸战争权标准：正当理由、主管当局、比较正义、正确意图、最终手段、成功概率及均衡性。还有两个战时法标准：均衡性和歧视。

如果我们详细回顾这些标准，立刻就能发现正义战争理论传统的目的既不是祝福也不是赞美战争，而是最大限度地限制诉诸武力解决国家间争端所带来的伤害。例如，战时法标准意在保护非战斗人员或平民——以生命权作为开始——的权利，因为他们被认为没有直接参加敌对活动，理应免除伤害。正义战争传统通常在各国正当授权的专业化军事力量作战的情况下保持其相关性。它与从热核战争到包括反恐战在内的各种形式反暴力战争的当代形式战争相关联，甚至在承认正义战争原则同所谓常规战争的相关性的伦理学家中都有极大争议性。

如果揭发弊端活动最终使员工面对去公司外揭露和纠正公司内发生问题的选择，那么正义战争标准会如何帮助澄清他或她为了这样做而背弃对其雇主忠诚中所包含的伦理？尽管员工个人几乎无法被比作一个主权国家，但是像国家一样，他或她被指望负责任地作为，去执行指派给他或她的任务或职能。正如战争故意打破主权国家之间应该实现的和平，揭发弊端会涉及一种对员工正常情况下对其雇主应有忠诚的蓄意背叛。如果有的话，这种背叛在什么时候从道义上来讲是正当的呢？

所有七个诉诸战争权的标准可以帮助解决这个问题。那么，在商界，什么情况下的揭发弊端在道义上来讲是正当的呢？让我们简要审视一下这七个标准：（1）正当理由：道德问题很严重，且公司未能解决问题，从而给各种利益相关者带来严重潜在危害。（2）主管部门：向外部监管机构或新闻媒体披露问题的员工已做出有诚意的努力使公司在内部处理问题。（3）比较正义：要面对的弊病比对它的抵制可能触发的弊病更糟糕。因为公开披露一定会对企业产生负面影响，但至少短期内，其积极后果必须比其所能确认的消极后果大。（4）正确意图：员工必须为对公司规定使命或目的的更高忠诚而不是为报复或预期利益这样的个人动机所驱动。（5）最后手段：内部解决问题的一切合理努力均以失败告终。若要解决该问题，公开揭露造成的外部压力必须是唯一选择。（6）成功概率：员工向外部揭露问题有可能带来结果；它不可能遭到忽略。（7）均衡性：员工为使公司合法商业利益损害最小化而行动；他或她的反应与正在解决的问题相均衡。在对田中揭发日立和东京电力公司这一决定的评估中，我们可以看到所有这七个标准是如何被应用的。

（1）正当理由：在切尔诺贝利事件之后，田中意识到，有缺陷的安全壳结构中的爆炸会对福岛核电厂附近的一切生物造成灾难性伤害。如果他保持沉默，他就要对这样的灾难负有部分责任。当他没有说服他在日立的前任老板时，他用科学作家的声望来警告公众潜在的灾难。毫无疑问，寻求保护无辜生命是一个正当理由。这是否就为他将案子公诸于众辩解，还取决于威胁实际上有多严重。切尔诺贝利事件之后，无为的风险应该对每个有关人员都是很明显的。

（2）主管部门：日立的管理人员应该已经认识到田中判定有缺陷的外壳结构所涉风险是最胜任的。毕竟，在其施工过程中他是监理工程师。他的警告不是一个孤陋寡闻新手或是心怀不满员工的警告。作为一个有经验的工程师，他拥有可以确定缺陷未被纠正会发生什么情况的专业知识。由于他特别能够胜任，他揭发弊端不但是可以允许的，而且也是必须的。

（3）比较正义：多年前，田中曾试图巧妙处理有缺陷外壳结构的修复，他这样做是因为他知道更换它可能使公司破产。他意识到了其雇主会因此遭遇的潜在财务损失。后来，他清楚意识到这会给福岛区居民带来潜在的有形伤害。他现在认识到的比较正义要求他采取行动，保护居民的生命，而不是雇主的利益。

（4）正确意图：当田中关于福岛核电厂外壳结构揭发弊端时，他不再受雇于日立集团。几年前，为从事科学作家生涯，他辞去他的职务。关于核能危险性的书并不是他新事业的唯一成就。尽管写书是为了对他在日立掩盖危险一事中的共谋做出弥补，但是本意不是报复前雇主。他只是要警告日本公众注意使他们生命都处于险境的核安全问题。如果意图不纯，很难想象他后来如何或为什么被任命为调查该灾情的核事故独立调查委员会的一员。

（5）最后手段：田中决定写本书来警告公众注意核泄漏危险，在此过程中，他承认他在掩盖安全壳结构的缺陷中所充当的角色，而这一有缺陷的安全壳结构仍然在东京电力公司的核电站使用。从关于他的行动和动机的描述中，可以清楚看到，他是在没有说服日立管理层调查问题之后才选择公开的。除此之外，他还能做什么呢？

（6）成功概率：当然，写一本关于核安全问题的书无法保证日本舆论就会要求采取适当行动。然而，因为其作者在该领域的专业知识，这本书确实可作为一个基准。当地震和海啸最终显示了问题的严重性，印证了田中的分析时，他现在的目的是建议日本政府如何最佳防止灾难再次发生。

（7）均衡性：田中和核事故独立调查委员会都不想让东京电力公司关门大吉或促使日本政府核能政策上的根本性转变。他们的努力是为了通过要求适当的安全标准和技术升级以充分保护日本人民，从而最大限度地减少未来的核事故。就像他们所看到的，问题不是核能本身，而是在日本社会现有结构内对核能的负责任的管理和公私的治理。他们建议的具体改革与已经确定和分析的问题相均衡。他们并没有呼吁对日本核电工业进行大规模的拆除。总之这七个标准的审查表明，田中对日立和东京电力公司的揭发弊端在道义上是正当的。他的工作应被视为东亚地区负责任的揭发弊端的楷模。

10.5 结论：超越揭发弊端

雇主期望雇员忠诚植根于儒家关于孝道的传统教育，它源于儿女与父母间的亲情关系并延伸到宗族、村庄、城市、公司或政府。孝的目的是要在这些关系中保持和谐与和平。但正如我们所看到的，不仅是在东京电力公司的案例中，在这种理想中展望的和谐经常支持阻止人们表达合理异见的政策。忠诚被等同于维护严格的等级秩序——诸如在日本企业和政府中官员空降的官僚习气培养的秩序——促使顺从居于所有其他组织价值观之上。毫不奇怪，这种扭曲的忠诚意识扼杀辩论，从而倾向于创建一种揭发弊端既成为可能很有必要的组织文化。尽管它可以有益于广大公众，但从另一个角度来看，它会同时危害个人和组织。当判断任何特定情况下揭发弊端是否适当的时候，两种教训都应该得到认真对待。

在工作场所培养和谐关系仍然是一名员工的首要任务。因此鼓励公司内的猜疑和阴谋是不合适的。员工必须对公司的报表保密，确保不传谣，不散布关于公司的扭曲信息。因此，揭发弊端应该始终是表达异议的最后手段。尤其是在错误会付出生命代价的影响公共健康的领域，必须有内部的沟通渠道，在确认错误的时候，即使在亚洲以外的地方，也应该留意不要让人感到丢失颜面。像一位公众可以向其投诉的监察专员一样，一位受人尊敬的公司董事会成员之所以受到信任是因他或她有经验，所以必须随时随地接受和审阅批评。缺乏合法投诉的渠道造成许多公司自毁于一旦，当然，如果这样的渠道在核电站已经形成，那么东京电力公司本可以更加有准备地回应福岛灾难。

伦理学极力提倡这样一种氛围，即公司内部允许利于公司发展的反对意见的存在，这样就将到公司外揭发弊端的需求最小化。因此，我们承认公司各级管理人员的权威必须得到尊重。尽管倡导揭发弊端会被误解为提意见，可能会被误解为对管理团队和公司大方向的蔑视，但是对揭发弊端伦理学的正确理解必然避免任何形式的狂热，这种狂热会带来一种互相指责、互相猜疑的工作氛围。我们认为，这样一种理解可以从关于敌对关系中道德界限的审视中推断出来，正如正义战争传统所铭记的那样。但是，我们并非只专注于揭发弊端，而是进一步建议在公司内部发展创新文化和忠诚异见，这将不仅改善员工的忠诚度，而且还能增强公司在寻求为其服务的市场中的可信度。这就要求发展沟通结构和开放论坛，从而团队所有成员都会受到鼓舞，贡献出自己的想法。当出现肆虐福岛第一核电站的地震和海啸一类紧急情况时，公司内外都能坦率沟通，从而准备充分地应付紧急情况，并迅速走上复兴之路。

参考书目

Axelrod, J. (2011, March 16). Fukushima heroes: Not afraid to die. *CBS News.* Retrieved on September 12, 2012 from http://www. cbsnews. com/2100 – 18563_ 162 – 20043554. html.

BBC. (2012, August 7). *TEPCO releases recordings of Fukushima nuclear crisis.* Retrieved on September 12, 2012 from http://www. bbc. co. uk/news/19159927.

Black, R. (2011, March 15). Reactor breach worsens prospects. *BBC.* Retrieved on September 13, 2012 from http://www. bbc. co. uk/news/science-environment – 12745186.

Boatright, J. R. (2003). *Ethics and the conduct of business* (3rd ed.). New York: Prentice-Hall.

Cantoria, C. (2011, August 3). *Nuclear power plant accidents and their damaging effects.* Bright Hub. Retrieved on August 9, 2013 from http://www. brighthub. com/environment/science-environmental/articles/65993. aspx.

Chewning, R. (1995). When a boss asks for something unethical. In M. Stackhouse, D. McCann, & S. Roels (Eds.), *On moral business: Classical and contemporary resources for ethics in economic life* (pp. 723 – 726). Grand Rapids: Wm. B. Eerdmans Publishing Co.

Clenfield, J. (2011a, March 18). Japan nuclear disaster caps decades of faked reports, accidents. Bloomberg. Retrieved on August 12, 2013 from http://www. bloomberg. com/news/2011 – 03 – 17/japan-s-nuclear-disaster-caps-decades-of-faked-safety-reports-accidents. html.

Clenfield, J. (2011b, March 23). *Fukushima engineer says he helped cover up flaw at Dai-Ichi reactor No.* 4. Bloomberg. Retrieved on August 12, 2013 from http://www. bloomberg. com/news/2011 – 03 – 23/fukushima-engineer-says-he-covered-up-flaw-at-shut-reactor. html.

DNA. (2012, March 11). *Japan marks first anniversary of quake-tsunami disaster.* Retrieved on September 12, 2012 from http：//www. dnaindia. com/world/report_ japan-marks-first-anniversary-of-quake-tsunami-disaster_ 1660956.

Fackler, M. (2013a, August 6). New leaks into Pacific at Japan nuclear plant. *New York Times.* Retrieved on August 13, 2013 from http：//www. nytimes. com/2013/08/07/world/asia/leaks-into-pacific-persist-at-japan-nuclear-plant. html.

Fackler, M. (2013b, August 7). Japan stepping in to help clean up atomic plant. *New York Times.* Retrieved on August 8, 2013 from http：//www. nytimes. com/2013/08/08/world/asia/fukushima-nuclear-plant-radiation-leaks. html.

Forum on Energy. (2012, June 27). *Timeline of TEPCO ownership.* Retrieved on September 16, 2012 from http：//forumonenergy. com/2012/06/27/timeline-of-TEPCO-ownership/.

Frontline. (2012, February 28). *TEPCO's Akio Komori：'The options we had available were rather limited'*. Retrieved on September 12, 2012 from http：//www. pbs. org/wgbh/pages/frontline/health-science-technology/japans-nuclear-meltdown/TEPCOs-akio-komori-the-options-we-had-available-were-rather-limited/.

Goodspeed, P. (2011, March 16). Livid Japanese PM takes personal control of crisis management. *The National Post.* Retrieved on August 28, 2012 from http：//fullcomment. nationalpost. com/2011/03/16/peter-goodspeed-livid-japanese-pm-takes-personal-control-of-crisis-management/.

Hackenbroch, V., Meyer, C. & Thielke, T. (2011, April 5). A hapless Fukushima clean-up effort. *Der Spiegel.* Retrieved on September 12, 2012 from http：//www. spiegel. de/international/world/a-hapless-fukushima-clean-up-effort-we-need-every-piece-of-wisdom-we-can-get-a－754868. html.

Higuchi, T. (2012, September 4). Japan's culture：Culprit of the nuclear accident. *Bulletin of Atomic Scientists.* Retrieved on September 22, 2012 from http：//www. thebulletin. org/web-edition/op-eds/japan's-culture-culprit-of-the-nuclear-accident.

International Atomic Energy Agency. (2011, March 15). *Fukushima nuclear accident update.* Retrieved on September 13, 2012 from http：//www. iaea. org/newscenter/news/2011/fuku-shima150311. html.

International Business Times. (April 9, 2011). *A month on, Japanese nuclear crisis still scarring.* Retrieved on September 13, 2012 from http：//www. ibtimes. co. in/articles/132391/20110409/japan-nuclear-crisis-radiation. htm.

Iwata, M. (2012, September 5). TEPCO head fears end of Nuclear in Japan. *The Wall Street Journal*. Retrieved on September 12, 2012 from http：//online. wsj. com/article/SB10000872396 39044427370457763393350192040. html？ mod = googlenews_ wsj.

Japan News Today. (2011, September 19). *TEPCO President Toshio Nishizawa makes motiva-tional speech at Fukushima Daiichi nuclear plant.* Retrieved on September 13, 2012 from http：//www. youtube. com/watch？ v = QMME5pk0JqA.

Japan Today. (2012, September 10). *TEPCO says it has no money to develop renewables.* Retrieved on September 12, 2012 from http：//www. japantoday. com/category/national/view/TEPCO-says-it-has-no-money-to-develop-renewables.

Kyodo News. (2012, May 24). *TEPCO puts radiation release early in Fukushima crisis at* 900, 000 *TBq.* Retrieved on September 13, 2012 from http：//english. kyodonews. jp/news/2012/05/159960. html.

Layne, N. & Uranaka, T. (2011, May 20). TEPCO chief quits after $15 billion loss on nuclear. crisis. *Reuters.* Retrieved on September 12, 2012 from http：//www. reuters. com/arti-cle/2011/05/20/us-TEPCO-idUSTRE74I89G20110520.

Los Alamos Science. (1995). The Karen Silkwood story：What we know at Los Alamos. *Los Alamos Science*, 23. Retrieved on August 22, 2013 from http：//www. fas. org/sgp/othergov/doe/lanl/pubs/00326645. pdf.

McCurry, J. (2011, April 12). Japan raises nuclear alert level to seven. *The Guardian.* Retrieved on September 13, 2012 from http：//www. guardian. co. uk/world/2011/apr/12/japan-nuclear-alert-level-seven.

Mochizuki, I. (2012, September 11). Thyroid disease rate spiked to 43. 7%, 'About 1 in 2 children have nodule or cyst in Fukushima city'. *Fukushima Daily Blog.* Retrieved on September 12, 2012from http：//fukushima-diary. com/2012/09/thyroid-disease-rate-spiked-from-35-8-to-43-7-about-one-in-two-children-have-nodule-or-cyst-in-fukushma-city/.

Muller, R. (2012, August 18). The panic over Fukushima. *The Wall Street Journal.* Retrieved on September 21, 2012 from http：//online. wsj. com/article/SB10000872396 39044772404577589 270444059332. html.

Nader, R. (1965). *Unsafe at any speed：The designed-in dangers of The American automobile.* New York：Grossman Publishers.

NAIIC. (2012, July 5). *The National Diet of Japan.* Retrieved on September 12, 2012 from http：//cryptome. org/2012/07/daiichi-naiic. pdf.

NBC News. （2011, May 19）. Report：President of Japan's troubled TEPCO resigning. Retrieved on September 13, 2012 from http：//www. msnbc. msn. com/id/43101 927/ns/business-world_ business/t/report-president-japans-troubled-TEPCO-resigning/#. UFGSCc1DSTY.

NEI. （2012, August 13）. *TEPCO continues dismantling Fukushima Daiichi* 4. Retrieved on September 13, 2012 from http：//safetyfirst. nei. org/japan/TEPCO-continues-dismantling-fukushima-daiichi － 4/.

NHK Documentary. （2012, July）. *Fukushima the truth behind the chain of Meltdowns*. Retrieved on September 12, 2012 from http：//enenews. com/TEPCO-manager-thought-situation-could-ruining-country-reactor － 2 － start-burning-inside-cool-video.

Obe, M. （2012, April 19）. Japanese government finds new chairman for TEPCO. *The Wall Street Journal*. Retrieved on September 19, 2012 from http：//online. wsj. com/article/SB10001424052 7023043312045773533302409041804. html.

OECD. （2011, June 17）. *Status of National actions in response to the TEPCO Fukushima Daiichi accident*. Retrieved on September 13, 2012 from http：//www. oecd-nea. org/nsd/docs/2012/sen-nra-wgoe2012 － 1. pdf.

Ogawa, H. （2011, May 23）. *The problem with Amakudari. The Diplomat*. Retrieved on September 22, 2012 from http：//thediplomat. com/a-new-japan/2011/05/23/the-problem-with-amakudari/.

Oi, M. （2012, June 4）. TEPCO ex-executives get golden parachute. *BBC*. Retrieved on September 12, 2012 from http：//www. bbc. co. uk/news/business － 18550747.

Onishi, N. & Belson, K. （2011, April 26）. Culture of complicity tied to stricken nuclear plant. *New York Times*. Retrieved on June 19, 2015 from http：//www. nytimes. com/2011/04/27/world/asia/27collusion. html.

Rashke, R. L. （1981/2000）. *The killing of Karen Silkwood：The story behind the Kerr-McGee Plutonium case* （2nd ed. ）. Ithaca：Cornell University Press.

Reuters. （2011a, April 21）. Japan says 20 km Fukushima ring will be no-go zone. Retrieved on September 12, 2012 from http：//www. reuters. com/article/2011/04/21/japan-fukushima-idUSL3E7FL0AQ20110421.

Reuters. （2011b, December 6）. Japan sees atomic power costs up by at least 50 percent by 2030. Retrieved on September 12, 2012 from http：//www. reuters. com/article/2011/12/06/japan-nuclear-cost-idUSL3E7N60MR20111206.

Saito, M. S. & Slodkowski, A. （2013, August 7）. *Japan says Fukushima leak worse than thought*, *government joins clean-up*. Reuters. Retrieved on August 9, 2013 from http：//www. reuters. com/article/2013/08/07/us-japan-fukushima-pm-idUSBRE97601K 20130807.

Schumaker-Matos, E. (2012, March 20). The cost of fear: the Framing of a Fuku-shima report. *NPR*. Retrieved on September 12, 2012 from http：//www. npr. org/blogs/ombuds-man/2012/03/15/148703963/the-cost-of-fear-the-framing-of-a-fukushima-report.

Seth, R. (2012a, July 20). TEPCO befuddled by allegations against their role in the nuclear disas-ter. *The Japan Daily Press*. Retrieved on September 21, 2012 from http：//japandailypress. com/TEPCO-befuddled-by-allegations-against-their-role-in-the-nuclear-dis-aster – 207021.

Seth, R. (2012b, August 15). TEPCO manager Masao Yoshida's video diary. *The Japan Daily Press*. Retrieved on September 12, 2012 from http：//japandailypress. com/TEPCO-manager-masao-yoshidas-video-diary – 159195.

Seth, R. (2012c, September 6). TEPCO chief Naomi Hirose is skeptic about nucle-ar power in Japan. *The Japan Daily Press*. Retrieved on September 21, 2012 from http：//japandailypress. com/TEPCO-chief-naomi-hirose-is-skeptic-about-nuclear-power-in-japan – 0611325.

Soble, J. (2011, April 13). TEPCO president's 'sorry' return to work. *The Finan-cial Times*. Retrieved on September 12, 2012 from http：//www. ft. com/intl/cms/s/0/35ea8424 – 65ef – 11e0 – 9d40 – 00144feab49a. html#axzz26KnBkLWw.

Tabuchi, H. (2012a, July 5). Inquiry declares Fukushima crisis a man-made disas-ter. *The New York Times*. Retrieved on September 12, 2012 from http：//www. nytimes. com/2011/04/27/world/asia/27collusion. html? pagewanted = 2&_ r = 4&src = me.

Tabuchi, H. (2012b, August 6). Japan utility shows recordings of nuclear cri-sis. *The New York Times*. Retrieved on September 12, 2012 from http：//www. nytimes. com/2012/08/07/world/asia/TEPCO-shows-video-from-japans-nuclear-crisis. html? _ r = 0.

Takeda, N. (2011, August 8). Amakudari: Japan's fallen angel. *The Truman Fac-tor*. Retrieved on September 22, 2012 from http：//trumanfactor. com/2011/amakudari/.

Tanaka Ryusaku Journal. (2012, June 16). The shareholder derivative action-TEP-CO："There was no mistake in our response after the accident". Retrieved on September 12, 2012 from http：//dissensus-japan. blogspot. com/2012/06/shareholder-derivative-ac-tion-TEPCO. html.

TEPCO. (2012, March 11). *A message from TEPCO president Toshio Nishizawa marking the first year since the Fukushima Daiichi Nuclear Power Accident.* Retrieved on September 13, 2012 from http：//www. TEPCO. co. jp/en/press/corp-com/release/2012/12031103 – e. html.

The Asahi Shimbun. （2011, December 7）. TEPCO president noncommittal on liability, rate hike. Retrieved on September 12, 2012 from http：//ajw. asahi. com/article/0311disaster/fukushima/AJ201112070020.

Uechi, K. （2012, September 12）. TEPCO sets up 3rd-part panel to improve nuclear safety, win trust. *The Asahi Shimbun.* Retrieved on September 12, 2012 from http：//ajw. asahi. com/article/0311disaster/fukushima/AJ201209120078.

United States Catholic Conference （USCC）. （1983）. *The challenge of peace： God's promise and our response： A pastoral letter on war and peace by the National Conference of Catholic Bishops.* Retrieved on August 30, 2013 from http：//old. usccb. org/sdwp/international/TheChallengeofPeace. pdf.

von Hippel, F. （2011, September/October）. The radiological and psychological consequences of the Fukushima Daiichi accident. *The Bulletin of the Atomic Scientists*, 67 （5）, 27 – 36.

Weisenthal, J. （2011, March 29）. Hasn't been seen in weeks, and there are rumors he has fled or committed suicide. *Business Insider.* Retrieved on September 13, 2012 from http：//articles. businessinsider. com/2011 – 03 – 29/news/30063469_ 1_ rumors-suicide-politicians.

Westlake, A. （2012, May 17）. TEPCO's price increase proposal met with customer opposition. *The Japan Daily Press.* Retrieved on September 12, 2012 from http：//japandailypress. com/TEPCOs-price-increase-proposal-met-with-customer-oppostition – 172290.

WNN. （2012, September 12）. TEPCO launches reformation. Retrieved on September 29, 2012 http：//www. world-nuclear-news. org/C-TEPCO_ launches_ reformation – 1309127. html.

Zimmer, B. （2013, July 12）. Word on the street： The epithet nader made respectable. *Wall Street Journal.* Retrieved on August 27, 2013 from http：//online. wsj. com/article/SB10001424127887 323368704578596083294221030. html.

第十一章 投资者：伦理和金融

尊重你的同事是你最明智的投资。

（罗世范，《成为终极赢家的18条规则》，2004）

11.1 前言

2008年全球金融危机的结果之一是出现一场国际运动，以"占领华尔街"和诸如在香港汇丰银行总部下面公共空间发展起来的占屋者团体一类其他抗议运动为中心。这场运动因为缺乏一致的关注点或目标，以及其他对文明礼节的违背而受到一些人的严厉批评。但是其他人将此视为对全球金融行业某些玩家的伦理挑战，这些玩家为了使他们的收益最大化，无视他们自己对投资者以及广大公众的受托责任。"占领华尔街"的一位捍卫者是汤姆·迈尔斯，他的公司专门从事法务会计类的工作，帮助揭露金融危机中存在的轻重罪行。迈尔斯捍卫"占领华尔街"的"公开信"是我们解释"投资人权利法案"（IBOR）提案以及在亚洲和其他地方银行投资界内部的其他改革尝试的出发点。这些努力为我们提供了一个机会，来考虑案例，求得对受托责任性质以及它对于认真对待金融交易基本逻辑中固有伦理原则之人应该有何意味，有更宽广、更积极主动的理解。这些努力还会使我们能构想同"现实经济"更好关联的金融体系，例如创建和鼓励在中小型公司中投资，这些公司才是经济的引擎。由于金融体系必须服务于公众利益，而不是单纯服务于超级富豪的利益，所以我们聚焦那些在许诺裨益于所有利益相关者的公共和私人领域中的改革。

11.2　案例分析：投资者和银行家对金融改革呼吁的回应

11.2.1　摘要

雷曼兄弟于 2008 年 9 月破产，使全球金融危机的规模和范围备受关注，在投资和银行业已建立的改革势头不仅通过"占领华尔街"之类的民众抗议，形成一种更大迫切性的感觉，而且更清晰地聚焦于投资者和银行家在实现改革中扮演的角色。重新讨论投资人权利法案及成功致力于创建和维持伦理银行业务，这是他们严肃对待改革的两个重要标志。在这个案例研究中，我们将探讨投资人权利法案提案，先从备受尊敬的法务会计、中国贸易学会首席执行官汤姆·迈尔斯回应"占领华尔街"抗议所写的公开信开始，然后探讨将伦理作为核心使命的银行机构的革新措施，如意大利的大众伦理银行、孟加拉的格莱珉银行、台湾玉山银行，以及与中国政府合作的各银行对金融改革方面所作出的各种努力。虽然这些有希望的努力并不是一种保证，即保证投资和银行业不再从事引起全球金融危机的风险活动，但这些努力表明改革是可持续的，尤其是在大小各类商业银行重新致力于满足所有利益相关者的需求的情况下，也表明适当的法律已经制定。

11.2.2　关键字

投资人权利法案（IBOR）、伦理银行业务，意大利大众银行，合作金融机构，微型银行业务，亚洲可持续和责任投资协会，巴塞尔 III 改革，社会责任投资（SRIs）

11.2.3　"占领华尔街"和金融改革前景

当 2008 年全球金融危机揭示出发生过的弊病程度时，抵制运动因市场机能失调、高层管理人员薪金过高，以及普遍感觉体系被构筑起来对抗社会大部分民众激发起闷燃的失望而产生。被称为"占领华尔街"的运动于 2011 年 9 月 17 日在纽约华尔街金融区的祖科蒂公园开始。它提出的问题，如社会与经济不平等、贪婪、腐败及政府过度影响企业，企业，尤其是金融服务业的企业。"占领华尔街"发起的口号是"我们是那99％的人"，这涉及美国和全世界对收入与财富的不平等分配，以及将最富有的1％的人与其他人口分开。

最终运动在数量上越来越多，"我们是那99％的人"可以在美国各地和其他西方国家的标语牌上看到。当地组织往往有不同日程安排，但是如何改变不均匀地使极少数人受惠、破坏民主、导致金融不稳定的全球金融体系是其主要关心的事情。在伦敦，"占领伦敦"运动不仅是对金融体系不公正实践的抗议，也是对世界各地的压迫及英国外交政策的抗议（Occupy London，2011）。

批评家斥责"占领"运动，视它及其支持者为"吃白食者"（Zernike，2011）、"人渣"（Hixon，2011）、"反美分子"（Colley，2011）。他们预测该运动对规范金融体系的政治活动及公共政策影响不大。但有其他人公开赞誉和支持该运动。美国前总统比尔·克林顿被问及关于"占领华尔街"的观点时，他说道：他认为该运动是"伟大的"，并且它在短时间内就做到了，比他在过去11年间试图引起对我们必须处理一些相同问题的关注做得更多。（Gilani，2011）著名哲学家和活动家诺姆·乔姆斯基表达了他对运动的支持，并称之为"一次克服美国当前绝望心态前所未有的机会"（Chomsky，2011）。

11.2.4　十条实践建议

虽然最初的"占领华尔街"运动在2011年11月被迫放弃了祖科蒂公园，但这次占领并非徒劳无功。这激励许多专业人士更直接参与金融服务行业的改革。例如2012年，注册会计师、财务研究员兼迈尔斯公司创始人和总裁托马斯·迈尔斯为参与占领运动的人们发表一封公开信。在信中，他为"占领华尔街"积极分子辩解："（他们）代表坚定的勇气和信仰，展示了什么是正确的、合理的、公平的事情"（Myers，2012）。基于法务会计师身份及从自己调查中收集到的信息，他还提供精确的消息分析华尔街在哪里出了问题，揭露主要金融机构如何为了自己能获得更高利润，违背客户利益下赌注。尽管如此，他的意图是"不单指向不端行为，而且建议有所改变，来避免未来再有此类拙劣行为发生"。

迈尔斯提出了十项实用性改革，他认为这些改革能推动现有金融体系走向为公益服务。

> 总的来说，一个养老基金组织和机构投资者会要求这类积极主动和开明的措施，如：
>
> 1. 承诺强调社会、政府、环境责任的投资项目；
>
> 2. 冻结跑路企业高管的薪水；
>
> 3. 监控由国会授权的调节"改革"一揽子计划，包括多德－弗兰克法案和萨班斯－奥克斯利法案的条款不被受院外金钱诱惑、指望公众健忘的国会议员掺水；
>
> 4. 对美联储的权力加以独立监督和其他限制，要求来自所有利益相关者的说明，尤其包括消费者和中产阶级利益，同时贯彻严格的利益冲突规定；
>
> 5. 决定公司董事会的股东权利；
>
> 6. 要求投资透明，包括将同综合债务担保凭证一类谜一般结构的金融产品和信用违约互换相关的复杂交易文件翻译成清晰明了的英语；
>
> 7. 以针对养老投资顾问的严厉标准使诈骗养老金计划负有十分严重法律责任（如三倍赔偿规定和强制性刑事判决）；
>
> 8. 能创造可持续就业机会并为社会提供有价值的投资产品，与华尔街所推行的不透明结构性金融产品如赌博产品形成鲜明对比；
>
> 9. 征收金融交易税，打击对我们金融市场不利的活动，同时为美国国库带来数千亿的税收；
>
> 10. 不是别人，正是沃伦·巴菲特提倡应对富人征收的累进税（Myers，2012）。

当然，迈尔斯坚持这些适度改革的观念并参与斗争。他唤起民众对马丁·路德·金的记忆，恳请有关市民"团结一致，和'占领华尔街'的兄弟姐妹们站在一起……我们不会屈从腐败的金融系统，它漠不关心地、有系统性地减少始终是我们伟大国家中流砥柱的工作人员"。他知道，一致反对改革的势力，会准备好相反的口号，"不要责怪大企业——要责备政府监管"。但迈尔斯认识到空洞言辞掩盖不了问题：

> 在金融危机前的十年里（尤其是通过私人证券诉讼救济法和废除格拉斯－斯蒂格尔法案），政府坚决奉行的撤销监管，为 2008 年的溃败做好了铺垫。然而正是贪婪的华尔街投资银行家及其跟班，与立法者同流合污，最终成了偷窃，这是拜任意撤销监管所赐（Myers，2012）。

真正的华尔街改革包括一系列外部监管和内部转变——个人态度的转变和企业文化的转变。对此迈尔斯提出既征收"金融交易税"——所谓的"托宾税"① ——又普遍承认包含在"投资人权利法案"（IBOR）中的道德命令。

11.2.5　走向投资人的权利法案

投资人权利法案使与其他利益相关者从事共同事业的投资人能够获得一个得到倾听并更好保护自己和自己利益的机会。据迈尔斯说，如果机构投资者——如养老计划和捐赠基金——承认这些权利，他们的客户"将能够从华尔街控制的金融市场发号施令地规定更合适的行为"。投资人权利法案会要求投资银行实际上履行其不仅针对富有客户，而且也针对其他利益相关者的受托责任。如果投资人权利法案被认为是金融规则的改革基础，那么客户及其他利益相关者会得到更好的机会并为共同利益努力，通过投资银行金融项目为公众和社会带来积极成果。

汤姆·迈尔斯并不是倡导制订真正促进改革的投资人权利法案的第

---

① 所谓"托宾税"是以美国经济学家詹姆斯·托宾之名命名的（1918—2002），且是由其最初提议的，它的"制订意图在于惩罚短期货币投机，向所有当场结清的货币兑换征税。不同于客户支付的消费税，托宾税是要用于金融界参与者，作为控制某个国家货币稳定性的手段"（Investopedia，2014b）。托宾税提案仍有争议，因为在其反对者看来，"这将消除任何货币市场利润潜力。支持者声明税收将帮助稳定汇率和利率"（Investopedia，2014b）。托宾税提案的简要历史可参考英国的《金融时报》（Sandbu，2011），而关于让它制订为法律之努力的进一步新秀，可从环境经济发展中心（CEED）的宣传网站的"托宾税倡议"网页获取（CEED/IIRP n. d.）。

一人。该想法自从 20 世纪 70 年代以来就已存在，当时，约翰·西蒙、查尔斯·鲍尔斯、乔恩·古纳曼为寻求承认自己社会责任的机构投资者——尤其是大学和其他教育机构——提出了基本政策（Simon et al.，1972）。后来 2001 年在提出美国证监会使命的同时，当时的总会计师林恩·特纳把投资人权利法案的可能性描述为"时代承诺"。他的提议包括 16 点权利法案，要求诚实、透明、独立审计、保护股东和投资者享受平等和公正待遇的权利以及投资者相应的义不容辞的义务（Turner，2001）。这个权利法案的原型仍然是形同虚设的规定，直至全球金融危机之后重新浮出水面。2010 年，在银行、住房、城市发展委员会面前作证一年之后，① 当时的众议院金融服务委员会首席经济学家和高级顾问韦雷发表了他自己版本的《投资人权利法案》，包括以下内容：

1. 投资人有权同以一个十分谨慎的人给予自己投资的那种谨慎小心来对待公司的经理们一起投资。如果政府在私营企业成为股东并控制企业，它们在将给投资者的回报最大化时应被要求符合同样的忠诚和关注标准，就像控制一个公开交易公司的其他人一样。

2. 投资者有权披露旨在提供关于他们所面临风险，以及这些风险对投资影响的准确描述。当一家公司无法估计可能遭受的潜在灾难性风险，投资者有权给予明确警告。

3. 投资者有权针对有诈骗犯罪行为的经理和投资顾问索取赔偿，并接受诈骗直接导致损失的合理赔偿。投资者有权制定规则以清晰定义欺诈行为。投资者不应成为那些声称把其利益放在心上，却有政治动机的起诉的陪衬。

4. 投资者有权知道什么时候投资是安全或保险的，何时投资

---

① 2009 年 7 月 29 日，韦雷在参议院听证会上关于"通过改善公司治理保护股东和增强公众信心"提供证词"当前公司治理提议的错误方向"（Verret，2009）。它简要介绍了造成 2008 年全球金融危机的六个主要因素，作为多德－弗兰克立法的一部分，用作考虑中评估某些公司治理改革提案功过的标准，当时有待美国国会的批准。韦雷尤其担心地告诫要警惕提议的监管要求，说这会"没有给投资者留下设计适用于其特定环境的公司治理结构的余地"。他的证词在这里是切中要害的，因为它确认了投资人权利法案应该作为银行和投资行业更有效的自我监管的基础，而不是对现存管理框架的影响深远的可能是过度的改变。

是不安全或不保险的。投资者有权不在模糊的政府支持或空洞监管基础上被哄骗而建立虚假信心。

5. 投资者有权允许他们公司制订高管薪酬一揽子计划，保证雇用动机正派的最佳人才，时机好时实现公司利润最大化，时机差时使损失最小化。

6. 投资者有权通过自身设计的方法，参与公司董事选举，摆脱利用公司限制回报，摆脱"以不变应万变"的联邦指令。

7. 当他们投资破产时，无论企业可能有多大或多么复杂，债务和股权投资者有权制定明确一致的清算程序。他们有权知道政府在提供救助方面使用的确切标准，不能满足于含糊不清地提及理由不足的系统性风险，公司应免于被迫接受违背其意愿的政府支持。健康机构不应被迫补贴不健康机构。

8. 投资人只有在新法规的收益与成本保持平衡的情况下才能通过它保护自己的利益，否则，投资者只是白白为种类繁多的法规埋单。一个行业目前不受管控，并不是缺少规范性的法规，而是新法规的出台缺乏合理性。

9. 投资人有权选择他们信任的分析师来辅助他们在产权或债务投资方面免于管控压力，以有利于找到可以评估用于管控目的债务的优秀机构或管控要求。

10. 成熟的投资人和机构有权私下与其他成熟的投资人和机构谈判达成协议，以保证他们在财产权利方面的安全。

虽仍处于发展的成形阶段，[①] 此种建议可能改变投资银行已经在做的业务方式，只需让金融业坚持其已经宣称要尊重的原则。主要的挑战当然是要为实现承诺而开发适当的制度环境。否则投资人权利法案不可避免地仍旧只是鼓励性的，因为显然这很难使银行家确信遵守自身规则将允许他们实现利润最大化。按照揭发弊端者法律事务所拉巴顿·苏恰罗夫（Labaton Sucharow）2012 年公布的一项调查显示，超过五分之一

---

① 有另一些值得注意的对投资人权利法案的讨论，如"呼吁投资人权利法案"（Zamansky，2008）和"全球投资人的权利法案可预防经济错觉"（Selengut，2008）。

接受采访的高级财务经理"认为为了成功可能不得不打破规则"（Allen，2012），因而容忍他们参与不道德或非法行为。一年后，法律事务进行的同样调查发现情况变得更为糟糕：在接受调查的 250 名经理当中，认为他们为了成功需要打破规则的人数数量上升了 29%，接受调查的 24% 的人承认，如果能侥幸成功，他们会交易内幕信息（Pavlo，2013）。不是所有融资人都如此无所顾忌。我们在世界各地寻找挑战这种非道德思维方式的银行家，他们不仅遵守社会积极的投资政策，而且能从中产生利润。一个例子是意大利的大众伦理银行。

11.2.6 伦理银行及其最佳实践

总部设在意大利米兰的大众伦理银行给予我们希望的理由：银行可以决定遵守负有社会责任的政策——它们可以拒绝参与各种各样集资战争或暴力、环境破坏，或人口贩卖——却仍然可以获得可观利润。伦理银行最近被《经济学家》（The Economist）杂志描述成重视名声的银行（The Economist，2013）。伦理银行在意大利人当中相对不太知名，伦理银行在 2013 年意大利国会选举之后爆出新闻，当时一个反体制团体"五星运动"在此银行开立帐户。大众伦理银行将其使命描述成"创建储蓄者被透明和负责任地管理金融资源的共同愿望所驱动的氛围，可以满足社会经济行动计划，灵感来自社会和人类可持续发展的价值观……伦理银行不拒斥金融业的基本规则，但它宁可寻求改造其主要价值观"（Banca Popolare Etica n. d. ）。

在其公司章程中，伦理银行列出在制订政策和开发实践方面它要遵守的伦理金融原则：

- 以伦理为本的金融意识到经济行为的非经济后果
- 一切形式的融资渠道是人的权利
- 效率和清醒是伦理责任的要素
- 资金所有权和交易产生的利润必须来自面向公共福祉的活动，并应公平地在有助于实现的所有对象之间进行分配
- 所有经营中的最大透明度是所有合乎道德的金融活动主要条件之一

● 每个组织接受和遵循合乎道德的金融原则，承诺鼓励整个活动遵守这些原则

请注意，伦理银行信奉的合乎道德的金融原则超越了韦雷的投资人权利法案提案中起关键的受托责任概念。伦理银行致力于服务公共利益，而不是维护储户和借款人的短期利益。由于此原因，它在意大利被称为"受欢迎的金融机构"，即有合作精神的金融机构，通过股东"高水平参与"银行治理和遵循股东至上原则进行运营。当实际表决时，不按照拥有股份数量而按"一个主题一票"原则，所有股东拥有相同权力（Banca Etica n. d. ）。尽管仍然只是一家小银行，仅有 36000 名股东，其中不到 6000 个机构，存款却差不多 10 亿欧元，当前贷款总计约8. 19 亿欧元（Banca Etica, 2015）。在 2013 年度股东大会上，银行披露他们的贷款仅有 0.4% 拖欠，只有 4.9% 被标为"有问题"，因此它应获得意大利运营状况最佳银行之一（*The Economist*, 2013）的赞誉。在其15 年运营中，主要专注于提供贷款给非营利部门和绿色企业，同时对在道德上明显有问题的企业推广如色情、石油投机、武器制造等，绝对拒绝其投资机会。伦理银行的高管薪酬不允许超过支付给其任何全职雇员的最低工资的六倍。其令人印象深刻的治理记录表明，银行可以关于在何处以及如何投资做出更好的决策，无须从事掠夺性业务，增加引发金融危机的风险。

11. 2. 7　亚洲的伦理银行实践

尽管华尔街的银行会否认金融机构之间的关联性，因为他们规模相对较小而不被关注。值得注意的是，有时产生于这些革新背景的业务实际上是整合在全球银行运营中的。这样的一个例子便是格莱珉银行（Grameen Bank），这是在孟加拉国成功开发的微型银行。格莱珉银行最初被视为"穷人的银行"，格莱珉银行由穆罕默德·尤努斯以相当于 27美元的个人贷款开始营业。在它成立以来的 35 年间——正如 2011 年 10月所报告的——格莱珉银行已经支付 113.5 亿美元贷款，其中 101.1 亿美元已经偿还。目前银行宣称其贷款回收率接近 97%。考虑到大部分借款人很穷这一事实，这个比率已经令人印象深刻，足以引起对主要全

球银行中的微型银行的兴趣。"赢取 10 亿元吗？"（ING，2006），一项由荷兰商业银行和荷兰外交部发起的调查证实，主要国际银行实质性地参与了微观银行活动。如汇丰银行报道称，尽管"小额信贷应该被看作一门生意，不是慈善事业……银行在商业上可行和可持续基础上与小额融资业密切结合，同时不忽略其 CSR 维度"（ING，2006：61）①。

当然，汇丰银行所说的"CSR 维度"指的是"企业社会责任"，表明银行通过使用"小额信贷来推进其企业公民政策"。小额信贷机构的参与颇具意义，只要它不仅提升银行的公众形象，而且从商业角度来看也是正当的。从严格意义上的企业角度来审视，企业社会责任活动始终是它们一贯的样子。这些活动只是为了同样的利润最大化目的而采用的不同手段。国际商业银行有时也参与微型银行的业务，确切来说，因为它们认识到微型银行有利可图。荷兰国际集团的报告中承认这一点："尽管商业回报较低，汇丰银行依然热衷于办理社会效益较高的业务，显然，较高的拖欠率为商业活动带来了不可小觑的风险"（Ibid：61）。格莱珉银行的成功提醒各大商业银行向来忽视的商机。穷人，特别是贫穷的妇女，可能像富人一样——甚至比富人更有可能偿还银行贷款。穷人之所以成为"银行负担"人群，是因为人们夸大了为他们办理业务的风险。商业银行对小额信贷的潜在贡献仍然相当大，因为小额信贷机构需要启动资金和一系列的支持服务，而商业银行恰恰能够做到这些。

同样在亚洲，当全球金融危机过后，有些人就开始质疑他们的行业是否有必要实行改革。亚洲可持续发展投资协会的调查结果显示，目前有超过 400 个已经确认的可持续共同基金投资于该地区和新兴的私募股

---

①　当 2008 年一份相同名字的后续研究发表时，很惹人注目的是，已没有据报道参与"完全重组其小额信贷活动"的汇丰银行（HSBC）了（ING，2008：11）。然而汇丰银行的一个搜索网站显示，在印度，汇丰银行除了"小型小额金融机构的贷款计划外……已经开始提供商业贷款产品给大型小额金融机构……2008 年，我们已经实施小额信贷策略，目标是加强我们在这一部门的存在，并围绕贷款投资组合建立众多服务，以促进能力建设和提高运营效率，并给小额信贷领域带来交易银行业务的最佳实践"（HSBC India，2014b）。更为有趣的是，汇丰银行参与小额信贷的信息在论坛中作为一项举措被提出——具体来说，侧重于"普惠金融"的举措——体现其致力于"企业可持续发展"。银行的解释是："在汇丰，可持续性即尽职尽责、兢兢业业地管理业务，并确保我们的决策考虑到社会、经济和环境因素，从而保证企业长期的辉煌。我们相信，发展有道德、负责任和可持续的企业理念，是我们对客户、对投资者，以及对员工的责任所在。我们的目标是要成为世界领先品牌之一（2014a）。

权融资行业（ASrIA n. d.）。2013 年，全球银行业透明度发展论坛在北京举行，此次论坛由中国国务院发展研究中心、全球商业票据联盟和香港商报联合举办，发布了其首份年度报告，报告分析了近两年来亚洲 29 家银行的做法，以便监测其进展，从而实现更高的透明度。报告认同了三家中国银行——中国工商银行、中国农业银行、中国建设银行的不懈努力（Hexun. com，2013）。同时，论坛极力表明透明度已成为银行业发展的关键，并且将在下一次论坛对参与论坛的各银行表现做出评价。如中国工商银行通过改善公司治理，建立独立审计体系，并准备通过首次公开募股来实现其私有化，种种迹象都显示其非凡的行业领导力。为招纳新的投资者，工行在改变其服务文化的同时，还大大加强了实现其回报最大化的目标力度。通过在香港联合证券交易所和上海证券交易所被记录的股票交易，银行被要求遵守国际标准，即引入国际审计人员，增加兼容性规则，并为少数的股东群体提供更多的保护（Lu & Cossin，2013）。尽管如此，今年有两家在论坛中获奖银行因掠夺性行为而被指控，如发现中国工商银行和中国建设银行向不熟悉信托基金概念的人出售信托基金产品，并使他们相信这是一种无风险、高回报投资策略的一部分（Bloomberg News，2014）。丑闻爆发后，这两家银行立即停止提供这些服务。

　　一些亚洲国家政府似乎在逐步努力提高银行业监管的透明度。2014 年 1 月 8 日，中国银监会发表"商业银行全球系统重要性评估指标披露指引"。其目的在于使中国与巴塞尔协议Ⅲ中对系统重要性金融机构（SFIS）的规定①接轨。系统重要性金融机构是指一些对本地或全球经济颇有影响力的机构，这些机构因独特地位被冠以"大而不倒"的称号，因为它们的失败或破产将导致世界经济受到严重损害，正如 2008 年发生的全球金融危机。指南要求这些系统重要性金融机构经常性地核

---

　　① 巴塞尔协议Ⅲ是"一套完整的，旨在改善银行体系内部监管、监督和风险管理的改革措施"（Investopedia，2014a）。巴塞尔协议Ⅲ改革计划在 5 年多内逐步实行，意欲通过"强化微观审慎监管和监督，并增加包括资本缓冲在内的宏观监管覆盖"（国际清算银行于 2011 年声明），来解决银行业务与投资风险管理的基本问题。若需了解巴塞尔协议Ⅲ规定的详细说明，请咨询银行国际结算网站（2011 年国际清算银行）；也可参阅国际会计公司，*Klynveld Peat Marwick Goerdeler*（KPMG，2011）提供的建设性分析。

查资产，并向第三方监管机构报告；指南敦促它们加强管理人员当责制，提高客户和社会的透明度，并强制系统重要性金融机构必须在其他银行要求的最低资本水平的基础上，额外维持 1%—2.5% 的资本储备率。在中国，所有资产超过 160 亿元的银行必须遵循指南。不管指南产生影响的大小，这总归是改变金融世界价值观的一步，正因为如此，它才能回应支持投资人权利法案的运动和其他改革的诉求。大约至系统重要性金融机构在 2014 年 11 月报告后很久，我们才能明白其意义所在。然而，我们有理由相信，中国的银行正在通过尝试建设性地回应巴塞尔协议 III 的新规则，来结束这场游戏。在专家看来，此举动是顺从的表现，也是一种积极的主动行为，其他地方银行可能会争相模仿（Law，2014）。事实上，诸如汤姆－迈尔斯那样的专家——大力建议中国客户进行国际贸易的专家——深信若他们真正贯彻透明的新文化，中国将有可能对全球金融体系的发展产生重大的积极影响。

除了中国和其他东亚国家进行的监管改革，① 亚洲银行也在积极寻求改善其经营透明度的方法、与顾客相处的方式，同时证明他们对社会责任投资政策的承诺。如投资人和专业人士在 1989 年成立台湾玉山商业银行，旨在创建追求卓越与健全公司治理的银行。玉山商业银行恪守台湾的一句古老的谚语："心清如玉，义重如山"（E. SUN FHC，2008），希望其成为金融机构的榜样和金融服务业的标杆。它的目标不仅是成为客户最好的银行，也希望成为最受人尊敬的机构。银行在业务中践行传统的亚洲价值观：玉山团队坚持"现实、能力、责任""团队合作、和谐、幸福""领导力、卓越、荣誉"以及"满足、欣赏、感恩"的价值观，在付诸实施中，这些价值观将引领玉山走向繁荣的未来。

玉山银行是大中华区为数不多的有完善的企业社会责任计划的银

① 引用另一个例子：2013 年 6 月，新加坡政府提出了一个新的金融基准监管框架（Monetary Authority of Singapore，2013）。这个框架是基于最近新加坡中央银行 MAS 对新加坡银行业的调查提出的，MAS 在基准声明中发现有 20 个银行在治理、风险管理、内部控制和监测系统方面有所不足。共有 133 名交易商被指控多次试图对基准产生不当影响。MAS 希望修改其框架，并对那些非法活动引进具体的刑事和民事制裁。此外，新规定将对金融机构产生制约，比如更严格的监管制度、改善公司治理、严格遵守行为准则。这些行为可以看作是预防措施，使新加坡金融业从 2008 年华尔街灾难中学习经验。

行。一方面，银行希望为其客户提供最好的银行服务，但另一方面，也希望将其价值观推向商业世界之外的领域，创造可以与整个社会共享的效益。银行认为"它们一直考虑履行企业社会责任，使社会责任投资成为其使命和承诺"。银行向员工提供非常独特的福利，向社会提供免费的金融咨询服务，参与银行周围社区的清洁活动，以及其他环保活动，向学校提供种子资本，满足需要教育资源地区的需求，促进体育和其他活动的发展。玉山银行也保护其客户免受违约风险，并提供非常详细的法律框架，保证其提供给客户的产品是事先经过精心测试的，并遵守台湾的消费者保护法。玉山银行连续三年（2006—2008）赢得了《远见杂志》（Global Views）颁发的企业社会责任奖，并获得了台湾银行和金融研究会颁发的"最佳企业社会责任"奖。

11.2.8　结论

从这些例子我们可以看到，亚洲的银行业发展缓慢，但前景美好。虽然时间会证明完成银行改革需要很多努力，但很明显银行愈发感兴趣的是通过"回馈"追求更美好的世界，不仅为客户提供世界级服务，而且提供健全的财务建议和稳定回报。虽然大多数这些努力与投资人权利法案不相关，但它们实际上是对伦理银行高度期待的回应。正如我们所看到的，支持伦理银行的最佳做法不仅是对欧洲优先和欧洲志向的反映，也不仅仅是对华尔街银行家掠夺性行为、可耻行为的反应。伦理银行业务现在是一个全球目标，对亚洲的金融中心也是如此，以此创建一个可持续的未来，以便储户和借款人、投资者和其他利益相关者通过信赖满足彼此的需求。

11.3　案例研究讨论

原先在第七章，我们研究了贝尔斯登银行的倒闭案例，它在次贷危机前以极低价格被摩根大通公司收购。据估计，股东——至少在纸面上是如此——在倒闭前已损失了95%的投资（Sloan，2012）。这些都是真正的损失，无法通过政府救助或随后对摩根大通的起诉进行弥补（Erwin，2013）。贝尔斯登银行投资者遭受损失不是一个孤立的例子。对一些"大而不倒"的银行、保险公司和证券公司，次贷危机 5 年后的股东损失从 28% 到 99% 不等（Sloan，2012）。所以银行和投资行业的改革应该优先保护像投资人权利法案（IBOR）一样基本的东西，又有什么好奇怪的呢？请回想一下第七章，尽管假定任何提供投资建议或金融服务的人对其客户有受托责任，但在美国却"大约有 85% 的金融顾问没有这样做"，其中绝大多数是股票经纪人、保险代理人或简单的销售代表。如果投资人权利法案的提案形成法律并包含在金融伦理内，就不仅会加强受托责任的要求，也会使其成为所有金融顾问的强制要求。

为什么像投资人权利法案这么简单和基本的东西会如此长时间被无视呢？答案可以在过往历史中找到：金融业务中的交易、买卖债务以及有价资产，比当前的职业化、透明度和当责的高度预期持续的时间更长。这是一个充满欺诈和许多金融丑闻的历史（Lund，2014），而且政府无力行使适当的干预措施。在许多其他领域，商业道德的进步与专业化的出现密切相关。专业化意味着向赢家通吃的争夺竞争之外发展，向成熟市场发展——商品和服务价格合理，以尊重的态度对待客户和其他利益相关者，而透明度和当责制内化为所有参与者的价值。在金融市场内部，买家和卖家不仅是口头承诺遵守专业标准，而且做生意始终符合受托责任的规范应成为第二天性。当透明度和当责制真正得到推崇的时候，实施和监督对相关行为准则的遵守成为行业内最佳业绩的一部分。也许全球金融危机暴露的最大丑闻是在现实中专业标准未被遵守，追求利润最大化的目的使这种标准名存实亡。

投资人权利法案会如何恢复受托责任原则中包含的价值呢？权利使责任、职责、义务成为必要。如果我有权利得到某物，那么别人就有责任或义务保证让我得到。例如，如果你对我做出承诺，那么我有权利期待你会遵守承诺，你也有责任或义务遵守承诺。如果你无意遵守承诺，或者你知道出于某种原因遵守这样的承诺是不可能的，那么你就不应该做出承诺。为什么会有人做出承诺呢？因为此人想让对方接受自己的话，并相应改变其行为。如果你对我做出承诺，你想让我信赖这一承诺，我也打算这样做，所以至少你得拿出一个可信的理由。大多商业交易，或买卖双方间的交流，也遵循这个简单明了的做出承诺遵守承诺的逻辑。你有商品或服务需要出售，我想购买或雇用，我们就价格达成一致。你我有一个先走一步。我付给你钱，以换取你的承诺，你遵守承诺及时交付物品或提供服务。

这些条件不仅表明如何遵守承诺，而且表明承诺如何被打破。买家和卖家很少发现自己处于平等地位中。如果我给你一张支票来支付商品或服务，你以约定价格接受可赎回的银行本票。这说明你信任我不会打电话给银行，要求在完成交易时取消这一支票。人们交往的时间因素使做出和遵守承诺变得有必要。除此之外，承诺旨在创造相互信任的仪式，如果可以克服时间因素和其他可能阻碍信任的条件时，承诺是必要的。通过做出和遵守承诺，我们彼此依靠，建立一种信任关系，因为过去的经验告诉我们，大家会言行一致。

那么，"受托责任"是什么样的承诺呢？首先，它是一种承诺或保证，如果我同意让你管理储蓄和其他有价资产，你也会承诺保证我的最大利益。你会用金融顾问的专业知识来选择符合我的利益和风险承受能力的适当投资，无论这些投资是否会给你带来丰厚的佣金或其他奖励。如果你的利益和我作为投资人的权利间出现冲突，我相信你会将我的利益放在首位。受托人承担受托责任，承诺管理他或她的客户的资金，也就是说，按照他的承诺维护客户利益。投资人权利法案列出了为建立投资人及其金融顾问或同意管理投资人投资的任何人之间存在的那种托管关系而被赋予的权利。为什么有人相信另一人会管理他或她的投资呢？答案应该是显而易见的：我有合理信念，相信你会承担此责任，帮助存款获得比我亲自管理得到更大回报——更符合我的财务目标。我相信你作为金融顾问的专长知识，可以帮助我做出符合投资人目标的最好决定。

韦雷提议描述的权利遵循受托责任的性质。他建议投资人在投资经理表现出如同"自己在进行相当谨慎的投资"时才进行投资；他们有"权利得到对他们面临风险，以及这些风险对投资影响做出的准确披露的权利"；他们有"权利对欺诈的经理和投资顾问进行纠正，接受欺诈行为的损失赔偿"。而这样的权利通过规定投资人对金融顾问的权利来反映受托责任的预期，韦雷继续制订旨在保护投资人免受过度或错误的政府监管风险的权利。政府监管常常是针对受托责任缺失的，所以韦雷制订的投资人权利法案降低了政府管制力度，以使各方共同遵守受托责任。

此外，韦雷的投资人权利法案在成本效益基础上限制政府监管。显然他假定投资人可能会像受到一些金融顾问和经纪人的掠夺性做法的伤害一样，受到过度监管的伤害。因此在他看来，投资人"有权获得保护他们权利的法规，但这必须在新法规的好处严格比照守法成本的核算以后才可行"，从而投资人不用仅仅因为发布了更多法规而埋单；或者"有权不被哄形成建立在含糊的政府支持或空洞法规基础上的虚假信心"。同样，韦雷的投资人权利法案包括保护投资人免受据称在政府强力推动对投资人投资清算时，或者相反，在政府强迫公司接受建立在据称"系统性风险"基础之上的紧急救助时发生的损失。因此，投资人"有权了解政府提供救助的标准，公司有权拒绝接受政府的强制支持"。韦雷的投资人权利法案再次主张了自由的最重要价值，要求投资人"有权选择他们信任的分析师，对股票或债券投资做出建议，免受监管压力"，作为企业的最终所有者，他们"有权通过自己设计的方法选举公司董事"。

奇怪的是，韦雷的建议断言"老练的投资人和机构……会与其他成熟投资人和机构协商保护自己的产权"（Verret，2010）。人们可能想知道韦雷是如何决定谁是"老练的"，这种权利是以何种方式使他们有别于其他投资人呢？你可能会想起在第七章中，贝尔斯登银行倒闭暴露的不法行为的主要受害者都是老练的，更别提伯纳德·马多夫庞氏骗局的此类受害者了。毫无疑问，韦雷试图将这群投资人与遭受损失的寡妇、养老金领取者、小额投资者区分开来，以此证明增加政府监管的必要性。不过，当试图定义投资人权利法案时，只适用于特定的群体的规律无法得到推广，尤其是那些所谓的老练群体。

尽管韦雷的投资人权利法案存在争议，但他的主要观点是至关重要的。仅靠政府监管并不能实现金融行业的真正改革。另一方面，进一步放松管制或坚持自由放任主义的意识形态，拒绝监管机构帮助，无疑会带来灾难。很多开明的金融机构持有中间立场，自愿尝试新规则，坚持受托责任，这可能是最有希望的出路。这就是为什么投资人权利法案外的案例研究分析哪些银行和金融机构正沿着自己的道路走向卓越或道德领导。意大利的伦理银行、孟加拉国的格莱珉银行、中国台湾玉山银行都明确做出服务于作为受托责任伦理核心的公益的策略承诺。

这些创新的伦理银行的成就提醒我们注意一个事实：减少全球金融灾难风险的最好办法是认识到金融交易不只是私下进行——只关系到当事人利益——也不可避免地包括社会维度，也就是说，还要承担联合国责任投资原则（PRI）倡议所谓的"ESG"问题（*Financial Times*，2013）。ESG 是一个代表"环境、社会、治理"的关怀组合的首字母缩写组，这种关怀的事情是利益相关者，最终包括广大公众，越来越希望看到评估所有主要机构的投资决策的标准。《金融时报》报道，"2014年2月，1064 个资产所有者和资产管理者以及 183 个专业服务合作伙伴，其总资产规模超过 34 万亿美元，承诺遵守 PRI 的六个原则"，每个原则均旨在促进提高 ESG 的透明度和当责制。此外，据《金融时报》报道，欧洲金融分析师联合会已经确定了 9 个热点地区，在所有部门和行业中强调"环境、社会、治理"问题：

"1）能源效率；2）温室气体（GHG）排放；3）人员调整；4）培训与资格；5）成熟劳动力；6）缺勤率；7）诉讼风险；8）腐败；9）新产品收入。"这为每个部门或行业发展"关键性能指标（KPI）"提供了一个初步框架。

联合国支持责任投资原则（PRI）的倡议和类似努力的关键是使股东和投资人看到"环境、社会、治理标准的投资和基金组合表现，及其对可衡量 ESG 因素的工作质量"，这样他们可能会"发现新的市场机会，将 ESG 置于核心业务中"。因此，金融改革涉及软硬兼施的方法，以及政府监管，制裁那些不履行其受托责任的各方，而 PRI 一类全球倡议则指出了在应对全球金融危机带来的 ESG 问题中保持主动的机会与潜在回报。正如我们所见，伦理银行和玉山一类伦理银行机构，已经表明，采用一个以 ESG 为中心的金融改革议程，同时也为投资人获得合理利润是可能的。

11.4　伦理反思

我们喜欢从我们案例研究中概括的应对全球金融危机的大量回应

中得到的正面安慰，其先决条件是投资银行业务原则上是可改革的。我们假设，像所有天生善良的人类活动一样，尽管它们容易腐败和给人伤害，但是还没有堕落到应受绝对谴责和普遍打压的地步。但是我们的希望仅仅是出于良好愿望的思考，还是合理地基于一种对金融市场实际情况和应该是什么情况的精确理解呢？解决这个问题的方法是看投资银行是否不同于赌场赌博。投资决策与掷骰子或玩老虎机有什么不同呢？在本书开篇序言中，我们认为把商务等同于战争是范畴错误。我们认为商务更像游戏，规则定义胜利和失败，违反规则会受到处罚，进而影响比赛的结果。但是机遇游戏呢？我们认为阿尔伯特·卡尔的思想认为生意就像扑克游戏，虚张声势往往是成功的关键，这是不正确的。扑克只是赌场的游戏之一。投资银行业务与扑克以外其他赌博游戏相比如何呢？

11.4.1　金融市场与赌场是否有区别？

机遇游戏可能是理解金融市场和赌场间区别最重要的线索。在赌场中，除了扑克外，还有许多其他游戏，包括需要机会和技能的各种游戏。骰子游戏还包括掷骰子赌博，纸牌游戏还包括二十一点。当然，金融市场也包括这样的混合，但比例可能非常不同。投资与赌博的不同之处在于，投资应该是建立在可靠的信息和理性分析基础之上，投资人要减少损失的风险使潜在收益最大化。① 投资人需要特定信息，需要评估以往性能表现和可能的结果。赌徒所需信息是通用的，通常不过是如何

---

① 在"赌博和投资间的区别是什么？"一文中，托马斯·牟科（Thomas Murcko）批评了二分法，指出它们在现实中经常出现重叠现象。尽管如此，在他看来，两者仍存在系统性的差异，他总结如下："投资：以盈利为目的将钱置于风险中的行为，部分或大多数特征如下（以重要性降序排列）：进行了足够的研究；存在有利机会；行为是风险规避性的；采取系统化的方法；没有贪婪与恐惧的情绪在其中有作用；此活动是持续且是长期计划的一部分；此活动不是完全由娱乐或冲动引起的；它包括一些有形的所有权；积极经济效应的结果。赌博："以盈利为目的将钱置于风险中的行为，部分或大多数特征如下（以重要性降序排列）：很少或根本没有进行研究；概率是不利的；行为具有风险；采取杂乱无章的方法；存在贪婪与恐惧的情绪起作用；此活动是各别事件或一系列各别事件的一部分，它不是当作长期计划而完成；此活动明显出于娱乐或冲动；不涉及有形所有权；没有经济效益结果"（Murcko, 2013）。总之，差异在于投资决策如何做出。决策越是在可靠信息与专业知识基础上接近理性分析，它们就越不像赌场赌徒的下注方式。

玩游戏、如何下注、如何收取赢得的钱。在轮盘桌旁边下注或掷骰子不需要具体知道以前的结果如何，只需要知道机会在于赌这个或另一个数字。与投资相比，赌博仍然是非常客观的。虽然赌徒可能会意识到机会常常在那些拥有众多游戏的赌场中，但他们只要确认赌博没有受到操纵。另一方面，投资可能会涉及到个人投资人与利用知识技能做出负责任投资决策的金融顾问之间的关系。

投资受托责任伦理同管理投资的相关性是基于这样的假设：知识和专业技能是成功关键，而非倒霉的运气。如果金融顾问要给投资人提供真正的帮助，那么其方法和动机必须完全透明。如果帮助是真正的——如果不是真正的帮助，投资人为何要为此埋单呢？——顾问就必须为了客户利益解决所有的利益冲突。顾问必须为客户制定合理的投资策略，也要以清楚的方式使客户获得知情权。金融顾问类似于其他专业人士，如医生和律师，他们不仅提供建议，如医疗诊断、处方、保持健康或克服法律困难的策略，还为他们的客户提供客户自身无法办到的服务。受托责任的伦理说明了投资人对委托方的预期。金融顾问对其客户有受托责任，正如我们所见，这体现在投资人权利法案（IBOR）中。

11.4.2 私人交易和共同利益责任

然而，金融顾问与其客户之间的交易并不仅限于直接参与的双方。没有所谓的绝对私人事务。像所有其他形式的业务或市场活动一样，其他拥有合法利益的利益相关者也会参与到顾问及其投资者之中，这在任何市场的买卖双方同意交换商品和服务时已经开始。甚至狭义上的投资人权利法案，比如韦雷提出的，也认识到必须管理金融顾问和投资人之间关系的政府机构的合法角色。但正如我们所看到的，在其他领域业务中，很多利益相关者并不确认买卖双方和政府监管机构间的权利和责任。有关投资决策的情况可能会涉及各方面的利益相关者，包括员工、客户和供应商以及公众。在我们案例研究中观察到的创新伦理银行的活动中，我们看到一种走向承认对公益当责的道德命令的趋势。

对公益的关注不再可以被斥为一堆过时的豪言壮语，一种前现代文明的遗留物。许多经济学家以及企业和其他国际组织中有远见的领导人按照所谓的"ESG"——环境、社会、治理——问题，创造了一系列标志性业绩的模式和实际政策。这些问题有效表达了包含在我们所知的世界公益中的渴望。在反映在联合国责任投资原则（PRI）中的千年发展目标一类的各种联合国倡议中得到阐述的公益，现在被承认为金融决策各个方面中一种合法的道德优秀考虑。在其他国际金融机构中，世界银行通过提出"环境和社会框架：为可持续发展制定标准"来做出回应（World Bank，2014），确定任何政府或非政府机构在申请开发项目贷款时必须满足的十个环境和社会标准①。虽然由于种种原因世界银行的建议尚未获得普遍认可，但这显然是一种增强受托责任的金融改革模式。

在当下阐释中，关于如果投资决策应该对公益当责那么需要做到什么的问题出现全球共识是不可能的。② 无论各个联合国机构的努力或者世界银行非政府组织提出的倡议如何值得称赞，总是会有来自银行家、金融顾问、投资人对道德领导的需求，通过伦理银行、格莱珉银行、玉山银行以及其他数不胜数的创新机构的发展来处理当地问题。没有这些实验性工作，更大全球机构的规划，如世界银行、联合国的各个机构，甚至是"大而不倒"的银行的企业重新评估，如巴克莱银行（Salz，2013），可能仍是抽象的、空想的。将公益作为受托责任的伦理核心来认识，我们是想证明完成这些目标需要每个人的参与。投资人和他们的财务金融顾问不能袖手旁观地等待全球金融体系架构师提出新的布雷顿森林协定。

---

① 世界银行的十个环境和社会标准涵盖以下方面：（1）环境、社会风险及影响的评估和管理；（2）劳动和工作条件；（3）资源效率和污染防治；（4）社区卫生和安全；（5）土地征用、限制土地使用和非自愿移民；（6）生物多样性保护和生活自然资源的可持续管理；（7）原住民；（8）文化遗产；（9）金融中介机构；（10）信息披露和利益相关方。这些标准超越世界银行决定资金和评估项目的一般规范，确定发展目标、特定组织信息报告和审查程序。自提出以来，该标准因相对较弱的"劳动和工作条件"标准（ITUC 2014）、忽视"治理"问题而广受批评（ITUC 2014），后者是 ESG 的第三个要素（Jarvis，2013）。

② 关于公益的实质性达成广泛一致中所包含的挑战在丹尼斯·麦凯恩的论文《共同追求的善》中得到了分析（McCann，1987）。后来丹尼斯在"天主教社会教义中的公益：现代化的案例研究"一文中审视了了天主教的传统社会教义，为的是追溯在实践中公益需求的多样性构想的历史（McCann，2005）。尽管不可能就公益所需要的都是什么达成最可靠的一致性，但这个词在归类和比较各种实践事项，比如在本章审视"ESG"建议时，仍然是有用的、有意义的。

11.5 结论

这一关于道德和金融的章节，追随 2007 年发生的全球金融危机期间贝尔斯登银行倒闭的讨论。贝尔斯登案例研究出现在第七章营销道德中，是为了证明当创造客户不再成为生意目的时——以德鲁克的观点来看——会发生什么。在那章中，我们首先讨论受托责任概念，论述违反此原则的后果。那么，为什么这一章还要进一步讨论呢？因为我们相信全球金融危机既有正面也有负面影响。贝尔斯登案例研究强调消极面，即未能遵守受托责任伦理，而我们则认为积极的一面需要得到进一步研究。本章的案例研究调查了一系列改革举措，从投资人权利法案（IROB）开始，旨在展示金融服务行业正尝试一系列创新，使受托责任伦理制度化。

金融改革的一个最有前途的结果是扩大受托责任的概念，以反映其伦理扎根在公益之中。我们相信国际银行业中的"环境、社会、治理"问题正是逐渐意识到公益的表现，而投资政策比传统受托责任下的观念更现实，开展金融交易本质上不再是私事，不只关注直接参与的当事人。如果投资人及其金融顾问想要解决我们共同的问题，而不是造成障碍，那么必须鼓励识别评估各种投资建议的环境和社会影响——例如，其可能对气候变化或当地劳动条件产生的影响。

在本章开头，我们用了一句座右铭，意在告诉读者后面的一些基本信息。罗世范阐释了一条我们要在这里实践的规则："尊重你的同事是你最明智的投资"。根据在本章提出的内容，这个规则可能看起来多少有点不直截了当。初看起来它只强调需要对业务开发各级人力资源有一种健康的尊重。但这在献给金融服务行业伦理的一章中有意义吗？当然，这要看我们认为谁是同事。投资人权利法案说明在金融顾问和他们的客户之间需要有基本的相互尊重：没有尊重无法成功。但是当我们越过他们的互相作用，走向一种对追求公益投资角色的考虑时，我们就意识到有必要同我们所有的利益相关者形成社团关系。在我们学会将所有利益相关者尊重为一个共同企业里的同事以前，投资决策不会成功实现每个人的合法利益。结果表明，这样的情况不仅适合于投资银行业务和金融服务行业，也同样适合于所有其他企业。因此，当我们分析创新的新方法来构建将有益于更大社会的金融时，坚持尊重的价值是完全合逻辑的，因为它清楚地表明"人力资本"① 优先于金融资本。

参考书目

Allen，F. （2012，July 10）. Financial executives confess：Sure，we lie and cheat. *Forbes Magazine*. Retrieved August 12，2014，from http：//www. forbes. com/sites/frederickallen/2012/07/10/financial-executives-sure-we-lie-and-cheat/.

ASrIA. （n. d.）. About us-Association for sustainable & responsible investment in A-sia. *Association for sustainable & responsible investment in Asia*. Retrieved August 12，2014，from http：//asria. org/about-us/.

Banca Etica. （n. d.）. *Idea and principles*. Retrieved August 12，2014，from http：//www. bancaetica. it/idea-and-principles.

Banca Etica. （2015，May 31）. *Statistical information*. Retrieved June 19，2015，from http：//www. bancaetica. it/statistical-information.

BIS. （2011）. Basel III：A global regulatory framework for more resilient banks and banking sys-tems. *Bank for international settlements*. Retrieved from http：//www. bis. org/publ/bcbs189. pdf Bloomberg News. （2014，March 24）. Chinese investors call for more transparency in trust prod-ucts. *Bloomberg*. Retrieved from http：//www. bloomberg. com/news/2014 – 03 – 23/trust-default-protesters-recall-zero-risk-pledges-china-credit. html.

CEED/IIRP. （n. d.）. *Tobin tax initiative*. Center for environmental economic devel-opment （CEED）/The International Innovative Revenue Project. Retrieved October 28，2014，from http：//www. ceedweb. org/iirp/.

Chomsky，N. （2011，November 1）. Occupy the future. *In These Times Magazine*. Retrieved August 12，2014，from http：//inthesetimes. com/article/12206/occupy_ the_ future.

Colley，L. （2011，November 4）. Why Britain needs a written constitution. *The Guardian*. Retrieved August 12，2014，from http：//www. theguardian. com/books/2011/nov/04/why-britain-needs-written-constitution.

---

① 天主教社会教义就劳动优先于资本问题提供了令人印象深刻的辩护，这也启发了我们自己的国际经济伦理的努力。这个观念的最广泛、最有力的分析，可以在教皇约翰·保罗二世的通谕"Laborem Exercens"中找到（John Paul Ⅱ，1981）。

Erwin, N. (2013, November 19). Everything you need to know about JPMorgan's $ 13 billion set-tlement. *The Washington Post. Wonkblog*. Retrieved September 16, 2014, from http：//www. washingtonpost. com/blogs/wonkblog/wp/2013/10/21/everything-you-need-to-know-about-jpmorgans – 13 – billion-settlement/.

E. SUN FHC. (2008). *About E. SUN：Service network：E. SUN bank*. Retrieved August 12, 2014, from http：//www. esunfhc. com. tw/about/about_ bank. info.

Financial Times. (2013). Financial times lexicon：Definition of ESG. Retrieved October 18, 2014, from http：//lexicon. ft. com/Term? term = ESG.

Gilani, S. (2011, December 6). The rumors about Bill Clinton are true. *Forbes*. Retrieved August 12, 2014, from http：//www. forbes. com/sites/shahgilani/2011/12/06/the-rumors-about-bill-clinton-are-true/.

Guan, C. Y. (2013, January 18). 国际金融透明度发展论坛在京举行中国银行业透明度显著提升. 华语广播网 (*Chinese Radio International Online*). Retrieved August 12, 2014, from http：//gb. cri. cn/1321/2013/01/18/5791s3996063. htm.

Hexun. com. (2013). 国际金融透明度发展论坛—专题. 和讯网. Retrieved August 12, 2014, from http：//bank. hexun. com/2013/jrtmdlt/.

Hixon, T. (2011, November 3). Occupy wall street：No whining! *Forbes*. Retrieved August 12, 2014, from http：//www. forbes. com/sites/toddhixon/2011/11/03/occupy-wall-street-no-whining/.

HSBC India. (2014a). *What we do：Microfinance*. Retrieved September 1, 2014, from http：//www. hsbc. co. in/1/2/miscellaneous/about-hsbc/corporate-sustainability/what-we-do.

HSBC India. (2014b). *Corporate sustainability*. Retrieved September 1, 2014, from http：//www. hsbc. co. in/1/2/miscellaneous/about-hsbc/corporate-sustainability.

ING. (2006). *A billion to gain? A study on global financial institutions and microfinance*. Retrieved August 31, 2014, from http：//www. wbcsd. org/web/projects/sl/ing_ a_ billion_ to_ gain. pdf.

ING. (2008, March). *A billion to gain? The next phase*. Retrieved September 2, 2014, from http：//www. ing. com/ING-in-Society/Sustainability/Growing-into-a-sustainable-sector-A-Billion-to-Gain. htm.

Investopedia. (2014a). Basel III Definition. *Investopedia*. Retrieved October 27, 2014, from http：//www. investopedia. com/terms/b/basell-iii. asp.

Investopedia. (2014b). Tobin tax definition. *Investopedia*. Retrieved October 27,

2014, from http：//www. investopedia. com/terms/t/tobin-tax. asp.

ITUC. (2014, October). *A Robust world bank labour safeguard and IFI support for a Wage-and Public Investment-Led Recovery.* Statement by global unions to the 2014 annual meetings of the IMF and world bank, Washington, 10 – 12 October 2014. Retrieved October 19, 2014, from http：//www. ituc-csi. org/IMG/pdf/statement_ imfwb_ 1014. pdf.

Jarvis, M. (2013, July 22). *A missing 'G' in ESG? -An emerging case for integrated environmen-tal, social and governance analysis.* World Bank Blog-Governance for Development. Retrieved October 19, 2014, from http：//blogs. worldbank. org/governance/missing-g-esg-e merging-case-integrated-environmental-social-and-governance-analysis.

John Paul II. (1981). *Laborem exercens* （ "On Human Work"）. Retrieved October 28, 2014, from http：//www. vatican. va/holy_ father/john_ paul_ ii/encyclicals/documents/hf_ jp-ii_ enc_ 14091981_ laborem-exercens_ en. html.

KPMG. (2011). *Basel III：Issues and implications.* Retrieved October 28, 2014, from www. kpmg. com/global/en/issuesandinsights/articlespublications/documents/basell-iii-issues-implications. pdf.

Law, F. (2014, August 4). China's ICBC sells riskier bonds. *The Wall Street Journal.* Retrieved August 12, 2014, from http：//online. wsj. com/articles/chinas-icbc-sells-basel-iii-compliant-bonds – 1407147380.

Lu, A. & Cossin, D. (2013). The ICBC path to Chinese governance：Lessons for the western and emerging markets. *European Financial Review.* Retrieved August 12, 2014, from http：//www. europeanfinancialreview. com/? p = 1243.

Lund, B. (2014, April 18). Top 10 financial scandals of all time. *Daily Finance Investor Center.* Retrieved September 17, 2014, from http：//www. dailyfinance. com/2014/04/18/top – 10 – financial-scandals/.

Mathiason, N. (2009, October 29). Cluster bomb trade funded by world's biggest banks. *The Guardian.* Retrieved August 29, 2014, from http：//www. theguardian. com/business/2009/oct/29/banks-fund-cluster-bomb-trade.

McCann, D. (1987). The good to be pursued in common. In O. F. Williams & J. W. Houck（Eds.）, *The common good and U. S. capitalism*（pp. 158 – 178）. Lanham：University Press of America.

McCann, D. (2005). The common good in catholic social teaching：A case study in modernization. In P. D. Miller & D. P. McCann（Eds.）, *In search of the common good*（pp. 121 – 146）. New York：T & T Clark.

Monetary Authority of Singapore. (2013, June 14). MAS proposes regulatory framework for finan-cial benchmarks. *Monetary authority of Singapore*. Retrieved August 28, 2014, from http：//www. mas. gov. sg/News-and-Publications/Media-Releases/2013/MAS-Proposes-Regulatory-Framework-for-Financial-Benchmarks. aspx.

Murcko, T. (2013). What is the difference between gambling and investing? . InvestorGuide. com. Retrieved October 20, 2014, from http：//www. investorguide. com/article/12525/what-is-the-difference-between-gambling-and-investing/.

Myers, T. A. (2012) Open letter from Thomas A. Myers to occupy wall street. *Journal of International Business Ethics*, 5 (1), 50 – 59. Retrieved August 12, 2014, from http：//www. amer-icanscholarspress. com/content/BusEth_ Abstract/v5n112 – art7. pdf.

Occupy London. (2011, October 27). *About-Occupy London*. Retrieved August 12, 2014, from http：//occupylondon. org. uk/about – 2/.

Pavlo, W. (2013, July 18) Survey says 'Wall street is facing an ethical crisis'. *Forbes Magazine*. Retrieved August 12, 2014, from http：//www. forbes. com/sites/walterpavlo/2013/07/18/survey-says-wall-street-is-facing-an-ethical-crisis/.

Reuters. (2012, September). Occupy Hong Kong activists camp out at HSBC headquarters. *The Straits Times*. Retrieved August 12, 2014, from http：//www. straitstimes. com/breaking-news/asia/story/occupy-hong-kong-activists-camp-out-hsbc-headquarters – 2012 0912.

Salz, A. (2013). *Salz Review：An independent review of barclays' Business Practices*. Retrieved March 15, 2014, from http：//online. wsj. com/public/resources/documents/SalzReview04032013. pdf SCMP. (2015). *South China morning post topics：Occupy central*. Retrieved on June 18, 2015. from http：//www. scmp. com/topics/occupy-central.

Selengut, S. (2008). Global investors' bill of rights may prevent economic Déjà vu. *Nice Articles*. Retrieved August 12, 2014, from http：//www. 9articles. org/global-investors-bill-of-rights-may-prevent-economic-deja-vu/.

Simon, J. , Powers, C. & Gunnemann, J. (1972). *The ethical investor；universities and corporate responsibility*. New Haven：Yale University Press. Retrieved August 12, 2014, from http：//acir. yale. edu/pdf/EthicalInvestor. pdf.

Sloan, A. (2012, June 13). The 5 myths of the great financial meltdown. *Fortune Magazine*. Retrieved September 16, 2014, from http：//fortune. com/2012/06/13/the – 5 – myths-of-the-great-financial-meltdown/.

Straits-Times. (September 12, 2012). Occupy Hong Kong activists camp out at HS-

BC headquarters. *The Straits Times of Singapore*. Retrieved August 12, 2014, from http://www. straitstimes. com/breaking-news/asia/story/occupy-hong-kong-activists-camp-out-hsbc-headquarters – 20120912.

The Economist. (2013, June 1). Ethical banking in Italy; *Banca Etica*. *The Economist*. Retrieved August 12, 2014, from http://www. economist. com/news/finance-and-economics/21578691 – bank-takes-its-name-seriously-ethical-banking-italy.

Turner, L. (2001, June 18). *Speech by SEC staff: The investor's bill of rights: A commitment for the ages*. Retrieved from http://www. sec. gov/news/speech/spch505. htm.

Verret, J. W. (2009, August 6). The misdirection of current corporate governance proposals. *Social Science Research Network: Tomorrow's Research Today*. Retrieved August 12, 2014, from http://papers. ssrn. com/sol3/papers. cfm? abstract_ id = 1444858.

Verret, J. W. (2010, April 10). *Investor's bill of rights*. Retrieved August 12, 2014, from http://truthonthemarket. com/2010/04/19/investors-bill-of-rights/.

World Bank. (2014). *Environmental and social framework: Setting standards for sustainable development*. Washington, DC: World Bank Group. Retrieved October 19, 2014, from http://documents. worldbank. org/curated/en/2014/07/19898916/environmental-social-framework-setting-standards-sustainable-development.

Zamansky, J. (2008, May 9). Calling for an 'Investor bill of rights.' *Seeking Alpha*. Retrieved August 12, 2014, from http://seekingalpha. com/article/76477 – calling-for-an-investor-bill-of-rights.

Zernike, K. (2011, October 21). Wall St. Protest isn't like ours, tea party says. *The New York Times*. Retrieved August 12, 2014, from http://www. nytimes. com/2011/10/22/us/politics/wall-st-protest-isnt-like-ours-tea-party-says. html.

第十二章 投资者：投资、伦理和 企业责任

关心社会就是关心你的事业。

(罗世范，《成为终极赢家的 18 条规则》，2004)

12.1 前言

本章以一家印度企业的案例研究为开端，该企业就是已成为信息科技领域主要玩家的印孚瑟斯。这家企业之所以重要，是因为其历史让我们将投资观念扩展到获取企业扩张资本以外，通过投资培养企业社会责任而积累社会资本。了解企业社会责任如何融入印孚瑟斯的整体业务发展战略，并取得了怎样的成就，可以帮助我们把培养企业社会责任作为企业可持续发展的一项投资来探讨，而不只是作为一项业务开支而要得到慈善捐款。重新考虑亚洲语境下企业社会责任的意义，强调印孚瑟斯这样的企业借以在这一地区具有创新性的方式，将丰富世界范围内关于企业社会责任的探讨。本章将搞清楚企业社会责任伦理，说明它如何在一般意义上产生于对国际经济伦理的正确理解，以及审视一旦公司获得企业社会责任领导者的声誉时，回应社会越来越高的伦理期待需要面对的一些挑战。

12.2 案例研究：印孚瑟斯的企业社会责任投资

12.2.1 摘要

企业社会责任概念起源于美国、英国一类国家，一些批评者认为这

个概念不适用于发展中国家的文化和经济情况。有人认为，在这样一些地方，财富创造必须先于采用可能降低企业利润的做法。不过，发展中国家的企业都在创建它们自己风格的企业社会责任，不仅与全球最好的做法一致，而且符合它们自己的文化和社会特有的需求。印度的印孚瑟斯就是一个很好的例子。印孚瑟斯的历史不可能脱离其创始人的历史，首先就是纳拉亚纳·穆尔西（Narayana Murthy）和他的妻子苏达（Sudha）。一方面案例研究分析了印孚瑟斯在促进社区发展中的角色，并试图认识印度对企业社会责任的理解，另一方面它也提供了一个机会，来讨论当管理人员犯了被其他人认为是经济伦理失误的错误时究竟发生了什么。社会责任信誉高的企业可能是新闻媒体密切关注的对象。如果犯错以及发生丑闻，如何处理才能使企业建立的企业社会责任成就不被破坏呢？

12.2.2　关键词

印孚瑟斯、穆尔西、印度的企业社会责任、慈善、可持续性、透明度、托管制、2013 年印度公司法、企业社会责任金字塔

12.2.3　印孚瑟斯传说的开始

和最美好的童话故事一样，几乎很少有人会想到年轻的纳拉亚纳·穆尔西竟然会实现他的梦想。苏达既是一位杰出的工程师又是穆尔西的未婚妻，她回忆说："穆尔西总是囊中羞涩，他经常欠我钱。我们去吃饭时，他总会说：'我身上没钱，你帮我付，我以后还你。'我保留着穆尔西欠我钱的账本。但是他从来没有还过我钱，最终在我们结婚后，我把账本撕毁了。"（Rediff，2006）尽管纳拉亚纳的处境很窘迫，但是苏达却看到她丈夫的独特之处。她看到了印度软件革命的方向（Thoppil，2012），印孚瑟斯将会成为一家具有全球竞争力的企业。

虽然没有纳拉亚纳·穆尔西就没有印孚瑟斯，但是印孚瑟斯的神话却是由七个创始人缔造的。在他的记忆里，创立活动发生在神秘的氛围中。"那是在 1981 年 1 月一个寒风刺骨的早晨，当时我们七个人都在我房间里坐着，共同创立了印孚瑟斯。"（Rediff，2005）他指的是其同事们：他一辈子的朋友——帕特尼计算集团的 N. 尼勒卡尼、全球

思想领袖 S. 戈帕拉克里希南（*Forbes*，2011）、印孚瑟斯前首席执行官 S. D. 希布拉尔、值得信赖的问题解决能手 K. 迪内希（*Business Standard*，2012）、现在以冒险为乐的资本家 N. S. 拉加万（Mishra，2009），以及被公认为高级程序设计员并在 1989 年离开公司的 A. 阿罗拉（*Teck. in*，2006）。穆尔西向他的妻子借了 250 美元作为启动资金，于 1981 年 7 月 2 日在孟买注册了公司。穆尔西一家在普纳贷款买的房子便成为印孚瑟斯的第一处办公地。两年后，在 1983 年，集团搬迁到了班加罗尔（*Rediff*，2006）。穆尔西一直记得头些年的辛酸。他形容他团队所做出的牺牲是"无与伦比的"（Mishra and Chandran，2011）。当被问到他们成功的秘诀是什么时，他给了一个很简单的答案："我们一直坚持，上天对我们很眷顾。"这可真是一个传奇故事，但是对于穆尔西来说，他和查尔斯·狄更斯笔下的米考伯先生很像，他知道生意只有获利才可以增长，也就是说每天"你挣的比花的多，就行了"（BBC，2011）。

在"电脑还没有能轻易进入市场"的环境下，进军软件开发业显然体现了穆尔西的雄心壮志。"曾经至少需要花 3 年时间才能向印度进口一台电脑"，穆尔西说道。那个时候，创业精神在印度受到严重束缚。虽然印度第一位总理贾瓦哈拉尔·尼赫鲁承认有必要让强势的私营行业来补充国家行动，但随着时间流逝，印度政府强加的法规条例并没能满足其最具创新性行业的需求，比如软件、传媒或生物技术（Khanna，2008）。随着英迪拉·甘地在 1967 年建立的民粹主义政权，像穆尔西一样的企业家所面临的形势实际上更加恶化。首先，从 1969 年的《垄断与限制性贸易行为法》开始，国家就对综合性大企业和小型企业进行严格审查。然而，"证照许可制"并没有滞缓印孚瑟斯的发展（Khanna，2008），因为公司创始人决心无论如何都要遵守规则（Mishra and Chandran，2011）。

美国基础数据公司是这家新兴企业的第一位客户（*Rediff*，2006）。穆尔西回忆说："第一位客户也是最重要的客户，他们能够决定开头的成败。"（BBC，2011）在印孚瑟斯这个例子中，多亏美国基础数据公司的非传统支持以及大力信任，才铸就了印孚瑟斯的成功。今天，印孚瑟斯技术有限公司向 150 多个国家的客户提供咨询与 IT 服务。在全球拥有雇员超过 160000 名，在 30 多个国家设有办事处。年收入超过 80 亿美元，并在 2014 财年里取得了 17.5 亿美元的净盈利（SEC，2014），印孚瑟斯已经跻身成为印度第五大上市贸易公司，并作为全球最具创新力的公司之一而获得认可。在 2011 福布斯最具创新力企业的排名中，公司排全球第 15 位，这对于一家印度公司和任何一家 IT 行业的公司而言，都是很高的排名（*Forbes*，2011）。

12.2.4　企业社会责任的印度视角

穆尔西除了拥有高超的企业管理技巧外，他对企业社会责任的坚持也同样令人钦佩。在英国广播公司的一次采访中，他解释了自己从"一个困惑的左派分子转变为坚定并富有同情心的资本家"的根源（*BBC*，2011）。确实，穆尔西在法国工作 3 年后，他的使命感就变得很明显了，他下定决心要带给印度一些好的脱贫办法。因此他将其资产捐给慈善机构，开始了一场在欧洲寻找灵感的旅行（Khanna，2008）。然而一次在保加利亚监狱（*BBC*，2011）的"意义重大的经历"改变了他关于纯粹的社会主义作为解决人类问题答案的思维模式（Khanna，2008）。他恍然大悟，财富只有先被创造出来才能进行重新分配。"就是在那时候我才意识到像印度一样的国家，唯一解决贫困问题的办法就是要有创业精神。"（*BBC*，2011）

在印度，坚持将强有力的社会价值观与创业精神相结合作为摆脱贫困的办法，被认为是企业社会责任的典型思维模式。很多其他"受到启发"并决心不只对印度经济发展做贡献的企业家，有着共同愿景。在这些企业家当中，塔塔家族当之无愧地摘夺桂冠，在苏达·穆尔西看来，正是塔塔家族启发了印孚瑟斯的社会责任感，才使其富有生命力。作为一位曾在塔塔汽车有限公司（TELCO）工作的员工，她始终记得当她宣布离开公司想要和她丈夫一起从事新行业的工作时，J. R. D. 塔塔对她说的话。他轻声说道："那么你准备做什么呢，库尔卡尼女士？"（这是他经常称呼她的方式）"先生，我准备离开公司（TELCO）"，他又问道："你将去哪里呢？""普纳，先生，我丈夫在那里开办了一家名叫印孚瑟斯的公司，我要去普纳。""噢，那如果你们成功了，将会做什么呢？""先生，我不知道我们会不会成功。""一开始不要胆怯"，他建议道："在开始的时候就一直要保持自信，当你们成功了，一定要回报社会。社会给予了我们太多，我们必须要报答。祝你们好运。"（Murthy，2004）

12.2.5　印孚瑟斯的价值观

那么，印孚瑟斯的创始人打算回报给社会什么，以及如何将互惠理念转化成既能确保事业成功又能尽到社会责任的企业文化呢？创始人强调某些价值观，每一种价值通常都用一个词来表达，目的是为了引导印孚瑟斯政策和实践的形成。这些价值包括"可持续性""透明度""诚信"。以下是他们所说：

> 可持续性不是对我们风险的一种反应，而是我们的核心价值观。——S. D. 希布拉尔，首席运营官兼董事（Infosys，2010）
>
> 我们在印孚瑟斯的价值体系可以用一句话概括："最柔软的枕头就是一颗清白的良心"。——N. 穆尔西，荣誉主席（Knowledge @ Wharton，2001）
>
> 我们的价值观必须要有高度诚信和高度透明。我们宁可丢掉生意，也要睡个好觉。——K. 迪内希（Khanna，2008）

阐述这些价值观并将它们转化为评估公司表现的标杆绝非易事。睡个好觉有可能是对美德的回报，或是良心与自身和世界和睦相处的象征。但是如何才能睡个好觉？这必然是大家都想分享的目标，和对一家巨型企业抱有的期望，因为它负责管理成千上万员工的活动，他们大多数是专业人员，在全球不同地方工作。创始人想要"睡个好觉的愿望"，很显然是具有象征意义的，即按照"高度诚信和高度透明"行事所获得的自然回报。且印孚瑟斯极具象征性的标语"以人才为动力，以价值为导向"，表明了要坚持在商业上和道德上都做最好的承诺（Fernando，2012）。为了更好地履行承诺，印孚瑟斯开发了可以体现核心价值观的 C-LIFE 原则，在公司行为的所有方面进行推崇。C-LIFE 原则是

"客户愉悦"（Customer Delight）①、"以身作则"（Lead by Example），"诚信和透明"（Integrity and Transparency）、"公平"（Fairness）和"卓越"（Excellence）单词的首字母缩写，印孚瑟斯力求将 C-LIFE 原则延伸到与公司利益相关者的各个方面。

12.2.6　实施 C-LIFE 原则：印孚瑟斯的社会契约

C-LIFE 原则及公司管理问责制的做法，都需要进行更深层次的探讨，从而了解它们如何精准塑造了印孚瑟斯的企业文化和其对企业社会责任的承诺。显然，"社会契约"是实施 C-LIFE 原则的核心。用社会契约的术语来说，根据印孚瑟斯的观点，公司管理应适应企业在社会中的角色。未经社会许可企业就不能存在，各个利益相关的群体组成了整个社会，企业的经营须与社会互动。也就是说，企业愿意回报社会，维护社会契约的暗示条件的前提是要明白，一家公司与其利益相关者互动的质量将直接关系到它能取得多大的成功。

因此，C-LIFE 核心价值观构成了印孚瑟斯的"公司管理框架"，其"范围"包括（1）"透明、公平、当责"，详细来说，即要求通过依照政府授权的审计和财务报告的形式，"对我们所有的利益相关者实行最高程度的公开"；（2）强有力的"董事会管理"，为了代表公司所有利益相关者的利益，董事会成员绝大部分都是"独立的"，即成员并非都是印孚瑟斯的员工；（3）"企业风险管理"程序，旨在保护公司的可持续性；（4）"公司政策"加强对"所有适用的法律和法规"的遵守，通过日常的"培训和提高认识计划"，实现对公司"行为和伦理规范"的遵守，除这些外，还包括"反贿赂"和"利益冲突的伦理处理"以及"揭发弊端者政策"，用以鼓励公司员工识别问题，并找到建设性的解

---

①　印度博主拉胡尔·贝姆巴指出，在其最新的报告中，印孚瑟斯的 C-LIFE 原则中的"C"已悄然发生了变化。它不再代表"客户愉悦"，而是"客户价值"（KrRahul, 2011）。贝姆巴解释说，这种变化实际上暗示了一种意识的加深，即建立业务关系的重要性，因为"客户"通常"和企业有长期联系"，他们"某种程度上，在工作或服务中受到你们的保护"。从"愉悦"到"价值"的转变，暗示了之前的主观愉悦转变为对实际交付的货物和服务质量的期望。拉胡尔·贝姆认为，虽然这两个术语只是同一枚硬币的不同方面，但是重点应放在"客户价值"上面，如果客户价值得以实现，客户们"自然"会感到满意。贝姆巴的思考暗示，事实上，印孚瑟斯的员工十分重视 C-LIFE 原则，而且认为这个问题值得在社交媒体上探讨。

决办法，所有这一切都是为了"形成公开透明的企业文化"；（5）"可持续性关注点"旨在"实现经济、环境和社会需要的微妙平衡"，为了解决"公司内部和外部利益相关者的需求"。目前，公司治理框架还应包括行动积极的"企业社会责任委员会"，以迎合印度2013年公司法的最新变化。

正如企业责任报告所述，此框架表明企业社会责任是社会契约的一种表现，印孚瑟斯认为它能够确保公司的可持续性。毫无疑问，鉴于其重要性，企业社会责任的范围十分广泛，包括"争取经济发展，使之最小限度地运用资源，从而积极影响整个社会"，同时要注意"这些活动对环境、社会、利益相关者"的影响（Infosys，2014a，b：95）：

> 多年来，我们一直致力于实现经济、环境、社会需要的平衡，同时也关注我们内部、外部利益相关者的期望与需求。我们的企业社会责任不局限于慈善事业，还包括全面的社区发展、制度建设以及与可持续性相关的首创精神。（Infosys，2014a：13）

印孚瑟斯的所有企业社会责任活动都致力于使印度能够实现繁荣。和一次性转让不同，这些活动专注于开发技能和资源。这种社区发展方法响应创始人对有影响的"创业精神力量"的信念。

当然，一个重要的问题是，企业社会责任活动尽管有善良意图的鼓励，但实际上是否符合印孚瑟斯试图在整个公司制度化的标准。政策调研中心主任普拉塔普·巴努·梅塔（Pratap Bhanu Mehta）告诫说："印度有一种真正的风险，就是企业社会责任只创造了一种新的赞助人网络，在其中一位政治家开办一家教育托拉斯，要不就是另一位政治家要求在他们选取做某件事。"（Crabtree，2012）2013年企业法案批准的改革不仅旨在为企业社会责任活动产生更多资金，而且是打算用来针对企业社会责任项目管理方法上经常出现的"透明、公平、当责"的明显缺失。在耽搁了很久以后才颁布的2013年企业法案第135款批准了一项企业社会责任政策，针对"净值达到500亿卢比以上，或者证券交易额达到10亿卢比以上，或者在财政年度中净值5千万卢比以上的每一家公司"。合格的企业"应当成立至少有三名董事的董事会企业社会责任委员会，其中至少有一名是独立董事"。

除了批准新的当责结构以外，2013年公司法案还要求企业社会责任委员会"确保公司在每个财政年度内，至少要拿出之前三个财政年度平均净利润的2%①，来贯彻企业社会责任政策"。2013年公司法案进一步规定"公司应优先照顾本地区和周边地区，拨专款进行企业社会责任活动。"不拨专款的结果就是，董事会被要求提交报告，详细说明公司不能拨款的理由。而且，公司法案附件七列出了有资格获得企业社会责任资金的各种活动

> 有关的活动：
> （1）根除极度饥饿和贫穷；
> （2）推进教育；
> （3）促进性别平等，给妇女授权；
> （4）降低儿童死亡率，改善产妇健康状况；
> （5）与人类免疫缺陷病毒、后天免疫缺乏综合症、疟疾及其他疾病做斗争；
> （6）确保环境可持续性；
> （7）提高职业技能的就业；
> （8）社会企业项目；
> （9）对首相国家救济基金或其他任何由中央政府或州政府为社会经济的发展而设立的基金做出贡献，并设立救济金，改善不可接触者、不可接触部落、其他落后阶层、少数民族、妇女的社会

---

① 显然，在确定印孚瑟斯本身是否遵守目前的新法律时，似乎有些不太透明。尽管据其2014年3月的董事报告，印孚瑟斯扣除"税费"后的"利润"为1019.4亿卢比，但该报告（Infosys，2014a）同时指出，其对印孚瑟斯基金会的贡献为9千万卢比。如果将印孚瑟斯税后利润的2%划拨给企业社会责任活动，并将其中很大一部分贡献给印孚瑟斯基金会，那这个数额可能会远高于9千万卢比。若投资者想了解更多关于印孚瑟斯基金会的信息，尽可以查看《印孚瑟斯可持续发展报告》（Infosys，2014b），它对公司企业社会责任活动和基金会项目的描述令人印象深刻，但无法确认9千万卢比这一数额，因为报告在确保印孚瑟斯遵守公司法案中企业社会责任规定的财务细节方面仍然很不透明。我们推测，在随后几年里，关于其在企业社会责任活动中的总投入，印孚瑟斯公司会提供更加透明，并且更容易读取的报告，包括对印孚瑟斯基金会的捐赠，以及他们会如何按规定拿出税后利润2%的贡献。

福利；

　　（10）须注明的其他事宜。（Ministry of Law and Justice，2013）

　　由于印度是第一个提出这类建议的国家（*Dezan Shira & Associates*，2012），所以它成功地使主要企业遵守这项法律，将受到其他设法促进积极主动的企业社会责任政策的国家密切关注。不足为奇的是，公司法案中提倡的那些活动均与印孚瑟斯基金会时不时从事的项目异曲同工。

11.2.7　一家族企业授权印度

　　印孚瑟斯开始在可持续发展的基础上运作时，七位创始人就做了一项决定，即他们的妻子不会参与公司运营（*Rediff*，2006）。但苏哈·穆尔西（Sudha Murthy）却觉得该项决定难以接受。她是一位有才华的工程师，也是一个有魅力的女人，同时，她还为丈夫创立印孚瑟斯的梦想提供财政支持。此外，由于她帮助编写公司生产的第一个软件，所以她已具备成为主席所需的一切条件（Regatao，2000）。但苏哈理解创始人这么做的原因，并接受了自己作为忠诚的家庭主妇和母亲的角色。后来，她的孩子逐渐长大，苏哈与"印孚瑟斯的妻子团队"就转向关注社会。虽然她们中的一些人选择去建立独立的慈善机构，但苏哈·穆尔西和苏哈·戈帕拉克里希南（Sudha Gopalakrishnan）却将她们的活动与印孚瑟斯联系在一起，从而创建了印孚瑟斯基金会。

　　自1996年成立以来，印孚瑟斯基金会已实施许多项目以支持印度社会中的弱势群体。其活动始于卡纳塔克，现已扩展到泰米尔纳德邦、安得拉邦、马哈拉施特拉邦、奥里萨邦，以及旁遮普邦。印孚瑟斯每年都会对基金会捐款，支持其在医疗、教育、文化、农村发展，以及对老年人和贫困人群救助方面的倡议（Infosys Foundation，2012a）。这些倡议采用项目、对其他基层组织的直接援助许可、预备就业项目等形式。在印孚瑟斯的企业社会责任活动中，"社区服务"是该基金会的核心救助项目，因为它具体涉及对印度农村地区的儿童和教师进行信息技术教育。例如，仅1998年，在一项与微软合作被称为"电脑进教室"的项目中，印孚瑟斯就向全国的272所机构捐赠了744台电脑（Infosys，1999）。和C-LIFE原则相一致，印孚瑟斯积极鼓励员工也参与社区发展活动。工程师和信息技术专家与当地政府和学校合作，促进贫困地区信息技术教育的发展。此外，公司的高级管理人员一直对全国政府和邦政府影响甚大，使其不断增大对初等教育和农村地区的宽带互联网建设的拨款力度。

2009 年，印孚瑟斯又成立了一个非营利基金机构，即印孚瑟斯科学基金会。成立后，该基金会就设立了一项印孚瑟斯年度奖，来奖励社会科学、自然科学、工程和计算机科学、数学科学和生命科学领域的杰出成就。评审委员会"由各个领域的杰出人士组成，以国际研究的标准，对被提名人的成就进行评估"，并对印度每个领域中最出色的研究人员授予 150000 美元的奖励（PTI，2003）。在印度国内，印孚瑟斯奖受人推崇的程度仅次于诺贝尔奖，其年度奖得主往往会一夜成名。因为创立印孚瑟斯奖的目的就在于激发研究人员对最接近公司核心竞争力的研究领域的兴趣，所以它是一个很典型的例子，可以说明基金会如何履行企业社会责任，这对公司持续发展极为关键。

在赞助将公司长远发展的企业社会责任创议的同时，印孚瑟斯仍然履行纯粹慈善义务，也就是说，为超出其企业社会责任范围外的活动提供资金支持。印孚瑟斯基金会大力捐助孤儿院、临终关怀医院、赤贫者收容所。基金会在印度广大农村地区建立孤儿院，致力于改造印度社会中最弱势的成员，如盲人和社会弃儿。例如，2005 年，基金会设立班加罗尔临终关怀基金机构，致力于缓解晚期癌症患者的痛苦。在另一个项目中，基金会向卡纳塔克邦和泰米尔纳德邦的贫穷妇女捐赠了约 340 台缝纫机，帮助她们获取谋生手段。同时，基金会还在农村地区，宣传社会意识，开展扫盲运动，这得益于纳拉亚纳·穆尔西的个人兴趣，他在看望乡下亲戚时意识到这一点，并在了解其堂兄弟和侄女们的文盲程度后，一心想要做些什么（*The Times of India*，2011）。除了运营目前项目之外，印孚瑟斯基金会还提供财政支持和志愿者，以应对人类危机和自然灾害。例如，在卡纳塔克 2009 年的洪灾后，基金会"为灾区的救济、复原及重建捐赠 680 万美元。在邦政府'Aasare'计划的支持下，印孚瑟斯与当地非政府组织携手，为五个区的 18 个村庄重建家园"（Infosys Foundation，2012b）。印度红十字会主任称赞印孚瑟斯在"Aasare"计划中的表现堪称可持续发展的典范。

12.2.8 不确定的未来

2011 年 8 月，希布拉尔（S. D. Shibulal）成为印孚瑟斯的首席执行官，他是一个"急于制订计划的人"（Bernstein，2011），因为他知道自己将在 2015 年退休。他称其计划为"印孚瑟斯 3.0——建立明天的企业"，该计划原本应该将创始人的遗产传给下一代。尽管他期望很高，但短期内印孚瑟斯的财务业绩却不是特别理想。与其竞争对手——塔塔咨询服务公司，2012 年上半年股票增值 5.6%——业绩相比，印孚瑟斯的股票价格比同期下降 18%，着实令人担忧（Glekin，2012）。人们的失望促使纳拉亚纳·穆尔西于 2013 年 6 月从退休状态中回来再次掌舵（Einhorn，2013）。从那时起，印孚瑟斯就收复了一些失地，尽管这种复苏完全谈不上辉煌（PHYS ORG，2014）。但是，请注意，印孚瑟斯的批评者从未谴责过其在企业社会责任支出方面表现不如人意。即使印度的公司法允许削减这些支出，但这样做甚至比几个季度不如人意的回报率更可能动摇投资者的信心（Lys et al.，2013）。

不管印孚瑟斯作为企业社会责任的全球引领者赢得声望的努力多么令人难忘，但是没有哪个系统是傻子都可以万无一失的。一家不仅在企业社会责任规划中，而且在其伦理行为守则中都称得上道德领导的公司，将不可避免地招致其仰慕者和对手们更为严格的审查。例如，2003年，印孚瑟斯不得不拿出 300 万美元，对一件涉及性骚扰案件进行庭外和解，该案件涉及一位公司董事，一颗冉冉升起的信息技术超级巨星，法尼什·穆尔西（Phaneesh Murthy）——与纳拉亚纳·穆尔西无关——和他的执行秘书。2002 年，公司得知法尼什未透露这段关系，也得知其执行秘书已申请对他发出限制令。虽然印孚瑟斯最终断绝了与法尼什的关系，但这并不能避免负面消息的传播。根据《印度报》的说法，印度的性骚扰问题要关起门来讨论（Bhagat，2002），但印度的新闻媒体却夸大此事，使其成为史上最大丑闻。为恢复公司信誉，纳拉亚纳·穆尔西当众宣布跟进此事的决心："诉讼就在我们身后。我们已采取进一步措施来加强我们的内部流程，改善处理类似情况的制衡措施。"（IBS，2002）印孚瑟斯的前任人力资源总监莫汉达斯·派表示，公司之所以未能及时果断作出反应，是因为正式员工和部门首脑之间存在沟通障碍，而非公司对恶性行为不敏感（*CNBC-TV 18*，2011）。

尽管印孚瑟斯在其 2001—2002 年的年度报告中已经声明，公司针对性骚扰制定了政策（Bhagat，2002）。但经历法尼什·穆尔西丑闻之后，印孚瑟斯宣布新措施，旨在表明对工作场所内恶性行为的"零容忍"。该事件引发了对组织惯例的重新评价，引入更为严格的性骚扰培训程序，并强制公司各层人员参与。印孚瑟斯人力资源部也开始实施四级制的制裁方式，即不仅根据行为严重程度，还要根据其在公司内的职位，对不当行为施以处罚。莫罕达斯·派观察到，"对高层的标准必须要比其他员工更严格，因为这是一个关乎领导力的问题。在这种情况下，掌权者必须要更加遵纪守法"（*CNBC-TV 18*，2011）。就在最近，印孚瑟斯 2012—2013 年的企业责任报告"以创新求实用"表明公司坚持 C-LIFE 原则，基于对人权的尊重，开创了对性骚扰和其他虐待行为的综合管理，并通过公司在其行为守则中所做的承诺得以加强（Infosys，2013a，b）。

尽管如此，批评者越发不满印孚瑟斯当前的管理，还有其对迅速变化的信息市场作出反应的能力（Lison，2012a）。纳拉亚纳·穆尔西于 2013 年重回企业时，彭博财富分析师阿奴拉格·拉纳（Anurag Rana）对此提出了怀疑："如今信息技术外包业务已逐渐商品化，保持利润丰厚就显得特别困难……那些外包大量工作到印度的跨国公司就明白这一点，比起穆尔西掌舵时期，现在的价格更为敏感。'现在买家比以前聪明。'"（Einhorn，2013）甚至在穆尔西回归之前，彼得 - 舒马赫（Peter Schumacher）就注意到"印孚瑟斯轮流担任首席执行官的策略削弱了首席执行官办公室的权力，同时损害了公司绩效"。他解释说："如果每过几年就要更换首席执行官，那么关键的问题永远得不到解决……最终该组织的互动会变得非常混乱，而且难以控制。"（Thoppil，2012）然而，穆尔西自己却表现得很自信，说这可能是扭转公司局势的最佳方式，"在分析师电话会议中，穆尔西保证自己制定的印孚瑟斯 3.0 策略万无一失。他说：'在执行这项战略时，我们本可以做得更好。'"（ENS Economic Bureau，2014）。

投资者的预期并非是穆尔西回归后不得不面对的唯一问题。但它可能远比公司在性骚扰政策上的尴尬处境更具破坏性，且最近有人指控印孚瑟斯使用欺诈手段，用短期签证派遣印度的人员去美国的分公司工作（Tennant，2011）。特殊项目更容易获得短期签证（B-1），而且获取短期签证的成本远低于长期（H-1B）签证（Preston，2012）。但在美国的阿拉巴马州，杰森·帕尔默对印孚瑟斯提起诉讼，指控他的上司在他使用公司内部揭发弊端程序谴责非法签证的做法之后对他进行了骚扰。虽然阿拉巴马州法院驳回了帕尔默的诉讼，宣布州法律中找不到合理的依据，但印孚瑟斯最终还是不得不同意向美国各个监管机构支付3400万美元的罚款，来摆平关于它被指控的滥用 B-1 商务访问签证程序的言论（Preston，2013）。印孚瑟斯违反了美国移民法律，这可能危及公司战略计划的发展，因为它面临着越来越大的压力，必须严格遵守它所在各个国家愈发严格的签证要求。因此，公司很可能会在国外雇用更多当地人——在这种情况下，雇用人数可能多达50%——而且公司将不得不对那些真正使用 H-1B 签证被送去美国工作的印度人的薪资规模作出调整（Nambiar，2011）。继续存在的争议大概又为印孚瑟斯的公共关系带来了另一个难题，因为公司的声誉如你所见，一直建立在"透明度""价值观"及"严格遵守法律"的基础之上。

12.2.9　结论

自1981年成立以来，印孚瑟斯技术就已登上成功的阶梯，在其创始人的不懈努力下，它向世界展示了印度的新面貌。如我们所见，在纳拉亚纳·穆尔西强有力的个人价值观的指导下，印孚瑟斯技术倡导并参与了各种旨在加强商业和社会间关系的活动。穆尔西的妻子苏哈于1996年创建印孚瑟斯基金会，并在许多方面起到了领导作用。当然，公司本身也贡献良多，并非仅仅提供财政支持。其就业政策、对环境问题的关注，以及对伙伴关系的研究都可以说明，C-LIFE 原则延伸到了公司实践的方方面面。然而，一些对"印度企业社会责任方式"持批评态度的人，却对印孚瑟斯的慈善活动和信托基金的透明度和当责问题提出质疑。不仅仅是印度的公司，还有其他地方可能涉及类似活动的一些公司在策略上履行企业社会责任都可能引发利益冲突，我们应该如何看待呢？

12.3 案例分析

这对于印孚瑟斯和其他试图在迅速改变的信息技术行业中竞争的公司来说，是充满挑战的时代。正如最近由涉及在美工作印度雇员签证问题的欺诈指控所引起的重新评估显示的那样，印孚瑟斯现有的企业模式——依赖外国公司的各种信息技术外包服务——可能不久就会过时，因为互联网与云计算正趋向于成为下一个庞然大物。像印孚瑟斯这样的公司必须有一定程度的灵活性，来回应新的挑战，这种程度将测试它能否始终忠实于创始人的设想，以及能否始终如一地兑现其"智力激励，价值驱动"的承诺。因为不管是在信息技术创新方面，还是在企业社会责任方面，印孚瑟斯都是全球公认的领导者，所以它所面临的挑战便是是否两者各自都能实现进步，而不是此消彼长。那么，印孚瑟斯能否继续证明，企业社会责任的领导地位不必以降低财务业绩为代价呢？

随着新首席执行官塞卡（Vishal Sikka）的上任，印孚瑟斯正明确使改善财务业绩成为其第一要务（Sheshadri and Toness，2014）。作为第一个不是选自印孚瑟斯七位创建人原始小组的首席执行官，塞卡面临的问题是能否维持公司与印孚瑟斯基金会的紧密联系，能否找到其他手段来履行公司对社会责任的承诺。印度2013年新公司法案中规定的企业社会责任要求明确适用于印孚瑟斯，这一事实使以下事情成为可能：塞卡不会做任何事情来造成公司企业社会责任项目的不稳定。我们应更仔细关注印孚瑟斯的企业社会责任战略，及其对公司总体可持续性的贡献。印孚瑟斯希望从其企业社会责任项目中得到什么回报呢？

印孚瑟斯最近的一份关于"反思财务服务方面的企业社会责任（CSR）"的白皮书（Infosys，2013c）中强调了"企业社会责任可持续性命令"。文件解释说，因为"在当今的企业环境中，企业社会责任项目由缩减的预算提供资金……企业社会责任不可能使用专项资金，因而倾向于装点门面……（但是）必须像（公司的）企业模式一样可持续"。为了使企业社会责任能够可持续，例如金融机构（FIs），就必须应对当今企业环境中的九大挑战。其中包括使用"正确衡量标准"来"衡量企业社会责任"有效性的"框架结构的缺乏"，和在吸引和激励

"推动企业社会责任项目的员工"方面遇到的困难。白皮书指出，由于"华尔街不将企业社会责任放入对一个公司的评估"，所以确定一个可持续的企业社会责任项目需要为其建立一种强有力的"企业案例"。因此，印孚瑟斯想要建立的案例是，企业社会责任"有益于社会，更有益于企业"。"负责任的公司需要发展一种框架结构，通过利用公司能力，增强公司的竞争优势来严格实现企业社会责任的可持续性。"

在金融服务业——就事论事，或者在其他任何行业——语境下阐释企业案例，意味着识别来自可持续企业社会责任的"回报"。印孚瑟斯推荐了四种"回报"：企业社会责任"（1）提高品牌资产，（2）建立信任和信心，（3）提高财务绩效，（4）增加企业发展"。品牌资产的提高是因为"负责任的公司面临远少得多的监管当局审查"。因为全球金融危机而失去的信任和信心可以通过培养"与不同利益相关者的关系"来重建。根据全球银行业价值联盟委托的一项研究，改进的金融业绩可以通过"大量运用诸如资产收益率，贷存款增长，及资本实力等金融指标"来衡量（GABV，2013）。企业增长的前景"因企业社会责任与企业并进而看好"。

这样的并进如何才能完成，印孚瑟斯在一项对"可持续企业社会责任的DNA"的分析中做出了概述。该分析明确了"企业社会责任全面战略"的组成部分，以"司法审计"入手，分析了公司当前业务对环境和社会造成的影响：采用了企业社会责任项目开发的"3-P"方法，有着包括"人员、进程和产品"在内的具体目标；"企业社会责任办公室"——由公司管理高层支持的执行团队——的制度化，"实施企业社会责任战略并宣布结果"；最终，使"可持续性报告"常态化，通过这种常态化，公司所有利益相关者不仅知情，而且被邀请不断"买入"其企业社会责任规划的股份。很显然，印孚瑟斯在开发其企业社会责任战略时收获良多，并将大多数经验与教训都分享给自己的客户，因此，毫无疑问，印孚瑟斯希望从使用其服务来开发可持续的企业社会责任项目的客户那里，吸引新的业务。

企业社会责任在印孚瑟斯的演变过程可被理解为对印度的企业社会责任的总体历史做出一种创新性回应。波恩的德国发展研究院的塔吉雅娜·沙胡特（Tatjana Chahoud）及其团队为那段历史提供了简明概括，按照四个阶段来理解它。

第一阶段（1850—1914），企业社会责任活动主要在公司外开展，包括向寺庙和各类社会福利事业捐款。

第二阶段（1914—1960），主要受圣雄甘地的受托人理论影响，其目的是巩固和扩大社会发展。改革方案包括一系列活动，特别是废除贱民制度，授权给妇女以及开发农村地区。

第三阶段（1960—1980）受"混合经济"模式支配。在这个语境下，企业社会责任主要采取企业活动法律规定和/或公共领域事业（PSUs）促进的形式。

第四阶段（1980年到现在）掺杂了一部分传统慈善活动的特点，同时包括一些将企业社会责任融入可持续的企业战略所采取的步骤。（Chahoud et al.，2007：3－4）

因此虽然印孚瑟斯基金会的历史清楚地展现在第四阶段，但它可以被理解为代表了前三阶段的遗产，因为它反映了公司创始人的个人承诺，他们支持甘地在社区发展方面的努力，以使"混合经济"服务于所有人。

正如纳拉亚纳·穆尔西的启迪故事所暗示，他对服务于社区的创业精神的理解和圣雄甘地的"受托人"观念之间明显有着联系。两者都怀疑印度独立之后所采取的国家社会主义能否解决贫穷和不平等的问题。如痛苦的经验所证明的那样，印度的"许可证制度"不仅不能阻止十分富裕者和有权者大量攫取国家财富，而且通过限制各种形式的创业精神，减缓了那些真正致力于改善穷困潦倒者生活之人的发展。考虑到苏哈·穆尔西与在自己企业中开拓甘地受托人实践的塔塔（J. R. D. Tata）之间的关联，印孚瑟斯基金会寻求遵循这同样的看法就不足为奇了。

纳拉亚纳·穆尔西对甘地受托人身份的特殊贡献是创造了一种创业精神模式，在发展可持续的企业战略时，企业社会责任在该模式中扮演着不可或缺的角色。正如印孚瑟斯在推进金融服务业中的企业社会责任的册子里明确指出的那样，这种模式将重点从支持企业社会责任活动的传统道德、宗教、文化理由中转移出来，转向对其在创建可持续企业的战略重要性的认识。当然，企业案例远超越于保证企业合法性的挑战之上，以支持社区范围内的善举——如为无家可归者的避难所或施粥所募集资金。企业案例涉及包括优先进行保证并增强公司的核心竞争力的企业社会责任活动——就拿一项叫做"Computers@ Classrooms（计算机在教室）"的微软合作项目来说，它为用户提供计算机，并使他们能够开发计算机技能，这个项目实际上为印孚瑟斯创造了未来的客户和雇员。这样，印孚瑟斯基金会就能够确保其对企业社会责任活动的投资获得显著"回报"。

但是，将企业社会责任活动纳入可持续的企业策略会要求公司变得更加严厉，确保公司遵循基本的经济伦理标准。也就是说，在呼吁公司对社会做贡献的同时，不能对道德失误视而不见。公司的公共关系战略强调其在企业社会责任活动的创新领导地位，因此一旦出现道德问题，只要违反任何道德标准，都意味着公司会受到更为严格的审查。以质量和行为道德守则来判断（Infosys，2013a）——守则本身意在证明公司在其有着主要业务的美国对管理要求的遵守——印孚瑟斯敏锐地意识到这一挑战。在企业社会责任发展的这个新阶段里，在印度，以及其他地方，企业社会责任活动将不再为公司赢得免费通行证，使其免遭批评。与此相反，企业社会责任将成为公司可持续企业战略的一个组成部分，其所有活动都须符合经济伦理的最高标准。

12.4　伦理反思

企业有没有一种合适的方式来履行其社会责任呢？企业社会责任的伦理基础是什么呢？要解决这个问题，把企业社会责任同施舍、慈善区分开来很重要。履行企业社会责任不能同随意的乐善好施混淆。要区分它们，不仅要从它们的动机、公开方式上，还要从它们在公司内部的管理和组织方式上区分。企业社会责任里面有个关键词"责任"，不可避免地表达了对公平正义和公益的关心。企业社会责任的前提基于一个理念：成功的企业实际上将其成功归功于利益相关者，尤其是其客户，也归功于社区的善意，因此，应该通过参与促进整个社会的公益来回报。

如果企业社会责任不等同于慈善，它同样也不应该与简单遵守法律所要求的一切混为一谈。按时支付公平合理的工资，表达对员工健康和安全的关心，与执法机关和不同的监督管理机构进行合作，恪守对企业投资人、客户和供应商的承诺——各自都在完成做生意过程中常规产生的道德义务时很有意义，但是其中没有一个属于履行企业社会责任。

企业社会责任典型地针对企业外部的事情。印孚瑟斯的"Computer@ Classroom"计划是一个有用的例子。印孚瑟斯向乡村学校分发急需的电脑和提供培训，当地教师可以学着和他们的学生一起使用电脑。小规模公司通过调动自己的资源——社会联网和专业权威，以及支持购买电脑的预算——来为学生提供一个受教育的机会，为他们开创一个截然不同的未来。如果由一家不涉足 IT 行业的公司来启动"Computer@ Classroom"计划，那会显得很奇怪，因为它会缺乏使其运转所需的核心竞争力。同样，一旦其他 IT 公司意识到了印孚瑟斯的主动行动，那么它们也会很感兴趣地复制一个用自己的最低成本来提供真正帮助的项目。

顺便说一下，"Computer@ Classroom"计划也可以使我们得出另一个很重要的结论。对专业技术和设备的战略配置常常会比直接赠送现金有更为积极的作用。鼓励公司员工去提供培训和进行监管，以及帮助安装电脑，比单纯地捐钱给学校，让学校自己去尝试做这些事情更有可能成功。开发的互惠不仅对接受印孚瑟斯援助的学校，也对公司自身的可持续未来以及提升员工的士气，有积极作用。

12.4.1　企业社会责任的伦理学基础

企业社会责任的伦理基础相似于常识所要求于人类社会每一名成员的东西。回顾第二章里，孟子讲了表明人皆有"不忍人之心"的故事，并用一个描述"今人乍见孺子将入于井"时所发生的事情加以证明。他们"皆有怵惕恻隐之心。"他们会毫不犹豫地去救这个小孩，而不会去计较他们这样做后有可能会得到的回报。孟子用这个故事来说明四种基本美德"仁、义、礼、智"赖以成长起来的"端"。主张企业有能力履行其社会责任是要懂得，由于人们建立企业是为达到某些共同的人类目的，因此企业的功能必须类似于人们履行个人责任的方式。如果个人要为他们所做的承诺负责，那么企业一定而且必须也要有相同的责任感。基本的儒家美德——如恕道黄金法则——无论对评判公司行为，还是对评判个人行为而言，都是关系重大的。

孟子所举"将入于井"的孺子之例说明，人们在自己不需付出多少代价即可为时，是能够而且应该帮助别人的。如果他们付出代价很高，那么他们的行为很可能会被誉为英雄事迹，就好比一个士兵牺牲自己生命去救其战友一样，但是当他不付出多少代价即可为时而不为，通常就被认为是可耻和不道德的。这种情况和企业履行它们的社会责任是类似的：如果企业自身只需付出很小的代价就可以为社会提供帮助，那么它们应当这样做，因为其实这就是我们共同人性的体现而已。从这个意义上讲，企业社会责任道德论据是企业存在于社会契约基础之上。印孚瑟斯认识到在其创立一家可持续发展企业的 C-LIFE 战略中心是一种社会契约。但是一种社会契约包含着实际的道德义务。如果一家企业无法满足社会的需求，尤其是当它们自身只需付出很小的代价就可以提供帮助的时候，它们恰好会更容易因为它们对他人可耻的冷漠而受到谴责。

企业应当向社区提供帮助，对这个问题的道德期待在印度 2013 年公司法案中被奉为圭臬（India's Companies Act of 2013）。要求一定规模的公司将产生利润的 2% 保留下来用于资助企业社会责任活动，这个规定反映了这样的观念：在自身只需付出很小代价就可以帮助时是必须帮的。对于一家公司贡献其纯利润的 2% 的假设是对成功企业可以欣然做得了之事的公平估计。印度 2013 年公司法案和关于企业社会责任的一般争论都没有要求企业做出英勇牺牲：没有谁要求企业通过破产来试图完成不切实际的企业社会责任目标。如果一家企业想尝试着展现其楷模式的道德领导力，于是成为"君子"机构，那么它就会考虑贡献多于法律所要求 2% 底线的利润。正如我们将在第十七章看到的，它甚至可抽出其利润的很大部分来专门用于慈善事业，就像塔塔家族一样，他们把很大一部分股份分配给了塔塔信托。这些例子中企业所承担的义务远远超过了公司法案规定的 2%。但是，甚至在承诺远高于公司法案所要求的 2% 的情况下，在实际上会危及企业可持续性的层面上，就没有义务资助各级企业社会责任活动了。

12.4.2　米尔顿－弗里德曼对企业社会责任的批评

正如在印度公司法案问题上旷日持久的斗争所清楚表明的那样，甚至要求公司支持企业社会责任计划的适中提议都会遭到严厉抵抗。在关于如何为项目买单的争议之上，有一种哲学的异议经常在这个节骨眼上被提出来。例如，一位被认为与芝加哥经济学派观点相一致的美国专家米尔顿·弗里德曼（Milton Friedman，1912—2006），就反对企业社会责任的观念，认为"只有唯一的一种企业社会责任——利用资源，参与用来在游戏规则范围内增加利润的活动，也就是说，参与没有诈骗的公开自由竞争"（Friedman，1970）。作为一名狂热的个人自由守护者，弗里德曼并不反对施舍与慈善的观念，但是在他看来，只有作为个人的个别选择，它才是合法的。他认为，一家企业或者其执行领导人把资源分配给企业社会责任，就是把税收强加给业主或投资人，剥夺了其公平的利润份额。为此，他把企业社会责任描写成追求"集体主义目的……但不用集体主义的手段"。

不论弗里德曼的观点是对还是错，它反映了印孚瑟斯这类上市公司的脆弱性。在他看来，一家公司的管理必须要为其投资人做到利益最大化。如果它们愿意，它们可以分红，然后把钱捐给任何慈善机构都可以。毫无疑问，弗里德曼肯定会加入那些要求印孚瑟斯给其股东们多分红利的人的队伍里。如果从企业社会责任活动中撤回资金，那么印孚瑟斯肯定会增加其分红，那么不管采取何种方式，他们都会要求这样做。[①] 正如我们所看到的，弗雷德曼论点的缺陷是双重的。他把企业社会责任等同于慈善，并且否定投入给企业社会责任的资源是为了达到商业目的的观点。

---

① 鉴于报告称印孚瑟斯对其基金（Infosys，2014b）的贡献竟然出人预料的有9千万卢比（148万美元）这个事实，似乎看起来投资人们还是不会有意外收获，即便公司承诺了要撤销基金。大家也不清楚弗里德曼会对《2013年印度公司法》做出怎样的回应。他强烈建议企业在"游戏规则下"进行竞争，这肯定是指遵守法律所规定的一切。然而，他也会猛烈批判法律，因为它成为试图达到"集体主义目的［而确实使用］集体主义手段"的另外一个例子。如果印度企业遵循弗里德曼的哲学观，并且事实上不否定的话，那么它们将不择手段使用手中的权力去破坏"公司法"，以及把企业社会责任计划作为幌子而强加2%的赋税。

纯粹慈善，字面含义表明，只是间接同企业目的有关。如果它是纯粹的，那它就是无偿的，意思是出于怜悯而不是出于隐藏的企业动机才做慈善。印孚瑟斯基金的某些活动显然符合纯粹慈善，如 2005 年对班加罗尔救济院信托机构的贡献，致力于减轻癌症晚期病人的痛苦；或应对人类危机和自然灾害，比如 2009 年在卡纳塔克邦所发生的洪水灾害。这两者从目的和效果上看，都不是像"Computer@ Classroom"计划那样直接同企业目的有关联。公司年度可持续报告中的这些声明提供了充足证据来证明印孚瑟斯的企业社会责任活动是出于企业目的而进行组织和管理的，这种目的直接代表了将印孚瑟斯的运营作为一个整体来界定的C-LIFE 原则。

弗里德曼还排除了印孚瑟斯之类公司做的企业案例，声称"在实践中社会责任之说往往是要掩盖以其他理由而不是以这些行动之理由来证明为正当的行动"。他认为，精明的企业高管应当抵制"把这些行动合理化为一种'社会责任'行为的强烈诱惑"。虽然可能会有短期优势，将自己的企业战略决定隐藏在企业社会责任框架下，但是这"虚伪的"故作姿态所付出的代价，将会更加强化早已根深蒂固的观点，即追求利益是邪恶的不道德的，必须要有外部力量进行约束和管控。一旦这个观点被采纳，约束市场的外部力量将不再是权威高管的社会良心，无论其发展得有多完善，取而代之的则是政府官僚的铁拳头（Friedman，1970）。人们可以充分想象纳拉亚纳·穆尔西及其同事们将会对弗里德曼的过激言论做出何种回应。虽然他们可能会因为他对政府官僚的抱怨而产生共鸣，但是他们仍然会坚持企业社会责任和企业总体可持续发展间是不存在任何"弄虚作假"的。如果非要有什么不同的话，那就是印孚瑟斯不仅成功地使企业社会责任成为其企业战略计划的一部分，而且还做了大量创新的工作来精确记录企业社会责任的表现如何被衡量为对公司成功做了贡献。因此，弗里德曼对企业社会责任的反对理应被认为是过时的。

12.4.3　企业社会责任金字塔模型

那么系统地来考虑，究竟什么是企业社会责任呢？在将整个企业社会责任概念化的开创性尝试中，阿奇·卡罗尔提出，一个真正的企业社会责任工作计划同时贯穿在四个不同层面，它们中的每一个都可以被理解成"企业社会责任金字塔"（Carroll，1991）的组成部分。经济组成部分是金字塔的基础，这是基于大家都认为企业活动的潜在动机是为了获利。卡罗尔对利益动机和利益最大化目标进行了一个伦理上的区分：由于没有盈利，就没有办法实现企业其他任何目标；而利益最大化有可能会牺牲其他目标来提高企业底线。和经济组成部分密切相关的是公司的法律责任，它是金字塔的第二级。一家"合法企业被期望要遵守联邦、州和地方政府所颁布的法律法规，并将其作为企业运转的基本原则"（Carroll 1991：5）。卡罗尔将这种期望描述成"社会契约"，法律在其中被认为是可以约束所有社会成员的一种"规范伦理"体系。

"伦理责任"的成分"包括那些被社会成员期望或者禁止的活动和行为，即使其没有被规范成为法律"。金字塔的第三级"先于法律体制，因为它们成为建立法律法规背后的驱动力"（Carroll 1991：6）。由于因为"期望来自社会团体"，所以这些期望要求"各层面的伦理表现……（建立在）诸如正义、权利、功利主义的基础上"。卡罗尔认为，经济伦理的规训"已牢固建立起作为合理企业社会责任成分的伦理责任"。最后，在金字塔的顶端是公司的"慈善责任"，其着重强调社会期望企业成为良好的企业公民。慈善和第三级所代表的伦理责任的区别在于慈善"没有在伦理或道德上受期待"，意思是它不必通过遵守法律和基本的伦理原则而进行巩固。"因此，慈善对于企业来说，是更随意或自发的行为，哪怕社会总是期望企业可以做慈善。"（Carroll，1991：7）正如卡洛尔暗喻的，慈善其实是"锦上添花"。

那么我们系统性地来看一家公司，如果要接受企业社会责任议程，那么就必须要"努力盈利、遵守法律、有伦理责任和成为良好的企业公民"。如果一家公司做出履行企业社会责任的可信承诺，那么这所有的四点都是必需的，只具备其中之一是不够的。卡罗尔把其企业社会责任观与弗里德曼的观点进行了详细比较。

> 经济学家米尔顿·弗里德曼宣称社会事务与商人无关，这些问题可以由自由市场体系自由地运作来解决。然而，当你考虑到其所有主张时，弗里德曼的观点势必会失去一些说服力。弗里德曼假设

管理是要"在遵守社会基本规则——包括体现在法律中的规则和体现在伦理习俗中的规则——的同时尽可能多地挣钱"（Friedman，1970）。大多数人都专注于弗里德曼引用的第一部分，而不是第二部分。从这个声明来看，似乎很清楚，利润、守法、伦理习俗包含企业社会责任金字塔的三个成分——经济、法律、伦理。只有慈善部分是被弗里德曼唯一拒绝的。虽然对一个经济学家来说，接受这种观点是合理的，但在今天，很难遇到有企业高管会把慈善计划排除在公司活动范围外。看来企业公民的角色是一种企业不会难以接受的角色。毫无疑问，这种观点在开明的利己主义框架下被合理化了。（Carroll，1991：8 – 9）

虽然卡罗尔的观点是"美国制造"，且目的只是为了反映那个国家的企业社会责任的发展情况以及在履行过程中所涉及的管理挑战问题，但是可以很清楚地看到，他的企业社会责任金字塔与印孚瑟斯成熟的企业社会责任基本原理相当吻合。在印度和其他任何地方都很明显的一点就是企业社会责任并不是事后添加的产物，而是企业管理中的维度，为任何企业努力实现可持续发展发挥着不可或缺的作用。印孚瑟斯对企业社会责任的坚持使得卡罗尔的金字塔变得很形象，让我们看到，慈善只有建立在公司坚持不懈地履行其经济、法律和伦理责任的情况下，才能够变得可靠和有效。企业社会责任里面的任何一个组成部分都不能单独突出而去掩盖其他组成部分的缺陷。

12.5 结论

在本章内，我们检验了一家亚洲企业印孚瑟斯的经验，努力把对企业社会责任的坚持融入一种企业可持续发展的模式里。印孚瑟斯的案例是非常引人注意的，因为它展示了企业社会责任思考模式是如何在印度演变的，尤其是现在的印度 2013 年公司法案要求超过一定规模的企业组织成立企业社会责任委员会，并从公司的净利润中拨出 2% 用于资助企业社会责任活动。印孚瑟斯在企业社会责任的早期领导地位使其能够具备为不同客户开发类似计划的技巧和经验。印孚瑟斯通过发挥企业社会责任作用，为其产生了新的商务，这充分地说明了企业社会责任和公司核心竞争力之间能够而且必须获得密切的联系。

此案例也给我们提供了很好的机会去探讨当一家公司展示了企业社会责任的领导地位，但却被指控参与不道德的商业行为时会发生什么。很明显，通过参与企业社会责任活动而培养出来的道德领袖名声，通常会无法避免地使大家去关注公司的政策和商业行为。这个事实不应当用来阻止企业争取获得企业道德领袖的杰出声誉，而是要让它们意识到，如果它们想通过道德理由把自己区分开，那么它们的运作必须要与公司在其商业中的所有方面所提出的理念相一致。

罗世范在其之前著作《成为终极赢家的18条规则》（2004）中给予我们本章开头的口号："关心社会就是关心你的事业。"他的观点受到了纳拉亚纳·穆尔西，以及曾共同建立印孚瑟斯的同事们的大力支持，即如果在企业活动中掺入"社区关怀"，那么企业活动将有可能永葆生机。这样的话，不论企业需在社会责任活动上花费多少——无论是以年度赠款，还是以其他形式——都不应将其视作向高层人员征收的又一种税，或是某种形式的政治敲诈。当然，也不能将其简单视为对企业毫无益处的支出。相反，我们必须将其看作一种投资：那些投资于企业社会责任活动的企业将会发现，社会将以各种方式回报他们的努力，甚至还可能真正使公司的基础发生变化。

参考书目

Advani, S. (2008, February 15). S. D. Shibulal and S. Gopalakrishnan | Geek gods. *Wall Street Journal*. Retrieved September 7, 2012, from http：//www. livemint. com/2008/02/14231142/SD-Shibulal-and-S-Gopalakri. html.

Arakali, H. (2012, August 21). Infosys shares rise after US visa lawsuit dismissed. *Reuters*. Retrieved September 6, 2012, from http：//in. reuters. com/article/2012/08/21/infosys-shares-rise-lawsuit-idINDEE87K01T20120821.

BBC. (2011, April 4). Start-up stories：NR Narayana Murthy, Infosys. Retrieved September 6, 2012, from http：//www. bbc. co. uk/news/business – 12957104.

Bernstein, J. (2011, August 12). SD Shibulal：Man in a hurry. CBR. Retrieved September 6, 2012, from http：//outsourcingbpo. cbronline. com/features/sd-shibulal-man-in-a-hurry-infosys – 120811.

Bhagat, R. (2002, July 26). Harassment blues to the fore. *The Hindu*. Retrieved September 8, 2012, from http：//www. thehindubusinessline. in/2002/07/26/stories/2002072600091100. htm.

Business Standard. (2012). Mohandas Pai, K Dinesh quit Infosys board. Retrieved September 7, 2012, from http：//www. business-standard. com/india/news/update-mohandas-pai-k-dinesh-quit-infy-board/132182/on.

Carroll, A. B. (July-August, 1991). *The pyramid of corporate social responsibility： Toward the moral management of organizational stakeholders.* Business Horizons. Retrieved September 12, 2014, from http：//www-rohan. sdsu. edu/faculty/dunnweb/rprnts. pyramidofcsr. pdf.

Chahoud, T., Emmerling, J., Kolb, D., Kubina, I., Repinski, & Schläger, C. Corporate social and environmental responsibility in India-Assessing the UN global compact's role. Studies 26. *German Development Institute/Deutsches Institut für Entwicklungspolitik (DIE)* (Bonn：2007). Retrieved June 13, 2014, from http：//www. die-gdi. de/uploads/media/Studies_ 26. pdf.

Choudhury, U. (2012, August 21). Infosys wins 'visa case' in US court, but faces criminal probe. *Firstpost World*. Retrieved September 6, 2012, from http：//www. firstpost. com/world/infosys-wins-visa-case-in-us-court-but-still-faces-criminal-probe – 423959. html.

CNBC TV 18. (2011, August 28). Sexual harassment redefined. Retrieved September 8, 2012 http：//thefirm. moneycontrol. com/news_ details. php? autono = 481526.

Crabtree, J. (2012, March 30). Blighted benevolence. *The Financial Times*. Retrieved September 9, 2012, from http：//www. ft. com/intl/cms/s/0/0241c678 – 77e1 – 11e1 – b437 – 00144feab49a. html#axzz25z1YZJ7r.

Dezan Shira & Associates. (2012, July 10). Corporate social responsibility in India. *India Briefing*. Retrieved September 9, 2012, from http：//www. india-briefing. com/news/corporate-social-responsibility-india – 5511. html/.

Einhorn, B. (2013, June). Infosys founder Murthy returns—and Faces U. S. Visa Shock. *Bloomberg Businessweek*. Retrieved May 22, 2014, from http：//www. businessweek. com/printer/articles/121700 – infosys-founder-murthy-returns-and-faces-u-dot-s-dot-visa-shock.

ENS Economic Bureau. (2014, March 13). Infosys' economic performance worries Murthy. *The New Indian Express*. Retrieved May 22, 2014, from http：//www. newindianexpress. com/busi-ness/news/Infosys-Performance-Worries-Murthy/2014/03/13/arti-cle2105780. ece.

Fernando, A. C. (2012). *Business ethics and corporate governance* (2nd ed.). Chennai: Pearson Education.

Forbes. (2011). S. Gopalakrishnan. Retrieved September 7, 2012, from http: // www. forbes. com/profile/s-gopalakrishnan – 1/.

Forbes. (2012). The world's most innovative companies. Retrieved September 5, 2012, from http: //www. forbes. com/special-features/innovative-companies. html.

Friedman, M. (1970, September 13). The social responsibility of business is to increase its profits. *The New York Times Magazine.* Retrieved June 16, 2014, from http: // www. umich. edu/ ~ thecore/doc/Friedman. pdf.

Glekin, J. (2012, July 12). Founders playing musical chairs has hurt Infosys. *Firstpost.* Retrieved September 8, 2012, from http: //www. firstpost. com/politics/founders-playing-musical-chairs-has-hurt-infosys – 375896. html.

GABV (2013, October). Real banking for the real economy: Comparing sustainable bank performance with the largest banks in the world. *Global Alliance for Banking on Values.* Retrieved June 13, 2014, from http: //www. gabv. org/wp-content/uploads/New – 13 – 5923_ GABV_ report_ Washington_ 07mvd1. pdf.

IBS. (2002). Sexual harassment at Infosys case study. Retrieved September 9, 2012, from http: //www. icmrindia. org/casestudies/catalogue/Business% 20Ethics/Sexual% 20 Harassment% 20 at% 20Infosys% 20 – % 20Business% 20Ethics. htm.

Infosys Foundation. (2012a). About us. Retrieved September 5, 2012, from http: //www. infosys. com/infosys_ foundation/about-infosys-foundation/mission. asp.

Infosys Foundation. (2012b). A model village emerges from a trail of devastation. Retrieved September 5, 2012, from http: //www. infosys. com/sustainability/Documents/key-sustainability-drivers. pdf.

Infosys. (1999, January 19). Infosys and microsoft launch "Computers @ Classrooms" program. Retrieved September 5, 2012, from http: //www. infosys. com/newsroom/press-releases/Documents/1999/pcdonation. pdf.

Infosys. (2010). Materiality and our key drivers. Infosys sustainability report 2009 – 2010. Retrieved June 19, 2015 from http: //www. infosys. com/sustainability/Documents/infosys-sustainability-report – 2009 – 10. pdf.

Infosys. (2013a). Infosys code of conduct and ethics. Amended version adopted by the Board of Directors, 07 May 2013. Retrieved June 7, 2014, from http: //www. infosys. com/investors/corporate-governance/Documents/CodeofConduct. pdf.

Infosys. (2013b). Relevance through innovation. Business responsibility report, 2012 – 2013. Retrieved June 7, 2014, from http: //www. infosys. com/sustainability/ Documents/business-responsibility-report – 2012 – 2013. pdf.

Infosys. (2013c). Rethinking corporate social responsibility (CSR) in financial services. Retrieved June 13, 2014, from http: //www. infosys. com/industries/financial-services/white-papers/Documents/corporate-social-responsibility. pdf.

Infosys. (2014a). Directors report, March 2014. Retrieved September 11, 2014, from http: //www. moneycontrol. com/annual-report/infosys/directors-report/IT#IT.

Infosys. (2014b). Evolving with changing times. Business sustainability report, 2013 – 2014. Retrieved June 13, 2014, from http: //www. infosys. com/sustainability/documents/infosys-sustainability-report – 2013 – 14. pdf.

Jayashankar, M. (2010, July 1). Nandan Nilekani: Governtrepreneur. *Forbes*. Retrieved September 7, 2012, from http: //www. forbes. com/2010/01/07/forbes-india-nandan-nilekani-governtrepre-neur. html.

Kelkar, R. , ed. (1960, April). *M. K. Gandhi on Trusteeship*, Published by Jitendra T. Desai Navajivan Mudranalaya, Ahemadabad – 380014 India. Retrieved June 14, 1914, from http: //www. mkgandhi. org/ebks/trusteeship. pdf.

Khanna, T. (2008). *Billions of entrepreneurs: How China and India are reshaping their futures— And yours*. Cambridge, MA: Harvard Business Review Press.

Knowledge@ Wharton. (2001, May 23). Infosys' Murthy: Sharing a " simple yet powerful vision". Retrieved September 6, 2012, from http: //knowledge. wharton. upenn. edu/article. cfm? articleid = 364.

KrRahul. (2011, August 5). C-LIFE discussion: Customer delight or client value? Rahul's. Retrieved September 10, 2014, from http: //rahulbemba. blogspot. com/2011/ 08/c-life-discussion-customer-delight-or. html.

Lane, R. (2013, February 19). The giving pledge goes global—Warren buffet details America's latest ' export' . *Forbes*. Retrieved June 19, 2014, from http: //www. forbes. com/sites/randall-lane/2013/02/19/the-giving-pledge-goes-global-warren-buffett-details-americas-latest-export/.

Lison, J. (2012a, May 15). Infosys' growth pangs: Founders need to let go of their continuing influ-ence? *The Economic Times of India*. Retrieved September 7, 2012, from http：//articles. eco-nomictimes. indiatimes. com/2012 – 05 – 15/news/31711431_ 1_ shibulal-infosys-management-infosys-executive.

Lison, J. (2012b, June 12). Rs 20, 000 crore cash pile：Analysts call for Infosys to return cash to shareholders through share buy-back. *The Economic Times of India*. Retrieved September 6, 2012, from http：//articles. economictimes. indiatimes. com/2012 – 06 – 12/news/32270156_ 1_ buyback-program-infosys-shares-crore-cash-pile.

Lys T. , Naughton, J. , & Wang C. (2013, March 4). Pinpointing the value in CSR：The unexpected link between CSR spending and financial performance. Kellogg Insight. Retrieved May 22, 2014, from http：//insight. kellogg. northwestern. edu/article/pinpointing_ the_ value_ in_ csr/.

Mahajan & Ives. (2003, October). Enhancing business-community relations-Infosys Technologies Ltd Case Study. *UN Volunteers-New Academy of Business*. Retrieved September 6, 2012, from http：//www. worldvolunteerweb. org/fileadmin/docs/old/pdf/2003/0312 01_ EBCR_ IND_ infosys. pdf.

Ministry of Law and Justice. (August 30, 2013). The companies act of 2013. Retrieved June 5, 2014, from http：//www. mca. gov. in/Ministry/pdf/CompaniesAct2013. pdf.

Mishra, B. R. (2009, July 6). There's life after Infosys. *Business Standard*. Retrieved September 7, 2012, from http：//www. business-standard. com/india/news/theres-life-after-infosys/363038/.

Mishra & Chandran. (2011, May 19). History revisited：The initial years at Infosys. *Business Standard*. Retrieved September 6, 2012, from http：//www. business-standard. com/india/news/history-revisitedinitial-years-at-infosys/436090/.

Murthy, S. (2004, August). Appro JRD. Retrieved September 9, 2012, from http：//www. tata. com/aboutus/articles/inside. aspx? artid = UxG8Uwjyiks = .

Nambiar, P. (2011, September 14). Infosys targets 50% local staff overseas in on-site locations. *The Economic Times of India*. Retrieved September 6, 2012, from http：//articles. economictimes. indiatimes. com/2011 – 09 – 14/news/30154460_ 1_ infosys-targets-infosys-technologies-nandita-gurjar.

PHYS ORG. (2014, January 10). Infosys shares surge on stronger revenue forecast. Retrieved May 22, 2014, from http：//phys. org/news/2014 – 01 – infosys-surge-stronger-revenue. html.

Preston, J. (2012, August 20). Judge dismiss whistle-blower suit against Infosys. *The New York Times*. Retrieved September 6, 2012, from http：//www. nytimes. com/2012/08/21/us/alabama-judge-dismisses-infosys-whistle-blower-suit. html.

Preston, J. (2013, October 29). Deal reached in inquiry into visa fraud at Tech Giant. *The New York Times*. Retrieved June 12, 2014, from http：//www. nytimes. com/2013/10/30/us/indian-tech-giant-infosys-sai. . . ach-settlement-on-us-visa-fraud-claims. html.

PTI. (2003, May 11). If we react Phaneesh will be embarrassed：Infosys. *The Economic Times of India*. Retrieved September 8, 2012, from http：//articles. economictimes. indiatimes. com/2003 – 05 – 11/news/27562456_ 1_ phaneesh-murthy-infosys-sexual-harassment-lawsuit.

Rai, S. (2003, May 13). Technology Briefing | Software：Infosys settles sexual harassment case. *The New York Times*. Retrieved September 5, 2012, from http：//www. nytimes. com/2003/05/13/business/technology-briefing-software-infosys-settles-sexual-harassment-case. html.

Rai, A. (2005, April 3). The women who run Infosys. *The Economic Times of India*. Retrieved September 6, 2012, from http：//articles. economictimes. indiatimes. com/2005 – 04 – 03/news/27493622_ 1_ sudha-murty-narayana-murthy-dollar-bahu.

Rediff. (2005, August 12). *Narayana Murthy's dream for the future*. Retrieved on June 18, 2015 from http：//www. rediff. com/money/2005/aug/12bspec. htm.

Rediff. (2006, July 11). The amazing Infosys story. Retrieved September 7, 2012, from http：//www. rediff. com/money/2006/jul/11sld2. htm.

Rediff. (2007, June 12). Sudha Murthy on Infosys and life's values. Retrieved September 9, 2012, from http：//www. rediff. com/money/2007/jun/12sudha. htm.

Regatao, G. (2000, August 10). First ladies of IT. *Rediff*. Retrieved September 10, 2012, from http：//www. rediff. com/money/2000/aug/10bang. htm.

Securities and Exchange Commission (SEC). (2014, April 15). IFRS USD PRESS RELEASE. Retrieved September 9, 2014, from http：//www. sec. gov/Archives/edgar/data/1067491/000106749114000022/exv99w01. htm.

Sheshadri, S. & Toness, B. V. (2014, June 12). Infosys Hires Ex-SAP Executive as CEO to Revive Margins. Bloomberg News. Retrieved June 12, 2014, from http：//www. bloomberg. com/news/2014 – 06 – 12/infosys-names-sikka-ceo-after-four-years-of-tight-margins. html.

Sirisha, D. (2003). Narayana Murthy and Infosys. *ICFAI Center for Management Re-*

search. Retrieved September 6, 2012, from http：//www. asec-sldi. org/dotAsset/2927
91. pdf.

Teck. in. (2006, May 3). Infosys birthday and the seven founders. Retrieved September 6, 2012, from http：//teck. in/infosys-birthday-and-seven-founders. html.

Tennant, D. (2011, March 29). Infosys tries to thwart public hearing of visa fraud case. *IT Business Edge*. Retrieved September 6, 2012, from http：//www. itbusinessedge. com/cm/blogs/tennant/infosys-tries-to-thwart-public-hearing-of-visa-fraud-case/? cs = 46201.

The Economist. (2008, January 17). Going global. Retrieved September 5, 2012, from http：//www. economist. com/node/10491136.

The Hindu. (2003, October 5). Another sexual harassment suit filed in California-Phaneesh says allegations are 'garbage'. Retrieved September 8, 2012, from http：// www. thehindubusinessline. in/2003/10/06/stories/2003100601650100. htm.

The Hindu. (2004, November 24). Phaneesh settles harassment law suit out-of-court：Infosys. Retrieved September 8, 2012, from http：//www. thehindubusinessline. in/2004/11/25/stories/2004112502760600. htm.

The Hindu. (2012, May 27). Infosys delivers 279 houses in flood-hit regions. Retrieved September 5, 2012, from http：//www. thehindubusinessline. com/industry-and-economy/info-tech/article2054885. ece.

The Telegraph. (2011, April 20). Pai takes a dig at Infosys founders. Retrieved September 7, 2012, from http：//www. telegraphindia. com/1110420/jsp/business/story_
13877276. jsp.

The Times of India. (2007, August 21). Infosys to fund USD 150, 000 annual award. Retrieved September 5, 2012 http：//articles. timesofindia. indiatimes. com/2007 –
08 – 21/india-business/27987795_ 1_ infosys-statement-annual-award-innovation.

The Times of India. (2011, August 3). Infosys gesture to orphanage. Retrieved September 5, 2012, from http：//articles. timesofindia. indiatimes. com/2001 – 08 – 03/bangalore/27253818_ 1_ narayana-murthy-infosys-orphanage.

Thoppil, D. A. (2012, September 4). Infosys founders talk succession. *WSJ India Real Time*. Retrieved September 6, 2012, from http：//blogs. wsj. com/indiarealtime/
2012/09/04/the-founding-fathers-of-infosys-talk-succession/.

UN. (2007, February). CSR and developing countries：What scope for government action? Sustainable development innovation briefs. Retrieved September 5, 2012, from http：//www. un. org/esa/sustdev/publications/innovationbriefs/no1. pdf.

第十三章　竞争者：知识产权

如果保护了知识产权，企业的所有利益相关者就能得到他们应得的份额。

（罗世范，《成为终极赢家的18条规则》，2004）

13.1　前言

知识产权（IPRs）的概念，以及公司对奉行这些权利所负的伦理义务可能在任何地方都很难实施，尤其是在亚洲。通过模仿完美典范来学习，这是同样适用于技术创新和道德领导的一种态度。不过，全球化使人们越来越意识到保护知识产权的法律必要性与道德必要性。泰国的案例突出了知识产权对亚洲文化价值观提出的挑战，该案例涉及泰国政府为以较低价格提供给艾滋病患者他们所需药品而准许其卫生部侵犯外国制药商的知识产权。泰国政府提出了一些关于知识产权及其实施的道德合法性问题。泰国是否有权违反其在世贸组织达成的药品专利协定（TRIPS）？有没有其他更有效的方式来实现将药品提供给贫困艾滋病患者的目标？参与研发急需药品的大部分跨国企业应对泰国问题时是否表现出足够的灵活性？这类公司应当怎样适应当地的竞争者？是否有有效方式让他们一起合作以满足当地需求？什么是知识产权？如果知识产权真的是一种权利，那么在何种情况下其他人权可以优先于它？如果其他权利更为紧迫，那么处理此类案例的道德责任方式会是什么呢？

13.2　案例研究：《与贸易有关的知识产权协定》（TRIPS）和艾滋病药物：在泰国的强制许可

13.2.1　摘要

2006 年 11 月，泰国政府的药物组织（GPO）宣布艾滋病病毒药物依法韦伦的强制许可，这使泰国政府在没有专利持有者（默克公司）的准许下从印度进口没有商标注册保护的仿制药。政府药物组织可以这样做是因为默克公司在泰国而不是在印度持有专利。这个案例引起关于知识产权及其国际性保护（或缺乏保护）的伦理问题。这个案例中的伦理挑战涉及各利益相关者之间有冲突的权利问题，包括政府、制药公司、股东以及世界各地的艾滋病患者。探讨默克一类制药公司如何以合法经营目标来平衡这类利益相关者的要求，对计划参与全球市场的任何人而言都会受益。

13.2.2　关键词

知识产权、强制许可、《与贸易有关的知识产权协定》（TRIPS）、《多哈宣言》、世界贸易组织、艾滋病病毒与艾滋病

13.2.3　默克集团

默克集团是制药巨头，它是世界第二大医疗保健公司。默克已因发现维他命 B1 及首个麻疹疫苗等药而在医疗保健行业领先。在对抗艾滋病病毒或艾滋病的斗争中，默克研发了一种领先的抗逆转录病毒药物：依法韦伦。依法韦伦被认为是一种治疗艾滋病毒或艾滋病最有效的一线疗法，它可帮助患者抵抗艾滋病病毒或艾滋病引起的并发症，如结核病或肝感染，这也比其他抗逆转录病毒药物引起的副作用更少（Ling，2006）。

默克和其他制药公司平均花费 8.02 亿美元用于美国食品与药物管理局批准研发的每一种新药（Bate，2007）。即使药物业务利润丰厚，①

---

① 虽然新药研发相当昂贵，但生产药物的边际成本相对较低。

许多潜在药物的研发经常以失败告终（沉没成本并入到成功药物的8.02 亿美元数字中）。研发依法韦伦一类新药背后的技术是相当复杂的，研发过程可能长达 15 年而且还不能保证研发成功。依法韦伦的研发成本大约是 5.5 亿美元。

正如在公司使命声明中宣称的那样，默克公司的价值观包括"通过扩大我们的药品使用，来改善全世界人民的医疗卫生与健康"的愿望（Merck，2012）。与此誓言相一致，默克在 2001 年建立起新的定价策略，根据世界银行划分的三类收入层次设计不同价格，① 让药物能使更多国家买得起。新定价策略开创先例，让富裕国家承担大部分研发成本，以便默克在增加销售范围的同时平衡研发的高成本与生产的低边际成本之间的关系。2006 年在美国这个高收入国家，每个成人每年花费6000 美元购买依法韦伦。在中等收入国家，如泰国，默克以每个成人每年 500 美元的价格赚取极少利润（Cervini and Prabhu，2012）。在 72个低收入国家，默克以生产成本或低于生产成本的价格销售依法韦伦。新的定价策略，通过在 130 多个国家明显降低药物价格，在遵循默克使命的基础上增加了销售范围（Bate，2007）。

13.2.4 《与贸易有关的知识产权协定》（TRIPS）

TRIPS 颁布于 1994 年，世界贸易组织也于当年成立。TRIPS 定义了国际知识产权条例管理商标、版权及专利的最低标准。

专利是政府颁发给发明者其产品专有的权利保证。对制药公司而言，专利提供给新药通常 20 年期限的专用权利。在专利期间，公司可以开高价来弥补研发成本。当专利对新药开发而言是必不可少的权利时，它们导致定价政策无意间限制贫穷社会对必需药品的获取。为突破此限制，2001 年，TRIPS 修改为《多哈宣言》。《多哈宣言》支持政府在公共卫生紧急事件中通过颁发强制许可证的方式打破专利权（T'Hoen，2010）。《多哈宣言》加剧了制药集团与非商标药制造商之间

---

① 三类层次是以特定国家的国民人均总收入（GNI）为依据。具体分类如下：低收入，年收入为 1005 美元或以下；中等收入，年收入为 1006 美元到 12275 美元；高收入，年收入为12276 美元或以上（World Bank，2012）。

为争取中低收入国家的同一市场份额的竞争。

13.2.5 泰国与强制许可

2006 年，大约有 58 万泰国公民被诊断为携带艾滋病病毒或患有艾滋病，主要是因为泰国不明智的性旅游推广（Bate，2007）。[1] 2003 年，泰国政府开始减少医疗卫生预算，因此到 2006 年，政府无法再保持以前的针对艾滋病病毒携带者或艾滋病患者的治疗水平，只能给国内差不多 60 万艾滋病病毒携带者或艾滋病患者中的 8.2 万人提供所需药物。

应对已察觉到的公共卫生紧急事件，公共卫生部疾病司司长塔瓦·申特拉贾恩要求制药公司提供较低价格的药品（Bate，2007），谴责他们以"非常高"的价格售药，"成为患者获取〔抵抗艾滋病病毒或艾滋病药品〕的很大障碍，政府提供不起药品"（Fraser，2006）。[2] 卫生部的要求带有强制许可的威胁，如《多哈宣言》中所描述的那样。

《多哈宣言》的文本声明，非商标形式的专利药可以在"与艾滋病病毒/艾滋病相关的病，如结核病、疟疾及其他流行病等公共卫生危机"（WTO，2001）中加以生产。如果公司选择不自愿出让其专利或以更低价格出售，国家可以发布强制许可来制造或购买非商标版本的专利药。程序通常始于国家与医药公司之间的谈判。

泰国公共卫生部部长——蒙坤·纳·宋卡（Mongkol Na Songkhla）在 2006 年 11 月 26 日宣布依法韦伦的强制许可之前，从未与默克公司谈判（Steinbrook，2007）。强制许可准许政府制药组织从印度进口依法韦伦非商标版本的药品。在印度该药不是专利品，尽管默克在泰国持有该药的专利权（Steinbrook，2007）。一旦国家具备合适的条件，政府制药组织也将获得批准在泰国生产非商标的依法韦伦（Gerhardsen，2006）。依法韦伦的强制许可将会持续 5 年，为 58 万携带艾滋病病毒或

---

① 为泰国性工作者提供社区服务和教育的论坛 EMPOWER 的创始人库恩评·尚塔韦帕·亚皮修评论性产业经济说："许多旅游产业都依赖性工作者，这个产业的产值占国民生产总值的 7% 左右，超过了粮食出口。"（Short，2010）

② 2006 年，泰国人均 GDP 为 9100 美元，位居东南亚第二（Bate，2007）。在此基础上，泰国有资格购买中层范围的药制品。作为中等收入国家，泰国的购药费用实质上远低于美国和欧洲国家，但超过缺乏泰国经济资源的非洲国家。

患有艾滋病的泰国人中的 20 万人提供药物。对买得起默克公司的依法韦伦的患者不会给予非商标版本的药品。

　　在依法韦伦强制许可令颁布三天后，即 2006 年 11 月 29 日，世界艾滋病日前一天，泰国公共卫生部开始与默克的泰国总经理谈判。道格拉斯·张同意，如果蒙坤不发布强制许可，他就调整默克的定价策略以满足泰国对依法韦伦的需求。为让感染艾滋病病毒的成年人口超过 1% 的中等收入国家，如泰国，更容易获得依法韦伦，默克把价格从每个成人每年 500 美元降到 277 美元，与最不发达国家依法韦伦的价格相同（Cervini and Prabhu，2012）。张坚持认为在泰国销售依法韦伦没有利润。

　　虽有表面协议，但是在 2007 年 1 月 25 日，蒙坤还是发布了依法韦伦的强制许可，引用默克公司的据称不可靠的装载货物量作为此举的主要理由。在印度的生产立即按计划开始，一直到泰国具备合适的条件开始国内生产为止（Bate，2007）。进口非商标依法韦伦的成本为每人每年 264 美元，略低于默克提供的价格（Ling，2006）。

　　泰国可以从印度进口非商标药品是因为印度有长期抵制国际专利规定的历史。1970 年的印度专利法保护获取专利的过程而不是产品，准许非商品制药行业开发倒序制造现有药物所需的技能和技术（Matthews，2006）。

　　当世界贸易组织（WTO）采用 TRIPS 专利权条例时，印度被要求遵守新标准，提供自为产品和制作程序提出申请之日起为期 20 年的专利保护（WTO，2012）。因此，在 2005 年，印度修订其专利法，将产品专利包含在内。不过，自依法韦伦 1998 年得到美国食品与药物管理局许可，即 2005 年修订专利法之前 7 年，印度的非商标药品制造商有足够时间倒序制造，成功生产非商标依法韦伦。此后，当泰国发布强制许可时，默克还不得不在印度新法律下为依法韦伦注册专利。因此，印度准许泰国购买依法韦伦非商标药品并没有违反 TRIPS。在 2006 年泰国颁布强制许可时，有 6 家印度非商标药品制造商拥有生产依法韦伦的技术（Coriat，2008）。

13.2.6　人道主义还是机会主义？

既是医生又是政治家的泰国公共卫生部长蒙坤博士孜孜不倦地想实

现强制许可的颁发。当被问到强制许可问题时，他回应："我们不会屈服，患者生命处于危急关头。"（*The Nation*，2007）艾滋病活动家们赞扬他，但专利拥护者们却批评他。

无国界医生组织驻曼谷维权人士保罗·考索恩表示，蒙坤遭受来自制药产业和其他部门的压力，要求他放弃艾滋病救助计划（Silverman，2007）。美国驻亚太地区贸易代表芭芭拉·怀特塞尔和欧洲对外贸易专员彼得·曼德尔森对蒙坤的做法表示不满，并强调强制许可只能在万不得已时才可使用（Health Info，2009）。然而蒙坤并没有违反世界贸易组织规定的任何一项国际法规。在向公众宣布颁发强制许可前，也没有法律要求他向默克公司透露集团采购组织的计划。

大家的争议不只限于蒙坤人道主义华丽辞藻的真实度，还包括在蒙坤指导下的集团采购组织的内部商业活动。2002年，泰国总检察长恰如盼·迈达嘉尊报告称："集团采购组织销售给政府机构的百分之六十的医药产品其价格都高于市场价。有的情况下，产品的价格达到了百分之一千。"（Bate，2007）其他报道显示集团采购组织并没有兴趣在泰国研发新药物。尽管集团采购组织在2005年的盈利超过3500万美元，但只有百分之二被重新投入研发中（Bate，2007）。

当默克公司与泰国政府进行协商时，公司同时还向美国政府施压，要求其反对泰国对依法韦仑颁发强制许可，并声称泰国还没有正式宣布公共卫生进入紧急情况（Ford et al.，2007）。早在2007年，美国政府就默克公司的请求做出回应，委托反假冒和盗版联盟（CACAP）编撰一份关于决定千年挑战账户援助侯选国资格标准和方法的报告（Washington College of Law，2008）。反假冒和盗版联盟致力于知识产权的保护和执行。报告自2007年1月起就将泰国定义为一个造假趋势不断上升的国家。也就是说泰国非法生产和销售同类替代品，并把艾滋病药物作为主要的假冒产品。

当然，强制许可和价格约束可能会对制药公司的"底线"产生负面影响。尽管限制利益似乎与经济学的商业逻辑背道而驰，但是为争夺市场份额，公司常常会牺牲利益（Malhotra，2010）。理论上说，制药公司可以通过在中档国家调整价格以满足需求实现利益最大化，尤其是当降价可以增加市场份额时（Frank，2001）。但从长期来看，以低于成本价的价格销售会变得无利可图和毫无意义。因此，当一家公司预期要减少收入时，其实指的是企业将不会鼓励对研发进行过多投入。曼谷的知识产权律师埃德·凯利强调了投资者的担忧："投资者所想的是，当他们把世界级技术带到像这样的一个市场后，无论政府政策（多么坚决）想把外国资产国有化，他们都不希望对技术失去控制。"（Schuettler，2007）然而，制药行业的投资者们通常都能意识到这样的风险。强制性的较低药价转化成较低的现金流，现金流对研发资金筹措很重要。如果不破坏制药行业的创新能力，那么回报率就无法保持低于资本的机会成本的水平。

在泰国公共卫生部发表的一个文件中，蒙坤认为，颁发强制许可并没有减少默克公司利润。政府只是向买不起药的人提供非商标药品。那些买得起依法韦仑的人继续向默克公司购买。此外作为 TRIPS 第 31 条所规定的一部分，泰国政府被要求向默克公司支付足额赔款，因为其在强制许可机制下使用公司配方（T'Hoen，2010）。支付默克公司的版税是泰国销售总额的 0.5%（Steinbrook，2007），很多人认为这个数字远远不够。

13.2.7 对泰国 TRIPS 一案的国际反应

世界银行针对泰国药物计划所做的一项调查再次重申泰政府颁发强制许可具有重大风险。世界卫生组织总干事陈冯富珍对泰国建议："我更想强调的是为强制许可寻找一种合适的平衡。我们对此不能幼稚。没有一种从质与量两方面获取药物的完美解决办法。"（Bate，2007）虽然《多哈宣言》允许国家颁发强制许可，但泰国仍然会面临对贸易带来的影响。然而，非商标制造的拥护者很乐观，声称此举会加强泰国以后与其他制药厂商谈判降低药价的能力（Fraser，2006）。

尽管自始至终有对强制许可的争议，但是不同的艾滋病团体都公开表达对泰国的支持。无国界医生组织发表一篇声明来赞扬强制许可："泰国正在展示病人生命必须优先于制药公司的专利权。"（Bate，2007）克林顿基金会也对蒙坤做法表示支持。美国前总统比尔·克林顿就此话题谈道："没有一家公司会因为中等收入国家艾滋病药物的高溢价而死去——但是病人会死。我相信知识产权……但这并不必然阻止我

们让中低收入国家中同样有需要的人获得基本的救命药。"（CPA Global，2007）

　　然而，制药公司在没有经济激励的时候，就不会对研发进行投入。一位评论员将强制许可证比喻成偷盗许可（Alsegard，2004）。制药行业同意此观点。《多哈宣言》本身不为企业获取利润制造障碍。但是，当国家通过协商或者颁发强制许可，要求把价格降到企业利润线以下时，研发将受到重创。默克公司在发布的一篇声明中暗示，研发的长期利益高于患者接受同类非商标药品的即时利益。一位发言人声称："这种征用知识产权的做法，向那些科研型公司发出一个关于从事影响发展中世界的疾病之风险性研究吸引力的令人心寒信号，潜在地伤害了会要求新的创新型救命治疗的病人。"（Hunter et al.，2009）

13.2.8　行业反应

　　当泰国公共卫生部不顾默克公司已降低价格，仍然选择从印度进口非商标依法韦仑时，制药公司开始重新评估它们在中等收入国家的价格战略。雅培公司采取最为激烈的行动来回应其看作强制性许可的威胁。雅培决定对除了泰国以外的所有中等收入国家予以优惠，并撤销在泰国注册为抗艾滋病病毒的药物 Aluvia。雅培的回应表明了公司对泰国不尊重知识产权的不满。雅培公共事务主管伊登评论说："这是泰国政府破坏专利，不支持创新的决定的直接后果……"（Kazmin and Jack，2007）

　　但两大主要制药公司百时美施贵宝公司和赛诺菲安万特集团走了相反路线。这两家公司虽然很不情愿，但也同意进行小幅度降价。百时美施贵宝公司的一位发言人说：泰国对依法韦仑的强制许可为科研型制药公司的未来制造了巨大担忧（Zamiska，2007）。对艾滋病病毒/艾滋病药物的研发尤为迫在眉睫，因为当现行药物失效后，就需要有新的创新。

　　比如默克公司的道格拉斯·张就对集团采购组织宣布的强制许可措手不及。"可以想象一下当时我打开报纸，看到蒙坤已经对我们的药物颁发强制许可时，我有多么震惊。"张是在宣布之后对记者说的这个话（Schuettler，2007）。尽管蒙坤声称默克公司把依法韦仑的价格定得过高，但是张依然捍卫公司立场。他宣称："默克公司与其全世界的子公司早已执行一项……向发展中国家以非盈利价格供应依法韦仑……的政策，其中就包括泰国。我向你们保证，我们公司在泰国对依法韦仑价格的目标和政策，符合向艾滋病患者提供可供选择的抗逆转录病毒获取途径的要求。"（Bate，2007）你同意此言论以及默克公司的总体价格战略和后续回应吗？你对雅培的做法有什么看法？或者是对百时美施贵宝公司有什么看法？

13.2.9 总结

依法韦仑在泰国的案例集中于知识产权和人类身心健康的代价。泰国成功颁发强制许可，可以向那些患有艾滋病的泰国人提供非商标药品进行治疗。虽然 TRIPS 和《多哈宣言》都有可以因公共卫生突发事件而颁布强制许可的条款，但泰国的做法仍饱受争议。正如我们所见，张很乐意降低依法韦仑在泰国的成本而保留默克公司的专利。而雅培的回应却大相径庭，降低了除泰国外所有中等收入国家的药物成本。

当一些国家打破专利时，制药公司就没有什么动机把钱花在那些国家的疾病治疗药物研发上。因此，世界贸易组织鼓励国家在颁发强制许可之前，直接与制药公司协商降价事宜。尤其是在发展中世界，对获取更为便宜的非商标药品的需求十分巨大，在特殊情况下，强制许可便成为一种好的解决办法。但是，在泰国，看起来解决了很多问题的同时又产生很多问题。对于默克公司和其他制药公司的专利产品，你有没有好的建议？当知识产权问题不涉及救生药物，而是一首歌、一部电影或者一个软件程序时，你的观点是否也会有变化？如何以及为什么变化？

13.3 案例分析讨论

在此案例中有几个关于知识产权的问题，但其中之一的问题不是知识产权存在与否，以及原则上，它是否像其他财产权一样，应受到尊重。后面我们将重新回到这个基本理论问题上。现在我们的焦点在于泰国政府制药组织如何解决默克关于新药依法韦仑的知识产权声明的问题。依法韦仑已被证实可以从根本上改善艾滋病患者的生活质量。通过签订 TRIPS 协议以及其在《多哈宣言》中的修订，泰国政府不仅承认涉及药品制造知识产权的现实，而且承认知识产权可以被修订的程序。政府制药组织颁布的强制许可，收回了泰国对默克关于依法韦伦的专利认可，打算仅在紧急情况及在分配和定价政策谈判失败后，以此作为最后手段。显然，泰国公共卫生部部长蒙坤把强制许可作为与默克在谈判桌上的筹码，因为在他联系默克泰国的总经理道格拉斯·张的三天前颁布强制许可。即使在张为规避强制许可提议大幅降价后，蒙坤还是颁发了强制许可。要探讨的一个问题是蒙坤处理依法韦伦强制许可的方式是否是负责任的行为。

　　蒙坤的行为有无道德理由呢？在其自我辩护中，他声明说："我们不能屈服，病人生命岌岌可危。"从道德观点来看，虽然他打破的不仅是对默克许下的承诺，而且也是对国际上管理药品制造和销售的代理机构许下的承诺，但是他这样做是为了拯救生命。因此，这两方面都要做出道德论证。正如我们所见，守信是伦理上诚信的基本范例。我们必须遵守我们自愿许下的承诺，除非有非常重要的理由要求我们打破那些承诺。守信是尊重义务论的义务理论实践的中心。然而，蒙坤有意地打破公共卫生部对默克的承诺，其理由似乎很重要。他是在试图减轻泰国艾滋病患者的痛苦，那些患者买不起所需的依法韦伦治疗他们的疾病。由于泰国政府决定不再像以前那样对药物处方加以补贴，所以就需要找出某种方法降低依法韦伦的价格，让人能买得起。通过颁布强制许可，蒙坤单方面戏剧性地打破了价格限制。

　　如果非要从伦理学上为其行为辩护，那么蒙坤可以诉诸于功利主义原则"最多数人的最大幸福"。救助成百上千的艾滋病患者相比于默克以及其股东会遭受的任何财务损失，无疑可以算作一种更大的善。此论点或诸如此类的说法构成了无国界医生组织所给予赞美的基础："泰国正在证明，病人生命必须在医药公司的专利权之上。"但是，也许还不止于此。正如这份案例所展现的那样，蒙坤对政府制药组织的管理提出了一些有关其动机纯粹性，以及他与一些印度制造商间关系性质的问题，他会从这些印度制造商手里购买默克依法韦伦的非商标替代品。他作为政治家和企业家筹划的好处，也许更多是使他自己受益，而不是为了泰国贫穷的艾滋病患者。所以，如何衡量蒙坤的行为呢？他应该被赞誉为道德领导者，还是他不过是装模作样为道德领导者的政治家呢？

关于默克和其他药品制造商的行为，也许会涉及同样困难的问题。他们声称在泰国的经营按照与泰国政府相互达成一致的规定，即 TRIPS 和《多哈宣言》。这些规定保护他们的依法韦伦一类基本药物的专利，同时也设置了在特定情况下协商价格调整的框架。然而，一些艾滋病活动家把这些规定视为不公正地，有利于医药行业的利益。为什么任何企业都可以声称对治疗艾滋病一类严重疾病的关键药品拥有专利呢？的确，出于一种人道主义考虑，或显示企业社会责任，这类药物难道不应该以制造成本价或低于成本的价格免费发放吗？

医药行业的答案当然是无论出于怎样的好意，这样的提议只会让投资者不愿冒险将其资本投放在研发上，因此不可避免地减缓创新进程，最终减少基本药物的供应。正如我们在案例中所见："这种征用知识产权的做法，向那些科研型公司发出一个关于从事影响发展中世界的疾病之风险性研究吸引力的令人心寒信号，潜在地伤害了会要求新的创新型救命治疗的病人。"（Hunter et al.，2009）对例如将依法韦伦提供给艾滋病患者的任何现实主义的成本估价必须包括不仅涉及生产这种药品的研发成本，而且包括未能研发出新药配方的其他实验成本。默克估计，甚至在分销单一剂量之前，依法韦伦投向市场就花费了公司 5.5 亿美元。且不说公平和公正，就是要求默克——或任何其他药品制造商——简单地将这些费用作为善款而不破产或实质性改变其营销策略，这现实吗？

默克并未坚决要求低收入或中等收入国家支付他们所需基本药物的全部费用。正如我们所见，在《多哈宣言》的那一年，即 2001 年，默克同意根据世界银行提供的三类收入层次制定有价格区分的定价方案。虽然泰国被认为是中等收入国家，但是应对强制许可的威胁，默克更进一步降低依法韦伦的价格，比定价方案要求的一半多一点，即每个成年人每年 277 美元，相当于在低收入国家中的价格。虽然泰国政府一直抱怨价格太高，但默克认为该价格水平并不能弥补生产依法韦伦的研发成本。通过做此调整，默克似乎已尝试进行人道主义考虑，这有助于保护其被认为对减轻艾滋病症状必需药物的知识产权，但这就足够了吗？默克还应该做更多吗？对泰国政府为患艾滋病公民利益的借口所做出的应对方式，这是理性而恰当的吗？

回顾其他在泰国受牵连的医药公司的反应是有用的。我们了解到当泰国颁布其关于依法韦伦强制许可时，雅培公司的反应是给除泰国以外的每个中等收入国家打折，并撤销在泰国注册为抗艾滋病病毒的药物Aluvia的注册，以报复它所认为的"泰国政府打破专利不支持创新的决定……"另外两家公司百时美施贵宝和赛诺菲-安万特降低了它们的价格，同时警告，强制许可引起了关于研究型药物公司在泰国运营未来的焦虑。后者的反应反映了默克做出和解以保护他们创新药物专利权的尝试。如果你一直在为医药公司做顾问，你会喜欢哪种反应，是雅培公司的报复之道还是默克和其他公司提出的和解之道？你是否认为正义或最大多数的最大利益更有可能被其中之一实现呢？那么如何实现？

13.4　伦理反思

TRIPS和泰国案例中艾滋病药物的道德问题的复杂性，世界卫生组织总干事陈冯富珍在评论中很好地总结了出来："我想强调的是，必须为强制许可找到适当平衡。对此我们不能太过幼稚。要从质与量两方面获取药物是没有完美解决方案的。"（Bate，2007）被事先警告过没有完美解决方案的情况下，让我们回顾一下之前在第二章中介绍的关于在国际经济伦理学中遇到的两种问题类型的区别。在那里，我们采纳了劳拉·纳什的提议区分A类和B类伦理问题。A类问题指的是在"道德困境"的情况下，该做的正确事情是什么，一个人往往会毫无头绪或是存有疑惑。而B类问题指的是一个人知道该做的正确事情是什么，但是却不愿意或不能让自己去做。在这两类问题中，泰国卫生部和医药公司的决策者面临的伦理挑战是，他们的主张相互竞争，这些主张很难分孰先孰后。这些是A类问题，要求有关人士将医药公司知识产权——即从他们握有国际认可专利的药物销售中获取利润的权利——同被视为基本人权的生命权或至少获取负担起的医疗保健的权利平衡。由于似乎不可能同时公正对待这两种权利，A类"道德困境"如世界卫生组织的陈冯富珍所说，是如何实现它们之间的"适当平衡"。

我们也许需要暂停片刻来考虑一下为什么找到适当平衡是必要的。如果挑战集中在可以负担得起的医疗保健的药品提供普遍可以获取的途径，那又怎么样呢？如果知识产权根本就不是权利，而且保护这种所谓权利的专利只是有权强加于人的跨国公司任意强加的租金，那又怎么样呢？有没有一般意义上赞成知识产权的有效道德论据，尤其是像默克对依法韦伦——或雅培公司对 Aluvia——的专利保护呢？在这里对长期的东西方文化假设进行探讨也许是有意义的。

13.4.1　知识产权概念

国际经济伦理学中假定的知识财产概念主要是传统西方——或者至少是英美——关于私有财产的概念的延伸。那么，何为私有财产？财产可以被描述为一大堆权利（Becker，1977）。苏格兰哲学家约翰·洛克在说"哪里没有财产，那里就没有不公正"（Locke，1690a）的时候就暗示了这个定义。如果他说"哪里没有财产，那里就既没有公正也没有不公正"，他也许就说得更加明确了。在使每一个人各得其所（*suum cuique*）的经典意义上的正义，在他看来，取决于优先承认每个人首先对其身体以及通过其身体劳动获得的任何东西的所有权（Locke，1690b）。从他人那里拿走其有权拥有的东西，即其财产，是不公正的。洛克认为这个基本道德观念和任何数学公理一样确定无疑并可论证（Locke，1690a）。政府——自由人试图借以超越据推测野蛮混乱的自然状态的社会契约的成果——的存在是要保证对所有人的正义，主要是通过保护其个人的财产权（Locke，1690b）。

那么，财产指的是通过将一个人的劳动与地球上的未经占有（即未经要求）的私人财产合在一起而获得的任何东西。财产形式多样，有形财产如房地产；无形财产如股票、基金、债券和其他金融证券。知识产权由一大堆管理智力产品的权利构成。同管制其他财产形式的道德和法律假设相比，把一些想法或艺术创作或发明视作知识产权，意味着某人付出劳动来生产它，即所有权尚未被其他任何人所要求。和其他财产形式一样，所假设的是，一个人对所有权的成功要求——无论是个人的还是企业的所有权——使他或她有权行使对它加以控制的权利，即有权决定是否以财产可以被分享、交换或简单赠予的所有不同方法来拥有它、分享它或以它与他物进行交换。

对所有权的要求，一旦成功提出并得到承认，就产生了某些主意、艺术创作或发明的生产者可以用什么样的证据来使其权利生效的问题。这也类似于其他形式的财产所有权通过从遗嘱和证书到销售收据的证明文件提供而借以成功生效的方式。据洛克所说，自从为参与社会契约的所有人保障正义的政府形成以来，国家会发现它适合于连同其他产权一道来保护知识产权。除国家作为最终"守夜人"保护每个人生命、自由及财产安全的基本职能外，提供对知识产权的特别保护是国家出于鼓励创新的结果，允许生产者对他们有效声称已经生产的新思想、新发明、新发现的分配加以控制。

13.4.2　知识财产的形式及其对保护的要求权

有三种伦理上法律上保护知识财产从而那些有效声称为一个新主意或新知识产品开发做出贡献的人将使其索求得到尊重和贯彻的方法：版权、专利权和商业机密。

版权：版权的目的是为了保护思想的书面表达。虽说是为了保护书面语，但是版权现在已经延伸到不同种类的创造性产品，如录音带、影片、录像带、视频光盘、电脑程序、几乎所有形式的数字信息及艺术作品。美国版权法最初对受版权保护的资料保护 28 年，可以再额外更新28 年（De George，1999，297）。然而，美国法律与欧洲和其他国家的相比相形见绌。最终，美国还是遵照了国际版权协议。这些协议可以对作者的版权资料保护至 70 年，对成功宣称获得原著资格的公司保护至95 年。在某些限制条件下（通常涉及私人使用或某些教育目的时），你可以被允许复制版权作品的一些或所有部分。

专利权：专利权禁止直接抄袭，但允许向新产品学习或研发竞争产品，比如通过所谓的逆向工程。专利权和版权都要求知识产品对公众是有用的，这样当它们被标价销售时，才可以实现其社会价值。专利权旨在保护发明。由于社会得益于鼓励创新和对新产品进行研发，因此专利法不仅对保护进行延伸，也对其进行限制。这是因为所有的发明都是建立在他人思想基础之上的。拉丁谚语"liber ex libro"（来自一书的书）通过观察每一本新书如何建立在其他书中发现的见解基础之上而象征性地表达了这种想法。知识进步始终是社会性的并属于社会，社会必须为了公益而在社会中保护其自身利益，同时也管控获得财产权的个人或公司的财产权——包括知识产权。

商业机密：在激烈的竞争环境下，商业机密往往是一家公司生死存亡的关键。企业投入大量金钱来维持其创新和战略秘密。它们可以有效要求保护其投资的权利，因为未授权的商业机密泄露——通常是以行业间谍的方式——实际上是一种偷窃的形式。利用间谍了解商业机密的竞争对手是在试图窃取市场份额。与版权和专利权产品不同的是，商业机密在任何时候都不许泄露。因此，对于一家公司来说，限制获取机密信息的途径以及按照法律规定，对被当场抓获从事间谍活动的个人或团体要求赔偿，这些做法都是合情理的。公司经常会按照制定的道德守则要求员工如何对待机密信息，并有时会要求员工签署即使因某种原因离职之后也不得泄露信息的协议。

13.4.3　中国道德哲学中的知识产权

然而，西方对知识产权及其贯彻的思考，只是国际经济伦理的众多关注的一部分而已。对贯彻尤其是外国企业的知识产权的公平性所持的怀疑，以及知识产权经常不受东亚生产商和消费者的尊重，毫无疑问使涉及理解其道德法律基础的挑战变得复杂化了。但是，不能简单地将亚洲对知识产权及其贯彻的抵制误认为所谓犬儒主义、文化堕落、无道德责任的当代趋势的反映。问题也不应该轻描淡写地解释为例如在中国存在了好几个世纪的根深蒂固文化假设的反映。西方认定传统中国文化是阻碍中国接受知识产权规章的障碍，西方的这种尝试通常诉诸威廉·阿尔福德的奠基性研究——《窃书不算偷——中华文明中的知识财产法》（Alford，1995）。阿尔福德对东亚知识产权史进行了广泛调查，得出这样的结论：直到19世纪各西方帝国主义迫使中国开放贸易前，对知识产权及其贯彻的关注极其罕见。在中华帝国各朝无论有什么管理出版的法律，其存在都不是为了贯彻作者的私有财产权，而是为了通过保存中国经典和其他重要书籍的完整性或保护国家免受颠覆性思想的影响，来促进社会和谐。而且是在国外实体压力下，中国才开始适应据称关于知识产权及其贯彻的国际共识。鉴于其明显的外国起源，中国企业家和消费者对其似乎漠不关心是不足为奇的。

阿尔福德一书的主标题——"窃书不算偷"——意在戏剧化，不过知识产权及其贯彻在前现代中国文化中确实闻所未闻。然而，这句在中国大家都很熟悉的话——作为对阿尔福德在西方声望的间接证明——不用追溯到孔子，而是追溯到20世纪初的文学巨匠鲁迅就行了。他创造了滑稽人物孔乙己，一个衣衫褴褛嗜酒如命的抄书人，未能考取任何功名，"有时候偷书换酒喝"（Yu 2012；quoting Shi Wei 2006）。令咸亨酒店所有人高兴的是，他会一瘸一拐地为自己辩护，声称窃书不能算偷，至少对于像他这样的读书人来说。（Lu Xun，"Kong Yiji，"1919；in *The Real Story of Ah-Q and Other Tales of China*，2009）。鲁迅对孔乙己的态度十分复杂，好像这个滑稽人物象征着儒家文明死亡的一端，到五四运动的时候，这种文明已可笑地证明与中国人民的需求无关。孔乙己固执地妄称自己有书香门第的背景，同时又乱用孔子圣言来掩盖其小偷小摸行为，他几乎不能充分代表前现代中国对知识产权态度。然而，这个儒家君子道德尊严的可怜捍卫者，确实突出了某些传统态度，正如阿尔福德所说，这种态度真正暗示出典型西方和典型东亚知识产权态度的分歧。

一个通常例子是抄他人的艺术作品。阿尔福德指出，当一个君子发现他的书法或字画得到完美评价，以至于有人在抄写时，君子是不会试图阻止的。宋朝著名艺术家米芾（1051—1107）说："书画无价。君子不为财。"（Alford，1995：28）理想的儒生会明白，能做出知识贡献的人已经知道其作品不过是扎根于事物本性中的一个传统的反映或是这个传统传播的又一阶段而已。理论上说，知识创造应该被免费分享以改善社会总体状况。阿尔福德接着发问："在何种基础上，任何人才可以排除他人来分享所有文明人的共同遗产呢？"（Ibid：29）。但是，这样的崇高理想显然在古代的中国是和朱熹（1130—1200）这样的典范学者的现实同时存在的。Ken Shao说，朱熹"非常积极地为其新书寻求版权保护"（Shao 2012：107）。和阿尔福德相反，Shao更有说服力地认为，一旦商业印刷技术得到发展，中国的知识分子就会关心保护他们的著作免遭非法出版，因为这不仅威胁到他们的生计，也不能保留他们的书籍和其他知识创造的完整性。

　　Shao 说，中国对知识产权态度中一个重要差别反映在国家的不情愿上，它不愿意让私人的个人或团体有垄断（Shao，2012：110）。知识财产的创造者无法用法律来实现同国家和人民利益相冲突的——垄断之类的——私人利益。① 由于皇帝的合法性取决于他行使天命，这体现在传统的"民本"期待中，政府的第一要务是要确保整个中国人民的繁荣（Nuyen，2000）。财产权及其延伸知识产权，都要按照民本原则来管理。当然，此原则并不是用来肯定对知识产权的全盘否定，最多可以用儒家君子理想来为对知识产权的破坏做辩解。但是，这并不意味着知识产权绝对可以违背所有其他合理要求，尤其是国家维护社会和谐的首要考虑。

　　因此，知识产权如何可以恰到好处地得到尊重，涉及传统和当代中国各种各样治理方法间的复杂互动。阿尔福德认为："中国传统思想配置各种工具来管理国家，维护社会和谐，按照可希求性上自天理，经道、德、礼、习俗、乡约、家惩，直至国家的法律文字，形成一种等级制度。"（Alford，1995：10）结果是只有当其他管理工具失败后，制定法——民法或刑法——才有可能用来作为最后手段。如果有争议，例如关于未授权复制有版权资料的争议，国家会选择让争议由利用各种方法按习惯解决争议、恢复社会和谐的当事方非正式地加以解决。当然，随着 19 世纪与 20 世纪各种形式的西方帝国主义的侵犯，中国经历了现代化，对它时而接受，时而抵制，但是往往试图以为了中国人民的利益而保存中国政治文化完整性的一些方式来适应它。中华人民共和国政府对知识产权的态度，反映了适应过程，这与现在中国迈向现代化和全球化的总体姿态是一致的。

---

　　① 要对此区别进行解释，需要对国家的角色进行批评比较，可以将其理解为从洛克社会契约论演化出来的构想。与中国对国家的传统观点进行比较，发现中国的传统观点把国家完全当作中国家庭的自然表达和化身。和家庭一样，中国政府首要就是维护社会和谐，这样所有家庭成员才可以共享繁荣。洛克的社会契约论则假设没有这种类比，因为契约方是那些同意在自然状态下放弃拥有自由的个人，为的就是获得自然状态下不能保证的保护。对这些保护的首要权利是生存权、自由权和财产权。因此在洛克的社会契约论中，个人财产权才是国家角色的中心，而不能简单地按照中国社会哲学的方式来理解。

13.4.4   当今中国的知识产权法规

中国现已颁布众多关于知识产权保护的法律法规（SIPO，2013），其中包括《商标法》《专利法》《版权法》《反对不正当竞争法》《计算机软件保护条例》《知识产权海关保护条例》《民法》《合同法 》和《企业名称登记管理规定》。同时，中国还签订了许多有关知识产权保护的国际协定：《保护工业产权巴黎公约》《商标国际注册马德里协定》《保护文学和艺术作品伯尔尼公约》《世界版权公约》《保护录音制品日内瓦公约》和《专利合作条约》。

中国于 1980 年加入了世界知识产权组织（WIPO），一个致力于促进知识产权利用与保护的非政府组织。WIPO 是联合国组织系统中的16 个专门机构之一，总部设在瑞士日内瓦。它管理着涉及知识产权保护各个方面的 21 项国际条约。1996 年，世界知识产权组织同世界贸易组织签订合作协定，从而扩大其在全球化贸易管理中的作用，并进一步证明了知识产权的重要性。虽然解释知识产权复杂的法律框架远超出本章范围，但我们必须知道：中国不仅签署了这些国际协定，而且在执行协议时进步明显，这是有目共睹的事实（WIPO，2010）。自2001 年 11 月加入世贸组织以来，中国一直不断努力遵守这些协议，理应受到称赞。

彼得·余指出，在今天中国，也在东亚其他地方，对贯彻公平的知识产权法律法规制度的挑战，主要不是文化挑战或发展挑战。这种挑战在美国等技术先进的社会也同样严峻。最后，对知识产权规定的不重视也不是威权统治的必然副产品（Yu，2003）。彼得认为，各个国家都必须集中发展认识到其自我利益在于遵守公平的相关规定。由于多数东亚国家关于知识产权的立法已经到位了，所以挑战仅在于是否守法，彼得用"分水岭"的字眼来分析这样的挑战，他将知识产权利益相关者与"利益不相关者"区分开来。他提出四项无所不包的政策来削弱两者的差异：第一，对利益不相关者进行知识产权制度有关问题的科普教育，不仅要让他们明白知识产权是什么，而且还要教会他们如何保护自己的利益。第二，采取措施，帮助利益不相关者在体制内发展他们自己的利害关系。① 第三，配合地方政府，制定有效实施手段。第四，也是最后一项措施，打造当地市场负担得起的产品② （Yu, 2003：11 - 14）。总之，一旦企业家认识到遵守知识产权法规能够增加其收入，法规的实施问题就能自然而然地得到解决。

13.5　结论

彼得恳求人们多点忍耐、适应及相互理解，这恰恰说明，对知识产权法律及其贯彻，我们往往倾向于伦理方法，而非法律手段。正如之前罗世范在其著作《成为终极赢家的18条规则》中写道："如果保护了知识产权，企业的所有利益相关者就能得到他们应得的份额。"彼得和Shao两个人以及其他一些人都对此进行分析，我们从他们的分析中可以进一步认识到，遵守知识产权法规的进程取决于我们是否善于将利益相关者转变为"利益不相关者"。尽我们所能增加利益相关者数量是行使道德领导作用和责任的不可或缺的先决条件。如果你确信，尊重知识产权会成为伸张正义、促进社会和谐的一项重要举措，那么，正如彼得所指出的，我们就必须集中力量，促进人们对知识产权的道德基础的认识。这些措施并非在发生纠纷时作为最终手段出现，而是作为人类基本道德教育的一部分自然存在，并取得成功。

几年前曾有人发起过"香港青年大使打击互联网盗版"的运动，现在仍未停歇，参与者是一群9—25岁的年轻人，被招募来帮助监管互联

---

①　彼得举了一个中国的例子，一对合资企业伙伴之间就"设计费用"的问题发生了矛盾，这个类似于我们在第四章的百事可乐四川案例中探索的问题："一个典型的例子是美中合资企业中，中方合作伙伴不愿意拨出一部分合资企业利润给外国合作伙伴作设计费用。中国合作伙伴的反应很自然，且容易理解；它既不明白知识产权保护，也不明白外国合作伙伴行为背后的意图。然而，一旦外国合作伙伴向中国制造商解说，它可以对其设计工作另行收费，并帮助制造商确定其设计流程成本，中国合作伙伴很容易就会接受分配知识产权利润的想法。它甚至会就设计费权而积极游说当地监管机构。"（Yu, 2003：13）而彼得例子中的结局远比百事可乐和其四川合作伙伴的结局更为和谐，说明如果合资伙伴仍然能够彼此信任的话，将是一个很好的选择。

②　电影业在中国的成功印证了最后一点，用普通话配音或印有中文字幕的商业电影光盘复制品，售价是进口DVD的10%—25%。正如一个音乐唱片公司指出："我们都认为制止盗版的最佳方法就是让音乐变得廉价，甚至连复制都不划算。"（Yu, 2003：14）

网上的知识产权问题（IPRPA，2013）。这项计划是香港特别行政区政府海关关长及支持知识产权权利保护联盟企业之间合作的结果，旨在使年轻人明白知识产权的重要意义，同时招募他们来监控互联网上的非法活动，例如，通过使用 BT 下载技术来制作盗版音乐和视频。2005—2006 年，这场运动受到国际关注，大多人持指责（Vance，2005）或怀疑（Bradsher，2006）的态度。西方媒体往往较为关注诸如美国电影协会之类的 IP 产业巨头招募青年作为间谍的不当之处，而忽略了若知识产权保护拥有合法的道德基础，这种创新的教育举措在东亚地区将成为最有效的手段这一事实。无论如何，批评家们应该意识到，如果没有这类教育活动，我们只能逐步加大惩罚力度。"香港青年大使打击互联网盗版"的成功，与其他教育运动一起，似乎已经大大改善了香港特区的知识产权的全部指标记录（WIPO，2012），该运动可能在面临着类似挑战的西方社会行不通，但对于其他亚洲国家来说，仍然是可喜的进步。

伦理学方面的第一个任务就是明确保护公益的原则。国际经济伦理学通过商界人士和各个领域的专家进行对话来参与这项工作，从而确定解决方案，做出尊重社会各方利益的妥协。伦理洞察力不是博物馆里让人崇敬、用来责怪易受骗青年和其他旁观者的艺术品。它们要时常被查一查，看其是否能采集经济、法律、社会学等其他领域的见解。伦理学在知识产权规定违背公共利益的情况变得很明显时，它还敦促立法的修订。我们在本章中有显著地位的 TRIPS 案例研究中看到，道德关注的焦点不可能简单限于守法，还必须设法解决一些问题，即某些发达国家的标准产品，如药品、书籍、光盘等，对于发展中国家的普通民众来说，价格过于昂贵。可以说，当这些产品的定价不是为了保护合法的财产权利，而是为了使少数拥有特权的垄断者牟取暴利时，它们的收费是不公平的。

我们必须直面这个事实：如果只严格贯彻知识产权法规，却不进一步考虑满足所有利益相关者的合法需求，它就会变成一种压迫。例如，如果我们通过强制许可，批评蒙坤的决定违反默克公司的知识产权法规，这是因为它可能不是实现大众关心的问题的最有效方法。然而，我们只能为其喝彩，他决心为泰国感染艾滋病的人做些事情，因为他们买不起急需药品。道德的最高境界不是否定法律，而是改善法律。它能够清晰地表达人们的呼声，即那些权利遭到侵犯，却又没钱请律师为自己辩护的人们的呼声。通过考虑每个利益相关者的利益，道德最终会找到一个适当平衡，在涉及知识产权保护的许多冲突中维护正义。

参考书目

Alcorn，K.（2006，November 29）. Thailand to issue compulsory license for efavirenz. *AidsMap*. Retrieved May 21，2012，from http：//www. aidsmap. com/Thailand-to-issue-compulsory-license-for-efavirenz/page/1425713/.

Alford，W. P.（1995）. *To steal a book is an elegant offense*：*Intellectual property law in Chinese civilization*. Stanford：Stanford University Press.

Alsegard，E.（2004）. Global pharmaceutical patents after the Doha declaration：What lies in the future? *Scripted*. Retrieved May 31，2012，from http：//www. law. ed. ac. uk/ahrc/script-d/docs/doha. asp#Proposals.

AVERT.（2009）. HIV & AIDS in Thailand. Retrieved May 27，2012，from http：//www. avert. org/thailand-aids-hiv. htm#contentTable1.

Bate，R.（2007，April 4）. Thailand and the drug patent wars. *American Enterprise Institute*. Retrieved June 8，2012，from http：//www. aei. org/article/health/thailand-and-the-drug-patent-wars/.

Bate，R. & Boateng，K.（2007，August 9）. Drug pricing and its discontents. *American Enterprise Institute*. Retrieved June 8，2012，from http：//www. aei. org/article/health/drug-pricing-and-its-discontents/.

Becker，L. C.（1977）. *Property rights*：*Philosophic foundations*. Boston：Routledge & Kegan Paul.

Bradsher，K.（2006，July 18）. Dare violate a copyright in Hong Kong? A boy Scout may be watch-ing online. *New York Times*. Retrieved on September 18，2013，from http：//www. nytimes. com/2006/07/18/arts/18pira. html? pagewanted = 1&＿ r = 1&ei = 5090&en = e1558dc44194c9d4&ex = 1310875200.

Cervini，E. & Prabhu，K.（2012）. *Compulsory Licensing*. Cambridge，MA：Harvard University，Harvard Model Congress Asia.

Coriat，B.（2008）. *The political economy of HIV/AIDS in developing economies*. Cambridge，MA：Edward Elgar Publishing，Inc. Retrieved on September 19，2013，from http：//books. google. com. hk/books? id = HQpvZ6xs1C8C&pg = PA101&source = gbs＿ toc＿ r&cad = 4#v = onepage&q&f = false.

CPA Global. （2007，May 11）. Clinton foundation backs Thai patent policy. Retrieved July 10, 2012, from http：//www. cpaglobal. com/newlegalreview/2480/clinton_ foundation_ backs_ thai_ patent_ policy.

Deazley, R. , Kretschmer, M. & Bently, L. , （Eds. ）. （2010）. *Privilege and property*：*Essays on the history of copyright.* Cambridge：Open Book Publishers. Retrieved September 10, 2010, from http：//digital-rights. net/wp-content/uploads/books/Privilege &Property-Deazley. pdf.

De George, R. T. （1999）. *Business ethics* （5th ed. ）. Upper Saddle River：Prentice Hall.

Ford, N. , Wilson, D. , Chaves, G. C. , Lotrowska, M. , & Kijiwatchakula, K. （2007，July）. Sustaining access to antiretroviral therapy in the less-developed world：Lessons from Brazil and Thailand. *AIDS.* S21 – S29.

Fox News. （2007，May 9）. Clinton backs Thailand's move to break patents on AIDS drugs. Retrieved June 26, 2012, from http：//www. foxnews. com/story/0, 2933, 270955, 00. html.

Frank, R. （2001，March）. Prescription drug prices：Why do some pay more than others do? *Health Affairs*, 20 （2）, 115 – 128. Retrieved June 26, 2012, from http：// content. healthaffairs. org/content/20/2/115. long.

Fraser, J. （2006，December 4）. Thailand issues license to issue generic form of Efavirenz；Snubs Merck AIDS drug monopoly. *Natural News.* Retrived May 31, 2012, from http：//www. natural-news. com/021232. html.

Gerhardsen, T. （2006，December 22）. Thailand compulsory license on AIDS drug prompts policy debate. *Intellectual Property Watch.* Retrieved May 27, 2012, from http：//www. ip-watch. org/2006/12/22/thailand-compulsory-license-on-aids-drug-prompts-policy-debate/? res = 800_ ff&print = 0.

Gosain, R. （2007，September 3）. Strict public health policy threatens pharmaceutical patents. *International Law Office.* Retrieved May 30, 2012, from http：//www. internationallawoffice. com/newsletters/detail. aspx? g = 263aef08 – eed1 – 41c1 – 93d5 – e920b6 a4679c.

Health Info. （2009）. Life versus vested interest：The government introduces compulsory licensing based on the right to life. Retrieved June 13, 2012, from http：//www. hiso. or. th/hiso/picture/reportHealth/ThaiHealth2009/eng2009_ 17. pdf.

Hunter, R. , Lozada, H. , Giarratano, F. & Jenkins, D. （2009）. Compulsory licensing: A major issue in international business today? *European Journal of Social Sciences*, 11 (3), 370 – 377.

IPRPA. (2013). Youth Ambassador against internet piracy. Hong Kong intellectual property rights protection alliance. Retrieved September 19, 2013, from http: //www. iprpa. org/eng/anti_ cam-paign. php.

Kazmin, A. & Jack, A. (2006, November 30). Merck to cut AIDS drug cost in Thailand. *Financial Times*. Retrieved May 22, 2012, from http: //www. ft. com/intl/cms/s/0/04455f9e – 80b0 – 11db – 9096 – 0000779e2340. html#axzz1vYozy8Ab.

Kazmin, A. & Jack, A. (2007, March 14). Abbott pulls HIV drug in Thai patent protest. *Financial Times*. Retrieved June 13, 2012, from http: //www. ft. com/intl/cms/s/0/a2e81cc8 – d1d1 – 11db – b921 – 000b5df10621. html#axzz1xdVHXI5p.

Ling, C. Y. (2006, December 6). Thailand uses compulsory license for cheaper AIDS drug. *Third World Network*. Retrieved May 31, 2012, from www. twnside. org. sg/title2/resurgence/196/cover5. doc.

Locke, J. (1690a). An essay concerning human understanding (Vol. II, 2nd ed.). Chapter III: Of the extent of human knowledge. Paragraph 18: Morality capable of demonstration. Retrieved September 10, 2013, from http: //www. gutenberg. org/cache/epub/10616/pg10616. html.

Locke, J. (1690b). Second treatise of government. Chapter V: Of property. The project Gutenberg edition of the second treatise of government. Retrieved September 10, 2013, from http: //www. gutenberg. org/files/7370/7370 – h/7370 – h. htm.

Lu, X. (1919). "Kong Yiji". In *The real story of Ah-Q and other tales of China. The complete fiction of Lu Xun*. Translated with an Introduction by Julia Lovell, with an Afterword by Yiyun Li. New York: Penguin Books, 2009, pp. 32 – 37.

Malhotra, G. (2010, July 21). Pharmaceutical reverse payments and lower drug costs: An interest-ing dilemma. *PharmaPro*. Retrieved June 26, 2012, from http: //www. pharmpro. com/blogs/2010/07/Pharmaceutical-Reverse-Payments-and-Lower-Drug-Costs/.

Mayne, R. (2005). *Regionalism, bilateralism, and "TRIP Plus" agreements: The threat to developing countries*. New York: Human Development Report Office. Retrieved June 21, 2015, from http: //hdr. undp. org/en/content/regionalism-bilateralism-and – %E2%80%9Ctrip-plus%E2%80%9D-agreements.

Matthews, D. (2006, December 22). Patent Reform in India: The Campaign to protect public health. *Queen Mary School of Law.* Retrieved June 8, 2012, from http：// www. ipngos. org/NGO% 20 Briefings/Patents% 20 Act% 20 amendment. pdf.

Medecins Sans Frontieres. (2007). MSF welcomes move to overcome patent on AIDS drug in Thailand. Retrieved May 30, 2012, from http：//www. doctorswithoutborders. org/press/release. cfm? id = 1905.

Merck. (2011, September). Public policy statement：Intellectual property and access to medicines in the developing world. Retrieved May 30, 2012, from http：//www. merck. com/about/views-and-positions/public-policy-statement-ip – 2011. pdf.

Merck. (2012). Our company. Retrieved May 24, 2012, from http：//www. merck. com/about/our-history/home. html.

Montlake, S. (2007, January 31). Thailand widens the scope of generic drugs. *The Christian Science Monitor.* Retrieved May 27, 2012, from http：//www. csmonitor. com/ 2007/0131/p07s02 – woap. html.

Nuyen, A. T. (2000). Confucianism, the idea of min-pen, and democracy. *Copenhagen Journal of Asian Studies*, 14, 130 – 151. Retrieved September 14, 2013, from http：//rauli. cbs. dk/index. php/cjas/article/download/2154/2151.

Schuettler, D. (2007, February 16). Thai drug move stirs patent debate. *Reuters.* Retrieved June 25, 2012, from http：//www. reuters. com/article/2007/02/16/us-thailand-drugs-patents-idUSBKK7253920070216.

Seidenberg, S. (2008, February 1). Patent abuse. *Inside Counsel.* Retrieved May 22, 2012, from http：//www. insidecounsel. com/2008/02/01/patent-abuse.

Shao, K. (2012). Chinese culture and intellectual property：Let's realise we have been mis-guided. *The WIPO Journal*, 4 W. I. P. O. J. 00, 103 – 110. Retrieved September 10, 2013, from http：//www. wipo. int/export/sites/www/freepublications/en/intproperty/wipo_ journal/wipo_ journal_ 4_ 1. pdf.

Short, P. (2010, August 3). 25 Years in Thailand's sex industry. *CNN.* Retrieved June 13, 2012, from http：//www. cnngo. com/bangkok/life/25 – years-thailands-sex-industry – 233135.

Shi, W. (2006). Cultural perplexity in intellectual property：Is stealing a book an elegant offense? 32 N. C. J. Int'l L. & Com. Reg. 1, 11.

Silverman, E. (2007, November 23). Thailand's health minister leaves next month; will compul-sory licensing come to an end? *Pharmalot.* Retrieved May 31, 2012, from http：//www. pharma-lot. com/2007/11/thailands-health-minister-leaves-next-month-willcompulsory-licensing-come-to-an-end/.

SIPO. (2013). Laws and policy. State intellectual property office of the PRC. Retrieved September 18, 2013, from http: //english. sipo. gov. cn/laws/.

Steinbrook, R. (2007). Thailand and the compulsory licensing of Efavirenz. *New England Journal of Medicine*, 356 (6), 544 – 546.

T'Hoen, E. F. M. (2010). TRIPS, Pharmaceutical patents and access to essential medicines: Seattle, doha and beyond. In H. Murphy (Ed.), *The making of international trade policy: NGOs, Agenda-setting, and the WTO* (pp. 39 – 68). Northampton: Edward Elgar Publishing, Inc.

The Nation. (2007, May 8). Compulsory licenses, Mongkol: 'We can't give in with lives at stake.' Retrieved June 13, 2012, from http: //www. nationmultimedia. com/ 2007/05/05/national/national_ 30033438. php.

Vance, A. (2005, May 5). Hong Kong scouts gain IP proficiency badge: Dib, dib, dib MPA Style. *The Register*. Retrieved September 19, 2013, from http: //www. theregister. co. uk/2005/05/05/scout_ ip_ badge/.

Washington College of Law. (2008, March). Timeline for Thailand's compulsory licenses. Retrieved May 31, 2012, from http: //www. wcl. american. edu/pijip/documents/timeline. pdf.

WIPO. (2012). *World intellectual property indicators* – 2012 (WIPO economics and statistics series). Retrieved September 18, 2013, from http: //www. wipo. int/export/ sites/www/freepubli-cations/en/intproperty/941/wipo_ pub_ 941_ 2012. pdf.

WIPO Magazine. (2010). China's IP journey. *WIPO Magazine*, Number 6, December 2010, pp. 25 – 28. Retrieved September 17, 2013, from http: //www. wipo. int/export/sites/www/wipo_ magazine/en/pdf/2010/wipo_ pub_ 121_ 2010_ 06. pdf.

The World Bank. (2000). Thailand social monitor: Thailand's response to AIDS, building on suc-cess, confronting the future. Retrieved May 27, 2012, from http: // www-wds. worldbank. org/external/default/WDSContentServer/WDSP/IB/2002/03/29/000 094946_ 02031904060482/Rendered/PDF/multi0page. pdf.

The World Bank. (2012). How we classify countries. Retrieved May 24, 2012, from http: //data. worldbank. org/about/country-classifications.

World Trade Organization. (2001, November 14). *Declaration on the TRIPS agreement and public health.* Retrieved on June 20, 2015, from https: //www. wto. org/english/thewto_ e/minist_ e/min01_ e/mindecl_ trips_ e. htm.

World Trade Organization. （2012）. Overview: The TRIPS agreement. Retrieved June 11, 2012, from http: //www. wto. org/english/tratop_ e/trips_ e/intel2_ e. htm.

Yu, P. K. （2000）. From pirates to partners: Protecting intellectual property in China in the twenty-first century. *American University Law* （Vol. 50, Cardozo legal studies research paper no. 34）. Retrieved September 10, 2013, from http: //papers. ssrn. com/sol3/papers. cfm? abstract_ id = 245548.

Yu, P. K. （2003）. *Four common misconceptions about copyright policy* （MSU-DCL Public Law research paper no. 01 – 16）. Retrieved September 12, 2013, from http: //papers. ssrn. com/sol3/papers. cfm? abstract_ id = 443160.

Yu, P. K. （2006）. TRIPs and its discontents. *Marquette Intellectual Property Law Review*, 10, 369 – 410. Milwaukee, WI: Marquette University Law School. Retrieved on June 21, 2015 from http: //scholarship. law. marquette. edu/iplr/vol10/iss2/7/.

Yu, P. K. （2012）. International intellectual property scholars series: Intellectual property and Asian values, 16 intellectual property L. Rev. 329 （2012）. Retrieved September 10, 2013, from http: //scholarship. law. marquette. edu/cgi/viewcontent. cgi? article = 1195&context = iplr.

Zamiska, N. （2007, February 8）. Thai move to lower drug costs highlights growing patent rifts. *Yale Global.* Retrieved May 31, 2012, from http: //yaleglobal. yale. edu/content/thai-move-trim-drug-costs-highlights-growing-patent-rift.

第十四章 竞争者：在市场中反腐

如果你减少贿赂，你的经济成就就会建立在扎实的经济基础之上。

（罗世范，《成为终极赢家的 18 条规则》，2004）

14.1　前言

　　什么是市场中的腐败？顾名思义，腐败指的是为获取纯粹私人利益而故意毁掉某种善。市场之善在于商务交易的诚信，商务交易得到诚信的推进。好交易是自由参与、基于充分信息基础之上并符合公认之公平标准的交易——其理论基础已呈现在第五章中。商业贿赂——包括回扣和其它可疑支付款项——是市场中一种基本形式的腐败。它败坏了竞争，而竞争被认为是成功商务交易过程的组成部分。当一家公司通过贿赂而获得不公平优势时，其竞争对手恰恰因为其被有效阻挡在竞争之外而受到伤害。为阐明这些观点以及它们在当前亚洲经济发展趋势语境下的意义，我们将以西门子中国的贿赂实践案例作为本章的开始。此案例研究可使读者学会应对中国市场竞争的现实状况，以及为维护和拓展自己的在华生意而进行贿赂的表面不可避免性。但贿赂的道德规范是什么？是不是当"别人都在贿赂"时，贿赂就是可取的？是"负负得正"吗？读者将被引入整个过程，从西门子制定贿赂政策的决策开始，然后此事遭曝光，对涉案高管的刑事定罪，以及在事发之后，西门子中国所采取的改变其政策并在反腐败中显示其领导力的措施。

14.2　案例分析：腐败的高成本，西门子行贿丑闻

14.2.1　摘要

离岸银行账户、金钱走私和空壳公司的共同点是什么？它们都是德国西门子公司20年间肆意行贿的一部分。西门子是一家跨国电子公司，以创新和产品质量好闻名，它承认向政府行贿以换取合同。西门子在包括阿根廷、孟加拉国、希腊、尼日利亚等国在内的20个国家都面临着行贿及其他公司腐败的指控。这使西门子案成为现代企业史上最大的贿赂丑闻。

中国移动人力资源部总经理施万中与西门子签订交换设备采购合同时，收受贿赂达510万美元。在丑闻曝光后，施万中因经济犯罪而被判处死刑，促成贿赂的中间人被判处15年有期徒刑。

西门子案使我们不得不面对贿赂、腐败、不公平竞争的问题，以及某些关于全球化经济语境下的道德相对论和普遍道德价值观的哲学问题。

14.2.2　关键词

西门子公司、贿赂、《反海外腐败法》、联邦证券交易委员会、不公平竞争、道德相对主义、伦理原则普适性

14.2.3　意想不到的怪物

西门子丑闻之始读起来像是惊悚小说的开卷场面一样。莱因哈特·西卡泽克（Reinhard Siekaczek）是西门子的一名中年男性会计。2006年11月15日，他早上很早起床。在慕尼黑家门口等他的是一名检察官和六位警官，每个人都急于将其逮捕。

事后，西卡泽克承认他知道有关当局最终会来找他。此时的他，是总部在德国的全球电子巨头西门子公司的一名中层主管，公司的口号激励员工要"有灵感"（*The Economist*，2008）。西卡泽克有着不起眼的外表，实际上却在现代企业史上最大的行贿案件中发挥着至关重要的作用。西卡泽克代表西门子公司管理专门用作贿赂款项的年度预算，资金

达 4000 万—5000 万美元（Millker and Schubert，2009）。有一个离岸账户和行贿基金的系统专门用来掩盖资金流动的路径。

这个结果使人联想到科学怪人苏醒的恐怖电影。西门子高管们明白他们创造了什么吗？他们有没有想过，这个怪物可能会有自己的日程表？——他们没有想过——至少想到时为时已晚。

14.2.4　制度化腐败

后来被指控犯有 58 项违约罪名的西卡泽克只是冰山一角。在收到来自列支敦士登、瑞士、奥地利的关于贿赂、逃税、挪用公款的报告后，德国检察官在 2005 年开始对西门子公司进行调查（Steptoe，2009）。2006 年 11 月，200 多名德国警察、检察官、检查员突袭了在德国的 30 家西门子办公室，包括首席执行官克劳斯·克莱恩菲尔德（Klaus Kleinfeld）的办公室。执法人员也逮捕了 8 名高管，他们像西卡泽克一样，被指控在 10 多个国家进行贿赂。最多的贿赂支付给了中国、俄罗斯、阿根廷、以色列、委内瑞拉等国家。（Millker and Schubert，2009）。

贿款用装满现金的手提箱交付给腐败的外国官员。电信行业的西门子经理一次就可申请高达 100 万欧元的行贿资金。在《经济学家》（*The Economist*）讽刺地描述为"荣誉制度"的体制中，经理们被允许批准他们自己的资金请求（2008）。由于没有文件证据的提供，这种做法变得很猖獗。美国司法部估计约有 6700 万美元的现金从西门子办公室拿出去用于非法支付（The *Economist*，2008）。

西门子公司行贿的做法始于 1989 年，在公司重组后不久。新的组织结构给予部门负责人大得多的自由，在欠发达国家开展业务。为在这些地区增加市场份额而进行的不明智尝试中，一般支付资金被指定用于国外贿赂。在当时，贿赂根据德国税码是可以减免税的，西门子公司称之为"NA"，即 *nützliche Aufwendungen*（有用开支）的缩写（Millker and Schubert，2009）。但是，当德国 1999 年宣布贿赂外国官员和公务员不合法时，西门子建立了一种"账面程序"，来掩盖西卡泽克监管的行贿预算（Millker and Schubert，2009）。

西卡泽克承认其行为不合法，但却为其行为辩护，说为了维持西门子海外分公司竞争力必须这样做。"这是要保持企业活力，不在一夜之间危害到成千上万的就业岗位"，西卡泽克解释说（Millker and Schubert，2009）。"这和守不守法无关，因为我们都知道我们所做的事情是违法的。在这里，重要的是负责人稳重如山，不入歧途。"（Millker and Schubert，2009）西卡泽克进一步反思："我从来没有想到会为公司去蹲监狱。当然，我们对此开过玩笑，但是我们以为要是行为被曝光就一起进去，这样里面就有足够多的人可以一起玩牌。"（Millker and Schubert，2009）你对西卡泽克的借口有何看法？你会愿意用贿赂来确保公司的健康，并保护同事们的工作吗？西卡泽克诙谐的语气表明他的什么动机？请注意，西门子主要的伦理关注是，执行贿赂政策的经理们自己不会对公司行窃。

为促进西门子通过其贿赂网建立起来的关系，管理层改变了策略，开始开具可以存入"私下"账户的现金支票（*The Economist*，2008）。此外，经理会在可移除的纸条上签字批准付款，这样就可以"抽去"任何责任感（*The Economist*，2010）。通过这种方法，西门子逐渐地失去对隐秘活动的控制。回顾过去，正是疏忽的伦理和最小当责造成了荒唐之事。

14.2.5　行贿的高成本

在确认前董事会未能履行其监督职责以后，德国检察官于 2008 年结束西门子的法律诉讼程序。审判结果是公司被罚款 3 亿 9500 万欧元（Siemens，2008）。但事情还没有完，2006 年，美国证券交易委员会根据《反海外腐败法》也开始对西门子展开调查。《反海外腐败法》明确规定国内公司任何形式的受贿和行贿都是违法的。在美国上市的外国证券公司也像美国公司一样，被要求遵守同样的反贿赂条款（FCPA，2012）。由于西门子在纽约证券交易所有交易，所以美国监管机构被迫要对贿赂指控进行调查，公司要服从美国法律和司法。

2008 年 12 月 15 日，美国证券交易委员会报道说已经和西门子达成一致，对公司做出高达 16 亿美元的罚款（Scarboro，2011），几乎是《反海外腐败法》对其所做任何其他罚款的 20 倍（Lichtblau，2008）。据《英国卫报》的大卫·高（David Gao）的说法，西门子害怕交高达

50 亿美元的罚款。然而，西门子与美国司法部的合作，尤其是当公司承诺赦免参与此案的弊端揭发者时，使罚款得到减免（Gao，2008）。在《全国公共无线电》的一次采访中，西门子的法律总顾问彼得·索尔穆森（Peter Solmssen）谈及弊端揭发者赦免计划时说道："大约有130 人告诉我们钱的去向及他们所扮演的角色。"（Shapiro，2008）

白领犯罪研究专家艾伦·波德戈尔（Ellen Podgor）认为，承认行贿和西门子的减免罚款其实关系不大，真正有关的是源于有可能被美国逐出市场的威胁。波德戈尔解释道："付多少钱不是决定性因素。决定性因素是不注定要失败。"（The Economist，2008）事情得到解决后，西门子也向中国发布了大陆涉及参与贿赂丑闻的信息。

14.2.6　文化腐败？

德国《经济周刊》引用一名未透露姓名的西门子员工的话，声称"西门子在中国高达一半的生意都涉及贿赂"，因而进一步促进对西门子在中国活动的调查，在那里，公司差不多百分之九十的生意都是通过第三方或者中间人完成的（China Tech News，2007）。

西门子通过两种方式使用中间人促成合同签订。第一种方式是雇佣销售代理，负责某一地区的生意，并按照销售额提成。第二种方式是"与空壳公司签订商业顾问服务协议"。一位行政主管解释说："协议意味着一笔回扣，空壳公司就干脆充当洗钱渠道。"（Jieqi，2011）

据美国司法部的说法，在西门子（中国）有限公司这个保护伞组织底下，有三家集团公司参与贿赂丑闻：西门子医疗解决方案集团、西门子输配电集团和西门子交通系统集团。以上三家公司，给电信、建筑和医疗行业的中国官员的贿款达到 6140 万美元。西门子通过这些贿赂而获得的合同价值达到 21 亿元人民币（3 亿 2800 万美元）（People's Daily，2011）。

西门子中国的媒体和公共关系总监贝恩德·埃特尔（Bernd Eitel）在丑闻公开后说，公司"已经开始对所有咨询公司进行监督，换句话说，是指向西门子提供销售相关咨询和指导的第三方"（China CSR，2007）。西门子通过公司标准整合办公室和首席执行官对每家咨询顾问进行审核，以使未来可疑的第三方咨询公司降到最少（China CSR，

2007）。

已有 20 名西门子员工在丑闻期间因不当行为被解雇。当问到这些人的解雇问题时，埃特尔写道：他们"未遵守公司守法指导方针"（Liu，2007）。此回应看起来很可疑，因为它试图尽可能把公司内部程序变得不透明。

美国证券交易委员会还特别认定中国移动集团人力资源部总经理施万中在 2001—2006 年他任中国移动集团安徽省有限公司董事长兼总经理期间接受西门子的贿赂（People's Daily，2011）。作为总经理，施手握中国移动安徽省的电信设备采购大权。中国移动集团是一家在纽约和香港都有上市的国企。它在中国是最主要的移动通信供应商，占据百分之七十的市场总额（Freebase，2009）。

某些人错误地认为在中国做生意有潜规则，贿赂得到宽容，也受到鼓励。西门子没有察觉中国商业环境正在改变，因此毫不犹豫地通过施万中的一个老朋友田渠去接近他。西门子说服田渠作为中间人，这是一个借以说服施万中受贿的管道（Jieqi，2011）。田渠作为中间人，给中国移动和西门子安排设备销售。作为对他们合作的交换，施万中和田渠从西门子那里收受了共计 510 万美元的回扣（Lopez，2011）。钱款通过安徽一家咨询公司转移到田渠的私人账户（Jieqi，2011）。满足于如此安排，施万中和田渠都没有理由质疑这种体系或寻求道德法律指导的替代资源。施万中和田渠都卷入他们自以为流行的腐败文化里，因此行为无所顾忌，违背中国法律。

河南省鹤壁市中级法院对施万中和田渠案进行审理，该案被认为"涉及国家秘密"而未公开审理（People's Daily，2011）。中国刑法概括了从事贿赂的个人、公司和官员的不同程度刑事责任。关于此案，刑法第 386 条规定："对犯受贿罪的，根据受贿所得数额及情节，依照本法第三百八十三条的规定处罚。索贿从重处罚。"其中包括"处十年以上有期徒刑或者无期徒刑……情节特别严重处以死刑"的判决（Criminal Law，1997）。终审是在 2011 年 7 月 21 日，施万中因受贿罪被判处死刑，缓期两年执行（Jieqi，2011），而田渠因促成受贿，被判有期徒刑 15 年（Shanghai Daily，2011）。

14.2.7 犯罪经济学

根据《经济学人》发表的一篇文章，尽管西门子在国际商务中有着竞争优势，但它还是发现难以满足自己的利润预期。该公司的巨额贿赂预算阻碍其收入增长，所涉及的合同没有大到足以抵消贿赂的成本。调查和审判揭露了"惊人的欺骗和腐败"，据美国助理总检察长兰尼·布瑞尔（Lanny A. Breuer）说："企业应该基于其公司产品和服务的优点赢得或失去商业机会，而不是基于支付给政府官员的贿赂金额。"（Wyatt，2011）事实上，如果西门子遵守兰尼·布瑞尔所理解的经济伦理，那么公司在丑闻前后都会获得更多利润。

然而，西门子因陷入丑闻而产生更多费用。丑闻的直接成本为 26 亿美元，包括罚款和律师费用以及调查等。间接财务成本包括首席执行官克劳斯·克莱恩菲尔德的离职，以及因该事件导致董事会成员的离开，这在诉讼中既没有被起诉，也未被提及。至于西门子的股票价值，由于公司的市场价值和声誉受损，投资者蒙受巨大损失。公司 2009 财政年度结束时，净收入惊人地下降了 60%，明显超过那年全球金融危机期间竞争对手所承受的损失（Racanelli，2012）。美国股票经纪人尼古拉斯·海曼（Nicholas Heymann）如此评价西门子的状态："他们被逮住用不当方法取胜……然后他们突然不得不开始尝试用老方法做事。"（*The Economist*，2010）海曼的评论强调，若你在比赛时作弊被抓，你就受到失败的惩罚。商业运作亦是如此。

14.2.8 复原

受贿丑闻曝光后，首席执行官克劳斯·克莱恩菲尔德辞去职务。西门子董事会选择罗旭德（Peter Loescher）作为克劳斯·克莱恩菲尔德的接替者，这样做的意图是重整企业文化。出生于奥地利的罗旭德是第一个领导这家 165 年前成立的德国公司的"局外人"（Racanelli，2012）。他被称为实用主义者，他作为首席执行官的首要任务是控制损失。罗旭德说其工作是"尽快控制整个局势"。他重复强调："西门子需要加快速度，减少复杂性，并且更加专注。"（Racanelli，2012）

罗旭德肩负着给已受丑闻重创的公司注入信心的艰巨任务。他任命了一个特别工作组专门详细做出职务说明，管理员工。工作组迅速认定"两个层面的高级管理人员，他们在以前的组织结构中显然没有在经营上当责"（Racanelli，2012）。100 名高管中的一半被替换。特别工作组还调查了 1999—2006 年 4 亿 2000 万欧元的可疑支出。

罗旭德超越法律要求，以道德核心重新调整西门子的公司文化；他任命反腐专家和透明国际的创始人之一的迈克尔·赫尔什曼（Michael Hershman）重新考察西门子的反腐管控和对伦理培训进行复查（*The Christian Science Monitor*，2008）。新政策包括任命一名调查官以鼓励揭发弊端，并防止未来丑闻。在 2010 年一次《今日美国》的采访中，罗旭德评论目前情况说，"今天，西门子是一个角色典范。道琼斯将我们列入其可持续性世界指数中。我们从守法排名的 0% 上升到 100%。西门子代表'无时无刻、无处不在的清廉商业行为'"（Jones，2010）。在一次《经济学人》杂志的采访中，罗旭德表达了西门子和他激励员工方式的信心。"这关乎调整当责和责任。在一天结束时，我看着（他们的）眼睛说：你们很负责任。"（*The Economist*，2010）你对罗旭德改造西门子文化的步骤有什么看法？你认为他的努力忠实反映了他的个人信念，还是这都是他装饰门面，想要把疏远的投资者吸引回来？

14.2.9　总结

西门子的全球贿赂丑闻是一个驾驭不住的怪兽。损失的不仅是工作和金钱，更是信心、声誉和自由。西门子的违法活动，包括装满金钱的手提箱、空壳公司、离岸银行账户，这些都可归结为一种被误导的尝试，西门子想以此赢得竞争。

关于西门子丑闻的中国观点有一个特别令人沮丧的结论。西卡泽克和其他西门子高管在中国处理业务时有一种错误认识：贿赂是取得成功的唯一途径。然而中国政府对那些被定罪受贿的人采取严厉措施。施万中被判处死刑，田渠被判 15 年监禁。你认为西门子对中国合作者的命运负有任何责任吗？西门子怎么可以对一直参与公然不道德和违法方案人员的风险如此漠不关心？

西门子事件震撼世界，因为一个颇具信誉的跨国集团被发现有制度化腐败。最初只是一种尝试，想要取得竞争优势，结果却发展成毁掉公司潜力的洪水猛兽。像西卡泽克这样老练的高管通过尽最大努力贯彻这种错误政策，使贿赂激增。腐败事件曝光后，罗旭德同样努力工作来重振西门子的伦理和企业文化。在其领导下，消费者恢复了对西门子品牌的信心。在 2010 年，罗旭德骄傲地宣布："我们在清理整个事件的同时达成增长目标。"（*The Economist*，2010）。看来他已经成功将西门子从一家实验失败以后濒临崩溃的公司改造成为一家再次发现坚实道德核心的公司。

14.3　案例分析讨论

尼古拉斯·海曼对西门子所面临挑战的评论也许是开始讨论的好的出发点："他们被逮住用不当方法取胜……然后他们突然不得不开始尝试用老方法做事。"（*The Economist*，2010）此话假定了我们试图在全书中以不同方式说明的东西，即生意更像是一场游戏，而非战争。没有人问战场上的士兵是否为了使自己更具竞争力而在使用不当手段或任何其他非法物。但是在各种游戏中的玩家，如果被逮住使用不当手段或故意以其他方式违反规则，就会受到惩罚，或被迫出局。在竞争激烈的运动中作弊者经常使用类固醇，希望提高他们的成绩，并增加获胜机会。通过支付贿赂和回扣以获得超过其竞争对手营销优势的公司也在做同样事情。贿赂和其他可疑支付一般被视为非法——而且违反国际经济伦理标准——因为它们抢先占领应该确保市场将向所有人产生其许诺之经济效益的竞争。

如海曼所指出的，西门子一旦被定罪，并雇佣新的首席执行官罗旭德使公司翻身，"他们不得不开始尝试用老方法做事"。西门子将不得不学习如何在没有舞弊的情况下玩商业游戏，即其销售人员将不得不重新学习如何营销其产品，不付贿赂和回扣而达成交易。那么，我们对西门子案例的兴趣应集中在他们是如何以"老方法"游戏的能力上。罗旭德成功地转变公司了吗？如果成功，他是如何成功的？2012 年 11月，罗旭德在《哈佛商业评论》上发表一篇文章——《用丑闻来推动改变》（Loescher，2012）。一个主要因素是重构西门子管理层："在我接管的几个月内，我们替换了高层管理人员的 80% 左右，下一个等级的70%，下下个等级的40%。我从根本上改变了我们管理委员会的决策方式。我们也致力于我们全球经营单位的流水线化和简化。"管理会重组减少到八名成员："三个业务单位——能源、工业、保健——的负责人，加上人力资源负责人，首席财务官，供应链管理和可持续性的新负责人，我，一个法律顾问和守法管理新职务负责人。"罗旭德断定每个新职位都代表一个独立视角，并可以借此挑战管理委员会政策："在受贿丑闻被揭露后，很明显，法律顾问和守法管理者必须存在且必须来自公司以外。"

西门子案例的一个教训是，如果高层领导愿意并能够打发掉那些任由腐败繁荣发展的管理人员，那么企业文化中根深蒂固的腐败就可以被根除。西门子管理层的大规模重组，再加上管理委员会的独立监督人员的任命，表明了罗旭德的能力。正如他所说，"开始是：'哦，他只是说说而已，'我不只是说说。现在，当我发表声明时，人们都知道我会言而有信。"罗旭德得出结论，转变必须来自高层，因为普通西门子员工都认为，"腐败丑闻代表了领导力的缺失。他们感到震惊和羞耻，因为他们为自己是西门子一员而感到自豪"。在计算腐败成本时，千万不要低估其对员工士气的负面影响。遵守法律准则和道德规范，不只是屈从外部压力，它也必须被理解为反映大多数员工的愿望，为安全和安心，他们为一家可使他们感到骄傲的公司工作，当然，遵纪守法通常也是有回报的，生产力会因此提高。

罗旭德和西门子新的管理团队必然已经意识到，如果他们满意于产生只会掩盖更深改革阻力的公共关系反应，就会涉及心理和道德风险。公司重组后迅速发布了一套经修订的"西门子企业行为准则"（简称"准则"）（Siemens，2009）。在文件"前言"中，罗旭德显示了对"准则"的全力支持：

> 这个企业行为准则符合新的法律要求，以关于人权、反腐败、可持续性的国际条约为基础。其目的是加强作为我们企业行为组成部分的法律和道德标准的意识。最关键的是，只有干净的企业才是西门子的企业。我呼吁所有员工都要与企业行为准则同在。

"准则"既全面又详细，涉及六个关键领域：（1）基本行为要求，（2）生意伙伴和第三方的待遇，（3）避免利益冲突，（4）对公司财产的处理，（5）对信息的处理，（6）环境、安全、健康。其中前两条针对出现在贿赂丑闻中的种种问题。基本的行为要求始于"除了适用的西门子政策以外，遵守我们在那里做生意的每一个国家的法律和法律制度。"西门子承诺在其所有国内外生意中尊崇"相互尊重、诚实、诚信"的价值观。维护和提高西门子的良好声誉是每个员工的责任。

在关于"基本行为要求"的同一领域，西门子阐明对管理者的期望，不仅有关他们的指令，而且"让员工知道他们应该从他们的上级那里期待什么样的领导力和支持"：

> 所有的管理者都对交托给他们的员工负有责任。所有管理者都必须以模范的个人行为、业绩、开放性和社会能力赢得尊重。这意味着，每个管理者必须尤其强调伦理行为和守法的重要性，使之成为日常业务的定期话题，通过个人领导力和培训加以促进。（Siemens，2009：5）

"准则"列出西门子管理人员必须履行的职责，"对所有交托给他们的员工负有责任"，其中每一条准则都被理解为他们"应有关心职责"的一个维度：一种要求他们"根据个人、专业资格和适应能力，仔细选择员工"的"精挑细选职责"；一种要求他们"向员工发出尤其关于守法问题的精确、完整而有约束力的指令"的"发号施令职责"；一种"确保守法问题不断受到监控"的"监控职责"；一种向员工告知"日常商务诚信和守法重要性"和违法后果的"沟通职责"。

然后，其他五个领域提供了更充分的细节，说明这些"基本行为要求"应该如何在西门子的业务实践中得到实现。第二个领域，"生意伙伴和第三方的待遇"，详细介绍了该公司为消除腐败而采取的具体政策。它从对"公平竞争"理想的肯定开始："公平竞争允许市场自由发展——以及随之而来的社会效益。因此，公平原则也适用于对市场份额的竞争。"它接着从严格遵守"反托拉斯法"开始，进一步衡量要么促进公平竞争，要么破坏公平竞争的做法。禁止从事商业间谍活动，以及

"贿赂、盗窃、电子窃听"或故意传播"关于竞争对手或其产品或服务的虚假信息"。在关于反腐败政策那一部分的前言中，"准则"提出了关于西门子意图的如下描述：

> 我们以质量和创新产品、服务的价格，而不是给别人提供不适当利益来公平竞争订单。因此，没有员工可以直接或间接提供、承诺、授予或授权把金钱或任何其他有价物给予政府官员，从而影响官方行为或获得不正当优势。这同样适用于在商业交易中考虑不正当优势的私人商业对手。(Siemens，2009：7)

为了确保反腐政策清楚明了，"准则"提供了关于什么是"不正当利益"以及潜在接受者包括什么人的详细指导，即广义理解的"政府官员"，及其代表"如顾问、代理、中介、生意伙伴或其他第三方"，以及"在商业交易中的私人商业交易对手"。

"准则"用反腐败的一部分专门讨论"提供和授予优势"，其他部分集中在西门子员工"要求并接受优势"上。然而，这部分也界定了在生意成交时接受或提供象征性礼品可允许的范围："这不适用于接受偶尔的，只具有象征价值的礼物，或者价格合理，与当地习俗、惯例及西门子政策相一致的受请吃饭、娱乐。任何其他礼物、请吃、娱乐必须加以拒绝。"同样，尽管"准则"禁止"政治捐款（捐款给政客、政党或政治组织）"，但也进一步界定了可允许的捐献，来支持通常被认为是企业社会责任（CSR）的活动："作为一个负责任的社会成员，西门子把钱或产品捐赠给教育科学、艺术文化、社会和人道主义项目。"在这个领域里表达的主要忧虑是确保"所有捐款必须透明"，"尤其受赠人身份和捐款使用计划必须清楚，捐赠的理由和目的必须无可非议，有文件为证"。(Siemens，2009：8)同样严格的要求在其余各部分都有表述，尤其是关于"利益冲突"的含义及如何避免："员工必须通知其主管可能同其专业职责执行有关的任何个人利益。"

罗旭德和西门子新的守法管理人员定义的"廉洁生意"的理想，是这样一种生意，在其中，透明和当责被整合到企业各级经理和员工的奖励制度中。"准则"既全面又详细，以承诺和惩罚威胁，包括解雇，作为制度保障。"守法和遵守企业行为准则，应在全世界所有西门子公司内受到定期监控。这将按照适用的国家程序和法律规定来进行。"（Siemens，2009：21）很清楚，西门子期待准则将在中国和其他东亚经营中像在欧盟或美国一样得到严格执行。尽管公司认识到其劳动力的多样性——"我们和各种各样民族背景、文化、宗教、年龄、伤残、种族、性取向、世界观和性别的个人一起合作。"——但是这种多样性不能成为世界范围内所有西门子员工无视或逃避履行职责的借口。

2009 年"准则"被采纳以来，有没有得到遵循呢？最近的互联网搜索表明它得到了遵循，因为自从罗旭德及其团队重组管理层以来，西门子没有出现新的丑闻。罗旭德的努力不仅是为过去的罪孽悔过，而且要通过将西门子打造成全球公认的守法与伦理领导者，来恢复公众信任。到 2010 年，西门子已经获得在全球致力于反腐的非政府组织透明国际（TI）的高度赞扬。[①] 确实，基于罗旭德任职以来的有效性证据，基于公司的守法管理计划，包括其企业行为准则，基于准则基础上的各种培训计划，以及基于其与非政府组织如透明国际及其分支机构建立伙伴关系以维持全球反腐败斗争的尝试——加在一起——这些首创举措表明，不仅企业的转变是真的，而且西门子的故事值得加以研究，作为一种研发有效守法政策的模式（Dietz and Gillespie，2012）。

---

① 一种对西门子转变及透明国际对此的赞美表示怀疑的观点出现在"公司犯罪报告"网站上，该网站最近发表了一篇《透明国际与西门子的做假》的文章（Corporate Crime Reporter，2014），声称透明国际为西门子的腐败行为开脱，因为透明国际已经申请了西门子诚信倡议的基金，该基金的建立，是作为西门子和世界银行清偿债务的一部分，世界银行要求西门子把 1 亿美元用于反腐的公民社会。我们自己对于"公司犯罪报告"证据的审核表明，声称透明国际和西门子之间有不正当关系，是非常可疑的，因为关于西门子有现行腐败行为的说法取自于西门子自己的"年度报告"（Siemens，2013），它按照法律要求，归档在美国证券交易委员会。"公司犯罪报告"列举的证据取自西门子关于过去的贿赂案例和其他腐败行为披露的法律诉讼表。然而，仔细审查列表后会发现，这些案子没有一件声称违法发生在罗旭德及其团队开始使西门子发生转变之后。他们一致指出，西门子已经与监管和其他政府当局合作调查和处理以前的所有指控，其中有一些仍悬而未决。当证据显然表明西门子正在试图解决以前对公司的指控时，指责西门子继续参与腐败，这看来似乎是不公平的。同样，如果对西门子的指控没有根据，那么指责透明国际没有"尽责"就作出决定申请西门子诚信倡议基金，也是不公平的。透明国际申请这笔基金的决定是否明智，可以质疑，但它不应当被歪曲成严肃而无事实根据的"做假"。

14.4   伦理反思

之前在第五章中，我们从解释买卖自由公平作用的交换正义原则角度界定了自由公平的企业竞争。尽管交换正义原则扎根于古希腊道德哲学，但是主要是亚里士多德的《尼各马科伦理学》，是它在托马斯·阿奎纳思想中的前现代发展，预设了一个大多数买卖发生在个人之间，而非客户和公司之间或政府和公司之间的市场。这些交易类型间的差异意味着，在关于交换正义的古典理解中所预设的买卖方之间的原始平等即使有，也很少在现代市场发生。不像当——回忆一下第五章中讨论的阿奎那的例子——一个农民卖给其邻居一匹瞎了一只眼睛的马时所预设原始公平，在当今市场上，买卖双方的关系的特点是复杂的不对称，这样的不对称使实现自由公平互利结果的任务，远比简单祈求 *caveat emptor*（让买者自慎）和 *caveat venditor*（让卖者慎重）的智慧更具挑战性。

14.4.1   经济贿赂有什么问题？

正是在这些不对称——获取资源、知识、权力的不对称——的语境下，我们必须问一问商业贿赂错在哪里？我们将进一步看到，它一般是非法的，但它是不道德的吗？为什么？西门子企业行为准则提供了重要线索。"公平竞争允许市场自由发展——伴随着社会福利。"自从亚当·斯密的《国富论》（*The Wealth of Nations*）（1776）问世以来，新古典经济学依据"配置效率"解释了市场的社会福利承诺。当有真正的市场竞争时，资源通过买卖双方自由公平地相互议定价格立下的规矩而被导向对其最有效的利用上。[①] 信息流中的任何扭曲可能会破坏市场定价能力，导致"市场失灵"，这反过来又会破坏预期的社会效益。垄断、买方独家垄断和外部性，包括价格管制和税收，会扭曲市场价格，并伴随各种形式的腐败。例如，一家公司通过贿赂或回扣取得另一家公

[①] 配置效率产生的社会福利取决于大致对应于交换正义原则中起作用的假设的若干条件。市场活动的结果可以看作不仅优化正义，而且优化效率，只要这些条件普遍得到尊重。例如，各种商品和服务的价格不能由任何行使垄断权的实体强行规定，尤其必须既是"信息有效"又是"交易或经营有效"（Investopedia，2014）。

司的生意，因为买卖双方的决策不再立足于商品、服务的竞争出价的理性分析而腐蚀了市场。

西门子的准则保证公司保持公司参与竞争的市场的诚信："我们以质量、创新产品和服务的价值争取订单，而不是通过给别人提供不当利益。"贿赂和其他形式的腐败是不道德的，因为它们确保这些市场上的不正当优势。通过自由公平竞争取得了以不断创新、低成本曲线、更大消费者选择形式出现的社会效益，但是中止这样的竞争就是为了诱惑交易的一方或另一方做出非经济理由的决策。具有讽刺意味的是，当一个公司像西门子那样通过行贿和回扣获得合同时，它无意中也表现了对自己的产品和服务缺乏信心。如果公司的产品质量和价格具有竞争力，那么贿赂和回扣就不必要，公司不必为做生意而败坏市场。

故意进行商业贿赂，不仅表明市场失灵，也完全违背了创业精神。创业绝不应该与贪婪混为一谈，弄得好像创业的关键就是要不择手段地尽可能多挣钱。真正的企业家是——或应该是——相信自己比竞争对手有更好的创意、更好的方法，并且可以以更好的价格提供产品或服务的人。他们欢迎自由公平的竞争，无论输赢，都要从市场发来的信号中学习。他们不试图扭曲或抑制市场上自由公平竞争的结果，因为没有这些信号，他们就不能继续改善产品和服务。市场腐败是他们最大的敌人，因为这意味着市场的结果靠不住，无法告诉他们其产品相对于竞争对手处于什么地位。自由公平的竞争吸引着企业家，腐败竞争只能排斥他们。

对市场如何创造其承诺社会效益的正确理解表明，所有买卖双方都有道德义务维护他们在其中竞争的市场之诚信。我们相信这是企业社会责任原则的另一个维度。如果腐败导致市场失灵，且保证只有腐败参与者受益于腐败交易，那么国内国际各种监管机构、公众以及私人都必须对此进行干预以恢复市场诚信。西门子应得到它所收到的巨额罚款和惩罚，因为它已经与新兴市场的腐败在一个前所未有的规模上同流合污。那些被捕或受到解雇或因经济犯罪被法律惩处的个人，都罪有应得，即使他们没有从其行动获得直接和个人的利益。代表雇主行贿和收取回扣，与直接为自己接受贿赂和回扣一样应受到谴责。无论动机是什么，涉事个人都没有尽到维护市场诚信的职责。

14.4.2　新兴的全球共识

反贿赂反腐败的伦理案子现在似乎比大约十年前得到更多和更普遍的关注。虽然涉及政府官员受贿和敲诈勒索的交易在不同时代都受谴责，例如，不仅希伯来圣经禁止腐败（Amas，5：12－15）而且对其谴责也出现在儒家经典中（Mencius Book，2B：3），直到最近，不涉及政府官员的商业贿赂似乎成为一种被广泛接受的惯例，说明对市场上的贿赂和其他形式腐败的态度一直在转变。在过去，以贿赂或回扣来吸引更多客户，这种做法非常普遍，就像这就是促进生意的唯一道路。这种做法的借口是：其他每个人都在做这种事。不做就意味着失败，就如同将竞争优势拱手让与竞争对手。那么，对于商人来说，告诉那些质疑贿赂行为的局外人要么去适应当地潜规则，要么失败，这是很平常的事情。

短视现实主义认定，腐败行为一直是整个亚洲游戏的一部分，这是确保互利生意关系最实用的方法，被称为"关系学"。正如我们所看到的，贿赂的目标是获得财富、影响力、权力的特权优势。许多人假设，腐败的正面结果超过其消极因素。那些为如此建立生意关系之道辩护的人可能会这样告诉自己，"我只是遵循规则，社会默许这种做法"。关于贿赂和回扣为一种文化中所固有，并且为其成功潜规则所要求的假设忽略了一个事实：只有有限数量的人最终从这些交易中获利。

中国的反腐已有进步，最初缓慢而稳定，后来加速了，整个社会对贿赂和其他形式的腐败的容忍度也越来越低。最近的丑闻增加了公众对贿赂负面影响的认识。贿赂医生和政府官员的做法——例如，葛兰素史克（GSK）受到此类指控——被认为"导致了高药价和1亿5000万美元以上的非法收入"（Barboza and Thomas，2014）。葛兰素史克的"大规模贿赂网络"造成市场失灵，这家企业试图通过消除药企间的竞争提高价格和实现利润最大化。结果，葛兰素史克的中国高层经理、英国公民马克·莱利不仅将在中国因经济犯罪而受审，也将在英国受到严重欺诈办公室的刑事调查（Kollewe，2014）。这些丑闻表明，因为"其他企业都这么做"而容忍贿赂，不仅无视公众需求，而且表明涉案企业是多么脱离中国不断变化的实际。

《今日中国》的一篇社论《在中国的跨国企业必须依法经营》分析

证明了政府干预是有理由的。

> 没有市场经济可以容忍商业贿赂，应坚决审查和打击贿赂。商业贿赂不仅破坏了法治和公平贸易，也会损害一个国家的经济……中国也不例外。对于中国新一代领导集体来说，对葛兰素史克进行的商业贿赂调查是第一个大胆举动。在中国的跨国企业需要了解中国政府的反商业贿赂活动并非旨在打压外资，而是通过公平竞争努力创造一个健康、有序的市场。（Jin，2013）

虽然刑事起诉并不是政府可以采取的恢复司法管辖区内市场诚信的唯一途径，但它是必要的第一步，因为腐败"不能在没有支持，或至少，没有容忍环境中萌芽和繁殖。因此，要根除这种恶习，就必须同时惩治腐败和推进改革"。

其他如透明国际一类组织，在支持政府和企业改造曾经容忍贿赂和腐败的文化之努力中有其不可替代的作用。透明国际是致力于教育全球公众腐败危害的最有力声音和国际公认机构。透明国际定期发布与腐败有关的数据。自1995年第一次出版报告以来，透明国际的全球年度清廉指数已改变了全世界对腐败的认知。全球清廉指数方法学一直在不断改善，收集各种机构的数据，以记录公共部门腐败规模。全球清廉指数对公共部门腐败的定义是：滥用公共权力以谋私，包括贿赂官员，公共采购中的回扣，以及挪用公款。全球清廉指数对腐败的测评包括两个方面：腐败频率和支付的贿赂总价值。这两个因素密不可分。

根据2001年的全球清廉指数（Transparency International，2001），中国在总数91个国家的最少腐败国和地区名单上排名第57。那年东亚国家——尽管有着中国的，主要是儒家价值观无处不在的影响——结果迥然不同：在91个被调查的国家和地区中，新加坡排名第4；中国香港排名第14；日本排名第21；中国台湾排名第27；马来西亚排名第36；韩国排名第42；泰国排名第61；菲律宾排名第65；越南排名第75；印度尼西亚排名第88。很清楚，腐败不是分享中国价值观的必然结果。同2013年的最新全球清廉指数（Transparency International，2013）的比较表明了这样的可能性：变化会随时间推移而产生，尽管总体模式保持显著稳定。在 2013 年调查所包括的 177 个国家和地区名单上，中国排名第 80；新加坡排名第 5；中国香港排名第 15；日本排名第 18；中国台湾排名第 36；韩国排名第 45；马来西亚排名第 53；蒙古排名第 83；菲律宾排名第 94；泰国排名第 102；印度尼西亚排名第 114；越南排名第 116；老挝排名第 140；缅甸排名第 157；柬埔寨排名第 160；朝鲜排名第 175。虽然这些结果会显得大致相似，但是按照接受调查国家的数量几乎翻了一番的事实，我们可以看到，多数东亚国家的排名有所上升，尤其是印度尼西亚、韩国、菲律宾、中国、越南有了很大改善。另外，考虑到全球清廉指数的得分是按照 0—100 计算的，0 是最腐败，100 为最不腐败，只有新加坡（86）、中国香港（75）、日本（74）、中国台湾（61）、韩国（55）、马来西亚（50）成功排名在被调查的前一半国家里。很清楚，亚洲在宣传公共部门腐败的问题和实际改变支持腐败的态度方面还有更多工作要做。

另一个有用的反腐败斗争测量标准是透明国际的"行贿指数"（BPI）。最近的行贿指数报告（Transparency International，2011）用一篇反映受贿和其他形式腐败被——也应该被——视为非法和不道德的高涨国际共识的声明来为其发现作序。

> 外国的贿赂对世界各地的公共福利有显著负面影响。它扭曲了公平合同、降低基本公共服务质量、限制发展竞争性私营部门的机会、破坏公共机构中的信任。从事贿赂还造成公司自身的不稳定，造成空前增长的声誉和财务风险。根据最近世界各地如中国、英国等一些关键国家的反贿赂改革来看，这尤其意义重大。

行贿指数不像每年测量的全球清廉指数，获取国际腐败方程的一个维度——需求方面——它是每 3 年发布一次。它测量方程的供给方——"被调查国家公司在国外行贿的可感知可能性"。对 30 个被调查国家的 3016 名私营部门领导人的采访结果表明，俄罗斯和中国公司被认为行贿最为频繁，而荷兰和瑞士公司被认为行贿最不频繁。尽管一些国家，包括日本和新加坡，因为很少贿赂而得到高分（在 10 分中得到 8 分或更高的分数），但是没有国家被视为完全不存在腐败。

2011 年的行贿指数第一次包括了对私人公司之间贿赂的测量，发现所采访的企业管理人员都将此视为"就像公司与政府官员之间的行贿那样普通"。虽然 2011 年的调查显示，自 2008 年发表上一次行贿指数报告后情况没有全面改善，但是它证实了以下趋势：第一，"某国家的公司在海外行贿的已察觉可能性同对国内企业诚信水平的看法有密切关系"。第二，国内的政府政策，特别是它自己实现对反腐改革遵循之努力的可信度，同其公司在海外行贿意愿的察觉是"紧密相关"的。第三，鉴于中国和俄罗斯在"国际贸易投资流"中的影响越来越大，它们被显著记录在案的"软弱表现"显示它们迫切需要"解决海外行贿和全球性腐败的问题"。第四，2011 年行贿指数报告，"贿赂被察觉发生在所有企业部门，但是被认为在公共工程合同和建筑部门最为常见"。另外，"农业和轻工制造业被察觉是最少行贿倾向的部门，其次是民用航空航天和信息技术"。

14.4.3　如何减少腐败？

在全球范围内打击腐败时，设法减少腐败，而不是彻底根除腐败，是比较有用的。鉴于腐败在许多国家根深蒂固，简单地根除它是一个不可能完成的目标，这往往只鼓励不作为。然而，减少腐败意味着以持续不断的斗争来减少腐败行为。立法措施是必要的，但这并不足以减少腐败。美国通过 1977 年海外腐败行为法案（FCPA）设定了一个基准（FCPA，2012），这使美国公司贿赂外国政府官员成为违法行为。由于这些公司在国内受到严惩，最终它们从国外生意伙伴收到的要求贿赂的请求越来越少。该法案试图建立能让其他国家效仿的模式。1999 年美国 FCPA 领导了"经济合作与发展组织反贿赂公约"（OECD）的制定，要求其成员通过立法，将贿赂外国公职人员的行为规定为非法（OECD，2011）。当然，OECD 没有自己的立法权，但它确实监督参与国家对公约的实施。截至 2013 年，签署 OECD 公约的东亚国家仅有日本和韩国，中国、印度尼西亚和马来西亚作为观察员参加了 OECD 的国际商业交易中贿赂问题工作组。

另一个重要的反腐资源是 2003 年联合国大会采纳的联合国反腐公约。公约为已于 2000 年启动的联合国全球契约贡献了第 10 条原则，作

为"给承诺以人权、劳动、环境、反腐领域中普遍接受的 10 条原则来
调整自己经营和策略的企业的战略政策倡议"（UNGC，2013a）。第 10
条原则如下："企业应致力于反对各种形式的腐败，包括勒索和贿赂"
（UNGC，2013b）。第 10 条原则的具体要点是要发出一个"强烈的全球
性信号，要求私营部门分担挑战腐败、消除腐败的责任"（UNGC，
2013C）。尽管政府必须发挥减少腐败的领导作用，但是要让这样的政
策有效，国际企业的合作和积极支持也必不可少。除了基本的反腐道德
论点，联合国全球契约列出构成反腐"企业案例"七点考虑的单子。
这些是为了表明容忍或从事腐败行为的成本远大于收益。如果谴责腐败
为"滥用权力和地位，并对穷人和弱势群体造成不相称的影响"的
"伦理案例"还不够有说服力，那么联合国全球契约尝试教育企业管理
者、投资者在全球化快速发展的经济中，对其他利益相关者进行教育的
行为理应获得热烈响应。

14.4.4　香港廉政公署（ICAC）

中国反腐斗争进一步发展的可能模式是香港的廉政公署（ICAC）。
在香港，廉政公署已运行 40 年，腐败已经比 20 世纪六七十年代有显著
降低（ICAC，2014a）。如果透明国际那时进行调查，香港无疑是东亚
最腐败的地区之一。公共腐败猖獗，特别是在警察部队，在一个"许多
人不得不干脆'走后门'赚钱糊口，得到安全而不是基本的服务"的
城市里。"'茶钱''黑钱''地狱钱'——无论名称如何——不仅变得
为许多香港人所熟知，而且被顺从地接受为必要的生活方式。"（ICAC，
2014a）1973 年，当警察总督察彼得·古贝被指控贪污退休储备金逾
430 万港币时，多年积攒的民怨终于沸腾。当检察长要求彼得·古贝解
释其巨额财富来源时，他设法"偷偷溜出边境，这引发前所未有的公众
强烈抗议，……抗议者举着'打击腐败，逮捕彼得·古贝'的标语，
坚持他应该被引渡并受审。最终，他在 1975 年被引渡受审，被判有罪，
服刑 4 年"。调查彼得·古贝被指控罪行及其逃逸的机构发布第二个报
告，建议设立一个反腐机构，独立于包括警察在内的任何政府部门。

一经成立，廉政公署就运用"执法、预防、教育的三叉戟"致力于
打击腐败。廉政公署成功的这三个因素，每一个都做出独特贡献。执行

处调查任何"被指控或被怀疑涉嫌违反廉政公署条例、防止贿赂条例、选举（舞弊及非法行为）条例"行为，是廉政公署的左膀右臂（ICAC，2012）。这些条例不仅授权廉署成立并定义其广泛的调查和起诉权力，并且还可以定义其调查范围内犯罪行为的性质。这些条例的具体细节（HK Department of Justics，2003；HK Department of Justics，2014a；HK Department of Justics，2014b）是十分重要的，因为它们清楚地表明，任何违反条例的人都可能面临的风险，因而对评估廉政公署行动的威慑价值很有意义。

除了执行处，廉政公署的其他两个分支，防止贪污处和社区关系处，它们在香港廉政公署工作的成功中扮演同样重要的角色。防止贪污处分析政府部门和公共机构的行政行为，以推动任何容易腐败部门的改革。当被要求给予此种机构管理人员以反腐败政策和最佳经验的忠告时，它也为这些管理人员提供咨询。与防止贪污处提供的短期、重点援助形成对照的是，社区关系处代表的策略是长期的，其关注点在于来自不同教育阶层的所有人，包括涉及互联网、电视、广播的各种媒体，以及在小学和中学课程中进行德育教育等的创新项目。在社区关系处的帮助下，香港伦理发展中心于1995年建立，以促进企业参与——六大香港商会形成其指导委员会——促进道德教育，尤其参与经济伦理。香港伦理发展中心提供给教育者的素材中，有一个网上可用的案例研究库，训练学生了解各行各业中最有效的反腐方法（HKEDC，2013）。任何关心开发长期努力战略以改变容忍腐败之文化的人，即使实际上没有受到鼓励，也会明智地探究这些资源。

尽管香港廉政公署几乎还没有完全消除香港的腐败，但是其成功地大幅减少了腐败，值得作为亚洲其他地区类似努力的模式加以认真研究。它的"三叉戟"方法允许致力于执法，致力于对认真对待守法之企业的鼎力支持，致力于创新利用各种媒体尤其针对年轻人进行大众教育的各部门之间的密切协调。透明国际于1995年已开始对香港清廉指数报告进行监测。那年，香港在被调查的国家和地区中排名第17。自香港回归中国的第一年1998年以来，其排名在世界第16和第12之间波动，在亚洲国家和地区中，只有新加坡有着更高分数（Transparency International，2014）。尽管香港廉政公署先于透明国际的全球清廉指数的发展而运行的 20 年中，香港已经发生了戏剧性的变化，在随后的全球清廉指数评级中，并没有发现这个城市的反腐斗争有实质性的放松。香港廉政公署在长时间中有重大变化，但是其中大多数变化都涉及从聚焦关于政府官员的腐败扩大到涉及私营企业商业交易的腐败，这种关注点的扩大是值得称赞的。除非香港对法治、司法独立以及调查新闻诚信的承诺发生重大改变，廉政公署将继续有效运作，这种希望似乎是很合情合理的。

14.5 结论

在这一章中，我们已经尝试着表明，腐败是一种癌症，破坏了被认为是在市场经济所承诺社会效益来源的企业之间的自由公平竞争。如果实现这些社会效益的经济分析是正确的，那么所有企业——以及所有利益相关者，包括政府和政府心目中的服务对象人民——就都与维护市场竞争的诚信休戚相关。简单地说，企业相互间应给予对方一个自由公平的竞争市场。无论何时，任何人为了给自己或给雇佣他们的公司或机构获取不正当优势，腐败就产生了。当腐败产生时，我们都有道德义务去揭露它，尽我们所能减少或消除它。这一章中我们的案例使我们有理由希望企业可以改变其企业文化打击腐败。从西门子的政策和商业惯例的变化中，我们看到它摆脱腐败、恢复诚信的努力，其中有很多值得我们学习的地方。我们还了解到，除非企业在舆论压力、法律制裁威胁或各种政府机构和非政府组织合作贡献出自己的反腐专业能力资源的情况下，我们几乎不可能指望企业做出这样的改变。最后，我们试图认定亚洲的资源，如香港廉政公署 40 年的经验，以及像透明国际这类非政府组织，它们都愿意而且能够支持准备杜绝一切形式的腐败，重新像西门子所做的那样，做出自己"廉洁生意"承诺的企业。企业间应互相承诺进行诚信竞争，做一切必须做的事情保证一如既往的竞争。

参考书目

Abrams, S. (2011, June 30). Siemens bribery case and the anti-corruption new world-order. *Business Insider*. Retrieved July 16, 2012, from http://articles. businessinsider. com/2011 - 06 - 30/wall_ street/30012545_ 1_ siemens-ag-chinese-court-sec-charges.

Barboza, D. & Thomas, K. (2014, May 13). Former head of Glaxo in China is accused of Bribery. *The New York Times*. Retrieved June 26, 2014, from http：//www. ny-times. com/2014/05/15/busi-ness/international/glaxosmithkline-china. html.

Caragliano, D. (2012, December 12). Is China really the 80th-most-corrupt country on earth? *The Atlantic*. Retrieved June 27, 2014, from http：//www. theatlantic. com/international/archive/2012/12/is-china-really-the-80th-most-corrupt-country-on-earth/266172/.

China CSR. (2007, September 19). Siemens China investigating business consultants. Retrieved August 14, 2012, from http：//www. chinacsr. com/en/2007/09/19/1695 - siemens-china-investigating-business-consultants/.

China CSR. (2008, December 16). Siemens concludes bribery proceedings for dealings in China and other countries. Retrieved June 20, 2015, from http：//www. chinacsr. com/en/2008/12/16/3898 - siemens-concludes-bribery-proceedings-for-dealings-in-china-and-other-countries/.

China Tech News. (2007, August 22). Siemens China business under investigation. Retrieved July 16, 2012, from http：//www. chinatechnews. com/2007/08/22/5784 - siemens-china-business-under-investigation.

Corporate Crime Reporter. (2014, April 2). Transparency international and the green-washing of Siemens. Retrieved June 23, 2014, from http：//www. corporatecrimereporter. com/news/200/siemens-and-the-greenwashing-of-transparency-international/.

Criminal Law. (1997). *Criminal law of the People's Republic of China*. Retrieved on June 21, 2015 from http：//www. fmprc. gov. cn/ce/cgvienna/eng/dbtyw/jdwt/crimelaw/t209043. htm.

Dietz, G. & Gillespie, N. (2012, March 26). Rebuilding trust：How Siemens atoned for its sins. *The Guardian*：*Guardian Sustainable Business*. Retrieved June 23, 2014, from http：//www. theguardian. com/sustainable-business/recovering-business-trust-siemens.

FCPA. (2012). Foreign corrupt practices act. Retrieved July 17, 2012, from http：//www. justice. gov/criminal/fraud/fcpa/.

Freebase. (2009). China mobile. Retrieved August 13, 2012, from http：//www. freebase. com/view/en/china_ mobile.

Gao，D.（2008，December 15）．Record US fine ends Siemens bribery scandal. *The Guardian*. Retrieved August 14，2012，from http：//www. guardian. co. uk/business/2008/dec/16/regulation-siemens-scandal-bribery.

HK Department of Justice.（2003）．Chapter 204. Independent commission against corruption ordinance. Retrieved June 28，from http：//www. legislation. gov. hk/blis_pdf. nsf/6799165D2FEE3 FA94825755E0033E532/A3E9ED78744D8631482575EE004CB37D/ $ FILE/CAP_ 204_ e_ b5. pdf.

HK Department of Justice.（2014a）．Chapter 201. Prevention of bribery ordinance. Retrieved June 28，2014，from http：//www. legislation. gov. hk/blis _ pdf. nsf/6799165D2FEE3FA94825755E0033E532/660A25EA15B8C9D6482575EE004C5BF1/ $ FILE/CAP_ 201_ e_ b5. pdf.

HK Department of Justice.（2014b）．Chapter 554. Elections（Corrupt and illegal conduct）Ordinance. Retrieved June 28，2014，from http：//www. legislation. gov. hk/blis_pdf. nsf/4f0db70 1c6c25d4a4825755c00352e35/4F5BE2F0A9A7AE91482575EF0019E514/ $ FILE/CAP_ 554_ e_ b5. pdf.

HKEDC.（2013）．Publications and Resources：Case Studies. Hong Kong Ethics Development Centre. Retrieved June 28，2014，from http：//www. hkedc. icac. hk/english/publications/case_ studies. php.

ICAC.（2014a）．Brief history. Retrieved June 27，2014，from http：//www. icac. org. hk/en/about_ icac/bh/index. html.

ICAC.（2012）．Operations department：Statutory duty. Retrieved June 27，2014，from http：//www. icac. org. hk/en/operations_ department/sd/index. html.

Investopedia.（2014）．Allocational efficiency. Retrieved June 24，2014，from http：//www. investope-dia. com/terms/a/allocationalefficiency. asp.

Jieqi，L.（2011，June 30）．Siemens bribery scandal ends in death sentence. *Caixin Online*. Retrieved July 16，2012，from http：//english. caixin. com/2011 - 06 - 30/100274546. html.

Jin，S.（2013，September 25）．Multinationals in China must operate according to law. *China Today*. Retrieved June 25，2014，from http：//www. chinatoday. com. cn/english/economy/2013 - 09/25/content_ 569718. htm.

Jones，D.（2010，February 15）．CEO Loescher uses his moral compass to steer Siemens. *USA Today*. Retrieved July 24，2012，from http：//www. usatoday. com/money/companies/manage-ment/advice/2010 - 02 - 14 - siemens-CEO-advice_ N. htm.

Kollewe, J. (2014, May 28). GlaxoSmithKline faces criminal investigation by Serious Fraud Office. *The Guardian*. Retrieved June 26, 2014, from http：//www. theguardian. com/busi-ness/2014/may/28/serious-fraud-office-investigates-glaxosmithkline.

Lichtblau, E. (2008, December 15). Siemens pays 1. 34 billion in fines. *The New York Times*. Retrieved July 16, 2012, from http：//www. nytimes. com/2008/12/16/business/worldbusiness/16siemens. html? _ r = 1&ref = technology.

Liu, J. (2007, August 23). Siemens fired 20 employees in China last year for misconduct. *Bloomberg*. Retrieved August 14, 2012, from http：//www. bloomberg. com/apps/news? pid = newsarchive&sid = agDA. ZGHGw3I&refer = germany.

Loescher, P. (2012, November). How I Did It. . . The CEO of Siemens on using a scandal to drive change. *Harvard Business Review*. Retrieved June 20, 2014, from http：//hbr. org/2012/11/the-ceo-of-siemens-on-using-a-scandal-to-drive-change/ar/1.

Lopez, L. (2011, June 21). China Mobile executive gets death penalty for taking bribes from Siemens. *Business Insider*. Retrieved July 16, from http：//articles. business-insider. com/2011 – 06 – 21/news/29974810_ 1_ siemens-bribes-death-sentence.

Millker, C. & Schubert, S. (2009, February 13). At Siemens, bribery was just a line item. *PBS*. Retrieved July 12, 2012, from http：//www. pbs. org/frontlineworld/stories/bribe/2009/02/at-siemens-bribery-was-just-a-line-item. html.

Moral Relativism. (2002). Moral relativism：What's it all about? Retrieved July 17, 2012, from http：//www. moral-relativism. com/.

OECD. (2011). Convention on combating bribery of foreign public officials in international busi-ness transactions and related documents. Retrived on June 27, 2014, from http：//www. oecd. org/daf/anti-bribery/ConvCombatBribery_ ENG. pdf.

People's Daily. (2011, June 22). China court gives verdict in Siemens bribery case. Retrieved July 17, 2012, from http：//english. people. com. cn/90001/90776/90882/7417043. html.

Racanelli, V. (2012, March 10). The culture changer. *Barrons*. Retrieved August 13, 2012, from http：//online. barrons. com/article/SB5000142405274870475970457 7265510752521758. html#articleTabs_ article%3D1.

Roberts, D. (2010, July 8). The higher costs of bribery in China. *Bloomberg Businessweek*. Retrieved July 16, 2012, from http：//www. businessweek. com/magazine/content/10_ 29/b4187011931530. htm.

Scarboro, C. (2011, June 21). SEC charges Siemens AG for engaging in worldwide bribery. *Securities and Exchange Commission*. Retrieved July 16, 2012, from http：// www. sec. gov/news/press/2008/2008 – 294. htm.

Shanghai Daily. (2011, June 21). China Mobile gets death in bribery case. Retrieved July 16, 2012, from http：//www. china. org. cn/china/201106/21/content _ 22831176. htm.

Shapiro, A. (2008, December 16). Siemens hit with $1.6 billion fine in bribery case. NPR. Retrieved July 19, 2012, from http：//www. npr. org/templates/story/story. php? storyId = 98317332.

Siemens AG. (2008, December 15). Siemens AG reaches a resolution with German and U. S. authorities. Retrieved July 24, 2012, from http：//www. siemens. com/press/ en/pressrelease/? press = /en/pressrelease/2008/corporate _ communication/axx2008 1219. htm.

Siemens AG. (2009, January). Siemens business conduct guidelines. Corporate Compliance Office. Retrieved June 20, 2014, from https：//www. siemens. ca/web/portal/ en/AboutUs/Documents/BusinessConductGuidelines. pdf.

Siemens AG. (2013, November 27). Annual report pursuant to section 13 or 15 (d) of the securities and exchange act of 1934, for the fiscal year ended September 30, 2013. Retrieved June 23, 2014, from http：//www. siemens. com/investor/pool/en/investor_ relations/financial_ publica-tions/sec_ filings/2013/20_ f. pdf.

Steptoe. (2009, January 8). International law advisory：Record US and German settlements of the Siemens case reflect new realities of corruption cases. Retrieved July 17, 2012, from http：//www. steptoe. com/publications – 5819. html.

The Christian Science Monitor. (2008, December 17). Big victory against global bribery. Retrieved July 16, 2012, from http：//www. csmonitor. com/Commentary/the-monitors-view/2008/1217/p08s01 – comv. html.

The Economist. (2008, December 17). The Siemens scandal：Bavarian Baksheesh. Retrieved July 17, 2012, from http：//www. economist. com/node/12800474.

The Economist. (2010, September 9). A giant awakens. Retrieved July 17, 2012, from http：//www. economist. com/node/16990709.

Transparency International. (2001). Corruption perceptions index 2001. Retrieved June 27, 2014, from http：//archive. transparency. org/policy_ research/surveys_ indices/cpi/2001.

Transparency International. (2011). Bribe payers index 2011. Retrieved June 27,

2014，from http：//issuu. com/transparencyinternational/docs/bribe ＿ payers ＿ index ＿ 2011？ e ＝2496456/2293452.

Transparency International. （2013）. 2013 corruption perceptions index. Retrieved June 27，from http：//cpi. transparency. org/cpi2013/.

Transparency International. （2014）Corruption perceptions index：Overview. Retrieved June 28，2014，from http：//www. transparency. org/research/cpi/overview.

UNGC. （2013a）. Overview of the UN global compact. Retrieved June 27，2014，from http：//www. unglobalcompact. org/AboutTheGC/index. html.

UNGC. （2013b）. Global compact principle 10. Retrieved June 27，2014，from http：//www. unglo-balcompact. org/AboutTheGC/TheTenPrinciples/principle10. html.

UNGC. （2013c）. Transparency and anti-corruption. Retrieved June 27，2014，from http：//www. unglobalcompact. org/AboutTheGC/TheTenPrinciples/anti-corruption. html.

Wyatt，E. （2011，December 13）. Former Siemens executives are charged with bribery. *The New York Times.* Retrieved July 18，2012，from http：//www. nytimes. com/2011/12/14/business/global/former-siemens-executives-charged-with-bribery. html.

第十五章 社会环境：商业礼仪和文化敏感性

如果你尝试着去理解各种文化的价值，就会发现它们的共同点。

（罗世范，《成为终极赢家的18条规则》，2004）

15.1 前言

对国际企业而言，社会环境的管理要求越来越娴熟地回应公司经营地社区利益相关者的文化敏感性。本章的案例研究带领读者经历一个悲剧——一个男孩因为他和家人居住公寓的故障电梯而被杀——以及生产、安装电梯的公司做出的回应不符合日本文化范围内尊崇的道德期待。迅达（Schindler）公司没有对当地日本社区道歉也许是律师的授意，认错道歉可能会在未来诉讼中对公司有负面影响，但是从迅达能在那里继续当一家成功企业的角度看，这是一场灾难。按照这个案例，国际经济伦理学能帮助公司避免这样的大失败吗？如果可能的话，在遵循商业礼仪和遵守国际经济伦理之间应该如何画线？企业如何在远离家乡的社会环境中成功？本章就将强调培养跨文化意识应当在管理决策中所起的不可或缺的作用。

15.2 案例分析：迅达的道歉

15.2.1 摘要

迅达案例针对在亚洲地区运营的西方跨国公司危机管理的复杂问题。2006年6月，一场致命事故导致一名日本港区的高中生死亡。由于软件缺陷，男孩被夹在迅达电梯门之间。除了技术失误，日本公众谴责公司的反应，因为它对受害者家庭麻木不仁。迅达被指责关注其潜在法律责任而非道德问题。晚来的道歉以及当地分支机构和迅达总部之间缺乏沟通，导致公关灾难，这对其在日本的生意造成严重后果。确实，接下来销量跌落，公司声誉受损，严重阻碍了公司将日本作为电梯行业战略市场的发展进程。

15.2.2　关键词
迅达、港区、竹芝大厦、电梯事故、公关危机

> 当你爬一座新山时，你负责认识路；山对你不负责任，"辛德勒（Schindler）说。"当然，在此案中，山是日本，它有耳朵、眼睛，而在全球化环境中，作为来自远方……不必拥有自己应该有的那种技术的人，一个人可以期待稍微少些……要求，或者也许多一些宽容。（Otake，2009）

15.2.3　一个悲惨的夏夜
市川大辅成为不可饶恕的设备故障无辜受害者那天才 16 岁。那是 2006 年 6 月 3 日，大辅绝不会想到这就是他的末日。这个高中男孩跨骑在自行车上，刚开始从他家在港区的"竹芝城市高楼"公寓的电梯里倒着走出来。他甚至没有时间搞清楚发生了什么事情。一眨眼之间，电梯门突然关闭，年轻生命溘然逝去。因软件失灵，瑞士电梯制造商日本分部迅达电梯 K. K. 经营的铁皮电梯箱意外将他碾死（*Japan Times Online*，2006）。

15.2.4　速来的借口，迟来的道歉
事故发生后，迅达公司的唯一反应是发布一篇报道，简洁地陈述道："公司希望强调的是，我们确信没有理由将事故归因于电梯设计或安装。"（*Japan Times Online*，2006）日本所有电视频道都在播放迅达主席凯恩·史密斯（Ken Smith）不断重复回避记者问题的画面（Fukushige，2006）。他也许想要晚一点再做出说明，直接回答在当时情况下似乎"不

合适"（Kobayashi，2006）。然而，史密斯的行为使日本人普遍强烈相信，跨国公司更关心法律问题，而非道德责任（Fukushige，2006）。

因为对事故的回应太不及时，迅达公司受到强烈批评，瑞士母公司便直接干预了当地危机。在港区电梯故障后的第九天，当时的迅达股份有限公司电梯管理委员会主席罗兰·赫斯（Roland W. Hess）向市川的家人和公寓居民道歉（*Japan Times Online*，2006）。赫斯称："我们关心受害者及其家庭。我们为他祷告，并向卷入此悲惨事件的家庭表示哀悼。"（Negishi，2006）然而，他仍然重复一遍之前为迅达产品质量辩护的新闻稿的观点，"我们从来没有遇到过由于产品设计错误而导致的严重事故和死亡事故"（Negishi，2006）。

迅达本地管理团队对公司高层的干涉没有积极回应。由于尚未开始调查，迅达的日本员工通过自查，努力表明其忠诚（Kalbermatten and Haghirian，2011）。新安装部主管西村公开承认，最近收回安装在东京一个电梯中有缺陷的控制面板。依照西村的说法，"我们不能在这个节骨眼上否认控制电路会存在问题的可能性"（Negishi，2006）。当瑞士的母公司高管不支持他们的自查时，许多员工悄无声息地退出公司，一些人最终企图自杀（Kalbermatten and Haghirian，2011）。数月后史密斯辞职，因为他感到在员工对他领导力已经失去信心的情况下，他不可能继续管理公司。12 月，赫斯宣布日本汉高公司前主席格哈德·施洛瑟（Gerhard Schlosser）取代史密斯的职务（*Kyodo News*，2006a）。考虑到施洛瑟在日本做生意的长期专业经验，许多人不能理解为何他接受此位置（Harris，2008）。

15.2.5 反对恐慌，调查原因

随着港区事故成为新闻为公众所知，人们对电梯及其安全产生恐慌情绪。主要电梯制造商和房地产集团面临恢复设备和建筑物安全信心的强烈要求。为应对大量调查，东芝电梯为顾客提供免费设备以进行检查。涉及此行业的其他企业，如三菱和日立，做了同样的事（*Asia Times*，2006）。同时，按照日本国土交通省（MLIT）指示，当地政府对迅达设备进行大量重新检查（*Japan Times Online*，2006）。作为回应，赫斯承认迅达电梯涉及一些死亡事故。然而，他指出，因试图走出故障

电梯造成意外事故的死亡率比可以直接归因于维修问题的死亡率高（Negishi，2006）。尽管如此，竹芝大厦管理层决定用三菱设备替代三部迅达电梯。到 2006 年 11 月末，其中两部迅达电梯已经移走。港区的市长参加安装仪式，并象征性地乘坐电梯，消除公众关于三菱电梯安全性的疑虑（*Kyodo News*，2006b）。

同时，日本国土交通省成立特别工作组寻找导致港区电梯事故的原因（Nakamura，2006）。大量讨论围绕现在被认为是关键因素的电梯维修处理展开。虽然一开始迅达负责维修，但是由于港区的竞标要求，2005 年维修电梯的合约给了另一家公司——SEC 电梯公司（Nakamura，2006）。虽然公平交易委员会要求电梯制造商披露维修服务的外包情况，将所有相关信息通报给负责维修的公司，但整个行业对新条款的遵守并不严格。因此当迅达指责维修商负有责任时，维修商宣称迅达扣压了产品有效维修的必要信息（Nakamura，2006）。两家公司都不愿意承担事故责任。

15.2.6　勘测前进新路

尽管迅达的公关问题巨大，但它却不考虑逐步减少其日本业务的规模（*Asia Times*，2006）。尽管事故发生时，迅达在日本直梯滚梯市场只有 1% 的份额，但是它负责维护 18000 个设备，并且不打算放弃这些业务。因为对迅达产品和服务来讲，日本潜在市场仍然巨大，日本业务关闭将会对迅达全球竞争力产生十分巨大的负面影响。即使在丑闻达高潮时刻，赫斯也清楚表明这一点，"对于日本迅达公司，我们想在这个国家做大，在电梯行业中，这是十分重要的国家。我们想在日本扮演重要角色"（*AFX News*，2006）。然而，危机来时总要付出代价。迅达的销量因事故立刻下跌，人们开始将其产品称为"谋杀电梯"（Otake，2009）。更有甚者，对迅达品牌在日本不断增长的负面认知，发展成为对雇主名声的败坏，这使它招聘和留住熟练日本工人变得很困难（Kalbermatten and Haghirian，2011）。迅达母公司主席阿尔弗雷德·辛德勒试图把公司的麻烦归于公司"受日本媒体痛击"："事故之后那里有某种'女巫追捕'。"（Tucker and Soble，2009）不过数月之后——2009 年 5 月——在一次访日旅行期间，辛德勒向市川的亲属表示哀悼，但仍坚持认为公司在港区事故中是无辜的。

　　无疑港区事故在日本推动了新一轮"对迅达的重击"。反对外国制造商的民族主义爆发，淹没了客观解读案例的各种尝试（Otake，2009）。很少人愿意承认迅达和日本公司 SEC 电梯之间的紧张关系，后者接过了竹芝住房区域的维修责任。同样，很少人考虑到这样的事实：在事故发生时，迅达股份有限公司瑞士总部正处于公共假期之中（Otake，2009）。此外，赫斯没有消除日本人的忧虑，以及他自己感受到需要澄清的压力。"当此类事件发生时，他们有权利感到不快，有权利要求给出答案。"（Negishi，2006）他同样将公众的强烈反应归因于日本所习惯的，相较于该地区其他国家的高安全标准（Negishi，2006）。阿尔弗雷德·辛德勒主席进一步认识到文化维度上的差异。"当你在，比如说，一个多元文化环境中接受教育时，就像我主要在美国接受教育那样，道歉始终是对过失的承认。因此不仅在律师训练中，而且从起源上，我们都被预先编定程序，在搞清楚自己有过失以前绝不道歉。"（Otake，2009）桐阴横滨大学法律教授、前开业律师乡原信郎试图以一种调和语气解释赫斯和迅达的声明。他未进一步讨论细节，但指出日本人对灾难反应的典型偏见。依照乡原的看法，"若干因素相互交织，导致灾难。但因日本社会没有将事故客观化的习惯，所以所有指责都落到迅达身上"（Otake，2009）。

　　然而，来自日本一家公关公司"招募"公司的田中巽对迅达的反应进行了批评："日本是一个如果你迅速道歉就会被谅解的国家。"（Kobayashi，2006）他补充说，迅达如此明显地表现出只担心法律方面的问题，可能会使危机管理的结果更糟。依据他的看法，"公司应该记住任何审判都会在日本举行"，这意味着不仅舆论会在形成最终判决方面扮演重要角色，而且瑞士总部所特有的法律假设并不会在日本产生正面影响（Kobayashi，2006）。田中的论点似乎扩充了竹芝一位居民的观点："我不是指控迅达，而是关注公司如何处理事故，采取何种措施……我仍然不满意。"（Kobayashi，2006）无论需要什么来满足日本公众，前进道路清楚地指向真诚的道歉。

15.2.7　结论：未回答的问题

　　迅达案例给我们以理由反思亚洲市场的危机管理。公司声誉的灾难性结果表明公司对港区死亡事故的反应尤其不符合当地文化环境。迅达管理层在事故一周之后才对受害家庭道歉，于是给公众造成的印象是，公司最优先考虑的是将法律诉讼风险最小化，这一事实激怒了日本人。你觉得迅达的回应是否适时？在你看来，日本公众对迅达回应的负面反应中文化价值观扮演何种角色？这样的跨文化误解重大到何种程度？你认为迅达的回应提出了经济伦理学的问题吗？经济民族主义或非正式保护主义对外国跨国公司在日本和其他亚洲国家尝试公平竞争受到阻碍的过程中充当了什么样的角色？迅达犯严重错误可以受到指责，但日本新闻媒体急切地揪住不放又是怎么回事呢？

　　从事后来看，来自迅达股份有限公司最高管理层高高在上的干预，使公司在日本的位置更糟。制造商的声誉、其直接间接顾客以及其员工和当地经理们一起受到严重影响。和迅达的日本工作人员的反应相对照，你对赫斯的声明有什么看法？当日本舆论要求立即答复时，当地工作人员应该像他们试图做的那样公开表态吗？你对史密斯关于事故的反应怎么想？你对他辞去迅达职务的理由如何看？那是做了合适的事情，还是一种逃避责任的蹩脚尝试？

　　如果你一直在给予赫斯建议，那么你会建议他做什么来重新控制正在威胁迅达在日本之未来的事件呢？他还可以做什么事情在承担责任的同时平衡法律和财务风险？港区事故是迅达在日本市场发展的一次严重挫折。尽管有在日本重建信任和可信度的需要，但赫斯却没有任命日本人当公司新主席。相反，前日本汉高公司主席格哈德·施洛瑟被选上了。你认为这是一个合适的选择吗？你认为，赫斯为什么做此选择？如果你是施洛瑟，你会立刻采取何种措施为你的主席职位确立正面的基调？你认为检讨迅达对优秀经济伦理的承诺会帮助它重新在日本市场上获得竞争力和信任吗？你会建议何种具体变化？

15.2.8　最新信息

　　如今施洛瑟不再是迅达公司主席。他于 2012 年离职，成为一名咨询师。之前的迅达亚太地区分部财务官菲利浦·布埃（Philippe Boué）接替其位置。然而，尽管公司在日本的业务自 2006 年丑闻以来显示出适度增长，但是迅达公司自那时起只参与一些公共工程，其中在 2008

年获得了一份建设日暮里—舍人线 13 个站的独家合同（Harris，2008）。在日本，摆脱以前的负面新闻很不容易。每次迅达设备卷入小小事故，批评就会泛滥成灾（Harris，2008）。制造商的地位也因为 2007 年丑闻爆发而更加糟糕。虽然国际媒体对问题的报道不多，但是日本新闻用它来扩大对迅达挥之不去的怀疑（Kalbermatten & Haghirian，2011）。为获得真正的经营许可，53 名迅达视察员对其入行年数撒了谎。虽然公司极力减少负面新闻报道的伤害，但也无法完全消除"声称视察员的谎言是迅达执行官内部命令结果"的声音（Kalbermatten & Haghirian，2011）。

2012 年 10 月 31 日，一个新的死亡事故在日本发生。63 岁的清洁女工前田俊从石川县金泽市一个宾馆运转中的迅达直梯中摔出。这部电梯于 1998 年安装（*Japan Today*，2012a，b）。一名目睹事故的日本官员描述了电梯门如何打开，她如何走进去，但电梯箱仍在向上运行，这导致她被夹在天花板和电梯地板之间（*Japan Today*，2012a，b）。过去在港区的教训使公司做出快速反应。迅达迅速向受害者亲属道歉，并在事故后数小时在其网站发出新闻稿。对迅达在两件事故中所发的新闻稿加以比较，可以看出它从 2006 年事故学到了教训①。日本当局也迅速干

---

①　这里有两篇新闻稿，都是在事故之后发布的。第一篇是在 2006 年，第二篇是在 2012 年。请注意，第一篇新闻稿发布在港区事件的三天之后。而第二篇是在金泽事件的同一天立即发布的。还请注意新闻稿的语气和迅达关注点的差别。1. "2006 年 6 月 8 日，迅达新闻稿，日本东京的死亡事故：2006 年 6 月 3 日，周六晚，一名 16 岁的男孩在悲惨事故中丧生，事关迅达制造、日本东京的第三方公司维修的电梯。当电梯开门，他在离开电梯时，电梯突然向上运行，这名男孩受到致命伤害。迅达公司对此事故深表遗憾，并向孩子的家人表示哀悼。迅达全力支持当地政府，并欢迎进行事故根本原因的调查。不幸事故发生在配备有 6 部 1998 年安装的迅达电梯的东京住房开发项目。一年多来，电梯不再由迅达，而是由两个不同的当地第三方维修公司维修保养。迅达没有同设计有关的使用者死亡事故的纪录。电梯行业的致命事故主要是由于不适当的维修或在发生夹带的情形下使用者的危险举动造成的。涉事电梯由国际权威标准验证并在全世界各地使用，是符合技术标准的产品。迅达每天安全运载 7 亿多人，每 4 个小时运载相当于日本全部人口数的人。电梯发生致命事故的风险低于其他形式的运输方式。安全是迅达最重要的价值。"（Schindler，2006）2. "2012 年 10 月 31 日，迅达新闻稿，日本的致命事故：今天，午夜过后不久（当地时间），一件致命事故发生于日本金泽，此事故涉及迅达电梯。一名受雇于涉事宾馆的 60 岁妇女死亡，迅达对此事深表遗憾。至今，导致事故原因不明，因此我们不能提供关于此事的进一步信息。事故电梯于 1998 年安装。日本媒体已经报道此悲惨事故。此外，迅达举行媒体发布会向受害家庭致歉，并表达诚挚的哀悼（Schindler，2012）"。

涉。就在当地警方突袭迅达在名古屋的公司办公室时，国土交通省大臣羽田雄一郎宣布 5500 部迅达电梯将接受检查。他宣称："在调查事故起因的基础之上，我们将对迅达的所有电梯进行抢修检查。"（AAP，2012）网络版的新闻后面的评论之一这样写道："我认为迅达在此事之后可以关闭在日本的分公司。"（Japan Today，2012a，b）

然而迅达没有关闭。在迅达公司最新文件，即一份总结其财务业绩和年度公司审核情况的说明书里，甚至连提都没有提，更不用说任何正面消息了。显然，自 2012 年事故以来，迅达并未确立新秩序。尽管在亚太地区和印度，迅达总体的销售显著增长。（Schindler，2013）鉴于日本人的怀疑，迅达是否能维持下去，还有待观察。由新的首席执行官菲利普·布埃掌舵，迅达公司又有了一次机会，来显示它多么出色地回应了在日本社会环境中经营的文化挑战。

15.3　案例分析讨论

当阿尔弗雷德·辛德勒于 2009 年 2 月访问香港，庆祝 118 层的新国际商业中心开张时，他不仅巡视了迅达为该建筑安装的电梯，而且还安排了与亚洲记者的扩大会议——作为"魅力攻势"的一部分，如果你愿意这么说的话——在会上他被要求评论当时仍在调查中的 2006 年港区事故。辛德勒"顾左右而言他"，抱怨他的公司是日本媒体"女巫追捕"的受害者，这是他对当地销量锐减的解释（Tucker and Soble，2009）。这也许并非发泄受挫感的合适时间和地点，因为他也说会议目的是"给日本媒体提供机会，让它们对我们公司有（更好）的了解，即我们不是坏人"，同时指出媒体对外国公司的片面报道使得迅达在日本的竞争很困难。港区案例在他看来应该涉及经济保护主义，以及在监管措施证明无效之处日本舆论是如何被操纵以排斥外来竞争的。他说："我们为平等机会，为公平竞争机会而奋斗。"

如我们所见，日本舆论关注迅达没有迅速向市川大辅家做出正式道歉。日本记者及其读者把迅达的代表的态度和举止视为公司更在意将其遭受潜在诉讼的可能性最小化，而不是对受害者的伤心家庭表达真诚关心。当迅达的代表们最终意识到错误，并努力向受害者家庭和日本人民道歉时，这一举动已在日本普遍被认为太避重就轻、太姗姗来迟。那么，我们可以从港区事故余波的矛盾解释中学到什么呢？迅达是设计好要将它赶出日本市场的"女巫追捕"的牺牲品吗？还是迅达是其自己文化中麻木不仁的受害者，因此活该其声誉在日本遭受"痛击"？还是这两种解释中都有长处？两者都挑战我们，让我们深挖成为国际企业终极赢家的奥秘？

　　在尝试调和两种视角时，有一点应该很明显。电梯事故不可避免地吸引大量媒体的关注。电梯恐惧被列为诊疗心理学家分析的大量的恐惧之一，与"幽闭恐惧"（对封闭空间的恐惧）和"陌生环境恐怖症"（即被困在不能逃脱或不可能逃脱，并有恐怖袭击发生的情形中）相关（Fritscher，2014）。当然，对电梯的恐惧在日本文化中并不是独特的，它可能混合了东亚"对4的禁忌"，这种禁忌源于在日语和汉语中数字"4"和"死"一词听起来相同，因为"对4的禁忌"，在一些国家中，大多数电梯都不列数字4、13、14、或更多包含4的数字。尽管有这些文化差异，某些焦虑模式，包括极端的恐慌症状，在所有文化中的人们被迫依赖于电梯时都是相同的。

　　这些心理学知识对于做营销、制造、安装、维修的公司来说，几乎没有不知道的。《纽约人》杂志（2008年4月21日）的一篇文章《上上下下：电梯之生命》，详细描述了电梯的历史、机械原理、其一般很出色的安全记录，以及奥提斯（美国）、迅达（瑞士）一类制造商研究人类在乘坐电梯时的各种反应（Paumgarten，2008）。由于用户界面——包括心理安慰和文化差异的考虑——显然是电梯系统设计的主要组成部分，迅达没有做好准备应付港区事故中可预知的结果，这似乎确实很奇怪。当然，调查已经发生的事故时，事后诸葛亮是不足取的。然而，迅达高管们关于其对事故初始报告相当笨拙的反应造成的潜在负面后果，似乎一无所知。任何涉及电梯事故的故事都会吸引媒体注意，但当故事涉及日本公众已经学会怀疑其为低劣企业的跨国企业——据说提供标准和价格均低于其日本竞争对手的产品——的时候，处理公司对事故反应时犯的任何过失都可能被放大。在日本舆论中，迅达成为"杀人电梯"的同义词。

　　迅达的辩护也无疑太复杂、太难以捉摸，在日本舆论转而针对公司时，它无法扭转形势。评论员也指出，尽管道歉也许有必要，但这同样不足以使迅达远离危机。我们将在下一部分看到，如果道歉可信、有效，那么做出道歉就有正确的方式和错误的方式之分。许多日本公司被报道因对道歉处理不当而存在过失（Tanaka，2007）。考虑到多年来它们在各种危机中的失败应对，迅达的错误不可能被真正归咎于文化偏见，即要么归咎于迅达高管的文化偏见，要么归咎于日本新闻媒体的文化偏见。当然，文化上的麻木不仁使迅达公司新领导面临的挑战复杂化了，但是当公司对港区事故的反应十分相似于其他危机中、在日本舆论手中遭受相似惩罚的日本公司所犯错误时，若想要找到解决方法，那也许就得重新界定问题了。

15.4　伦理反思

第三章介绍了一些用来勘测应用伦理学领域的标准范畴。你们要记得，伦理学本身就是一个科学领域，宽泛理解为道德研究——既是描述的又是规范的，以及元伦理学的道德——这是人们表达自己道德关怀时实际所想所做的。任何人愿意道歉，只要合适，则明显归入道德范畴。像所有这样的人类互动一样，道歉是文化植入，即它们以其有时重叠，有时偏离的对何为该做之正确之事的显示来反映和扩展文化价值观。规范伦理学阐述的三种主要类型的理论基于人们关于那些态度和举止是好是坏（目的论伦理学）、是对是错（义务论伦理学）、合不合适（解释学伦理学）做出判断时所打算交流之内容的逻辑差异。

15.4.1　经济伦理中的道歉：西方视角

鉴于这些范畴，我们可以考虑做出（以及要求和接受）道歉的伦理学。那么，什么是道歉呢？《哲学互联网百科全书》将道歉定义为："因为侮辱、辜负、伤害、损害、冤枉别人而宣称自己遗憾、后悔、伤心的行为。"（Mihai，2013）根据道歉者和接受者的不同，有四种基本类型的道歉："一对一""一对多""多对一"或"多对多"。伴随此差异，哲学层面的问题是：是否"真诚道歉"的"有效条件"在四种类型中是相同的。在"一对一"或个体间的道歉中，以下是正常期望：道歉必须包含"承认该事故事实上的确发生了，承认它是不适当的；承认要为行为负责；表达一种遗憾的态度和悔恨的感情；宣告一种在未来避免发生类似行为的意图"。此种声明的目的是"承认受害者有平等道德价值。尽管伤害无法消除，但是承认伤害，就承认了被伤害者是平等的"。当然，承认"受害者有平等道德价值"，对尊重"其自尊"是必要的，没有自尊，信任、相互关系、互惠性将不可能。

公司道歉，如迅达在对港区事故回应中错误的道歉方式，属于"多对多"或"多对一"类型，这种类型涉及的道歉者也包括其他的"集体媒介，如教会、不同行业的业内人士或国家"。与个人间的道歉相比，这样的"集体道歉"要有效，首先要解决代表问题，即谁应该代表做出道歉的机构，谁应该代表接受道歉的社会团体。而且，对"集体道歉"的分析表明，这种道歉"既有象征的功能（承认受害团体是值得尊重的），也有效用功能（道歉可能带来赔偿并导向更好的团队关系）"。考虑到这些功能的趋同，可以清楚看到，个人悔罪的情感表现在"集体道歉"中不如集体补偿、赔偿或纪念项目的标准和实践——这些使象征性的道歉行为具体化——的变化那么重要。在具体规定为个人间道歉的目的之外，"集体道歉"旨在重新确定机构对"团体基本道德原则"的承诺（Mihai，2013）。基于这些假设，如果迅达体面地为港区事故道歉，那么它将做出一个象征性的姿态，表明公司承诺尊重植根于日本文化的期待，会向受害家庭做出及时、适当的赔偿。

关于如何成功道歉的实用建议，与筹划道歉的类型及有效条件的哲学分析是一致的。受到广泛尊重的美国经济伦理学家达里尔·科恩建议，首席执行官做出公开道歉，是从个人错误或公司过失中"回归"的现实主义策略的一部分（Koehn，2013）。她认为，"一个好的道歉，目的在于赢回利益相关者的信任"。因此，公司如何做出成功的道歉，取决于知道谁实际上是公司的利益相关者，以及知道他们的期待。赢回他们的信任需要做什么？她相信，当首席执行官为一个他或她可以不负直接责任的公司过失道歉时，悔恨的情感表达不是关键。然而，需要应付"利益相关者的怀疑"，即使不带着情感的感染力，也要做出"迅速回应"，哪怕有任何"诉讼"风险。如果利益相关者由于一家公司先前"一路说谎避麻烦"的尝试而疑心重重，那么成功道歉必然"多少显示公司已经大大改变了其做生意的方式"。

科恩还简明地强调例如在应付"日本受众"时承认"文化差异"的重要性，并正确建议首席执行官在"起草有说服力的道歉"时要将这些因素考虑进去。她的话是针对"适应能力强的首席执行官"，即懂得始终"专注于他们所能改变之事物"而"不被他们不能控制的外部力量分心"之重要性的首席执行官说的。科恩一直在建议阿尔弗雷德·辛德勒如何在香港展开"魅力攻势"（Tucker and Soble，2009），无疑，她让他将日本记者对迅达公司发动的"女巫追捕"给他造成的个人失意放置一边。辛德勒感觉到外国公司在日本缺少竞争的"平等机会"或"公平竞争环境"，这也许是正确的，但是试图教育日本媒体"我们不是坏人"的尝试不可能改变他们对迅达的偏见。正如科恩所指出的，最好建议首席执行官进行有远见的道歉，这种道歉应带有"有关他们解决问题方式的具体细节"。2012 年当另一场不相关的死亡事故牵扯到在日本的迅达电梯时，公司面对的是真正"超出其控制能力"的"外部因素"。科恩提醒我们，在此情况下，无论声明考虑得多么周全，起草得多么好，都不能保证首席执行官的道歉能使公众恢复对公司的信任。

布鲁斯·韦恩斯坦在美国是广为人知的"伦理伙伴"。他的专栏定期出现在《彭博商业周刊》和《赫芬顿邮报》上，他的文章的中心观念是"伦理智慧"的概念。他认为企业家可以通过学习以下五个基本原则扩展他们的"感情智慧"：（1）不伤害，（2）改善事物，（3）尊重他人，（4）公平，（5）爱。韦恩斯坦说，"我们已经知道这些原则"，"它们是宗教传统和世俗社会的基础"，"遵守这些原则十分困难"（Weinstein，2011：6）。他写来说明这些原则的博客之一是"道歉的正确方法与错误方法"（Weinstein，2013）。

韦恩斯坦文章的优点在于具体描述了"如何不做道歉"。他确定了五种类型的"非道歉"：（1）"说错误已铸成"；（2）"改变主题"；（3）"拖后腿"；（4）"否认有问题"；（5）"责备他人"。第一个，"错误已铸成"，包含被动语态的使用，这"免掉了说话者的任何责任"。尽管在一些语言如德语中，被动语态的使用远比英语中常见，但是韦恩斯坦正确地提醒我们，如果想传递有伦理智慧的道歉，就要注意到被动语态的不适当。他列举的其他类型非道歉是很显明的，无须进一步评论。韦恩斯坦然后着手提供关于"如何用伦理智慧道歉"的建议：

（1）"快速承认你的错误，并对它承担个人责任"；（2）"首先向你所负的对象道歉"；（3）"由衷地说话"；（4）"避免重复错误"；（5）"知道有意义的道歉是诚信而非软弱的标志"；（6）"不怕寻求帮助"（Weinstein，2013）。

从韦恩斯坦的第三条和第五条建议中对真诚的强调，应该可以很清楚地看到"伦理智慧"和"感情智慧"的关系。"由衷地说话"显示了真诚。韦恩斯坦指出，"不真诚的道歉跟完全不道歉一样糟糕。即使你自认为是个好演员，可以蒙骗每个人，但是人们还是能够分辨你何时说的是真话。如果你认为自己没错，那就不要道歉——但是准备好为你的立场辩护"。迅达最终对港区事故的道歉给人以"不诚心"的印象，因为公司不准备承认相关责任。如果韦恩斯坦关于用"伦理智慧道歉"的看法是正确的，那么迅达的问题就不是缺乏文化敏感性导致的。首席执行官无须因其所称的美国教育而给自己找托词。如果韦恩斯坦是正确的，那么迅达表面的道歉在美国也不见得会被公众接受。

15.4.2　经济伦理学的道歉：日本的视角

我们已经详细介绍了西方关于公司道歉的讨论，为的是同日本惯例进行比较。田中巽写了一本向日本公司推荐道歉艺术的书——《如此道歉会危及你的公司》（Jones，2007）。他列举有效和无效两种道歉，同时用涉及日本企业的案例研究分析它们。这是他对"坏的"或"无效道歉"的列表：（A）"包含反驳或借口的道歉"；（B）"包含谎言或欺骗的道歉"；（C）"含糊的道歉"；（D）"不该道歉者的道歉"；（E）"误导的道歉"；（F）"太迟的道歉"；（G）"杂乱无章的道歉"；（H）"先赔偿后道歉"；（I）"无其他举动的道歉"；（J）"过快的道歉"。在此列表中，值得注意的是，田中一一批评这些无效道歉的理由，与我们已经看到的三种关于西方公司道歉的描述是极其相似的。这样的发现很有意义：田中的所有例子以及分析这些例子的文献都完全源于日本。他的书不是写给国际读者看的，而是日本企管人员的实践指南。

如果在日本和西方在正确道歉方法的问题上有重大文化差异，那么这些差异应该能在田中的著作中出现。但我们发现，他对日本企业的实践建议，与我们西方的伦理学家米哈伊、科恩、韦恩斯坦所给出的建议十分相似。当田中转向有效道歉的典型特征时，我们可能期盼一些差异出现。毕竟在他看来，一个成功的道歉涉及"他所谓的心、技术、组织的正确结合"（Jones，2007）。任何甚至稍微熟悉日本文化的人都会了解心的重要性，日文中"心"的汉字与中文是一样的。尽管在具体的日本文化中有细微差别，① 但是田中强调它在"消除道歉的自然恐惧"中的作用。然后，"心"提醒日本企业高管关注的事物，与西方伦理学家对"真诚"以及如何适当可信地表达真诚所表现的关注很相似。田中的观点类似于韦恩斯坦所说的，"有意义的道歉是诚信而非软弱的标志"。美式英语最近出了一个新的词组来表达类似见解："man up"（爷们儿些）（Zimmer，2010）。承认自己的错误，对其供认不讳，是要有勇气的。当他人促使我们"爷们儿些"时，他们是在挑战我们，让我们找到自己的"心"，或者如果你愿意的话，找到"勇气"，它使我们做正确的事情，在本案例中，是做出真诚的道歉。由此可以看出，在做出有效道歉所要求之事上明显的文化差异似乎也走向了一种道德共识。

田中关于技术和组织的建议是相似地汇合的，尽管它是用表明日本文化的惯用语揭示表达的。他对技术的建议包含三个要点：（1）"首先了解你的罪"，（2）"设置目标和制定方向"，（3）"深思熟虑后着手道歉"。他的全部方法是：做出道歉应该被理解为"风险管理战略"。田中使用"罪"一词，不应该被斥为译者对西方读者的让步。成功的道歉并不是某种公关把戏。如果公司文化缺乏伦理智慧，首席执行官不能简单地伪装成有的样子。"深刻反省属于正确道歉的核心——理解和接受你及你的公司做错的事情……这种类型的道德反省和对谬误的承认也许很难构建到公司的控制和程序系统中，但这一步是有效道歉的关键。"

公司文化必须得到改造，以便它的基本道德观在整个公司治理结构中变得可见和可行。若有效道德取决于这种改造，那么它在有需要为任何事情道歉以前必须制度化。这种关于发展企业良心紧迫性的一般建议得到了关于道歉需求产生时应有何作为的具体建议的强化。"设置目标

① 小泉八云试图在他的关于日本文化的开创性著作中向西方读者传达这种理念，这部著作的标题很恰当地叫做"心：日本内心生活的暗示和回声"（Kokoro：Hints and Echoes of Japanese Inner Life），1896 年首次出版（New York：Cosimo Classics，2005）。

和制定方向"意味着为做出道歉的记者招待会做好充分准备。道歉仪式不应该进行，"直到管理层作出决策，公司希望在何处了结"。

依据田中的说法，一个道歉有四个阶段：第一是安抚阶段，你必须让"自己经受住愤怒怨恨的受害者（或他们在世的家属）"的情绪。接下来是"理解阶段"，在其中，披露信息是关键，"因为受害者想知道发生了什么及原因"。第三阶段依前两阶段的成功完成而定，因为它在于原谅和结束。如果受害者对第一或第二阶段，或者两个阶段有严重疑惑，他们就不会到达第三阶段。最后的阶段是"事故被遗忘"阶段。显而易见的是，迅达在2006年的道歉并未使港区的受害者忘记此事故，因为当另一件不相关的事故在六年之后发生时，之前所有挥之不去的负面情绪重新出现，对迅达的日本业务造成很大伤害。

田中对组织的建议进一步详细说明有效道歉能力是企业风险管理战略一部分。他的建议涉及公司——具体说是首席执行官——在处理会要求道歉的那种危机时应该求教于哪种顾问。"找其他领域的智者。"因为道歉可能激起企业高层人员的防卫反应，所以应求教于能够从更广泛视角看待问题的人。他坚称这种更广泛的视角不能在企业内找到。因此田中建议，首席执行官与其他领域有经验的人培养关系。这些人可能有对企业贡献新的想法，恰恰因为他们与企业日常运营无关。同样，"选择立足于自己专业经验的外部专家"。专业经验而非名声应该作为谁应该被咨询的决定因素。当首席执行官考虑如何处理危机时，尤其应该同律师保持一定距离。"绝不应该让律师做出是否道歉的决策。因法律原因而不道歉，会受到媒体严厉批评，并伴有可能的灾难结果。"因此，田中敦促首席执行官："不要让专家们走得太近。"他谨防所有"外部人"，因为他们"保持客观，尤其在一种也许会最终包含个人友谊的长久关系的语境中保持客观"，是很困难的。田中的话暗示，信任的朋友或"智者"，和其专业经验也许会产生相反结果的"专家"不属于同一范畴。最后，对公司自己的员工，他建议说："远离奉承者……他们只会说你想听的话，他们的建议会和公司的，或你自己的最佳利益相冲突。"即使田中关于如何组织公司进行更有效风险管理的建议也许有普遍吸引力，但是也很显然，在此领域中他的想法反映了日本管理风格中共同感知的问题。人在企业等级中越高就越孤单，你信任谁的问题就变得越不可或缺。

15.4.3 融合视角确定迅达公司在日本受到的挑战

我们把田中的建议与米哈伊、科恩、韦恩斯坦等西方专家学者的建议相比较的目的是要表明迅达道歉的失败并非主要因为文化上的麻木不仁。如果文化上的麻木不仁是问题，那么以下假定就会成立，即如果电梯事故发生在德国或欧盟、美国的任何其他地方，迅达的反应就会被接受，被认为是合适的，不会对公司声誉或公司发展前景有进一步损害。我们的替代假设——建立在日本专家和西方伦理学家提出的方法汇合基础上——迅达事先未做准备因为其公司文化或管理风格中一个不能说明的弱点而在任何地点做出道歉。迅达也许如此关注公司的财务健康，以及在其产品技术设计中的持续创新的需求，以至于公司很奇怪地没有接触到产品的象征性回声——必须使用他们的直梯和滚梯的成百万人的忧虑——这很容易就会在无论何时发生港区事故时为他们造成公共关系灾难。简单说，如果他们用更高程度的伦理智慧处理他们所面临的风险，他们就会知道（a）事故的确发生，甚至或尤其在使用高科技产品和服务时；（b）公司应该已经准备好为某种事件做出有效道歉的战略，在处理这种事故的余波时准备实施。然而，迅达被搞得措手不及，好像它简直不能相信其任何产品会卷入一场严重事故。

迅达由于缺乏西方伦理学家与日本专家倡导的伦理智慧所建议的合适风险管理战略而不能及时做出有效道歉。当然，这种失误在公司的日本生意以及同日本新闻媒体和日本舆论打交道的语境下表现出来时变得十分明显。文化上的麻木不仁也许使迅达在日本的问题复杂化，但是，问题的根源是公司缺乏伦理智慧。

如果迅达的管理层能从这个灾难中吸取教训，那么我们将会建议他们首先关注在整个企业中注入更大程度的伦理智慧，从瑞士总部到全球所有分支。由于迅达的道歉问题不是地区性的——或只属于迅达在日本的经营——所以解决方案必须是全球而非某一地区的。当然，在其全球范围内的所有运营中，迅达必须意识到文化上麻木不仁的问题，必须通过更有效地咨询当地经理——尤其是自己就是在当地文化中成长起来的当地经理——寻求解决问题的方法，修正其政策，以至于文化多样性被接受为解决方案的一部分，而不是全球做生意问题的一部分。但是力图减少文化上的麻木不仁不可能很有效，除非它建立在伦理智慧的更高意识上。

15.5　结论

　　跨文化交流是无止境的挑战。尽管所有讨论都是关于如何克服文化冲突（Shelley and Makinchi，1992），但是事实仍是，这可能是一个痛苦和持久的过程。许多人会被诱导干脆放弃和回老家（Williams，2014）。尤其让有经验的老手感到烦恼是被告知，他们文化上麻木不仁，需要严肃反思他们的态度和行为。如果要实现对文化差异的合理回应，那么就必须建立在真实性和知识诚实的基础上。暗示所有文化都同样有效的专家与坚称顾客总是正确的营销者的道理是一样的。在最好的情况下，这也只是说对了一半，我们不允许他们把我们哄得以为接受他们，我们就有了深刻洞见。

　　全球化时代影响最深刻的方面是：它如何使如此多的企业在跨文化理解的发展中变成工作实验室。跨国企业经理们已投入跨文化沟通的挑战，他们没有来自学者的许多建议或鼓励，就已经能够找到做生意的方法，同时克服或至少勉强应付也许会使其他人不敢尝试的焦虑或误解。不可避免，会有人犯错误，不仅只是试图在日本和其他东亚地区做生意的欧洲人。丰田十分懊恼地发现，它忽视发生在其美国加州工厂的性骚扰问题，这样的错误让它付出了沉重的代价（Orey，2006）。虽然此案涉及一名据称性侵了他的一名日本下属的日本经理，但是她在一个美国法庭的诉讼造成丰田付给她传言为1.9亿美元的费用以解决此事（May-nard，2006）。丰田的管理层显然没有充分意识到性骚扰指控在美国人眼里有多严重，特别是在加州文化背景下。跨文化理解的挑战是双向的。迅达和丰田在那一年为它们文化上的麻木不仁付出了沉重代价。

　　然而，本章讨论应该给予涉及国际企业的人们以希望的理由。在详细讨论迅达失败的道歉后，我们尝试发现是否有实践提供和接受真正道歉艺术的共同基础。通过比较西方伦理学家和日本专家所得出的实践建议，我们认识到文化上的麻木不仁更多的是问题的征兆，而非根源。潜在问题是伦理智慧的缺失，这是可以通过重新得到终极赢家不管文化差异如何都应该遵循的伦理规则的更深理解而被修正的。迅达需要在文化价值上挖掘更深，其创建者及其后继者的文化价值。但是当它做的时候，我们相信他们会发现，他们的价值观和他们的日本顾客及其他利益相关者所重视的价值观有诸多重叠。再次重申，我们看到了罗世范为其终极赢家原始规则之一所做表述中的智慧："如果你尝试着去理解各种文化的价值，就会发现它们的共同点。"也许并不需要一位哲学博士来发现，共同基础也许更多是"心"，而不是我们原先所理解的。

参考书目

AAP. (2012, November 2). Japan death prompts elevator checks. *Couriermail. com.* Retrieved November 3, 2012, from http：//www. couriermail. com. au/news/breaking-news/ japan-death-prompts-elevator-checks/story-e6freoo6 – 1226509519384？from = public_ rss.

AFX News. (2006, June 12). Schindler defends record after deadly elevator accident in Japan. Retrieved October 29, 2012, from http：//www. finanznachrichten. de/nach-richten – 2006 – 06/6554579 – schindler-defends-record-after-deadly-elevator-accident-in-japan – 020. htm.

Agence France-Press. (2006, June 13). Schindler sorry for lift death. *The Standard.* Retrieved October 30, 2012, from http：//www. thestandard. com. hk/news_ detail. asp? we_ cat = 6&art_ id = 20655&sid = 8377296&con_ type = 1&d_ str = 20060613&fc = 2.

Asia Times Online. (2006, June 13). Elevator firms in Japan cope with fatal acci-dent. Retrieved October 29, 2012 from http：//www. atimes. com/atimes/Japan/HF13 Dh01. html.

Fritscher, L. (2014, June 4). Health Phobias：What is the Fear of Elevators? *A-bout. com.* Retrieved July 8, 2014, from http：//phobias. about. com/od/phobiasatoh/f/ What-Is-The-Fear-Of-Elevators. htm.

Fukushige, S. (2006, June 8). How not to manage a PR crisis situation in Japan. *Fukumimi Blog.* Retrieved October 29, 2012, from http：//fukumimi. wordpress. com/ 2006/06/08/how-not-to-manage-a-pr-crisis-situation-in-japan/.

Harris, P. (2008, July 3). Going up? *Japan Inc.* Retrieved October 29, 2012, from http：//www. japaninc. com/mgz_ july_ 2008_ schindler_ japan.

Hearn, L. (1896). *Kokoro：Hints and echoes of Japanese inner life* New York：Cosi-mo Classics (2005).

Japan Today. (2012a, November 1). Woman killed in elevator accident in Kanaza-wa; police raid Schindler office. Retrieved November 4, 2012, from http: //www. japan-today. com/category/national/view/woman-killed-in-schindler-elevator-accident-in-kanaza-wa/comments/popular/id/2745662.

Japan Today. (2012b, November 3). Govt to inspect 5, 500 Schindler elevators af-ter fatal accident. Retrieved November 5, 2012, from http: //www. japantoday. com/cate-gory/national/view/govt-to-inspect – 5500 – schindler-lifts-after-fatal-accident.

Jones, C. (2007, Spring). Book Review: Apologies and Corporate Governance in the Japanese Context—Tatsumi Tanaka's Sonna shazai de wa kaisha ga abunai [Apologizing that way will endanger your company] . *Brigham Young University International Law and Management Review.* Retrieved on July 10, 2014 from http: //www. law2. byu. edu/ilmr/articles/spring_ 2007/BYU_ ILMR_ spring_ 2007_ 5_ Jones. pdf.

Kalbermatten, P. & Haghirian, P. (2011). Schindler elevators and the challenges of the Japanese market. In *Case Studies in Japanese Management.* World Scientific Press http: //www. world-scientific. com/worldscibooks/10. 1142/8097#t = aboutBook.

Kobayashi, K. (2006, June 17). Schindler's tardy apology offers cautionary tale. *The Japan Times Online.* Retrieved on October 28, 2012 from http: //www. japantimes. co. jp/text/nn20060617b6. html.

Koehn, D. (2013). Why saying "I'm sorry" Isn't good enough: The ethics of corpo-rate apologies. *Business Ethics Quarterly*, 23, 239 – 268. doi: 10. 5840/beq201323216.

Kyodo News. (2006a, December 15). Schindler elevator chief of Japan army exits o-ver fatality. *The Japan Times Online.* Retrieved October 29, 2012, from http: //www. japantimes. co. jp/text/nn20061215a9. html.

Kyodo News. (2006b, November 21). Deadly Schindler elevator replaced. *The Japan Times Online.* Retrieved October 26, 2012 from http: //www. japantimes. co. jp/text/nn 20061121a8. html.

Kyodo News. (2009, May 9). Schindler chief denies guilt in elevator death. *The Ja-pan Times Online.* Retrieved November 3, 2012, from http: //www. japantimes. co. jp/text/nn20090509a6. html.

Maynard, M. (August 5, 2006). Automaker reaches settlement in sexual harassment suit. *The New York Times.* Retrieved July 15, 2014, from http: //www. nytimes. com/2006/08/05/business/worldbusiness/05harass. html.

Mihai, M. (2013). Apology. In *Internet encyclopedia of philosophy.* Retrieved July

11，2014 from http：//www. iep. utm. edu/apology.

Nakamura，T.（2006）．*Schindler elevator accident.* Failure Almanac 2006. Retrieved October 29，2012 from http：//www. shippai. org/eshippai/html/index. php? name = nen-kan2006_ 04_ SchindlerE.

Negishi，M.（2006，June 13）. Schindler executive apologizes after fatal accident. *The Japan Times Online.* Retrieved October 28，2012，from http：//www. japantimes. co. jp/text/nn20060613a2. html.

Orey，M.（May 21，2006）. Trouble at Toyota. *Bloomberg Businessweek Magazine.* Retrieved July 15，2014 from http：//www. businessweek. com/stories/2006 – 05 – 21/trouble-at-toyota.

Otake，T.（2009，March 8）. When scandal strikes a firm. *The Japan Times Online.* Retrieved October 30，2012 from http：//www. japantimes. co. jp/text/fl20090308x1. html.

Paumgarten，N.（2008，April 21）. Up and then down—The lives of elevators. *The New Yorker.* Retrieved July 9，2014 from http：//www. newyorker. com/reporting/2008/04/21/080421fa_ fact_ paumgarten? currentPage = all.

Schindler.（2006，June 8）. Fatal accident in Tokyo，Japan. Retrieved on November 1，2012 from http：//www. schindler. com/com/internet/en/media/press-releases-english/press-releases – 2006 – 2000/fatal-accident-in-tokyo-japan. html.

Schindler.（2012，October 31）. Fatal accident in Japan. Retrieved on November 4，2012 from http：//www. schindler. com/com/internet/en/media/press-releases-english/2012/fatal-accident-in-japan. html.

Schindler.（2013）. Group Review 2013. Retrieved July 7，2014 from http：//www. schindler. com/content/dam/web/com/pdfs/reports-factsheets/2013/Schindler2013AR _ Group_ Review_ EN. pdf.

Schindler.（2014）. Fact sheet：Schindler Group in Brief. Retrieved on July 7，2014 from http：//www. schindler. com/content/com/internet/en/investor-relations/reports/_ jcr_ content/rightPar/downloadlist_ 9f3b/downloadList/59_ 1345709659270. download. asset. 59_ 1345709659270/Schindler_ IR_ factsheet2014. pdf.

Schindler. Our history. Retrieved October 31，2012，from http：//www. schindler. jp/jpn_ en/jpn-index/jpn-kg-entry/jpn-kg-his. htm.

Shelley，R. & Makiuchi，R.（1992）．*Culture shock*！*Japan*（*Culture shock*！*A survival guide to customs and etiquette*）. Portland：Graphic Arts Center Publishing Company.

Shimizu, K. (2006, June 15). Schindler lists six other elevator malfunctions. *The Japan Times Online*. Retrieved October 22, 2012 from http: //www. japantimes. co. jp/ text/nn20061215a9. html.

Suzuki, H. (2006, June 7). Japan orders nationwide inspection of Schindler-made elevators. *Bloomberg*. Retrieved October 27, 2012 from http: //www. bloomberg. com/ apps/news? pid = new sarchive&sid = aUqWlBoNlFu4&refer = japan.

The Japan Times Online. (2006, June 14). Schindler apologizes to Minato Ward. Retrieved on October 28, 2012 from http: //www. japantimes. co. jp/text/nn20060614b3. html.

Tucker, S. & Soble, J. (2009, February 2). Schindler says sales hurt by 'witch hunt'. *The Financial Times*. Retrieved October 30, 2012 from http: //www. ft. com/ cms/s/0/1c487604 – f150 – 11dd – 8790 – 0000779fd2ac. html#axzz2Al8U3Ylb.

Weinstein, B. (2011). *Ethical intelligence*. Novato: New World Library.

Weinstein, B. (2013, January 29). The right and wrong ways to apologize. Retrieved July 10, 2014, from http: //theethicsguy. com/2013/01/29/the-right-and-wrong-ways-to-apologize/.

Williams, Y. (2014). Culture shock: Definition, stages & examples. Retrieved July 12, 2014 from, http: //education-portal. com/academy/lesson/culture-shock-definition-stages-examples. html.

Zimmer, B. (2010, September 3). The meaning of 'Man Up'. *The New York Times*. Retrieved July 11, 2014, from http: //www. nytimes. com/2010/09/05/maga-zine/05FOB-onlanguage-t. html.

第十六章　社会环境：伦理和信息技术

报道求有新的忠诚。

（罗世范，《成为终极赢家的 18 条规则》，2004）

16.1　前言

很显然，社会环境不仅在亚洲也在全世界迅速发生变化。数字化技术革命对收集信息的道德范围提出了新要求，尤其是是否需要企业及政府或其他国际组织必须尊重个人的隐私权。我们关于这些问题讨论的案例涉及默多克媒体集团为了在英国获取新闻报道而进行例行电话窃听的指控。目前技术可以用来做的事情远远超出了默多克集团据称所做的事情，但是报道确实将信息技术，包括数字时代社会媒体使用的道德范围的问题戏剧化了。对于此问题，本章将试图澄清信息搜集的目的，以及分析隐私权是否确立，或是否应该确立，这些惯例的可信范围。如果一家公司——或者一个政府机构或非政府组织机构——被指控侵犯个人隐私，那么可以对此做些什么呢？这样的公司应该受到刑事起诉吗？信息技术公司或者公司内部的信息技术部门管理层应该为这种活动制定政策指导原则吗？若如此，那么公司如何能够在进行其合法信息搜集活动的同时，尊重他们重点调查对象的隐私？

16.2 案例研究：世界终点——电话窃听丑闻关闭了寿命长达 168 年的《世界新闻报》

16.2.1 摘要

王子"威廉上周足球运动后膝盖的腱拉伤"，2005 年，英国通俗报纸《世界新闻报》中的一篇小文这样说（Friedman，2011）。这则相对平庸的报道却把作者和其他人送进了监狱；导致编辑辞职、高管改组；造成 168 年最畅销的报纸停业；使其母公司面临一系列诉讼、议会调查，以及承担同内部调查有关的庞大开支；玷污了一位媒体大亨、一位英国首相甚至可以说整个报业的声誉（Owles et al.，2011）。

为什么这样一个简单的报道却能引起轩然大波？调查透露，同《世界新闻报》这样的通俗报纸窃听曾经是犯罪受害者和其他个人灾难受害者的普通人——不仅是名人——的电话比起来，打探皇室隐私的事情微不足道。这些案件中最令人震惊的是 2012 年失踪并被谋杀的名为米莉·道勒（MillyDowler）的小孩案件。（Davies and Hill，2011）。一旦《世界新闻报》雇佣私人侦探窃听其私人手机语音信箱的事情被发现——证实这种做法实际上有多么广泛，并把带给道勒家庭的严重伤害戏剧化为在失去女儿的痛苦中挣扎——这个丑闻就成了英国一些最急须解决的伦理问题的同义词，即侵犯隐私、滥用技术、大企业腐败、社会媒体操纵以及企业和政府的领导不力问题。《世界新闻报》丑闻给读者提供一个机会去探索国际经济伦理如何解决此类问题，以及制定符合伦理责任高标准的公司政策的前景，尤其是在技术使用、隐私利益处理、监督和揭发弊端、领导力培养和决策上面。

16.2.2 关键词

电话窃听、工作场所监管、隐私权、通俗报纸新闻、商业间谍、政治影响、掩盖

16.2.3 好事变坏，坏事更坏

2005 年，克莱夫·古德曼（Clive Goodman）向英国通俗报纸《世

界新闻报》定期报道皇室新闻。《世界新闻报》是新闻集团旗下众多报纸之一，而新闻集团则是一家一直跻身于财富 500 强的大众传媒跨国公司（Fortune，2012）。到 2011 年，古德曼某些新闻报道背后的电话窃听使他遭到监禁，造成《世界新闻报》的关闭，并引发不同政府机构（美国国会和英国议会）和监管机构（联邦调查局、澳大利亚联邦警察和英国警察）对新闻集团及某些高管的严格审查（Owles et al.，2011）。

一名试图要在皇室身上爆点猛料的过分热心的记者进行电话窃听这样一起单一事件，[①] 确实有错且非法，也许会造成雇员被悄悄解雇，最后也不过就是公司发布一些信息，提醒人们调查性报道时哪些方法可以接受，哪些方法不可接受。然而，这远不是一个单一事件，因为多达 4000 人时不时地遭到电话窃听（Bergstrom n. d.）。当莱维森（Leveson）报告《报刊界文化、实践与伦理的调查》（An Inquiry into the Culture, Practices and Ethics）（2012）完成时，它突出了加于像道勒家人那样的犯罪受害者家庭的不幸和真正的苦难。道勒家人——还抱有虚幻的希望，认为他们的女儿也许还活着，[②] 依据是在她失踪以后在她的语音信箱录音的某些不明原因的变化——遭到寻求轰动效应和从他们的悲剧中获利的摄像师和记者的追逼。大多数英国媒体对这种做法所造成的伤害漠不关心。据莱维森法官说："家庭差不多被看作稍微好一点的商品，媒体在其中有着无限利益。"（Leveson，2012，Vol. 2：540）

虽然窃听米莉·道勒语音邮件的被控罪犯被确定是格伦·穆尔凯尔（Glenn Mulcaire），一个全职受雇于《世界新闻报》的私人调查员，但

---

① 很具有讽刺意味的是，使古德曼倒霉的新闻报道——一篇是关于威廉王子在踢足球时扭伤膝盖的，不久后又一篇是关于他向"他的记者朋友汤姆·布拉德比借了一些广播设备"（Newsmax，2011）——一点也不轰动。直到古德曼自己成为新闻，确实很轰动。

② 起初的报道说据称被指控受雇于新闻集团的私人调查员故意删除了米莉·道勒电话账户里的语音邮件信息，从而制造出一种"虚假希望"，好像她仍然活着，以维持读者兴趣，后来又证明这种希望是假的，《卫报》刊登了撤回声明（The Guardian，2011）。在莱维森报告中描绘的关于米莉·道勒失踪的案例研究中，指控不仅遭到驳斥，而且还提供了道勒语音邮件账号到底发生什么的具有说服力的过细证据。然而，莱维森法官明智地看到，虽然《世界新闻报》在这点上可以免受指责，但是却不能免除他们"不道德新闻行为"的"极恶劣"模式的罪责（Leveson，2012，Vol. 2：539）。

很显然，他只是使用电话窃听和其他隐蔽日常监视技术来获取轰动性消息的团队成员之一。曾经因侵犯威廉王子隐私而被判刑的克莱夫·古德曼后来承认，"他最后两年在《世界新闻报》的所有新闻都是通过电话窃听写出的"（Rayner and Hughes，2012）。随后的调查发现其他使用电话窃听的记者，他们和虽然没有窃听却意识到这种做法的公司经理（甚至高级管理人员）一起贿赂警察，付钱给协助他们做事的私人调查员（Owles et al.，2011）。

电话窃听也被用于获取远不止是关于王子不是那么值得注意的花边新闻，比如与医生预约检查他疼痛的膝盖或是某些无聊的名人八卦。事实上，这已涉及一场对各类公众人物、政治家和警察敏感信息进行揭示从而影响政治和社会景观的协同努力（Owles et al.，2011）。这样的目标可能对一家星期日版的通俗报纸来说，听起来有点雄心壮志。但这家报纸可是《世界新闻报》，曾一度是"全世界最畅销的英文报纸，其发行量在 2010 年仍然接近每周 3000000 份"（Robinson，2011）。

最后，不仅《世界新闻报》这家通俗报纸受到打击，而且其母公司，世界最大大众媒体联合企业新闻集团也被波及，新闻集团拥有 300 处资产遍布整个英语世界，主要涉足产业有电视台、广播公司、卫星和有线电视频道、杂志和图书、电影制片、广播电台、体育，当然还有电话和报纸业务，估计价值在 620 亿美元（Fortune，2012）。新闻集团媒体控股公司的广度、多样性、定位和威望，加上其主席鲁伯特·默多克（Rupert Murdoch）强大的政治关系和巨大财富，使其被赋予一种能够说服政治喜好和公共舆论的权力。即便是在电话窃听丑闻浮出水面之前，这种权力也会使得很多人感到不舒服。随后关于社会尤其对大企业不良合谋行为质疑时的此种做法的范围和目的的曝光——例如，像在关于美国和欧洲银行紧急救助和经济危机的争议中一样——以及对饱受诟病的大众媒体提出的各种过分行为的揭露，结合起来打造了一场完美的把公共人物和政治家不断卷入旋涡的道德义愤风暴。

因此问题并不是因为克莱夫·古德曼和其他记者为获取报纸独家新闻，而窃听某些电话所做的错误或不道德行为，但是到底还有谁来负责，以及责任程度是多少？《世界新闻报》和新闻集团内部的决策者和其他道德代理人是谁？他们应该已经做过什么，或是以后要学做点什么？从来没有勇敢面对同事或揭发弊端的其他记者又怎样呢？是否可以用"每个人都这样做的"事实来为这种行业许多报纸上出现的这种猖獗做法提供有效借口呢（Chandrasekhar et al.，2012）？怎么可以解释编辑对这种做法置之不理、无视私下议论，或更有甚者，通过出钱雇佣调查员和贿赂警察的方式来鼓励这种行为（Bergstrom n. d.）？那些没有相应政策或没有执行政策，甚至促进对政策加以违背的管理者们怎样呢？那些没有干预，然后据人称关于他们是否意识到这种做法说了谎话，甚至试图掩盖其发生的行政管理人员呢？①鲁伯特·默多克，新闻集团的首席执行官，说制止此类行为不是他的责任，而是《世界新闻报》管理人员的责任。你同意他的说法吗？危机管理如何？当事态严重到公众都知晓时，你会对丽贝卡·布鲁克斯（Rebekah Brooks）、鲁伯特·默多克和其他商界领袖给出何种总体建议来解决问题？更重要的是，你会在企业里实施什么样的政策或做法，来避免此种滥用技术的事情呢？

16.2.4　"黑暗艺术"还是"好魔术"？技术的商业利用

技术的魔幻潜力常常让位于一种委婉说法"黑暗艺术"——来自哈利·波特小说——用来表明私人调查员与媒体公司合作以获取机密信息用于报道的不正当方式（Stauffer，2012）。然而，许多企业实际上还授权监督管理人员去窃听员工电话和语言信箱，读取他们的电子邮件和短信，在各种社交网络上监视他们的活动，跟踪他们的行踪和网络使用，对办公室各个区域进行监控，甚至还使用全球定位系统来掌握他们的确切位置（Rosenblat et al.，2014）。老板们解释说，用这种方式来使用技术，可以提高工作效率，加强安全，阻止不当行为，并可以作为一种评

---

　　①　以下是一份简短的人员名单，这些人宣称不知情或声称只是一个"流氓"记者所为，这倒反而使他们的声明遭到了驳斥：（1）已经辞职的《世界新闻报》编辑安迪·库尔森；（2）丽贝卡·布鲁克斯，原《世界新闻报》及其姊妹报《太阳报》的编辑，后又被任命为新闻集团英国分支新闻国际公司的首席执行官，后因与丈夫合谋而一起被逮捕。（3）《世界新闻报》本身；（4）莱斯·辛顿，道琼斯公司首席执行官，以及默多克报纸在英国分部的前首席执行董事会主席，他告诉立法委员会说与电话窃听相关的任何问题都只限于一个已被公开的案件，他还说他们已经进行广泛审查，并没有找到新证据（Chandrasekhar et al.，2012）；（5）詹姆斯·默多克（他后来承认向窃听案受害者之一的戈登·泰勒付封口费）（Chandrasekhar et al.，2012）；（6）甚至还有皮尔斯摩根（Owles et al.，2011）。

估或教育工具。例如，员工们就不太可能从办公室里偷东西，无论是有形资产还是无形资产，因为他们意识到自己很容易被发现。对员工监控有可能通过禁止人们浪费时间去玩电子游戏、上网或参加社交网络而提高生产和业绩。企业同样利用技术在改进消费者服务、改善市场意识、解决争端等方面与客户和供应商打交道。背景核查也调查包括信用报告、医疗记录、"脸书"页的社交活动、药物测试、个人简历调查等。实际上，帕特里西亚·邓恩，惠普公司主席，也对她的董事会利用一些这样的方法以确定谁泄漏了机密信息（Kaplan，2006）。

　　员工和客户反对说，这是隐私侵犯，因此不合适，不合乎伦理，甚至违法。这种对个人隐私权的侵犯，也可能损坏企业和利益相关者已建立起来或希望建立的关系和相应的忠诚度，还会因其创造的对抗性文化，反而导致公司恰恰力图要阻止之行为的发生（偷盗、最低量生产和低效率）（Spitzmüller and Stanton，2006）。企业是技术创造运用背后的驱动力，因此它也必须努力成为合理使用技术的指导影响力，和对其不当使用的震慑。

　　电话窃听丑闻在以下情况中，为许多道德两难提供一个很好范例：一个有问题的选择常常提供直接的报偿（技术会使报偿更快），同时往往长期伴随着严重风险。迟来的满足被认为是道德成熟的标志，尽管缺乏对冲动的控制表明了相反的趋势。《世界新闻报》利用技术方式，使其无论在经济上、政治上还是整体声誉上，成为多年来都非常成功的新闻企业，但是却在其行为所能产生的严重后果上失算。经济上，《世界新闻报》或新闻国际公司已支付数百万计的金钱来处理接踵而至的各种官司（甚至包括肇事者古德曼和马凯尔的官司费用）。默多克本人承认，"公司对此次丑闻进行的大整顿已花费新闻集团数亿美元"（*The Associated Press*，2012），还不包括开听证会所花费的时间和精力，而这些都和经营报纸毫无关联。丑闻实质上还毁掉了新闻集团此前收购英国天空广播公司所中的标（这是应得惩罚，因为此前布鲁克斯一直竭力参与游说政府首先批准他们的竞标）。《世界新闻报》在经营了 168 年之后，于 2011 年 7 月 19 日被关闭，新闻集团用一个新的周日版《太阳报》（它旗下的另一份报纸，原先是一周发行 5 天）取而代之，其销售量比不上《世界新闻报》（*Greene and Rivers*，2012）。① 尽管周日版《太阳报》的收入随着时间的推移能弥补一些损失，但对新闻集团声誉的伤害还要花更长时间来修复。

"我们公司应该用这种技术吗？"是每天摆在公司面前的问题，这个问题也随着技术的进步而继续存在。不是问"是否"，更重要的问题是应该问"如何"使用技术，因为大多数公司都已将技术应用于各种形式的监控中，而且这种趋势还有可能持续（Rosenblat et al.，2014）。如何利用不同于电话窃听的方式来对员工进行监控？两者之间是否有区别可以使其中之一合法化，同时划清同另一者之间的界限？究竟什么是隐私权，它的范围有多广？它什么时候适用，什么时候合法地受到限制？对隐私的期望和保护程度会不会因人而异，因不同环境而异，因不同国家而异呢？

16.2.5　默多克的大众媒体巨兽

作为一个商业巨头，新闻集团在 2012 年世界财富 500 强最大美国公司排行榜中，排第 91 位（2005 年为第 98 位），2012 年在很多国家的的商业收入达到 330 亿美元（Fortune，2012），新闻集团很自然地发挥着全球经济和社会影响。在 20 世纪 70 年代早期收购一些媒体公司后不久，新闻集团首席执行官鲁伯特·默多克"厚着脸皮"利用"他的伦敦报纸……推动一个总体保守亲商的路线"，利用会力推这些报纸的玛格丽特·撒切尔和托尼·布莱尔等政治人物（Owles et al.，2011）。英国前首相约翰·梅杰后来证实说，"默多克试图影响他的政府同欧盟打的交道，甚至还暗示梅杰如果他不改变方向，他很有可能会失去默多克报纸的支持"（*The Associated Press*，2012）。国际新闻公司的丽贝卡·布鲁克斯"承认她为了能够说服英国政府对英国天空广播公司收购的交易，而利用机会去接触全国最有影响力的政治领袖"（*The Associated Press*，2012）。

这种潜在的或已实现的权力是联邦调查局、英国警方、美国国会、

---

① 鲁伯特·默多克在某次嚣张而虚张声势的宣传中说，报纸的销售量已经达到 326 万份（*The Associated Press*，2012）。

英国议会都来调查电话窃听丑闻的一个原因。甚至连苏格兰场也由于被发现错误处理、耽误、限制了调查而受到怀疑，因为调查受到他们与新闻集团关系的影响（而且调查发现竟然连他们自己的电话都被《世界新闻报》记者所窃听）（Owles et al.，2011）。这份受害者调查名单进一步提供了证据证明新闻集团对英国政治影响力的程度。

● 保罗·斯蒂芬森爵士（Sir Paul Stephenson）（苏格兰场总监）以及约翰·耶茨（伦敦大都会警察检查总监）在错误处理调查的指控当中辞职，虽然两人都没有做过错事（Owles et al.，2011）。

● 戴维·卡梅伦（David Cameron）（受到新闻集团各种报纸支持的英国首相），因对调查处理不力和雇佣陷入窃听丑闻的《世界新闻报》总编安迪·库尔森担任自己的首相公关主管，而被要求下台（Owles et al.，2011）。

● 文化部部长杰里米·亨特（Jeremy Hunt），由于他在新闻集团对英国天空广播公司竞标收购过程所做的处理，而承受辞职的压力（Chandrasekhar et al.，2012）。

从商业角度来看新闻集团，其规模和成功无不令人羡慕。但是一个企业可以太大太强吗？许多国家对垄断都制定法律，但是大多数取得市场支配的公司是可以被原谅的，就像拥有 Windows 操作系统的微软，以及拥有平板电脑的苹果，只要他们不滥用其地位和竞争对手及顾客进行不当竞争和破坏市场本身就可以。你怎么看大企业和大媒体？请比较和对照电话窃听丑闻在不同体系下，情况会如何？

你对通俗新闻有何看法？它有资格成为提供有价值事物的产品吗？它符合社会对伦理责任的期待吗？或者它提出的问题相似于关于它提供的实际价值所做的某些形式的广告吗？或者延展类比，通俗报纸是否在卖给我们一些类似于香烟、酒精或垃圾食品的——潜在有害产品，其超越于利润和就业之上的其弥补作用的品质是否被许多人质疑？当然，即使通俗报纸和提供其他有问题产品的公司没什么不同，它也应该被阻止，尤其是在对它们有提供的东西还有明显有需求的时候。

16.2.6　总结

在卷入英国电话窃听丑闻的个人和机构所引起的短期损失之上，我们必须仔细思考，对各行各业隐私遭受肆意非法侵害的公民的强烈公共反应，尤其是那些像米莉·道勒家人那样成为犯罪和灾难受害者的人。正如莱维森报告尖锐指出的："家庭顶多被看作是稍微好一点的商品，媒体在此有着无限利益。"对他人尊严侵犯一直都是公众担忧的原因，但所有强大媒体帝国在普通人最脆弱时却任意利用他们的痛苦和悲伤，此种冒犯行为尤其令人发指。① 随着丑闻的影响慢慢过去，公司的巨大损失也在慢慢堆积，但是和道勒家庭还有其他受害人所遭受的侵害比起来，这算不上什么，而且公司的计较也只是心胸狭碍而已。不过，如果这种损失的前景可以实际上成功地唤醒报纸编辑以及大小新闻组织领导层和管理层对他们伦理责任的良心的话，那么这种充分总结还是有用的。

　　这种技术滥用却为在商业环境下寻求规避隐私权的多种技术方式提供了条件，例如对员工和客户的监控。因此，《世界新闻报》的灭亡给管理者、立法者、伦理学家和学生提供了一个机会来衡量对技术使用处理、对待隐私问题以及与政府监管相关问题的企业政策。要在以后解决这样的挑战，你会提出哪些长期政策和程序呢？假设现在你是管理者，面对涉及各种监控技术的伦理问题，想想你可用的资源，去掉任何可疑或低劣的策略，不去规避必须要做的总结。一旦你经过自己的思考得出结论后，若要负责任地在企业中使用监控技术，你可能会想要制订一个战略计划，然后分阶段实施。一旦你做到那点，你就可以总能在新闻集团找到工作。毫无疑问，你做的肯定会比前辈更好。

16.3　案例分析讨论

　　新闻集团的电话窃听丑闻暴露出大众传媒业务不好的一面。很难想

---

① 莱维森报告对三个案例提供一个富有启发的分析，这些案例中，平民都是通俗报纸、私人调查员和记者的受害者。除了这里提到的米莉·道勒案之外，还有就是麦卡恩夫妇在葡萄牙度假期间，他们的女儿被绑架，媒体对他们的案件以及其他事件的处理。以下是莱维森法官做出的评论："这章中，在对证据进行总体查看之前，我仔细查看了近年来媒体对许多个别案例的报道。其中一些报道的案例很多人都非常熟悉，包括阿曼达（米莉）·道勒失踪案、马德琳·麦卡恩失踪案、克里斯托弗·杰夫里涉嫌谋杀被捕案、公布前首相戈登·布朗阁下儿子的身体状况细节案。至少，我选了前面三个案例，这是因为他们可以被描述为不道德新闻行为里最恶劣的案例。"（Leveson，2012，Vol. 2：539）

象任何人可以在道德上为侵扰别人生活辩护，而侵扰别人的生活仅仅是为了制造新闻，以此来增加销售和利润。本案例研究提出了数字技术界的问题，类似于我们在第三章讨论过的三鹿奶粉事件。这两个案例的施害方即便无意，也已造成实质性伤害。三鹿的分包商在其乳品生产中混入三聚氰胺，原本只是想通过添加成分来增加牛奶蛋白质含量，从而提高市场价值，达到利润最大化。可能分包商也不想伤害食用掺入三聚氰胺奶粉的婴儿。

同样，窃听电话的新闻集团调查记者也只希望他们的通俗报纸《世界新闻报》能够永葆活力。报纸的成功取决于能否拿到独家新闻，即一些人们喜欢读且有助于增加报纸销量的报道，特别是那些街头巷尾的逸闻趣事。最佳独家新闻莫过于天花乱坠的富人或名人丑闻——如王室成员的丑闻——或构成都市传奇故事的各大事件的详细内幕。但抢到独家新闻却越来越困难，特别是当对象是富翁名人时，因为他们愿意花一大笔钱来保护自己的隐私。电话窃听恰好能够打破他们的防御，得到想要的信息，且显然不用承担从事间谍活动的所有风险。那么问题来了，这么做如果侵犯了别人的隐私怎么办？电话窃听的记者可能会想，既然你是公众人物，你的生活就毫无隐私可言。

然而，那些从事电话窃听的人没有考虑到，当面对个人基本尊严——尤其如他们这样脆弱且无防卫能力的普通百姓——受到侵犯的证据时，社会会有怎样的反应。公众的强烈反应可能是一种尝试，想要治愈受到的伤害，因为没有这样的考虑，道德上愚钝的不尊重人的文化会始终不受质疑。电话窃听丑闻引发的道德义愤很大程度上与施害者和受害者身份及其原因有关。在人们看来，《世界新闻报》的做法有些越界，毕竟，在公众眼里，传播皇室和其他名人的轶事与过失，与侵犯那些渴望隐私得到尊重——特别是悲伤和痛苦的无辜受害者，是两码事。换句话说，在政府方面甚至合法的秘密监管行为受到严格控制的领域，一家私人企业已经行事反常。例如，在英国有《2000 年调查权法案规定》，它在理论上允许政府监管，把它作为"基于国家安全理由，为了防止或发现严重犯罪的目的，也为了维护英国的经济福祉的目的"而从事的"合法侦听"（The Guardian，2009）。鉴于其独特性，它要求负责执行该法令的有关当局出示具体证明。① 根据此标准判断，私人组织为了完成其盈利商业计划而采用如电话窃听之类的方法，显然是非法的。

但它是不道德的吗？为什么英国各个政府机构在履行职责时被允许的行为，换到诸如新闻集团之类的新闻组织上就行不通呢？最根本的异议来自社会对尊重每个人的尊严的保证。不管涉及谁，只要行为侵犯个人、团体、家庭或机构的权利与尊严，就是不道德的。政府合法权威中暗含的社会契约，要求任何对人权的明显忽视都应有正当理由，并受严格管理。尽管新闻集团手握庞大的政治权力，它依然不能算是政府机构。至少在秘密监视领域，政府和企业适用不同的规则。

要么私人机构和公共机构及其活动之间有有效区分，要么没有。尽管两者都有违反应该管控其行为的规则之历史，但政府没有严格遵守《2000 年调查权法案》，无法为新闻集团这样为利润最大化而干脆无视法律的私人组织行为辩护。"两错不得正"是——或至少应该是——一个常识问题。即使新闻集团是一个政府机构，它也不能通过指出其他机构——例如伦敦警察厅或新苏格兰场——被指控犯有类似违规行为而为其不正当行为辩护。

事实是，新闻集团是私营企业，因而不能——或者至少不应该——因政府机构所谓的没有遵守而得到任何同情。只有当游戏公平时，公众人物才能按规则办事。通过公开富人和名人丑闻，来试图提高报纸竞争力，这样的游戏或许值得一玩，但如果获取独家报道的方式不当，打破社会对隐私、人类尊严的合理期望，甚至剥夺我们保护它们的权利的话，这场游戏就变得不公平。

说到调查记者可以报道哪些人的轶事时，其他问题又会接踵而至。如果假定公众人物是可以报道的对象，那么关于谁是不是公众人物，有无任何限制呢？只要名字出现在新闻报道里，这个人就算公众人物了吗？看到小报上报道关于王室成员甚至前任首相的银行存款，人们即便不关心，也可能会心一笑，抑或不胜其扰。但总理襁褓中的儿子，还有他的斗争生活，或像米莉·道勒这样的被绑架者的下落呢？公众并不觉

---

① 注意关于英国对合法侦听相对宽松监督的争议以及要求正式法庭命令以保证任何此类活动的努力。（http：//en. wikipedia. org/wiki/Regulation_ of_ Investigatory_ Powers_ Act_ 2000）

得每个人都是公众人物，凭着新闻集团不光彩地对待道勒的孩子和家人而激起的愤怒来判断，他们确实相信道德底线遭受破坏，一种用来保护对个人隐私尊严的底线。

新闻集团的编辑和经理不仅没有阻止他们的调查记者，反而积极鼓励他们使用必要手段，拿到能增加报纸销量的独家报道，这表明他们缺乏基本的经济伦理，这是一种促使政府加强监管的不负责任的行为。看待新闻集团没有实行充分的媒体伦理标准的问题，只有两种不同的方法。他们要么不知道自己在做什么，要么就是不在意。在审判中，一切都变得很清楚，《世界新闻报》的编辑安迪·库尔森（Andy Coulson）和后来的丽贝卡·布鲁克斯的确知道实情。当事实开始浮出水面，他们又积极谋划以期掩盖事实。如果说他们还有什么在意的，那就是自己的事业和个人声誉。面对这类企业的不法行为，就连长期庇护新闻集团高层管理者的英国政府，都被迫起诉一些负责人，并远离鲁珀特·默多克的待定商业交易。

然而，我们的案例研究并不只专注于电话窃听丑闻，而是扩展到所有形式的公司监察能力的增强。此种问题不仅发生在报业和其他形式的大众媒体，还以企业监督其雇员和其他利益相关者活动的形式出现。为什么会谈到这些更深层次的问题呢？在这些问题深处，实际隐藏着一种对隐私权问题的普遍担忧，因为日新月异的数字技术可能会运用各种方式侵犯个人隐私，或者完全消灭个人隐私。然而，记者滥用电话窃听技术，与企业使用类似的技术来监督员工之间还是有明显区别的。其中最重要的是，员工监控通常被认为是自愿的，而各种形式的窃听，包括电话窃听在内，均是非自愿的。员工大多知道老板在监视自己，且雇佣合同里明确规定了这一点。而《世界新闻报》电话窃听计划的受害者事先并不知道，记者也没有给他们同意监听的机会。简言之，所有形式的电话窃听和某些形式的员工监控之间重要的道德差异就在于此，即当事人是否知情并认可这种监督。

即便如此，可能还会有人质疑，员工们是否真心同意老板监视自己的活动呢？如果雇用的条件是同意接受监视，员工可能会感到他们是被迫同意的，并且其他个人隐私也受到侵犯，如老板规定随机进行药物测试并提交尿液分析，或记录员工在工作时间浏览的网站，或查看他们

"脸书"动态上是否有不利于公司的任何证据或不负责的言论，或有违背公司利益的想法。在处理各种员工监控策略引起的伦理问题时，我们很少考虑这些策略是否在原则上非法或不道德，而会想它们虽然似乎没有破坏关于员工隐私权的当下共识，但是却可能多么具有侵犯性。如监测员工工作时浏览的网站似乎是合理、适当的，但为制止盗窃而在更衣室安装摄像头的行为则可能带来更多更麻烦的问题。在高科技监控设备还未普及的年代，就有人提出类似问题：如果老板连员工的婚姻状况和性偏好都要过问，那他还能走多远？我们面临的挑战曾经是——现在，特别是在高科技监控司空见惯的年代，依然是——雇主在不侵犯员工隐私权的前提下，对员工表现进行监督，他又能走多远？

正如我们从这个案例中所见，此种讨论往往主要侧重于后果考虑。数字技术的出现降低了监控员工的成本，老板也不用亲自介入监控活动。不过，如果某些形式的监控起到反作用，即无意间引发公司希望要防止的行为（如我们在之前案例研究中看到的"偷盗、最低量生产和低效率"），公司就会撤销监视活动，特别是遭到强烈抵制时。之后，保证员工行为的原则就从"各方同意"转变为"相互理解或共同承认现状，因为是否侵犯隐私的界限已日趋模糊……还有一个未受到挑战的假设，即老板监视员工只是因为他们可以这样做，并因此而愈发过分——特别是随着技术进步，监督方式越来越多"（Rosenblat et al., 2014）。因此，如果研究可以表明，极少侵犯员工隐私的绩效监测系统往往让员工更有成效、忠诚，且一般不会抱怨工作环境，那么就一定要选择此种系统，它显然更划算。然而，很少有人会问，员工权利和尊严是否能决定公司前程。

最近监测员工绩效的高科技方法不断开展，人们亦接受了这些措施的必要性和必然性，这或许可以帮助我们理解电话窃听——《世界新闻报》的手段，至少——成为加强调查性新闻报道的有效工具。若私营企业为提升绩效而对员工进行常规监视，那么我们又如何去阻止一个颇具竞争力的新闻集团在日常业务活动中使用类似技术呢？《世界新闻报》在申辩时抗议道："我们要出版报纸。在我们这一行，时间就是金钱。我们必须抢在别人前面发报道。如果新技术能帮我们拿到需要的新闻，我们就用它，至少用到政府或社会大众强烈抵制为止。"他们原本可以补充说，"即使人们有隐私权，公众也有知道我们的世界上正发生之事的权利。我们的工作就是为他们提供一种方便且愉快的途径"。这样的话，我们还需要更深入地解读隐私权，以及监控技术运用上的道德底线，如果有的话。

16.4　伦理反思

什么是隐私，要求普遍的隐私权又有什么意义？这个问题很难回答，不仅因为它有许多不同定义，还因为不同文化对隐私权的期望差别很大。遇到这类问题时，人们的反应一般是耸耸肩，意思是"见到就会明白"。但我们不应就此止步，我们应该考虑隐私和人类尊严之间的联系。电话窃听丑闻之所以会引起公愤，主要是因为它侵犯了人类尊严。

16.4.1　隐私：人类尊严中固有的一种人权

我们在前面章节中看到，联合国的《世界人权宣言》（简称《宣言》）是基于对人的尊严和保障人人都能受到平等保护的深刻承诺。《宣言》的"序言"里写道："对人类家庭所有成员的固有尊严及其平等和不移的权利的承认，乃是世界自由、正义与和平的基础。"第 1 条称："人人生而自由，在尊严和权利上一律平等。他们赋有理性和良心，并应以兄弟关系的精神相对待。"那么，人的尊严是与生俱来的；这在普通人身上和在政治、经济和社会精英分子身上都同样成立。第 22 条宣布："每个人，作为社会一员，有权享受社会保障，并有权享受他的个人尊严和人格的自由发展所必需的经济、社会和文化方面各种权利的实现，这种实现是通过国家努力和国际合作并依照各国的组织和资源情况。"换句话说，政府的存在是为了通过对"经济、社会和文化权利"的保护，从而保证每个人的尊严都受到尊重。第 23 条明确地将人类尊严与政府管理经济的角色联系起来，以便每个人不仅有工作权利，而且"每一个工作的人，有权享受公正和合适报酬，保证使他本人和家属有一个符合人的尊严的生活条件，必要时并辅以其他方式的社会保障"。

《世界人权宣言》第 12 条承认了一系列的隐私权——通常被视为公民权利和政治权利——如果各国政府想达成保护人类尊严的目的，就必须尊重这些权利："任何人的私生活、家庭、住宅和通信不得任意干涉，其荣誉和名誉不得加以攻击。人人有权享受法律保护，以免受这种干涉或攻击。"同时，《宣言》声称，每一项权利都有相应义务，对这些权利的实践加以限制。第 29 条声明，"人人对社会负有义务，因为只有在社会中其个性才可能得到自由和充分发展……人人在行使其权利和自由时，只受法律所确定的限制，确定此种限制的唯一目的确在于保证对他人权利和自由给予应有承认和尊重，并在一个民主社会中适应道德、公共秩序和普遍福利的正当需要"。隐私权是真正存在的，但很少是绝对的。在不同情况下，隐私权可能是合理的，也可能会被中止或受限，但永远不会为侵犯人类尊严的情况辩护。至少，只要《世界人权宣言》仍旧是人类道德要求的可靠声明，此情况就永不会出现。

16.4.2 隐私权的法律保护

虽然所有道德和精神传统普遍承认，人类尊严本身并非一个单一概念，但它却足以理解隐私权及其合法限制的唯一基础。即使在美国关于法律的讨论中，对隐私权的具体文献也只能追溯到最初的《哈佛法律评论》上的文章，作者是后来担任美国最高法院的大法官（1916—1939）的路易斯·布兰代斯（Louis Brandeis）和撒母耳·沃伦（Samuel Warren）的名为"隐私权"的文章（Brandeis and Warren, 1890）。布兰代斯和沃伦认为，隐私权隐含在习惯法传统的方方面面，将其阐释为"独处的权利"。新闻业的无序发展，摄影等技术的进步，已对许多人造成伤害，而现有的保障财产权的侵权法中，却很难找到补救办法，这一现状引起了二人的深思。布兰代斯和沃伦认为隐私权——他们将其视为习惯法中一句名言，即"英国人的家就是他的城堡"的逻辑推广——是"人类更为普遍的豁免权，人格权的一部分"。它超越财产权利的有限范围，尊重每个人"不可侵犯的人格权利"，仅能对无理的个人干预、骚扰、侵犯或监视行为造成的伤害，实施一定的法律保护。

在布兰代斯和沃伦发表这篇开创性文章一个多世纪后，尽管隐私权几乎得到普遍认可，但它仍是哲学和法律辩论的主题之一。2013 年，朱迪思·德休（Judith DeCew）在文章里总结了多次讨论成果，尤其反映了美国对"隐私"的突然关注，该文章被收录在《斯坦福大学哲学百科全书》中（DeCew，2013）。她在总结中引用威廉·普罗塞（William Prosser）对 1960 年前的法律案件中出现的"隐私中四种不同利益"的定义。其中每一个都有声称的具体关心之事，即对隐私权的侵犯：

- 侵扰一个人的隐居或独处，或侵犯其隐私事务
- 公开披露关于个人的不宜宣之于口的私人事实
- 将空穴来风的事情置于公众的视线之下
- 为了其他利益而挪用他人肖像（Prosser，1960：389）

依照德休的观点，哲学辩论涉及这四个领域是使与众不同的单一隐私权索求——正如布兰代斯和沃伦曾主张的那样——生效，还是在各种其他范畴——如对财产权的侵犯或其他侵权行为——中得到更好的理解。然而，对隐私权本质的挥之不去的争议，显然也有实际后果。德休认为，美国和亚洲各国的"隐私保护体系极为有限，只关注行业和政府内部的自我调节，这样一来，获取个人信息仍极为容易"，而与之相反的是，"欧盟和其他国家采取了替代的观点，突出消费者保护和个人隐私，打击公司和政府官员的经济利益"，这在欧盟对其"《欧盟 1995 年数据保护令》中颁布的关于数据隐私的综合规则"的制定中是很明显的：

> 美国通常支持效率论，即企业和政府需要不受限制地访问个人数据，以确保经济增长和国家安全，而欧盟也发出清楚的信号，表明在强大的信息社会中，隐私有着难以估量的价值，因为如今的商业和政府监控无处不在，公民只有在觉得自身隐私能够得到保障时，才会进入在线环境。（DeCew，2013）

总之，在美国缺乏关于隐私权单一定义的共识，这似乎加强了一种尤其不愿意干预企业使用监控技术来促进其商业利益的放任主义态度。

然而，布兰迪斯和沃伦对基于"不可侵犯的人格"的隐私权的原始构想却得到哲学家们的捍卫——像我们自己一样的哲学家——他们呼吁实实在在的人类尊严。正如德休指出的，"给出个人隐私的一般理论是很有可能的"，可以将其理解为"一个人作为人的本质"的一种表现，"它包括个人尊严与诚信，个人自主与独立。尊重这些价值观就是隐私

这一概念的基础与本质"。的确，我们认为这些价值观的总和就是人类尊严，没有它们，隐私权概念可能仍含糊不清，易被忽视。正如爱德华·布鲁斯坦（Edward J. Bloustein）所主张的，"在禁止传播机密信息，如偷听、监视和窃听电话等的不同隐私权案例中，有一条共同主线，那就是在个人自由和人类尊严受到伤害的情况下，保护隐私很重要。总之，对隐私的侵犯即对人类尊严的侮辱"。（Bloustein，1964）

鉴于"人类本质"既有社会性，又有个体的，隐私受到重视就显得一点也不奇怪，因为它有助于"调节社会关系，如私人关系、家庭关系，以及包括医师和病人、律师或会计师和客户、老师和学生之间的职业关系等"。例如，普莉希拉·里根（Priscilla Regan）就很重视隐私的社会性质及其在帮助创建和维护民主方面不可或缺的作用。

> 隐私是一种共同价值，按照这种共同价值，所有人都珍视某种程度的隐私，并且对隐私也有某些共同的感悟。隐私也是一种公共价值，按照这种公共价值，它不只对作为个体的个人有意义，也对民主政治制度影响深远。而且隐私正迅速成为集体价值，因为对任何一个人来说，技术和市场力量都增大了隐私保护的难度，毕竟不是人人都只有一点隐私。（Regan，1995：213）

用德休的话来说，隐私"对个人有内在价值和外在价值，对社会有工具价值"，因为"它增强对个人自主权、人格完整和人类尊严的尊重，鼓励人们做出利于自我发展的决策，同时也提高隐私在各种社会角色和利于社会运作的社会关系中的重要性"。（DeCew，2013）。

虽然隐私受到高度重视，但它既非绝对，也不是保护人类尊严的根本方式。必须要实现隐私权和其他所有有效权利之间的平衡。布兰代斯和沃伦列举了限制隐私权的四种情况，来结束他们对隐私权的讨论，这四种情况主要存在于问题真正具有"公共兴趣或普遍兴趣"的案例中，例如在法院里或其他公众机构里给出的证词。此外，如果问题牵涉"没有产生特别损害的口头传播"，法律可能会忽视个人隐私受到的侵犯。在邻里之间隔着后墙的闲聊和在如《世界新闻报》之类大量流通的通俗报纸上刊登的闲聊之间还是有显著差别的。最后，若个人已经同意发表，就不能再对隐私权问题提起诉讼，例如有些案例中，某人把自己的故事卖给新闻媒体，或同意在电视观众面前讲述自己的故事。此外，布兰代斯和沃伦排除了常用作借口或为侵犯隐私权行为辩护的两种考虑：被披露的问题真相毫无意义，就像说侵犯别人隐私的人没有"恶意"或"个人怨恨"一样没有意义：

> 对应该受到保护的隐私加以侵犯都是同样彻底、同样有伤害性的，无论说话人或撰稿者的行为动机是否被他们自己认为应受惩罚；正如对个性的伤害，和某种程度上想要破坏和平的倾向，同样是不考虑导致诽谤公布的诽谤造成的。（Brandeis and Warren，1890）

布兰代斯和沃伦因关注"由公众传播个人私生活细节而引起个人隐私的侵犯"，被正确地视为"为开始以对自己信息的控制闻名的隐私概念"奠定了"基础"（DeCew，2013）。尽管布兰代斯和沃伦所建议的概念对于新闻集团组织的电话窃听计划的道德异议和法律案件来说是必要的，但是普罗塞所认定的其他问题显然同其开创性的洞察力有关，但是却超出了我们案例研究和讨论的范围。[①]

16.4.3　中国的隐私权

这种关于在法律道德层面主张隐私权时发挥作用的伦理预设的纵览，应提醒我们关注一个关于其文化相对性的更广泛问题。即使在美国，隐私权也没有在宪法的《权利法案》中被特别提及，但出现在格里斯沃尔德诉康涅狄格州案中大法官威廉·奥·道格拉斯（William

---

①　正如在罗伊案（Roe v. Wade）（1973）中那样，在美国最高法院就堕胎的合法性的决定中，隐私权的作用很大程度上同普莉希拉·里根和其他人认同的隐私权的社会层面有关。在某些情况下，美国堕胎的合法性取决于在孕期的什么阶段，州府有权利和义务，打破保护孕妇和医生间互动的假定隐私。按照罗伊案，由于州府没有强烈兴趣在头三个月期间打破他们的隐私，所以在那段时间里，堕胎以及任何其他治疗干预都是合法的。但随着妊娠的演化，胎儿生长发育，州府不仅有兴趣，而且有积极的义务保护未出生孩子的生命，一种干预的义务，因为这样符合公众利益，所以优先于任何对医患关系隐私的担忧。无论罗伊案的决定有何优缺点，它清楚地说明了一个事实：隐私权不是也不能在法律或道德上看作是绝对的。

O. Douglas）的用词中，是从宪法中"延伸出"的一项"界限不明"的权利（DeCew，2013）。正如我们所见，在美国，隐私权已经得到发展且仍具争议。而其他地方又如何呢？德休指出该权利在欧盟比在美国或其他亚洲地方更受保护。那么，隐私权在中国以及在中华文明已经形成主要影响的社会是怎样的情况呢？

那些认为中国文化中没有重视隐私的习惯的人一般会求助于其词源。"Privacy"在中文里是"隐私"，听起来像称呼一个"不体面秘密"的较古老之词。隐私即表示不愿公开，最好远离公众视野的事情，是秘密的意思。然而，同时，它给这样的欲望抱有怀疑，仿佛羞愧是为一些事物保守秘密的唯一理由。这个词似乎也带有包括不正当性行为的不体面行为的嫌疑。这一连串假设在王正方的电影《北京故事》（1986）中被巧妙地探究。该电影描述了一个华人家庭的重聚。在影片里，已移民美国的弟弟携家人回到他姐姐在北京的家中。在那里，他们不但为彼此的感情起争执，还要应付因久别可能导致的疏离感及文化上的误解。在一个场景中，妻子们正讨论他们十几岁的孩子，以及如何正确地教育他们的时候，从没离开过北京的姐姐赵太太，讲她经常打开女儿的邮件，以确保她没有参与任何不体面的事。完全适应旧金山生活的美籍华人方太太问道："但她的隐私呢？"接下来的对话表明赵太太对此不知所措，尤其对话中涉及女儿活动的时候。由于该电影是一部喜剧片，带有一种迷人的轻快风格，了解到隐私的迂回曲折只是两个家庭的成员尝试新的、实现自我的众多方式之一。

那么，《北京故事》反映了中国社会一些现象。在中国隐私权及其保护是怎样的呢？根据曹敬春（音译）的说法，"中国人像其他国家和地区的人一样需要隐私。这个概念，虽然阐释不足，但不是与中国社会和文化格格不入的。从不体面的秘密到个人信息，从隐私任意侵犯到隐私的法律保护，中国人和中国政府已在此领域做了很多"。（Cao，2005）中国法律以各种各样的形式证明了曹的言论。如《中华人民共和国宪法》第38条规定："中华人民共和国公民的人格尊严不受侵犯。禁止用任何方法对公民进行侮辱、诽谤和诬告陷害。"第40条为"中华人民共和国公民的通信自由和通信秘密"提供宪法保护：

除因国家安全或者追查刑事犯罪的需要，由公安机关或检察机关依照法律规定的程序对通信进行检查外，任何组织或者个人不得以任何理由侵犯公民通信自由和通信秘密。（People's Daily Online，2004）

虽然《中华人民共和国民法通则》（简称《通则》）（National People's Congress，1986）没有提及人格尊严或隐私，但《通则》确实既列出了"肖像权"（Article 100）也列出了"名誉权"（Article 101），按照一些观察人士的看法（Ishimaru & Associates，2012），这为保护隐私权提供了基础。

例如，曹对隐私权的中西法律理论做了深入比较，指出中国法律道德中尊重人格尊严的重要性，为进一步改革确立了富有希望的共同基础。具体地说，他分析了中国的具体法律案件和地方立法，表明在中国民法中研讨隐私权的现实态度。那么，不仅对于为个人隐私提供一般性保护而言，而且对于为私营公司滥用个人资料，包括他们参与秘密监控的做法提供补救措施而言，都已经是有基础的了。尽管中国法律的演化可能有利于对政府的广泛豁免，基于其对"国家安全"和相关危急情况的宪法责任，但是会为了利润最大化而从事类似活动的私营企业，也许会冒依据侵权法而受到刑事民事的双重严厉起诉的风险。正如我们在对国际经济伦理关注的其他领域所见，尽管中西方道德和精神传统之间存在明显差异，中国法律的发展还是继续趋向于承认关于隐私价值和向它提供的保护的通用标准。这个领域的发展挑战，以及我们已经评论的其他领域，主要在于执法领域。（Cao，2005）

16.5 结论

随着现代化的推进，隐私的价值已经提升，先在欧洲和北美，随后在整个世界，几乎成为一种道德绝对。而在中国和其他亚洲地区，隐私保护可能会像曹先生所讲的那样，"至少落后西方国家10年"。很明确的是，中国在此领域，如同在许多其他领域一样，正快速追赶。当一些西方国家数字技术的进步可能会废掉关于普遍隐私权的现代假设，并且使其也许不起作用时，任何地方负责任的领导都必须首先学会尊重人格尊严，绝不低估它对各种利益相关者的重要性，当他们试图完成他们自己的合法企业目标时，他们必须平衡这些利益相关者利益的权利。他们必须认识到，如果有隐私权，那么它必须和许多不总是彼此相融的其他权利一起受到尊重。保护隐私十分重要，但并非最最重要或绝对的。懂得如何在此领域采取负责任行为，取决于对数字技术使用和潜在滥用的明智评估，它提供商业组织以权力，只是最近此权力似乎远超出任何人伸手可及的范围。

企业领导，无论变得多么有权，也必须学会面对权力的限制，而且随着重大丑闻和其他违法活动的出现，权力可轻易瓦解。企业无论在采用数字创新中变得多么善于控制形势，它始终不是政府。不同的规则运用基于不同期望，可能给出不同理由。例如，没有企业可能为自己在"国家安全"基础上的秘密监视手段辩护而得到解脱。当高管对无辜的弱势人群，如道勒的家庭，受到电话窃听和其他形式的秘密监视熟视无睹时，很难说新闻公司犯了什么错。正如我们所见，莱韦森报告提供了令人信服的证据，即实际上，新闻媒体的公司文化存在呼吁对媒体伦理严肃审视的问题。接下来，我们可以从新闻公司的失败以及随之而来的损失中了解到不尊重企业权力限制所付出的代价，即使在或尤其在数字技术变革可能无意造成的有无限威力的幻觉世界中。

参考书目

Bergstrom, G. (n. d.). Case study: Hacking and bribery scandal destroys news of the world. *About. com.* Retrieved June 21, 2012, from http://marketing. about. com/od/case_ studies_ and_ tips/a/Case-Study-Hacking-and-Bribery-Scandal-Destroys-The-News-of-the-World. htm.

Bloustein, E. (1964). Privacy as an aspect of human dignity: An answer to Dean Prosser. *New York University Law Review*, 39, 962 – 1007; as cited in DeCew, J. (2013). Privacy. *The Stanford encyclopedia of philosophy.* Retrieved November 3, 2014 from http://plato. stanford. edu/entries/privacy/.

Brandeis, L. & Warren, S. (1890, December 15). The right to privacy. *Harvard Law Review*, 4 (5). Retrieved November 3, 2014, from http://faculty. uml. edu/sgallagher/Brandeisprivacy. htm.

Cao, J. (2005). Protecting the right to privacy in China. *Victoria University of Wellington Law Review*, 36 (3). Retrieved November 3, 2014, from http: //www. victoria. ac. nz/law/research/publications/vuwlr/prev-issues/pdf/vol – 36 – 2005/issue – 3/jing-chun. pdf.

Chandrasekhar, I., Wardrop, M. & Trotman, A. (2012, July 23). Phone hacking: Timeline of the scandal. *The Telegraph*. Retrieved October 21, 2014, from http: // www. telegraph. co. uk/news/uknews/phone-hacking/8634176/Phone-hacking-timeline-of-a-scandal. html.

Davies, N. & Hill, A. (2011, July 5). Missing MillyDowler's voicemail was hacked by News of the World. *The Guardian*. Retrieved November 12, 2014, from http: // www. theguardian. com/uk/2011/jul/04/milly-dowler-voicemail-hacked-news-of-world.

DeCew, J. (2013). Privacy. *The Stanford encyclopedia of philosophy*. Retrieved November 3, 2014, from http: //plato. stanford. edu/entries/privacy/.

DeGeorge, R. (2002). *Ethics of information technology and business* (1st ed.). Hoboken: Wiley-Blackwell.

Fortune Magazine. (2012, May 21). Annual ranking of America's Largest Corporations. *Fortune Magazine*. Retrieved June 22, 2012, from http: //money. cnn. com/magazines/fortune/for-tune500/2012/full_ list/.

Friedman, U. (2011, July 7). Some phone hacking scoops that doomed news of the world. *The Atlantic Wire*. Retrieved June 22, 2012, from http: //www. theatlanticwire. com/global/2011/07/some-phone-hacking-scoops-doomed-news-world/3968.

Greene, R. & Rivers, D. (2012, February 26). Murdoch launches paper to replace disgraced tabloid. *CNN World*. Retrieved October 22, 2014 from http: //www. cnn. com/ 2012/02/26/world/europe/uk-murdoch-sun/.

Hong Kong Human Rights Monitor. (1991). Hong Kong Bill of Rights Ordinance. Retrieved November 3, 2014, from http: //www. hkhrm. org. hk/english/law/eng_ boro 2. html.

Hong Kong Special Administrative Region (HKSAR). (1997). The basic law full text: Chapter III: Rights and duties of the residents. Retrieved on November 18, 2014 from http: //www. basiclaw. gov. hk/en/basiclawtext/chapter_ 3. html.

Ishimaru & Associates. (2012, July). Overview of China privacy rules. *July China Bulletin*. Retrieved November 20, 2014, from http: //ishimarulaw. com/overview-of-china-privacy-rulesjuly-china-bulletin/.

Kaplan, D. A. (2006, September 17). Suspicions and spies in Silicon Valley. *Newsweek Magazine*. Retrieved June 24, 2012, from http：//www. thedailybeast. com/newsweek/2006/09/17/suspicions-and-spies-in-silicon-valley. html.

Kellogg, T. (2005, October). Surveillance, Basic Law Article 30, and the Right to Privacy in Hong Kong. Hong Kong Human Rights Monitor. LC Paper No. CB (2) 259/05 – 06 (01). Retrieved November 19, 2014, from http：//www. legco. gov. hk/yr05 – 06/english/panels/se/papers/secb2 – 259 – 1e. pdf.

Koffman, J. & Smith, C. (2011, July 9). News of the World is no more. *ABC News. Com*. Retrieved June 21, 2012, from http：//abcnews. go. com/International/newsworld-closed-telephone-hacking-scandal/story？ id = 14037284.

Lawrence, A. T. & Weber, J. (2010). *Business and society：Stakeholders, ethics, public policy* (13th ed.). New York：McGraw-Hill/Irwin.

Leveson, B. (2012, November). *Leveson Inquiry：Report into the culture, practices and ethics of the press*. *Vols*. 1 – 1V. London：The Stationery Office. Retrieved November 3, 2014, from https：//www. gov. uk/government/publications/leveson-inquiry-report-into-the-culture-practices-and-ethics-of-the-press.

National People's Congress. (1986, April 12). General principles of the civil law of the People's Republic of China. Retrieved November 20, 2014 from http：//www. china. org. cn/china/LegislationsForm2001 – 2010/2011 – 02/11/content_ 21898337. htm.

Newsmax. (2011, July 8). Prince William's voice mails led to hacking scandal. *Newsmax*. Retrieved November 21, 2014 from http：//www. Newsmax. com/InsideCover/Prince-William-knee-injury/2011/07/08/id/402894/#ixzz3JGoGbcNL.

Owles, E. , Delviscio, J. , Jacquette, R. F. & Donaldson, N. (2011, November 29). Anatomy of the News International Scandal. *The New York Times*. Retrieved June 22, from http：//topics. nytimes. com/top/reference/timestopics/organizations/n/news_ of_ the_ world/index. html.

People's Daily Online. (2004). The Constitution of the People's Republic of China (Updated March 22, 2004; Adopted December 2, 1982). Retrieved November 20, 2014 from http：//eng-lish. people. com. cn/constitution/constitution. html.

Prosser, W. (1960). Privacy. *California Law Review*, 48, 383 – 423; as cited in DeCew, J. (2013). Privacy. *The Stanford encyclopedia of philosophy*. Retrieved November 3, 2014 from http：//plato. stanford. edu/entries/privacy/.

Rayner, G. & Hughes, M. (2012, February 23). Phone hacking：News of the world bosses ordered emails to be deleted. *The Telegraph*. Retrieved on June 21, 2015 from http：//www. telegraph. co. uk/news/uknews/phone-hacking/9102231/Phone-hacking-News-of-the-World-bosses-ordered-emails-to-be-deleted. html.

Regan, P. (1995). *Legislating privacy*. Chapel Hill：University of North Carolina Press, p. 213; as cited in DeCew, J. (2013). Privacy. *The Stanford encyclopedia of philosophy*. Retrieved on November 3, 2014 from http：//plato. stanford. edu/entries/privacy/.

Robinson, J. (2011, July 11). News of the World to close as Rupert Murdoch acts to limit fallout. *The Guardian*. Retrieved June 23, 2012 from http：//www. guardian. co. uk/media/2011/jul/07/news-of-the-world-rupert-murdoch.

Rosenblat, A. , Kneese, T. & Boyd, D. (2014, October 8). *Workplace surveillance*. Data & Society working paper prepared for：Future of Work Project supported by Open Society Foundations. Data and Society Research Institute. Retrieved `October 22, 2014 from http：//www. datasociety. net/pubs/fow/WorkplaceSurveillance. pdf.

Spitzmüller, C. & Stanton, J. M. (2006). Examining employee compliance with organizational surveillance and monitoring. *Journal of Occupational and Organizational Psychology*, 79 (2), 245 – 272. Retrieved June 22, 2012 from http：//onlinelibrary. wiley. com/doi/10. 1348/096317905X52607/abstract.

Stauffer, Z. (2012, March 27). A private investigator explains the "Dark Arts" of Tabloid News. *Frontline*. Retrieved October 21, 2014 from http：//www. pbs. org/wgbh/pages/frontline/media/murdochs-scandal/a-tabloid-pi-explains-the-dark-arts/.

The Associated Press. (2012, June 28). Developments in the British Phone Hacking Scandal. *Fox News*. Retrieved October 22, 2014, from http：//www. foxnews. com/us/2012/06/28/developments-in-british-phone-hacking-scandal/.

The Guardian. (2009, January 19). "Regulation of Investigatory Powers Act 2000. " *The Guardian*. Retrieved November 19, 2014 from http：//www. theguardian. com/commentisfree/libertycen-tral/2009/jan/14/regulation-investigatory-powers-act.

The Guardian. (2011, December 20). *Corrections and clarifications*. Retrieved on June 21, 2015 from http：//www. theguardian. com/theguardian/2011/dec/20/corrections-and-clarifications.

UN General Assembly. (1966, December 19). International Covenant on Civil and Political Rights. Retrieved November 19, 2014, from https：//treaties. un. org/doc/Publication/UNTS/Volume% 20999/volume – 999 – I – 14668 – English. pdf.

Zhu, G. (1997). The right to privacy: An emerging right in Chinese law. *Statute Law Review*, 18 (3), 208 – 214. Retrieved November 3, 2014 from http: //papers. ssrn. com/sol3/papers. cfm? abstract_ id = 1664935.

第十七章 社会环境：慈善

关心社会就是关心你的事业。

（罗世范，《成为终极赢家的18条规则》，2004）

17.1 前言

是否私营企业应将慈善活动作为其商业活动的正常部分？米尔顿·弗里德曼（Milton Friedman）曾建议，慈善事业应作为私人活动，最好留给公司的个人投资者和受益人，此种建议是否妥当？还是应将慈善视为企业承担的一项道德义务，或在国际经济伦理中值得认真考虑的一项活动？若将其视为正常业务之一，应如何将其与企业其他活动关联起来？在众多商业环境下，它是否只是作为营销策略，有可能为企业营造良好声誉？或者它会不会是一个更好的东西——比如一个好公司的标志，表明公司拥护企业公民高标准的意图？那么，慈善事业与企业社会责任有何不同？为了集中关注亚洲商业环境下的这些问题，本书选择对塔塔信托基金进行专门案例研究，包括其历史、基本原理和与支持其家族企业相关的各种目的。目前塔塔集团蓄势待发，准备成为全球市场的重要参与者，那么它是否应该重新考虑其一贯对慈善事业的承诺，还是应将这种努力扩展到一个或多个成员活跃其中的场所？本书选择以全章的篇幅去叙述慈善事业的主题，旨在表明慈善事业不仅与企业社会责任不同，慈善活动也可以而且应该融入在全球市场竞争的所有企业战略计划中。

17.2　案例分析：塔塔集团——有目的的慈善

17.2.1　摘要

塔塔集团是一家印度企业集团，在其发展历史上将其商业成功与"有目的的慈善事业"的积极模式相结合，这一目的从寻求帮助印度人民克服几个世纪的外国统治和殖民主义，逐渐演变为在当代经济和社会快速发展时期为支持社会进步做出各种努力。在拉丹·塔塔的领导下，该集团试图继续忠实传承其家族和文化价值观，同时使其商业活动全球化。这种尝试的关键是 JN 塔塔基金和相关信托基金，其拥有塔塔旗下控股公司 66% 的股份。这些机构体现了塔塔集团持续秉行对慈善事业的承诺。拉丹·塔塔退休后，塞勒斯·米斯特继任，塔塔集团现在面临领导层变革，前景充满挑战。随着集团为未来制定了新路线，问题在于塔塔家族一贯做好人好事的良好声誉，包括其对慈善事业的坚定承诺，能否在未来继续得到保持。当该集团不再由创始人家族成员执掌，当企业迅速发展以抓住全球化带来的机遇时，"有目的的慈善"是否仍然可行？

17.2.2　关键词

塔塔集团、拉丹·塔塔、慈善、企业社会责任、社会投资、共同发展

17.2.3　塔塔集团

塔塔集团是一家印度跨国集团，由"7 个企业部门的 100 多家经营公司组成：包括通信和信息技术、工程、材料、服务、能源、消费品和化学品行业"。2013—2014 年，塔塔集团所创造的利润超过 1030 亿美元，在六大洲雇用超过 581000 名工人（Tata Group，2014a）。

19 世纪 60 年代后期，创始人贾姆斯吉·塔塔（Jamsetji Tata）（1839—1904），古吉拉特人，放弃作为家族的印度拜火教徒祭司的传统，尝试接触商业。根据塔塔集团记载，他在印度"殖民统治造成的消极绝望情绪达到顶峰"时期开始其商业生涯（Tata Group，2014b）。最

终，这种历史背景激发了他建立企业的动力，要发展印度的工业技术。由于解放印度的最有效长期策略包括创造最终能有助于管理一个独立国家事务的劳动力队伍，贾姆斯吉确定塔塔公司作为一个框架，在三个主要领域指导印度人民：钢铁生产、发电和科学研究。

1892 年，为支持印度年青一代的高等教育，JN 塔塔基金应运而生，塔塔集团的第一个慈善倡议由此开始。贾姆斯吉·塔塔对慈善事业的看法如下："我们所有人之中有一种慈善是司空见惯的……这是一种拼盘慈善，为衣衫褴褛的人们遮体蔽履，为穷人提供食物，为病人提供治疗。我远非谴责寻求帮助贫穷或痛苦同胞的这种崇高精神，但是一个国家或社会要取得进步，并非靠扶助弱小和无助成员，而是提升最好和最有天赋的成员，以激发他们对国家做出最大贡献。"（Tata Group，2014c）后来塔塔子公司（1938—1991）主席 JRD 塔塔（1904—1993）采纳并改编圣雄甘地的"托管"理念，将塔塔慈善与塔塔集团的关系制度化（Sarukkai，2012 年）。在过去一个世纪里，塔塔子公司一直坚持这种慈善模式，目的是使人们能够在自己领域取得成功，不仅支持该集团成长，而且发展整个印度的公益。

17.2.4　现代的进步

1990 年代，印度当时的财政部长曼莫汉·辛格（Manmoham Singh）和当时的总理那拉西玛·拉奥（Narasima Rao）推出经济改革，恰逢1991 年塔塔集团新任主席拉丹·塔塔（Ratan Tata）入职。在全球化前夕，塔塔集团备受信赖，但在全球化方面缺乏灵活度。许多外来产品和企业不断侵蚀印度国内市场，这导致许多人质疑塔塔模式的可行性（Engardio，2007）。然而，为对这些质疑作出回应，除开发创新技术，集团还努力培养了一批得力员工、管理人员和工程师。

拉丹·塔塔的继任引发重大争议。不少人批评他缺乏经验。塔塔钢铁公司董事长罗赛·莫迪（Russi Mody）是贾姆斯吉的一个好朋友，他将拉丹比作马戏团小丑（Chandok，2013）。与怀疑者所预期的恰恰相反，在拉丹的领导下，集团以其对捷豹、路虎和科鲁斯钢铁等的全球收购而名声大振。为证明集团的全球化战略，拉丹承诺"将保持和巩固自身传统和竞争力"，同时"保持［收购］的特有形象完好无损"（Timmons，2008a）。虽然一些观察家（Bajaj，2012）实用主义地称赞塔塔的全球战略——在捷豹和路虎的转型中取得了显著的成功——但其他人强调如何寻求建立"多元化的团结"反映了深深根植于印度历史的文化价值观（Suman Kumar，1992）。几千年来，各种文明、宗教、政权支配着印度，但其核心文化一直完好无损。显然，塔塔集团寻求在其海外收购管理中鼓励尽可能多的当地自治。

多元化使得塔塔集团成为茶和钢铁业中最大企业之一，同时也在软件工程领域取得领先地位。即使该集团所创造的收益已从58亿美元增加到1032.7亿美元（Tata Group，2014g），它在完成其业务目标的同时，将继续坚定致力于解决社会需求。如2010年，塔塔集团向哈佛商学院捐赠5000万美元，这是哈佛商学院从海外组织获得的最大捐赠（Kumar and Yu，2010）。许多印度和美国学者认识到，拉丹·塔塔对这些项目的个人兴趣是长远的。但是，向哈佛商学院提供如此一份礼物，是一个新出发点，符合塔塔集团的全球化战略。《时代》杂志的编辑法利德·扎卡利亚（Fareed Zakaria）说："捐赠5000万美元给哈佛商学院是拉丹·塔塔扩大其集团国际范围所作努力的一部分。塔塔最终将会成为一个全球性公司，自然哈佛商学院是合适扩大其影响力的好地方。"

17.2.5 塔塔的行动哲学

塔塔集团的良好意图，以及实现这些意图所面临的意想不到的挑战，可在其尝试制造和推广世界上最便宜的汽车——塔塔纳努汽车中一览无遗（BBC，2011a）。2009年，纳努汽车大张旗鼓地推出，代表了该集团希望不仅在印度，而且在整个发展中世界为社会真正的需求提供服务。纳努汽车为紧凑型家用车，最初售价为1万卢比（约合2500美元），旨在为印度家庭提供安全的出行选择，取代了摩托车，因为对于印度的道路状况来说，出行开摩托车是危险的。然而，实现良好意图从来并非易事。某些评论家将这种汽车贬低为"穷人的车"（*The Times of India*，2013），而其他人根据近期它在德国进行的国际公认碰撞试验中失败而批评其安全记录（Oltermann and McClanahan，2014）。还有人质疑塔塔汽车公司为成功实现其销售目标，使得纳努对环境产生不良影响（Kamenetz，2009）。显然，纳努将比预期替代的摩托车产生更严重的空气污染，但当该汽车自身存在严重的安全问题时，这种折中的选择是否可以接受呢？

所以，塔塔汽车公司最初决定在西孟加拉邦建造纳努汽车时就引发争议。由于当地的农民及其政治盟友认为该工厂对西孟加拉邦整体发展有害，生产必须迁移到古吉拉特邦（Bhaumik，2009）。拉丹·塔塔决定搬迁到古吉拉特邦时，表面上是由于"员工面临抗议活动的风险"（Chandran and Dahr，2008）。当地人对致力于农业的地区建立一个工业中心表示不满，该抗议很快被政治化，充满暴力。由于三分之二的印度人仍依赖农业获得生计，印度农业和工业部门之间的关系一直是一个主要摩擦点（Chandran and Dahr，2008）。西孟加拉邦政府为工厂获得占地400公顷的农田，同时承诺向该土地的所有者进行赔偿。其中拥有160公顷土地的农民拒绝放弃土地，引起争端，从而成为引发抗议的导火线。当他们威胁对准备建设工厂的工人实施暴力行为时，拉丹·塔塔决定将工厂迁移到古吉拉特邦。虽然这次搬迁导致纳努汽车延迟发售，一些观察家称赞拉丹·塔塔的这个决定，再次表明集团关注供应链每一个点的利益相关者。可以肯定的是，农民抗议成功也意味着，失去迫切需要用以振兴西孟加拉地区经济工业的工作机会。在这点上，当地政府指责反对党不负责任地"带头抗议"，支持抗议的政客们都很奇怪拉丹·塔塔为什么突然决定撤出此项目。尽管销售业绩令人失望，且其他挫折并行，[①] 塔塔汽车重申其对纳努的承诺，将其作为一个创新尝试，为刚刚摆脱贫困的人提供基本交通工具。

同时塔塔也忙着解决其他社会问题。该集团努力提高最需要帮助的人群的生活水平，例如通过各种行动改善人们对生活资源——水的获取。塔塔花了十多年时间开发"斯沃琪"水过滤系统（BBC，2009）。公司希望通过降低消除水污染的经济和社会成本，改变全世界近10亿人缺乏清洁水的现状。"斯沃琪"水过滤系统首先引入印度。印度因不安全饮用水造成的死亡人数高于艾滋病死亡人数（Tata Chemicals，

---

① 在此时（2014年），很明显，拉丹·塔塔因纳努的失败责怪西孟加拉邦的反对派领袖马达·班纳吉和其他政治家，他们教唆农民，鼓动迫使塔塔将厂址迁移至古吉拉特邦的萨纳恩德。在塔塔看来，后续的延迟发售，所有寄于纳努汽车发售的希望都烟消云散。显然从那以后几年，他对纳努汽车衰落一事的愤怒并未随之消散（Moitra，2014）。

2009）。事实上，鉴于低成本和积极的社会影响，"斯沃琪"水过滤系统在 2010 年亚洲创新奖的评比中获得金牌。塔塔集团的"斯沃琪"水过滤系统无需电源，仅需十分之一卢比就能净化一公升水。此外，额外添加的锁系统能防止使用可能危及该过程效力的伪造模块。

塔塔的哲学理念的另一个显著方面在于，它认为加强教育是可持续发展的关键。塔塔钢铁组织的教育质量改进项目，在解决问题、执行任务和创新三个领域对学生进行教育（Wadia，2011）。塔塔还赞助印度学校的年度会议，学生可以在其中展示可持续发展的最佳实践并相互学习。负责这次活动的塔塔质量管理服务顾问迪帕里·米斯拉（Deepali Misra）解释说："最好的部分在于学校将互相学习，分享积极事物。我们的主要动机是在其所有活动中实施和促进质量和绩效的概念。"（The Telegraph，2012）2012 年，共有 21 所学校参加该会议，共展示 73 个最佳实践。拉丹·塔塔说，这些项目的最终目的在于帮助人们进行自助。

集团在教育、水技术和开发廉价汽车方面的努力表明，公司意识到什么对客户、对整个社会是重要的。塔塔的经营理念是通过创新为所有人改善生活，最终达到持续发展的目的。

17.2.6　企业慈善组织

塔塔的使命宣言是"在塔塔集团，我们致力于提高我们所服务社区的生活质量，通过在我们所经营的业务领域努力取得领导地位和全球竞争力以达到此目标。我们将所赚得东西回馈社会的做法，唤起消费者、员工、股东和社会的信任。我们承诺保护通过我们经营企业的方式以赢得信任的领导力的传承"（Tata Group，2012）。

即使集团在拉丹·塔塔的指导下成长，前任们所灌输的指导原则并未改变，改变的是实施这些原则的方式。在努力推行严格组织性的同时，拉丹·塔塔赋予信托基金一个统一的治理结构，着重将慈善事业与企业责任的现代观念结合起来。从 JN 塔塔基金会（1892）开始，信托基金持续完成在高等教育中的原初使命，每年向印度学生提供 120 个奖学金名额，用于研究生在海外留学——现在组织成两大群体。第一个群体为杜拉比塔塔信托基金（1932）和联合信托基金，它们向各种机构和个人提供大量慈善捐助，支持非营利组织，侧重以下领域："自然资源管理和农村生计、城市贫困和生计、教育、卫生、民间社团、治理和人权、媒体、艺术和文化"（Tata Group，2014f）。另一个集群由拉坦·塔塔爵士信托基金（SRTT，成立于 1919 年）和纳瓦白·拉坦·塔塔信托基金（NRTT，成立于 1974 年）组成。SRTT 和 NRTT 通过在各领域和旨在改善"农村生计和社区、教育、健康、加强民间社团和治理、艺术和文化以及体育"的各计划，"为各个机构提供机构赠款，寻求成为促进发展的催化剂"。（Tata Group，2014f）

　　鉴于信托公司和塔塔子控股公司的重叠领导，企业及其所支持的慈善机构之间的关系立刻就产生了问题。应该如何管理此种关系？塔塔发言人表示，75% 的信托基金来自塔塔子公司的股息，其余为信托基金本身的投资收益。因此，信托公司独立于其大部分收入所依赖的业务进行运作。"我们的信托基金不涉及企业社会责任；它们更是一个福特基金会那样的基金累积机构。"例如联合信托基金"支持不同类型的非政府组织——有的从事社会工作，有的搞研究，而其他人则以社区为基础——通常为三至五年"。塔塔集团报告表明，这两个群体"对其所资助的非政府组织具有严格的鉴定、评估、会计和审计要求。项目必须旨在致力于社区的可持续性，且资金通常根据接收方的要求分阶段提供"（Tata Group，2014f）。

　　联合信托基金的负责人萨洛什·巴里瓦拉（Sarosh N. Batliwala）表示，信托公司和控股公司之间保持着适当距离，通常信托公司不鼓励或支持塔塔公司所管理的项目。然而，在特殊情况下，它们之间会开展合作，用联合信托基金项目经理阿伦·潘迪（Arun Pandhi）的话来说，这是"知识共享"。为避免可能发生的利益冲突而导致彼此关系管理不善，它们皆一致坚持塔塔的"核心价值观"，即"诚信""理解""卓越""团结"和"责任"，这正是贾姆斯吉·塔塔最初倡议的"将所得回馈社会"赋予了生命力。为支持其核心价值观，自 1998 年以来，信托基金和各业务都遵守了塔塔行为准则（Tata Group，2014e），这是一份长达 25 个条款的文件，几乎涵盖管理和公司治理的方方面面。此外，双方都参加了成立于 1996 年的塔塔社区倡议理事会，以便创造"结构化方法和具体过程……接受一系列可持续发展倡议，如社区外联、环境管理、生物多样性复原、气候变化举措和员工志愿服务等"（Tata

Group，2014d）。其最有力的成就是与印度联合国全球契约以及联合国开发计划署（印度）合作建立审计和评估程序，即塔塔可持续人类发展分类学指数以及塔塔可持续发展指数——这可显著提高信托基金和各业务在实现企业社会责任和慈善活动目标方面的绩效。

当然，这些倡议背后旨在实现不同业务和慈善活动一致性的推动力量是拉丹·塔塔本人。20多年前，当制定集团全球化战略时，他深知（Kripalani，2004）集团需要达到前所未有的协调水平，以确保塔塔商标保持"在众多多元化和独立运营公司中成为卓越的统一象征"（Kamath，2014）。因此，他建立塔塔质量管理服务，将其作为整个组织"塔塔之路"制度化的杠杆点（Pednekar，2005）。通过这个体系，该企业历史上所追求的理想通过使用塔塔经营卓越模式进行系统推广——该计划受美国马尔科姆·巴尔德里奇国家质量奖启发，旨在提供"集团范围内的平台，鼓励、支持并承认那些致力于将经营卓越原则融入运营的公司"（Kamath，2014）。然而，拉丹·塔塔职业生涯中最大的一个成就可能是，他将塔塔经营卓越模式发展为问责模式方面取得的成功，此模式超越了对守法问题的狭隘关注，使集团能够保持其独特的企业文化，同时深化其在所有社会和金融运作方面的卓越承诺。

17.2.7　光与影

拉丹·塔塔之所以在世界各地赢得尊重，是因为他成功地延伸了集团对印度社会利益的承诺。他从未被认为是一个公众人物，而更多是一个按良心办事的商人和捐助人。2010年之前，拉丹·塔塔的个人行为或他对塔塔集团整体的管理从未有任何丑闻。然而，在2010年，曾经是拉丹·塔塔竞争对手的印度议会成员拉杰夫·钱德拉塞卡（Rajeev Chandrasekhar），指控拉丹·塔塔涉嫌参与2008年以来的印度电信丑闻（India Knowledge at Wharton，2010）。印度顶级审计师——印度总审计长和稽核员——的一份报告声称，在2G手机频谱的分配方面存在严重违规现象，这使政府损失约400亿美元收入。

拉杰夫·钱德拉塞卡称，塔塔购买定价过低的许可证，再出售给日本NTT Docomo的过程中增加了塔塔电信服务的股票价值。尽管没有证据表明拉丹·塔塔在Docomo购买塔塔电信服务的股份时，采取不道德或非法行为获得许可证，而使塔塔集团大大受益，拉丹·塔塔和集团公关代表及说客尼拉·拉迪亚（Niira Radia）间的一个录音对话似乎表明该公司在电信部长安迪穆苏·拉贾（Andimuthu Raja）的选举中存在利害关系（Thottam，2010）。正是拉贾的监视下，2G许可证被卖给印度许多私人公司，而没有遵循总理的指导方针以可接受价格范围出售。随着指责越来越严厉，拉贾引咎辞职。为回应拉杰夫·钱德拉塞卡的宣誓证词，拉丹·塔塔写了一封公开信，谴责这些指控是"基于谎言和扭曲的事实"。他总结道："我大可高昂抬头，说塔塔集团和我在任何时候都没有参与过这些犯罪行为。"（Thottam，2010）尽管拉丹·塔塔一再否认且审计报告确认拉贾未曾给予塔塔任何特殊待遇，但此项调查仍在进行。

在围绕古吉拉特邦的塔塔蒙德拉超大功率项目的争议中，集团宣称的对塔塔经营卓越模式的承诺与管理大型工业化项目的复杂性之间的差异显而易见。塔塔电力是印度最大的电力供应商。当完全投入使用后，该项目将增加4000兆瓦发电量，使塔塔电力总发电量达近7000兆瓦，其中852兆瓦（约12%）来自"水电、风能和太阳能等清洁能源"（Moneycontrol，2012）。塔塔电力公司声称，因蒙德拉将使用170万吨煤来生产与传统煤电厂相同的电力，该项目实际上将减少火力发电造成的碳排放。先进技术以及从印度尼西亚进口的高级煤将有助于减少排放。

虽然环境质量取得预期增长，伴随而来的是对蒙德拉的新指控，一方面是奶牛养殖环境，另一方面则是沿海渔业。显然，塔塔电力公司已能够解决由于建设发电厂而使该地区一半的奶农失去放牧地的担忧。在与受到影响的村民协商后，塔塔创造了另一个慈善信托基金。该信托基金使得受影响的奶农能够为他们的牲畜购买饲料，而不是继续努力在工厂的边际土地上生产饲料。印度班加罗尔管理学院的学者就塔塔对奶农的措施进行分析，赞扬公司在协调慈善信托与业务运作方面的有效性，以创建"公司负责任地参与社区活动，尤其是当基础设施需要收购大量土地时"的最佳实践模式（Gupta and Srinivasan，2011）。然而，塔塔与渔民的问题尚未取得令人满意的结果。

蒙德拉厂址位于古吉拉特的刻赤海湾。得益于靠近海湾，塔塔电力公司能够通过海运接收印尼煤炭。海湾的海水也为工厂提供水源，该工厂使用蒸汽驱动的涡轮机，基于超临界锅炉技术产生电力。发电厂附近的渔村将面临一系列"环境和社会［影响］，包括水质和鱼群恶化、渔民迁移、因空气排放造成的社区健康影响以及自然栖息地的破坏"（Bank Information Center，2013）。独立实况调查小组对塔塔蒙德拉项目提出《权力真正代价》的报告（Dutta，2012），该报告记录渔业工人权利斗争协会的指控，他们抗议该项目破坏其传统生活方式，及造成环境质量下降。这些指控极为严重，他们声称塔塔集团及其合作伙伴世界银行的国际金融公司，利用其影响力颠覆了环境影响评估进程本该标明的项目选址存在的固有问题。因此，世界银行自身的守法顾问监察员已经证实渔业工人权利斗争协会的调查结果，但国际金融公司的回应尚不清楚。由于守法顾问监察员的调查结果还涉及国际金融公司"客户"的尽职调查，即塔塔电力的全资子公司海岸古吉拉特电力有限公司，对他们就塔塔集团对可持续发展和对印度当地农村社区的尊重，它所作出的各种承诺的有效性和诚挚性提出了不可避免的问题。是否塔塔经营卓越模式中表现的"塔塔之路"在塔塔蒙德拉的决定中有所迷失？是否正如批评家所说，塔塔蒙德拉"正进行一个问责制的笑话"（Patel and Damle，2014）？

17.2.8　前景光明？

不可避免的是，塔塔集团未来将面临更大挑战。尽管拉丹·塔塔取得了进步，但是成为一个具有真正国际视野的公司的任务仍将落到其继任者塞勒斯·米斯特里（Cyrus Mistry）身上（Kannan，2011）。塞勒斯·米斯特里作为印度亿万富翁及塔塔子公司集团最大个人股东的儿子，与塔塔集团有着紧密联系，因为他的姐姐也嫁给塔塔家族的成员（Hill，2011）。此外，米斯特里与塔塔家族属于相同的拜火教社区，两个家族均信奉琐罗亚斯德教。当米斯特里的任命在《米斯特里时期开始，谜之终结》一文中公布时（*The Economic Times of India*，2011a），文章指出了塔塔如何通过拒绝放弃从创建以来一直使集团充满生气的家族遗产和文化遗产来选择领导力的连续性。关于"谜（Mystery）"和"米斯特里（Mistry）"的文字游戏促使一位观察家评论说："塔塔印度模式的优越性和西方企业不愿向塔塔学习被说成真正的'谜'，尤其考虑到它帮助塔塔在悠久历史中维持成功。"（Hill，2011）

　　然而，当米斯特里接手时，估计在过去几年中塔塔资本的总体表现一直不佳，这个拥有 182 个子公司的庞大企业像一棵蔓生的榕树，需要修剪——这一做法更符合通用电气前任主席杰克·韦尔奇（Jack Welch）的无情哲学"杀、治、卖"的传统（*The Economist*，2012b）。与此同时，塔塔集团还有一些业绩很好的单位，如塔塔咨询服务，2010 年其股东回报率为 150%，被认为是世界上最佳业绩的技术公司之一（*The Economic Times of India*，2010b）。塔塔子公司在慈善事业、公司治理和创新理念方面赢得无数奖项。但在"塔塔经营卓越模式"中制度化的"三重底线"要求下，集团绩效不仅仅按投资回报来衡量。长期以来，塞勒斯·米斯特里一旦脱离拉丹·塔塔投下的巨大影子，他面临的挑战就是，塔塔的财务业绩是否能够跟上塔塔信托日益增长的需求，是否能跟上塔塔信托自身实现塔塔经营卓越模式中指出的标准的努力。

17.2.9　总结

　　塔塔集团的历史表明有可能将企业成功与对企业慈善事业的坚定承诺相结合。本案例中所审查的报告显示，解决经济金字塔底部需求及促进国家发展的做法可转化为国际商务中的竞争优势。然而，个人领导力似乎是成功公式的重要组成部分。随着拉丹·塔塔主席退休，不确定的是塔塔新领导能否继续以同样价值观为基础，同时实现全球竞争力。随着塔塔集团的持续发展，以及塔塔信托基金的收入不断增加，两家都面临挑战，要继续坚持塔塔对印度经济、社会和文化发展的承诺，同时也期望公司治理和管理所有方面的透明度和当责制。尽管偶尔会出现失误——如涉及塔塔蒙德拉的争议中，有理由希望赛勒斯·米斯特里坚持塔塔经营卓越模式，这能促使集团和信托基金不断改进以达到这些目标。正如米斯特里最近宣布的，"塔塔经营卓越模式一直是凝聚整个集团和提升塔塔品牌的粘合剂"（Tata Group，2014h）。

17.3　案例分析讨论

塔塔集团的传奇使我们重新审视对公司慈善事业的各种道德争议，因为塔塔信托基金控制着集团近三分之二的股份，若不考虑南亚和东亚范围，它是印度最大的慈善机构集团。由于该信托基金有近 125 年的历史，它们也使我们有机会了解到企业慈善事业如何演变，特别是面临新的社会挑战时如何应对。随着拉丹·塔塔辞去塔塔集团主席一职，他全身心投入到管理塔塔信托基金中去。他的主要目标是通过引入类似于塔塔经营卓越模式中推广的管理方法来提高信托的有效性："希望能够将信托的慈善活动视为企业实体：设定目标，看效率，监测我们正在进行之事的结果和好处……用传统方式来操作也许是信托最大的弱点；变革会受到巨大阻力，但我还是不动摇这种态度"。他承认，"首先应该考虑的是走出去，看看其他基金会在做什么，拓宽自身思路，用他人标准衡量自己"。（*Philanthropy Age*，2014）

拉丹·塔塔清楚，管理信托涉及某些不同于协调构成塔塔集团的多种行业的挑战。其中一个如我们所看到的，是对集团的企业社会责任和信托的慈善活动进行区分和关联的需要。由于实践中这些内容将会而且应该在各种情况下产生关联，无法对其进行区分会造成不必要的混乱。塔塔汽车公司在西孟加拉邦遇到的纳努制造工厂厂址的问题，同样塔塔电力在古吉拉特邦塔塔蒙特拉与当地奶牛场和渔民社区也产生问题，都应视为企业社会责任的问题。塔塔信托公司可能会为解决这些问题提供一些资源，但是慈善事业本身几乎无法解决这些问题。

在塔塔之路范围内，两者的区别如下："慈善就是尽可能贡献最佳方法，来改善被置于你道路上的人的福祉，"塔塔工业公司董事、塔塔社区倡议理事会主席基绍·乔卡（Kishor Chaukar）说，"相比之下，企业社会责任是将一个企业或公司的活动与其运营所在社区的福祉联系起来"（Chacko，2011）。差异之处在于认识到"将塔塔公司的世界与塔塔信托所支持的工作分开的那道粗大的界线"。此种隐喻可能还无法向不熟悉"塔塔之路"的人传达。但是，本文案例表明塔塔对"改善被置于你道路上的人的福祉"的慈善承诺意味着信托基金将在塔塔集团积极参与的任何场所努力响应其社会和文化需求。其慈善事业不再仅专注于印度人民。另外，"将一个企业或公司的活动与其运营所在社区的福祉联系起来"意味着塔塔集团将对其所有利益相关者承认其企业社会责任的义务，无论他们会在何时及如何受到公司企业活动的影响。

在实践中，这种差异意味的其中一方面是，两者间的财务及其管理结构严格保持分离。信托机构官员不直接与塔塔公司合作开展企业社会责任计划。杜拉比塔塔信托公司的管理受托人 A. N. 辛格解释说："我们与塔塔公司保持适当距离，因为若我们为其中一些公司及其计划提供资金，这种情况将会变得很奇怪。他们的钱是以股息形式给我们。我们无法将其送回；这是不道德的"（Chacko，2011）。另外，如我们所了解，两者之间存在知识和信息共享，特别是关于当地需要和如何才能最好解决这些问题的办法。然而，很明显，拉丹·塔塔致力于将企业社会责任和慈善事业分割开来，他试图使信托基金现代化，引入塔塔经营卓越模式的方法来衡量其表现，这将不可避免倾向于减少差异。塔塔本人似乎渴望做得更多。他承认，虽然塔塔集团每年度预算的 4% 专门用于企业社会责任活动，但塔塔信托基金作为印度慈善事业中最大的单一贡献，其每年平均仅支出 9200 万美元。

塔塔信托基金也因其与圣雄甘地的托管理念的关系而令人瞩目，托管理念作为处理巨大财富为那些拥有财富者造成的问题的最实际方式，同时也解决了不仅是印度的，也是全世界的公众因某种原因享用不到它的问题。本章将进一步探讨甘地的实际建议，但是现在重要的是，认识到塔塔家族试图将甘地的建议付诸实践的过程中所出现的一些问题。正如我们在几个地方所注意到的，信托基金持有塔塔子控股公司近三分之二的股份，这一比例使得包括塔塔家族在内的各个股东所持有的股份相形见绌。信托公司的所有权股本现在反映在《公司章程》中，该章程给予他们在负责任命塔塔集团主席的选举委员会中的多数（Chatterjee，2013）。由于拉丹·塔塔目前担任塔塔信托基金主席，所以即使退休后，他仍然保留对集团执行领导的决定性一票。底线是，在寻求其给予股东的回报最大化的同时，塔塔集团是在为信托基金工作，而不是相反。塔塔决心在塔塔集团和信托基金之间保持一条"清晰的分割线"，最终取决于两个实体的行政领导层个人诚信的问题。显然，我们将不得不采纳拉丹·塔塔的意见，也就是说，这条线是否足够明晰，即使无法消除，是否能将所有可能的利益冲突最小化。

不可否认的是，塔塔信托基金是印度最大的慈善团体。如2009—2010年，其赠款和捐款约为1.05亿美元（Chacko，2011）。但考虑到信托基金控制着商业帝国近三分之二的股份，其当年创收达674亿美元，净利润约为23亿美元这样的事实（*The Economic Times of India*，2010a），那么有一个问题是，信托基金是否可以做得更多？对信托基金2010—2011年度报告的审查不仅为已实现的透明度和当责制水平，也为比较低的管理基金成本提供可信证据。在杜拉比塔塔信托所得的3060万美元收入中，只有110万美元（或3.63%）用于管理。同样，在联合信托（联合信托基金）所得的6180万美元收入中，只有130万美元（或2.1%）是管理费用（SDTT Annual Report，2011）。当观察其他塔塔信托基金时，情况是一样的。在同一时期，拉坦·塔塔爵士信托基金的报告显示，其管理费用为51万美元（或2.68%），而纳瓦白·拉坦·塔塔信托基金所报告的行政费用为19万美元，或少于1%（SRTT Annual Report，2011）。相比之下，在美国，估计"慈善机构每花费1美元，实际上仅用了36.9美分"其他用于管理，包括筹款费用。当然，塔塔信托公司与塔塔子控股公司的关系，不会产生筹款费用，但即使如此，塔塔信托基金在分配赠款和其他利益至其慈善对象方面的有效性着实令人印象深刻。[①]

尽管他们取得了可观成绩——或也许正是由于这一点——塔塔信托的故事提出了关于是否应将其视为慈善家，特别是南亚和东亚地区的榜样。在下一节中，将暂不讨论米尔顿·弗里德曼从哲学上对企业慈善事业提出的异议，但塔塔在印度反殖民主义和新殖民主义斗争中的角色，仍有一些问题值得探讨。如果印度没有发现自身受到外国殖民势力的占领和统治，他还会创立信托基金吗？在今天正努力在全球化时代确立自

---

① 塔塔信托基金的年度报告值得进一步研究，因为从2006—2007年度开始就公布其联合信托基金报告（SDTT，2013），从1999—2000年度开始公布拉坦·塔塔爵士信托基金和纳瓦白·拉坦·塔塔信托基金报告（SRTT，2014），这些报告对其业务的方方面面进行相当详细的评估。有了这些年度报告，观察员得以研究信托基金的发展情况，特别是在拉丹·塔塔掌舵期间的情况，这些年度报告也是在其领导下制定的（SRTT，2014）。

己地位的印度，使塔塔信托充满生气的愿景能激发同样的努力，取得相似的结果吗？问同样问题的另一种方式会出自对塔塔家族的琐罗亚斯德教徒信仰和实践的考虑。印度的拜火教社区①以其商业头脑、社会责任感和慈善活动闻名。塔塔家族致力于慈善事业的例子，至少在拜火教徒中，只能说很特别，却并非独一无二。但是否此种努力能在印度众多非拜火教徒中引起共鸣，受到他人模仿呢？若塔塔信托要成为别人复制的慈善模式，那么应如何处理呢？

　　塔塔整体品牌的一个关键主张是，信托基金对慈善事业的非凡承诺要完全符合塔塔集团的典范业务实践。塔塔经营卓越模式和其他计划都证明了集团不断努力做到这一点。塔塔家族意欲在经济伦理和慈善事业中建立起高度的道德标准。当然，这种对道德领导的主张也引起了更多审查。例如，塔塔集团最近就遇到困难，塔塔纳努的发售和塔塔蒙德拉发电厂的发展及种种其他事情都表明，想提高公众期望，必须付出一定代价。考虑发展自身慈善事业的公司也应认识到，在慈善领导力方面取得不错的声誉并不足以掩盖其经济伦理方面的缺点。相反，在慈善事业中建立良好的声誉，可能会提高整个公司业务实践中的道德标准期望。因此，教训并非在于避免参与慈善活动，而是要做好充分准备，去满足这些活动在其业务所有方面产生的高期望。我们认识到慈善领导会引起更高强度审查，而塔塔集团的运营未沾染任何丑闻和道德争议，这一点是非常值得赞扬的。错误是有的，但鉴于集团业务的规模和范围，这些错误相对来说真是非常少。

17.4　伦理反思

　　现在我们可以回答一个悬而未决的问题，就是塔塔集团和塔塔信托之间的关系问题。慈善事业和企业社会责任之间有什么区别？在研究"塔塔之路"之后，我们看到一个更实用的答案，而非空谈：由信托基

---

　　①　关于拜火教和塔塔家族经营理念的文化内涵的背景研究，可参见《好帕西：后殖民社会中殖民精英的命运》（The Good Parsi: The Fate of a Colonial Elite in a Postcolonial Society）（Luhrmann，1996）。

金资助的项目与塔塔子控股公司的运作严格分开。一方面，虽然塔塔集团的企业社会责任活动总预算约占净利润的 4%，但公司将这些活动视为"社会发展计划"并以此进行管理，作为其日常和持续的业务战略的一部分（Chacko，2011）。另一方面，如我们所见，信托基金着重解决整个社会各个群体和个人的需求，而非直接与塔塔集团的业务关联。虽然这两种不同战略所服务的受益人可能严重重叠，同时通过共同参与塔塔社区倡议理事会进行重要的"知识共享"，但是两者的财务结构和管理进行了严格区分。

塔塔集团和信托基金所制定的政策，与国际上各种将慈善事业和企业社会责任之间作出理论区分的尝试是一致的。第一个主要区别在于"博爱"和"慈善"之间，其中"博爱"是指以爱心回应他人需要的个人行为。博爱通常涉及无条件地给予支持和帮助以即时缓解困境，而慈善涉及某种有组织的努力来确定不幸产生的原因并解决这些问题。正如中国的谚语所说："授人以鱼，不如授人以渔。"施舍是在人饥饿时给他鱼，而慈善是教会一个人钓鱼，使他不用再挨饿。

第二个主要区别涉及企业——区别于个人——慈善的性质。"塔塔信托"所代表的"企业慈善"体现慈善（字面上是"人性之爱"）最初的利他主义意义，"由于它不是基于经济、法律或政治考虑，被认为是'纯粹伦理'"。然而，由于涉及企业资金的使用，这种捐赠伴随着最低限度地对"受益人的良好治理"的期望来完成（Leisinger and Schmitt，2011）。与企业社会责任活动相比，企业慈善事业"远远超出了底线职责所要求的"，可以展示"管理层的价值框架、公司文化和核心价值观"。然而，由于企业慈善事业可以并且在众多社区和利益相关者中"产生积极的'道德资本'"，超越企业的直接业务关系，所以这些副作用是值得向往的，可对其进行管理，以实现与企业业务目标的一致性。对企业慈善事业的管理越与企业目标战略性地一致，企业慈善事业就越接近企业社会责任。两者之间的实质性重叠看来无法避免。

当芝加哥经济学派著名学者米尔顿·弗里德曼（1912—2006）反对企业社会责任构想时，他所针对的是企业慈善而非企业社会责任。他认为"企业有且仅有一个社会责任，那就是只要它遵守游戏的规则，就能使用其资源，并参与旨在增加利润的活动，也就是说，参与开放和自由竞争，而不进行欺骗或欺诈"（Friedman，1970）。作为个人自由的捍卫者，原则上弗里德曼并不拒绝慈善或慈善构想——好像这些活动是不道德或不负责任的——但在他看来，这些仅作为个人的合法选择。他认为，企业或其行政领导层分配部分公司资源用于履行企业社会责任，是对企业所有者或投资者征税，剥夺他们的利润份额。因此，他将企业社会责任描述为追求"未使用集体主义手段的集体主义目的"。弗里德曼如何评论塔塔家族成立各种塔塔信托基金，尚无人知晓，因为这是塔塔集团历任主席的个人决定，旨在善用塔塔家族长期以来坚持的拜火教信仰和文化价值观。可以想象，弗里德曼可能赞同塔塔信托公司，因为它们并不一定会抢占其他股东权利，如塞勒斯·米斯特里的父亲，拥有塔塔子公司18%的所有权股份，凭此来决定如何利用其他股份。另外，正如我们在第十二章中所看到的，毫无疑问弗里德曼会反对在支付给任何股东包括塔塔信托公司以股息之前，制定塔塔集团年度企业社会责任总预算。

17.4.1　企业慈善——安德鲁·卡内基的财富福音

当试图在全球流传的理论中找到塔塔家族致力于企业慈善事业的基本原理时，我们不妨从安德鲁·卡内基（Andrew Carnegie）（1835—1919）的例子开始。卡内基的著名小册子《财富的福音》（The Gospel of Wealth）（Carnegie，1889）提出慈善事业现代实务的基本原理，以及慈善家在管理活动中的作用。作为一名1848年移民到美国的苏格兰人，卡内基为美国钢铁公司的奠基人，该公司曾是美国第一批大工业企业之一。1901年，卡内基将其公司出售给摩根大通，随后投身慈善事业，建立了数量可观的图书馆、博物馆、大学和基金会。卡内基《财富的福音》的观点与弗里德曼观点的不同之处在于他展示了富人应该如何行使其道德责任，而非思考商业公司性质或其运作其中的市场本质。他非常坚持的一点是，在适当时刻，富人应抽身离开活跃的企业管理领域，通过自己选择的项目或基金会分配其所积累财富，以推动整个人类社会进步。① 卡

---

① 他所想到的一个明显例子是，为了防止结束1898年美西战争的条约造成美国吞并菲律宾的结果，他提出捐赠2000万美元给菲律宾。美国同意向西班牙支付2000万美元，以补偿其失去了菲律宾，以便自己占有这些岛屿。卡内基是美国反帝联盟的坚定支持者，该联盟游说国会反对吞并菲律宾（Carnegie，1920）。

内基认为他们的成功极有可能教会了他们所需的管理技能，得以确保其财富进行明智分配，所以他们的个人参与至关重要。

卡内基的《财富的福音》旨在解决富人和穷人间日益扩大的差距所代表的社会状况，在他看来，此种差距是 19 世纪现代工业资本主义发展，生产率空前提高所带来的。受赫伯特·斯宾塞的社会达尔文主义哲学的影响，他认为财富的急剧增长及其对社会团结的传统纽带的破坏性影响在历史上是不可避免的，随着社会不断发展也是有益的。因此，不应通过故意忽视人类本性的革命推翻现代工业资本主义。相反，每个人，尤其是成功人士，都应该利用他们所掌握的资源，以真正有益于他人的方式对其财富进行分配，以此来克服其破坏性后果。

卡内基认为，财富对成功积累财富的个人及其家庭来说，代表着道德风险。在他看来，社会达尔文主义认为富人们引人注目的消费最终会使他们自毁，因为其令人萎靡的效应无法与"适者生存"所需的严格纪律相协调。由于财富必须进行重新分配，要避免其对拥有者的毒害作用，真正问题在于要确定如何避免其负面后果，即使是分享财富，也会带来负面后果。

虽然卡内基被认为是一个伟大的慈善家，但他对慈善、遗产以及这些事物对捐赠者和受援者的影响，即使谈不上愤世嫉俗，显然也是毫无感情的。他认为，"不加区分地施舍是人类发展的重大障碍之一"。他指的是随机"施舍"，这种施舍只会"鼓励人们继续懒惰、醉酒、一事无成"。在这个类别中，他也针对那些单纯依靠家庭关系继承财富的人们。"为什么人们要给他们的孩子留下巨大财富？如果这是出于慈爱，这难道不是错误的爱吗？经观察，这教会人们一个道理……就是留下大量遗产只会伤害受益人，并非为他好。"因此，"一个思考周全的人必然简要地说，'我留给儿子万能金钱的同时，同样留下了诅咒'，并对自己承认，留下这些巨大遗产，不是为了孩子的福祉，而是来自庭的自豪感"。因此，他建议逐渐提高"死亡税"或继承税，最高税率至少为50%。他的观点是，若道德不能说服富人在其有生之年明智分配财富，那么在其死亡时面临的没收性税收政策的威胁可能会推动他们这样做。

然而，卡内基个人不得不面对的挑战是，他要卖掉钢铁公司，该公司创造了当时单次最大的商业交易记录。一个人能拿这么多钱做什么呢？卡内基将自己的选择概括如下："剩余财富只能通过三种模式进行处置。要么留给死者的家属；要么作为公共遗赠；要么，第三种，为其继承者在其有生之年进行管理。"他认为，考虑到头两种选择中存在的下行风险，第三种才是唯一明智选择，即通过基金会来管理个人财富，这些基金会承诺改善因现代工业资本主义胜利而加剧的社会问题。

> 那么，这应视为富人的本分：树立起平和朴素的生活榜样，避免摆阔或奢侈；适度满足依赖他的人的合法需要；在这样做之后，考虑其简单作为信托基金所得的所有多余收入，他被要求管理这些基金，并受到严格义务的约束，按照，据他判断，经过最佳盘算好来为社区产生最有利效果的方式加以管理——富人于是就成为其贫穷同胞们的单纯代理人和受托人，将其优越智慧、经验和管理能力带入到对他们的服务中去，对他们做的比他们可能为自己做的要更好。（Carnegie，1889）。

卡内基的个人经历教会了他这样的看法：人类的精神需求比任何其他需要和欲望更有吸引力。由于只有普遍有机会接受教育，接受文学艺术，接受哲学启蒙，才能满足这种需求，所以他的慈善事业往往侧重于建立公共图书馆、博物馆和教育机构，这并不奇怪。

17.4.2　企业慈善——甘地的托管概念

塔塔创始人是否熟悉卡内基的"财富福音"尚未可知，但有明确证据表明 J. R. D. 塔塔是熟悉这一点的，并受圣雄甘地极其相似的思想启发（Sarukkai，2012）。卡内基和甘地之间的一个相似点是托管理念。正如卡内基所说，"个人主义将继续，但百万富翁将成为穷人的受托人，在一段时间里被委以管理社区增加的大部分财富的重任，但为社区对它进行管理，远比社区自身做得更好"。甘地也提出一个类似的托管理念：

> 对目前的财富拥有者来说，他们必须在阶级斗争和自愿转变为其财富的受托人之间作出选择。他们被允许保留对其财产的管理，利用其才能来增加财富，为了国家利益而非自身利益，因此，不会

出现剥削。国家将管控他们与所提供的服务相称的佣金率及对社会的价值。富人的孩子只有在证明自己适合情况下才能继承管理权……假设明天印度成为一个自由国度，所有资本家都有机会成为法定受托人。这种法规并不会从上往下实行，它必须从下往上（Kelkar，1960）。

这是 1946 年甘地在印度最终向大英帝国争取独立前夕，发在他每周出版物 *Harijan* 中的言论。

甘地支持托管的过程与卡内基有些相似，也有些不同。两人都有放弃个人财富的经历，并希望别人也做同样的事情。两人都非常关注贫富差距日益扩大带来的破坏性社会后果，均认为拥有超越任何合理需要的财富以满足自己需要，在精神上、道德上都是有腐蚀性的。此外，两者都尊重能够积累巨大财富的个人能力，并认识到，其才能若以服务整个社会为目的将能更好进行管理。但他们之间也有差异，这种差异主要基于他们不同的文化背景和哲学倾向。甘地对印度富裕家庭的青睐意在为他们提供一种符合非暴力哲学的替代方案，他终身致力于解放整个印度。若印度强行镇压富人，则会丧失获得真正和平革命的机会。

社会将更加穷困，因为它将失去懂得积累财富之人的天赋。因此，非暴力方式显然占上风。富人将得以继续拥有他的财富，将根据个人需要合理使用这些财富，并将作为所剩财富的受托人，将其用于社会。在此过程中，假设受托人是诚实的。只要一个人把自己视为社会公仆，为了社会利益去赚取财富，为了社会利益去使用财富，那么其所得是纯粹的，在其整个历程中就有了非暴力哲学。更多的是，若一个人的心灵转向这种生活方式，那么整个社会将会和平进行革命，没有任何痛苦（Kelkar，1960）。

甘地向那些接受其代管责任的人承诺，这么做就能得到净化，这源于他对印度教经典"薄伽梵歌"的冥想。他相信，薄伽梵歌对富人所传达的信息是简单引导："通过放弃财富而享用财富。"他解释说："用一切办法去赚钱，但要知道，你的财富不是你的；它是属于人民的。根据你的合法需要拿走你所需要的，剩余的一切要用于社会。"显然，若将这个想法传达给卡内基，他应该会认同，但因为弗里德曼绝对主张私人财产权，这个想法应该会被弗里德曼彻底拒绝。但是，作为一个经济学家，弗里德曼不会也没有谴责个人慈善行为，他认为有钱人可以把钱花在任何事情上，无论钱花得有多么愚蠢或多么挥金如土。这是个人自由选择，没有人有权挑战他们。相比之下，甘地和卡内基确实对这些提出挑战。他们认为，若富人能在有生之年把钱花在为整个人类服务的工作中，他们就可以过上有意义且充实的生活。

在遇到甘地并了解到其托管理念时，塔塔家族已经创造了第一个信托基金。1909 年，当甘地积极参加南非的反种族隔离运动时，拉丹·塔塔向他捐赠了 25000 卢比来支持他的工作。后来，甘地回到印度后，在 1925 年访问了塔塔家族的模范工业城贾兹韦德布尔。尽管他们之间存在宗教分歧和文化差异，塔塔家族和甘地对印度民族解放及与经济发展有关的各种问题，包括劳动者福利和雇主的高度道德责任，都达成深刻共识。两人在如何合理地实现资本家在没有政府监管的情况下遵循高标准的经济伦理的问题上，产生了分歧，甘地显然欣赏生产力发展和经济激励的必要性，若能创造足够财富，那么托管则可以有所作为（Sarukkai，2012）。因此，托管在其适用性方面具有普遍性。劳动者是自身劳动的受托人，正如物主和管理者是其资本及其所贡献的其他资源的受托人。

多年后，J. R. D. 塔塔在回顾其职业生涯时，重申了塔塔家族对托管的承诺：

> 我必须说，我基本上一直都认同甘地的托管理念，并在我整个职业生涯中努力这样去做。事实上，我们集团的各个公司，在可能的情况下，都正式将其采纳为信条的一部分。正如在我们见面时所说的，我唯一的疑虑是此概念所能达到的实际效果，特别是一方面，考虑伦理标准，或没有伦理标准，这在今天我国大部分商界中似乎很盛行，另一方面，考虑教条的社会主义观和作为结果而发生的我们政府对私人企业持有的敌意（Sarukkai，2012）。

塔塔家族和甘地都认为，为了使托管产生效用并在印度的发展中发挥预期作用，它必须以非暴力哲学或非暴力精神自发完成。J. R. D. 塔塔对这项工作的贡献在于为托管制度化建立一个可信模式。其实践方法涉及采取政策，特别是在塔塔钢铁公司所采取的政策，这些政策符合托管对平等主义的渴望。塔塔钢铁公司的政策是开创性的自愿实验，花费了大约 30 年时间才被纳入印度劳动法。

17.5　结论

企业社会责任是每个企业都需要的，而慈善事业可能不适合每个人。慈善事业需要的道德领导，不仅是为满足企业对各利益相关者的法律和惯例义务。这些义务在企业社会责任的名义下获得适当承认并得以履行，因为这些义务旨在达成企业的任何合法索赔，不造成任何损害，或反过来说，做好人做好事。当然，慈善事业关乎个人和公司。个人慈善是个人寻求与他人分享财富的行为；而企业慈善通常通过改善整个社会条件而建立信托或基金，代表商业组织对同一诉求采取行动。本章的重点是企业慈善事业，探讨其动机及它如何融入企业与运营所在社区关系的总体情况。

企业慈善事业试图超越企业与其各种利益相关者之间的相处以及应为他们所做的事情。这并非是为补偿那些受到企业日常运作负面影响的人，也并非试图通过礼品或赠款获得其所经营社区的赞誉，但至少一定程度上是为提高企业的商业前景。参与企业慈善事业的动力来自对公民美德的正确理解，即对好公民的正确理解——或者如果你愿意的话，也可理解为爱国主义——正确理解的好公民呼吁我们去完成我们所能做的，建立起一个社区，让所有生活在内的人都蓬勃发展。无论是以个人还是企业形式，慈善事业都关注财富的适当使用，因为富人既有完成这项服务的负担，又有机会享受这项服务。在这两种形式中，它表达了对社会团结的承认，也就是说意识到每个人的命运——包括富人，穷人和其间的每个人——都是相互依存的。若我们能够改善他人的生活质量，我们就应该这样做。

无论什么样的具体宗教、文化和哲学假设赋予了慈善活动以生命力，本章对它们的研究表明，全球范围内形成一个共识，这不仅关乎于企业慈善的目的，也关乎实现此目的的适当手段。虽然卡内基和塔塔家族来自不同世界，但他们在做什么及应该怎么做的问题上，观念极其相似。这类慈善家试图使托管——或他们的捐助管理中的代管工作——变得实际和具体。他们的榜样，以及许多无名的榜样，继续吸引有钱的个人，这一点从全球日益增长的对例如比尔·盖茨和沃伦·巴菲特制定的、邀请亿万富翁承诺至少捐出一半财富用于慈善的"捐赠誓词"的兴趣中可以看得很清楚（Lane，2013）。虽然此誓词并不要求富人们直接参与管理这些活动，但它确实反映了塔塔家族所倡导的价值观。我们希望对塔塔信托基金传承的一番细致审视能够激励整个亚洲人民，加入到队伍中一同努力，保证他们不断增长的财富着实为共同利益服务。

参考书目

Bajaj, V. (2012, August 30). Tata Motors finds Success in Jaguar Land Rover. *The New York Times*. Retrieved on August 13, 2014, from http：//www. nytimes. com/2012/08/31/business/global/tata-motors-finds-success-in-jaguar-land-rover. html.

Bank Information Center. (2013). *Tata Mundra Power Plant*. Retrieved on August 15, 2014, from http：//www. bicusa. org/feature/tata-mundra-power-plant/.

BBC News. (2009, December 7). India's Tata launches water filter for rural poor. Retrieved on May 8, 2012, from http：//news. bbc. co. uk/2/hi/business/8399692. stm.

BBC News. (2011a, November 21). Revamp for India's Tata Nano—The World's cheapest car. Retrieved on May 8, 2012, from http：//www. bbc. co. uk/news/world-asia – 15815850.

BBC News. (2011b, June 20). India: Tata becomes India's wealthiest Group. Retrieved on May 7, 2012, from http：//www. bbc. co. uk/news/world-south-asia – 13838362.

BBC News. (2012, January 5). India car boss Ratan Tata admits Tata Nano 'mistakes'. Retrieved on May 8, 2012, from http：//www. bbc. co. uk/news/world-asia-india – 16427707.

Bhaumik, S. (2009, September 1). Tata seeks compensation over Nano. *BBC News.* Retrieved on May 8, 2012, from http：//news. bbc. co. uk/2/hi/south_ asia/8231972. stm.

Carnegie, A. (1889). *The Gospel of Wealth*. Retrieved on June 16, 2014, from http：//carnegie. org/fileadmin/Media/Publications/PDF/.

Carnegie, A. (1920). *The autobiography of Andrew Carnegie.* London: Consn & Co. , Ltd.

Chacko, P. (2011, May). Trust quotient. *Tata Group.* Tata Trusts/Feature Stories. Retrieved on August 17, 2014, from http：//www. tata. com/ourcommitment/articlesinside/v3fvyGw4b5Q = /TLYVr3YPkMU = .

Chandok, Ish. (2013, September 9). Ratan Tata—The profile of a Leader. *India O-pines.* Retrieved on August 13, 2014, from http：//indiaopines. com/ratan-tata-profile-leader/.

Chandran, R. & Dhar, S. (2008, September 2). West Bengal protests lead Tata to halt all work on Nano car factory. *The New York Times.* Retrieved on June 3, 2012, from http：//www. nytimes. com/2008/09/02/business/worldbusiness/02iht-tata. 4. 15840470. html.

Chatterjee, D. (2013, April 11). Trusts to have sweeping powers to select, remove Tata Sons chair-men. *The Business Standard.* Retrieved on August 4, 2014, from http：// www. business-standard. com/article/companies/trusts-to-have. . . g-powers-to-select-re-move-tata-sons-chairmen – 113041100023_ 1. html.

Corporate Eye. (2008, May 20). Tata Group—A company that lives integrity. Re-trieved on June 20, 2012, from http：//www. corporate-eye. com/blog/2008/05/tata-group-a-company-that-lives-integrity/.

Dutta, S. (2012). *The real cost of power.* The Bank Information Center. Retrieved on August 15, from http：//www. bicusa. org/wp-content/uploads/2012/07/Real + Cost + of + Power. pdf.

Engardio, P. (2007, August 2). The last Rajah. *Bloomberg Businessweek.* Retrieved on June 21, 2015, from http：//www. bloomberg. com/bw/stories/2007 – 08 – 02/the-last-rajahbusinessweek-business-news-stock-market-and-financial-advice.

Friedman, M. (1970, September 13). The social responsibility of business is to in-crease its profits. *The New York Times Magazine.* Retrieved on June 16, 2014, from http：//www. umich. edu/ ~ thecore/doc/Friedman. pdf.

Gopalakrishnan, R. (2004, March). The challenge of growing. *Tata Group.* Re-trieved on May 6, 2012, from http：//www. tata. com/article. aspx? artid = RZMDxj GlK9Y = .

Gupta, A. & Srinivasan, V. (2011). *When principles pay：Tata Power Plant Mun-*

dra（Working Paper：346）. Indian Institute of Management Bangalore. Retrieved on August 7, 2014, from http：//www. iimb. ernet. in/research/sites/default/files/WP% 20 No. % 20346. pdf.

Hill, A. （2011, November 28）. Tata can take a long view on succession. *The Financial Times.* Retrieved on June 21, 2012, from http：//www. ft. com/cms/s/0/a04030ce – 1762 – 11e1 – b00e – 00144feabdc0. html#axzz1yiVws36Y.

Hindustan Times. （2012, April 27）. Tatas to raise R&D spending, cut costs. Retrieved on May 10, 2012, from http：//www. hindustantimes. com/business-news/CorporateNews/Tatas-to-raise-R-amp-D--spending-cut-costs/Article1 – 847308. aspx.

India Knowledge@ Wharton. （2010, December 2）. India's 2G telecom scandal spans the spectrum of abuse. Retrieved on July 15, 2012, from http：//knowledge. wharton. upenn. edu/india/article. cfm? articleid = 4549.

Kamath, G. （2014, July）. The excellence journey. *Tata Group.* Feature stories. Retrieved on August 15, 2014, from http：//www. tata. com/company/articlesinside/The-excellence-journey.

Kamenetz, A. （2009, March 23）. Tata Nano：What's the environmental impact of 14 million more cars in India? *Fast Company.* Retrieved on August 5, 2014, from http：//www. fastcompany. com/1229612/tata-nano-whats-environmental-impact – 14 – million-more-cars-india.

Kannan, S. （2011, November 30）. Can Mistry transform TATA's global brand? *BBC.* Retrieved on July 13, 2012, from http：//www. bbc. co. uk/news/business – 15959912.

Kelkar, R. （Ed.）. （1960, April）. *M. K. Gandhi on Trusteeship.* Published by Jitendra T. Desai Navajivan Mudranalaya, Ahemadabad – 380014 India. Retrieved on June 14, 1914, from http：//www. mkgandhi. org/ebks/trusteeship. pdf.

Kripalani, M. （2004, July 25）. Ratan Tata：No one's doubting now. *Bloomberg Businessweek Magazine.* Retrieved on August 15, 2014, from http：//www. businessweek. com/sto-ries/2004 – 07 – 25/ratan-tata-no-ones-doubting-now.

Kumar, G. S. & Yu, X. （2010, October 28）. Tata's top executive embraces philanthropy. *The Harvard Crimson.* Retrieved on June 23, 2012, from http：//www. thecrimson. com/arti-cle/2010/10/28/tata-business-school-group/.

Lane, R. （2013, February 19）. The Giving Pledge goes global—Warren Buffet details America's latest 'export'. *Forbes.* Retrieved on June 19, 2014, from http：//

www. forbes. com/sites/randall-lane/2013/02/19/the-giving-pledge-goes-global-warren-buf-fett-details-americas-latest-export/.

Leisinger, K. M. & Schmitt, K. (2011, April 17). Corporate responsibility and corporate philanthropy. *United Nations Organization.* Retrieved on July 25, 2014, from http://www. un. org/en/ecosoc/newfunct/pdf/leisinger-schmitt_ corporate_ responsibili-ty_ and_ corporate_ philanthropy. pdf.

Luhrmann, T. M. (1996). *The good Parsi: The fate of a colonial elite in a postcolo-nial society.* Cambridge, MA: Harvard University Press.

Marlow, I. (2011, August 24). Telecom scandal shakes India's most beloved indus-try. *The Globe and Mail.* Retrieved on August 15, 2014, from http://www. theglobeand-mail. com/report-on-business/telecom-scandal-shakes-indias-most-beloved-industry/arti-cle591884/? page = all.

Mazumdar, R. (2011, November 24). Cyrus Mistry is mature enough to handle re-sponsibility: KC Mehra, resident director Shapoorji Pallonji Group. *The Economic Times.* Retrieved on July 13, 2012, from http://articles. economictimes. indiatimes. com/2011 – 11 – 24/news/30437735_ 1_ cyrus-mistry-ratan-tata-sir-nowroji-saklatvala.

Moitra, S. (2014, August 7). Ratan Tata blames Mamata Banerjee for failure of Nano; TMC reacts by calling him 'delusional'. *DNA India.* Retrieved on August 13, 2014, from http://www. dna-india. com/money/report-ratan-tata-blames-mamata-baner-jee-for-failure-of-nano-tmc-reacts-by-calling-him-delusional – 2008685.

Moneycontrol. com. (2012, October 8). Tata Power synchronises third 800 MW unit at Mundra UMPP. Retrieved on August 8, 2014, from http://www. moneycontrol. com/news/business/tata-power-synchronises-third – 800 – mw-unit-at-mundra-umpp_ 766254. html.

Nadkarni, A. G. & Branzel, O. (2008, March). The TATA way: Evolving and ex-ecuting sustain-able business strategies. *Ivey Business Journal.* Retrieved on June 18, 2012, from http://www. iveybusinessjournal. com/topics/strategy/the-tata-way-evolving-and-exe-cuting-sustainable-business-strategies.

Oltermann, P. & McClanahan, P. (2014, January 31). Tata Nano safety under scrutiny after dire crash test results. *The Guardian.* Retrieved on August 8, 2014, from http://www. theguardian. com/global-development/2014/jan/31/tata-nano-safety-crash-test-results.

Parsi Khabar. (2011, August 15). The story of India through powerful leaders: Ratan Tata. Retrieved on July 13, 2012, from http：//parsikhabar. net/individuals/the-story-of-india-through-powerful-leaders-ratan-tata/3279/.

Patel, B. & Damle, H. (2014, June 20). Tata Mundra：Making mockery of accountability. *Bretton Woods Project*. Retrieved on August 15, 2014, from http：//www. brettonwoodsproject. org/2014/06/tata-mundra-making-mockery-accountability/.

Pearson, N. (2012, March 8). Tata prefers clean-energy projects over coal in chase for growth. *Bloomberg*. Retrieved on May 10, 2012, from http：//www. bloomberg. com/news/2012 – 03 – 08/tata-prefers-clean-energy-projects-over-coal-in-chase-for-growth. html.

Pednekar, M. C. (2005). *Corporate social responsibility & business strategy—A case study on the Tata Group under Mr Ratan Tata*. Babasaheb Gawde Institute of Management Studies. Retrieved on June 22, 2012, from http：//www. mmbgims. com/docs/full_ paper/5_ Mahesh_ pp. pdf.

Philanthropy Age. (2014, February 6). Ratan Tata：India's icon. Retrieved on July 25, 2014, from http：//www. philanthropyage. org/2014/02/06/indias-icon/.

Sarukkai, S. (2012). JRD Tata and the Idea of Trusteeship. In：Murzban Jal (Ed.), *Zoroastrianism：From antiquity to the modern period*, *PHISPC* (*Project of History of Indian Science*, *Philosophy*, *and Culture*) 2012. Retrieved on August 11, 2014, from http：//eprints. manipal. edu/78163/1/Zoroastrianism_ – _ JRD_ Tata_ %26_ the_ idea_ of_ trusteeship – _ SS-textbook. pdf.

SDTT. (2013). Annual Reports. *Sir Dorabji Tata Trust and the Allied Trusts*. Retrieved on August 20, 2014, from http：//www. dorabjitatatrust. org/id/85/Annual%20Report/.

SDTT Annual Report. (2011). *Sir Dorabji Tata Trust and the Allied Trusts—Caring for what matters—Annual report for* 2010 – 2011. Retrieved on August 20, 2014, from http：//www. dorabjitatatrust. org/pdf/SDTTAnnualReport2010 – 11. pdf.

Shaaw, R. K. & Philip, S. (2011, November 24). Tata names Mistry to succeed Ratan as chairman, ending yearlong search. *Bloomberg*. Retrieved on June 20, 2012, from http：//www. bloomberg. com/news/2011 – 11 – 23/mistry-will-replace-ratan-tata-as-head-of-india-s-biggest-business-group. html.

SRTT. (2014). Downloads. *Sir Ratan Tata Trust & Navajbai Ratan Tata Trust*. Retrieved on August 20, 2014, from http：//www. srtt. org/downloads/download. htm.

SRTT Annual Report. (2011). *Annual report 2010 – 2011—Sir Ratan Tata Trust & Navajbai Ratan Tata Trust*. Retrieved on August 20, 2014, from http：//www. srtt. org/

downloads/annual/srttannualreport2010 – 11. pdf.

Sullivan, P. (2012, August 15). Survey: Charities should spend 23 % on over-head. *The NonProfitTimes—The Leading Business Publication for Nonprofit Management*. Retrieved on August 20, 2014, from http://www.thenonprofittimes.com/news-articles/survey-charities-should-spend – 23 – on-overhead/.

Suman Kumar, T. K. (1992). *India: Unity in diversity*. New Delhi: Anmol Publications, Publishers & Distributors.

Tata Chemicals. (2009). Tata Swach. Retrieved on June 18, 2012, from http://www.tatachemicals.com/products/tata_ swach.htm.

Tata Group. (2012). Tata code of conduct. Retrieved on August 11, 2014, from http://www.tata.com/aboutus/articlesinside/Tata-Code-of-Conduct.

Tata Group. (2014a). Leadership with trust. Retrieved on August 11, 2014, from http://www.tata.com/aboutus/sub_ index/Leadership-with-trust.

Tata Group. (2014b). The giant who touched tomorrow. Retrieved on August 11, 2014, from http://www.tata.com/aboutus/articlesinside/AapOEYsYNwI =/TLYVr3YPkMU =.

Tata Group. (2014c). The quotable Jamsetji Tata. Retrieved on August 11, 2014, from http://www. tata.com/article/inside/The-quotable-Jamsetji-Tata.

Tata Group. (2014d). Values and purpose. Retrieved on August 15, 2014, from http://www. tata.com/aboutus/articlesinside/Values-and-purpose.

Tata Group. (2014e). A tradition of trust. Retrieved on August 14, 2014, from http://www. tata.com/aboutus/articlesinside/A-tradition-of-trust.

Tata Group. (2014f). The Tata Council for Community Initiatives. Retrieved on August 11, 2014, from http://www.tata.com/ourcommitment/articlesinside/Tata-Council-for-Community-Initiatives.

Tata Group. (2014g). Tata Group Financials. Retrieved on August 13, 2014, from http://www.tata.com/htm/Group_ Investor_ GroupFinancials.htm.

Tata Group. (2014h, July). TBEM has been the glue binding the group together. Retrieved on August17, 2014, from http://www.tata.com/article/inside/TBEM-has-been-the-glue-in-binding-the-group-together.

The Economic Times of India. (2010a, August 6). Tata Group: The numbers. Retrieved on August 20, 2014, from http://economictimes.indiatimes.com/top – 10 – tata-group-companies-by-revenues/tata-group-the-numbers/slideshow/6264312.cms.

The Economic Times of India. （2010b，June 13）. TCS ranked fifth in Bloomberg Businessweek's Tech 100. Retrieved on July 16，2012，from http：//articles. economic-times. indiatimes. com/2010－06－13/news/27632754＿1＿tech－100－shareholder-re-turn-tcs.

The Economic Times of India. （2011a，November 24）. Mystery ends，Mistry begins. Retrieved on July 17，2012，from http：//epaper. timesofindia. com/Repository/getFiles. asp？Style＝OliveXLib：LowLevelEntityToPrint＿ETNEW&Type＝text/html&Locale＝eng-lish-skin-custom&Path＝ETM/2011/11/24&ID＝Ar00100.

The Economic Times of India. （2011b，June 23）. Tata group leaders praise Ratan Tata's leadership. Retrieved on May 10，2012，from http：//articles. economictimes. in-diatimes. com/2011－06－23/news/29694693＿1＿ratan-tata-salt-to-software-managing-director-kishor-chaukar.

The Economic Times of India. （2012，March 6）. Tata Steel India's most admired company：Fortune. Retrieved on May 7，2012，from http：//articles. economictimes. in-diatimes. com/2012－03－07/news/31127909＿1＿tata-steel-india-tata-tech-hay-group.

The Economist. （2012a，February 11）. Megahurts. Retrieved on July 15，2012，from http：//www. economist. com/node/21547280.

The Economist. （2012b，December 1）. From pupil to master：Ratan Tata's succes-sor，Cyrus Mistry，has some dirty work to do. Retrieved on August 16，2014，from http：//www. economist. com/news/21567390－ratan-tatas-successor-cyrus-mistry-has-some-dirty-work-do-pupil-master.

The Telegraph. （2012，February 15）. Lessons in good practices on display. Re-trieved on June 22，2012，from http：//www. telegraphindia. com/1120215/jsp/jhar-khand/story＿15134578. jsp.

The Times of India. （2013，November 29）. Ratan Tata：Marketing Nano as 'chea-pest car' was a mistake. Retrieved on August 15，2014，from http：//timesofindia. indi-atimes. com/business/india-business/Ratan-Tata-Marketing-Nano-as-cheapest-car-was-a-mistake/article-show/26588240. cms.

Thottam，J. （2009，April 13）. The world's cheapest car debuts in India. *TIME*. Re-trieved on May 13，2012，from http：//www. time. com/time/magazine/article/0，9171，1889168，00. html.

Thottam，J. （2010，December 14）. War of words escalates in India's telecom scan-dal. *TIME*. Retrieved on June 2，2012，from http：//www. time. com/time/world/article/

0，8599，2036867，00. html.

Timmons，H. (2008a，March 26). Ford sells Land Rover and Jaguar to Tata. *New York Times*. Retrieved on May 10，2012，from http：//www. nytimes. com/2008/03/26/business/worldbusiness/26cnd-auto. html.

Timmons，H. (2008b，January 4). Tata pulls Ford units into its orbit. *New York Times*. Retrieved on May 10，2012，from http：//www. nytimes. com/2008/01/04/business/worldbusiness/04tata. html? _ r = 1.

Wadia，J. (2011，October). Excellence in education—A unique initiative launched by Tata Steel aims at promoting excellence in education. *Tata Group/Sustainability/Feature Stories*. Retrieved on August 13，2014，from http：//www. tata. com/article/inside/jB! $$$$!S!$$$! Ra8Bxs = /TLYVr3YPkM = .

第十八章 社会环境：福利和 企业社会责任

通过建立新的社会保障制度，可以缩小贫富差距。

（罗世范，《成为终极赢家的 18 条规则》，2004）

18.1 前言

Pronto moda（快时尚）是一个用"意大利制造"标签营销的服装的新风格。这种风格备受争议，不只因为服装便宜，更新速度快，而且因为制造方式，即中国移民和外籍劳工涌入老工业城市普拉托进行生产。中国移民在"血汗工厂"制造的廉价服装可以使用"意大利制造"的标签吗？普拉托市应如何应对大量涌入的移民，这些劳动力肯定能帮助振兴一些行业，但同时也改变了城市的社会环境。关于普拉托的案例研究不仅旨在说明普拉托的状况，而且说明其城市对突然出现的亚洲移民挑战的反应。当然，我们还需要探讨冲突，本章也有在普拉托地区以及为了普拉托地区实现共同利益所涉及的教会、企业和政府机构的合作和相互支持的案例。

本章从案例研究中获得启示，因为如果公益可以在劳动力本身现在能够跨越国界寻求新机会的全球市场上寻求的话，那么普拉托的故事就有助于界定那种必须针对的考虑。当地方传统和制度被来自其他有显著历史文化差异的国家的大规模移民工人潮淹没时，寻求保护工人权利和人类尊严的普遍道德标准是否还能被坚持？任何社区对于必须接待的新来者应该有何种关心标准呢？移民要在当地社区安顿下来，他们和社区管理者应为此做些什么呢？他们的责任应该如何集中在全球化社会中对公益的新追求呢？

18.2　案例研究：普拉托遇到中国，追求公益

18.2.1　摘要

意大利的普拉托是传统纺织区，其中中国移民建成了如今欧洲最大的华人社区之一。他们的到来促进了"意大利制造"服装行业创新的浪潮。中国企业家推出一种"快时尚"的生产模式，这种模式背离了意大利人传统的质量标准。对这种现象的看法是两方面的。一方面，中国人被认为是全面的威胁；另一方面，中国人被认为是目前面临全球化挑战的产业的生存资源。此案例解决了关于外国投资和移民工人的几个关键问题：如移民对当地法律、新工作和财富的态度，传统工艺的传承，东道国和移民社区之间难以沟通，建立有效跨文化对话的方法。

18.2.2　关键词

意大利制造、普拉托、纺织业、中国移民、工人安全、外国投资、跨文化对话、法治

18.2.3　普拉托

作为托斯卡纳区第二大城市，普拉托的人口密度在意大利中部排名第三，仅次于罗马和佛罗伦萨（*Unione Industriale Pratese*，2012a）。很久以前，普拉托因蓬勃发展的纺织工业名声在外。几个世纪以来，无数移民潮涌入普拉托寻找工作。随着当地羊毛商人公会的发展，普拉托的纺织品专业化生产开始于 12 世纪，在 200 年的政治不稳定期之后，工业从手工工艺转向机械化生产，这样不仅增加了产量，而且对非专业工业劳动力的需求也不断增长。在 20 世纪六七十年代，邻近城镇开始与普拉托合并。1981 年，意大利南部人口急剧膨胀。在此过渡期间，该地区竞争优势的独特性发生变化，这包含纺织品加工和生产。

然而，普拉托的服务市场也在不断发展，因此除了传统粗纺羊毛，该市需要促进其投资多样化。这一举动引发一场危机，一直持续到 90 年代。然而，适度的经济复苏并未持续很久。普拉托在极度萧条的情况

下进入 21 世纪，需求减少通常是由于发展中经济体的竞争（Dei Ottati，2009）。尽管普拉托易受不断变化的市场环境影响，但在时尚和纺织业中，其技术创新仍保持全球领导者地位。尽管存在争议，但是专门从事大众市场的华人社区与当地高端零售商的发展也证明了普拉托具有重塑自身的能力。纺织部门的现值估计总值为 43.52 亿欧元，拥有约 5 万工人（*Unione Industriale Pratese*，2012b）。

18.2.4　中国人的到来

近年来，普拉托的劳动力结构发生前所未有的变化。虽然这个城市里有大量阿尔巴尼亚人、罗马尼亚人和巴基斯坦人，但现在中国人口已超过其他外国人口，其数量从 1989 年仅 38 人增至 1999 年以后的 10000 多人。在总人口 187000 人的城市中，约有 11500 名合法中国居民。然而，据当地统计局估计，还有 25000 名非法移民，其中绝大多数来自中国（*Comune di Prato*，2012）。在人均收入方面，普拉托的华人社区是欧洲最高的。

中国移民社区产生的创业驱动力没有被普拉托居民忽视。起初，当地人见到新建立的"唐人街"，抱有好奇和怀疑态度。然而，随着时间的推移，人们逐渐表现出不满情绪，外来者开始被视为经济威胁和社会不稳定因素（Dei Ottati，2009）。无论是否非常时刻，中国移民对普拉托的影响与其他移民群体截然不同，后者可以接受任何低技能低报酬工作。

18.2.5　接管还是复兴？

中国移民主要来自浙江地区，他们认为普拉托是一个理想的地方，并建立欧洲服装分销网络（Dei Ottati，2009）。普拉托通过大规模裁员和寻求创新来重振竞争力，从而为一个新概念奠定基础：*Pronto moda* 或称为"快时尚"（Donadio，2010）。

"快时尚"遵循一个简单逻辑：利用廉价投入并以低价卖出产品，靠薄利多销赚钱。然而，传统的意大利时尚商业是以质量和独特闻名，而非大规模销售。这就是为什么创新一度来自外来者而不是来自不愿意危及自己身份的当地家庭企业的原因。

　　中国制造商从本国进口便宜原料，在著名的"意大利制造"标签下将时尚产品销售到世界各地。"意大利制造"的意义远远超出其地理起源；在时尚界，它是不折不扣的高质量和独特时装的代名词，但这不是"快时尚"成功的驱动力。那些致力于传统意大利营销和制造方式的人担心"快时尚"可能会逐渐削弱其客户心目中"意大利制造"的形象，从而对国内公司进一步施加压力，因为它们可能会模仿其"外国"竞争对手的成功方式。

　　毫无疑问，"快时尚"的成功使中国制造商的数量大大增加。在过去 20 年中，中国工厂的数量增长到 3200 家，而意大利工厂的数量减少到 3000 家。2000—2010 年，普拉托的企业联合会——一家当地工业协会报告说，意大利纺织工厂的数量减少了一半。一方面，中国商业模式恢复了当地的工业竞争力，但另一方面，它被视为对意大利在全球时尚市场上独特地位的威胁（Dei Ottati，2009）。

　　普拉托的企业家认为，中国企业违反了意大利的劳动法（Poggioli，2011），因为面对"不公平竞争"的企业对中国企业感到担心，并且中国企业存在劳动力滥用和非法行为。国家经济和劳动委员会证实在"血汗工厂"广泛存在劳动剥削，并在工厂中的一系列未宣告的突击检查中揭露了"血汗工厂"。报告认为，为了维持其有利的定价政策，许多企业忽视了工作时间限制，而且月薪几乎无法达到每月 500 欧元（Mottola，2011）。

　　此外，猖獗的逃税行为也引来更多的政府监管。普拉托的企业联合会领导人里卡尔多·马里尼（Riccardo Marini）抱怨来自"无国界中国"的竞争对手，同时补充道："中国人非常聪明，他们不像其他移民。"（Donadio，2010）他承认意大利的制度框架相对欠发达——相比于其他欧洲国家，如英国和法国（Dinmore，2010a）——这可能是中国企业不遵守意大利劳动法的原因。

　　在当地居民大规模抗议下，普拉托市政府为了减少非法违规行为（2008 年 158 件，2009 年 233 件，2010 年 400 件），增加了控制和检查次数。最大的警方行动是"钱对钱"，这一行动揭露了利用税务欺诈和贪污制度未经授权地在 2 年内（2007—2009 年）从意大利向中国输送了 2.38 亿欧元（*China Daily*，2010）。然而，市长罗伯托·森尼（Roberto Cenni），同时也是一家服装公司的所有者，指出中国工厂的逃税行为非常复杂，所以使反措施常常无效。例如，他引述了中国企业在被拒绝授予经营许可证情况下的做法。此外，中国黑帮组织和家庭结构与意大利黑手党相互兼容，造成了网络、资源、人力资本共享基础上的合作。

然而，许多中国企业主拒绝从事黑色或灰色市场交易活动，而是在既定监管体系内展开工作。意大利名字叫"朱利尼"的中国纺织品制造商就是其中之一，而且他成为企业联合会的首位会员，他的商业模式是雇佣中国和意大利工人。他注重质量而非数量。"我的公司是意大利的"，朱利尼在接受采访时说，"因为'意大利制造'是风格、时尚。我需要意大利风格，我需要能绘制和创造样式的意大利设计师。生产，不，那是外包"（Italoblog，2009）。通过将温州风格的创业精神与"意大利制造"的标签相结合，诸如朱利尼此类的商人会被视为创新者，而非巨大威胁。"如果没有中国人去普拉托，会不会有'快时尚'呢？"马提奥·王（Matteo Wong）问。马提奥是意大利出生的中国人，在普拉托运营一家针对中国公司的咨询公司（Donadio，2010）。马提奥的话暗示了一个问题：该地区没有"快时尚"，是否可以生存下去？

维尼齐奥·巴齐欧（Vinicio Bacio）是意大利投资机构 Invitalia 的特别项目协调员，他是意大利和普拉托的中国企业在合作方面的主要推动者。他看到他们合作的巨大潜力，但他还是犹豫不决。巴齐欧认为，中国和意大利企业在不同阶段的供应链中都很活跃，可以通过利用技术转让、共享资源和社会团结，最大限度地提高整体效率和盈利能力。巴齐欧说，"温州人的社区可能是一个很好的机会，如果社区制定发展经济和提高社会凝聚力的规则和机制，那么与中国关系紧密可能是纺织经济创新的关键"（Gardner，2010）。

为促进整合和合法性的认同感，移民和可持续经济（IES）项目被引进来处理中国创业者的状况。移民和可持续经济项目由普拉托政府管理，由内政部资助（Toscana TV，2012a）。中国企业家的反应超过预期。初步估计确定有 30 人将参加该计划。真正的数量翻了一倍。森尼市长认为这是令人鼓舞的迹象。中国企业家了解到需要对"犯罪活动"采取"零容忍"态度，同时积极开展"信息和构造"运动，以实现他们的意大利邻人眼中合法性。

18.2.6　社会转型

中国浪潮对普拉托的影响远远超出狭义的经济结果。宏观经济变化是不言而喻的，既引起普拉托地区日益增长的恐惧，也带来了未来的希望。中国人开的商店激增，影响着该市未来发展。中国的美发、餐饮、零售、食品店已成为城市的重要部分。

毫无疑问，这些企业的汇款是普拉托居民和中国居民间的主要摩擦点。意大利银行和意大利国家统计局的数据显示，2011 年从普拉托汇出了 2.5 亿欧元至中国。相比之下，在全球金融危机之前，这一数字在 2009 年是 5 亿（Chamber of Commerce of Prato，2012）。中国人的收入用于供养他们在中国的家庭，而非用于当地花费和再投资。因此，一些观察员认为，经济活动的扩大并未反映在社会资本的大幅增加中。

就业和安全似乎是普拉托各社区产生不满的症结所在。中国工人常常被指控偷走意大利人的工作机会，所以即使是这么多新兴消费者创造的市场也成为中国获利的优势。当地人指出，中国工厂的就业机会主要提供给了新到来的移民，所以并没有控制住普拉托因工厂倒闭造成失业率的上升。一方面，该地区的外国企业注册在 2012 年之前的十年内增长了 180%（Unione Industriale Pratese n. d）。房地产、保险和信贷、通信、商业解决方案和旅行服务都在显著扩张。另一方面，虐待和非法行为在普拉托越发严重，在 "国家犯罪报告" 中，这被归于中国移民的存在（Notizie di Prato，2011）。

尽管舆论对使中国移民合法化或取消其合法地位的尝试有所忽略，但两个群体之间有一种日益增强的趋同。普拉托医院中有 32% 的新生儿至少有一个中国的父亲或母亲。在当地学校的外国学生的百分比远远超过意大利的全国平均水平，位于城市历史中心内的小学这一比例达到70%（Hooper，2010）。这表明人们愿意同时把他们的孩子当作意大利人和中国人抚养，希望孩子们能够缩小文化差距。此外，温州大学在佛罗伦萨普拉托大学开设了一个分校，目的是促进两国之间的对话和学生交流。

然而，一些观察家认为，中国社会仍是封闭的。语言是一个主要障碍，其次是生活方式差异和意大利不严格的监管制度。中国人单独在普拉托的马克洛罗多零号地区居住，很少与其意大利邻居互动。朱利尼认为这对双方都是一种失败。他懂得，加强沟通会显著增加跨境合作的潜力。在普拉托定居的中国人可向意大利的各行各业和社会学习，并通过其关系网络分享各自在中国学到的东西。同时，意大利企业家可以通过小规模合作了解中国文化。这就是为什么朱利尼在南京设立意大利制造中心的原因，此中心离他的家乡杭州不远——这可以满足意大利公司在中国经营业务的需求（Italoblog，2009）。马里尼赞扬了朱利尼的倡议，这使他对未来抱有希望，虽然他仍然怀疑使不诚实之人能参与这样一些努力的激励手段（*UnioneIndustriale Pratese*，2009）。但是，朱利尼接受森尼市长提出的"零容忍"政策。他很理解他作为一个玩家的微妙形势。事实上，朱利尼是两起暴力事件的受害者，一起在2009年针对其仓库，另一起在2011年针对其家人（La Nazione，2011）。马里尼在2009年第二次全国移民会议上说："工业家联盟欢迎任何想要合法经营的人不分国籍地提高行业水平。"（*UnioneIndustriale Pratese*，2009）而且他希望有其他像朱利尼一样的人在中国社区提出倡议，并对共同的价值观和信念保持忠诚。

作为连接中国和意大利文化的重要机构，中国天主教社区也在促进双方的融合。作为中国吉林人的弗朗切斯科·王神父领导普拉托的中国教会一直致力于协调在工厂工作的堂区居民，为那些从夜班下来的人安排晚弥撒，提供翻译服务、意大利语课程，甚至为非法滞留外国人联系意大利律师（Brunetti，2009）。意大利主教会议和普拉托教区当地明爱会一直支持中国教会发展，帮助建立一个独立教区。随着普拉托中国天主教会的发展，公众间的信任水平在提高，沟通渠道也越来越多。天主教的道德观在个人成为传播团结信息的媒介，发展成为社区积极成员的过程中发挥了重要作用（Brunetti，2009）。

18.2.7 总结

普拉托的故事说明不同文化在单一区域和行业中碰撞时出现的困难。中国和意大利当地社区之间日益紧张的关系源于经济和文化问题。特别是全球化经济中的竞争压力说明需要制定长期的制度措施，以解决阻碍外来者成功融入社区过程中出现的问题。然而，似乎很少有人能够摆脱两极化现状，并直接进行对话，打破零容忍的障碍。朱利尼是其中之一。像朱利尼一样"遵守规则进行游戏"的创业者如何能在中国社区发挥积极作用呢？同样，像巴齐欧在 *Invitalia* 的项目这样的意大利机构如何能与移民进行有成果的合作呢？你认为，对中国移民不利的"零容忍"政策可以应对普拉托遇到的挑战和机遇吗，还是你有替代解决方案？你会如何寻求在普拉托不断变化的经济和社会中找到的公益呢？

18.3　案例分析讨论

"快时尚"的发展是与全球化有关的道德问题的典型案例：为了利用新的经济机会，出现有组织的移民。他们的活动引起当地人一系列反应，主要是谨慎和怀疑态度。外来者会从当地人手中偷走工作机会吗？他们之间的竞争不公平吗？好不容易获得的工人权利和基本尊严会被大量涌入的移民侵蚀吗，因为这些移民的标准可能看起来很好笑？根据"零容忍"政策，移民会被驱逐出境或被强行禁止获得此国家的就业机会，因为存在道德模糊、虚伪和腐败，所以这样会比现在的情况更公平吗？

普拉托的情况是否应被视为采取必要手段抵制全球化的理由？如果抑制全球化，那么获得高度认可的"意大利制造"能否得到更有效保护？无论我们支持还是反对全球化，普拉托转型所产生的道德问题与其他地方的道德问题并不相同，其他地方的这一进程导致当地人口发生重大变化。例如，我们可以重点关注在德国的土耳其外籍劳工或在美国的墨西哥农场工人，或在中国香港工作的菲律宾和印度尼西亚女佣。在这些案例中不可避免地出现关于社会正义和公益等宏观层面的关注——特别是关于工人权利和对人类尊严的基本尊重——正如普拉托针对中国移民在纺织品与服装行业的影响所采取的措施一样。

从普拉托面临的具体挑战转变为关于全球化伦理的一般讨论的问题在于，这样的讨论可能会像引发讨论的忧虑一样变得没有边际。如果我们的讨论是为了贡献于国际经济伦理的发展，那么我们可能必须审查案例的细节，以确定在普拉托经营的企业及其经理是否负责任地行事来为有关的每一个人创造双赢局面。当然，创造双赢局面或试图平衡所有利益相关者的合理关切只是追求公益的另一种说法。

我们应该把我们的探讨集中在具体的道德主体问题上，而非思考一般的全球化。谁负责，负责什么，如何履行责任使普拉托社区能够在实现公益方面取得进展？普拉托案例研究中，谁是道德行为体，我们对其活动有何看法？我们已经介绍了至少三个代表不同利益相关者的个人，他们的行为使他们有资格作为道德行为体来考虑：森尼市长，同时也是一家服装公司的所有者，被认为表达了东道主社区，即认为自己受到中国移民潮威胁的普拉托当地人的忧虑；来自杭州的中国企业家朱利尼，似乎比任何其他移民更多接触普拉托的当地社区；最后，我们还观察到中国天主教教区的弗朗切斯科·王神父，其工作得到了意大利主教会议以及普拉托教区的支持。弗朗切斯科·王的活动非常重要，因为他代表了一个扎根意大利近两千年的信仰体，这也是中国近 500 年历史中的重要组成部分。这三个群体领袖各自都趋向于对普拉托不断变化的人口结构提出的挑战做出建设性的回应。

正如我们所见，他们面临的挑战是复杂的。争议涉及对移民权利、个人和团体对经济发展的愿望、被迫照应外来者的社区的权利和义务，以及可能同历史上与世界人权宣言相一致的伦理法律标准不相关联。除此之外，还有一个关于人类自由及其极限的基本哲学问题。是否每个人都可自由选择来促进其个人利益，只要他们愿意承担后果呢？如果移民为自己家庭谋生的愿望与当地人的愿望相冲突，那么其愿望应得到尊重吗？如果移民愿意接受较低工资或放弃以前规定的社会福利，为什么雇主不能利用他获利呢？如果我愿意通过提供更便宜的服务与其他人竞争，那么为什么我不应该自由做出对我和家人更好的选择？当整个移民要在经济上改善自己地位的时候，关于劳动合同的自由的长期问题就必然出现。当然，这是全球劳动力市场竞争的具体现实，而且除了自由问题，还必然有公平问题。

此案例中的道德主体：森尼市长、朱利尼和弗朗切斯科·王，从国际经济伦理角度来说，他们是非常正直的，因为他们不仅知道日常竞争这一现实，而且还在努力对此现实做出回应，同时维护和加强基本道德价值观。如果你在森尼市长或朱利尼的工厂中工作，你会做什么？你会对寻求道德领导的同事和伙伴说什么？你被期望代表一个或其他社区的商业利益，那么你的领导道德水平应该如何？你能否不受你所代表的人的片面希望和恐惧所影响？你是否应该尝试，尤其是当犯罪集团正威胁你及家人的情况下？如果你同意每个人都应将其活动定位在公益上，那么你会支持哪些政策，认为其是有希望的？你会批评哪些政策，认为其会产生相反结果？如果可能的话，你认为领导需要在哪些地方做更多努力？如果这样的话，究竟做什么？在这三个人中，弗朗切斯科·王的领导可能是至关重要的，因为他是天主教神父，因此是与当地和移民社区有联系的领袖。虽然他不直接负责企业，但他能够帮助其他两个实现合法的业务目标，同时努力实现共同利益。

在之前的第四章，我们提出了六步模型，将道德分析纳入良好的商业决策中。彼得·德鲁克的著作《管理实践》第一次出版于 1954 年，他认为上述模型可以帮助我们具体地理解特定道德行为体所面临的挑战。我们下面利用此模型来学习中国企业家朱利尼的经验。通过以下六个步骤对其行动进行评论：

1. 问题是什么？朱利尼作为第一个加入企业联合会的中国移民商人，已发挥领导力。其目的似乎很清晰：他期望永久定居在普拉托，并将中国制造技术与意大利设计结合起来，以重振"意大利制造"时尚品牌。因为他承诺使普拉托成功，他就尝试使劳动力多样化，雇用当地意大利人和中国移民，这样使他的工厂成为一种社会实验，来发现如何将这些团体成功地组合成一支劳动力。因为他的努力正在取得一些成功——例如，他与寻求贯彻意大利劳动法和其他规定的地方当局合作——朱利尼是不仅针对其仓库，而且针对他自己家人的暴力的受害者。这就提出一个问题：面对对自己家人安全的威胁，朱利尼是继续努力改善普拉托的工作条件和社区关系，还是应该默默撤回自己的业务？显然，朱利尼的努力激起抵制，但究竟是谁的抵制？他需要知道暴力的背后是谁：是普拉托人的怨恨，还是中国人的怨恨，抑或是双方的怨恨。双方在寻求使朱利尼放弃对公平公正执法的支持中都有利害关系。众所周知，由于意大利黑社会和三合会都在保持奴役工人的现状中有利害关系，因此朱利尼会需要想办法保护自己的生意，同时通过勇敢面对有组织犯罪的势力，努力改善社会环境。

2. 解决方案的资源有哪些？朱利尼很幸运，其活动已赢得广泛宣传，因为他对本地贡献可能是面对威胁的最好保护。"朱利尼"这个名字在当地普拉托商业界很有名，大家认可他遵守当地法律的努力。这些努力帮助他争取到了所需资源以实现其最终目标——使中国人融入普拉托社区。他在南京组织的"意大利制造中心"似乎是很有前途的方法，帮助中国人在意大利做生意和帮助意大利人在中国做生意。其独特位置可促进两个群体的企业家互动，朱利尼创造了一种支持系统，可以远离个人袭击。然而，他最重要的资源是已经在普拉托建立的公司。他成功地向中国同事展示其规则，并在当地社区建立积极关系以促进长期繁荣。因此，他必须努力完成他所希望看到的变革，使其业务成为可能的模范，包括但不仅限于道德领导。

3. 可能的解决方案范围：集思广益，想出任何可解决朱利尼面对问题的办法，无论是道德或不道德的，合法或非法的。接下来有一些选项供说明，若朱利尼先生担心其家人安全，也许应把他们送回中国。如果仓库安保出现问题，也许应与黑帮秘密进行结盟谈判。如果他同意为黑帮提供一大笔保护费，那么黑帮就会远离他。也许还有其他团体对朱利尼感到不满。贿赂是意大利的传统，为什么不贿赂那些能提供保护的对象呢？当然，也可能还有积极的解决方案可以讨论，即和朱利尼身上显现的哲学和阐明的目标更一致的选择。其中一个主要的关注点是说服中国商界成员听从他的领导，与当地企业、新闻界、各政府机构发展合作关系。透明度在这里非常重要，可以帮助建立信任。但向透明度迈出第一步是非常困难的，尤其是对那样的人来说：他们的文化已经学会——完全有理由——对透明度抱怀疑的态度。然而，除非朱利尼可以向别人展示如何应对普拉托犯罪分子所构成的威胁，否则他们便只能在三合会和黑社会允许的范围内能走多远走多远。除非朱利尼自己的好榜样能在普拉托中国商界范围内激发同样的努力，否则在那里实现整合似乎没有什么希望。在这一步中，我们想探索尽可能多的解决方案。什么方法可以促进普拉托的整合事业，而不使朱利尼更容易遭受暴力报复呢？

4. 消除"黑材料"，即去掉低于包含在步骤 2 中所确认资源之标准的解决方案。贿赂黑帮或交保护费似乎违背朱利尼试图实现的一切。这当然会使道德领导的断言蒙羞。同样，由于朱利尼致力于塑造道德领导力，所以他必须坚持拒绝任何会损害基本道德原则或社会责任感的解决方案。

5. 从剩余选项中选择最具商业意义的解决方案：朱利尼的第一个选择是送其家人回国，这是可理解的，但他只是专注于个人安全，却对其业务面临的问题毫无帮助。可以说，如果在中国和普拉特商业人士之间没有建立或维持社会网络的话，朱利尼是无法实现其商业目标的。如果他停止努力形成支持系统的社会网络，那么其业务将不可避免地被削弱。相反，努力创造一个支持系统的社会环境可能是确保其事业未来的关键所在。

6. 实施：尽管朱利尼在社区一体化和发展方面的初步努力表现出了真正的道德领导，但真正的挑战是如何巩固已取得的成果，并将其作为取得进一步进展的平台。继续进行下一步永远都是不容易的。朱利尼不能单独行动。在这一点上，他需要加强与其他领导人的合作，即我们已经确定的道德行为体森尼市长和弗朗切斯科·王。他们所遇到的来自有组织的犯罪团伙的抵制，只能通过创造新形式的个人团结和指望他们来领导的社区内部和社区中间的团结而得到克服。

普拉托的案例研究对道德主体的专门关注——即突出个人愿为公益而行动的意愿——进一步确定了我们关于人类事务中，尤其是国际经济伦理中道德德性自然优先的一般论点。当我们进一步深入案例研究细节时，我们经常发现挑战实际上涉及长期的善恶斗争。只要人类文明存在，人们就会被奴役和剥削。虽然在某些形式的全球化中很明显的罪恶并非什么新鲜事物，但其规模和范围却大大扩大——当然，行善机会和范围也在扩大。中国移民社区有机会重振意大利中部关键地区的服装行业，但同样，这一机会面临的挑战本身就是全球化的结果。对道德主体的专门关注将决定普拉托领导人是否以及如何回应这些挑战。

国际经济伦理中此类案例研究的要点是要说服未来的企业经理，他们是能够在行善同时做好工作的。不是企业中的每一个挑战都需要他们放弃个人诚信意识，以实现其企业目标。我们认为，成为顶级赢家意味着养成习惯，能审视任何具有挑战性的形势，找到使道德卓越和企业成功相和谐的方法。朱利尼似乎已经理解此点，努力成为中国和普拉托商业社区中其他人的榜样。的确，我们可能对企业中的角色典范持怀疑态度，但是简单地扔掉任何关于在行善同时做好工作的报告，好像这样的结果本身在全球化经济中是不可能的，这是短视且心胸狭隘的。

18.4　伦理反思

普拉托追求一种所有本地和移民社区的合法利益可以在其中得到认定和获取的公益的努力，也许没有天主教会的积极参与是不可能走到现在这种地步的。弗朗切斯科·王作为中国移民社区的本地代表，在2009年被任命为普拉托的阿森松教区的副牧师。他的牧师职位显然远不止于满足中国社区中天主教徒的直接精神需求，而是要解决教会内外的社会环境问题，这些问题阻碍了普拉托的中国人的充分整合。弗朗切斯科·王似乎特别有效地提醒全世界的天主教社区，注意在普拉托正在进行的斗争的重要性。

18.4.1　使个人的模范行为在普拉托模式化

弗朗切斯科·王关于"中国移民在普拉托"的报告被收入一期纪念梵蒂冈教皇利奥十三世《新事通谕》（*Rerum novarum*）发表（这通常被认为是天主教社会教义发展的出发点）120周年（1891）的 *Tripod*——一份香港天主教主教区的出版物——中。他对普拉托情况的简要说明表达了这样的希望：教会的参与，尤其通过建立"中国牧区中心"，使各种群体，包括大多数非天主教移民，一起合作，争取"光明未来"。关于普拉托中国工人的困难处境，弗朗切斯科·王十分坦率：

> 由于语言障碍，大多数中国劳动者选择在中国工厂工作。那里的工作环境很差，对没有居留权的非法劳工来说情况更糟。他们无权享受公众假期；没有医疗保险；工资很低；暴露于纺织纤维、热、冷、噪声环境中，工作15—16小时。驱使他们如此努力工作的唯一动力是这里的工资是他们在中国赚到的十倍。（Wang，2011）

他同样坦率地表示意大利普拉托社区中存在的恐惧和不满，以及引发进一步暴力反应的可能性：

> 从 2009 年起，普拉托城和中国移民之间的紧张局势愈发升级。许多中国工厂被关闭或接受调查。意大利人对中国人的印象很坏。许多意大利人认为中国人是逃税者，抢夺工作机会，或让意大利品牌贬值。此外，中国人与意大利帮派发起有组织的犯罪活动。不仅包括非法进口纺织品，而且包括走私、卖淫、赌博和洗钱。意大利的其他地方也在关注普拉托的情况，这增加了当地人对中国人的敌意。（Wang，2011）

弗朗切斯科·王没有试图隐瞒中国移民问题和易受社区犯罪分子剥削的问题，而是认为透明度和当责制的建立可能是趋向和谐社会合作关系的第一步。

自被任命为阿森松教区的副牧师以来，弗朗切斯科·王的个人努力已获得不同成果。虽然他向普拉托教区和其他天主教机构提出的一些请求没有获得批准，例如，他呼吁获得财政支持来帮助五个移民参加马德里的世界青年日（2011 年 8 月）或减少教徒入会前接受洗礼的时间，但是其他一些建议则获得了成功，例如在教区开设中国移民社区中心。心中想着中国的少数民族和他们所说语言的多样性，弗朗切斯科·王坚持在所有中国宗教仪式中使用普通话。因为弗朗切斯科·王的努力，他受到普拉托新闻媒体越来越有利的待遇。①

---

① 一个有说服力的例子是谢国发的故事，他在媒体上被称为"另一个戈登芝奥"，以示他和胡利侠的区别，胡利侠无家可归，却使他成为一个城市传说，和整个意大利中部包括罗马太多残酷笑话的对象（Cochi，2014a）。相形之下，弗朗切斯科·王是在教区大厅的台阶上发现了谢国发，最后说服他在那里吃饭并住下来。同时，弗朗切斯科·王在普拉托的中国社区进行调查，并利用他在中国的关系联系谢的家人，帮他们团聚。谢显然在普拉托遭遇劳动事故，无法照顾自己（Cochi，2014b）。弗朗切斯科·王不认为谢会浪费其时间和精力，而是在他身上看到了基督徒都必须回应的基督的苦难，"这些事你们既作在我这弟兄中一个最小的身上，就是作在我身上了"（Matthew，25∶31－46）。弗朗切斯科·王似乎是一个真正的基督教美德的榜样，在普拉托的唐人街盛行。

18.4.2 关于移民和全球化

在解决移民工人问题上，我们要承认全球化所带来的负担，但长期来看，应对移民持积极态度，包括"寻求更好生活之人的移民"，即移民工人，"在大多数情况下，移民可以满足劳动力需求"（Compendium，No. 297）。政府在其管辖范围内应该试图解决所有棘手的政治问题，以调节权利和责任，东道国应抵制"剥削外国劳工，否认其国民权利"，"不歧视地保障所有人的权利"：

> 根据公平公正原则来管理移民对确保移民融入社会、承认其人的尊严而言是必不可少的条件。移民将被视为同等人得到人们接受，并与其家人一起成为社会生活的一部分。（Compendium，No. 298）

与尊重人的尊严和团结相一致，需要维护和加强家庭生活，"尊重和促进家庭团聚的权利"，同时还建议各国政府和其他机构合作，"增加人们在原籍工作的机会"，以便人们不用进行危险的移民行为（Compendium，No. 298）。

工人的权利和责任以及移民面对的挑战应在对全球化的积极理解的基础上加以分析。"如果真的全球化本身既不是好的也不是坏的，那么就取决于如何利用全球化，必须肯定、保障最低基本权利和公平。"（Compendium，No. 310）由于全球化是"工作安排变化的最重要原因之一"，因此如果"保障最低基本权利和公平"要保持可行性，那么就必须了解其影响。全球化代表着"前所未有的转变，决定着工作本身结构的变化"：

> 时间重组、标准化以及正在进行的空间改变——在很大程度上可以与第一次工业革命相比，因为无论发展水平如何，它们都涉及每块陆地上的每个生产部门——在重建工作系统中的道德和文化层面都是很大的挑战。（Compendium，No. 311）

鉴于全球化"要求更加灵活的劳动力市场，以及组织和管理生产过程"，确定"工作捍卫"的不可或缺的要素或社会制度尤其困难。（Compendium，No. 312），而且这些变化与"发展中国家和经济转型期国家"的各种影响不对称，而"发达国家的经济制度正在经历从工业型经济向建立在服务和技术创新基础上的经济制度转变"，因此任务变得更艰巨（Compendium，No. 313）。

在这种情况下，既不对全球化进行全面谴责，也不对其不加批判地赞同——好像仅靠市场力量就足以产生公平和有效的结果——是合适的。全球化及其带来的挑战不应以致命的或"确定性方式"来对待。相比之下，"工作的主观方面"，即这一复杂变革的最终"决定因素"还是人，人还是其工作中的真正主角（Compendium，No. 317）。正如我们在本书中坚持的，道德主体绝不会被废弃：

> 人类劳动在其中被表达出来的历史形式发生了变化，但不是其永久性要求，这些要求在对工人不可转让的人权的尊重中总结出来。面对否认这些权利的风险，新形式的团结必须得到展望和实现，同时考虑把工人团结起来的相互依赖。 （Compendium，No. 319）

对全球化进行反思后，可以看到，"人们建立关系的自然倾向"实际上可通过数字通信技术的革命来加强，"将工作的关系方面传播到全世界，使全球化以特别快的节奏进行"：

> 这种活动的最终基础是工作者，工作者一直都是主观——而绝非客观——因素……工作的固有关系维度的人类学基础。工作全球化的消极方面不得损害对所有人开放的可能性：在全球范围内提倡人道主义工作，在同一层面团结起来，使世界各地的劳动者在相同的环境中工作并相互联系，这样人们会更好地理解其共同使命。（Compendium，No. 322）

18.5　结论

在我们对普拉托中国移民的讨论中，我们没有发现创建和谐社会或追求公益的简单方法。相反，我们关注的是在这种情况下的个人决策与关键道德行为体的活动，也就是那样一些人：他们的领导力可以决定普拉托的社区是否解决全球化朝他们抛过来的挑战。森尼市长必须决定他是否会煽动意大利社区出现的恐惧，以实现短期政治目标，即赢得选举，巩固能够使其企业获得繁荣的权力，或是忽略当地偏见，与中国移民社区的领导人进行真正建设性对话。企业家朱利尼必须决定他是否会继续努力，在移民华人社区展示良好经济伦理和社会责任感，以及面向有组织的犯罪分子对他及其家人威胁的同时如何奋力坚持下去。弗朗切斯科·王神父被指定为阿森松教区牧师现已5年，在为所有中国移民创建社区中心后，他必须找出方法实施天主教社会教义的和谐社会愿景，一种团结普拉托包括当地人和移民的所有工人，共同致力于实现公益。我们祝愿他们每个人一切顺利，并对在普拉托出现华人领导人寄予厚望。但我们也意识到，他们心中的美德必将在他们面临的每一个新挑战中得到检验。我们期望从他们不断努力中获得更多经验。

参考书目

Abbate, C. (2011, March 17). L'offshore cinese di Prato. *Panorama*: *Settimanale d'Opinione*: *Milano*. Accessed online on January 17, 2015 at http://www.fiscooggi.it/files/u27/rassegna-stampa/07.03.2011_10_3.pdf.

Battista, A. (2011, September 2). *Prada or Prato? The blurred divide between* "*Made in Italy*" *and* "*Made in China*" [Personal Blog]. Retrieved on May 27, 2012, from http://irenebrination.typepad.com/irenebrination_notes_on_a/2011/09/prada-or-prato-bath-lecture.html.

Bilsky, P. (2011, April 4). *Investigation of Chinese sweatshops in Italy* [Video file]. Retrieved on May 30, 2012, from http://www.youtube.com/watch?v=PGMX-BnlukHY &feature = related.

Brunetti, S. (2009, February). La comunita' cinese a Prato. *Fondazione Migrantes.*

Retrieved on June 1, 2012, from http: //www. chiesacattolica. it/documenti/2009/06/ 00014666_ la_ comunita_ cinese_ a_ prato_ s_ brunetti. html.

Camera di Commercio di Prato. (2012, January). *L'Imprenditoria Straniera in Provincia di Prato.* Retrieved on May 20, from http: //www. po. camcom. it/doc/public/ 2012/stranieri_ 11. pdf.

Catholic Truth Society—Hong Kong. (2011). *The compendium of the social doctrine of the church, Chinese Translation.* Accessed online on February 17, 2015 at http: // www. vatican. va/roman_ curia/pontifical_ councils/justpeace/documents/rc_ pc_ justpeace_ doc_ 20060526_ compendio-dott-soc_ zh. pdf.

Chen, C. (2011). Made in Italy (by the Chinese): Economic restructuring and the politics of migra-tion. *Inter Asia Papers*, 20, 1 – 34. Retrieved from http: //ddd. uab. cat/ pub/intasipap/20131747n2 0/20131747n20p1. pdf.

China Daily. (2010, July 5). Italian financial police launch investigation over Chinese the money-laundering. Retrieved on May 27, 2012, from http: //www. china-daily. org/International-News/Italian-financial-police-launched-operations-against-the-Chinese-money-laundering/.

Cochi, G. (2014a, May 21). *La vera storia di Godenzio raccontata dai frati di Chinatown: "Non deridetelo su Facebook, dategli piuttosto un paio di pantaloni".* Prato: TV Prato. Accessed on December 9, 2014 at http: //www. tvprato. it/2014/05/la-vera-storia-di-godenzio-raccontata-dai-frati-di-chinatown-non-deridetelo-su-facebook-dategli-piuttosto-un-paio-di-pantaloni/.

Cochi, G. (2014b, June 8). *L'altro Godenzio, la storia di Xie il senzatetto cinese che ha ritrovato la strada di casa.* Prato: TV Prato. Accessed online at http: //www. tvprato. it/2014/06/laltro-godenzio-storia-di-xie-il-senzatetto-cinese-che-ha-ritrovato-la-strada-di-casa/.

Comune di Prato. (2012). Guida alla consultazione dei dati sull'immigrazione cinese a Prato. Retrieved on May 30, 2012, from http: //www. comune. prato. it/immigra/guide/ htm/cinesi. htm.

Dei Ottati, G. (2009, December). An industrial district facing the challenge of globalization: Prato today. *European Planning Studies*, 17 (12), 1817 – 1835.

Dinmore, G. (2010a, February 9). *Tuscan town turns against Chinese immigrants* [Personal blog]. Retrieved on May 27, 2012, from http: //guydinmore. wordpress. com/ 2010/02/09/tuscan-town-turns-against-chinese-immigrants/.

Dinmore, G. (2010b, June 28). Chinese Gangs exploit niche left by Mafia. *Financial Times*. Retrieved on May 27, 2012, from http：//www. ft. com/intl/cms/s/0/a8cb4784 – 82de – 11df – b7ad – 00144feabdc0. html#axzz1n0Aust8h.

Donadio, R. (2010, September 10). Chinese remake the 'Made in Italy' fashion label. *The New York Times*. Retrieved on May 27, 2012, from http：//www. nytimes. com/2010/09/13/world/europe/13prato. html? pagewanted = all.

Drucker, P. (1986). Making decisions. In *The practice of management*. New York：HarperCollins/Perennial Library.

Gardner, B. (2010). How Chinese companies in Prato, Italy are revitalizing the textile economy. *Invest In*. Retrieved on May 27, 2012, from http：//www. investin. com. cn/invest-in-how-chinese-companies-in-prato-italy-are-revitalizing-the-textile-economy. html.

Giannoni, F. (2009, May 7). Toscani D'Adozione：Xu Qiu Lin. *Toscana OGGI*. Retrieved on May 30, 2012, from http：//www. toscanaoggi. it/notizia_ 3. php? IDNotizia = 11245&IDCategoria = 326.

Gold Sea. (2010). Italy's Chinese enclave suffers from debt crisis. Retrieved on May 27, 2012, from http：//goldsea. com/Text/index. php? id = 12124.

Hooper, J. (2010, November 17). Made in little Wenzhou, Italy：The latest label from Tuscany. *The Guardian*. Retrieved on May 27, 2012, from http：//www. guardian. co. uk/world/2010/nov/17/made-in-little-wenzhou-italy.

Italoblog. (2009, March). Il made in Italy di Xu Qiu Lin. Retrieved on June 6, 2012, from http：//www. italoblog. it/2009/03/il-made-in-italy-di-xu-qiu-lin/.

La Nazione. (2011, January 21). Primo imprenditore cinese iscritto a Confindustria. Retrieved on June 11, 2012, from http：//www. lanazione. it/prato/cronaca/2011/01/21/446654 – primo_ impren-ditore_ cinese_ iscritto. shtml.

La Nazione. (2012, January 1). Centro storico：Al via la riqualifica dei suoi vicoli. Retrieved on July 22, 2012, from http：//www. lanazione. it/prato/cronaca/2012/01/11/651019 – centro_ storico. shtml.

Leo XIII. (1891, May 15). *Rerum novarum*. Libreria Editrice Vaticana. Retrieved on December 9, 2014, from http：//w2. vatican. va/content/leo-xiii/en/encyclicals/documents/hf_ l-xiii_ enc_ 15051891_ rerum-novarum. html.

Mallet, V. & Dinmore, G. (2011, June 8). Europe：Hidden economy. *Financial Times*. Retrieved on May 27, 2012, from http：//www. ft. com/intl/cms/s/0/efc3510e – 9214 – 11e0 – 9e00 – 00144fe – ab49a. html#axzz1n0Aust8h.

Meichtry, S. (2011, June 22). Italian police raid Chinese businesses. The*Wall Street Journal*. Retrieved on May 27, 2012, from http://online. wsj. com/article/SB1000142 405270230488790 4576399900158034890. html.

Mottola, G. (2011, May 19). La mafia cinese è come la 'ndrangheta. *Liberainformazione*. Retrieved on May 30, 2012, from http://www. liberainformazione. org/news. php? newsid = 14808.

Notizie di Prato. (2011, November 1). Prato maglia nera per l'incremento di reati. Petrella (IdV): "Bisogna cambiare la strategia d'approccio in tema di sicurezza". Retrieved on May 30, 2012, from http://www. notiziediprato. it/2011/11/prato-maglia-nera-per-lincremento-di-reati-petrella-idv-bisogna-cambiare-la-strategia-dapproccio-in-tema-di-sicurezza.

People's Daily. (2010, December 22). Crackdown in Italy's 'Little China'. Retrieved on May 27, 2012, from http://english. peopledaily. com. cn/90001/90778/90861/7238789. html.

Poggioli, S. (2011, June 15). 'Fast Fashion': Italians wary of Chinese on their turf. *National Public Radio*. Retrieved on May 27, 2012, from http://www. npr. org/2011/06/15/137107361/fast-fashion-italians-wary-of-chinese-on-their-turf.

Polchi, V. (2011, November 28). Se gli immigrati "fanno impresa" e assumono lavoratori italiani. *La Repubblica*. Retrieved on May 30, 2012, from http://www. repubblica. it/cronaca/2011/11/28/news/cnel_ immigrati – 25708639/.

Pontifical Council for Justice and Peace. (2004). *Compendium of the social doctrine of the church* (English translation). Retrieved on June 23, 2015 from http://www. vatican. va/roman_ curia/pontifical_ councils/justpeace/documents/rc_ pc_ justpeace_ doc_ 20060526_ compendio-dott-soc_ en. html.

Potter, A. (2007, December 12). Designer labels' sweatshop scandal. *Sunday Mirror-UK*. Retrieved from http://www. sweatfree. org/news_ SM – 12 – 2 – 07.

Principi d'Italia (n. d.). Xu Qiu Lin. Retrieved on June 11, 2012, from http://www. iprincipiditalia. com/xu-qui-lin. html.

Sacchetti, S. & Tomlinson, P. R. (2009, December). Economic governance and the evolution of industrial districts under globalization: The case of two mature European industrial districts. *European Planning Studies*, 17 (12), 1837 – 1859.

Santini, C., Rabino, S. & Zanni, L. (2011). Chinese immigrants socio-economic enclave in an Italian industrial district: The case of Prato. *World Review of Entrepreneurship*,

Management and Sustainable Development, 7 (1), 30 – 51.

Smith, T. (2004, February 19). Crisis in Tuscany's China town. *BBC*. Retrieved on July, 2012, from http：//news. bbc. co. uk/2/hi/europe/3500285. stm.

The Independent. (2010, September 25). Welcome to China, Italy: Photographer Gerd Ludwig tours a very industrious community. Retrieved on May 27, 2012, from http：//www. independent. co. uk/life-style/fashion/features/welcome-to-china-italy-photographer-gerd-ludwig-tours-a-very-industrious-community – 2086594. html? action = Gallery.

The Telegraph. (2010, June 29). Chinese gangs step into gap left by Mafia. Retrieved on May 30, 2012, from http：//www. telegraph. co. uk/news/worldnews/europe/italy/7859991/Chinese-gangs-step-into-gap-left-by-mafia. html.

Ticozzi, S. (2011). Pope Leo XIII's Encyclical Rerum Novarum and the Challenges for China. *Tripod*: *Spring* 2011 *Vol.* 31—*No.* 160 *Rerum Novarum* 120*th Anniversary*. Accessed on December 9, 2014 at http：//www. hsstudyc. org. hk/en/tripod_ en/en_ tripod_ 160_ 05. html.

Tilikka, J. (2010, December 9). Inward outsourcing/case: Prato. *Hanna Saren*. Retrieved on May 27, 2012, from http：//hannasaren. net/thestudio/inward-outsourcing-case-prato/.

Toscana TV. (2012a, February 7). Legalita' per le imprese straniere, iscrizioni sopra le aspettative. Retrieved on May 30, 2012, from http：//www. toscanatv. com/leggi_ news? idnews = NL134279.

Toscana TV. (2012b, March 8). Il ministro Riccardi ai cinesi di Prato: 'Rispetto delle regole e lingua italiana'. Retrieved on May 30, 2012, from http：//www. toscanatv. com/leggi_ news? idnews = NL135504.

Unione Industriale Pratese. (2009, September 25). Comunicato Stampa sulla 2a conferenza itali-ana sull'immigrazione. Retrieved on June 11, 2012, from http：//www. ui. prato. it/unionedigitale/v2/areastampa/areastampa-dett. asp? doc = UIP035521. doc.

Unione Industriale Pratese. (2012a). Evolution of the Prato textile district. Retrieved on May 17, 2012, from http：//www. ui. prato. it/unionedigitale/v2/english/presentazionedistrettoinglese. pdf.

Unione Industriale Pratese. (2012b). Prato industry in numbers. Retrieved on May 27, 2012, from http：//www. ui. prato. it/unionedigitale/v2/english/numbers. asp.

Wang, F. S. (2011). Chinese migrants in Prato. *Tripod*: *Spring* 2011 *Vol.* 31—*No.* 160 *Rerum Novarum* 120*th Anniversary*. Accessed on December 9, 2014 at http：//www.

hsstudyc. org. hk/en/tripod_ en/en_ tripod_ 160_ 07. html.

Wong, F. (2011, March 22). *Hong Kong issues Chinese social doctrine compendium*. Zenit: The World Seen from Rome. Accessed online on February 17, 2015 at http: //www. zenit. org/en/articles/hong-kong-issues-chinese-social-doctrine-compendium.

Zen, J. (2011). Revisiting Rerum Novarum in its 120th Year. *Tripod: Spring* 2011 *Vol.* 31—*No.* 160 *Rerum Novarum* 120*th Anniversary.* Accessed on December 9, 2014 at http: //www. hsstudyc. org. hk/en/tripod_ en/en_ tripod_ 160_ 04. html.

第十九章　自然环境：伦理和环境

长期成功亟须你对环境的持久关注。

（罗世范，《成为终极赢家的 18 条规则》，2004）

19.1　前言

自然环境越来越被视为"沉默的利益相关者"，其日益严厉的警告体现在不可持续和不负责任的经济发展带来的破坏性后果。关注环境一度被亚洲商界视为一种奢侈的行为，只有繁荣或经济发达的国家才能负担得起。本案例介绍 2005 年危险品在中国松花江的重大泄漏事故以及政府机构、企业与沿河居民对泄露的响应。尽管泄漏的严重性和其对居民的毒性危害起初被淡化处理，但是随后事件的影响戏剧性地加大，因为污染到达俄罗斯边境，随时可能会成为一个国际事件。还有一个重要问题是被污染的水流走后，需要长期清理河床。除了关注"沉默者"，在这种情况下，生态河流本身的可持续发展案例表明，试图掩盖灾难会产生更加严重的后果，会使企业和周边社区在保护自身及水供应上面临困境。本章将进一步证明，所有利益相关者都应该义不容辞地承担起保护环境的责任，还将分析企业如何履行其对自然环境的管理责任。

19.2　案例研究：污染、政治、预防
——松花江灾难的教训

19.2.1　摘要

2005 年 11 月 13 日，在中国石油天然气股份有限公司（中石油）

吉林石化公司双苯厂的一次爆炸中，松花江江水被污染。大规模污染影响沿岸数以百万计中国人和俄罗斯人的生活，地方政府花费了数百万元进行治理。松花江案例凸显中国环境责任问题。松花江的有毒污染不仅造成健康问题，也传播了社会恐慌，引发国际危机。我们特别关注的是受环境灾难影响企业的反应，以及能促进政府和企业方面在环境责任中发挥作用的公民社会在中国的出现。我们将看到，由于一些原因，松花江灾难是标志着中国贯彻环境立法、在全社会促进环保意识努力的引爆点。

19.2.2　关键词

松花江、黑龙江、中国石油天然气总公司、国家环境保护总局、环保部、企业责任、环境责任、紧急救援、清理

19.2.3　生命之水

松花江流域位于中国东北。拥有556800平方公里的排水面积，对农产品灌溉和运输必不可少。松花江流经黑龙江、内蒙古和吉林三省，为吉林和黑龙江（Heilongjiang People's Government，2007）提供饮用水。松花江和黑龙江合并，流入俄罗斯。在俄罗斯，它被称为阿穆尔河，是两国的界河。作为战略航运和运输路线，松花江边有很多工厂。中石油只是驻扎在松花江附近的公司之一。

19.2.4　爆炸和污染

中国石油天然气集团公司是中国最大的油气生产商和供应商。它是一家国有企业以及其公开上市的子公司"中石油"的母公司。中国石油天然气集团公司对环境责任的承担突出表现在其网站上："我们提供能源产品和服务，力求操作与安全性、能源与环境、企业与社会利益之间的和谐关系。"（CNPC，2014a）认识到石油行业的危险，中国石油天然气集团公司声称："员工安全已成为我们的核心

企业文化。"① （CNPC，2014b）此承诺体现在"健康、安全和环境"的协调政策中，"中国石油天然气集团公司始终认为，人和环境是两个最重要的资源"（CNPC，2014c）。

尽管有这些好的意图——或者，也许在它们假定中石油未来战略规划中的重大迫切性以前——在 2005 年 11 月 13 日，吉林分公司双苯厂苯胺装置发生剧烈爆炸。爆炸是由于不适当地处理危险物质造成 P - 102 塔起火。吉林分公司副总经理赵海峰将爆炸原因归于"化工厂加工塔的堵塞及工人清除措施不当"（Yong and Na，2005）。爆炸导致 100 吨致癌化学物进入松花江，吉林市笼罩在一片毒雾中（Chen，2009）。该事件导致 5 人死亡，30 人受伤，并疏散超过 10000 名周边地区居民（China Daily，2005a）。

爆炸后立刻引起焦虑的是释放到大气和河流的潜在有害污染物。为降低爆炸引发的危害，政府组织附近居民疏散。然而 11 月 14 日，中石油发表一份声明称："事故没有影响中石油吉林分公司的主营业务，而且根据环境监测，事故现场周围的空气质量符合标准。" （CNPC，2005）②

尽管保证没有有害污染物从爆炸中释放出来，但大面积恐慌随之而

---

① 鉴于松花江灾难的惨痛教训，中石油网站似乎从 2009 年初开始修改。由于其对安全承诺的证据，该公司在 2014 年声称，中国石油天然气集团公司连续四年推出了"安全环保年"活动，注重以人为本的安全原则，包括风险评估，培训项目设计和支持"急救反应"能力，以防发生事故，并在事故或其他灾难事件发生时支持"应急响应"能力。中石油"安全"不仅包括环境责任，还提供容易受恐怖袭击和其他敌对行为的出国务工的各种合理安全层面（CNPC，2014b）。

② 数月后，中石油 2005 年度报告在 2006 年 3 月发表，描述了松花江爆炸及采取的应对措施，在其当年"重大事件"的列举中："11 月 13 日，吉林中石油苯生产厂发生爆炸。事件造成严重人身伤亡、财产损失和松花江水污染。公司在事件发生后立即派出一个作业组和一个专家团队。公司还启动应急计划以尽量减少损失和伤亡人数。在处理该事件同时，公司迅速组织一次大规模安全生产标准检查，集中致力于'反违规，查隐患，促整改'，并投入实施冬季安全生产的各种措施。公司已从事件中吸取教训，并加强"在确保安全生产和环境保护方面的努力"（PetroChina，2006）。在年度报告中另一处唯一提到吉林事故的是一个声明，承认该公司由此产生的潜在责任："事故影响正在接受政府调查。事件表明，公司需要进一步加强其运营安全和环境保护。公司已认识到问题严重性，并加强其在确保安全和环保方面的努力。根据调查结果，公司将承担因爆炸造成的后果责任。"（PetroChina，2006）在障碍重重的起点之后，公司对危机的反应表明，在它对环境责任在创造和维护一个有利于国际发展和外国投资的形象的作用的领悟中发生了戏剧性的变化。

来。下游的哈尔滨居民抢购应急物资。在大超市里，水和面包脱销。甚至啤酒也很快卖完。世纪联华的员工向"中国日报"描述情况："人们在下午一点开始涌入，到下午三四点，所有饮料都卖完了。"（Li，2005）哈尔滨的常驻外籍教师霍奇森证实："满城都是大到离谱的队列，人们抢购大量的水。"（BBC，2005a）因供应迅速减少，瓶装水价格飙升。例如，当地品牌"纯中纯"，以前卖0.5元一瓶，现在至少得卖到原价的两倍（Li，2005）。

19.2.5　流到国外

在紧随爆炸后的一段时间中，工厂经理和当地政府代表一再否认毒物已释放到松花江。爆炸发生五天后的11月18日，中央政府派出环境专家报告了泄漏事件的情况。然而，公众未得到通知，直至污染于11月21日到达哈尔滨（Green，2009）。在这一天，哈尔滨市政府通知居民将会停止供应自来水四天，因为要对城市供水设施进行日常维护（Harbin People's Government，2005）。到此时，因媒体报道挑战了哈尔滨政府的承诺，当地居民已经对水安全持怀疑态度（Green，2009）。当天晚一点，当地政府发表一个紧急声明，宣布中石油爆炸确实导致有毒水污染（Chen，2009）。

松花江水污染危及哈尔滨近四百万靠河边饮水的居民（Ansfield，2005）。预料污染江水达到哈尔滨市时会发生的危机，哈尔滨市政府在过去十二小时内已建立一个供水储备站以满足当地居民需求（Jiang，2005）。当有毒化学物往下游流向哈尔滨时，江水污染提出的健康威胁问题，显然要比地区政府所预料的大得多。当然，遏制社会恐慌和及时分享信息之间的界限很微妙。中国石油和地方政府的管理者是如何把握好这条界线的呢？如果你在此位，你会如何努力告知公众？

无论哈尔滨会采取何种行动，都没有阻止松花江进一步污染。在事故发生后第九天也就是11月24日，国家环境保护局长解振华，正式通知俄罗斯大使，苯污染已经到达中俄边境。俄罗斯紧急情况部立即回应潜在的公共健康危机。俄罗斯自然资源部成立一个工作组以解决正在迫近的污染（Asia Times，2005）。据估计，有70个俄罗斯城市处于泄漏造成的风险中。边境城市如卡扎克维奇建立堤坝以防止污水与城市供应的饮用水混合（Kirschner and Grandy，2006）。在哈巴罗夫斯克，600000名居民被苯类污染围困（*Asia Times*，2005）。

中国外交部长李肇星向俄罗斯大使发表"罕见而广为人知的道歉"，并为防止污染物进一步扩散提供援助（Jie，2006）。俄罗斯政府对中国提供了一张要被监控的化学品名单。中国国家主席胡锦涛决心维护和平的中俄关系。"我们将采取一切必要和有效的措施，尽最大限度地减少污染，减少对俄罗斯方面的损害"，他在讲话中向俄罗斯官员说（UNEP，2005）。胡主席还向俄罗斯提供水质检测和净化设备（Chen，2009），并招募3000名中国公民沿着连接黑龙江和乌苏里江的抚远水道建立水坝，以保护哈巴罗夫斯克的水供应（Kirschner and Grandy，2006）。

19.2.6　不再掩盖

11月26日，国家环保总局的代表出席在内罗毕召开的联合国环境规划署会议。按照解振华的指示，中国代表团向联合国提供有关污染程度、遏制及清理泄漏措施的信息（Green，2009）。同时，在国内，公众的愤怒明显源于地方政府对日益增长的危机的失误处理。关于灾难责任应归咎于谁，显而易见是一片混乱，好像归罪于谁就可以消除水污染造成的损害。一些新闻媒体批评了那些最初对污染程度撒谎的官员。如北京《中国经济时报》发表一篇社论，"如果个别领导说了不负责任的谎言，这对社会是极为可怕的罪行，因为任何谣言都可能引发社会灾难！污染将公之于众，届时那些谎言定会受到严厉惩罚"（*BBC*，2005b）。

松花江污染事故相关责任人都受到相应处罚，中石油集团公司和股份公司的相关负责人或行政记过或行政撤职、降级。吉林省环保局负责人也受到行政处分。中国国家环保局局长解振华引咎辞职。

无论情况如何，事实是中国政府已宣布了对试图隐藏污染信息的人采取决不妥协的姿态（Pan，2005）。国家安全生产监督总局局长和松花江调查组组长李毅中宣称："事故的任何掩盖，任何消极对待态度，都将视为欺骗公众，无视政府权威。"（Pan，2005）

19.2.7　清理松花江流域

减少泄漏造成的损害已成为迫在眉睫的问题，中国环保部采取一系列清理松花江的措施，实施总费用为 7.84 亿人民币，然而政府的努力仍受到环境专家（*Global Times*，2011）怀疑。如一名香港环境毒理学专家亦是哈尔滨本地人的顾继东说，污染影响将发生在两个阶段。第一阶段是河道污染，第二阶段是河床污染。顾继东说："这不是简单地说现在化学物已经过城市而去，现在的水就是安全的。""当地政府所说的是第一阶段，而非第二阶段。"清除河床逐渐释放的毒物需要长期的清理操作（Asia Times，2005）。但之后有充分证据表明环保部已开始污染清理工作阶段，并且这样做创建了管理环境保护工作的典范，可用来解决中国其他地区的类似问题。①

　　早在 2005 年 12 月，此反应仍然处于形成阶段。政策变化需要对中国之前的发展模式进行反思，以及地方政府官员缺乏刺激，无法让他们除了 GDP 年增长率以外关注其他任何目标（Zhou，2011）。改变始于党和国务院发布的声明，承认国家环保总局"没有足够重视松花江事故，没有充分预料到可能的严重后果，因此应负责赔偿损失"（Jie，2006）。为了回应这些负面评价，解振华辞去职务。在其辞职后，国务院发布"关于落实科学发展观，加强环境保护的决定，"这可能标志着中国表明对环保严肃承诺斗争的新起点。该决定强调了环境问题需立刻引起注意，包括饮用水安全，流域污染控制和水污染防治应对（World Bank，2007）。

　　2006 年 1 月，松花江流域被正式登记在五年计划中列为支持中国水污染预防和控制的优先考虑项目，而且还草拟了一种新方法的污染防治规划。国家环境保护总局新任命的局长周生贤宣称该计划的主要目的

---

　　① 在环保部长周生贤 2011 年的一份报告中，"对松花江修复进展的调查"展示了环保部根据国务院指示用以加紧努力协调受松花灾难最直接影响省份之间的政策和优先权的方法。关于按照标准减少污染物排放的统计，加上中国"十一五"计划（2006—2011）具体要求的修复河流新概念的实施，给人留下深刻印象，正如环保部的保证，要在修复项目中尊重某些"基本原则"，包括"人民优先，改善人民生活，遵循自然规律，恢复河流生态，采用系统管理和综合治理方法，控制污染源、拦截污水，优化产业结构"（Zhou，2011）。周生贤所报告的进展得到外部监测机构证实，如世界银行 2007 年的"中国突发水污染事件的预防和反应"报告中，提出十条提高协调反应的紧急情况的具体建议，特别是在（1）地区的整体制度改革，（2）风险管理和预防，（3）应对和缓解，这有助于指导环保部实现目标（World Bank，2007）。同样，亚洲开发银行 2012 年监测报告"松花江流域水污染控制和管理项目——吉林部分"详细记叙了用于发展基础设施的亚行贷款，如何帮助河流的长期修复（ADB，2013）。

是"让所有人喝上干净水"（Li，2006）。作为该计划的一部分，国家环保总局公开谴责 11 家对环境有危害的企业，并对 127 家化工厂进行额外环境风险检查（World Bank，2007）。自 2007 年以来，国家环保总局已关闭 316 家工厂，513 家工厂暂停参与污染相关工作（*Xinhua*，2009b）。

除了工厂在管理产生污染物方式上发生变化，《中国日报》指出了当地部门和监管机构需要协调，并建议，公司应为它们未能履行个别责任而受到更严重制裁（Jiang，2006）。中国国家环保总局发布 2006 年年终报告，其结果仍不能令人满意，甚至在松花江灾难整整一年之后，它承认类似事件在全中国仍每 2—3 天发生一次，虽然规模小得多（*Xinhua*，2006a）。中国污染问题的棘手，据来自北京大学的郭怀成称，只能通过寻求经济增长和更大的环境敏感性之间的平衡来克服。郭认为，中国基层的积极性会有助于恢复适当平衡："中国人或者至少中国媒体正变得越来越警惕环境问题，现在是中国的环境保护运动的强大力量。"（*Xinhua*，2006a）国家环保总局新任局长周生贤显然认为，企业应成为中国环境问题解决方案的一部分。在对佳木斯市进行实地考察时，周生贤说："松花江水污染是一种痛苦，就像切肉一样……企业不应通过违背环保取得发展。"（Jing，2005b）

19.2.8　短期惩罚，长期后果

在松花江灾难后不久，国务院和吉林省政府联合组成调查组审问中石油吉林分公司总经理于力（Jing，2005a）。调查试图确定谁为导致爆炸、死亡、污染和掩盖的"不正确处理"负责。中石油发布的报告发现于力对事故负有责任，他被免去总经理职务。沈东明和王芳负责苯设备和吉林工厂的一个安全车间也被免职（The New York Times，2005）。中石油集团公司董事长蒋洁敏宣称中石油的这些离职者引起国际社会的强烈关注，他们影响了中石油天然气公司的整体形象（China Daily，2005d），表明他关心的主要是管理公共关系的灾难余波。然而蒋洁敏未对爆炸负任何责任。

松花江灾难总成本仍在计算中。嵌入河岸的污染物可能会在几年中慢慢从土壤释放，对人类健康和当地农业造成进一步损害。哈尔滨 4 天

没有自来水，29 家公司完全停止生产，其他 23 家减缓生产。这期间的平均损失几乎每天一百万元（Chen，2009）。据《中国经济时报》称，与河流污染相关的直接成本为 15 亿元，间接成本仍难以计算（Chen，2009）。

一名哈尔滨市民丁宁，向中国石油天然气集团公司提起民事诉讼。他要求赔偿 15 元，并获得公司公开道歉。"正式道歉对我和同伴更有价值，"丁宁说，"但金钱赔偿只是象征性的"。丁宁得到来自中石油天然气集团大庆石油管理局副总经理曾玉康的正式道歉，他到哈尔滨会见黑龙江的省级官员，表示公司对松花江事故的歉意（*Xinhua*，2005b）。你认为一个真诚的道歉足以抵消中国石油天然气集团公司造成的环境破坏吗？你认为丁宁要求此种道歉是对的吗？公司应做什么来履行环境责任？

来自"太平洋环境"——总部在加利福尼亚旧金山——的环保人士温先生宣称："很多当地人实际上认为污染事故可能会因祸得福"（Worldwatch Institute，2013）。松花江危机增加了对水污染的意识，以及对减少这些风险而设计相关措施的紧迫性的意识。来自《绿色中国》的记者胡勘平对解振华的辞职发表了看法："虽然他对发生的事情不负有主要责任，但是这说明中国政府当责形势的改善。在他辞职后，可能会有更多人辞职，对企业环境责任的当责也会加大。这意味着更好的工业业绩和更安全的生产，并且可能会加快政府对环境问题的解决。"胡勘平进一步表示了赞同选择周生贤领导改革的努力。据胡勘平说，周生贤首先是"一个非常诚实的工作者"（Worldwatch Institute，2013）。松花江灾难的确是在解振华等人的监督下发生的，那么他们应辞职吗？让他们留在岗位上，并用他们的经验来管理清理工作会更好吗？你会向其上司建议什么？

19.2.9　结论

作为松花江灾难的一个结果，有一些变化发生在中国的环境政策中，无论多么微妙，实际上会产生长期改进。首先，在 2008 年，国家环保总局成为环境保护部（MEP）。新机构直接向中国国务院报告，并负责执行国家环保政策和执行所有有关法律法规。此部门的地位变化不仅是名字变化。五个区域环境监察执法中心现在必须直接向环保部，而不是省级政府报告。显然，环保部现在能要求省级服从，这在以往的行政结构似乎是不可能的。

环保部也一直在国际上积极从事各项事务，从亚洲开发银行筹得联合污染预防计划担保资金，其 2011 年报告证实在吉林及周边地区的有效水污染防治设施的开发上取得实质性进展。亚洲开发银行批准的同方水务工程贷款高达 1 亿 4660 万美元，负责恢复松花湖流域供水和水处理任务。亚洲开发银行的投资用于建设另外 70 个城市的污水处理厂，每天都有处理 2 亿 9500 万吨水的巨大能力。该处理厂跨所有 36 个沿松花江流域的县（Xinhua，2009b）。亚洲开发银行的菲力浦·厄尔奎亚伽认为此项目将改变松花江居民的生活："更多废水处理和改善饮用水供应将减少松花江流域周边城市环境污染，提高数以百万计的居民健康水平和生活质量。"（*WASH News*，2010）

和许多其他环境灾难一样，松花江事件是人为失误造成的。然而由此产生的社会恐慌、广泛污染和无效掩盖，使中国环保政策引起国际关注。此事件，一方面说明公司的过失可以有广泛影响，另一方面，他们还展示了企业和政府在意识到环境责任后，情况会如何改善。作为针对松花江灾难所产生的结果，中国发生的变化可能是"因祸得福"，不仅提醒大家要关注保护自然环境，同时也有利于提高中国公民和外国人民的健康状况、国家国际政治和社会关系。

19.3　案例分析讨论

可以肯定的是，松花江灾难不是中国所承受的最大环境灾难，也不是有史以来最大的世界灾难。就生命损失和可怕长期后果而言，1984年印度博帕尔的联合碳化物工厂爆炸有着有史以来最为严重的道德和法律责任，且不说有效清理工作还未完全解决，就连道德和法律责任的基本问题都还没有解决（The Hindu，2014）。

也不是这种灾难只发生在中国、印度这样的发展中国家。2010 年发生在西弗吉尼亚的上大支煤矿矿难，31 名矿工中的 29 名当场死亡（Charleston Gazette，2014），这是美国自 1970 年以来最大的矿难。在博帕尔和上大支两处爆炸中，有关公司——联合碳化和梅西能源——不得不回应其玩忽职守的刑事责任指控。同这些企业回应其操作造成灾难的方法相比，中石油和环保部虽然起步不稳，却似乎已翻开新的一页，勇敢地面对起有效环保的需求。

当然，其他企业和监管机构的惊人失败，不能免除中石油或环保部——以及地方领导——的错误，或者是他们本可以采取却没有采取措施以防止松花江灾难的责任，以及一旦发生爆炸他们如何回应的责任。正如那句老话：积非不成是。那么，在中国获得何种经验教训，我们如何从中石油和环保部的经验中学习呢？

第一个重要教训是信息的重要性，它的及时发布及可信性。那些相信掩盖可以行得通的人都被证明是错误的。松花江的基本地理位置使把泄漏或有关泄漏的精确信息的需求控制在中国境内变得不可能。一旦苯污染威胁到下游俄罗斯城市，灾难不可避免成为国际灾难，威胁中国声誉和作为新兴超级大国的强烈愿望。但如果俄罗斯当局公布灾难正奔他们而去的真相，那么靠江取水的中国民众，包括吉林、哈尔滨和其他城市、城镇和村庄会怎样？如果不是政府及时干预，可能会面临新的更大挑战。但如果早在灾难最初阶段就这么做会更好。

第二个重要教训是要正视此种事实，即吉林石油苯生产厂随时可能发生事故。爆炸不仅是由于一个工人疏通硝化塔管道的"笨拙尝试"所致（Yong and Na，2005）。随着各种研究的深入，一切变得很清楚，由于自满、腐败和一切其他关注都服从于满足生产指标而造成的玩忽职守，应验了"墨菲定律"——"如果某事可能出错，那么它就会出错"。虽然也许无法绝对保证永远不出错，但是有许多方法能通过谨慎规划和风险评估、风险管理培训可以将事故风险最小化。很明显，这些问题现在出现在中国石油天然气集团公司构建"健康、安全、环境"的措施中。这本身是好的，可以吸取教训并改正错误。但不应有人自鸣得意。任何有可能出错的地方早晚一定会出错。

第三个教训是要让中国石油天然气集团公司这样的企业接受"污染者付费"的原则。如果一个工业事故造成环境破坏或其他形式污染，公司应支付全部清理费用。如果公司，无论大小，不能支付，那么它们不应该在此地从事这种风险投资。如果采用此原则，那么企业至少必须购买商业或其他保险，保护自己免受潜在负债风险。在伦理上更受怀疑采用利润最大化策略的人正试图把涉及的成本和风险转嫁给别人，如公众或纳税人，他们几乎无法保护自己免受掠夺性企业行为的侵害。

第四个教训涉及"污染者付费"原则的伦理意义。公司保护环境的承诺不应被誉为企业履行社会责任的例子。"污染者付费"原则将环境责任恰恰放在健全经济伦理的核心，其首要原则是"无伤害"。如果在你的企业活动过程中造成伤害，如果你伤害某人或损害一些利益，公益或私人利益，你不仅应该针对伤害给予公平赔偿，也要尽一切力量防止此类事情再次发生。从儿童时代起，我们也许已经学会："如果你弄脏了东西，你得把它清理干净。"这是唯一公平的事情。试图隐藏其造成的混乱或否认混乱是拜其所赐的企业，行为就像被宠坏的孩子需要某种严厉的惩罚。① 那些朝前走并真诚承认其错误的企业应该不是模范的道德领导，而是仅仅做了每一个企业都必须要做的符合健全经济伦理的事情。

第五个教训关于环境责任与反腐斗争的内在联系。潦草敷衍的检查只会使风险和隐患被忽视或掩盖，这会鼓励工厂管理者产生虚假的安全感，他们错误认为他们与监管机构的友好关系会在发生事故时保护他们。腐败不仅是一种受贿行为，它还是一种精神污染，使有关的每个人都产生一种虚假安全感。腐败永远不会阻止坏事发生。相反，腐败增加了灾难发生的可能性，因为它助长自满和关于勤奋贯彻自己责任之必要性的犬儒主义态度。如果巡视人员可以被收买——犬儒主义者如此错误假定——那么就不必担心会对环境造成什么破坏，或即使有坏事发生，

---

① 中国石油天然气集团公司明显转变看法，采取透明和当责，尽管起初犹豫不决，但是也许与英国石油（BP）逃避对深水地平线灾难责任的尝试形成鲜明对照。在这次灾难中，英国石油的一个石油钻井平台发生爆炸，导致大约490万桶石油在重新封井所需的87天期间泄漏到墨西哥湾（2010年4月20日—2010年7月15日）。英国石油公司试图最大限度减少对泄漏事故所要承担的责任，并试图利用法律转移成本至他人，包括建设深水地平线钻机的商业合作伙伴。据估计，如果英国石油公司的法律规避措施失败，该公司清理和赔偿的最终成本似乎有可能超过430亿美元。在《卫报》网站上可以看到报道一个完整的英国石油公司石油灾难的相关档案（*The Guardian*，2014）。英国石油公司对深水地平线灾难的回应，几经变化，应受到道德谴责及其目前正在接受的美国法院处罚。英国石油公司承认"污染者付费"原则并使之成为公司企业文化和风险管理政策，如果他们希望继续在美国工作，他们可能需要支付清理费用，或通过另一种方式最终被罚款数十亿美元。

也不必担心自己前途是否面临风险。中国与世界其他地区一样，反腐和环保斗争是同一枚硬币的两面。

　　松花江灾难及其后果的最后一个教训是善意尽管难以实现，但却多多益善。即使所有当事人都有美德——即真诚地愿意尽各种责任为人民服务，诚实对待彼此，真正致力于透明和当责——不能保证吉林中石油苯生产厂不会发生爆炸，也不能保证所导致的漏油事件能迅速和有效地解决。世界上所有善意都不可能保证积极结果，如果当责结构——各种企业政府机构互动的方式，以及它们之间的信息的传递和管理——已经过时或有严重缺陷，就要对当责结构更新改造。改变看法总是必要的第一步，但第二个步骤必须涉及重新审查组织结构，以消除任何使机构无法履行其合法目的的障碍——所谓瓶颈。

　　今天对松花江灾难的诚实评估必然要承认净化河流的过程中所取得的进展，以及这种进展是如何取得的，这是始于中央政府的道德领导力，环保部的坚持不懈努力，以及中国石油天然气集团公司对健康、安全和环境规划承诺的重新思考。思考一下以下问题是很不错的：从松花江灾难中吸取的教训扩大到了中石油处理随后涉及重大水污染事故的方法中。正如中国石油天然气集团公司的"安全"声明所坚持的那样，"石油工业中的高风险意味着必须做艰苦的努力来保证安全，"大家肯定都会同意此说。还有待观察的是，它是否可以如它在下一句话里所做的那样，如实宣称："安全已成为我们企业文化的核心。"但愿这是实话。

19.4　伦理反思

　　让我们以"沉默利益相关者"的概念开始我们的反思。此词源于美国，部分是对拉切尔·卡森（Rachel Carson）创造一种环境运动"沉默的春天"（Carson，1962）的开创性努力的回应。美国的春天，就像紧随中国春节后的几个月那样，万物复苏，鸟语花香，大地充满新生生命的旺盛生机。因为 DDT 和其他化学农药化肥破坏环境，卡森极力反对，最终春天陷入"沉默"。"沉默"的春天是卡森描绘的一个未来场景，在那个场景中，自然环境因为人类的伤害而濒临死亡。一旦认识到环境问题——多亏卡森和其他环保活动家——每个人，不只是政府，就认真分担义务，维护我们这个星球上供养我们大家的生命的自然环境。环境开始被看作"沉默的利益相关者"，作为企业管理责任伦理的一部分，在利益相关者理论中理解。

19.4.1　沉默的利益相关者

美国著名哲学家罗伯特·所罗门（Robert C. Solomon）阐明了"沉默的利益相关者"对经济伦理的意义：

> 对环境的关注已成为自由企业制度不可回避的焦点。30年前，它对于多数行业来说，最多是个边缘的审美问题。今天，它是或应该是每个企业使命的一部分。从当前商业伦理角度来看，环境已成为企业中的"利益相关者"，是义务和责任的来源之一。
>
> 环境在我们的社会里没有发言权或投票权。它不是股东，没有公司管理权。然而它为所有业务和所有人类活动提供了大气、资源、土地和气候。因此它是每个公司的沉默的利益相关者，或者说是每个公司生存的先决条件。（Solomon，1997：264）

如果所罗门关于自然环境是每个公司的"沉默的利益相关者"的说法是正确的，那么国际经济伦理面对的挑战，就是确定我们对这个利益相关者的责任应该如何与所有其他利益相关者协调。

曾被认为是"沉默的利益相关者"的"沉默"似乎已被打破。各种形式的水和空气污染等影响已直接与灾难性气候变化前景联系在一起。每一样对"正常"天气模式的新干扰，每一样对支持我们自己生存所依赖的动植物生命的生态体系的新干扰，都必须被看作要求重新思考我们同环境——所有利益相关者中最不可或缺者——的关系。商业公司，以及政府，还有我们所有人，都忽视了自然灾害对我们发出的危险信号。沉默已被打破，最终的利益相关者已提高抗议声，现在我们必须做什么来承担保护环境的责任，并平衡这种责任与我们对其他利益相关者的关注？

松花江灾难像博帕尔爆炸和英国石油公司在墨西哥湾灾难性的石油

泄漏那样，应该教育所有企业管理人员："沉默利益相关者"不可能受到蹂躏而不对所有其他利益相关者造成严重伤害。释放到河流、湖泊、海洋中的有毒化学物质对其他行业以及农民、渔民和那些生计取决于这些水道及其生态体系的健康健全之人有负面影响。当松花江黑龙江河流域主要城市饮用水供应因中石油爆炸暂停时，中国面临一场国际危机，既危险又尴尬。由于联合碳化公司灾难，博帕尔穷人遭受生活和生计损失，由此产生关于责任问题的法律之争继续困扰公司在印度的活动及其继任者陶氏化学公司的活动。当深水地平线石油钻井平台在墨西哥湾爆炸时，英国石油公司被迫给由于原油流到路易斯安那、阿拉巴马、弗罗里达等海湾各州而严重受损的企业——主要是旅游业和渔业——支付前所未有的巨额赔偿金。即使生态体系本身在一边默默遭受这些暴行，还会有其他利益相关者决定使损害他们和他们赖以生存环境的污染者付出代价。

19.4.2　管理、代管和可持续性

对于所有其他利益相关者，在其责任范围内对环境关注意味着健全的经济伦理——在这里像在其他地方一样——必须把握好道德绝对论和伦理相对论之间的分寸。"沉默的利益相关者"的要求可以是基于存在的和最终的，但不是绝对的。尽管一些哲学家会反对那种相对适中的要求（Stanford Encyclopedia）建议的所谓"人类中心主义"或"物种主义"——好像这样的自然比任何对人类及其繁荣的关注有着更大的"内在价值"——我们相信责任伦理提供一个远为更加现实有效的途径，将环境"代管"或"可持续性"的理念置于健全的商业实践核心。正如每个农民都知道栽培和开发有重大区别。栽培是一种代管形式，我们用这种形式寻求满足基本的人类需求，同时也注意保护和加强支持这些需求的环境。栽培寻求可持续。相比之下，开发寻求立即赢利，不顾他人的代价或对环境造成的负面影响。从字面上讲，正如我们在前面章节看到的，利润最大化是一种不可持续的开发形式。尽管栽培不对增加利润提供虚假保证，但它给予我们合理的机会来做好事情，同时不破坏我们未来繁荣的基础。

然后，代管在于一种道德愿景，一种用能使我们大家共同繁荣的方法来使用大地万物——包括我们自己的智慧和几乎无限的出色工作之能

力——的一般承诺。代管采取一种栽培态度，① 逐步远离开发。代管不像激励环保主义者的乌托邦想象那样，不偏爱保持自然原始状态，好像如果人类干脆消失，地球会更完美。代管不在自然和我们的实际环境之间做出浪漫的区分，这是几千年人类互动的结果，不论好坏。它只是引导我们以被赋予的一切尽力把事情做到最好，承认之前可能发生过任何事情，我们的任务就是通过在人类繁荣和自然本身持续的健康之间寻求和谐，在任何可能的地方、可能的时候来明智地管理、保持和改善环境。代管的前提是，在可以决定的范围内，适当管理对实现美好生活及满足自然的命运是至关重要的。

明智的管理不在于对短期目标的不懈追求，如以牺牲所有其他价值观为代价的利润最大化。正如我们在前面几章中一再所见，设法盈利没有本质上的错误。这一切都取决于——用孔子的话说就是"以其道得之"（Analects 4：5）——以正确的方法去做，也就是说，以一种与伦理责任相一致的方法。因此，确定环境为"沉默利益相关者"不会抹杀掉所有其他利益相关者的权利和牵挂。管理层仍然必须满足公司所有者或投资者、员工、供应商、客户，以及社区和监督其守法的政府机构的合法期望。但其中每一个都必须符合另一个利益相关者的关切，即我们的共同生存需要维护自然环境，没有它，任何利益相关者的利益都不可持续。

不可避免将有协调，因为每个利益相关者都必须被管理人员说服，使其期待适合于所有其他利益相关者的合理关切，尤其包括"沉默的利益相关者"的利益。例如，基于科学的风险管理实践会产生额外成本，至少最初是这样。监测工厂排放废水的污染控制设备，或水处理设施都将耗费资金，这可能会迫使投资者重新计算其预期收益。但认识到这些协调和公司预测的调整并不是什么新鲜事。如果商品价格变化和关键原

---

① 所有伟大宗教和精神传统的先知、圣人都认识到，遵循代管伦理离开对智慧的追求是不可能的。一个这样的圣人是彼得·莫兰，他与多萝西·戴伊创立天主教工人运动。莫兰的《自如之文》（Easy Dssays）（Maurin，2010）和其他著作中经常提及"栽培""膜拜""文化"之间的正确关系——意思是尤其以农业形式出现的代管，与宗教和教育间的关系（Zwick L. & M.，1996）。对维持代管伦理或正当的栽培精神必需的美德必须以成功地履行膜拜和文化所规定的义务为基础。尽管莫兰是正统天主教徒，他关于栽培、膜拜、文化的思考反映了包含儒家传统中的价值观，例如，礼运第九包括了关于大同理想的描述："大道之行也，天下为公。"

材料的成本比假设的更多或更少，那就调整。如果同员工集体协议的结果要求增加工资，那就将作出调整。环保政策和程序的成本可能会挑战管理层的聪明才智，但面临的挑战与所有其他利益相关者的关系本质是不同的。此外，关于环保或"绿色"技术的报告显示，这些技术产生许多意想不到的好处，也许最终使自己受益。遵循代管伦理的例子只是进行中的行善时做好事情之斗争的另一个篇章而已。

19.4.3　作为企业社会责任的代管

在企业中行使道德领导力可大致分为两大责任领域，即企业普通和常规业务的内外部责任。如此划分可以被视为经济伦理和企业社会责任之间的区别。基本的经济伦理是直接控制人类所有活动的道德第一原则："无伤害。"企业社会责任是指企业公民责任，它在我们集体追求公益中得到分享。这两个领域都必须在代管伦理或环境责任中得到尊重。因松花江灾难的性质，我们的讨论强调内在维度，即一个企业——在本案中是中石油天然气集团公司——的责任不仅是在其日常操作造成事故以后进行清理，而且也寻求在未来避免或减少重复出现风险的方法。如果"无伤害"原则被完全遵循，那么企业战略规划必须解决这两个问题，并成为维持运营成本的一部分。那么另一维度，即环境责任伦理的企业社会责任维度怎样呢？

企业社会责任政策可以证明公司的好公民身份。它致力于公益，贡献公平的税收份额支持政府运行；与政府机构、公民团体、非政府组织合作制定和实施支持可持续环境的政策；给公民团体提供专业经验和其他资源，帮助他们更有效地界定和解决当地环境问题。这样的积极贡献如果与企业的日常基本运行没有直接关系，如果其主要关注的是如何维护当地社区，就有资格作为有效企业社会责任规划的典范。[①] 其中一个

[①]　在其行业中渴望全球领导地位的大多数公司，就像中国石油天然气集团公司在能源行业中的地位那样，见证了他们的企业社会责任活动。正如我们在第十二章看到的，为此种活动所进行的分配，对有效和高效利用资源的需求，这对企业肯定是合法的；他们权衡各种项目的战略优势、公司的核心竞争力和长期商业计划，这也是可以理解的，然而通过促进所有人的公益来为社区服务的愿望必须是可信的、透明的，并对所有利益相关者负责。企业社会责任规划不应被用来掩盖公司的错误和其他形式的不法行为。

有前景的例子，就是许多企业和机构在试图理解他们在"碳足迹"中所表现出来的领导力，也就是说，他们进行的多样化活动可能对环境的可持续性产生积极或消极影响的方法。

作为公司"碳足迹"的一部分，没有什么是微不足道到无法衡量的，包括对员工的食品服务和餐厅的管理，无论固体废物是否是其垃圾处理的一部分，或使用可再生能源技术：用太阳能电池板和风力发电机组来减少公司对该地区传统电网的依赖，因为该地区的化石燃料、煤和石油消耗对空气和水有显著污染。这些活动可能包括员工和企业是否能减少"碳足迹"，鼓励员工拼车和使用公共交通工具甚至自行车，而不是假定拥有和使用自己的私人汽车是每天上下班的唯一方法。同样，致力于环境责任的公司可能会指定工作人员从事节能新技术的持续研究，或从事促进支持向可持续环境转化的政府机构和私人基金会对这些技术的使用的项目。参与此类计划可能会产生竞争优势，尤其是早就采纳节能创新的公司。

19.4.4 在环境中且为了环境行使权力下放原则

一家公司要找到自己贡献于公益的方法——从国际经济伦理的角度来说——符合应该管理所有社会互动的权力下放原则。权力下放原则首先出现于天主教社会教义的传统，表面上对政府实现公益的角色做出限制。但是它远不止于此。诉诸于权力下放原则表明，地方一级的个人和团体为公益承担他们自己的责任，不应被动地在发挥自己作用实现公益以前等待政府干预。但是如果每个人，如原则所暗示的那样，都普遍负责公益，那么我们每个人如何来理解我们具体的公益责任呢？危险在于，如果每个人都在原则上负责公益，那就没人可能向前迈出一步。

权力下放原则并不提供解决该问题的详细蓝图。相反，它鼓励个人和团体间的协调和沟通。它鼓励我们创造新的，更有效的透明和当责制以产生相互作用。政府不一定要退场，好像其干预措施既不必要也不受欢迎似的。相反，政府将继续干预，但只是以增加——而非侵占或抢先于——有关个人和当地团体的参与的方式，提供真正的支持和援助，就像"权力下放"（subsidiarity）一词的拉丁词根①所暗示的那样。

权力下放原则为我们提供一种方法来分析例如在中国对松花江灾难的反应中，什么是错误的，什么是正确的。企业可以学习贯彻此原则，以至于类似错误可以得到避免并取得进展。主要教训是当地对形成中的灾难反应的优先性。中国石油天然气集团公司和吉林地方官员不等中央政府介入就作出反应是对的。他们试图掩盖灾难程度的行为是错的。他们需要中央政府帮助且越早越好。如果他们能够更有效地协调和沟通，灾难可能会在初始阶段就减轻。中央政府介入后，事情就开始好转。与俄罗斯的重大国际危机得以避免；下游供水威胁得到缓解；国际机构被允许参与长期修复工作，包括在松花江沿线建设新的废物管理设施和其他基础设施的改善。

没有中央政府的干预，任何成功都不可能实现。权力下放原则所要求的是，所有这种干预的考虑和执行的意图均在于要授权当地社区以更有效的行为来追求公益。当然，这里有一个强大政府领导的作用，但它也必须被理解为一种形式的代管。代管，在政治舞台上，意味着授权所有其他团体和个人为公益行使自己的责任。

19.5　结论

我们已经看到至少有一个观察者描述松花江灾难是"因祸得福"。回想起来这似乎有一定道理，在各方最初犹豫后，以负责任的方式解决环境问题似乎代表中国的决心，这是一个转折点。正如我们所见，保护环境是每个人的责任，但是要想取得进展可能需要所有有关人员超越"业务照旧"的态度和做法。不可否认，中国石油天然气集团公司已经发生变化，不仅在于它遵循的企业社会责任的辞令上。管理机制也有所改变，承认在地方、省、地区、国家、国际、公私各机构间进行协调的必要性。

---

① 该词的拉丁词根含有"辅助""支持"的意思。——译者注

参考书目

ADB. （2013）. Songhua river basin water pollution control and management project：Jilin compo-nent：Environmental Monitoring Report （2012）. Retrieved on June 23，2015 from http：//www. adb. org/projects/documents/songhua-river-basin-water-pollution-con-trol-and-management-project-jilin-component-emr – 2012.

Ansfield，J. （2005，December 18）. Who's to blame? *Newsweek*. Retrieved on June 23，2015 from http：//www. newsweek. com/whos-blame – 113957.

Ansfield，J. （2007，January 11）. Xie Zhenhua's unsystematic return and other curi-ous moves. *China Digital Times*. Retrieved on July 24，2012，from http：//chinadigital-times. net/2007/01/xie-zhenhuas-unsystematic-return-and-other-curious-moves/.

Asia News. （2007，January 26）. Company only fined for benzene slick in Songhua River. Retrieved on July 23，2012，from http：//www. asianews. it/news-en/Company-only-fined-for-benzene-slick-in-Songhua-River – 8333. html.

Asia Times. （2005，November 30）. Northeast cleans up after chemical blast. Re-trieved on July 12，2012，from http：//www. atimes. com/atimes/China ＿ Business/GK30Cb06. html.

Batson，A. （2006，March 29）. China considers tradable pollution-rights per-mits. *The Wall Street Journal.* Retrieved on July 13，2012，from http：//www. washing-tonpost. com/wp-dyn/content/article/2006/03/28/AR2006032801565＿ pf. html.

BBC. （2005a，November 23）. Toxic leak threat to Chinese city. Retrieved on July 15，2012，from http：//news. bbc. co. uk/2/hi/asia-pacific/4462760. stm.

BBC. （2005b，November 24）. Chinese papers condemn Harbin 'lies'. Retrieved on July 23，2012，from http：//news. bbc. co. uk/2/hi/asia-pacific/4465712. stm.

BBC. （2006，November 24）. China punishes river's polluters. Retrieved on July 14，2012，from http：//news. bbc. co. uk/2/hi/asia-pacific/6179980. stm.

Bezlova，A. （2005，November 30）. Pollution grows along with China's econo-my. *China Environmental Digest.* Retrieved on July 13，2012，from http：//china-environ-mental-news. blogspot. it/2005＿ 11＿ 01＿ archive. html.

Caijing. com. （2005，March）. Reform pollution law and let the rivers roll. Retrieved on July 12，2012，from http：//english. caijing. com. cn/2007 – 03 – 05/100043227. html.

Carson，R. （1962）. *Silent spring.* Boston：Houghton Mifflin Harcourt. *CBS News.* （2009，February 11）. China：Punishment for pollution. Retrieved on July 12，2012， from http：//www. cbsnews. com/2100 - 202_ 162 - 1075739. html? tag = contentMain；contentBody.

Chao, X. & Zhu, C. (2010, January 14). Defending the Yellow River. *Caixin Online*. Accessed on February 17, 2015, athttp：//english. caixin. com/2010 - 01 - 14/100108202. html.

Charleston Gazette. (2014, November 13). Timeline of Upper Big Branch mine disaster events. Retrieved on December 24, 2014, from http：//www. wvgazette. com/article/20141113/GZ01/141119618.

Chen, G. (2009). *Politics of China's environmental protection：Problems and progress*. Singapore：World Scientific Publishers.

China Daily. (2005a, November 14). One dead, 5 missing in chemical plant blasts. Retrieved on December 11, 2014, from http：//www. chinadaily. com. cn/english/doc/2005 - 11/14/content_ 494329. htm.

China Daily. (2005b, November 25). Citizen sues China petroleum for polluting river. Retrieved on July 22, 2012, from http：//www. chinadaily. com. cn/english/doc/2005 - 11/25/content_ 498057. htm.

China Daily. (2005c, November 25). Commentary：Cover-up can't hide murky water truth. Retrieved on December 11, 2014, from http：//www. chinadaily. com. cn/english/doc/2005 - 11/25/content_ 498002. htm.

China Daily. (2005d, December 6). CNPC sacks three responsible for blast. Retrieved on December 18, 2014, from http：//www. chinadaily. com. cn/english/home/2005 - 12/06/content_ 500802. htm.

CNPC. (2005, November 15). CNPC announcement. Retrieved on July 23, 2012, from http：//www. petrochina. com. cn/resource/EngPdf/BulletinBoard/gg051116e. pdf.

CNPC. (2014a). CNPC > Environment & Society. Retrieved on December 18, 2014, from http：//www. cnpc. com. cn/en/environmentsociety/society_ index. shtml.

CNPC. (2014b). CNPC > Environment & Society > Safety. Retrieved on December 18, 2014, from http：//www. cnpc. com. cn/en/safety/common_ index. shtml.

CNPC. (2014c). CNPC > Environment & Society > Our Commitment to HSE. Retrieved on December 18, 2014, from http：//www. cnpc. com. cn/en/ourhse/OurCommitmenttoHSE_ index. shtml.

Da, S. (2005, December 14). Songhua pollution sparks rethink of industrial distribution. *China. org. cn*. Retrieved on July 15, 2012, from http：//www. china. org. cn/

english/2005/Dec/151978. htm.

Dan, L. (2005, November 26). China's cover up of accident unveiled. *The Epoch Times*. Retrieved on August 16, 2012, from http：//www. theepochtimes. com/news/5 - 11 - 26/35021. html.

Gleick, P. H. (2009). China and water. In *The world's water* 2008 - 2009 (chap. 5). Chicago：Island Press.

Global Times. (2011, June 2). China invests 7. 84 bln yuan to treat Songhua River pollution. Retrieved on July 15, 2012, from http：//business. globaltimes. cn/industries/ 2011 - 06/661460. html. Retrieved on December 20, 2014, from http：//wikileaks. org/ gifiles/docs/33/3349155 _ - os-china-econ-gv-china-invests - 7 - 84 - bln-yuan-to-treat. html.

Green, N. (2009, March). A China environmental health project brief：Positive spillover? Impact of the Songhua River Benzene incident on China's environmental policy. *China Environmental Forum*. Retrieved on August 8, 2012, from http：//www. circleofblue. org/waternews/wp-content/uploads/2011/03/songhua_ march09. pdf.

Griswold, E. (2012, September 21). How 'Silent Spring' ignited the environmental movement. *The New York Times*. Retrieved on December 24, 2014, from http：//www. nytimes. com/2012/09/23/magazine/how-silent-spring-ignited-the-environmental-move-ment. html.

Harbin People's Government. (2005, November 22). Harbin People's government no-tice to stop water supply. Retrieved on July 22, 2012, from http：//www. harbin. gov. cn/ info/news/index/detail/234194. htm.

Heilongjiang People's Government. (2007, July 5). The mountains range river of Hei-longjiang province. Retrieved on July 23, 2012, from http：//www. hlj. gov. cn/cylj/sys-tem/2007/07/05/000043392. shtml.

Jakes, S. (2006, October 24). When the Yellow River runs red. *TIME World*. Re-trieved on July 14, 2012, from http：//www. time. com/time/world/article/0, 8599, 1550046, 00. html.

Jiang, W. (2005). The cost of China's modernization. *China Brief*, 5 (25). Re-trieved on August 8, 2012, from http：//www. jamestown. org/programs/chinabrief/sin-gle/? tx_ ttnews% 5Btt_ news% 5D = 3915&tx_ ttnews% 5BbackPid% 5D = 195&no_ cache = 1.

Jiang, P. (2006, July 31). Give law greater clout in battle against pollution. *China*

Daily. Retrieved on July 13, 2012, from http：//www. chinadaily. com. cn/opinion/2006 – 07/31/content_ 653096. htm.

Jie, Y. (2006). The environmental yellow peril. *China Rights Forum* 2006, *No.* 1 – *China's Environmental Challenge.* Retrieved on December 12, 2014, from http：//23. 253. 170. 136：11781/sites/default/files/PDFs/CRF. 1. 2006/CRF – 2006 – 1 _ Yellow. pdf.

Jing, D. (2005a, December 6). Head of CNPC's Jilin branch dismissed. *Gov. cn.* Retrieved on August 10, 2012, from http：//english. gov. cn/2005 – 12/06/content_ 118698. htm.

Jing, D. (2005b, December 13). Songhua River pollution "painful"：Offi-cial. *Gov. cn.* Retrieved on August 10, 2012, from http：//english. gov. cn/2005 – 12/ 13/content_ 125121. htm.

Kirschner, L. A. & Grandy, E. B. (2006). The Songhua River Spill：China's pol-lution crisis. *Parsons Behle & Latimer Law Firm.* Retrieved on July 14, 2012, from http：//www. parsons-behlelaw. com/CM/Articles/The-Shonghua-River-Spill. asp.

Li, F. (2005, November 22). Water stoppage in Harbin sparks panic buying. *China Daily.* Retrieved on July 23, 2012, from http：//www. chinadaily. com. cn/english/doc/ 2005 – 11/22/content_ 496761. htm.

Li, F. (2006, January 10). Cleaning up Songhua River is a priority. *China Daily.* Retrieved on July 15, 2012, from http：//www. chinadaily. com. cn/english/doc/2006 – 01/10/content_ 510877. htm.

Liu, J. R. , et al. (2009). Organic pollution from the Songhua River induces NIH 3T3 cell transfor-mation：Potential risks for human health. *Journal of Toxicology and Envi-ronmental Health Sciences*, 1 (4), 060 – 067.

Lo, P. C. (1999). Confucian ethic of death with dignity and its contemporary rele-vance. *The Annual of the Society of Christian Ethics*, 19 (Nov. 1999), 313 – 333. Re-trieved on August 20, 2012, from http：//arts. hkbu. edu. hk/ ~ pclo/article/a1999 _ ceodw. pdf.

Matisoff, A. (2012, February). *Crude beginnings：An assessment of China National Petroleum Corporation's environmental and social performance abroad.* Retrieved on August 17, 2012, from http：//www. scribd. com/doc/102327304/Crude-Beginnings.

Maurin, P. (2010). *Easy Essays* (Catholic Work Reprint). Eugene：Wipf and Stock.

McCann, D. (2014). Who is responsible for the common good? Catholic social teaching and the praxis of subsidiarity. In D. Solomon & P. C. Lo (Eds.), *The common good: Chinese and American perspectives* (pp. 261 – 289). Dordrecht: Springer.

Pan, P. (2005, December 7). Official in China spill case is dead. *The Washington Post.* Retrieved on July 23, 2012, from http: //www. washingtonpost. com/wp-dyn/content/article/2005/12/07/AR2005120702356. html.

PetroChina. (2006, March 20). 2005 annual report. Retrieved on December 17, 2014, from http: //www. petrochina. com. cn/enpetrochina/ndbg/201404/8de0a9c658f84 d698db0ee671c00fbc8. shtml.

Solomon, R. C. (1997). *It's good business: Ethics and free enterprise for the new millennium.* Lanham: Rowman and Littlefield.

Taipei Times. (2005, December 8). CCP warns against cover-ups. Retrieved on July 24, 2012, from http: //www. taipeitimes. com/News/world/archives/2005/12/08/2003 283496/2.

Tang, H. (2005, August 25). Why Chinese firms don't apologize. *Chinadialogue.* Retrieved on July 14, 2012, from http: //www. chinadialogue. net/article/show/single/en/3787 – Why-Chinese-firms-don-t-apologise.

The Epoch Times. (2005, December 10). Jilin PetroChina explosion under investigation, vice-mayor of Jilin City reported dead. Retrieved on July 22, 2012, from http: //www. theepochtimes. com/news/5 – 12 – 10/35620. html.

The Guardian. (2014). BP oil spill. Retrieved on December 23, 2014, from http: //www. theguard-ian. com/environment/bp-oil-spill.

The Hindu. (2014, December 2). Editorial: No closure for Bhopal. Retrieved on December 18, 2014, from http: //www. thehindu. com/opinion/editorial/no-closure-for-bhopal/article6652304. ece.

The New York Times. (2005, December 5). Chinese chemical company boss fired over toxic spill. Retrieved on July 23, 2012, from http: //www. nytimes. com/2005/12/05/world/asia/05iht-web. 1205china. html.

UNEP. (2005, December). *The Songhua River spill. Field mission report.* Nairobi: UNEP. Retrieved on July 14, 2012, from http: //www. unep. org/PDF/China_ Songhua_ River_ Spill_ draft_ 7_ 301205. pdf.

WASH News. (2010, June 15). China, Songhua river basin: ADB providing $146. 6 million loan to privatise and improve water supply and wastewater treatment. Re-

trieved on July 15, 2012, from http: //washasia. wordpress. com/2010/06/15/china-son-
ghua-river-basin-adb-providing – 146 – 6 – million-loan-to-privatise-and-improve-water-sup-
ply-and-wastewater-treatment/.

Watts, J. (2005, November 26). Officials say sorry to Harbin for toxic spill in face
of media fury. *The Guardian*. Retrieved on July 23, 2012, from http: //www. guardian.
co. uk/world/2005/nov/26/china. jonathanwatts.

Wong, E. (2010, July 23). China acts to reduce oil spill threat. *The New York
Times*. Accessed on February 17, 2015, from http: //www. nytimes. com/2010/07/24/
world/asia/24china. html? _ r = 0.

World Bank. (2007, June). *Water pollution emergencies in China*. Retrieved on Au-
gust 6, 2012, from http: //siteresources. worldbank. org/INTEAPREGTOPENVIRON-
MENT/Resources/Water_ Pollution_ Emergency_ Final_ EN. pdf.

Worldwatch Institute. (2013). *In wake of Songhua disaster, environmentalists divided
over future of environmental protection in China*. Retrieved on December 17, 2014, from
http: //www. worldwatch. org/node/1089.

Wu, J. (2007, January 10). Recycling officials: Is it right? *China Daily*. Re-
trieved on July 24, 2012, from http: //www. chinadaily. com. cn/china/2007 – 01/10/
content_ 779115. htm.

Xinhua. (2005a, November 24). CNPC, Jilin apologize for river pollution. Re-
trieved on July 23, 2012, from http: //news. xinhuanet. com/english/2005 – 11/24/con-
tent_ 3831294. htm.

Xinhua. (2005b, November 24). CNPC official apologizes for river pollution. Re-
trieved on July 15, 2012, from http: //china-environmental-news. blogspot. it/2005/11/
cnpc-official-apologizes-for-river. html.

Xinhua. (2006a, December 11). Yearender: Environmental protection in China: A
Spate of catas-trophes and a glimmer of hope. Retrieved on July 13, 2012, from http: //
news. xinhuanet. com/english/2006 – 12/11/content_ 5469285. htm.

Xinhua. (2006b, February 2). Songhua pollution goes on to be tackled. Retrieved on
July 15, 2012, from http: //www. chinadaily. com. cn/english/doc/2006 – 02/02/con-
tent_ 516794. htm.

Xinhua. (2009a, March 25). More investment to control pollution in Songhua River
Basin. Retrieved on July 15, 2012, from http: //www. china. org. cn/environment/news/
2009 – 03/25/content_ 17501089. htm.

Xinhua. (2009b, August 26). Sewage treatment plants built along Songhua River. Retrieved on August 17, 2012, from http：//www. china. org. cn/environment/news/2009 – 08/26/content_ 18408080. htm.

Yong, W. & Na, H. (2005, November 15). Cause of Jilin chemical blasts found. *China Daily.* Retrieved on August 15, 2012, from http：//www. chinadaily. com. cn/english/doc/2005 – 11/15/content_ 494601. htm.

Zhou, S. (2011, August 2). Investigations on the progress in rehabilitation of Songhua river. *Ministry of Environmental Protection.* Retrieved on July 12, 2012, from http：// english. mep. gov. cn/Ministers/Speeches/201108/t20110815_ 216048. htm.

Zwick, L. & M. (1996, August 1). Peter Maurin, Saint and Scholar of the Catholic worker. *Casa Juan Diego：Houston Catholic Worker, XVI* (4), July-August 1996. Accessed on December 27, 2014 from http：//cjd. org/1996/08/01/peter-maurin-saint-and-scholar-of-the-catholic-worker/.

第二十章　朝向企业经济学的新范式

如果你想成为终极赢家，就向社会企业的成功学习。

（罗世范）

20.1　前言

我们的最后一章专注于一种新经济范式的可能性，它基于在适应国际经济伦理挑战的亚洲精神传统中认定的基本道德关注的系统整合。我们认为，来自我们在本书各章中以各种方法诉诸的美德伦理传统的见解汇合，提供了为这种新范式获得伦理基础的最佳机会。范式之所以新，是因为它试图克服枯燥的二分法，这种二分法专门从利润最大化的角度来看待企业，专门从惩罚性法律制裁的角度来看待伦理。简言之，新范式拒绝企业只是使用其他手段的战争的观念。形成对照的是，新范式试图利用所有利益相关者的努力来寻求创新方式以实现我们的经济目标，同时加强整个社会的道德发展。亚洲联邦信贷联盟（ACCU）在菲律宾建立信用社取得成功的案例研究使我们有理由对新范式为前提的企业的实际有效性持谨慎乐观态度。信用社已经证明，小额信贷提供了一种解决极端贫困的方法，很有实用性。当然，每一个成功都带来了新挑战，特别是随着信用社在其活动范围和规模上得到增长，对十分注意经济伦理和管理责任的需求也随之增长。我们认为亚洲联邦信贷联盟的信用社开发的商业模式在经济、伦理上都是可持续的。信用社不仅为菲律宾，也为整个亚洲提供了一种通向成功企业的方法，它是可持续的，恰恰因为它努力以诚信来竞争。信用社阐明了企业经济学新范式的一个重要方面。

20.2 案例分析：菲律宾的信用社和信用合作社

20.2.1 摘要

信用社是以"帮助人们助己"为目的的小额信贷机构。它们的小规模和利他主义动机使其成为社区发展的完美工具。在总体介绍融资合作模式后，案例研究集中探讨菲律宾的经验。读者需要了解支持成功信用社的社会网络动力，并且提出建议以克服继承来的治理结构的局限性。

20.2.2 关键字

信用社，信用合作社，小额信贷，亚洲信用社联盟协会（ACCU），菲律宾国家合作社同盟（NATCCO），菲律宾信用合作社联合会（PFC-CO）

20.2.3 普拉里德尔的成功故事

尼塔·莫雷丘（Nita Moreqiu）是帕格劳姆多功能合作社在西米萨米斯省普拉里德尔分会的领导人。她作为帕格劳姆多功能合作社成员已经 10 年，在这期间她的生活走上了一条全新的道路。尼塔记得当时她出售她丈夫抓来的鱼，每天赚 50 比索。"然后我得到一笔贷款买泵船"，她回忆说，"现在我有三条泵船。我为丈夫挣来一辆摩托车，并偿还了贷款。现在我每天都可以赚足够钱，可以负担起 100000 比索贷款，用来建造新房子。现在我有两个孩子，我可以把他们都送去上大学"（Evie，2009）。大多数菲律宾合作社和信用社都有像尼塔女士这样成功的故事。合作社以各种方式帮助许多人。然而问题是合作社和信用社是否及如何可以在亚洲经济社会发展中发挥作用。正在菲律宾发生的事情是此类基层组织的前途与隐患的很好例子。

尼塔女士所属的帕格劳姆多功能合作社隶属于亚洲联邦信贷联盟，该组织，你也许记得在第二章中已读到，是苏国荣 40 多年前帮助建立的。嘉德温·韩度蒙（Gadwin E. Handumon）先生于 1992 年创立帕格劳姆多功能合作社，其使命是"给予看似无望的事情以希望"。在其 20

年的运营中，其会员人数从 35 名增加到 30000 名，其 2000 比索初始资本增加到 1 亿比索（PMPC，2014）。帕格劳姆多功能合作社在多个领域都很活跃。它向其成员提供小额信贷，向土著农民提供培训并为残疾人提供规划。它还向其所服务村民提供培训和金融教育。该协会在北三宝颜省和西米萨米斯省有几个分会，主要在当地的"巴郎盖"——用来表示基本城镇行政单位的菲律宾词，意思是"村庄"——范围内组织。帕格劳姆多功能合作社已使许多菲律宾人受益，这些好处在现有的商业银行系统中是不可能得到的。

20.2.4　信用社和合作社：一种小额信贷的创新？

帕格劳姆多功能合作社的成功是一个多世纪以来在许多地方展开的更加大得多的故事之一部分。这种信用社和合作社是将社会资本转变为财政资源，使有进取心的人们脱离贫困。"微型信贷或小额信贷是让不可获利的资产获利，向数百万太穷而无法得到正规银行之服务的人提供信用、储蓄和其他基本金融服务，因为在大多数情况下，他们无法提供足够的抵押"（Van Maanen，2004）。孟加拉国吉大港大学的穆罕默德·尤努斯（Mohammed Yunus）教授向世界证明，即使贫困的人也"可获利"。按照尤努斯和他为证明此想法而创立的格拉敏银行的看法，向穷人贷款的风险并不比贷款给富人的风险要大。银行的座右铭简明描述了尤努斯的愿景："授权与人，改变生活，为世界的穷人而创新。"格拉敏银行自 1983 年成立以来，其故事在全球舞台上提高了对小额信贷的兴趣，从而使尤努斯获得了 2006 年诺贝尔和平奖（Perkins，2008）。

但是，带动微型金融的基本原则并不特别新颖。基于互助主义理念的储蓄和信用群体在世界各地已存在几个世纪之久。格拉敏银行也许已经改进了这些理念，特别是表明贷款可以如何通过使用借款人的社交网络作为当责结构来管理。当这些网络得到妥善管理时，向穷人贷款的风险明显降低。银行在评估个人信用价值，证实其业务计划的成功和收取还款时，经常面临高额的代理成本。尽管当借款人很穷时，这会变得更加复杂，但是格拉敏的连带责任战略趋向于不仅为银行也为借款人将这些成本最小化（Sengupta and Aubuchon，2008）。

信用社和合作社不同于银行，因为其客户和借款人都是组织成员，必须为其成功做出贡献。信用社起源可追溯到 19 世纪欧洲。赫尔曼·舒尔茨－德利兹（Hermann Schulze-Delitzsch）和弗里德里希·威廉·赖夫艾森（Friedrich Wilhelm Raiffeisen）建立了第一个真正的信用社，以支持受 1846—1847 年饥荒影响的人们（WOCCU，2012）。当时，赖夫艾森是德国一个小城市的市长。在经历贫困后，他决心帮助民众找到一条出路。赖夫艾森首先希望富有的人做出贡献，但他很快意识到此类慈善只会缓解暂时贫困。他认为可持续的解决方案只产生于社会团结行动中。所以企业家必须团结起来，通过合作协商更好的价格、保持竞争力，来抵抗共同危机。赖夫艾森这样来描述信用社的独特性质："信用社决不可局限于发放贷款。其主要目标应该是控制钱的使用，改善人们的道德和物质价值，以及要独立采取行动的意愿"（Mizis，2001）。

他的论点有力之处在于"社会资本"概念，而非"金融资本"。赖夫艾森认为，对于相互亲密和信任的人来说，"社会资本"是获得融资的关键。真正有"社会资本"的人可获得贷款来资助其项目，因为他们被认为是值得信任的。克服贫困意味着扩大已知的"社会资本"圈子，以便它可以促进维持企业发展所需的融资。赖夫艾森的想法迅速在欧洲蔓延，并适应了每个国家的需要。在 20 世纪初，合作现象扩展至加拿大，不久又传至美国。一位加拿大公民阿尔丰斯·德雅尔丹（Alphonse Desjardin）在魁北克省的李维斯组织了第一个信用社（caisse populaire），以应对类似于赖夫艾森面对的社会状况。魁北克经济正处于挣扎阶段，人们没有能力以商业银行所提供的利率来借款。

在李维斯信用社获得初步成功的情况下，德雅尔丹在北美洲成立许多其他合作社。其想法影响了波士顿商人爱德华·菲林（Edward E. Filene）和麻省理财专员皮埃尔·杰伊（Pierre Jay）。德雅尔丹帮助他们将信用合作模式引入马萨诸塞州（CNCUL，2015）。他们的努力很快引起全国注意。在富兰克林·罗斯福总统批准 1934 年联邦信用社法案后不久，美国信用社全国协会建立起来（DESCO，2012）。美国信用社全国协会通过其世界推广部在发展中国家推广该模式。至 20 世纪 50 年代，信用社已被全世界接纳为社区发展的可行工具（WOCCU，2012）。

20.2.5 信用社和合作社如何工作?

信用社的合作方式如何发挥作用,在菲律宾发布的当地的成功报道中一目了然,如关于图堡信用合作社的报道。1966 年,一位传教士杰姆·夸坦能斯神父(Father Jaime Quatannens)在菲律宾的拉乌尼翁省成立该组织(DeLeon and Bitonio,2012)。他研究了欧洲的合作主义,并看到了它使普通人民摆脱贫困的潜力。虽然图堡经济严重依赖农业,但是农民因为贷款诈骗和高利贷而一直处于贫困之中。杰姆神父组织了一个 39 人的团体,一起建立初始资本为 314000 比索的图堡信用合作社(TCC)。起初成员仅限于图堡居民。随后图堡信用合作社在附近村庄开设了几家分支机构,并将会员资格扩展到外部人员,截至 2011 年 12 月,注册会员有 25392 人。合作社组织通过向社区提供额外服务,而非金融服务,以发展管理系统。图堡信用合作社董事会成员从 5 名增加到 11 名,以应对更复杂需求。董事会监督合作社的活动,并且通过委员会结构来监督特殊事项,如信用评估。

杰姆神父向合作社灌输一种基于其共同宗教信念的强烈博爱意识。而且,图堡信用合作社将"神圣指导"列为解释其成功的首要因素,它被理解为合作社成员所信奉的"自力更生"、真正的"基督教精神"和"使徒牺牲"原则的具体展示(DeLeon and Bitonio,2012)。从弗劳棱特·亚巴德(Florante Abad)这样的图堡信用合作社客户的证词中可看出深深的感激之情:"言语不能表达我们对图堡信用合作社的感激之情。合作社使我们能够实现我们生活的梦想,我拥有了一辆吉普车和房子。我们利用 125000 比索的初始贷款买了一辆吉普车,现在每天差不多能赚 1000 比索。接下来几年,我们及时还款,因而可以每年续保,所以我们总共贷款 665000 比索。通过这些贷款,我们能够建造漂亮房子,且通过吉普车挣钱,能够把我们的孩子送到私立学校上学。我们可以按月偿还贷款,因为除了图堡信用合作社之外,我们没有从其他贷款机构获得贷款,无论是政府还是非政府机构。"(TCC,2009)像在普拉里德尔的尼塔家族一样,亚巴德也从图堡信用合作社贷款,以开发或扩大本地业务,而业务的成功又最终为满足家庭的其他愿望提供资源。

信用社支持者确定了获得成功的四个决定因素:终身资产增长服

务、混合外展、动用社会储蓄以及贷款产品的全套服务（Branch and Evans，1999）。其中每一个都与信用社在当地社区中改善社区居民的事实有关。每个信用社都在当地层面，作为一个分会或分支的网络组织起来，其中每一个分会或分支都可以进一步细分成更小的单位。分会领导和簿记员经民主选举产生，向合作社的上级负汇报之责（Diaz 等，2011）。信用社成员必须承诺全额偿还贷款，并对小单位群的伙伴负责。万一小单位成员不偿还贷款，整个群将承担其损失。虽然大多数贷款的数额相对较小，但有些信用社通过在商业银行开设信用额度来扩大其增加会员所需资本（Balkenhol，1999）。信用社通常要求成员要么受雇于公司，要么从事某项经济活动，这降低了违约风险。成员的多样性也有助于分散与当地各行各业和国民经济中的灾害或周期性衰退相关的额外风险（Branch and Evans，1999）。

自 1971 年成立以来，亚洲信用社联盟协会"与其成员合作，加强和促进信用社作为人民社会经济发展的有效工具"（ACCU，2015）。这种支持包括开发管理工具，使地方信用社能够改善其社会和经济绩效。一旦这种创新成为亚洲信用联盟协会的认证计划，将使最佳合作社被认定为"ACCESS 品牌"，这是"根据全球标准，优秀服务和资金充足的 A－1 竞争选择"。只有证明具有可持续商业实践并明确承诺团结原则的合作社才被给予这种认可（NATCCO，2015b）。

为促进 ACCESS 品牌认证，亚洲信用联盟协会为其成员提供了一个评估工具，包括四个领域——金融、学习与成长、客户会员流程、内部业务流程——的 86 个绩效指标。该测量工具被规范企业称为"平衡记分卡"。平衡记分卡使用定量和定性措施来识别财务可持续性和管理实践间的联系。亚洲信用联盟协会打算通过专业化来提高合作社运营条件，特别是实现财务可持续性。成员可使用 ACCESS 平衡记分卡评估其绩效和跟踪改进，并努力在所有四个领域取得积极成果。这一切一旦实现，他们将获得认证（NATCCO，2015b）。

20.2.6　菲律宾的信用社

尽管起步早，但菲律宾合作社领域的历史并不容易（SOEMCO，2012）。菲律宾信用社联盟在 1960 年仅由 44 个信用社组成，于 1965 年大幅增长，当它加入信用社全国协会时，已代表了所有菲律宾合作社的1/3（USAID）。1969 年，它也成为世界信贷联合会理事会的创始成员，并于两年后加入亚洲信用联盟协会。当马科斯政权颁布"社会正义和经济自由大宪章"时，菲律宾合作社被正式确认为国家发展战略的核心要素。然而，当 1972 年宣布"戒严令"时，菲律宾合作社领域受到政府控制。根据"加强合作运动"的总统法令，菲律宾信用社联盟被关闭，亚洲信用联盟协会和世界信贷联合会理事会都暂停了在菲律宾的活动。随着 1982 年戒严令结束，菲律宾信用社联盟再次并入菲律宾信用合作社联合会，再次承担了"加强和促进信用合作社作为社区和经济发展的有益手段"的使命。（PFCCO，2010）。

一旦恢复信用社自主权，对更严格监管的需求变得显而易见。许多信用社和合作社显示出不良的管理实践，并且过度依赖政府的财政刺激来减少贫困（Morales，2004）。为解决这些问题，菲律宾政府的合作发展管理局成立了菲律宾合作中心，以监管所有菲律宾合作社（Teodosio，2009）。亚洲信用联盟协会的外部和内部治理的绩效标杆为合作发展管理局的新法规提供了基础（Salvosa，2007）。合作发展管理局引入的强制许可也减少了许多地区的合作社数量。如在布基德农，因当地土地银行（一家政府所有银行，主要为渔民和农民提供服务）的激励，合作社在 1995 年已经扩大到 1000 个，而在 1997 年，这个数字则减少到 700 个（Morales，2004）。合作发展管理局还实施了旨在减少管理不善和刑事欺诈的强制性培训计划。

塔古姆合作社提供了一种运作良好的财务管理模式。根据合作社年度报告，2010 年至 2011 年，短期内总资产增加到 3.1 亿比索。此外，在一年半时间里，净盈余增加了 9.3%，盈余达到 1.02 亿比索，这些资产用于合作社发展和服务延伸。新选举的合作社主席诺尔玛·佩雷拉斯（Norma Pereyras）将塔古姆的成功归功于管理的大幅改善（Colina IV，2012）。合作社还申请了亚洲信用联盟协会的 ACCESS 品牌认证。其多层审计系统旨在产生合作社成员之间的最大信任和尊重。塔古姆既利用一个内部的又利用一个外部的审计机构。双重检查旨在确保没有任何利益冲突。佩雷拉斯确切地说，"财务文件应通过严格审查"，并认为实现 ACCESS 品牌那样的 ISO 标准是可能的下一步，以加强他们承诺的全面透明和竞争管理的力度。ACCESS 品牌不仅是认证计划，而且是一个基于利益相关者理论的管理工具。实现每个 ACCESS 品牌期望，需要合作社以具体方式专注于对每个利益相关者团体的责任。

20.2.7　菲律宾信用社发展的障碍

尽管具有远大前景，但信用合作模式的实施仍具有挑战性。塔古姆和帕格劳姆是成功的例子，但在其他地方还有一些失败的案例。尽管对菲律宾合作发展局的监督加强了，但是仍有管理问题阻碍信用合作社的发展。亚洲信用联盟协会估计，菲律宾合作社的违约率在亚洲是最高的。例如，在宿务地区经营的 300 家合作社中，有一半表现不佳（Borromeo，2008）。菲律宾合作发展局中央维萨亚斯区域主任马林·艾斯特雷拉（Marlene Estrella）指出，管理不善是造成其失败的主要原因。市议会合作社委员会前任主席阿森尼奥·帕卡那（Arsenio Pacana）同意，在贷款违约和预算问题之间存在联系。合作社经理没有得到足够培训，可以使他们能够更有效地从其成员中全额收回还款（Borromeo，2008）。

在同菲律宾国家合作社同盟 NATCCO 代表的集体讨论会议上，来自诺瓦利切斯发展合作社的塔塔·维斯卡（Tata Viesca）试图说明她如何应对这个令人不安的问题。维斯卡坚持合作社的业务性质，她说："有生意就无友谊！"（NATCCO，2012）。她强调需要搞清楚"团结"的真正含义。例如，及时付款是构成合作社模式基础的社会契约所产生的权利和义务的一部分。一位总经理说："合作社老高级职员是高风险人群，特别是董事和创始人。"这要归因于这样的事实：合作社不能因自己员工违约而收取费用。事实上，菲律宾法律限制政府机构为私人组织扣钱（NATCCO，2012），这样就使信用社对收取给予自己领导与员工的贷款中所欠款项几乎没有选择。此漏洞为腐败留下充足空间，这只能通过正确理解"团结"所隐含的社会契约承诺才能被克服。

尽管存在法律漏洞和潜在文化障碍，但是科尔多瓦多功能合作社的故事和宿务市的一样，都向我们展示了如何克服这些问题。当奥雷亚·德·拉玛约（Aurea de Ramayo）在 1987 年成为总经理时，科尔多瓦合作社处于失败边缘。"我看到一个垂死的合作社"，奥雷亚解释说，"合作社会因净亏损和管理不善而关闭"。然后，"他们要求我接手成为志愿者经理，我答应了"（International Dispatch，2011）。德·拉玛约首先组建了一个致力于挽救合作社的团队。然后她说服他们将所有合作社债务偿付给外部金融机构——通过制造流动资产的幻觉掩盖合作社问题。在那时，科尔多瓦只剩下 300 比索的运营资本，且没有能够处置的实物资产。因此，奥雷亚诉诸社区的团结意识："我们开始挨家挨户对成员唱圣歌，请求存款，请求偿还贷款，请求支持。"抢救团队在 7 天内收集到 3000 比索。成员同意每天给每笔旧贷款付还 1 比索，给新贷款付还 2 比索。由于拖欠率从灾难性的 95% 下降到令人担忧但可控制的40%，可用于新贷款和其他活动的资本逐渐增加，科尔多瓦合作社生存了下来。今天，它有超过 900 名会员，并被认为是在宿务地区的一个典范。然而，奥雷亚认为还有改进余地。她目前首要考虑的事项是将拖欠率进一步降低至 10%（International Dispatch，2011）。你认为她对合作社所面临危机的反应是什么？你认为她的成功可以复制到别处吗？

　　科尔多瓦案例表明如何通过互助和团结来提高标准的扭转措施的力量。奥雷亚先从减少公司债务开始，这是一个重要举措，这能够恢复充分的控制和独立。她首先评估情况，并组成一个特别工作组来处理此问题。她同时还创造一种紧迫感和希望。挨家挨户收款在合作社历史上成为一个难忘插曲，为一种新的当责文化奠定基础。这使合作社所有成员都能接受必要的组织变革。成员信任和相互支持能够有效地界定和实施此种重新获得竞争力的战略。她减少贷款拖欠率，为实现其他目标制定具体的可衡量目标。所有这些都符合成功业务转型的主要指示步骤（Treace，2012）。

　　鉴于我们在菲律宾的故事中所看到的问题，迫切需要为合作社成员和员工提供正规教育和管理培训。合作社成员必须坚定承诺进行合作并保持彼此忠诚。正如宿务市长迈克尔·拉玛（Michael Rama）敦促在2008 年 10 月庆祝"合作月"的所有官员那样，"团结则存，分裂则亡"（Borromeo，2008）。对于一个成功的合作社而言没有比这更好的准则，我们需要理解，此种团结不可避免地要承担相互当责的机制。

20.2.8　总结

信用社和信用合作社是旨在社区发展的小额信贷机构。虽来自欧洲，但因其能够适应当地制度和习俗，故在世界各地受到广泛欢迎。在你看来，管理合作社涉及的主要技术和道德挑战是什么？你认为他们在不同文化间有什么不同？

例如，菲律宾早期采用的信用社模式产生了复杂结果。一方面，成功的合作社为我们提供了希望和变革的故事。授权原则运行良好，例如在尼塔·莫雷丘和弗劳棱特·亚巴德案例中。他们现在可以把他们的孩子供到大学，这在他们加入合作社前难以想象。你相信授权除了增强他们经济稳定外，可以扩大人们的生活视野吗？人们必须通过什么激励措施来偿还贷款？信用社应在多大程度上将感激作为一种激励？还有什么是可能需要的？

另一方面，因金融管理不善，许多实施的信用社模式的尝试均告失败。为解决治理不善的问题，自20世纪90年代以来，菲律宾合作发展局通过监管改革和强制培训，努力促进合作社专业化。你认为这些是否足以改善此领域的整体绩效？你将如何解释拉玛市长呼吁团结的经济意义？可采取哪些具体步骤来帮助信用社和合作社实施良好的业务管理的标准做法？从科尔多瓦合作社的逆转中有没有获得有用的经验教训？

20.3　案例分析讨论

信用合作社或信用社是何种企业？其目标是什么，如何实现？它打算赚取利润吗？如果是，与其他盈利性企业有何不同？如果不是，衡量其成功或失败的标准是什么？请记住彼得·德鲁克（Peter Drucker）关于企业利润作用的论述：尽管这不是企业的目的，但它是企业成功或失败的重要衡量标准。利润只是一种记分方法。业主和投资者密切关注企业季度报告，因为他们如果要做出审慎的投资决策，必须知道分数。那么非赢利组织呢？它们也得记分。它们的业绩也必须加以衡量以使其投资者——称其为"捐助者"——能就支持心中怀有何种目的的何种组织做出谨慎决策。

如果我们问信用合作社和信用社是营利性还是非营利性的，一旦我们进入细节，答案也许不会那么明显，无论如何——如果德鲁克对利润的理解是正确的——它不会特别重要。例如，尤努斯坚持认为社会企业应是非营利性的。但许多小额信贷机构，如信用合作社和信用社，往往按其成员向合作社提供的储蓄或其他资金比例给他们分红。当然，合作社分红的能力取决于它如何管理好其向成员提供的贷款和其他金融服务。如果不分红，也许就表明组织失灵。另一方面，这也许意味着上一个报告周期中所获得的剩余收入被再投资于合作社以扩大其活动，从而更有效地履行其使命，也就是说，通过减少来自银行或其他外部机构的借款（或支付贷款利息）来履行其使命。

信用合作社或信用社的目的，如赖夫艾森所宣告的，是通过控制"用钱和（改善）人们的道德价值观和物质价值观，以及他们的独立行为意志"为其成员服务。这样的目的显然比银行的目的要高尚得多——银行向负担得起的客户提供金融服务的目的是赚钱。控制信用合作社成员"用钱"，需要不仅向有充分"社会资本"的人提供贷款来证明其信用价值。它还需要教育人们了解储蓄的重要性，帮助他们实现根据相互商定的时间表来偿还贷款所需的自律水平。它要求培养成员间的关系，成员必须通过同合作社及其活动相关的社交网络相互负责。只有这样，信用合作社才通过"（改善成员的）道德价值观和物质价值观，以及他们的独立行为意志"来帮助其成员。获得金融资本和日益改善管理能力是实现自由或自主的"独立行为"所必不可少的，不再受他们贫穷的环境和不满足的欲望的支配。

于是，信用合作社或信用社必须就实际授权——其成员巧妙地利用资金改善生活——衡量其成功。当然，一旦团队成员掌握真正自由，他们也必须学会负责任地行使自由。管理信用合作社或信用社所涉及的道德挑战不仅能确保其成员及时偿还贷款，还能要求合作社加强和保持其内部当责程序和结构的完整性。随着自由可能性而来的，不仅有成功的可能性，而且还有道德的缺失，对管理责任的接受中固有信任的某种形式的背叛。这样的背叛，正如我们从案例研究中了解到的那样，就像在其他企业中那样，也可能发生在非营利组织里。背叛实际上更可能发生在这里，因为企业所有者和投资者可能比合作社的捐助者和成员更加警惕欺诈、盗窃、贪污和其他金融犯罪的可能性。

反腐斗争不是信用合作社和信用社的次要问题。甚至拥有健全管理实践的合作伙伴可能会发现自己受到不良记录、调查违规行为及对官员和管理人员错误信任的影响。例如2012年6月，武端市的北阿古桑教师、退休人员、员工和社区合作社审计发现260万比索的巨款失踪并怀疑是前收银员所偷，因而卷入与其前收银员的纷争中（Samonte，2012a）。虽然资金自2011年9月以来一直处于缺失状态，但在9个月后才对前收银员采取正式行动，最终开始了北阿古桑教师、退休人员、员工和社区合作社董事会授权的正式调查（Samonte，2012b），之后前收银员因"违反信托"被解雇。虽然收银员拒绝提交说明失踪资金的报告，但他被解雇似乎就是事件的结束，这当然非常尴尬，因为合作社以前申请了亚洲信用联盟协会的ACCESS品牌认证，被认为有着非常好的管理。正如我们在其他菲律宾信用合作社拖欠贷款偿还和不规范管理报告中所指出的，创造一种能够使合作社履行其使命的当责结构可能需要一个长期的文化转型过程，这会超越以往的理论与典范。如果菲律宾的信用社运动履行其承诺，作为成员或管理者的人必须承认"团结"的道德意义。

那些努力应对经济和社会发展挑战的人将首先承认，没有什么神奇公式保证"团结"，特别是团结对公益的积极贡献。此词汇本身暗示"产生于公共责任和公共利益的联盟或伙伴关系，就像在一个团体成员之间，或阶层或人民之间的情况那样"（Dictionary.com，2014）。伙伴关系，像友谊和直系亲属外发展起来的其他社会关系，固然是好的，但当"公共责任和公共利益"被想得太狭隘时，也可能在道德上变得模棱两可。众所周知的"盗贼之间的荣誉"承认，掠夺者之间存在团结，他们可以保护相互间利益，同时搞阴谋牺牲他人。当这种反社会的团结达到足够力量时，能够成为破坏所有其他群体，破坏法治和其他公共道德的工具。真正的团结——即实际促进参与公益的团结形式——必须基于不仅仅保护团体成员免受外来侵害的公共利益。真正的团结谋求实现超越个人义气的更高目标。它不符合任何"缄默法则"，这种法则保护团体成员免受其行动后果的影响，其行动范围从十足无能、犯诚实但是代价高的错误，到故意用来破坏别人对其信任的罪行。必须在组织的所有级别中实现透明和当责，个人或群体的活动都将受到适当审查和公众监督。

为使信用合作社和信用社成功实现其崇高目的，其成员必须学会区分病态形式和健康形式的团结，区分他们商务管理中的腐败和诚信，区分道德领导的假冒表现和真正表现。在我们的案例研究中描述的挑战倾向于将注意力集中在一个严肃的问题上：尽管有许多优点标志着菲律宾合作社运动的诞生，但是在这些机构中为什么有这么多都失败了？为什么各级的当责出现这么多失职？为什么有太多借款人不感觉有道德义务及时并全额偿还贷款？为什么过多的合作社管理者经不住诱惑，从委托给他们的组织中偷窃——或对资金分配不当？毫无疑问，有复杂的文化分析可以有助于通过解释消解这些失败——殖民主义和新殖民主义挥之不去、但一点也不少的危险的影响，理想主义和犬儒主义的相互加强的趋势，传统文化的纯粹惰性，其持续影响不仅显示菲律宾民族身份的发展，而且显示高于民族主义的忠诚的发展。但底线是，这样的理论无论如何富有启发性，挑战仍是基本道德教育的挑战，特别是在形成合作社管理的专业化上。

然后，本案例研究可以取得的教训应该突出那些在信用社运动内部不断争取界定和贯彻成员和管理人员一律相互当责的适当标准之人的努力。亚洲信用联盟协会与菲律宾政府合作发展局密切合作而做出的不懈努力，旨在改善合作社的内部治理程序。它们通过许可、认证和培训计划提供特别受欢迎的支持和当责制。菲律宾合作发展局的"核心价值观"（CDA，2014b）能够激励菲律宾的合作运动——卓越（"通过有效和高效的资源管理实现最佳绩效和实现预期成果"），承诺（"高度奉献和积极参与该机构的授权"），诚信（"保持个人行为的无可指责"）和团队合作（"在有利于实现组织目标的环境中实现协同增效"）——这当然值得称道。正如菲律宾合作发展局的"业绩保证"（CDA，2014c）那样，为评估自身运营建立具体期望，也为其成员合作社提供了一种透明与当责的模式。

最后，菲律宾合作发展局提供了一个关于菲律宾合作社失败原因的有用分析,①支持以下结论:"合作企业失败的根本原因是缺乏对合作社原则和真正目标的正确理解,合作企业的实际经营不遵循这些原则和目标。"(CDA,2014a)我们的案例研究表明,菲律宾合作发展局的"早期合作社"具体问题的列表不仅仅是历史遗留的。这些问题还是长期性的,甚至在今天仍然阻碍菲律宾合作运动值得称赞之目标的充分实现。这些挑战表明,菲律宾合作发展局提供的培训计划和其他服务必须包括基础道德教育的创新努力,以满足运动赋予人们的个人和社会责任。

20.4　伦理反思

我们的案例研究经常提到罗马天主教对菲律宾信用合作社和信用社发展的影响。例如,我们所了解的图堡信用社是由杰姆神父创立的,他是位传教士神父,在共同的宗教信仰基础上灌输了合作伙伴间强烈的兄弟情谊。激励图堡信用社建立的灵感是"神圣指引"——包括合作社的"自力更生"、真正的"基督教精神"和"使徒牺牲"承诺。对于天主教的信仰和实践的呼吁在菲律宾是不寻常的,菲律宾是亚洲最大的天主教国家,亚洲信用联盟协会——它在菲律宾帮助发展了信用社运动——就是由亚洲的非神职天主教领袖建立的。

在本书的其他部分,我们提到天主教社会教义,这通常是为建立欧洲伦理传统和中国道德哲学之间的衔接。我们已看到,亚里士多德和孔子分享了许多关于美德伦理的本质见解,以及一个赞誉公益追求的社会愿景。我们已看到,天主教社会教义支持对普遍人权的充分理解,同时也抵制任何诱惑,将人权抽象地视为应得的绝对权利。像儒家和其他形

---

①　菲律宾合作发展局历史概述列出了"菲律宾早期合作社"失败的13个不同原因:"不良管理;缺乏对原则、实践目的和合作社目的正确理解;借款人不正当地使用信贷,没有将钱用于生产,而是花费在节日或奢侈品上;不良证券;特别是在收取逾期账户方面的政治干预;缺乏官员薪酬;在处理他人钱财时,性格和道德责任不恰当;缺乏足够的保障措施,以防止肆无忌惮的官员利用其职位向自己及其公司提供贷款,后者证明此种制度是灾难性的;个人主义态度代替人民之间的合作精神占主导地位;合作社无法确保充足资本;它们对外国供应商和分销商的依赖;政府的无能;营销设施的不足。"(CDA,2014a)

式的亚洲道德智慧一样，天主教社会教义强调权利和义务或责任的严格关联，这反映了人类生活和幸福意义的更广泛视野。像这些其他的亚洲传统那样，天主教社会教义声称其愿景客观地、规范地以人性为基础；跟那些亚洲传统不一样，它将人性理解为按"上帝形象""上帝样式和肖像"造就的（Genesis 1：26）。尽管关于上帝或终极存在的形而上学理论方面存在差异，但天主教社会教义与构成人类生活的伦理实践有密切联系。

20.4.1 人的尊严和团结

人的尊严必须得到所有人尊重，包括作为人们相互间团结——以及相互间当责——的表达而由人们选择形成的任何政府的尊重。因此，人的尊严可以通过集体行动来发展和完善，但不能通过任何国家的法令或政策而被赋予或确立。所有合法政府都取决于被管辖者的同意。

鉴于这些假设，国家可以协助个人和团体发展和完善，同时尊重自身在个人、团体活动中的局限性。虽然从家庭开始的自然关联是人类尊严和团结的主要表现，它们不由国家法令确立。国家的作用是通过适当监管来协助这些自然关联的发展，而非篡夺或镇压其正当活动。

公益，像"正义""社会和谐"等相关术语一样，在脱离了对人的尊严、团结与辅助性的真正依赖，就容易受到误解，如果不是受到故意收买的话。公益是"社会生活的条件总和，允许社会群体及其个体成员相对彻底和容易地获得自我价值实现"（Vatican II，1965. Par. 26）。这个抽象表达的实际意思如下："每个社会群体都必须考虑其他群体的需要和合法愿望，甚至是整个人类家庭的一般福利。"如果我从事公益阻止了他人也从事公益，那么公益不可能是真正的公益。换句话说，公益与所有形式的零和思维和行为都是不相容的。根据辅助性原则管理社会，意味着利用国家权力，通过创造使所有群体得以繁荣的"双赢"局面来赋予社会参与权。虽然"社会正义"——可能会"要求从每个人那里得到公益所需要的一切"（Pius XI，1937：Par. 51），但对人的尊严和团结的正确理解也要求诉诸公益不能用来为压制任何合法的人权或错误取代任何合法个人责任的行为辩护。①

20.4.2　公益和道德德性的培养

为使得个人能够为公益作出贡献，他们的道德责任必须通过不断努力培养道德美德来实施。天主教社会教义的前提是，在柏拉图、亚里士多德和斯多葛学派中，从古希腊文化中出现的"长青哲学"所体现的道德，重点在于所谓的"审慎""正义""坚韧"和"节制"。第二章中对这些美德进行了阐述②。最重要的是追求公益需要"审慎"的美德，因为道德辨别对于确定和加强真正"双赢"的社会条件不可或缺，从而使人类能个别地、集体地实现其目的。教理问答确认了公益的"三个基本要素"：第一，"尊重个人本身"，这意味着"尊重基本的不可让与的权利……（尤其是）按照一个健全的良心规范行事，捍卫……隐私和宗教问题上合法自由的权利"；第二，"团体本身的社会福祉和发展"，在其中，行政管理"机构……应该使每个人都能得到过真正人的生活所需要的一切：食物、衣服、健康、工作、教育和文化、合适的信息、建立家庭的权利，等等"；第三，"和平，即公正秩序的稳定与安全"，其"完全的实现"发生在"政治共同体"的体制中——"保卫和促进公民社会，公民社会公民及中间机构的公益是国家的作用"。被视

---

①　天主教社会教义对公益的理解必须与功利主义或康德主义提出的道德愿景区分。正如在对基本功利主义原则"最大多数人的最大幸福"的哲学讨论中经常指出的那样，只要将整个社会利益最大化，国家可以对个人施加的牺牲就没有限制。同样，康德主义"将人视为目的，而非手段"的绝对命令倾向于绝对人权，因为它缺乏对问题的系统回答。因此，孤立的功利主义和康德主义都倾向于通过强调道德困境和困惑加剧道德伦理中的零和思维。通过关注公益和实行辅助性原则，可以更有效地解决此问题。在本书整个篇幅中，无论何时讨论诉诸功利主义和康德主义伦理原则的传统做法，我们都注意到如何以及为什么会产生不够令人满意的结果，我们赞成与应用道德哲学的"正义"相一致的所谓的"混合"义务论方法。这种方法足以应对我们的案例研究中描述的各种挑战，因为它是公益坚定承诺的动力。但是最佳实践要求，追求公益需要遵守天主教社会教义拥戴的道德美德，以及儒家道德哲学和大多数其他以精神为基础的道德智慧。

②　人的美德是"通过人类努力获得的"。人的美德被描述为"坚定的态度，稳定的性情，按照理性和信仰支配我们的行动、掌握我们的激情、指导我们的行为的习惯性完美智力和意志。它们使道德上美好生活中的安逸、自制和快乐成为可能。有道德的人就是自由实践善良的人"（Libreria Editrice Vaticana, 2003：Par. 1804）。基本美德就是所有其他美德聚集在其周围的美德。它们类似于儒家君子美德的特征，在成为一个有道德领导能力的"君子"方面发挥"关键作用"。

为公益的秩序最终"必须服从人的秩序。这种秩序建立在真理基础之上，在正义中更加伟岸，为爱所激励"（Libreria Editrice Vaticana，2003：Par. 1905 - 1912）。

因此，人的尊严、团结、公益和辅助性原则的相互关联概念可被理解为提出了理想联邦或大同的天主教社会教义形式，如我们在第二章中《礼记》的《礼运》部分所看到的那样。虽然天主教社会教义的公益愿景与儒家大同不谋而合，但天主教社会教义倾向于强调所涉及的道德原则，而儒家大师则生动描述生活的社会后果。我们相信安德鲁感觉到两个观点之间的趋同，并在香港公共服务事业的生涯过程中努力进行协调。他对亚洲信用联盟协会在促进东亚合作社和信用社方面进行开拓性工作的承诺目睹了此愿景越来越强大的力量，同时有真正的中国特色和天主教特色。

组织信用社是实现当今世界公益的重要的，尽管不一定不可或缺的因素。公益不能再被理解为国家责任。即使国家有权这样做，它也不能在不违反辅助性原则的前提下单方面强加自己的公益。如果公益是政治社会的目标，辅助性原则表明了追求此目标的适当手段，这是大家都理解的。合作社和信用社是行动中的辅助性原则的一个非常有用的例子，因为它们是自愿联合，通常是非政府组织，试图通过本土资源真正改善其成员生活。为了完成他们的使命，这样的合作社必须与企业或政府的传统做法不同。虽然他们可能需要以商业银行贷款或政府监管的形式来获得经济支持，但合作社的有效性取决于它们在其服务的社区中确定和发展"社会资本"的能力。它们的使命反映了辅助性原则，因为它们都植根于地方一级的自然联合，且通过适当调解更大的经济政治机构而得到协助。

20.4.3　走向基于"互惠原则"的企业经济

社会现实是"一个系统与三个主题：市场、国家、公民社会"，其中公民社会是"一种无偿经济和友爱的最自然环境"——换句话说，是社会资本发展的最自然环境：

今天，我们可以说，经济生活必须被理解为一个多层次的现象：在这些层次的每个层面，以不同的程度和特别适合各层面的方式，必然存在着友好互惠的方面。在全球化时代，经济活动不可能不考虑无偿的问题，这促进和传播团结和对正义的责任以及不同经济参与者之间的公益。它显然是一种具体和深刻的经济民主形式。团结首先是每个人对每个人的责任感，因此不能仅委托给国家。（Benedict XVI，2009：Par. 38）

从此角度来看，"社会企业"是"建立在互惠原则基础上的商业实体"，这种企业的意图是有效增加市场和国家所需的社会资本：

因此，需要一个允许在机会均等的条件下，允许自由运作，并允许企业追求不同制度的市场。除了追求利润的私营企业和各种类型的公共企业，必须为基于互惠原则和追求社会目的的商业实体留出余地来扎根和表达自己。从它们彼此在市场上的相互接触中，人们可以期望出现混合形式的商业行为，并因此注意文明经济的方式。在这种情况下，慈善实际上要求对那些类型的经济形态和结构在不拒绝获利的情况下，达到比纯粹等价物交换，或利润本身的交换更高的目标。（Benedict XVI，2009：Par. 38）

因此，假定市场、国家和公民社会之间的系统性差异反映其相互作用的不同"逻辑"，并且可能出现企业经济学的新范式。实现"无偿"的好处——或合作互动——这是"打败不发达"的关键：

不仅需要采取行动来改善基于交换的交易，植入公共福利结构，而且尤其要在世界语境下逐渐增加对以无偿配额和共有为标志的各种经济活动形式的开放。市场加国家的独有二元模式是对社会的腐蚀，而基于团结的经济形式能够建设社会，在公民社会中找到自己的落脚点，而且不局限于自身。无偿市场是不存在的，法律不能建立无偿态度。然而，市场和政治都需要愿意对互惠开放的个人。（Benedict XVI，2009：Par. 39）

"愿意对互惠开放的个人"是对道德领导的明确描述。如果没有个人和团体愿意并能够根据无偿原则行事——或者不愿意遵守源自真正美德的合作精神——那么公益是不可能实现的。对于激励那些真正试图建立和管理合作社与信用社的人的东西，还有什么更好的描述吗？

如果健康的公民社会中出现"基于互惠原则的企业"，那么它就将成为一个基于良好商业道德的企业经济学新范式。本笃呼吁"以人为中心的伦理"，并在金融危机之后看到希望的迹象：

> 今天，我们在经济、金融和商业领域听到关于伦理学的诸多讨论。经济伦理的研究中心和研讨会正在增加；道德认证体系正传播到所有发达国家，作为与企业责任相关的创意想法的一部分。银行正在提议"伦理"账户和投资基金。正在开发"伦理融资"，特别是小额信贷，更普遍的是微型融资。这些过程值得称道，应得到大力支持。它们的积极影响也在世界不发达地区中被感受到。（Benedict XVI，2009：Par. 45）

然而，新范式还未成熟。这非常需要"洞察力"，因为"伦理"一词可以适用于任何解释，即使它包括与正义和真正人类福利相反的决定和选择。人类不可侵犯尊严和道德规范的超越价值，缺乏对这些假设的正确导向，商业道德"有可能变得屈服于现有经济和金融体系，而不能纠正其功能障碍的方面"（Benedict XVI，2009：Par. 45）。

"基于互惠原则的企业"的前景：

> 近几十年来，两种类型的企业之间出现了广大的中间领域。它由依然支持欠发达国家社会援助协议的传统公司、与个别公司相关的慈善基金会、面向社会福利的公司集团、所谓"公民经济"和"共享经济"的多样化世界组成。这不仅是一个"第三领域"的问题，而且是一个广泛的新的组合现实，包含私人和公共领域，一个不排除利润，并且认为它是实现人类和社会目的的手段的现实。无论这些公司是否分配股利，无论他们的法律结构是否符合某个既定形式，这都是次要的，因为它们是实现更人性化的市场和社会目标

的手段（Benedict XVI，2009：Par. 46）。

由此产生的多种制度形式的企业将产生一个更文明和更具竞争力的市场。

20.5　结论

企业经济学的新范式是新颖的，只是它偏离了关于商业和政府的传统思想的假设，即利润最大化和越来越依赖法治来弥补企业的不良状态。新范式实际上相当古老，一想起它来，天主教社会教义就被发展为一种对国际经济伦理的可能贡献。从中世纪公会和其他协会再到为应对现代经济和社会发展挑战而出现的合作社和信用社，我们面临的问题是有具体解决方案的——无论是制度上的还是个人的。纵观本书中所有亚洲经济伦理案例研究，我们认为，掌握这些解决方案，承担实施这些解决方案所涉及风险的关键，是需要改变态度，恢复我们精神和道德智慧传统，并恢复美德，这也是个人诚信和道德领导的关键。这种态度的改变——正如我们从一开始所说的那样——可能取决于我们愿意接受何种方式来开展业务。商业更像一场战争还是更像一场游戏？我们反对商业是战争这一想法。它在观点上具有不同目的，并采用不同的手段。最重要的是，那些不能超越零和思维的人是无法透彻了解的。在 20 个案例研究中，我们希望向你展示态度的转变可能会造成的结果。能否取得成功取决于你是否可以找到自己的方式。

参考书目

ACCU. (2015). *Introduction*. Retrieved on January 3，2015，from http：//www. aaccu. coop/introduc-tion. php.

Balkenhol，B. (1999). *Credit unions and the poverty challenge*：*Extending outreach*，*enhancing sustainability*. Geneva：ILO.

Benedict XVI. (2009). *Caritas in veritate* (On Integral Human Development in Charity and Truth). Libreria Editrice Vaticana. Retrieved on January 15，2015，from http：// www. vatican. va/holy_　father/benedict_ xvi/encyclicals/documents/hf_ ben-xvi_ enc_

20090629_ caritas-in-veritate_ en. html.

Borromeo, R. U. (2008, October 4). About 150 coops in Cebu City are 'mismanaged'. *The Freeman*. Retrieved on January 5, 2015, from http: //www. philstar. com/cebu-news/404730/about – 150 – coops-cebu-city-are-mismanaged.

Branch, A., & Evans, A. C. (1999, August 13). *Credit unions: Effective vehicles for microfinance delivery*. Madison: World Council of Credit Unions.

CDA. (2014a). *History*. Republic of the Philippines Cooperative Development Authority. Retrieved on January 8, 2015, from http: //www. cda. gov. ph/index. php/transparency/overview/historical-background.

CDA. (2014b). *Core values*. Republic of the Philippines Cooperative Development Authority. Retrieved on January 8, 2015, from http: //www. cda. gov. ph/index. php/transparency/overview/core-values.

CDA. (2014c). *Performance pledge*. Republic of the Philippines Cooperative Development Authority. Retrieved on January 8, 2015, from http: //www. cda. gov. ph/index. php/transparency/transparency-seal/120 – transparency/transparency-seal/i-cda-mandate-powers-and-functions-citizen-s-charter-and-contact-information/c-citizen-s-charter.

CNCUL. (2015). *Credit unions: For people, not profit: History of the credit union movement*. California and Nevada Credit Union Leagues. Retrieved on January 5, 2015, from http: //www. ccul. org/consumers/cuhistory. cfm.

Colina IV, A. L. (2012, April 30). Tagum coop posts 9 percent growth in net surplus. *Sun. Star Davao*. Retrieved on August 8, 2012, from http: //www. sunstar. com. ph/davao/busi-ness/2012/04/30/tagum-coop-posts – 9 – percent-growth-net-surplus – 219042.

DeLeon, J. & Bitonio, J. (2012, January). *Success story of Tubao Credit Cooperative*. Cooperative Development Authority, Dagupan Extension Office. Retrieved on August 15, 2012, from http: //www. slideshare. net/jobitonio/success-story-of-tubao-credit-cooperative.

DESCO. (2012). *History of credit unions*. DESCO Federal Credit Union. Retrieved on August 16, 2012, from http: //www. descofcu. org/s01p010. php.

Diaz, J. N., Ledesma, J. M., Ravi, A., Singh, J. & Tyler, E. (2011, September). *Saving for the poor in the Philippines*. New American Foundation. Retrieved on January 5, 2015, from http: //www. microsave. net/files/pdf/Savings_ for_ the_ Poor_ in_ the_ Philippines. pdf.

Dictionary. com. (2014). Solidarity. *Dictionary. com Unabridged*. Retrieved on January 07, 2015, from website: http://dictionary. reference. com/browse/solidarity.

Duron-Abangan, J. (2012, March 30). *Tagum Cooperative eyes ISO certification.* Ugnayan. Philippine Information Agency. Retrieved on January 3, 2015, from http://www. ugnayan. com/ph/DavaodelNorte/Tagum/article/1J9C.

Evie. (2009, February 11). *The hundred thousand peso house.* Kiva Fellows Blog. Retrieved on January 5, 2015, from http://pages. kiva. org/fellowsblog/2009/02/11/the-hundred-thousand-peso-house – 0.

Grameen Foundation. (2015). *About Grameen Foundation.* Retrieved on January 5, 2015, from http://www. grameenfoundation. org/about.

International Dispatch. (2011, June 30). *On a quest for excellence.* Retrieved on August 9, 2012, from http://archive. constantcontact. com/fs036/1102316589700/archive/1106288753042. html.

ISO. (2015). *About ISO.* Retrieved on January 5, 2015, from http://www. iso. org/iso/home/about. htm.

John XXIII. (1961). *Mater et magistra* (On Christianity and Social Progress). Libreria Editrice Vaticana. Retrieved on January 15, 2015, from http://w2. vatican. va/content/john-xxiii/en/encyclicals/documents/hf_ j-xxiii_ enc_ 15051961_ mater. html.

John Paul II. (1991). *Centesimus annus.* (On the Hundredth Anniversary of *Rerum novarum*). Retrieved on January 14, 2015, from http://www. vatican. va/holy_ father/john_ paul_ ii/encycli-cals/documents/hf_ jp-ii_ enc_ 01051991_ centesimus-annus_ en. html.

Labie, M. & Perillleux, A. (2008). Corporate governance in microfinance: Credit unions. In *Solvay Business School* (CEB Working Paper No. 08/003). Retrieved on June 23, 2015 from https://ideas. repec. org/p/sol/wpaper/08 – 003. html.

Leo XIII. (1891). *Rerum novarum* (On Capital and Labor). Libreria Editrice Vaticana. Retrieved on January 13, 2015, from http://w2. vatican. va/content/leo-xiii/en/encyclicals/documents/hf_ l-xiii_ enc_ 15051891_ rerum-novarum. html.

Libreria Editrice Vaticana. (2003, November 4). *Catechism of the Catholic Church.* Retrieved on January 14, 2015, from http://www. vatican. va/archive/ENG0015/_ INDEX. HTM.

Libreria Editrice Vaticana. (2004). *Compendium of the social doctrine of the Church.* Pontifical Council for Justice and Peace. Retrieved on January 13, 2015, from http://www. vatican. va/roman_ curia/pontifical_ councils/justpeace/documents/rc_ pc_ justpeace_ doc_ 20060526_ compendio-dott-soc_ en. html.

Llanto, G. M. (1994, July). *The financial structure and performance of Philippine Credit Cooperatives* (Discussion Paper Series No. 94 – 04). Philippine Institute for Development Studies. Retrieved on August 16, 2012, from http: //dirp4. pids. gov. ph/ris/dps/pidsdps9404. pdf.

Mizis, N. (2001, June 21). *Credit unions—Philosophy, policy and regulation.* NIS Policy Forum on Microfinance, Law and Regulation, Krakow, Poland. Retrieved on January 3, 2015, from http: //www. microfinancegateway. org/sites/default/files/mfg-en-paper-credit-unions-philosophy-policy-and-regulation-jun – 2001_ 0. pdf.

Morales, B. (2004). *Microfinance and Financial Institution in Bukidnon.* Department of Agricultural and Applied Economics. University of Wisconsin-Madison. Retrieved on January 5, 2015, from http: //pdf. usaid. gov/pdf_ docs/PNADE771. pdf.

NATCCO. (2012). *Credit management seminar shows how to defeat delinquency.* Retrieved on August 17, 2012, from http: //www. natcco. coop/index. php? option = com_ content&view = article &id = 128: credit-mgmt-seminar-shows-how-to-defeat-delinquency& catid = 1: latest-news&Itemid = 80.

NATCCO. (2015a). *Profile.* Retrieved on January 5, 2015, from http: //www. natcco. coop/index. php/about-us/history – 2.

NATCCO. (2015b). *Access branding.* Retrieved on January 5, 2015, from http: //www. natcco. coop/index. php/product-services/allied-services/training-supervision/access-branding.

Perkins, A. (2008, June 3). Katine it starts with a village: A short history of microfinance. *The Guardian.* Retrieved on August 8, 2012, from http: //www. guardian. co. uk/katine/2008/jun/03/livelihoods. projectgoals1.

PFCCO. (2010). *Vision and mission.* Retrieved on January 5, 2015, from http: //overridehost. com/portfolio/pfcco/.

Pius XI. (1931). *Quadragesimo anno* (On reconstruction of the social order). Libreria Editrice Vaticana. Retrieved on January 15, 2015, from http: //w2. vatican. va/content/pius-xi/en/encycli-cals/documents/hf_ p-xi_ enc_ 19310515_ quadragesimo-anno. html.

Pius XI. (1937). *Divine redemptoris* (On atheistic communism). Libreria Editrice Vaticana. Retrieved on June 23, 2015 from, http: //w2. vatican. va/content/pius-xi/en/encyclicals/docu-ments/hf_ p-xi_ enc_ 19031937_ divini-redemptoris. html.

PMPC. （2014）. *History of Paglaum multi-purpose cooperative*. Retrieved on January 5, 2015, from http：//www. paglaumcoop. org. ph/aboutus. html.

Religion Facts. （2014）. *Religion statistics by country*. http：//www. religionfacts. com/religion_ statistics/religion_ statistics_ by_ country. htm.

Salvosa, C. R. （2007）. *Bridging the governance divide in the Philippines：Perspectives from the cooperative sector*. Centre for Cooperative Study at University of Saskatchewan. Retrieved on August 15, 2012, from http：//usaskstudies. coop/socialeconomy/files/congress07/salvosa. pdf.

Samonte, P. （2012a, June 20）. Cashier in trouble for failure to account P2. 6m. *Mindanao Daily News*. Retrieved on January 7, 2015, from http：//issuu. com/mindanaodaily/docs/june_ 20.

Samonte, P. （2012b, July 23）. Coop fires cashier. *Mindanao Daily News*. Retrieved on January 7, 2015, from http：//issuu. com/mindanaodaily/docs/july_ 23/3.

Sengupta, R. & Aubuchon, C. （2008, January/February）. The microfinance revolution：An over-view. *Federal Reserve Bank of St. Louis Review*, 90 （1）, 9 – 30. Retrieved on August 15, 2012, from http：//research. stlouisfed. org/publications/review/08/01/Sengupta. pdf.

SOEMCO. （2012）. *History of Philippine Cooperatives*. Socorro Empowered Peoples Cooperative. Retrieved on January 5, 2015, from http：//www. soemco. coop/history-of-philippine-cooperatives.

TCC. （2009）. *Testimonials > Jeepney*. Retrieved on August 15, 2012, from http：//www. tubaocred-itcooperative. com/content. php? content_ id = 18.

Teodosio, V. A. （2009）. *Community participation through cooperatives in addressing basic ser-vices：The Philippine experience*. United Nations. Retrieved on August 16, 2012, from http：//www. un. org/esa/socdev/egms/docs/2009/cooperatives/Teodosio. pdf.

Treace, J. R. （2012, January 9）. Five steps for successful business turnaround. *The Recruiter*. Retrieved on August 16, 2012, from http：//www. recruiter. co. uk/expert-advice/2012/01/five-steps-for-successful-business-turnaround/.

Van Maanen, G. （2004）. *Microcredit, sound business or development instrument?* Oikocredit. Retrieved on January 3, 2015, from http：//www. microfinancegateway. org/sites/default/files/mfg-en-paper-microcredit-sound-business-or-development-instrument-sep – 2004. pdf.

Van Steenwyk, M. （1987, May 1）. Cooperatives in the Philippines：A study of past performance, current status and future trends. *USAID/Philippines.* Retrieved on August 16, 2012, from http：//pdf. usaid. gov/pdf_ docs/PNAAY599. pdf.

Vatican Council II. (1965, December 7). *Gaudium et spes：Pastoral constitution on the church in the modern world.* Retrieved on January 14, 2015, from http：//www. vatican. va/archive/hist_ councils/ii_ vatican_ council/documents/vat-ii_ cons_ 1965 1207_ gaudium-et-spes_ en. html.

WOCCU. (2011, May 3). *Asian CU Confederation turns* 40. WOCCU. Retrieved on August 15, 2012, from http：//www. woccu. org/newsroom/releases/Asian_ CU_ Confederation_ Turns_ 40 WOCCU. (2012). *International credit union day：A brief history.* Retrieved on August 8, 2012, from http：//www. woccu. org/events/icuday/history.

术 语 表

"ACCESS 品牌"是亚洲信用社联盟协会（ACCU）向其成员提供的认证计划的名称，旨在证明会员已按照信用社的使命实施可持续商业实践（见第 20 章）。

当责是人们对自己的行为所承担的一种道德义务。个人或组织应随时向任何需要解释的人解释其活动。通常情况下，当责意味着接受责任，以透明的方式向任何需要解释的利益相关者披露自己的行为。在标准的商业实践中，当责通常包括对金钱或其他委托财产的责任。

配置效率是市场正常运作的结果，市场的运作提供了最佳的商品和服务分配，符合消费者的偏好。这意味着市场以响应参与其中的买方和卖方的需求和愿望的方式配置稀缺资源。由于各种原因（包括各种妨碍自由和公平竞争发展的腐败行为的影响），当商品和服务的配置效率不足时，就会出现市场失灵（见第 14 章）。

"官员空降"（Amakudari）是一个日文术语。它指的是企业从监管它们的政府机构雇佣退休官员的做法。这种做法在企业和政府之间如同设立了一扇旋转门，一些批评人士认为它破坏了日本监管机构的诚信（见第 10 章）。

在商业环境中，当一家公司必须为其经营活动中的某些事故或其他负面影响承担责任时，人们通常希望该公司能够作出相应的道歉。由于道歉涉及的社交仪式植根于不同的文化，因此很容易被处理不当，从而给公司（特别是其海外业务）带来额外的问题。通过采取各种政策，特别是在当地管理团队中培养对文化多样性的真正尊重，这些问题都是可以避免的（见第 15 章）。

自我修养艺术是指以儒家为主的东亚道德教育策略。自我修养认为，道德发展的进步主要不是学习规则和如何运用规则，而是培育"萌芽"，从中获得和提炼道德品性（道）。儒家关于自我修养艺术的主张（尤其是孟子传统中关于自我修养艺术的主张）假定所有的人都是天性善良的，但需要在真正洞察人性及其可能性的基础上加以改进（见第 2 章）。

亚洲信用社联盟协会（ACCU）成立于 1971 年，旨在协调亚洲各信用社的发展和不断完善。截至 2012 年，共有 2 万多家附属机构为 3700 多万会员提供服务。ACCU 在帮助数以百万计的亚洲家庭摆脱贫困方面发挥了重要作用，帮助他们发展自己的社会资本，从而使他们能够获得控制自己生活所需的金融资本（见第 20 章）。

互惠关系不对等描述了人际关系中常见的情况。互惠是一种相互的关系，但实际给予和期望的援助很少是对称的。儒家道德传统上表现出来的主要关系通常是不对称的，例如：亲子关系、兄弟姐妹关系、夫妻关系、新老朋友关系和统治者主体关系。仪式确立了对不对称责任的认可。例如，一个孩子一开始完全依赖父母，而父母最终可能会完全依赖他。这种互惠是真实的，但随着时间的推移，它并不是对等的（见第 2 章）。

破产法因不同的法律管辖而不同。破产法旨在为因无力偿还债务而必须进行财务重组的个人和企业提供法律保护。由于全球化使企业在不同国家同时经营成为可能，国际上正在努力协调破产法。虽然破产法提供了一定程度的法律保护，但它们一般不能完全免除任何个人或机构的偿债义务。相反，法律通常在债权人之间确定一个优先权清单，从而确定谁将首先得到偿付，以及在何种程度上不可能全额偿付所有债务（见第 7 章）。

布雷顿森林体系是在第二次世界大战结束时建立的，旨在规范参与国际贸易的国家之间的商业和金融关系。监管体系注重货币政策的协调，包括各种货币之间的汇率和国际收支的管理，旨在稳定国际贸易的发展。国际货币基金组织（IMF）和世界银行是为管理布雷顿森林体系而设立的两个机构（见第 9 章）。

贿赂 贿赂最初是指承诺、给予、接受或同意接受金钱或其他有价物品，影响公职人员履行其公务的行为。贿赂通常与敲诈勒索区分开来：如果公职人员索要金钱并威胁在得到金钱之前不提供服务，则该行为属于敲诈勒索行为，因为必须支付的人是非自愿的。例如，如果一个腐败的海关官员拒绝让你的货物过境，除非他或她收到某种"酬金"，否则这就是敲诈勒索。另一方面，当有人主动提出提供"酬金"以换取他或她期望得到的好处时，这就是贿赂。如果我们向海关官员提供"酬金"，以期得到他或她的合作，允许我们走私货物过边境，这时我们就犯了受贿罪。

一切照常的态度"生意就是生意"这句话通常暗示了一种错误的假设，即：商业行为本身是非道德的，在市场的互动范围内运作，不受正常道德层面的约束。最主要的错误是认为在人际交往中的任何领域都不受道德上表示赞同或不赞同的限制。生意从来不仅仅是生意，而且总是会涉及到道德良心的问题，无论其在从事商业的人当中形成程度如何。

商业欺诈 Albert Z. Carr 关于商业欺诈的文章认为，商业就像一个扑克游戏，欺诈是游戏中可以接受和预期的部分。Carr 认为商业和游戏一样，遵循的规则在某些情况下可能不同于婚姻和家庭等其他形式的规则支配的行为，这种想法可能是对的。但他错误地认为，扑克游戏应该决定商业道德的基本规则。例如，欺骗在所有的游戏中都会发生，但在商业中却被认为欺骗的行为可能不能简单地将其等同于在一个机会游戏中的欺骗行为（见第 7 章）。

碳足迹是指对组织、事件、产品或个人引起的温室气体排放的集合。尽管对其是否能准确进行仍存在争议，但人们普遍认为，制定旨在减少碳足迹的政策的尝试是一个积极的迹象，表明某个组织正在努力承担自身的社会环境责任（见第 19 章）。

软硬兼施的方法 这个比喻描述了实现遵守任何一套规则和规章制度的过程，这些规则和规章制度依赖于积极的（"奖励"）和消极的（"惩罚"）激励机制。就像一根棍子不可能说服一头倔强的骡子服从主人的命令一样，惩罚或法律制裁的威胁也不可能保证让其服从。必须说服人们遵守规章制度，主要是向他们表明他们对所期望的结果拥有所有权。开明的利己主义（即：人们认同规则和条例）可能是实现遵守规则和条例的最佳途径（见第 11 章）。

范畴错误是一个哲学术语，表示属于某个范畴的事物被错误地解释为属于另外一个范畴的一种非正式谬误。将商业描述为一种战争形式，就像一些观察家试图将《孙子兵法》运用到战略管理中一样，过于简单化。这是一种范畴错误，导致了对日常商业行为中发生什么和不发生什么产生系统性误解。如果商业的本质被完全误解，任何基于这种错误的商业道德教训都将是误导和适得其反的（见第 1 章）。

天主教社会教义（CST）是罗马天主教关于经济和社会发展问题的一系列声明，它主要以通谕信的形式进行发布，始于教皇利奥十三世发表的《新事通谕》（1891 年）和庇护十一世发表的《四十年通谕》（1931 年）。

最近，天主教社会教义对全球化的挑战作出了回应，保罗六世的《人民进步通谕》（1967 年）、约翰·保罗二世的《社会关怀》（1987 年）和本笃十六世的《真正的慈善》（2009 年）均提到了这些挑战。在整个发展过程中，天主教社会教义强调了社会问题的道德层面，敦促每个人应考虑人格尊严和团结的重要性，维护个人尊严的相关核心价值观和原则，同时促进整个社会的共同利益（见第 8、18、19 和 20 章）。

"让买方自慎"是拉丁语中"让买方当心"这一概念的最初表述。它通常与"让卖方慎重"搭配使用。这两项原则表明，商业道德包括道德义务，这是买卖双方的责任。买卖双方必须以有利于所有相关方的方式进行互动，同时也要维护互动市场的诚信。

慈善和慈善事业应该根据各自的组织方式来区分。慈善往往指的是个人慈善活动，即：个人试图通过礼物或个人捐赠来帮助他人。

而慈善事业往往指的是企业（即：某个组织、企业或私人基金会）慈善活动，寻求协助其他机构直接参与提供资源，以改善其他人的生活，特别是穷人和被边缘化的人（见第 12 和 17 章）。

欺骗通常发生在游戏和其他形式的受规则支配的行为中。它指的是故意违反规则的行为，以获取通过遵守规则无法获得的利益。欺骗是一种盗窃行为，通常包括某种形式的欺骗，除此之外，欺骗行为很容易被发现并受到惩罚。欺骗会给任何试图遵守游戏规则的人带来损失，而且通常会受到制裁。当买方或卖方试图通过一种或另一种形式的欺诈活动获取利益时，市场交易中就会发生欺诈行为（见第五章）。

民间社团是指区别于国家机构和市场机构的社会圈子。在这一圈子里，它是体现一个国家公民不同利益的非政府组织（NGO）的集合体。民间社团始于家庭的自然联系，包括为追求家庭内外各种私人和公共利益而组织的其他协会。教会和其他宗教机构、私人基金会以及其他自愿加入的组织构成了民间社团的组成部分（见第16、18和20章）。

阶级斗争：马克思主义的社会分析法认为，历史的变化可以解释为阶级斗争的结果，也就是说，由于某些社会阶级作为社会其他部分的奴隶而被制服，从而导致与某个社会阶级或另一个社会阶级在物质利益上经常发生暴力冲突。马克思主义所分析的阶级斗争主要是工人与产业主、劳资双方的冲突。马克思主义理论认为，阶级斗争不仅是不可避免的，而且工业生产关系和生产资料的发展变化将引发一场社会革命，在这场革命中，劳动将战胜资本，生产资料的私有制将被废除（见第18章）。

伦理规范是努力改善国际商业道德的一个主要部分，特别是对于在全球化经济中以及在法治薄弱或缺失的政治和社会背景下运作的公司而言。伦理规范寻求建立跨文化有效的伦理规范，即：在各种文化环境中容易被承认和接受的原则。为企业和行业制定伦理规范的尝试可理解为管理专业化持续努力的一部分。伦理规范在管理企业文化方面非常有效，但前提是要尊重那些必须遵守伦理规范的人所代表的文化多样性。

担保债务凭证（CDO）是一种结构性资产支持证券，它将各种形式的债务债券、抵押贷款、汽车贷款等重新打包出售给投资者。这些证券的市场是由投资者组成的，他们希望获得比持有以担保债务凭证为基础的原始固定收益资产更高的回报。

许多人将最近的全球金融危机归咎于证券的泛滥发行，证券的风险要么没有得到充分理解，要么被推销者严重误报（见第7章）。

商业贿赂是指在商业交易中，为了某种形式的个人利益，不是出于经济上的合理考虑而订立的合同或协议关系。例如，采购代理与一家公司签订合同，是因为提供的金钱作为个人诱因，而不是他或她所代表的公司的经济利益，其可被视为通过接受贿赂而破坏了交易规则。商业贿赂在国际商业伦理中被谴责为非法和不道德的行为，因为它对经济发展和在自由和公平的基础上进行的国际贸易造成了障碍。在实际的操作中，往往很难区分贿赂与礼品和其他酬金的差别。在确定一种或另一种环境中腐败行为的程度时，不同文化可能会有不同的标准，所以必须将其加以考虑（见第 14 章）。

常识可定义为做出良好决策而以合理的方式进行思考和行动的能力。它可能与谨慎或实践智慧的美德相提并论。在责任伦理中，常识是必不可少的。在责任伦理中，道德主体必须做出通常不成文的决策，也就是说，这些决策要求我们超越单纯应用规则的思维。常识与良心观念密切相关，即：假设一个相当聪明的人在没有一套规则详细说明的情况下根据道德规范进行思考和行动（见第 3 章）。

社区发展是建立信用社和信用合作社的最终目标，特别是在为穷人服务方面，他们对金融服务的需求要么被商业银行忽视，要么被掠夺性高利贷者或"高利贷者"利用（见第 20 章）。

交换正义指的是在市场中进行的交换关系中所期望的正义。正如亚里士多德、阿奎那以及哈耶克所最近提出的理论一样，人们的期望是，当交易双方的需求或愿望得到平等地满足，从而创造了一个"双赢"的局面时，平等便实现了。为了实现这一目的，交易必须是自由和公平的，也就是说，基于双方就要交换的货物或服务价值达成的相互协议。就像礼物一样，虽然交换是自愿的，但与礼物不同的是，市场交易涉及双方产生的债务或相互承担的义务，实现协议规定的全部价值（见第 5 章）。

补偿性赔偿金是一个法律概念，具体规定了当一个人受到他人伤害时，他或她所遭受的损害理应得到相应的赔偿。

补偿性赔偿金的目的是使受害方尽量完好无损，它与惩罚性赔偿金形成对比。惩罚性赔偿金的目的是惩罚给另一方造成伤害的一方。通常在民事法庭案件中，惩罚性赔偿金的裁决要比单纯的补偿性赔偿金要高出许多（见第 9 章）。

守法规定旨在确保受其约束的所有各方均能执行这些政策。建立合理有效的守法规定（包括对任何不合规事件进行处罚）是公司治理的一项重要任务。守法规定旨在确保任何人都不会因无视或违反政策而获利，不会获得违反相关政策的个人利益（见第 13 章）。

无论是个人或社会层面，**妥协**都是一个道德成熟或伦理责任不可或缺的特征。在不牺牲个人诚信或组织使命的情况下，知道何时和如何妥协是培养审慎的美德的结果。一个人可能会为了维护社会和谐而做出妥协，或者他意识到坚持自己的权利可能会带来比解决问题更多的问题。妥协可能是暂时的，例如，推迟实现某个目标或永久目标，这可能是由于重新审视自己的目标，并在进一步洞察的基础上对目标加以改进。一个人的道德智慧越大，他或她运用审慎的美德的技能也就越高。与损害个人的正直和公共利益相比，其妥协的可能性就会越高（见第4章）。

强制许可是一套实现遵守某些组织政策的策略。在我们的案例研究中，主要有两个强制许可示例。其中一个示例为第13章所探讨的《多哈宣言》，该宣言允许各国在公共卫生紧急情况下打破专利，要求药品制造商提供应对紧急情况所需的药品。另一个示例为菲律宾合作发展局（CDA）的政策，该政策要求向信用社发放许可证，以便遵守旨在尽量减少欺诈和管理不善风险的条例（见第20章）。

利益冲突通常是指某个人或组织承担有多重责任，这些责任可能相互背离，使得难以或不可能以平等和公正的方式履行所有责任。利益冲突是一个法律术语，当公职人员或承担信托责任的人违反相关义务，从而利用这种关系谋取个人利益、经济利益或其他利益时，就会发生利益冲突。不承认或未能解决利益冲突通常被视为是腐败或渎职的表现（见第7和17章）。

儒家伦理是中国道德哲学的主要传统，其灵感源自对孔子及其主要弟子（尤其是孟子和荀子）著作的研究。《论语》是孔子弟子及再传弟子记录孔子及其弟子言行而编成的一部语录体著作，它是研究儒家伦理最权威的文本。孔子是美德伦理学史上的一位重要人物，因其独创的"己所不欲，勿施于人"的金科玉律而闻名，他对人性的理解、从人性中发展而来的美德统一以及他对遵循道、自我修养艺术所涉及挑战的见解对伦理学教义做出了永久和不可或缺的贡献，并与西方出现的各种形式的基督教人文主义的伦理传统相融合（见第2章）。

良心可定义为对一个人的行为或动机对与错的内在感觉的一种普遍体验，促使一个人采取正确行动。关于良心起源的争论似乎无穷无尽，它究竟是源自"天性"，还是"后天培养"？从上帝或社会习俗角度来看，良心似乎与人的心灵或"心"同延（中文：Xin；日文：Kokoro）。良心的普遍性并不一定意味着它所提倡的道德情操能保持一致性。尽管人性或良心的火花可能潜藏在所有人身上，但这种火花可以以各种方式被熄灭、扼杀或扭曲。腐败是一个精神堕落的过程，在这个过程中，良心即使不能完全消除，但也可以被压制。同样，良心还可以进行培养和完善，因为我们对生活的目的和人类的需要更加敏感。2 和 15）。

消费者权利与责任：权利与责任的道德行使往往根据一个人在生活中所承担的不同角色而有所区别。消费者的角色定义了所有企业都必须承认的一类利益相关者，他们有自己的一套权利与责任。这些权利与责任在过去五十年中已经被汇编成法典。这类规范的目的是使所有有关人员都能了解消费者与生产者或消费者以及寻求与他们做生意的公司之间关系的基本道德（见第 6 章）。

版权是一种旨在保护书面表达思想的知识产权。作家可以对其作品的著作权进行登记，以证明其对在一定期限内出版的作品所获得的版税或者其他收益的权利要求。原则上，未经作者许可，受版权保护的作品不得进行出版。由于表达和发表思想的途径在过去几十年中有了巨大的发展，版权法目前已延伸至服务各种创造性产品，其中包括：录音带、电影、录像带、视频光盘、计算机程序、各种形式的数字化信息以及艺术品（见第 13 章）。

核心竞争力是指任何企业为实现其经营目标而组织和协调的一项基本技能。企业核心竞争力有助于制定有效的企业社会责任战略。例如，如果一家企业的核心竞争力是在计算机软件开发领域，那么将企业社会责任规划的重点放在提供资源上的做法可能是明智的，因为这些资源可能有助于在企业和其运营所在的社区之间创造出一种协同效应。Infosys 启动的"计算机@课堂"项目不仅对该领域的学校做出了重要贡献，而且让学生走上软件开发的职业生涯。从长远来看，这也是提高企业核心竞争力的一种间接方式（见第 12 章）。

商业间谍指的是未经授权或非法进行的监视活动，通常涉及企业为了达到某些商业目的而采用先进的数字技术，以便了解其竞争对手的商业秘密和其他专有信息。商业间谍不同于各国政府为所谓的为了国家安全利益而进行的间谍活动，以及使用类似技术对员工进行的工作场所监视。这种监视不一定就是非法或非道德的（见第 16 章）。

企业不法行为是指任何形式的违反守法规定、强制性伦理规范和公司政策等的企业不当行为，违反企业与其利益相关者之间默认的社会契约中规定的法律标准或道德期望。企业不法行为通常意味着不当行为是由公司管理层授权，试图实现其业务目标（例如：利润最大化）。在管理层和公司员工之间缺乏有效的信息共享结构的情况下，企业的不法行为往往会引发举报事件，这对所有相关人员都是有风险的（见第 10 和 16 章）。

企业社会责任（CSR） 是指企业与其所处社会环境之间的互动。作为企业社会责任范例，政策和计划通常与企业的商业计划以及管理好与所有外部利益相关者的关系需求密切相关。

从企业的角度来看，企业社会责任计划旨在证明企业认真对待其公民责任，从而将赢得并维持其所在社区的商誉。企业社会责任代表着多重责任，可以理解为"企业社会责任金字塔"，涵盖遵守基本道德和法律义务以及慈善社会和环境倡议。通常情况下，企业社会责任是一种社会发展规划形式，旨在推进企业的长期商业计划（见第 12 章）。

腐败 一般是指被认为是好的或有用的东西本身存在的缺陷。例如，政治权力本身是好的，因为它能使社会朝着共同利益发展，但滥用这种权力意味着为了个人利益而放弃公职，这就是不好的。因此，腐败被比作"癌症"。正如人的身体会被癌症腐蚀一样，任何国家或组织也会被腐败越来越严重地削弱。归根结底，腐败是一种精神污染，因为它涉及到将自己的责任搁置一边的决定（例如：公正的司法或法治），进而换取不正当的礼物、报酬或其他利益。腐败不仅可能会发生在公共部门，还可能还会发生在私营部门的商业交易中。双方串通破坏自由和公平的市场竞争，以换取贿赂、回扣等（见第 14 章）。

成本效益分析 是在商业决策中使用的一种工具，它基于对预期结果（包括正面和负面结果）的计算，从公司具体商业计划提供的角度进行评估。它不同于功利主义，功利主义被认为是一种伦理分析方法，从公共利益或整个社会的利益角度来评估预期后果。因此，成本效益分析的适用范围是有限的，不如功利主义原则"最多数人的最大幸福"那么广泛（见第 4 章）。

掩盖 是指某个组织为掩盖其政策或商业计划的负面结果而做出的努力。掩盖通常是想把造成这种结果的责任转移给其他人，希望企业能够逃避对受害者作出任何赔偿。随着对公司治理透明度需求的日益增长，以及支持透明度更有效的政策出台，掩盖的风险越来越大，而且结果往往会适得其反（见第 10 和 19 章）。

信用违约互换是一种最常见的信用衍生工具形式，这种工具的开发旨在管理基于债务（例如：抵押贷款、贷款和其他信用交易）的固定收益金融工具的买卖风险。

信用违约互换类似于一份由银行承保并由投资者购买的保险单，目的是对冲持有此类工具所涉及的风险敞口（见第 7 章）。

信用增级是一个旨在改善结构性金融交易信用状况的过程，其方法是创建一套具有不同信用等级的债务组合。理论上，将风险较低（信用评级较高）的票据与风险较高（信用评级较低）的票据混合在一起，将有助于提高整体的信用价值，从而提高整个组合的价值。信用增级是在大规模创造金融工具的过程中完成的。这些金融工具的价值在引发 2007—2008 年全球金融危机的次贷危机期间受到了严重的挑战（见第 7 章）。

信用社和信用合作社是一个会员组织，通常不以盈利为目的，它提供金融服务（主要是储蓄账户和贷款服务）以及金融管理方面的基础教育，为那些可能很少或根本没有机会获得支付主要费用或自己创业所需金融资本的人士提供相关金融支持。这些组织成立的目的是促进节俭，从而增加获得资金的机会，进而在财务上实现独立或自立（见第 20 章）。

当责文化描述的是一种企业文化，这种文化结构使得个人、机构和社会责任不仅明确，而且根据当地法律通过组织的治理结构得到进一步的加强。通过提供及时的反馈、充分的监督以及开放的沟通渠道，当责文化支持每个人参与完成组织的具体任务，使员工、经理和工人均能取得成功。

客户可能不同于消费者。客户被邀请与企业建立起信任关系，从而激励其与企业进行更多的商业交易。彼得·德鲁克认为，企业的目的是创造客户。只有让消费者成为客户，企业才能成功地实现自身经济目标（见第 6 章）。

犬儒主义是一种态度，在这种态度中，对他人的不信任和对几乎所有事情都强调负面情绪的倾向占主导地位。在中国的道德哲学中，心胸狭窄的人（小人）表现出愤世嫉俗的态度，认为取得成功的唯一途径就是在别人利用你之前先利用别人。在希腊道德哲学中，犬儒主义实际上是一种诡辩形式，它采取一种教条式的态度，这种态度的扭曲和破坏了对道德价值观的尊重，认为道德价值观只不过是一种由富人和权贵强加给穷人和无权者的社会习俗。

犬儒主义是培养商业道德的主要障碍。犬儒主义者认为，为了实现他们的目标，商业将不可避免地出现撒谎、欺骗和偷窃行为。

义务论方法是指应用伦理学中用于确定某个特定的人或道德行为体（包括企业和其他组织）的道德义务或职责的一种方法。在道德行为体面临多重的，且可能相互冲突的道德义务时，该方法特别有助于确定优先次序（见第 4 章）。

义务论先行是指在道德义务和良好或理想结果均显而易见但没有很好地作为优先次序进行分类的情况下运用正义的一种规则。义务论先行规定，任何关于义务的有效主张都应该首先得到解决，然后再进行理想结果的功利主义分析（见第 4 章）。

分配正义在以亚里士多德的《尼各马可伦理学》为起点的希腊式道德哲学中，是指公职人员或行政人员在分配社会利益时寻求实现的一种或多种正义。虽然正义的总体目标是平等（即：在分配正义中应平等对待），但根据不同的需求、功绩、贡献或其他相关因素，有些人可能得到较多的好处，而另一些人可能得到较少的好处。亚里士多德认为分配正义是成比例的，和支配市场交易的交换正义形成对照，后者使用的是算术方式。例如，在分配退休福利时，政府可能会根据公民个人以前对该制度的缴款情况来计算其应收到的金额，从而造成不平等的支付分配（见第 5 章）。

无伤害原则经常被引用为经济伦理的首要原则。之所以强调这一点，是因为市场交易通常是私人和自愿的。任何人有权选择是否要加入交易，进而决定是否要缴纳与之相关的税款。由于市场交易是私人的行为，旨在使有关各方均受益，因此它们只受到以下限制，即：任何一方不应故意伤害另一方，而且交易双方的共同协议不应伤害任何第三方，包括整个社会。按照市场交易的经济逻辑，假设自由和公平的市场交易一般会使所有有关各方受益，缔约方立即、直接受益，社会其他部分长期、间接受益。理论上，只要没有人企图利用市场故意伤害他人（例如：通过剥削或各种形式的欺诈牟利），这便达到预期的结果（见第 7 章）。

尽职调查是实现财务透明度的一个标准，任何参与商业交易的人都应做到这一点，以便通过调查核实对拟购买或出售的特定产品或服务提出的索赔。如果交易所一方提供支付产品或者服务的费用，另一方则应当核实其资信状况或者支付能力。此外，如果其中一方提供的产品或服务用于换取付款金额，另一方应核实该产品或服务是否为所要求的产品或服务，确保无缺陷或其他会降低所提供的产品或服务价值的情况。让买者自慎和让卖者慎重这两项原则含蓄地反映了这样一种期望：买卖双方应谨慎行事，为共同的自身利益着想，尽职尽责，确保交易顺利完成（见第 6 章）。

维护市场诚信的**职责**，从理论上讲，由所有参与市场的人承担，包括买方和卖方。当自由和公平的交易共同带来优化配置效率时，市场的发展被认为是共同利益的一部分。任何扭曲或颠覆市场运作的行为（例如：蓄意谋求垄断，或对国际贸易设置政治壁垒，包括各种形式的"保护主义"）都会削弱市场的完整性，因此应对这种腐败形式予以谴责（见第 14 章）。

生态可持续性是指企业和其他组织寻求履行其环境责任的目标。生态可持续性涉及在可预见的未来保持生物多样性的同时保持或加强生态系统（例如：一个河口地带）维持其基本功能和过程的能力（见第 19 章）。

平等就业机会委员会（EEOC）和 1964 年《民权法》第七章提到美国立法禁止与就业方面有关的一切形式歧视行为，并设立机构监督该法的遵守情况。除了基于种族或宗教的歧视外，《民权法》第七章和平等就业机会委员会还涉及基于性别和/或性取向的歧视以及工作场所的一切形式的性骚扰。这项立法及其执行只是承认劳动者的人格尊严和人权的持续努力的一个方面（见第 8 和 9 章）。

挪用是一种盗窃行为，挪用者是对他人委托给他或她的资金或财产负有信托责任的人。在委托人或机构不知情或未授权的情况下，挪用者不诚实地将资金或财产转占为己用。由于挪用涉及的资金或财产最初是经过合法委托的，所以它不同于盗窃罪，盗窃罪只涉及单纯的盗窃行为。当资金或财产转为挪用者使用或专有利益时，即构成犯罪。

雇员监控是工作场所监控的一种形式。随着数字技术的发展，这种监控得到了极大的加强，管理者可以通过记录雇员使用计算机、手机和其他用于商业目的的数字技术的程序来监视雇员的活动。雇员一直受到监视，这种做法往往侵犯了他们的人格尊严，甚至侵犯了他们的人权，但数字技术的发展大大地扩大了这种监视的规模和范围。在当代关于隐私权、其规模和范围以及如何平衡雇员权利与雇主权利的争论中，这种做法危如累卵（见第 16 章）。

创业精神是一门艺术，它能够识别和应对创业市场机遇，并使其得到可持续发展。创业精神通常被认为是经济发展的关键，因为新的企业可以通过开展经济活动来增加利润和就业机会，进而刺激更多的投资和进一步发展。成功的企业家认可企业的竞争性质，并通过创造能够吸引付费客户的创新产品和服务，在市场竞争规则范围内寻求利润最优化。

环境责任作为可持续经济发展的标志之一，要求企业或其他机构组织相关活动，使其符合生态可持续性的目标。对环境负责的企业或组织将寻求减少其"碳足迹"，并以其他方式减少已导致自然环境恶化的废物和排放。环境责任是指将企业或其他机构与自然的关系从开发转变为培育，即：建立一种和谐的关系，为子孙后代保护好环境（见第 19 章）。

ESG 责任是一套用于资本市场和投资人评估公司绩效的环境、社会和治理标准。ESG 责任是一种非财务指标，为投资人提供获取对公司未来财务业绩有影响的信息渠道。欧洲金融分析师联合会（EFFAS）确定了 9 个反映 ESG 绩效的一般责任领域（见第 11 章）。

伦理智慧和感情智慧是两种截然不同但又相互联系的能力。它们的融合在儒家美德伦理传统和古希腊道德哲学中有着密切的体现。高伦理智慧与低感情智慧结合会导致道德过分僵化和受规则约束，而高感情智慧与低伦理智慧结合会导致一种操纵的、机会主义的、毫无顾忌的道德。在两者之间建立一种和谐的关系可能是思考美德伦理目标的一种有用的方式。在美德伦理目标中，对智慧的追求成为有能力执行道德领导力的人的一个特征（见第 2 和 15 章）。

伦理相对论是一种哲学理论，它否认道德绝对性和约束性普世价值的存在，主张一种行为的对错完全取决于某个特定社会当前不断变化的道德规范。简言之，社会习俗为道德判断和道德行为提供了完整的解释。这种理论是错误的，因为它混淆了文化多样性，而文化多样性显然是一个事实，其伴随一种未必从中得出的结论。文化习俗可能多种多样，但也可能反映出所有可持续文化所共有的基本道德要求。例如，贿赂在不同的文化中可能会有不同的定义，从而得出对哪些交易是贿赂，哪些是礼物的不同判断。但对利用公职谋取私利者滥用职权进行限制或制裁的潜在担忧，可能是这些人的共同点。在它的其他缺点中，伦理相对论作为一种理论不能解释道德规范在一个特定的社会中的变化或发展方式及原因。如果伦理相对论是正确的，那么实质上就不可能解释，例如，在跨文化方面，如何会有，以及为什么会有，越来越多的道德共识，认为性别歧视是错误的；认为传统形式的性虐待如性骚扰和拐卖人口能够且应该受到惩罚（见第 9、15 和 16 章）。

伦理理论分为三个领域：描述伦理学、规范伦理学和元伦理学。描述伦理学考察不同群体的实际道德信仰和实践，与人类学和社会科学研究的方式大致相同，但目的是澄清其道德逻辑。规范伦理学研究应该是什么，在很大程度上与哲学一样，但其目的是确定道德原则及其应用于具体情况的逻辑。元伦理学分析道德层面的含义、道德属性的性质、陈述、态度和判断，进而明确道德本身的含义，道德规范是否以及如何响应特定的社会和政治形势。因此，描述伦理学重点在于理解人们认为对错的实践；规范伦理学重点在于判断事情对错；元伦理学重点在于理解实践和判断的本质和分析前提（见第 3 章）。

（市场内的）**公平与不公平竞争**可以根据竞争对手是否在公平竞争环境中竞争来区分，即：在竞争对所有人开放的市场，所有人都适用同样的规则，竞争不能受到某些竞争对手的限制，这些竞争对手在竞争中谋求不公平的优势。两者之间的区别再次表明，商业不像是在没有规则的情况下展开的战争，而更像一场游戏，其中的规则决定了竞争的性质和输赢的意义（见第 1 和 5 章）。

公平劳动协会（FLA）是一个由大学、民间社会组织（NGO）和企业参与的非营利性组织，旨在促进遵守国际和国家劳动法。各成员公司承诺维护 FLA 工作场所行为准则，该准则以国际劳工组织（ILO）制定的标准为基础，旨在监测工作场所的状况，以促进其改善，从而保障劳动者的健康、安全和幸福（见第 8 章）。

信托责任是一个定义代理人（通常为财务顾问或经纪人）在管理他人资金时所承担义务的概念。这类义务的核心反映信托义务的理念，即：代理人为其委托人（即：代理人向其承诺提供服务的人）的最大利益行事的法律和道德义务。受托人是受托管理他人金钱或财产的人（见第 11 章）。

固定收益工具是一种金融证券，它以固定的定期付款形式提供回报，并在到期时提供本金的最终回报。债券是固定收益证券的一个实例。尽管 2007—2008 年的全球金融危机是由于固定收益工具的生产和销售中存在某些违规行为造成的，然而这类证券本身并没有问题，前提条件是证券买卖市场受到相应的管制，并符合国际商业道德和国际法的基本准则（见第 7 章）。

《反海外腐败法》（FCPA） 最初是由美国国会于 1977 年通过的一项立法案，旨在执行先前于 1934 年《证券交易法》中制定的会计透明度标准，并将美国企业在国际上行贿外国官员的行为定为犯罪行为。在全球化经济仍处于发展初期阶段的情况下，《反海外腐败法》是努力最大限度减少腐败的一个里程碑。与此同时，大多数其他国家也通过了类似的立法（见第 14 章）。

欺诈是指为了获得不公平或非法的利益而进行的故意欺骗。在法律上，这既是民事不法行为，也是犯罪行为。欺诈是对事实的虚假陈述，无论是通过言语或行为、虚假和误导性的主张，还是通过隐瞒本应披露的内容。其结果是欺骗另一方，企图让另一方违背其最大利益。欺诈是对交换正义的一种基本犯罪，因为它造成了对事实的欺骗，没有这种欺骗就无法确定交易的真正价值。它是一种盗窃或偷窃的行为，通过故意欺骗而不是胁迫来达到其目的，例如：抢劫行为（见第 5 和 7 章）。

自由与公平是市场交易实现正义的两个基本条件。双方必须在有能力为自己的利益行事的意义上保持自由。只要任何一方没有试图欺骗另一方或强迫另一方进行违背其自身利益的交易，则交易必然是公平的。

在例如与法律认为不能为自己利益行事的未成年人订立的销售合同中，自由也许会有缺陷。当例如卖方故意隐瞒供出售的货物或服务的缺陷以收取更高的价格时，公平也许会缺失（见第5章）。

博弈理论是指对战略决策的研究，以各种博弈中参与者之间的相互作用为模型。博弈理论研究绘制了各种类型的博弈，特别是合作博弈和非合作博弈，以及正和博弈和零和博弈。买卖双方在市场上的互动可以被有效地理解为属于博弈理论的范畴，因为他们参与的是一种互动决策形式，旨在为所有参与者创造"双赢"的局面或积极的结果（见第1章）。

伎俩有别于竞技人员品格。伎俩的目的是不惜一切代价，通过公平的方式或不公平的方式获胜，通常是做一些看似不公平但实际上并不违反规则的事情。这种攻击性或可疑战术的使用不同于竞技人员品格，即：不仅尊重游戏规则的字面意义和精神，还寻求保护游戏的完整性。如果说不惜一切代价赢得比赛是伎俩的特征，那么竞技人员品格最能体现在这样一句话中："你赢或输都不重要，重要的是你如何玩游戏"（见第1章）。

甘地的托管理念宣传这样的观念：富人应该把自己的财富视为一种被托管的财产，是为了造福于全体人民。甘地相信，富人可以被说服成为受托人，把他们的财富奉献给帮助穷人的项目。像安德鲁·卡内基一样，甘地明白巨大的财富会给拥有财富的人带来道德风险，特别是财富继承问题。他建议，富裕家庭应自愿建立起信托基金，并管理分配给他们的资金，以支持那些将真正改变穷人和边缘化群体生活的项目。成功致富的企业家所获得的技能可以集中在确保信托得到良好的管理和有效地实现他们的社会目标上。沃伦·巴菲特和比尔·盖茨被公认为是这种托管的全球推动者（见第17章）。

全球化是指使经济活动、金融网络、国际贸易和通信融合或一体化的世界性进程。全球化包括对营销和其他商业职能的战略优势的永无止境的追求。在这种竞争中，它涉及资本、货物和服务的自由或至少是相对不受限制的转移，以及最近期间劳动力跨越国界的不受阻碍的流动。全球化仍然是有争议的，因为它为全球经济和社会发展带来好处的同时伴随着某些代价。这些代价可能是可以接受的，也可能是不可以接受的。不仅利益分享不均，而且往往会破坏当地文化和社会。全球化能否得到管理，以增进整个人类大家庭的共同利益，这一问题尚未得到解决（见第 18 章）。

漂绿是一个用于描述虚假环境责任的术语。当某个企业或组织对其"环保"活动做出虚假或夸大的声明以寻求其公共关系产生积极的影响，但没有实际分配所需的资源对环境产生积极影响时，就会出现"漂绿"现象。（见第 14 和 19 章）。（注意：在译文 14.3 末尾的长注释中的"做假"应相应地改为"漂绿"。——杨恒达）

关系是一个中文术语。在商业中，它意味着建立在亲属关系或其他形式联系的人与人之间的关系网络。在商业中使用关系网络的目的是利用关系网络中的同伴可信程度，从而将与陌生人做生意的风险降至最低。在缺乏法治的情况下，如果合同是通过诉讼威胁来执行的，或者人们通常期望经济犯罪受到惩罚（例如：违反信托义务或其他各种形式的欺诈活动），那么依赖关系网络可能是将此类风险降至最低的最有效方式（见第 4 和 5 章）。

和谐社会以儒家理想为基础，这在《礼记·礼运第九》中对"大同"有描述。这一理念是最近才发展起来的，是中国政府意识形态的一个重要特征，旨在提高人们对中国社会不公正和不平等问题的认识。如果不对其加以解决，就会带来社会冲突的风险。要强调建立和谐社会的重要性，就要把发展目标从不惜一切代价的经济增长转向全面的社会平衡，其目的是促进全人类的适度繁荣，而不是延续极端的财富和贫穷状态。创建和谐社会的概念并非中国传统所特有，天主教社会教义（CST）所设想的共同利益也有类似的目标（见第 18 章）。

HSE 问题反映了全世界劳动者面临的一系列健康、安全和环境挑战。一家良好的企业是一家寻求解决 HSE 问题的企业，所提供的工作条件将使雇员能够负责任地执行其分配的任务，并且不会对他们的健康和人身安全造成可避免的伤害风险，从而为其所有劳动者维持一个良好的环境（见第 19 章）。

人格尊严是指任何道德和社会秩序都必须尊重的个人固有价值。联合国在 1948 年宣布的《世界人权宣言》是这样声明的："鉴于对人类家庭所有成员的固有尊严及其平等的和不可剥夺的权利的承认，乃是世界自由、正义与和平的基础。"尽管尊重人格尊严的重要性应被普遍认可，但它的实际意义和范围在不同的文化中有着不同的理解。例如，罗马天主教会和中国政府均要求尊重人格尊严，而天主教社会教义（CST）则主要从神学的角度来理解这一点。《圣经》中关于人类是"照着上帝的形象，按着上帝的样式造出来"的说法强调了每个人的价值及其不可剥夺的人权。另一方面，中国的哲学家和中国共产党都把它看作是一种具有道德发展能力的人性所固有的。这种能力在儒家经典中有很好的描述，是人类固有的高贵和庄严的基础。这体现在人性本初善所固有的天理中。了解这种对人格尊严肯定的多样性可能有助于解释有关人权的差异以及如何在世界各地实施这些权利（见第 16 和 20 章）。

理想联邦或大同总结了儒家的社会哲学，见《礼记·礼运第九》。它描绘了一个和谐的社会。在这个社会中，儒家的道德德性被所有人所践行，从而建立了一个不仅由有道德的君子组成的社会，而且在这个社会中，社会问题可以在不依靠法律制度的奖励和惩罚的情况下得以解决。正如

《礼记》所述，理想联邦是乌托邦式的，然而，它表达了对这样一个世界的渴望，在这个世界中，善战胜恶是自发和完整的。相比之下，我们所了解的世界以及孔子所了解的世界处于"小康"状态或"疵国"不稳定的状态。"小康"是一种有良好秩序的状态，可确保每个人的"小康"，而"疵国"是一种大规模腐败和无序的状态。这两种状态都不是儒家标准的理想状态。

不正当优势界定了任何旨在贿赂或勒索的图谋目标，不是涉及政府官员的公共事务，就是在私人商业交易中。

优势是商业谈判和竞争成功的自然结果。当通过故意破坏寻求利益的过程或制度而获得利益时，这种优势就变得不尽合理（见第 14 章）。

香港廉政公署（ICAC）是香港政府的一个机构，直接向香港行政长官负责，负责通过执法、预防和社区教育清除贪污。香港廉政公署成立于 1974 年，旨在打击警队中的贪污行为，并扩大其任务范围，使其在涉及政府官员的案件和私人商业交易中均能执行《防止贿赂条例》。香港廉政公署拥有广泛的调查权力，有效地改变了公众以下观念：贿赂和回扣是与政府机构或私营企业打交道的正常方式（见第 14 和 16 章）。

《2013 年印度公司法》是印度议会通过的一项综合性立法案，对商业组织的成立、职责和董事职责以及公司解散程序进行了规范。

值得注意的是，该公司法规定，每一个具有一定规模的公司必须至少拿出其平均净利润的 2% 来资助企业社会责任（CSR）活动。这些活动在该公司法附表 7 中有定义，特别侧重于扶贫工作（见第 12 和 17 章）。

非正式保护主义 是一种通常由企业提出的指控，目的是解释其在外国经营所面临的障碍其文化障碍（而非法律障碍）。通常，在这种观点下，这些企业把自己在国外市场上的失败归咎于当地新闻媒体的怀疑和敌意，这些媒体对他们的活动的报道引起了当地民众的恐惧。那些民众可能出于某种原因抵制他们的商品和服务。即使非正式保护主义能被证实是极不可能出现的，但反对它也可能是无效的。

相反，任何试图在国外立足并遭遇这种阻力的企业最好重新审视其营销战略及其背后的隐性文化假设（见第 15 章）。

内幕交易 是金融行业的一种渎职行为。在公开披露重大信息之前，有权获得上市公司非公开信息的交易员买卖其股票或其他证券，以实现收益最大化或损失最小化。当内幕人员在信息仍未公开或被禁止公开的情况下进行交易时，内幕交易则是非法的。一旦信息被公开，内幕交易就是合法的，这样就消除了内幕人士对其他投资人可能拥有的任何不公平的优势。即使这种交易是合法的，从事这种交易的内幕人士也常常被要求向美国证券交易委员会（SEC）等相应的监管机构报告他们的交易情况。不同金融中心的内幕交易规则各不相同，这往往取决于不同金融文化中先前所确立的做法（见第 7 章）。

机构投资人 是指在金融市场活动中能够转移大量股票，从而对市场表现产生重大影响的组织。机构投资人从各种客户、其他组织和富有的个人那里筹集大量资金，并代表他们进行投资，期望机构投资人比个人或通过经纪人或金融顾问管理投资的非机构投资人更了解市场和各种股票、债券和其他证券（见第 7 章）。

诚信 是因诚实和坚定的道德原则而受尊重之人的一种特征。一个因其正直而被重视的人是在任何时候和任何情况下都努力做正确事情的人，不管是否有人在看其行事。诚信是指在商业或其他方面，在所有交易中秉公行事或实现公平的秉性。虽然一个因诚信而受尊重的人无疑是值得信任之人，但他或她也可能欢迎任何确保透明度和问责制的措施，以便其他人能够确信自己给予其的信任是靠得住的。一种被他人认可并在自己身上发现的诚信感是维持美德伦理的智慧传统所建议的自我修养现行过程的自然结果（见第 2 章）。

知识产权（IPR）是指产生了自己或他人可以视为财产的知识创造作品的人所享有的财产权。世界知识产权组织（WIPO）将知识产权定义为"思维的创造（例如：发明）、文艺作品、设计以及商业中所使用的符号、名称和图像。"赋予创作此类作品的人的财产权已编入法律，并由国家政府和国际机构加以规范。与所有其他财产权一样，知识产权从来都不是绝对的，必须与其他有效的权利主张相平衡或调整（见第 13 章）。

投资评定机构又称信用评级机构，是为了向投资人提供与各种债务证券有关的风险程度的可靠信息。标准普尔（S&P）、穆迪和惠誉等机构被要求调查这些证券，核实索赔情况，并提供一个易于理解的字母等级，从 AAA 起按字母表顺序下降，用于表示它们对所涉风险的评估。投资评级机构预期表现未满足预期，其被视为 2007—2008 年全球金融危机的一个主要促成因素。

投资人权利法案（IBOR）旨在通过提高金融市场的透明度和对投资人的责任感来推动金融市场的改革。与《美国宪法》所附的《权利法案》类似，IBOR 旨在界定提供金融服务人员（例如：银行、经纪公司、保险公司和其他人及其客户）的权利和责任。尽管尚未将 IBOR 制定为法律并纳入监管金融服务的政府机构体系，但许多这类金融机构已编制了自己的 IBOR 报表，以安抚客户并表明其对最佳商业实践的承诺（见第 11 章）。

首次公开募股（IPO）是指私人公司首次向公众出售股票。首次公开募股（IPO）通常涉及承销商，该承销商通过就发行证券的类型、最佳发行价格和首次发行时间向公司提供建议，协助公司尝试发行股票。IPO 通常被认为比普通的股票市场交易风险更大，因为用于评估所发行股票价值的信息可能相对较少。首次公开募股可能会因管理不当导致重大亏损，就像 2012 年 5 月脸书的首次公开募股（IPO）那样（见第 7 章）。

合资企业（JV）是一个合法的商业组织，参与方（个人或企业）同意分担其新合伙企业的成本和利润。通常情况下，合资企业双方均提供资产，分担风险和企业的回报。寻求在国外市场开展业务的企业广泛采用合资企业的形式。外国公司将与已经在当地开展业务的国内公司合作，外国公司出资，提供新技术和商业惯例，国内公司出资建立与政府机构和其他当地企业的关系网络（见第4章）。

"君子"经常在英语中被译为"gentleman"或"morally refined person"，指的是儒家关于一个道德品质堪称模范之人的理想，其品质仅次于圣贤或传说中的智者。君子掌握了孔子所拥有的道德德性，因此可以依靠他的以身作则来传授这些美德。"君子"与"小人"形成对比，小人指的是一个气量小或心胸狭窄的人，不能理解培养道德德性的重要性，因此只追求自己的眼前利益。由于没有考虑到其行为在事物整个体系中的后果，小人通常最终会给自己制造麻烦，而君子的智慧和自律则使其能够对他人行使领导权（见第2章）。

公平合理工资或薪酬是指天主教社会教义（CST）中的一个概念，在教皇利奥十三世《新事通谕》（1891）中有定义，在教皇约翰保罗二世的《论人的工作》（1981）中有详细阐述。根据这个概念，工资、薪酬或其他酬劳中的公正是支持节俭正直的劳动者及其家庭所需的金额。总体而言，天主教社会教义清楚地认识到，工资在劳动力市场上发挥作用时通常会反映供求规律。传统还认识到，劳动力市场的结果通常反映了个体劳动者与雇主之间谈判能力的不对称。劳动者不得不接受他们所能得到的一切，很少有机会向他们的雇主提出要求。公平合理工资或薪酬的想法今天经常在实现"生活工资"的运动中表达出来，旨在抗议把劳动力当作另一种商品在市场上买卖的不道德行为。天主教社会教义提倡建立社团组织（例如：劳动者协会）。在这些组织中，劳动者和雇主可以学会尊重彼此的人格尊严，并共同探索如何在所有人的工资和薪酬方面实现更大程度的公正（见第18章）。

正义战争是一种伦理理论，概述了支配某国武装部队行为的作战准则。这一理论是作为基督教伦理的一部分而发展起来的，旨在规范（尽量减少）在与其他国家冲突时使用军队。这一传统集中在两个主要问题上，即：参战权和战时法。它一般认为，在解决这类冲突的所有其他手段均失败的情况下，使用军事力量将是最后的手段。这显然将道义上的举证责任交给以任何理由发动战争的国家。这一理论旨在促进对非战斗人员权利的尊重，他们在任何战争行为中都不会被蓄意作为攻击的目标。在对恐怖分子和宗教极端分子使用军事力量的情况下，只有在无法通过和平手段制止暴力时，才可以援引这一原则。我们认为，正义战争理论也同理解揭发弊端所包含的道德性有关联，揭发弊端通常被商业公司视为针对他们的战争行为（见第 10 章）。

　　合法侦听是指合法的秘密监视行为，通常是政府为了国家安全而进行的监视活动。管制这类行为的立法的存在是以国家机构和私营企业之间的差异为前提的。这清楚地表明，由政府进行的可能合法的秘密监视形式在由私人或公司进行的情况下有可能是非法的（见第 16 章）。

　　公平竞争环境是指在商业竞争中对公平或公正的道德期待。在体育运动中，公平竞争环境要求所有参与者都要遵守比赛规则，并由裁判员公正地解释和应用比赛规则，而不能偏袒任何一方。在国际经济伦理中，这一表述是指与他人竞争的企业可能抱怨其受到不公平的限制或处罚的情况，特别是当地市场的运作或监管方式。这种情况违背了人们对公平竞争环境的期望（见第 2、5、14 和 15 章）。

　　高利贷发放是掠夺性放贷者的一种典型做法，他们收取过高的利率，无论是合法还是明显违反法律规定，在某些司法管辖区，法律对这种利率都进行了限制。那些从事高利贷的人的放款目标通常都是穷人，他们无法建立足够的信誉或提供相应抵押品，因此不能向商业银行申请所需的贷款。建立信用合作社和信用社都是为了向穷人提供金融服务，特别是提供储蓄和贷款的机会，其合理利率通常远低于高利贷者或掠夺性放贷者所收取的利率（见第 2 和 20 章）。

　　忠诚指对雇主的忠诚，是一种隐含在接受雇佣以换取工资、薪金或其他福利行为中的伦理期待。这种忠诚要求雇员以应有的谨慎、合理的努力或全心全意的态度执行任何可能分配到的任务或责任。忠诚的雇员不会试图通过坚守自己的工作来尽量减少对分配任务或职责的遵守，而是会寻求明智地应对阻碍成功绩效的任何障碍。雇员对雇主忠诚度在某些方面正在发生变化。雇主不应期待雇员的盲目忠诚，而且雇员也没有义务去做一个理性之人认为不道德或非法的事情。如今，雇主需要做更多的工作来赢得雇员的忠诚，例如：可通过创造工作条件和支持管理风格来阐述对劳动者权利和人类尊严的尊重。（见第 8、9、10 和 18 章）。

营销与销售是西奥多·莱维特在《哈佛商业评论》（1960 年）上发表的一篇文章《营销短视症》中提出的一对显著的差异。销售是以卖方的需求为导向，主要是为了结束销售，以便将产品从库存转移到买方手中，从而使其利润最大化。另一方面，营销是以客户的需求为导向，卖方必须了解这些需求，以便塑造他与客户关系的所有阶段，从产品的设计本身开始。营销的重点是通过创造一批高度忠诚的客户来获得竞争优势。如果营销得当，利润将实现最大化，而不依赖掠夺性或不道德的销售做法（见第 6 和 7 章）。

球赛操纵是在有组织的体育竞赛中球员或裁判员所采用的若干舞弊方式之一。它涉及为了达到部分或全部预定的结果而进行的比赛，例如，在某场比赛的赢家和输家之间打出一个期望的分差。球赛操纵通常被赌球者或有组织犯罪集团的利益所驱动，他们向球员或裁判行贿，以保证达到预定的结果，这种结果保证使他们能够大胆下注，而且不必担心损失。球赛操纵不仅伤害了那些输掉赌注的人，而且还使体育比赛失去了作为游戏和公平象征的意义。（见第 1 章）。（注意：第 1 章里讨论了足球赛的操纵，"打假球"的措辞很难将该章中"操纵"一词的意思表达得很准确，所以鄙人还是认为用"球赛操纵"好。——杨恒达）

孟子（公元前 372—289 年）是除孔子本人以外最著名的儒家学者。他的儒家经典《孟子》对于中国美德伦理的发展至关重要，它揭示了人性的内在善良，说明了美德在适当的培养条件下是如何从普遍存在于所有人身上的"萌芽"中成长起来的。由于孟子的父亲在他很小的时候就去世了，他的模范品德的形成归功于他的母亲仇氏的影响。为了孟子的教育问题，她四处跋涉只为寻找合适的育儿环境的故事备受世人尊崇（见第 2 章）。

应用正义的方法涉及综合应用伦理学中的义务论和目的论。伸张正义很少是简单而直接的，因为它通常涉及在两种理论分析相互竞争的道德要求之间寻求和谐妥协。应用正义的方法必须使道德主体能够识别所有提出的主张，以便公正地评估这些主张并确定它们之间的优先次序。约翰·罗尔斯所提出的正义论提出了一种基本上作为公平来应用正义的方法，将平等的原则结合起来，最大限度地为每个人提供最广泛的基本自由，同时为其他人提供同样的自由以及分配差异的原则，以便使这些差异对所有有关各方都有利，并且让竞争向所有各方开放（见第4章）。

小额信贷是一个通用术语，是指一种金融服务，针对低收入个人或那些无法获得商业银行向客户所提供服务的人。小额信贷项目是旨在克服贫困和边缘化的社会和经济战略的一个重要因素，因为它不仅提供了小企业家创业所需的资金，而且还加强了社会网络，使其受益人能够通过偿还贷款和在类似情况下为他人积累资本来表现出责任感（见第20章）。

垄断是造成破坏市场竞争的条件而进行的一种尝试，以利于提供有价值的商品或服务的单一供应商。垄断字面上的意思为"单一的卖方"。当一家公司能够排除所有其他提供或可能提供相同或类似商品或服务的竞争对手时，就会出现垄断。由于垄断的形成往往会破坏承诺的分配效率，而这种效率使市场能够为共同利益做出贡献，因此垄断往往受到法律的限制，并受到严格的监管。

道德主体反映了一个人根据公认的是非观念做出道德判断并对自己的行为负责的身份。道德行为体是任何被认为有道德行为能力的人，即：根据这些普遍接受的观念负责任行事的人。除非另有证明，个人在获得推理能力后被认为是道德行为体；其他实体（例如：商业公司）只要其行为反映了其企业文化中类似能力的内在化，就可以被视为道德行为体。通过协助建立对道德考虑做出反应的责任结构，经济伦理促进了商业中道德主体的理念，而不仅仅是担心因不遵守政府规定而受到法律制裁。

道德领导力是具有模范道德品质的人可能表现出来的一种能力，特别是他们在各种社会和组织环境中所承担的责任。道德领导力的首要品质是致力于为共同利益服务，即：注重加强组织内其他人的能力并消除其阻碍其成功业绩的障碍。这项服务成形于一些政策和行动中，这些政策和行动是在道德领导者表现出对那些他或她向其负责、为其负责之人的关心时，用来提高透明度和问责制的（见第2、17和18章）。

抵押贷款证券（MBS）是一种金融工具，特别是债务，代表对抵押贷款组合现金流的债权，最常见的是住宅地产。在创建抵押贷款证券时，抵押贷款是从银行、抵押贷款公司和其他发起人处购买的，用这种抵押贷款，各种机构，如政府的联邦住房贷款抵押公司（Freddie Mac）或像贝尔斯登这样的投资银行公司组合起共同资金。一旦抵押贷款证券被创建，创建抵押贷款证券的机构就将借款人支付的本金和利息的债权转移给购买证券的人。这一过程被称为证券化（见第7章）。

抵押贷款是准许给予房地产购买者的贷款，旨在获得购买房产所需的资金。不动产将作为贷款的抵押品。如果买方拖欠抵押贷款，则会被取消抵押品的赎回权。抵押贷款让购房者能够购买房地产，通常是为了成为房主，但其缺乏必要的资金来支付全部购买价款。在从银行或其他金融机构获得抵押贷款时，房主通常需要支付大量的首付款，并从贷款人处借入剩余的房产价款。次级抵押贷款是抵押贷款的一种，提供给信用记录不佳的个人，他们不具备获得常规抵押贷款的条件。由于这种信用记录不佳的借款人对贷款人来说风险较高，因此向他们发放的被称为"次级抵押贷款"的贷款利率要高于最优惠贷款利率（见第7章）。

墨子（公元前470—391年）是中国"百家争鸣"时期的哲学家，他认为道德德性的典范主要在于通过自我反省来培养不偏不倚的关怀或兼爱的能力，而不是通过儒家礼教来培养孝道。墨子显然认为，中国人天生就过于依附于家庭和亲属，因此认为他们应该被要求过一种禁欲主义和自我克制的生活。在这种生活中，他们将学会平等地照顾所有人。由于墨子哲学与儒学有许多共同的设想，所以应该把二者的关系理解为一种互补而非对立的关系。在欣赏墨子的智慧时，不必拘泥于否定孔子及其弟子的智慧（见第2章）。

墨菲定律是一种口语说法，表示"会出错的，终将会出错"。墨菲定律的意义不在于鼓励被动性，而在于警告人们不要自满。如果无人留意，没有充分的监视或监督，人类的计划将无法实现其目标（见第19章）。

有组织犯罪是指犯罪组织，无论是跨国的、全国性的或地方的犯罪组织，其目的是从事通常以赢利为目的的非法活动。一些这样的组织，如恐怖主义网络，是出于政治动机，但严格意义上讲，多数为企业，如日本的山口组、俄罗斯的黑社会、意大利的卡莫拉、墨西哥的锡那罗亚贩毒集团（见第 18 章）。

生产外包涉及到供应链的创建。在此供应链中，即将在一个国家销售的商品在其他国家进行生产和组装。全球化带来的技术革命使生产外包既具有成本效益，又易于管理。生产外包同时也具有挑战性，但它并没有为质量控制的退化提供合理的借口（见第 6 和 15 章）。

加班条例是指各监管机构发布的有关雇员在任何一周或一个月内可以工作的小时数的指导方针。虽然这类条例的具体内容可能因地点而异，但总体而言，它们的宗旨都是在执行某些基本标准，保障劳动者的人格尊严和人权（见第 8 章）。

专利是知识产权延伸的一种形式。专利授予发明人使用其发明的专有权，例如，是否以及如何在有限的时间内进行销售，以换取对发明、配方、设计或复制所需的其他信息的详细披露。在专利保护规定的期限届满后，其他人可以出于自己的商业目的合法地复制该发明（见第 13 章）。

"父权"或"性别歧视"态度反映了长期存在但越来越过时的文化假设，强制实施性别歧视和性骚扰。旨在克服这些形式的虐待的政策通常包括提高意识的方案，挑战这些态度，有利于在企业或组织中共同工作的男女之间建立起更加平等和专业的关系。这些态度的另一个示例就是对男性后代的强烈偏爱，这在亚洲文化中仍然很普遍。它可能会被质疑为过时的文化假设的遗留问题，这些假设长期存在于对儒家思想的扭曲理解中（见第 9 章）。

慈善事业是提供金钱和时间帮助他人改善生活的做法，是一项经常得到开明企业支持的活动。这些企业希望与所在社区分享他们的成功与财富。企业的慈善事业可以理解为表现公民美德的一种形式，试图表明企业对良好公民和爱国主义价值观的承诺。支持慈善活动的企业通常会将慈善活动与展示企业社会责任（CSR）的活动区分开来。虽然它们在特定情况下经常出现重叠，但企业社会责任与企业的业务计划直接相关，旨在最大限度地发挥该计划固有的战略优势。另一方面，慈善事业通常面向社区中未得到满足的需求，因此，就从事慈善事业的企业角度而言，慈善事业往往表现出利他而非利己的动机。那些寻求同时从事慈善事业和企业社会责任的企业通常力求在组织、责任和透明度方面将它们区分开来（见第 17 章）。

电话窃听是一种监视技术，它特别涉及到截取电话或未经授权访问的语音邮件信息，通常在不知情或未经通话者同意的情况下进行。私人组织的电话窃听（例如：新闻媒体寻求报道素材）被广泛谴责为侵犯人格尊严，特别是侵犯私人所享有的隐私权。这类电话窃听不应与合法或受管制的雇员监听或政府为了国家安全而进行的窃听相混淆（见第16 章）。

污染者付费是一项得到法律和道德支持的原则，旨在促进环境责任，让污染责任方支付清理费用，包括赔偿因对环境造成的损害而受到伤害的其他人，无论这种损害是否故意所为还是事故本身所造成的结果。（见第 19 章）。

掠夺性贷款是某些贷款人在借款人申请贷款时往往会发生的不公平、欺骗或欺诈行为。通常，这样的做法是与贷款发放过程中的住房抵押贷款有关。掠夺者试图说服借款人申请贷款，借款人无法按照贷款条款偿还贷款。借款人往往因为被欺骗而不知情，但贷款人不仅清楚和了解情况，而且还利用它来获取更大的利润，其形式包括佣金、贷款发放费以及鼓励转售次级抵押贷款以包装成抵押贷款证券的各种奖励（见第7 章）。

初步证据是一个法律术语，用于说明某人拥有足够的证据支持事实推定，除非出现其他证据来反驳它。在应用伦理学中，这一术语也有类似的用法。在应用伦理学中，有必要确定足以证明某一特定道德判断是非的事实。初步证据通常与所有被认为是证据的东西进行对比，用于表明衡量证据的过程已经完成，进而做出道德判断或法律判决（见第 8章）。

知情同意原则是首先体现在生命伦理学或医学伦理学中的一项标准，旨在确保在给患者治疗过程中的医生所执行的任何医疗程序都尊重患者的基本人格尊严。知情同意是指在对手术进行了解释并回答了患者的问题后，要求患者在实施建议的手术之前同意该手术。根据希波克拉底誓言，禁止伤害任何寻求帮助的人，知情同意原则是为了保护医生和患者，通过确认患者同意而进行的程序。知情同意原则在国际经济伦理中也有广泛的应用，特别是在理解企业对客户的责任方面。所有形式的欺骗性广告或其他欺诈性陈述均违反了知情同意原则，因为消费者无法根据准确的信息做出自己的选择（见第 5、6、7 和 16 章）。

权力下放原则最初是在天主教社会教义（CST）和庇护十一世的《教皇通谕》（1931）中提出的。制定这项原则是为了澄清政府干预其他机构（包括家庭）事务的必要性及其限度。提供的帮助（辅助）必须能支持这些机构的正常运作，而不是抢占它们的先机、篡夺其自主权，以扩大国家权力。作为对政治哲学的一种贡献，权力下放原则将天主教社会教义定位为与极权主义（过多）和自由放任的自由主义（过少）相对立的政府理论。政府（例如：菲律宾合作发展局）对信用社的监管是权力下放原则在实践中的一个示例，因为菲律宾合作发展局旨在帮助加强此类合作社，以便它们能够更有效地实现自己所声明的目的（见第 18、19 和 20 章）。

责任投资原则（PRI）是联合国环境规划署（UNEP）和联合国全球契约的一项倡议，旨在促进环境、社会和治理（ESG）绩效标准在评估拟议投资可持续性方面的相关性。责任投资原则共有六项内容，使签署方承诺适当遵守 ESG 关心的问题。虽然这些原则是自愿的，要有热切希望才行，但已经获得了一千多个签署人的承认。这些签署人是资产所有者、投资管理人和服务提供者，声称管理着超过 45 万亿美元的投资（见第 11 章）。

私有财产是指公民个人、家庭、企业和民间社会机构等非政府实体对财产的合法所有权。天主教社会教义（CST）认为，与所有其他人权一样，私有财产权是人格尊严所固有的。尽管私有财产的起源仍然模糊不清，但这种权利的理论依据通常强调个人或组织在用全球物品创造有价值之物方面的作用。例如，如果一个人或一个团体开垦土地，划定边界，并将其用于生产用途，那么空旷的荒地就可能成为私有财产。私有财产被认为是一种维护和加强拥有私有财产的非政府实体自治的必要手段。对私有财产的合法要求通常意味着合法所有人有决定其用途的专有权，包括任何购买或出售的决定（见第 13 和 18 章）。

顺周期经济政策和**逆周期经济政策**的区别在于它们的设计是否中立，对市场活动周期有无影响、是消极、对抗还是以其他方式干预来调整周期。如果要管理经济扩张和收缩的周期，就需要采取逆周期经济政策。缺乏此类政策可能是一种经济哲学的问题。它认为，通过政府干预（"自由放任"）市场才可以取得最佳结果（见第9章）。

产品安全标准体现在政府机构所制定的一系列法规中。这些法规侧重于消费品的设计与制造，用于确保购买和使用这些产品的使用者的安全。对消费品安全的关注是道德原则（无伤害原则）的另一种表达，公众期望所有企业都能遵守这一原则。当检测到缺陷或其他违反这些标准的行为时，公司通常会被要求宣布或自愿配合产品召回。在召回过程中，这些缺陷应得到修复或升级产品作为补偿（见第6章）。

专业化是指某人希望获得能够称之为职业人士的能力或技能。在前现代时期，专业数量较少，当时仅有法律、医学、教学和宗教事务等专业。最近，随着其他领域，特别是与商业有关的专业教育的出现，专业数量才急剧增加。鉴于对专业人士所需技能的假设，现代社会倾向于将专业视为自律群体，即：组织成能够监督其从业人员行为的协会，并根据需要实施适当的惩戒制度或额外的培训要求。由于专业人士需要保持较高的伦理标准，作为其基本技能的一部分，商业中的专业化一直是通过在寻求专业认可的各种商业专业化范围内行为规范的发展，以及在企业文化的发展中，提高国际经济伦理意识的最重要因素之一（见第11和20章）。

Pronto moda，字面意思**"快时尚"**，是意大利给生产廉价成衣商品所起的名字。通过使用数字技术和引进外国劳动力（主要是中国移民），这类商品的设计和制造时间大大缩短。然而，快时尚仍然存在争议，一些人认为它是对意大利传统服装业的一种威胁，因为意大利传统服装业以其高质量商品的声誉而闻名。另一些人则认为它为旧的行业提供了一条重新发展的途径，否则这个行业将无法在全球化的竞争压力下生存下来（见第18章）。

公共道德是指通过法律或社会压力在一个社会中实施的道德和伦理标准，特别是当这些标准适用于公共生活时，即适用于政府和公民社会的机构时，这些机构被期望为整个社会树立对社会负责的行为榜样。公共道德的标准原则上与私人关系的标准没有区别；然而，公众的愤怒目光更容易暴露出任何违背公共道德的行为所涉及的伪善。

公共关系是一种战略性的沟通过程，用于管理个人或组织与其公众之间的信息传播，以便在他们之间建立起一种互利的关系。为了让这种关系取得成功，公关公司必须诚实地开展工作，这意味着他们不能说谎或试图欺骗公众，即便他们试图以最好的方式解释客户的政策和行为。从事公共关系工作的人通常会寻求专业人士的认可，其活动受到各种道德守则和行业协会的管制（见第 5 章）。

正名是儒家道德哲学所倡导的道德提升的一种基本策略。由于指导任何活动或关系所要求的伦理规范都隐含在赋予它们的名字中，当人们试图满足名字中所包含的要求时，就会出现正名或改革。例如，作为一个父亲或儿子正确行事的伦理规范隐含在作为父亲或儿子的意义中。了解名字能使人成为现实的人（见第 2 章）。

注册投资顾问（RIA）是指由美国证券交易委员会（SEC）或其他政府机构许可或注册的投资顾问。根据法律规定，这类顾问必须遵守受托人的谨慎标准。换言之，他们必须为客户的最佳利益服务，以消除所有可能促使他们将自己的利益置于客户利益之上的潜在利益冲突（见第 7 章）。

尊重人，因为人是目的，而不是手段，这是康德绝对命令的一个关键表述，它传达了义务论方法的义务的基本哲学意义，旨在确保每个人的尊严都得到尊重（见第 4 章）。

逆向工程是从任何产品中所提取的知识或设计信息，然后根据这些信息重新生成产品或类似产品的过程。逆向工程的合法性在不同的司法管辖区以及不同的产品之间具有很大差异（见第 13 章）。

隐私权，《世界人权宣言》第 12 条明确规定了这项权利。这项权利被以各种方式描述为独处的权利、人格不受侵犯的权利和控制自己信息的权利。隐私权一般是从尊重人格尊严的道德义务中推断出来的，其目的一般是保护个人不受不必要的监视和宣传。与所有其他人权一样，隐私权无论在法律上还是在道德上都不是绝对的，因为它可能与其他当事方的权利相冲突，在某些情况下可能被中止或剥夺（见第 16 章）。

风险管理是指对不可接受的风险进行系统性的分析和评估，以便通过管理控制的要求和扩展来最小化或消除这些风险。风险通常被定义为不确定性对组织实现其目标能力的影响，例如：事故、项目失败、法律责任、信用风险、自然灾害以及战争或恐怖主义行为。这些风险可以通过实施旨在减少不确定性风险的政策或至少在不确定性发生时有效应对这些风险的政策加以管理（见第 15 章）。

法治常常与法制形成对比。当一个政府以法制治理时，它的公民会受到行政法规的约束，而这些行政法规不一定适用于统治者或其代理人。当一个政府遵守法治时，它会致力于一个原则，即：每个人（包括统治者及其代理人在内）都受到同一行政法规的约束。法治的目的是保护公民不受政府官员的武断决定的影响，该决定既不透明也不负责任，且在裁决冤情或其他所称的司法不公或渎职方面缺乏正当程序。

保存颜面是指想要避免羞辱或尴尬的过于人性化的愿望，以维护尊严或保存名誉。这种愿望的强烈程度以及人们为保存颜面所花的时间因文化的不同而有很大差异。颜面往往等同于尊重，面子可以给别人，也可以因为一些错误的行为而失去，还可以通过别人认可的善举重新获得（见第 10 章）。

替罪羊是指因别人的所作所为而受到不公平指责的那些人。虽然替罪羊的做法在所有的文化中都存在，但这个词起源于圣经（《利未记》16：8）。它指的是一种涉及山羊的仪式，山羊头象征性地满载着人们的罪恶，然后在荒野中被释放。寻找一个替罪羊是一种减轻自己纠正自己对他人所犯错误的责任的方法（见第 3 和 19 章）。

保密性是指对某些个人或团体隐藏信息的做法。这种隐藏可能出于各种目的，其中有些在道德和法律上是合法的，而有些则不合法。在商业中，保护商业秘密的权利被视为知识产权的一部分，而为了避免被发现欺诈或其他财务违规行为而保密则是不道德和非法的。透明度和问责制通常作为与非法保密形式形成对比的价值观而受到普遍鼓励（见第 6、7 和 19 章）。

美国证券交易委员会（SEC）是美国政府的一个机构，主要负责执行现有的联邦证券法，为证券行业提出法规，并监督其活动。美国证券交易委员会是根据 1934 年《证券交易法》成立的，旨在对涉嫌在金融市场上实施会计欺诈、提供虚假信息、从事内幕交易和其他金融犯罪的个人和企业提起法律诉讼。其他国家（例如：菲律宾）也设立了具有类似目的的机构（见第 7 章）。

证券欺诈是指在买卖股票、债券和其他金融工具过程中的欺诈行为。与所有形式的欺诈一样，它试图通过向投资人传递虚假信息来实现犯罪意图，而投资人对这些信息的依赖使他们从投资中蒙受损失而非获利（见第 7 章）。

证券化是将其他金融资产组合成可以转售给投资人的一揽子金融工具的过程。抵押贷款证券（MBS）是证券化的一个示例，它将具有不同程度风险和回报的抵押贷款组合在一个庞大的资产池中，旨在最大限度地降低风险并为投资人带来最大回报（见第 7 章）。

性别歧视是一个综合性术语，包括基于性别歧视或对个人性别偏见而侵犯公民权利的行为。性别歧视虽然包括性骚扰，但它通常是指基于性别判断而拒绝一个人的就业申请的行为或政策，因为这些特征显然与某一特定工作的申请人所要求的资格无关（见第 9 章）。

性骚扰是指在一个组织内部、在雇主和雇员之间、教师和学生之间或医生和患者之间发生的性虐待形式。性骚扰包括不受欢迎的性侵犯，通常体现在上级和下级的互动情境中。例如，一名雇员被迫与老板发生性关系，以此作为雇佣条件，这意味着他或她的抵制将有可能遭到报复。在这个示例中，性骚扰的形式被称为交换条件，用一件事去交换另一件事，用性好处来换取工作安稳或晋升。另一个主要形式就是创造一个充满敌意的工作环境。在这种情况下，工作中的当事人可以自由展开婚外情，但他们的活动造成了这样一种情况，即：其他雇员由于该雇员与其老板之间的特殊关系而感到不舒服或受到不公平的歧视。性骚扰通常被认为是一种欺凌表现，是一种对他人主张支配地位的尝试，而非情欲过度的结果。它在法律和道德上都被谴责为对人格尊严的基本侵犯（见第 9 章）。

怀疑论是一种哲学理论，它系统地怀疑对事实真相和道德规范有效性的传统主张。虽然质疑事实和道德规范是发展批判性思维技能不可或缺的一部分，但怀疑论往往鼓励人们在所有合理的反对意见得到回复后，拒绝接受某些既定事实和价值观的态度。例如，一旦太阳系的真理被证明，他们仍然对太阳系的日心说持怀疑态度，这不是卓越的批判性思维能力的表现，而是故意的非理性表现。目前，人们对灾难性气候变化的现实以及人类活动在造成这一变化中所起的作用的疑虑挥之不去，这是一个大多数人都会认为是无端怀疑的例子。

社会企业由诺贝尔和平奖得主、经济学家穆罕默德·尤努斯进行推广。该术语用于描述为解决社会问题而创建和设计的企业，通常以非营利为基础。尤努斯自己在格莱珉银行的工作证明了这样一家企业是如何取得成功的，也就是说，在财务上是可以自我维持的，其利润将重新投资于企业本身，而不是将利润分配给企业投资人。其他基于互惠原则的老企业（例如：信用社和信用合作社）可能会被视为社会企业，其与存款户成员的关系可能符合或不符合尤努斯的非营利性商业计划（见第20章）。

社会资本是理解信用社和信用合作社如何成功实现其目标的一个重要概念。社会资本主要以基本信任和相互问责的形式存在，被认为是人类共有的，或至少是可以获得的。在适当的条件下，通过信用社或合作社组织的网络成员之间的信任和责任关系来体现其信用价值，社会资本就可以转化为金融资本。社会资本的作用是保证在即使没有传统形式的抵押品的情况下贷款仍得以偿还（见第20章）。

社会契约论起源于欧洲近代史早期，它解释了个人如何组成政府并同意由政府进行治理。社会契约这一术语已经扩展到涵盖企业与其利益相关者之间的关系，特别是广大公众。如果他们承认企业正在为共同利益做出贡献，他们则会同意企业公司的活动。企业与社会之间的社会契约始于企业对商业道德基本原则的承诺，即：在其所有业务运营中公平处理，范围包括参与企业社会责任（CSR）和慈善事业的各种计划（见第12和17章）。

社会达尔文主义是一种流行于19世纪末的哲学思想，它声称将自然选择的生物学概念应用于人类社会的历史。其主导思想是：认为"适者生存"是生物进化和社会进化的必由之路。例如，安德鲁·卡内基认为，社会达尔文主义说明了现代工业资本主义的必然性以及它所带来的非凡财富积累。然而，卡内基并没有采用社会达尔文主义来证明这种财富的合理性，而是建议那些在积累财富方面最成功的人以及那些在争夺竞争性市场中的幸存者应建立基金会和其他组织，通过增加受教育机会和其他社会福利使社会其他人员也能够分享他们的成功（见第17章）。

苏格拉底，他在欧洲哲学史中是一个智者和谦虚者的典范。他在解释德尔菲神谕时，试图通过询问所有声称向追随者传授智慧的人来发现比他更聪明的人。他的苏格拉底式方法对不同身份的人进行提问和哲学对话，这不仅让他年轻的弟子们觉得有趣，而且还深深地刺激了那些被他质疑的人。苏格拉底的死亡是在他拒绝对他所谓的腐化青年和其他不道德行为进行任何惩罚的情况下被迫造成的。因此，他被誉为真正的哲学家，是一个致力于追求真理的正直典范。

团结是具有共同利益、目标、标准和同情心的人之间所建立起来的一致感。团结不像家庭那样主要以亲属关系为基础，而是建立在信仰共同体和共同实践的基础之上。团结是 20 世纪末的波兰工会运动所采用的名称，它最终促成了苏联在东欧霸权的瓦解。作为天主教社会教义的核心价值之一，团结表达了传统上对形成一个由自愿协会组成的公民社会的重要性承诺。这些社团既不符合政府的社会逻辑，也不符合企业的社会逻辑。天主教社会教义认为，这种协会在协助家庭和个人参与实现共同利益或家庭等自然机构方面发挥着不可或缺的作用。然而，当有组织犯罪集团创造条件阻止共同利益时，团结既可以是反社会的，也可以是服务于社会的（见第 3、18 和 20 章）。

竞技人员品格是公平竞争的理想，是对对手的尊重，是参与一项运动中竞赛之人对运动诚信的承诺。竞技人员品格是指在任何比赛的任何时刻，无论输赢，均要遵守游戏规则。竞技人员品格是体育运动参与者的道德领导力，他们有责任维护自由和公平竞争所产生的良好声誉和信誉（见第 1 章）。

利益相关者是指对组织如何开展活动有合法权益或关注的任何人或团体。"利益相关者"一词在管理理论中被采用，与"股东"（即：企业的所有者或投资人）不同，旨在理解管理者在使企业实现其目标方面所承担的复杂而又多重的责任。利益相关者理论关注利益相关者利益冲突的方式以及管理层必须如何以负责任的方式处理所有利益相关者的利益冲突（见第 4、15 和 19 章）。

管理者强调对资源负责任的规划和管理。管家是一个管理者，即：作为所有者的代理人，管家为所有者代为管理其财产或财务等。正如管理职责可能包括管理者对所有利益相关者群体的责任一样，它也可能理解企业的环境责任，假定环境是所有从自然资源开发中获利的企业的"沉默的利益相关者"（见第 19 章）。

供应链管理涉及从供应商、制造商、批发商、零售商到消费者的整个生产过程的全面监督。成功的供应链管理协调并整合了这一过程在共内部同时也在形成供应链的公司之间展开时过程内部的的互动流程。国际经济伦理关注供应链管理，因为企业必须在整个过程中建立、监督和执行其伦理标准。供应链中的道德缺失是组织流程的企业以及参与流程的公司的责任（见第6章）。

可持续性是指系统和过程的承受力，即：在保持其基本特性的同时，继续增长，进而应对某个组织寻求维持其活动的各种外部和内部挑战。可持续发展通常是四个相互关联的领域相互作用的结果：生态、经济、政治与文化（见第11和12章）。

血汗工厂是一个负面的术语，用来作为对在社会不可接受的工作条件下经营工作场所公司的指控。血汗工厂的特点是缺乏对人格尊严的尊重，表现为对劳动者的健康和安全问题缺乏关注，包括要求加班的工作量，或向劳动者提供的住房和其他便利设施是否充足（见第8和18章）。

通俗报纸新闻是出现在通俗报纸，即版面格式紧凑的报纸上的一种新闻。通俗报纸新闻通常倾向于强调一些话题，例如：耸人听闻的犯罪故事、占星术和有关名人私生活的八卦专栏。现在已经不复存在的《世界新闻报》只是这一类型的一个例子，在各交通枢纽的超级市场和报亭中经常可以找到这样的刊物（见第16章）。

指摘游戏并不是一个游戏，而是试图通过责怪参与其中的其他人来避免对某些不良事件承担全部责任的一种尝试。考虑到商业公司通常具有复杂的问责结构，当出现问题时，管理者和其他雇员经常诉诸于指摘游戏来掩盖他们的参与事实，这种现象并不奇怪。

居留权是一种个人自由，可以在某一特定国家不受移民管制。在某一国家的居留权一般只限于公民和在一定限度内获得永久居民身份的人（见第18章）。

神圣契约是英国普通法传统及其衍生工具中公认的一个术语，即：一旦签订了合同，就必须履行合同中规定的义务。不履行这些义务就是违反合同，将会受到法律和道德的制裁（见第4章）。

冰山一角是一个俗语，意思是人们看到的问题可能只是一个更大的隐藏问题的一小部分。如漂浮在海上的冰山，问题可能只有冰山的一小部分可见，更大的威胁仍然尚未浮现（见第 14 章）。

托宾税是以其最初的支持者、诺贝尔经济学奖得主詹姆斯·托宾的名字命名，旨在通过对国际货币交易征收少量费用来抑制短期货币投机。最近，有人提议将其扩展到所有股票和债券交易及其衍生产品，进而实现同样的目的，即：阻止投机交易（见第 11 章）。

"终极赢家"是罗世范提出的一个术语，用于描述一个成功的商业实践者的理想，其道德领导力与其经商技能相匹配。正如在一场比赛中，一流的运动员都能体现竞技人员品格理想一样，管理者或企业家通过培养美德，使其在行善时也能做得很好，从而成为商界的终极赢家（见第 1 和 2 章）。

侵权法涵盖了不公平地导致他人遭受损失的侵权或错误。侵权法通过赔偿受害方的损失为这种错误提供了补救办法。由于侵权行为可能是针对人身和财产的，因此损害赔偿可能会给那些被认定犯有侵权行为的人带来巨额费用（见第 16 章）。

权衡取舍发生在既有收益又有损失的情况下，即：有得有失。面对并理解权衡取舍，并为实现最佳结果而妥协，通常被视为道德成熟或责任伦理的标志（见第 4 和 19 章）。

贩运是一个泛称，指的是毒品贩运类的非法交易。人口贩运是一种为了达到商业剥削的目的而进行的非法人口交易，基本人权因交易的强制性而受到侵犯，即人们被迫违背自己的意愿被卷入其中。贩运人口是一种现代形式的奴役，在法律和道德上均受到普遍谴责。（注意：原来的译文用的是"拐卖"，我认为不准确，改为"贩运"。我不知道正文中译成了什么，若不是"贩运"，请相应做出改变。———杨恒达）

透明国际（TI）是一个致力于打击腐败的国际非政府组织（NGO），重点是预防和通过教育对组织进行改革。TI 率先使用国际排名系统或指数，以提醒人们注意参与调查的各个国家所报告的腐败程度。TI 年刊公布了行贿人指数和清廉指数，以推动进一步的改革工作（见第 14 章）。

透明度是一个用于科学、工程、商业、人文学科方面的术语，广泛地用于各种社会背景中。它是一种价值观，强调组织希望以某种方式进行运作，使其他人很容易看到如何执行其政策和行动。透明度意味着对开放、有效沟通和问责制的承诺。

三重底线是一个会计框架，包括三个部分：社会、环境和财务。相比之下，过去的"底线"通常只指财务会计。对这三个领域进行审计的提议反映了人们对企业可持续性的日益关注，这取决于这三个领域的成功互动，有时被称为"人类、地球和利润"（见第 17 章）。

托管制是一个法律术语，指的是为他人或第三方的利益而持有财产、权力或信托地位或责任的任何人。受托人同意从事某些工作以保护受益人的利益，同时也同意不利用这一职位来追求自身利益。

A 类和 B 类问题，劳拉·纳什认为，应对商业道德中的这两类问题加以区分，这样才能更有效地加以解决。A 类问题是被恰当地视为"道德困境"的情况，其解决可能需要使用应用伦理学中提出的管理决策模型和分析方法。然而，B 类问题指的是一个人知道该做正确的事情，但由于缺乏美德，特别是勇气，或由于个人发展中的其他缺陷而未能做到的情况。解决 B 类问题可能需要积极参与各种宗教和哲学的智慧传统中的自我修养（见第 2、3 和 4 章）。

高利贷传统上是指借钱来换取包括利息在内的还款。虽然伊斯兰银行业的做法继续遵守圣经对高利贷的禁令，但现代商业银行及其监管机构认为，高利贷是以过高或非法利率进行放贷。高利贷被认为是一种不道德的行为，因为其以不公平的方式使贷款人致富。从事这种掠夺性贷款的人通常被称为高利贷者（见第 20 章）。

功利主义是一种伦理理论，主张"最大多数人的最大幸福"。这种最大化原则是通过衡量各种行动的后果，计算可能发生的好坏数量，选择那些能带来最大好处而不是坏处的方案。在应用伦理学的学科中，功利主义通过将具体行为与政策或实践规则区分开来而得到充分发展。功利主义通常与康德主义形成对比，强调好的结果和道德义务之间的区别。康德伦理学认为，有效的道德义务无论后果如何都必须履行，这导致了一个悬而未决的哲学争论，即：两种理论中哪一种更为充分和全面。应用伦理学对待正义的方法试图包含这两种观点，并根据具体问题及其解决方案协调这些观点（见第 4 和 20 章）。

价值观教育，联合国教科文组织认为，这是一种旨在实现两个基本效果的教育方法："帮助学生更好地理解指导自己日常生活的价值观，并有助于改变社会和个人共同持有的价值观"，在制定支持各国更新道德教育的战略方面发挥着重要作用（见第 18 和 20 章）。

既得利益可定义为影响某件事以便人们能继续从中受益的利益。在法律用语中，它是指对不动产或某种形式的有形或无形财产的现在或将来的占有权或所有权。具体而言，它指的是雇员根据雇主为其提供的退休金计划条款而享有的权利。

替代责任是一个法律术语，指的是侵权行为法中的一种原则，该原则规定一人对与其有特殊关系的另一人的过失承担责任。例如，代表其委托人或雇主行事的代理人可能会对另一人造成损害，而另一人则可能对雇主提起法律侵权诉讼。美国的法律判例对那些在执行禁止性歧视和性骚扰的法律时松懈的企业规定了替代责任的标准。在这种情况下，被指控的个人不仅要承担损害赔偿责任，而且如果被判有罪，雇主可能还要承担替代责任（见第 9 章）。

美德伦理是规范伦理学的三大途径之一，另外两种是道义论和功利主义的道德推理形式。美德伦理强调道德品质的形成是首要的，没有道德推理能力的获得就不足以推动道德教育和道德改革事业的发展。美德伦理是道德智慧和精神的文化多样性传统的共同点。这是受苏格拉底、柏拉图和亚里士多德影响的人士与孔子及其弟子的共同点（见第 2 章）。

揭发弊端是另一个重要的经济伦理术语，源自体育界。揭发弊端是指通常由雇员发起的试图纠正不正确的行为或政策或违法行为，特别是可能对公司利益相关者有害的行为或政策。它曾经被普遍视为对雇主不忠的行为。当涉及到为了公共利益而走出公司进行披露时，它越来越被视为一种"公民意识"，因此值得称赞。然而，考虑到所涉及的风险和参与举报者可能会造成的潜在伤害，重要的是要培养一种举报道德，区分道德上允许和必须举报的情况以及不公平和不负责任的情况（见第 10 章）。

世界贸易组织（WTO）是一个用于规范国际贸易的政府间组织。其使命是通过提供贸易协定谈判框架和一个为达到世贸组织协定要求而设立的争端解决程序来促进国际贸易。其中包括与贸易有关的知识产权协定（TRIPS），该协定管辖商标、版权和专利，以及因相互冲突的索赔而引起的国际争端（见第13章）。

零容忍政策是一个用于描述旨在实现严格遵守规则或法律的政策术语。提出或颁布这类政策的情况范围很广，从在各种教育机构执行行为规则到打击非法销售和持有毒品，再到起诉非法入境移民或非法移民。零容忍政策仍然存在争议，因为它缺乏有效遵守和执法所必需的灵活性。简言之，由于其缺乏灵活性，可能会适得其反（见第18章）。